SCHÜLER-DUDEN

DUDEN

Die Physik

Duden
für den Schüler

1. Rechtschreibung und Wortkunde
Vom 4. Schuljahr an

2. Bedeutungswörterbuch
Bedeutung und Gebrauch
der Wörter

3. Grammatik
Eine Sprachlehre mit
Übungen und Lösungen

4. Fremdwörterbuch
Herkunft und Bedeutung
der Fremdwörter

5. Die richtige Wortwahl
Ein vergleichendes
Wörterbuch sinn-
verwandter Ausdrücke

6. Die Literatur
Ein Sachlexikon
für die Schule

7. Die Mathematik I
5. bis 10. Schuljahr

8. Die Mathematik II
11. bis 13. Schuljahr

9. Die Physik
Ein Lexikon der gesamten
Schulphysik

10. Die Chemie
Ein Lexikon der gesamten
Schulchemie

11. Die Biologie
Ein Lexikon der gesamten
Schulbiologie

12. Die Geographie
Ein Lexikon der
gesamten Schul-
Erdkunde

13. Die Geschichte
Ein Sachlexikon
für die Schule

14. Die Musik
Ein Sachlexikon der
Musik

15. Die Kunst
Ein Sachlexikon
für die Schule

16. Politik und Gesellschaft
Ein Lexikon zur
politischen Bildung

17. Die Psychologie
Ein Sachlexikon
für die Schule

18. Die Religionen
Ein Lexikon aller
Religionen der Welt

19. Das Wissen von A–Z
Ein allgemeines Lexikon für
die Schule

20. Das große Duden-Schülerlexikon

SCHÜLER-DUDEN

Die Physik

Ein Lexikon der gesamten
Schulphysik

Herausgegeben von den
Fachredaktionen
des Bibliographischen Instituts

Bearbeitet von
Hans Borucki, Engelhardt Grötsch
und Barbara Wenzel

Bibliographisches Institut Mannheim/Wien/Zürich
Dudenverlag

Redaktionelle Leitung:
Dr. Ekkehard Hundt

VORWORT

Der Schüler-Physik-Duden wurde von Lehrern für Schüler geschrieben, der Inhalt nach den Physik-Lehrplänen der einzelnen deutschen Bundesländer ausgewählt. Der Benutzer – Schüler einer Haupt- oder einer Realschule, eines Gymnasiums bzw. der Sekundarstufe I oder II einer Gesamtschule – kann hier nachschlagen, was er für Schulunterricht und Prüfungen wissen muß. Artikel, die den Stoff mehrerer Klassenstufen umfassen (z. B. **Brechung**) sind so gegliedert, daß der Schüler der Mittelstufe bzw. Sekundarstufe I die für ihn wichtigen Informationen in einem weitgehend in sich abgeschlossenen ersten Teil erhält, während der Schüler der Oberstufe bzw. Sekundarstufe II im weiterführenden zweiten Teil den für ihn nötigen Wissensstoff findet. Bei einigen grundlegenden Begriffen werden am Schluß kurze Ausblicke auf weitere Zusammenhänge gegeben, die im Schulunterricht in der Regel noch nicht behandelt werden, jedoch zu einem übergreifenden Verständnis beitragen.

Zahlreiche durch senkrechte Pfeile (↑) gekennzeichnete Verweise ermöglichen die Verfolgung von Sachverhalten, die mehrere Artikel betreffen. Zur schnelleren Übersicht sind wichtigere Formeln farbig unterlegt und eingerahmt und ein großer Teil der Abbildungen zweifarbig gedruckt worden.

Durchweg werden die heute allein noch gesetzlich zulässigen *SI-Einheiten* verwendet. Die noch während einer Übergangszeit zulässigen Einheiten werden jedoch ebenfalls angeführt und ihre Umrechnung in die entsprechenden SI-Einheiten angegeben.

Die Kurzzeichen physikalischer Begriffe entsprechen den Empfehlungen der *International Union of Pure and Applied Physics (IUPAP)*. Für die Energie wurde dabei durchweg von den zulässigen Zeichen E und W nur W benutzt, um nicht durch Verwendung verschiedener Symbole für den gleichen Begriff eine nicht gegebene Unterscheidung vorzutäuschen. Dabei mußte in Kauf genommen werden, daß die Gleichung $W = mc^2$ in dieser ungewohnten Form auftritt.

Im Anschluß an den alphabetisch geordneten Hauptteil befindet sich ein *Register*, in dem vor allem die Begriffe aufgeführt werden, die nicht als eigene Stichwörter gebracht werden.

Herausgeber und Bearbeiter sind für alle Anregungen und Hinweise dankbar, die zur Verbesserung des hier zum ersten Mal vorgelegten Schüler-Physikdudens beitragen können.

Mannheim, im August 1974

BIBLIOGRAPHISCHES INSTITUT AG

Abbildungsgleichung, mathematischer Zusammenhang zwischen *Gegenstandsweite g, Bildweite b* und *Brennweite f* bei einer ↑ optischen Abbildung durch Linsen oder sphärische Spiegel. Unter Beschränkung auf achsennahe Strahlen gilt:

$$\frac{1}{g} + \frac{1}{b} = \frac{1}{f}$$

Bei *Sammellinsen* und *Hohlspiegeln* ist die Brennweite *f positiv*, bei *Zerstreuungslinsen* und *Wölbspiegeln negativ* zu setzen. Die Bildweite *b* ist bei *reellen* Bildern *positiv*, bei *virtuellen* Bildern dagegen *negativ*. Bei sphärischen Spiegeln werden Gegenstandsweite *g*, Bildweite *b* und Brennweite *f* jeweils von der Scheitelebene, bei dünnen symmetrischen Linsen von der Linsenebene aus gemessen. Bei dicken Linsen dagegen müssen diese drei Größen von der betreffenden ↑ *Hauptebene* aus gemessen werden.

Häufig verwendet man an Stelle der Gegenstandsweite *g* die Entfernung e_1 des Gegenstandes vom Brennpunkt und anstelle der Bildweite *b* die Entfernung e_2 des Bildes vom Brennpunkt. Es gilt dann also: $e_1 = g - f$ und $e_2 = b - f$.

Mit diesen Werten erhält die Abbildungsgleichung die sogenannte *Newtonsche Form:*

$$e_1 \cdot e_2 = f^2$$

Bei Linsen gelten die Abbildungsgleichungen in der angegebenen Form nur, wenn sich auf beiden Seiten das gleiche optische Medium befindet, und nur für einfarbiges (monochromatisches) Licht.

Abbildungsmaßstab, Formelzeichen *A*, bei einer ↑ optischen Abbildung das Verhältnis von Bildgröße *B* zu Gegenstandsgröße *G*. Es gilt dabei im allgemeinen:

$$A = \frac{B}{G} = \frac{b}{g}$$

(*g* Gegenstandsweite, *b* Bildweite).
Für $A > 1$ ist das Bild *größer* als der Gegenstand, für $A < 1$ ist das Bild *kleiner* als der Gegenstand.

Aberration des Lichts, die auf Grund der endlichen Lichtgeschwindigkeit und der Bewegung der Erde um ihre Achse (*tägliche Aberration*) bzw. um die Sonne (*jährliche Aberration*) hervorgerufene scheinbare periodische Veränderung des Ortes eines Fixsterns am Himmelsgewölbe. Der Aberration des Lichtes liegt die folgende Erscheinung zugrunde:

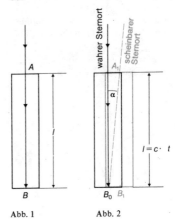

Abb. 1   Abb. 2

In Abb. 1 tritt ein Lichtstrahl durch die Mitte *A* des Objektivs in ein Fernrohr. Befindet sich dieses in Ruhe, so gelangt der Lichtstrahl nach dem Durchlaufen der Fernrohrlänge *l* erforderlichen Zeit Δt genau zur Mitte *B* des Okulars und kann dort beobachtet werden. Der Ort des mit diesem Fernrohr anvisierten Sternes liegt dann für den Beobachter genau in der Verlängerung der Fernrohrachse BA. Das Fernrohr möge sich nun als Ganzes mit der Geschwindigkeit v senkrecht zur Richtung des Lichtstrahls, im Falle der Abb. 2 nach rechts, bewegen. Beim Durchtritt des vom Stern kommenden Lichtstrahls durch die Mitte A_0 des Objektivs befindet es sich in der schwarz gezeichneten Lage. Während der Zeit Δt dagegen, die der Lichtstrahl zum Durchlaufen der Fernrohrlänge l benötigt, hat sich das Fernrohr um die Strecke $d = v \cdot \Delta t$ nach rechts in die rot gezeichnete Lage bewegt. Der Lichtstrahl trifft dann nicht mehr auf die Mitte B_1 des Okulars, sondern auf einen Punkt links davon im Abstand $v \cdot \Delta t$, nämlich den ursprünglichen Ort der Okularmitte B_0. Dem Beobachter erscheint dadurch der Sternort in der Verlängerung der Strecke B_0A_1, also um den Winkel $A_0B_0A_1 = \alpha$ verschoben. Dieser Winkel α heißt *Aberrationswinkel*. Für ihn gilt gemäß Abb. 2:

$$\tan \alpha = \frac{v \cdot \Delta t}{c \cdot \Delta t} = \frac{v}{c}$$

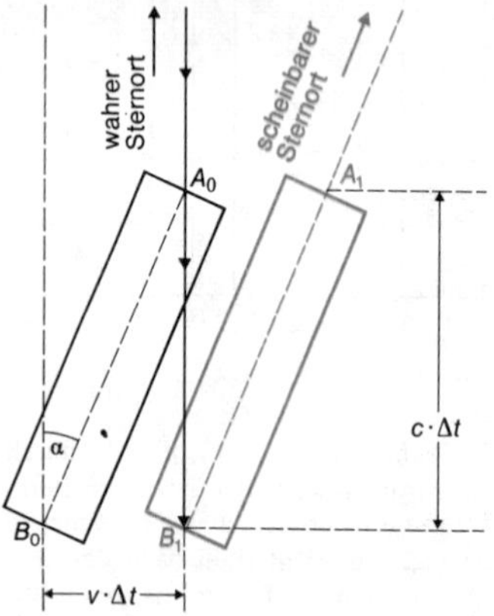

Abb. 3

(Diese Rechnung ist nicht mehr gültig, wenn die Geschwindigkeit des Fernrohres v vergleichbar mit der Lichtgeschwindigkeit ist; in diesem Fall wäre der Winkel mit Hilfe der Relativitätstheorie zu berechnen.)

Dreht man das Fernrohr um den Winkel α, dann trifft der betrachtete Lichtstrahl genau auf die Mitte des Okulars. Das Fernrohr ist dann aber natürlich nicht mehr auf den wahren Ort des beobachteten Sterns gerichtet, sondern auf den scheinbaren (Abb. 3).

Licht vom beobachteten Fixstern

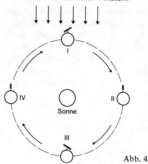

Abb. 4

Infolge der Bewegung der Erde um die Sonne ergeben sich gemäß Abb. 4 an den Punkten I und III der Erdbahn maximale Aberrationswinkel, weil dort die Richtung der Bahngeschwindigkeit der Erde senkrecht zur Strahlrichtung verläuft. Die Aberrationswinkel in den Punkten I und III sind dabei betragsgleich, haben aber entgegengesetzte Richtung. In den Punkten II und IV der Erdbahn dagegen ist der Aberrationswinkel gleich Null, weil dort die Richtung der Bahngeschwindigkeit der Erde mit der Richtung der einfallenden Lichtstrahlen übereinstimmt. Der maximale Aberrationswinkel beträgt bei der *jährlichen* Aberration 20,6 Winkelsekunden. Bei der durch die Drehung der Erde um ihre Achse bewirkten *täglichen* Aberration wird dagegen nur ein maximaler Aberrationswinkel (am Äquator) von 0,32 Winkelsekunden erreicht.

8

abgeschlossenes System, ein physikalisches System, das mit seinem Außenraum keinerlei Wechselwirkung besitzt, auf das also insbesondere keine äußeren Kräfte wirken. In abgeschlossenen Systemen gelten bestimmte ↑ Erhaltungssätze.

Abschirmungszahl, Differenz zwischen der *tatsächlichen* Kernladungszahl Z und der *effektiven* Kernladungszahl Z_{eff}. Infolge der atomaren Abschirmung durch die *inneren* Elektronen eines Atoms wirkt auf die *äußeren* Elektronen der Atomhülle eine geringere positive Ladung als der Kern des Atoms besitzt. Diese geringere Ladung bezeichnet man als *effektive Kernladung*, die Differenz $Z - Z_{eff}$ als *Abschirmungszahl (Abschirmzahl)*. Sie ist näherungsweise gleich der Anzahl der inneren Elektronen, die das Coulombfeld des Kerns gegen die äußeren Elektronen abschirmen.

absoluter Nullpunkt, Anfangspunkt der thermodynamischen Temperaturskala (*Kelvin-Skala*). Er hat die Bezeichnung 0 Kelvin (0 K) und liegt auf der Celsius-Skala bei − 273,15°C. Der absolute Nullpunkt stellt die tiefste überhaupt mögliche Temperatur dar und ist auf Grund des 3. Hauptsatzes der Thermodynamik grundsätzlich nicht erreichbar. Die tiefste bisher experimentell erreichte Temperatur liegt bei 10^{-6} K.

absolute Temperatur, Formelzeichen T, die auf den absoluten Nullpunkt bezogene Temperatur. Die absolute Temperatur wird in Kelvin (K) angegeben. Zwischen den Zahlenwerten der absoluten Temperatur T und der in Grad Celsius gemessenen Temperatur t besteht die Beziehung $T = t + 273,15$ bzw. $t = T - 273,15$.

Absorber, Stoff, der beim Auftreffen einer Teilchen- oder Wellenstrahlung diese ganz oder teilweise „verschluckt" (absorbiert). Für Gammastrahlung und geladene Teilchen sind Stoffe mit hoher Kernladungszahl (z.B. Blei) geeignete Absorber, für Neutronen vor allem Cadmium und Bor (↑ Absorption).

Absorption, die Schwächung der Intensität einer Teilchen- oder Wellenstrahlung beim Durchgang durch Materie. Der Stoff, in dem die Absorption erfolgt, wird als *Absorber* bezeichnet. Die absorbierte Energie wird entweder in Wärmeenergie (*Absorptionswärme*) umgewandelt oder zur Anregung bzw. Ionisierung der Atome bzw. Moleküle des Absorbers verbraucht. Da die Atome oder Moleküle eines Stoffes bei der Anregung in höhere Energieniveaus nur ganz bestimmte Energiebeträge (*Energiequanten*) der Energie $W = h \cdot f$ (h Plancksches Wirkungsquantum, f Frequenz der Strahlung) aufnehmen können, werden gewöhnlich nur bestimmte Frequenzen bzw. Wellenlängen (beim Licht bestimmte Farben) der einfallenden Strahlung bevorzugt absorbiert. Man spricht dann von *selektiver Absorption* oder *Linienabsorption* und erhält als Absorptionsspektrum ein *Linienspektrum*. Von einer *kontinuierlichen Absorption* spricht man dagegen, wenn Strahlung eines breiten Wellenlängengebietes absorbiert wird.

Für die Intensität I der einer Absorption unterworfenen Wellenstrahlung gilt das *Absorptionsgesetz*

$$I = I_0 e^{-\mu s}$$

(I_0 Intensität der Wellenstrahlung vor Eintritt in den Absorber, s von der Wellenstrahlung im Absorber zurückgelegter Weg, I Intensität der Wellenstrahlung nach Durchlaufen der Strecke s, μ *Absorptionskonstante, Extinktionskonstante, Absorptionskoeffizient*).

Die Absorption einer Teilchenstrahlung ist wesentlich von der Art der Teilchen, von ihrer Energie sowie von dem „Mechanismus" abhängig, der zu einer Schwächung der Strahlungsintensität führt. Die Absorption von *Elektronen* (*Betastrahlen*) wird vor allem durch Streuung bestimmt, die von *Alphastrahlen* und *Protonen* dagegen durch Ionisation der Atome bzw. Moleküle der durchstrahlten Materie. Die Absorption der (ungeladenen) *Neutronen* zeigt dagegen – wie bei einer Wellenstrahlung – annähernd exponentielle Abhängigkeit von der Dicke der von der Strahlung durchsetzten Materie. Für die Absorption von *Gammastrahlung* spielen der Photoeffekt, der Comptoneffekt und die Paarbildung die tragende Rolle.

Absorptionsspektrum, das bei der Absorption bestimmter Frequenzen bzw. Wellenlängen entstehende Spektrum. Die absorbierte Wellenlänge tritt als dunkle Linie (*Absorptionslinie*) auf dem hellen Untergrund des kontinuierlichen Spektrums auf. Im Spektrum der Sonne werden diese Linien als *Fraunhofer-Linien* bezeichnet. Besteht der Absorber nicht aus einzelnen Atomen, sondern aus Molekülen, so beobachtet man *Absorptionsbanden*, die aus einer Vielzahl eng benachbarter Absorptionslinien bestehen (↑ Bandenspektrum). Starke Häufung von Absorptionslinien kann bis zur völligen Undurchlässigkeit für Strahlung eines bestimmten Wellenlängenbereiches führen.

Abtrennarbeit, diejenige Energie, die man benötigt, um von einem gebundenen Teilchensystem ein Teilchen oder ein Teilsystem abzutrennen. Die Abtrennarbeit entspricht der Bindungsenergie, mit der das Teilchen oder Teilsystem gebunden ist. (↑ Kernbindungsenergie, ↑ Austrittsarbeit, ↑ Photoeffekt)

achromatische Linse, eine Linse, bei der die durch die unterschiedlich starke Brechung verschiedenfarbigen Lichtes (↑ Dispersion) bewirkten Bildfehler weitgehend ausgeglichen sind. Als achromatische Linsen verwendet man Kombinationen von Sammel- und Zerstreuungslinsen aus Glassorten mit verschieden starker Dispersion.

achsennaher Strahl, nahe der optischen Achse einer ↑ Linse, eines Linsensystems oder eines gekrümmten Spiegels (↑ Hohlspiegel, ↑ Wölbspiegel) verlaufender Lichtstrahl.

achsenparalleler Strahl, parallel zur optischen Achse einer ↑ Linse, eines Linsensystems oder eines gekrümmten Spiegels (↑ Hohlspiegel, ↑ Wölbspiegel) verlaufender Lichtstrahl.

actio = reactio, (Wirkung = Gegenwirkung), kurzgefaßte Aussage des dritten ↑ Newtonschen Axioms, nach dem die von einem Körper *A* auf einen Körper *B* ausgeübte Kraft F_1 (*actio*) betragsgleich ist mit der dabei vom Körper *B* auf den Körper *A* ausgeübten Gegenkraft F_2 (*reactio*).

Adaptation (*Adaption*), Anpassung des Auges an die vorhandene Helligkeit. Die Adaptation erfolgt einerseits durch die Verengung oder Erweiterung der Pupille, andererseits durch physiologische Vorgänge in der Netzhaut.

Adhäsionskräfte, die zwischen den Molekülen verschiedener Stoffe wirkenden Molekularkräfte. Sie bewirken eine *Adhäsion*, d.h. ein Aneinanderhaften von Körpern aus verschiedenen Stoffen. Beispiele für das Wirken von Adhäsionskräften sind das Haften von Farbe auf Papier oder Leinwand und das Benetzen der Haut mit Wasser. Die Adhäsionskräfte werden u.a. ausgenutzt beim Leimen, Kleben oder Kitten zerbrochener Gegenstände.

Adiabate, eine Kurve im rechtwinkligen Koordinatensystem, durch die der Zusammenhang zwischen Druck und Volumen eines idealen Gases bei einer ↑ adiabatischen Zustandsänderung dargestellt wird (↑ Poissonsches Gesetz)

adiabatische Entmagnetisierung, Standardverfahren zur Erzeugung tiefster Temperaturen. Bringt man eine paramagnetische Substanz (↑ Paramagnetismus) in ein Magnetfeld, so richten sich die magnetischen Momente ihrer Moleküle zum Teil in Richtung des Feldes aus. Sie haben damit einen kleineren Energievorrat als im ungeordneten Zustand. Entfernt man das äußere Magnetfeld, so verteilen sich die magnetischen Momente wieder auf alle Richtungen. Dazu wird Energie benötigt, die der kinetischen Energie der Moleküle und damit der thermischen Energie der Substanz entzogen wird. Der Stoff kühlt sich stark ab. In der Praxis wird die Substanz zuerst vorgekühlt (↑ Kältemaschine), um dann mit der adiabatischen Entmagnetisierung auf extrem niedrige Temperaturen gebracht zu werden. Man kann dabei Temperaturen bis 10^{-3} Kelvin erreichen.

adiabatische Verdichtung, Kompression eines Gases ohne Wärmeaustausch mit der Umgebung; dabei erfährt das Gas eine Temperaturerhöhung. Der Zusammenhang zwischen Druck und Volumen bei einer adiabatischen Verdichtung wird durch das ↑ Poissonsche Gesetz beschrieben.

adiabatische Zustandsänderung, ↑ Zustandsänderung eines Gases, die ohne Wärmeaustausch mit der Umgebung vor sich geht. Dem betrachteten Gas wird also weder von außen Wärme zugeführt, noch gibt es nach außen Wärme ab. Für die adiabatische Zustandsänderung eines *idealen Gases* gilt das sogenannte *Poissonsche Gesetz*

$$p_1 \cdot V_1^{\kappa} = p_2 \cdot V_2^{\kappa} = \text{konstant}$$

(*p* Druck des betrachteten Gases, *V* Volumen des betrachteten Gases, *κ* Quotient aus der spezifischen Wärme des betrachteten Gases bei konstantem Druck (c_p) und konstantem Volumen (c_v): $\kappa = c_p/c_v$).
Die graphische Darstellung des durch das Poissonsche Gesetz beschriebenen Zusammenhangs zwischen Druck *p* und Volumen *p* im rechtwinkligen Koordi-

natensystem ergibt hyperbelförmige Kurven, die als *Adiabaten* bezeichnet werden.

Admittanz, Formelzeichen $\mathfrak{Y}$, komplexer Leitwert, komplexer Kehrwert des Wechselstromwiderstandes $\mathfrak{Z}$

$$\mathfrak{Y} = \frac{1}{\mathfrak{Z}} = G + i\,B$$

($i = \sqrt{-1}$). Man bezeichnet die reelle Komponente *G* von $\mathfrak{Y}$ als *Wirkleitwert* oder *Konduktanz*, die imaginäre Komponente *B* als *Blindleitwert* oder *Suszeptanz* und den Betrag $|\mathfrak{Y}|$ als *Scheinleitwert* (manchmal auch ebenfalls als Admittanz).
Es gelten folgende Beziehungen:

$$|\mathfrak{Y}| = \sqrt{G^2 + B^2} = \frac{1}{\mathfrak{Z}}$$

Bei sinusförmiger Wechselspannung und ebensolchem Wechselstrom gilt:

$$|\mathfrak{Y}| = \frac{I_{\text{eff}}}{U_{\text{eff}}}$$

(U_{eff} Effektivwert der Wechselspannung, I_{eff} Effektivwert des Wechselstroms).

Aggregatzustände, Bezeichnung für die drei Zustandsformen (fest, flüssig, gasförmig), in denen physikalische Körper vorliegen können. Grob gesehen unterscheiden sich die drei Aggregatzustände wie folgt:

1. Ein *fester Körper* besitzt ein bestimmtes Volumen und eine bestimmte Gestalt.

2. Ein *flüssiger Körper* besitzt ein bestimmtes Volumen, aber keine bestimmte Gestalt. Er nimmt die Form des Gefäßes an, in dem er sich befindet, und bildet dabei eine Oberfläche.

3. Ein *gasförmiger Körper* hat weder ein bestimmtes Volumen noch eine bestimmte Gestalt. Er nimmt jeden ihm zur Verfügung stehenden Raum ein und bildet dabei keine Oberfläche. Vorteilhafter, weil besser mit den mo-

11

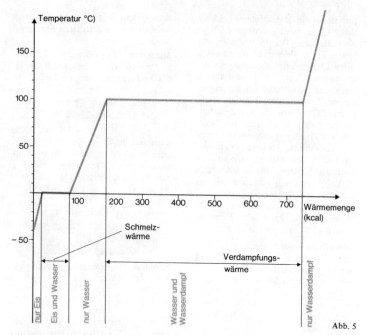

Abb. 5

lekularen Verhältnissen übereinstimmend, ist die Einteilung in *Kristalle, amorphe Stoffe* und *gasförmige Stoffe*.

1. *Kristalle* sind Stoffe, bei denen die einzelnen Bausteine (Moleküle, Ionen, Atome) an ganz bestimmte feste Orte gebunden sind, um die herum sie Schwingungen ausführen können. Sie haben deshalb eine große Volumen- und Formbeständigkeit.

2. *Amorphe Stoffe* sind Stoffe, bei denen die Bausteine nicht an bestimmte feste Orte gebunden, sondern leicht beweglich sind. Solche Stoffe haben deshalb eine sehr geringe Formbeständigkeit. Da der Abstand der Teilchen untereinander jedoch im Mittel gleich bleibt, besitzen amorphe Stoffe eine große Volumenbeständigkeit. Zu ihnen gehören außer den Flüssigkeiten selbst auch feste nichtkristalline Körper wie z.B. Glas, Wachs, Siegellack u.ä., die

man deshalb oft auch als unterkühlte Schmelzen bezeichnet.

3. *Gasförmige Stoffe* sind Stoffe, bei denen die Bausteine sich völlig frei bewegen können. Form und Volumen von Gasen sind deshalb leicht veränderlich.

Bei sehr hohen Temperaturen existiert die Materie in einem vierten Aggregatzustand, dem sogenannten *Plasmazustand* (↑ Plasma), der sich vom normalen gasförmigen Aggregatzustand erheblich unterscheidet. Über die Bezeichnung der Übergänge zwischen den einzelnen Aggregatzuständen gibt Abb.6 einen Überblick.

Die meisten Stoffe können, je nach Temperatur, in allen drei Aggregatzuständen existieren. Bei tiefen Temperaturen sind sie fest, bei mittleren flüssig und bei hohen gasförmig. Dieser Vorgang soll im folgenden am Beispiel

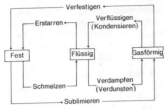

Abb. 6

des Wassers erläutert werden (Abb.5).
Wir nehmen 1 kg Eis von $-40°C$ und
führen ihm Wärme zu. Die ↑ Artwärme
des Eises beträgt 2,1 kJ/kgK (= 0,5
kcal/kg°C). Nach Zufuhr von 84 kJ
(= 20 kcal) hat das Eis demnach eine
Temperatur von $0°C$ (Schmelztemperatur des Eises) erreicht. Weitere Wärmezufuhr bewirkt nun so lange keine
Temperaturzunahme mehr, bis das ganze Eis geschmolzen ist. Die spezifische
Schmelzwärme (↑ Schmelzen) des Eises
beträgt 336 kJ/kg (= 80 kcal/kg).
Erst nach Zufuhr von 80 kcal ist also
alles Eis geschmolzen. Die Artwärme
des Wassers beträgt 4,2 kJ/kgK (= 1
kcal/kg °C). Nach Zufuhr von 420 kJ
(= 100 kcal) hat das Wasser folglich
eine Temperatur von $100°C$ (Siedetemperatur des Wassers) erreicht. Weitere Wärmezufuhr bewirkt nun so lange keine Temperaturerhöhung mehr,
bis das ganze Wasser verdampft ist. Die
spezifische Verdampfungswärme (↑ Verdampfen) des Wassers beträgt 2264 kJ/
kg (= 539 kcal/kg). Erst nach Zufuhr
von 2264 kJ (= 539 kcal) ist also alles
Wasser verdampft. Die Artwärme des
Wasserdampfes beträgt 2,02 kJ/kgK
(= 0,48 kcal/kg°C). Pro zugeführte
2,02 kJ (= 0,48 kcal) wird somit der
Wasserdampf nun um $1°C$ erwärmt.
Beim umgekehrten Vorgang, beim Übergang vom gasförmigen über den flüssigen in den festen Aggregatzustand,
werden die zugeführten Wärmemengen
wieder frei.

Akkommodation, die Fähigkeit des
↑ Auges, seine Brennweite so zu verändern, daß sie der jeweiligen Entfernung des betrachteten Gegenstandes
angepaßt ist, daß also von diesem Gegenstand ein scharfes Bild auf der
Netzhaut entsteht.
Da die Bildweite beim Auge, also die
Entfernung zwischen der Augenlinse
(Kristallinse) und der Netzhaut unveränderlich ist, erfolgt die Scharfeinstellung durch Veränderung der Brennweite der Kristallinse. Bei langer Brennweite werden weit entfernte Gegenstände scharf auf der Netzhaut abgebildet, bei kurzer Brennweite dagegen die
naheliegenden.
Der Akkommodationsbereich des gesunden Auges liegt zwischen Unendlich
(Fernpunkt) und etwa 10-15 cm (Nahpunkt). Diejenige Entfernung, auf die
das Auge ohne Ermüdung über längere
Zeit akkommodieren kann heißt deutliche Sehweite (ca. 25 cm). Die Akkommodation nimmt mit zunehmendem
Alter in der Art ab, daß die Linse
nicht mehr so stark gewölbt werden
kann, daß also der Nahpunkt immer
weiter vom Auge wegrückt.

Akkumulator, eine auf elektrochemi-
scher Basis arbeitende Gleichstromquelle.
Der am häufigsten benutzte Akkumulator ist der Bleiakkumulator. Er besteht aus zwei Bleiplatten (Elektroden),
die sich in verdünnter Schwefelsäure
H_2SO_4 (Elektrolyt) befinden. Die Platten überziehen sich dabei mit einer
Bleisulfatschicht ($PbSO_4$). Schließt man
die Elektroden an eine Gleichspannungsquelle von ca. 6 V an, so bildet
sich durch die nun stattfindende Elektrolyse an der Anode Bleidioxyd
PbO_2, an der Kathode metallisches
Blei. Gleichzeitig entsteht durch Was-
serentzug konzentrierte Schwefelsäure.
In diesem sog. Ladevorgang tritt also
durch Umwandlung von elektrischer
in chemische Energie folgende Reaktion auf:

Anode: $PbSO_4 + 2OH \rightarrow$
$PbO_2 + H_2SO_4$
Kathode: $PbSO_4 + 2H \rightarrow Pb + H_2SO_4$

13

Die Elektroden bilden nach Abschalten von der Spannungsquelle zusammen mit dem Elektrolyt ein ↑ *galvanisches Element*. Zwischen den Elektroden herrscht eine *Leerlauf*spannung von ca. 2 V. Wird der Akkumulator belastet, so fließt in entgegengesetzter Richtung wie bei der Aufladung ein *Entladestrom*. Durch Rückverwandlung der chemischen Energie in elektrische Energie werden die Elektroden und der Elektrolyt wieder in den ursprünglichen Zustand zurückgebildet:

Anode: $PbO_2 + 2H + H_2SO_4 \rightarrow PbSO_4 + 2 H_2O$

Kathode: $Pb + SO_4 \rightarrow PbSO_4$

Wegen des geringeren Gewichts werden auch Nickel-Eisen- und Nickel-Cadmium-Akkumulatoren verwendet. In ihnen ist Kalilauge als Elektrolyt enthalten. Sie besitzen außerdem eine lange Lebensdauer, liefern aber eine geringere Gleichspannung ($U = 1,1$ V) als der Bleiakkumulator.

Akustik, Lehre vom Schall. Die Akustik ist ein Teilgebiet der Mechanik und befaßt sich mit mechanischen Schwingungen im Frequenzbereich zwischen 16 Hz (*untere Hörgrenze*) und 20 000 Hz (*obere Hörgrenze*), die sich in einem elastischen Medium wellenförmig (zumeist als *Longitudinalwellen*) ausbreiten und im menschlichen Gehör einen Schalleindruck hervorrufen können (↑ Ohr). Wegen ihres physikalisch ähnlichen Verhaltens werden häufig mechanische Schwingungen und Wellen mit Frequenzen unterhalb von 16 Hz (↑ *Infraschall*) und oberhalb von 20 000 Hz bis etwa 10 000 000 Hz (↑ *Ultraschall*) ebenfalls der Akustik zugerechnet.

Aktivierung, die Erzeugung künstlich radioaktiver Atomkerne (↑ Radioaktivität, ↑ Kern) durch Beschuß stabiler Atomkerne mit energiereichen Teilchen, insbesondere mit Neutronen, jedoch auch mit Protonen, Deuteronen, Alphateilchen und Gammaquanten.

Aktivierungsenergie, diejenige Energie, die man zur Auslösung bestimmter atomarer Prozesse benötigt (z.B. Kernspaltung oder Emission von Alpha- oder Betateilchen).

Aktivität, Quotient aus der Anzahl ΔN der Atomkerne eines radioaktiven Stoffes, die im Zeitintervall Δt zerfallen, und diesen Zeitintervall selbst:

$$A = \frac{\Delta N}{\Delta t}$$

SI-Einheit der Aktivität ist die reziproke Sekunde (s^{-1}). Die Aktivität eines Gramms einer radioaktiven Substanz bezeichnet man als *spezifische Aktivität*. Für die Aktivität A gilt:

$$A = N \cdot \lambda \ ,$$

wobei N die Anzahl der zum betreffenden Zeitpunkt noch unzerfallenen Kerne und λ die ↑ Zerfallskonstante bedeuten.

Alphaspektrum, Energieverteilung der Alphateilchen, die beim Alphazerfall eines radioaktiven Elements emittiert werden. Im Gegensatz zum *kontinuierlichen* Betaspektrum stellt das Alphaspektrum ein aus einer oder mehreren Spektrallinien bestehendes diskretes *Linienspektrum* dar. Alphastrahler senden demnach nur Alphateilchen einer einzigen wohldefinierten Energie oder mehrerer Gruppen jeweils scharf definierter Energien aus. Beim *Thorium C* gibt es z.B. fünf solche Gruppen mit Energien zwischen 5,6 MeV und 6,1 MeV.

Das beim Alphazerfall entstehende Alphaspektrum kommt dadurch zustande, daß die radioaktiven Atomkerne in angeregte Folgekerne übergehen, die sich in unterschiedlichen Anregungszuständen befinden. Das emittierte Alphateilchen erhält stets dann die *maximale* Energie, wenn der Alphazerfall so erfolgt, daß der Folgekern sich sofort im *Grundzustand* befindet. Das Alphaspektrum gibt daher Aufschluß über die Energiezustände des Folgekerns. Die Energiedifferenzen in den verschiedenen Gruppen entsprechen genau den Energien der Gammaquanten, die die Folgekerne beim Übergang in den Grundzustand aussenden.

Alpha-Strahlen (α-Strahlen), ionisierende Teilchenstrahlen, die beim Kernzerfall gewisser natürlicher radioaktiver Elemente (α-Strahler) oder bei gewissen ↑ Kernreaktionen auftreten. Die α-Strahlen bestehen aus *α-Teilchen*, schnellen (zweifach positiv geladenen) Heliumkernen $_2^4$He.

Die α-Teilchen, die ein α-Strahler aussendet, besitzen entweder eine (für den betreffenden Strahler konstante) charakteristische *Energie* und damit gleiche *Reichweite* und *Geschwindigkeit* oder sie treten in einzelnen Gruppen voneinander verschiedener Energien auf. Der häufigste Fall ist, daß alle α-Teilchen gleiche Geschwindigkeit haben. Die mittleren Reichweiten von α-Strahlen in Luft liegen zwischen 2,5 und 8,6 cm, die Energien zwischen 4,05 und 8,95 MeV, die Halbwertszeiten (↑ radioaktives Zerfallsgesetz) z w i s c h e n 3,0 · 10^{-7}s und 1,39 · 10^{10} a, die ↑ Zerfallskonstanten zwischen 2,31 · 10^{6}s^{-1} und 1,58 · 10^{-18}s^{-1}.

Die Energie E der α-Strahlen und die Zerfallskonstante λ des α-Strahlers sind durch die *Geiger-Nutallsche Regel* miteinander verbunden: $\log \lambda = a \cdot \log E + b$, wobei a und b innerhalb einer ↑ Zerfallsreihe konstant sind. Für die Reichweite R der α-Teilchen gilt die *Geigersche Regel*: $R = a \cdot v^3 = b \cdot E^{3/2}$ (a, b konstant). Die Reichweite ist proportional der dritten Potenz der Geschwindigkeit bzw. der Quadratwurzel aus der dritten Potenz der Energie.

Zur Messung und zum Nachweis von Alphastrahlen werden als *Alphazähler* bzw. *Alphastrahlendetektoren* Ionisationskammern, Nebelkammern, Zählrohre, Szintillationszähler und Halbleiterzähler, auch Elektroskope und Kernspurplatten verwendet.

Alphastrahler, radioaktives ↑ Isotop, das beim Zerfall ↑ Alphastrahlen aussendet. Zu den Alphastrahlern gehören die meisten Kerne mit natürlicher Radioaktivität (↑ Uran, ↑ Transurane). Der einzige Alphastrahler unterhalb der Massenzahl 198 ist das Samarium 147.

Alphazerfall (*α-Zerfall*), radioaktiver Kernzerfall unter Emission eines α-Teilchens. Der natürliche Alphazerfall kommt mit wenigen Ausnahmen nur bei schweren Kernen vor, deren Ordnungszahl größer als 83 ist und die sich in die vier natürlichen ↑ Zerfallsreihen einordnen lassen. Der Alphazerfall beruht auf der Coulomb-Abstoßung der in den Kernen enthaltenen Protonen, die diese schweren Kerne instabil macht, so daß sie bestrebt sind, ihre Kernladung zu verringern. Zerfällt ein instabiler Kern K mit ↑ Massenzahl A und der ↑ Kernladungszahl Z, so hat der Folgekern K* die Massenzahl $A - 4$ und die Kernladungszahl $Z - 2$:

$$_Z^A K \rightarrow _{Z-2}^{A-4} K^* + \alpha$$

($\alpha = _2^4$He).

Diese Gesetzmäßigkeit bezeichnet man als *Soddy-Fajanssche Verschiebungsregel*.

Andere Formulierung dieses Zusammenhangs: Der beim Zerfall entstehende Folgekern steht im Periodensystem zwei Stellen links von der der Muttersubstanz (Kernladung Z wird um 2 verringert), seine Massenzahl ist um vier Einheiten geringer als die der Muttersubstanz.

Amontonssches Gesetz, ein Gesetz, das die Abhängigkeit zwischen dem Druck p und der absoluten Temperatur T einer bestimmten Menge eines idealen Gases bei gleichbleibenden Volumen V

beschreibt. Es lautet:

$$\frac{p}{T} = \text{const} \quad \text{für } V = \text{const}$$

Das heißt: Der Quotient aus Druck und absoluter Temperatur einer Gasmenge ist bei gleichbleibendem Volumen konstant, bzw. der Druck einer Gasmenge ist bei gleichbleibendem Volumen der absoluten Temperatur direkt proportional.

Betrachtet man einen durch den Druck p_1 und die absolute Temperatur T_1 charakterisierten Zustand 1 und einen durch den Druck p_2 und die absolute Temperatur T_2 charakterisierten Zustand 2 eines idealen Gases, dann ergibt sich aus dem Amontonsschen Gesetz die Beziehung:

$$\frac{p_1}{T_1} = \frac{p_2}{T_2} \quad \text{bei } V = \text{const.}$$

Wählt man für den Zustand 1 die Temperatur von $0°C$ und für den Zustand 2 die Temperatur von $t°C$ und bezeichnet man mit p_0 den Druck des Gases bei $0°C$ und mit p_t den Druck des Gases bei $t°C$, dann geht die Beziehung (2) über in:

$$\frac{p_0}{273,15 \text{ grd}} = \frac{p_t}{(273,15 \text{ grd} + t)}$$

bzw.

$$p_t = p_0 \frac{273,15 \text{ grd} + t}{273,15 \text{ grd}}$$

und daraus ergibt sich:

$$p_t = p_0 \left(1 + \frac{t}{273,15 \text{ grd}}\right)$$

Das heißt aber: Bei konstantem Volumen nimmt der Druck einer Gasmenge beim Erwärmen um $1°C$ um $1/273,15$ des Druckes bei $0°C$ zu.

Das Amontonssche Gesetz ergibt sich aus der allgemeinen ↑ Zustandsgleichung der Gase

$$\frac{p_1 \, V_1}{T_1} = \frac{p_2 \, V_2}{T_2}$$

wenn man $V_1 = V_2 = V$ setzt.

Ampere (A), SI-Einheit der ↑ Stromstärke; eine der sieben ↑ Basiseinheiten des Internationalen Einheitensystems (Système International d'Unités). *Festlegung*: 1 Ampere ist die Stärke eines zeitlich unveränderlichen elektrischen Stroms, der, durch zwei im Vakuum parallel im Abstand 1 m voneinander angeordnete, geradlinige, unendlich lange Leiter von vernachlässigbar kleinem, kreisförmigem Querschnitt fließend, zwischen diesen Leitern auf je 1 m Länge elektrodynamisch eine Kraft von $2 \cdot 10^{-7}$ Newton hervorrufen würde.

Amperemeter, Gerät zur Messung der elektrischen ↑ Stromstärke. Amperemeter besonders großer Empfindlichkeit heißen *Galvanometer*.
Schaltsymbol:

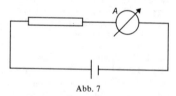

Bei der Strommessung werden Amperemeter und Verbraucher hintereinander (*in Serie*) geschaltet (Abb. 7).

Abb. 7

Amperemeter haben einen kleinen Innenwiderstand, um den Spannungsabfall möglichst klein zu halten. Grundsätzlich kann jede Wirkung des elektrischen Stromes zu seiner Messung ausgenutzt werden.

1. Das *Voltameter* (streng zu unterscheiden vom Voltmeter) beruht auf der *chemischen Wirkung* des elektrischen Stromes und ist daher nur für Gleichstrom verwendbar. Mit ihm bestimmt man die Stromstärke, indem man die Menge der durch den Strom in einer bestimmten Zeit bewirkten elektrolytischen Abscheidung mißt. Daraus läßt sich die in dieser Zeit

transportierte Ladung ermitteln (↑ Elektrolyse). Die Stromstärke beträgt zum Beispiel genau 1 Ampere, wenn in einer Silbernitratlösung in einer Sekunde 1,118 mg Silber abgeschieden wurde.

2. Das *Hitzdrahtamperemeter* (Abb. 8) beruht auf der *Wärmewirkung* (↑ Joulsches Gesetz) des elektrischen Stromes und ist daher für Gleich- und Wechsel-

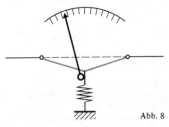

Abb. 8

strom verwendbar. Die Ausdehnung eines stromdurchflossenen Leiters infolge der durch den Stromfluß bewirkten Erhitzung ist ein Maß für die Stromstärke.

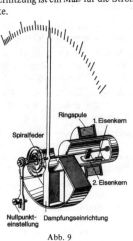

Abb. 9

3. Das *Dreheiseninstrument* (Abb.9) beruht auf der magnetischen Wirkung des elektrischen Stromes und ist für Gleich- und Wechselstrom verwendbar. Im Innern einer Spule befinden sich

ein drehbares und ein festes Eisenstück. Wird die Spule vom Strom durchflossen, so werden im Magnetfeld der Spule die beiden Eisenstücke so magneti-

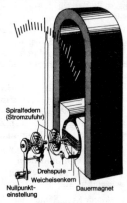

Abb. 10

siert, daß sich immer gleiche Magnetpole gegenüberliegen und daher einander abstoßen. Der Betrag der Abstoßungskraft ist ein Maß für die Stromstärke.

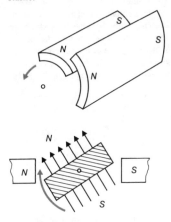

Wirkungsweise von Dreheiseninstrument (oben) und Drehspulinstrument (unten).

Abb. 11

4. Das *Drehspulinstrument* (Abb.10) beruht ebenfalls auf der magnetischen Wirkung des elektrischen Stromes, ist jedoch nur für Gleichstrom verwendbar. Es stellt das wichtigste Amperemeter dar. Zwischen den Magnetpolen eines (hufeisenförmigen) Dauermagneten befindet sich eine Spule. Wird die Spule von einem Strom durchflossen, so treten deren Magnetfeld und das Magnetfeld des Dauermagneten in Wechselwirkung. Die auftretenden Kräfte bewirken ein Drehen der stromdurchflossenen Spule. Der Ausschlag eines mit der Spule verbundenen Zeigers ist ein Maß für die Stromstärke.

Beim Drehspulinstrument und Voltameter spielt die Stromrichtung eine Rolle, beim Hitzdrahtamperemeter und Dreheisengerät nicht.

Amperesekunde (As), Einheit der Elektrizitätsmenge (↑ Ladung). 1 As entspricht 1 ↑ Coulomb (C). Bei einer Stromstärke (eines Gleichstroms) von 1 Ampere fließt in 1 Sekunde die Elektrizitätsmenge 1 As durch einen Leiterquerschnitt.

Amplitude, der größtmögliche Wert, den die sich periodisch ändernde physikalische Größe bei einer ↑ Schwingung annimmt. So ist bei einer *mechanischen Schwingung* die Amplitude gleich der größten Entfernung des schwingenden Körpers von seiner Ruhelage.

Abb. 12

Anfangsbedingungen, die Bedingungen, die den physikalischen Zustand eines Körpers oder Systems zu einem willkürlich gewählten Zeitpunkt $t = t_0$ (*Anfangszeitpunkt*) festlegen. Dieser Zeitpunkt wird zumeist auch als Anfang der Zeitzählung verwendet ($t_0 = 0$). Die Anfangsbedingungen bei der *Bewegung* eines Körpers sind seine Geschwindigkeit (*Anfangsgeschwindigkeit*) und sein Ort (*Anfangsort, Anfangslage*) zum Zeitpunkt $t = t_0$.

Ångström (A oder Å), für eine Übergangsfrist bis 31.12.1977 noch zulässige Längeneinheit.

$$1\,A = 10^{-10}\,m = \frac{1}{10\,000\,000\,000}\,m$$

Anion, negativ geladenes ↑ Ion (z.B. Cl^-, SO_4^{--}, NH_4^-, OH^-).

anisotrop heißt ein Körper oder ein Ausbreitungsmedium für Wellen, bei dem wenigstens eine physikalische Eigenschaft *richtungsabhängig* ist. So sind beispielsweise die meisten Kristalle anisotrop, da die Ausbreitungsgeschwindigkeit des Lichtes in ihnen richtungsabhängig ist (↑ Polarisation, ↑ Doppelbrechung).

Anode, die am Pluspol einer ↑ Spannungsquelle liegende Elektrode.

Anodenfall, der unmittelbar vor der Anode bei einer ↑ Glimmentladung auftretende Spannungsabfall.

Anodenspannung, bei einer ↑ Elektronenröhre die zwischen Kathode und Anode gelegte Gleichspannung.

Anodenstrom, der in einer ↑ Elektronenröhre von der (negativen) Glühkathode zur (positiven) Anode auftretende Elektronenstrom.

Anomalie des Wassers, Bezeichnung für das im Vergleich mit den meisten anderen Stoffen unregelmäßige Verhalten des Wassers bei Temperaturänderungen. Erwärmt man Wasser von $0°C$, so erfolgt nicht wie zu erwarten eine Volumenzunahme, sondern zunächst einmal eine Volumen*ab*nahme und zwar bis zu einer Temperatur von $+4°C$. Erst beim weiteren Erwärmen zeigt sich dann die erwartete Volumenzunahme mit wachsender Temperatur (Abb. 13). Das Wasser hat somit bei + 4°C seine größte ↑ Dichte.

Auf Grund dieser Anomalie des Wassers bildet sich beispielsweise im Win-

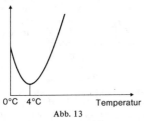

Volumen

0°C 4°C   Temperatur

Abb. 13

ter bei einem See zunächst an der Oberfläche eine Eisschicht heraus, weil die darunter befindlichen Wasserschichten eine größere Dichte und somit eine höhere Temperatur besitzen. An der tiefsten Stelle des Sees herrscht dann noch eine Temperatur von + 4°C (Abb. 14). Die Eisschicht schützt durch ihre wärmedämmende Wirkung das unter ihr befindliche Wasser vor weiteren

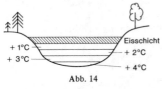

+ 1°C ——   Eisschicht
+ 3°C ——   + 2°C
              —— + 4°C

Abb. 14

Wärmeverlusten, so daß nur bei sehr lang andauernden tiefen Temperaturen ein für die im See lebenden Tiere verhängnisvolles Zufrieren bis zum Seeboden erfolgt.

Anregung, Bezeichnung für den durch Energiezufuhr bewirkten Übergang (*Quantensprung*) eines gebundenen Teilchensystems (↑ Atom, ↑ Kern) aus dessen Grundzustand in einen energetisch höher liegenden Zustand (*angeregter Zustand*), ohne daß dabei eine Ablösung eines Teilchens stattfindet. Die zur Anregung nötige Energie (*Anregungsenergie*) kann dem System ent-

weder durch *Absorption* eines ↑ Photons zugeführt werden oder durch eine sog. *Stoßanregung*, bei der ein Teilchen einen geeigneten Teil seiner kinetischen Energie durch einen Stoßprozeß auf das System überträgt.

Anregungsenergie, diejenige Energie, die zur Anregung eines gebundenen Teilchensystems in einen bestimmten Energiezustand erforderlich ist.
Ist W_0 die Energie des Grundzustandes und W_1 die Energie des angeregten Zustandes, so ist die Anregungsenergie gleich der Differenz $\Delta W = W_1 - W_0$. Die Anregungsenergie wird meist in ↑ Elektronenvolt angegeben.
Bei der Anregung von Atomen und Molekülen durch Elektronenstoß (↑ Franck-Hertz-Versuch) gilt für die Anregungsenergie die Beziehung:

$$\Delta W = e \cdot U.$$

Darin bedeutet e die Elektronenladung und U diejenige Spannung, die ein Elektron frei durchlaufen muß, um die zur Anregung nötige Energie ΔW als kinetische Energie aufzunehmen. Man bezeichnet diese Spannung U auch als *Anregungsspannung.*

Antenne, Vorrichtung zum Senden oder Empfangen von elektromagnetischen Wellen. In ihrer einfachsten Form stellt die Antenne einen einseitig geerdeten Dipol dar.

Antiferromagnetismus, magnetisches Verhalten gewisser kristalliner Stoffe. Bei solchen Stoffen steigt die magnetische ↑ Suszeptibilität zunächst bis zu einer bestimmten Temperatur T_N (*Neeltemperatur*) an, um dann bei weiterer Temperatursteigerung wieder abzusinken.
Dieses Verhalten ist wie folgt zu erklären: Bei sehr tiefen Temperaturen sind die mit den Spins der Elektronen gekoppelten magnetischen ↑ Dipolmomente eines Kristalls paarweise antiparallel ausgerichtet und damit wirkungslos (im Gegensatz zum ↑ Ferro-

19

magnetismus). Mit steigender Temperatur wird diese Ordnung durch die Wärmebewegung gestört und bricht schließlich bei der Temperatur $T = T_N$ zusammen. Oberhalb dieser Temperatur zeigen die Stoffe paramagnetisches Verhalten.

Antikathode, die in einer ↑ Röntgenröhre der Kathode gegenüberliegende positive Elektrode. An ihr werden die von der Kathode ausgesandten, von der Röntgenspannung beschleunigten Elektronen beim Auftreffen abgebremst; dabei werden die Röntgenstrahlen erzeugt.

Antimaterie, hypothetische Form der Materie, deren ↑ Atome (*Antiatome*) aus den ↑ Antiteilchen der Elektronen, Protonen und Neutronen, d.h. aus *Positronen, Antiprotonen* und *Antineutronen* aufgebaut sind. Antimaterie wäre wohl für sich; aber nicht in Gegenwart von normaler Materie existenzfähig, da die Antiatome beim Zusammentreffen mit normalen Atomen unter Energiefreisetzung zerstrahlen. So bilden sich z.B. beim Zusammentreffen eines Protons und eines Antiprotons sehr kurzlebige Mesonen, die rasch in Gammastrahlen, Neutrinos, Elektronen und Positronen übergehen (zerfallen); wobei insgesamt eine Energie von 1,8 MeV umgesetzt wird.

Antiteilchen, zunächst meist theoretisch postulierte und später experimentell nachgewiesene ↑ Elementarteilchen.

Zu jedem Elementarteilchen gibt es ein Teilchen, das dieselbe Masse, die gleiche mittlere Lebensdauer und den gleichen Spin sowie Isospin besitzt, während alle seine anderen „inneren" Eigenschaften zwar dem Betrag nach gleich sind, aber entgegengesetztes Vorzeichen haben. Dieses wird als *Antiteilchen* bezeichnet. Trägt z.B. ein Elementarteilchen eine positive elektrische Ladung, so besitzt sein Antiteilchen eine gleich große negative elektrische Ladung. Elektrisch neutrale Teilchen lassen sich nicht immer von ihrem Antiteilchen unterscheiden. Paare von Teilchen und Antiteilchen entstehen stets bei der Umwandlung von Energie in Masse (↑ Paarerzeugung). Die zur Erzeugung eines Teilchen-Antiteilchen-Paares benötigte Energie muß gemäß der Äquivalenz von Masse m und Energie W ($W = m \cdot c^2$, c Vakuumlichtgeschwindigkeit) größer als die doppelte Ruhenergie $2m_0 \cdot c^2$ sein (m_0 Ruhmasse des Teilchens bzw. Antiteilchens). Treffen ein Teilchen und dessen Antiteilchen zusammen, so zerstrahlen sie in Energie (↑ Paarvernichtung).

Das Antiteilchen zu einem Elementarteilchen wird meist durch einen Querstrich über dem physikalischen Symbol des Teilchens gekennzeichnet. Die bekanntesten Elementarteilchen und deren Antiteilchen sind:

Elektron e^- und Positron e^+
Proton p und Antiproton $\bar{p}$
Neutron n und Antineutron $\bar{n}$
Neutrino ν und Antineutrino $\bar{\nu}$

Antriebsmoment, Formelzeichen $\vec{p}*$, Produkt aus dem ↑ Drehmoment $\vec{M}$ und der Zeit t seiner Einwirkung auf einen drehbaren starren Körper:

$$\vec{p}* = \vec{M} \cdot t$$

Das Antriebsmoment ist ein *Vektor*, dessen Richtung mit der des Drehmoments übereinstimmt. Ist das Drehmoment zeitabhängig, so zerlegt man die Zeitdauer t in hinreichend kleiner Zeitabschnitte Δt, während der jeweils das Drehmoment als konstant angesehen werden kann. Es ergibt sich dann:

$$\vec{p}* = \sum \vec{M}\Delta t$$

bzw. beim Übergang zu unendlich kleinen Zeitabschnitten:

$$\vec{p}* = \int \vec{M} \, dt$$

Die *Dimension* des Antriebsmomentes ergibt sich definitionsgemäß zu:

$$\dim \vec{p}* = \dim \vec{M} \cdot \dim t = \mathsf{L}^2\, \mathsf{M}\, \mathsf{Z}^{-1}$$

Die *SI-Einheit* des Antriebsmomentes ist:

$$1\,\frac{\mathrm{kg} \cdot \mathrm{m}^2}{\mathrm{s}} = 1\ \mathrm{Nms} = 1\ \mathrm{Js}$$

Wirkt ein Antriebsmoment auf einen drehbaren starren Körper, so ändert sich dessen ↑ Drehimpuls $\vec{L}$. Es gilt dabei:

$$\Delta L = \int\limits_{t_1}^{t_2} M\, \mathrm{d}t$$

(ΔL Änderung des Drehimpulses, M Drehmoment, $t_2 - t_1$ Zeitdauer des Wirkens des Drehmomentes). Das Antriebsmoment ist also gleich der Änderung des Drehimpulses.

Dem Antriebsmoment bei der Drehbewegung entspricht der ↑ Kraftstoß bei der fortschreitenden Bewegung (Translationsbewegung).

Anzahldichte, Formelzeichen n, Quotient aus der Anzahl N von Teilchen (z.B. Ladungen, Atome, Moleküle) in einem bestimmten Volumen V und dem Volumen V selbst:

$$\boxed{n = \frac{N}{V}}$$

Die *SI-Einheit* ist m^{-3}.

aperiodische Dämpfung, Bezeichnung für die Dämpfung einer ↑ Schwingung, bei deren Vorliegen sich nach einem einmaligen Anstoß des schwingungsfähigen Systems kein periodischer Schwingungsverlauf herausbildet. Die Schwingungsgröße kehrt vielmehr asymptotisch in ihre Ruhelage zurück. Bei einer mechanischen Schwingung bedeutet das, daß der aus seiner Ruhelage ausgelenkte Körper (z.B. ein Pendelkörper) in seine Ruhelage zurück „kriecht" (kriechende Dämpfung). Den zeitlichen Verlauf einer Schwingung

mit aperiodische Dämpfung zeigt die Abb. 15.

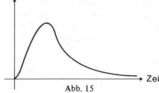

Abb. 15

Apsiden, Bezeichnung für diejenigen beiden Punkte auf der elliptischen Bahn eines Himmelskörpers um einen anderen, an denen die (Mittelpunkte der) beiden Himmelskörper ihre größte bzw. kleinste Entfernung voneinander haben. Bei Doppelsternen heißen diese Punkte *Apastron* bzw. *Periastron*, bei Planeten *Aphel* bzw. *Perihel* und bei natürlichen oder künstlichen Erdsatelliten *Apogäum* bzw. *Perigäum*.

Äquipotentialflächen, Flächen gleichen ↑ Potentials in einem Feld. Beim elektrischen Feld kann auf einer solchen Fläche ein elektrisch geladenes Teilchen ohne Arbeitsaufwand oder Arbeitsgewinn beliebig bewegt werden. Je *enger* die Äquipotentialflächen zusammenliegen, um so *größer* ist im betreffenden Gebiet die elektrische ↑ Feldstärke. Das elektrische Potential einer punktförmigen Ladung besitzt als Äquipotentialflächen Kugelflächen mit der Ladung als Kugelmittelpunkt.

Das gleiche gilt analog für andere Felder. So kann z.B. auf den Äquipotentialflächen eines Gravitationsfeldes ein Massenpunkt ohne Arbeitsaufwand beliebig bewegt werden.

Äquivalenzprinzip, Bezeichnung für den Satz von der Äquivalenz (Gleichwertigkeit) von ↑ Masse und ↑ Energie. Die Äquivalenz von Energie W und Masse m kommt in der von A. Einstein in der speziellen ↑ Relativitätstheorie aufgestellten Beziehung

$$\boxed{W = m \cdot c^2}$$

21

(*c* Vakuumlichtgeschwindigkeit) zum Ausdruck.

Aräometer (*Senkwaage, Senkspindel*), einfaches Gerät zur Messung der ↑ Wichte bzw. ↑ Dichte von Flüssigkeiten. Gemäß dem ↑ Archimedischen Gesetz taucht ein schwimmender Körper so tief in eine Flüssigkeit ein, bis die Gewichtskraft der von ihm verdrängten Flüssigkeitsmenge gleich seiner eigenen Gewichtskraft (in Luft) ist. Das Aräometer ist ein allseitig geschlossener, am unteren Ende zum Zwecke des senkrechten Schwimmens beschwerter röhrenförmiger Glaskörper, der desto tiefer in eine Flüssigkeit eintaucht, je geringer deren Wichte bzw. Dichte ist. An einer Skala kann dabei aus der Ein-

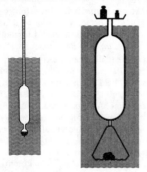

Abb. 16

tauchtiefe unmittelbar die Wichte bzw. Dichte der zu messenden Flüssigkeit abgelesen werden (Abb. 16).

Arbeit. Eine Arbeit wird immer dann verrichtet, wenn ein Körper entgegen einer auf ihn wirkenden Kraft bewegt wird. Haben Kraftvektor $\vec{F}$ und Wegvektor $\vec{s}$ die gleiche Richtung, und ist darüber hinaus die Kraft längs des gesamten Weges konstant, dann gilt für die Arbeit W:

$$W = F \cdot s$$

Das heißt: Die Arbeit W ist gleich dem Produkt aus dem Betrag F der Kraft und dem Betrag s des Weges.

Ist zwar die Kraft längs des gesamten Weges konstant, stimmen aber Kraftrichtung und Wegrichtung nicht überein, so ergibt sich die Arbeit W als *Skalarprodukt* des Kraftvektors $\vec{F}$ und des Wegvektors $\vec{s}$:

$$W = \vec{F} \cdot \vec{s}$$

Nach den Regeln der Vektorrechnung gilt aber $\vec{F} \cdot \vec{s} = F \cdot s \cdot \cos \alpha$ (α Winkel zwischen Kraft- und Wegrichtung). Das heißt: Die Arbeit W ist gleich dem Produkt aus dem Betrag F des Kraftvektors, dem Betrag s des Wegvektors und dem Cosinus des von Kraft- und Wegrichtung eingeschlossenen Winkels α. Ändert sich der Kraftvektor längs des Weges, so ergibt sich schließlich die allgemeingültige Beziehung:

$$W = \int \vec{F} \cdot \mathrm{d}\vec{s} = \int F \cos \alpha \, \mathrm{d}s$$

Die Arbeit ist also das Wegintegral der Kraft. Die Arbeit ist ein *Skalar*.
Dimension: dim $W = \mathrm{M} \cdot \mathrm{L}^2 \cdot \mathrm{Z}^{-2}$
SI-Einheit der Arbeit ist das Joule (J).
Festlegung: 1 Joule (J) ist gleich der Arbeit, die verrichtet wird, wenn der Angriffspunkt der Kraft 1 Newton (N) in Richtung der Kraft um 1 m verschoben wird:

$$1\,\mathrm{J} = 1\,\mathrm{Nm} = 1\,\frac{\mathrm{kg} \cdot \mathrm{m}^2}{\mathrm{s}^2} = 1\,\mathrm{Ws} = 1\,\mathrm{VAs}$$

(↑ erg, ↑ Kilopondmeter).

Mechanische Arbeit: Leicht zu berechnen ist die Arbeit für die folgenden Spezialfälle:
Die *Hubarbeit* W_h, die einen Körper der Masse m um die Höhe h hebt, ist $W_h = mgh$ (g Erdbeschleunigung). Es ist dabei gleichgültig, auf welchem Wege der Körper die Höhendifferenz h überwindet, ob senkrecht oder auf einer schiefen Ebene. Die Hubarbeit ist vom Weg unabhängig; sie hängt nur von der Gewichtskraft des zu hebenden Körpers

mg und vom Höhenunterschied h ab. Die *Spannarbeit* W_{sp}, die erforderlich ist, um eine Feder mit der Federkonstanten D aus der Ruhelage heraus um den Betrag x zu dehnen, ist:

$$W_{sp} = \frac{1}{2} D x^2.$$

Die *Beschleunigungsarbeit* W_a, die bei fortschreitender Bewegung einen Körper der Masse m aus der Ruhe auf die Geschwindigkeit v beschleunigt, ist:

$$W_a = \frac{1}{2} m v^2.$$

Für die Beschleunigungsarbeit W_r bei der Drehbewegung gilt, wenn der Körper aus der Ruhe heraus beschleunigt wird:

$$W_r = \frac{1}{2} J \omega^2,$$

worin J das Trägheitsmoment der zu beschleunigenden Masse in bezug auf die gewählte Drehachse und ω die Winkelgeschwindigkeit ist.

Elektrische Arbeit: Haben zwei verschiedene Punkte A und B des Raumes verschiedene elektrische Potentiale, herrscht also zwischen A und B eine Spannung U, so benötigt man für den Transport einer positiven Ladung Q von A nach B die *elektrische Arbeit*

$$W_{el} = Q \cdot U$$

dabei spielt der Weg von A nach B *keine* Rolle. Erfolgt dieser Ladungstransport in einem Zeitintervall Δt, so bedeutet dies einen elektr. Strom der Stärke $I = Q/\Delta t$ zwischen A und B. Damit erhält man:

$$W_{el} = U \cdot I \cdot \Delta t .$$

Nach dieser Beziehung ermittelt man die elektrische Arbeit eines Gleichstromes. Entsprechend gilt für die Arbeit eines Wechselstromes während einer Periodendauer T

$$W_{el} = U_{eff} \cdot I_{eff} \cdot T \cdot \cos \varphi ,$$

(U_{eff} Effektivspannung, I_{eff} Effektivstromstärke, φ Phasenverschiebung zwischen Spannung und Stromstärke). Für eine sinusförmige Wechselspannung gilt $U_{eff} = U_0/\sqrt{2}$ und $I_{eff} = I_0/\sqrt{2}$, wobei U_0 und I_0 die *maximale* Spannung bzw. Stromstärke bedeuten. Somit ergibt sich für die elektrische Arbeit eines sinusförmigen Wechselstromes innerhalb einer Periodendauer T

$$W_{el} = \frac{1}{2} \cdot U_0 \cdot I_0 \cdot T \cos \varphi$$

Magnetische Arbeit: Bewegt man einen Leiter in einem Magnetfeld, so wirken auf seine freibeweglichen Ladungsträger magnetische Kräfte. Diese müssen bei der Bewegung überwunden werden. Dabei wird Arbeit verrichtet. Gleichzeitig kommt es im Leiter auf Grund der Änderung der magnetischen Induktion zur ↑ Induktion einer Spannung und damit zum Aufbau eines elektrischen Felds im Innern des Leiters. Die verrichtete Arbeit wurde somit in elektrische Energie übergeführt.

Archimedisches Gesetz(*Archimedisches Prinzip*), von dem griechischen Naturforscher Archimedes (um 287 - 212 v. Chr.) aufgestelltes und nach ihm benanntes Gesetz. Es sagt aus, daß ein in eine Flüssigkeit eintauchender Körper *scheinbar* soviel von seiner Gewichtskraft verliert, wie die von ihm verdrängte Flüssigkeitsmenge wiegt. Dieser scheinbare Gewichtsverlust wird als (hydrostatischer) *Auftrieb* bezeichnet.

Ableitung: In einer Flüssigkeit mit der Wichte γ befinde sich ein zylindrischer Körper. Die Größe der Deck- und Grundfläche sei A (Abb. 17). Der auf die Deckfläche wirkende Druck p_1 ist gleich dem Quotienten aus der Gewichtskraft G der darüber befindlichen Flüssigkeitssäule und dem Flächeninhalt A der Deckfläche: $p_1 = G/A$.

Nun gilt aber: $G = V \cdot \gamma$ und $V = A \cdot h_1$, somit ergibt sich:

$$p_1 = \frac{A \cdot h_1 \cdot \gamma}{A} = h_1 \cdot \gamma;$$

entsprechend gilt für den Druck p_2 auf die Grundfläche des Körpers $p_2 = h_2 \cdot \gamma$. Die auf die Seitenflächen wirkenden Drücke sind in gleichen Tiefen gleich, die durch sie bewirkten seitlichen Kräfte heben sich in jeder Tiefe paarweise auf.

Da die Kraft F gleich dem Produkt aus Druck p und Fläche A ist, bewirkt der Druck p_1 auf die Deckfläche eine nach unten gerichtete Kraft F_1 der Größe $F_1 = p_1 A = h_1 \gamma A$. Ebenso bewirkt der Druck p_2 auf die Grundfläche eine nach *oben* gerichtete Kraft F_2 der Größe $F_2 = p_2 \cdot A = h_2 \cdot \gamma \cdot A$. Da aber $p_1 < p_2$ bzw. $h_1 < h_2$, ist auch $F_1 < F_2$.

Es ergibt sich als Resultierende dieser beiden Kräfte F_1 und F_2 eine nach oben gerichtete Kraft F_a, die als *hydrostatischer Auftrieb* bezeichnet wird. Ihre Größe ist:

$$F_a = F_2 - F_1 = h_2 \gamma A - h_1 \gamma A =$$
$$= A(h_2 - h_1) \cdot \gamma.$$

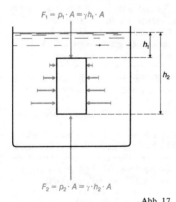

$F_1 = p_1 \cdot A = \gamma h_1 \cdot A$

$F_2 = p_2 \cdot A = \gamma \cdot h_2 \cdot A$

Abb. 17

Da aber $A \cdot (h_2 - h_1)$ gerade gleich dem Volumen V des Körpers und da-

mit auch dem Volumen der verdrängten Flüssigkeitsmenge ist, gilt: $F_a = V \cdot \gamma$. $V \cdot \gamma$ ist aber gerade die Gewichtskraft G_{fl} der verdrängten Flüssigkeitsmenge, somit gilt:

$$\boxed{F_a = G_{fl}.}$$

Dieses Gesetz gilt für beliebig geformte Körper, auch wenn die Ableitung aus Gründen der Anschaulichkeit nur am Beispiel eines Zylinders durchgeführt wurde.

Der *hydrostatische Auftrieb* eines Körpers in einer Flüssigkeit ist gleich der *Gewichtskraft der von ihm verdrängten Flüssigkeit.*

Gummimembran

unten offener Glaskörper

Abb. 18

Der hydrostatische Auftrieb ist *nicht* davon abhängig, wie weit unter der Flüssigkeitsoberfläche sich der betrachtete Körper befindet, er ist vielmehr *in jeder Tiefe gleich groß.*

Folgerungen: Ist G die Gewichtskraft des Körpers, γ_K seine Wichte, F_a sein Auftrieb und γ_{Fl} die Wichte der Flüssigkeit, in der er sich befindet, dann gilt: Der Körper sinkt in der Flüssigkeit unter, wenn $F_a < G$ oder (da $F_a = \gamma_{Fl} V$ und $G = \gamma_K \cdot V$) wenn $\gamma_{Fl} < \gamma_K$.

Der Körper *schwebt* in der Flüssigkeit, d.h. er bleibt an jeder Stelle unterhalb der Flüssigkeitsoberfläche in Ruhe, wenn: $F_a = G$ bzw. $\gamma_{Fl} = \gamma_K$.

Der Körper *schwimmt* und taucht dabei so tief in die Flüssigkeit ein, bis die Gewichtskraft der verdrängten Flüssigkeitsmenge gleich seiner eigenen Gewichtskraft ist, wenn gilt: $F_a > G$ bzw. $\gamma_{Fl} > \gamma_K$. Diese drei Fälle lassen sich mit Hilfe des *cartesianischen Tauchers* (Abb. 18) demonstrieren. Ein unten offener, hohler, mit Luft gefüllter Glaskörper befindet sich in einem bis obenhin mit Wasser gefüllten und mit einer elastischen Membran verschlossenem Gefäß. Seine Gewichtskraft einschließlich der eingeschlossenen Luftmenge ist kleiner als sein Auftrieb, er schwimmt. Drückt man auf die Membran, so wird die Luft im Glaskörper zusammengepreßt, es dringt Wasser von unten her ein. Das Volumen des aus dem Glaskörper und der darin befindlichen Luft bestehenden Systems verringert sich und damit auch der Auftrieb. Je nachdem, wie stark man auf die Membran drückt, schwebt der Körper oder sinkt.

Das Archimedische Gesetz gilt nicht nur für Flüssigkeiten, sondern auch für Gase (↑ Dasymeter). Beispielsweise muß bei genauen Wägungen der Auftrieb sowohl der Wägestücke als auch des zu wiegenden Körpers berücksichtigt werden.

artesischer Brunnen, ein auf dem Prinzip der ↑ kommunizierenden Röhren beruhender Springbrunnen (Abb. 19).

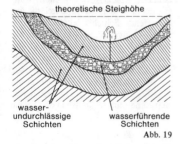

theoretische Steighöhe

wasserundurchlässige Schichten   wasserführende Schichten

Abb. 19

Befindet sich zwischen zwei wasserundurchlässigen (Ton-)Schichten eine wasserdurchlässige (Kies-)Schicht, so kann in einer muldenförmigen Vertiefung die Erdoberfläche in der wasserdurchlässigen Schicht unterhalb des Wasser-

spiegels liegen. Führt man an dieser Stelle eine Bohrung durch die wasserundurchlässige obere Schicht, so tritt ein Springbrunnen zu Tage. Er steigt theoretisch so hoch, wie der Wasserspiegel in der wasserführenden Schicht über der Talsohle liegt.

Artwärme (*spezifische Wärmekapazität, spezifische Wärme*) Formelzeichen c, der Quotient aus der ↑ Wärmekapazität (C) eines Körpers und seiner Masse (m):

$$c = \frac{C}{m}.$$

Die Wärmekapazität C ist $C = \Delta Q/\Delta\vartheta$ (Q Wärmemenge, ϑ Temperatur). Somit ergibt sich für die Artwärme:

$$c = \frac{\Delta Q}{m \cdot \Delta\vartheta}$$

SI-Einheit der Artwärme ist 1 J/kg K. Ein Körper hat die Artwärme 1 J/kg K, wenn zum Erwärmen von 1 kg dieses Körpers um 1 Kelvin (K) eine Wärmemenge von 1 Joule (J) erforderlich ist. Die Artwärme ist eine Materialkonstante, sie ist zahlenmäßig gleich derjenigen in Joule gemessenen Wärmemenge, die erforderlich ist um 1 kg des betreffenden Stoffes um 1°C = 1K zu erwärmen. Berücksichtigt man, daß die dem Körper zugeführte Wärmemenge nicht ausschließlich zur Temperaturerhöhung, sondern teilweise auch zur Ausdehnung des Körpers gegen den äußeren Druck verwendet wird, so muß man zwischen der Artwärme eines Stoffes bei konstantem Druck c_p und der Artwärme desselben Stoffes bei konstantem Volumen c_v unterscheiden. Es gilt dabei stets: $c_p > c_v$.

Die Differenz $c_p - c_v$ ist bei festen und flüssigen Körpern sehr klein, bei Gasen dagegen groß. Für ↑ ideale Gase gilt: $c_p - c_v = 8,320$ J/(mol K) (= = 1,987 cal/mol K). Für Festkörper ist die Artwärme $c_p \approx c_v \approx 25,122$ J/(mol K)

Gesetz); erst bei Temperaturen nahe dem absoluten Nullpunkt der thermodynamischen Temperaturskala wird sie temperaturabhängig und nimmt mit sinkender Temperatur ab. In der folgenden Tabelle sind die Artwärmen einiger Stoffe in kJ/kg K bzw. kcal/kg K bei einer Temperatur von 20°C angegeben.

Stoff	Artwärme in	
	kJ/kgK	kcal/kg °C
Aluminium	0,896	0,214
Blei	0,130	0,031
Eisen	0,452	0,108
Kupfer	0,385	0,092
Magnesium	1,017	0,243
Natrium	1,206	0,288
Nickel	0,448	0,107
Platin	0,134	0,032
Quecksilber	0,138	0,033
Silber	0,234	0,056
Wolfram	0,134	0,032
Zink	0,385	0,092
Zinn	0,226	0,054
Alkohol	2,479	0,592
Chloroform	0,992	0,237
Glycerin	2,366	0,565
Tetrachlorkohlenstoff	0,837	0,200
Wasser	4,183	0,999

Atmosphäre, 1) im weitesten Sinne jede gasförmige Hülle eines Himmelskörpers, die durch seine Schwerkraft festgehalten wird; im engeren Sinne die Atmosphäre der Erde (*Erdatmosphäre*). Die Erdatmosphäre reicht bis in eine Höhe von etwa 3000 km über der Erdoberfläche. In der Nähe der Erdoberfläche hat sie die folgende Zusammensetzung:

Stickstoff	77,1%
Sauerstoff	20,8%
Wasserdampf	1,1%
Argon	0,9%
Sonstiges (Wasserstoff,	
Kohlendioxid, Edelgase)	0,1%

In 20 - 25 km Höhe zeigt sich eine starke Ozonanreicherung. Das Ozon wird dabei aus dem Luftsauerstoff durch die Einwirkung der Ultraviolettstrahlung der Sonne gebildet. Die Gesamtmasse der Erdatmosphäre beträgt etwa 1,5 Billiarden Tonnen.

Aufbau der Erdatmosphäre

Die unterste Schicht der Erdatmosphäre ist die *Troposphäre*. Sie reicht an den Polen bis in 9 km, am Äquator in etwa 17 km Höhe über dem Meeresspiegel. In der Troposphäre spielt sich das Wettergeschehen ab, in ihr nimmt die Temperatur bis auf etwa − 50°C an der Obergrenze ab.

An die Troposphäre schließt sich die *Stratosphäre* an. Sie stellt eine fast feuchtigkeitsfreie Schicht dar, die bis in etwa 50 km Höhe über dem Meeresspiegel reicht und an deren oberer Grenze die Temperatur wieder auf etwa 0°C ansteigt.

Die *Mesosphäre* reicht bis in etwa 80 km Höhe über dem Meeresspiegel. In ihr nimmt die Temperatur wieder bis zu etwa − 80°C an der oberen Grenze ab. In der Mesosphäre erfolgt das Aufleuchten der Meteoriten (Sternschnuppen).

Von etwa 80 km bis etwa 450 km Höhe über dem Meeresspiegel reicht die *Ionosphäre*. In ihr ruft die Sonnenstrahlung schichtweise eine starke Ionisierung (↑ Ionen) hervor, durch die die betreffende Schicht elektrisch leitend wird. An der Ionosphäre werden die Radiowellen (*Kurzwellen*) reflektiert, so daß ein weltweiter Kurzwellenempfang möglich ist.

An die Ionosphäre schließt sich in etwa 450 km Höhe die *Exosphäre* an. Sie geht ohne scharfe Grenze in den freien Weltraum über.

2) *physikalische Atmosphäre* (atm), für eine Übergangsfrist bis zum 31.12.1977 noch gesetzlich zulässige Einheit des ↑ Drucks. Mit der *SI-Einheit* des Drucks, dem Pascal (Pa) hängt die physikalische Atmosphäre wie folgt zusammen:

1 atm = 101 325 Pa.

Weitere Zusammenhänge: 1 atm =
= 1,033 227 kp cm^{-2} = 760 Torr =
= 1,01325 bar.

3) *technische Atmosphäre* (at), für eine
Übergangsfrist bis zum 31.12.1977
noch gesetzlich zugelassene Einheit des
↑ Drucks. Der Druck 1 at liegt vor,
wenn eine Kraft von 1 Kilopond senkrecht auf eine Fläche von 1 cm^2 ausgeübt wird:

$$1 \text{ at} = 1 \frac{\text{kp}}{\text{cm}^2}.$$

Mit der *SI-Einheit* des Drucks, dem
Pascal (Pa) hängt die technische Atmosphäre wie folgt zusammen:

$$1 \text{ at} = 98\ 100 \text{ Pa}.$$

Weitere Zusammenhänge: 1 at = 736
Torr = 0,981 bar.

atmosphärische Strahlenbrechung, Sammelbezeichnung für alle in der Erdatmosphäre auftretenden Erscheinungen,
die auf der ↑ Brechung des Lichtes beruhen. Brechungserscheinungen in der
Erdatmosphäre werden einerseits durch
die unterschiedlichen optischen Dichten der einzelnen Luftschichten, andererseits durch die in der Luft schwebenden Wassertröpfchen und Eiskristalle
verursacht. Wichtige Erscheinungen der
atmosphärischen Strahlenbrechung sind
die *Dämmerung*, die *fata morgana* und
der *Regenbogen*.

Atom, kleinste, mit chemischen Methoden nicht weiter zerlegbare Einheit
eines chemischen Elements. Der besondere Aufbau jedes Atoms aus positiv
geladenem ↑ Kern und negativ geladener, aus ↑ Elektronen bestehender
Atomhülle bedingen das physikalische
und chemische Verhalten der Atome
der einzelnen Elemente. Zum gleichen
Element gehören alle Atome mit gleichen chemischen Eigenschaften.
Die Zugehörigkeit eines Atoms zu
einem bestimmten Element wird durch
die Anzahl seiner Elektronen in der
Atomhülle bzw. durch die gleich große

Zahl der positiv geladenen Protonen im
Kern, die *Protonen-* oder *Kernladungszahl Z*, bestimmt. Diese Zahl ist zugleich die *Ordnungszahl* des Elements.
Fast zu jeder Atomart gehören mehrere Sorten von Atomen unterschiedlicher Masse. Diese Atomsorten bilden
die ↑ Isotope des betreffenden Elements.
Die Atome dieser Isotope enthalten im
Kern zwar gleich viele Protonen, aber
verschieden viele ungeladene ↑ Neutronen. Die Summe der Protonenzahl Z
und Neutronenzahl N ergibt dabei die
Massenzahl $A = Z + N$.

atomare Abschirmung, die durch die
inneren Elektronen eines Atoms bewirkte Verringerung der auf die *äußeren* Elektronen wirkenden Kernladung.
Zwischen den negativ geladenen ↑ Elektronen der Atomhülle und dem positive
↑ Ladung tragenden ↑ Kern eines Atoms
bestehen Anziehungskräfte. Für Elektronen, die sich näher am Kern befinden, sind diese Anziehungskräfte größer
als für „äußere Elektronen". Die inneren Elektronen bewirken jedoch zusätzlich eine Verringerung der auf die
äußeren Elektronen wirkenden Kernladung. Die äußeren Elektronen verhalten sich daher so, als ob der Kern eine
geringere Ladung tragen würde. Man
nennt die für die äußeren Elektronen
wirksame Kernladungszahl effektive
Kernladungszahl und bezeichnet sie mit
Z_{eff} (gegenüber der tatsächlichen Kernladungszahl Z), die Differenz $Z - Z_{\text{eff}}$
als *Abschirmzahl*; sie ist näherungsweise gleich der Anzahl der inneren Elektronen, die das Coulomb-Feld des Kerns
gegen die äußeren Elektronen abschirmen.

atomare Masseneinheit (u), *SI-Einheit*
der Masse für die Angabe von Teilchenmassen. *Festlegung:* 1 atomare Masseneinheit ist der 12te Teil der Masse eines
Atoms des Nuklids $^{12}_{6}\text{C}$ (Kohlenstoff).

Nach neuesten Messungen gilt:

$$1 \text{ u} = 1,660275 \cdot 10^{-24} \text{g}.$$

Das entspricht einer ↑ Ruheenergie von 931,44 MeV.

Atombau, Bezeichnung für die Struktur eines Atoms. Jedes Atom baut sich auf aus einem *Kern* und der *Atomhülle*. Die Atomhülle wird von Elektronen gebildet, die sich in bestimmter Weise im Coulombfeld des Kerns aufhalten (bewegen) (↑ Atommodelle). Der Kern besteht aus Nukleonen (Neutronen und Protonen). Die Anzahl der Protonen stimmt überein mit der Anzahl der Elektronen der Atomhülle.

Atomgewicht, veraltet für ↑ Atommasse

Atommasse, 1) *absolute Atommasse*, die Masse eines einzelnen Atoms. *SI-Einheit* der Masse für die Angabe von Teilchenmassen ist die ↑ *atomare Masseneinheit* (u).
2) *relative Atommasse*, die Verhältniszahl, die angibt, wievielmal die Masse eines bestimmten Atoms größer ist als die Masse eines Standardatoms (Bezugsatoms). 1961 wurde das Kohlenstoffnuklid $^{12}_{6}C$ als Bezugsatom gewählt und diesem die relative Atommasse 12,0000 zugeordnet.

Atommodell, von experimentellen Befunden ausgehendes, mehr oder weniger anschauliches Bild vom ↑ Atom und seinem inneren Aufbau. Es hat sich herausgestellt, daß sich kein anschauliches Atommodell finden läßt, mit dem das Atom in seinem Aufbau und seinem Verhalten *in jeder Hinsicht* exakt beschrieben werden kann. Vielmehr liefert die moderne Quantentheorie heute eine im Sinne der klassischen Physik völlig unanschauliche Darstellung des Atoms, in der Begriffe wie Teilchenort und Teilchenbahn keine Existenzberechtigung haben.
Trotzdem kann ein einfacheres Atommodell als angenähertes anschauliches „Bild" des Atoms sehr viele Eigenschaften des Atoms qualitativ und zum Teil auch quantitativ richtig wiedergeben.
Im Laufe der geschichtlichen Entwick-

lung ergaben sich folgende Atommodelle: 1. Das *mechanische Atommodell*, 2. das *Thomsonsche Atommodell*, 3. das *Rutherfordsche Atommodell*, 4. das *Bohrsche Atommodell*, 5. das *Bohr-Sommerfeldsche*, 6. das *wellen-* bzw. *quantenmechanische Atommodell*.

1. Im *mechanischen Atommodell* stellt man sich die Atome als kleine, massive, elektrisch neutrale, starre Kugeln vor (Durchmesser 10^{-8} cm), die den Gesetzen des elastischen Stoßes gehorchen. Alle Vorgänge, bei denen nur die Bewegung (Transport) von Atomen eine Rolle spielt (wie Osmose und Diffusion, Brownsche Molekularbewegung, Streuung des Lichtes, Interferenz von Röntgenstrahlen, kinetische Gastheorie) lassen sich dadurch richtig beschreiben. Das Modell versagt bei Fragen des Atombaus, liefert keine Erklärung für die Entstehung von Spektren und gibt keine Antwort auf Fragen, die mit den elektrischen Eigenschaften der Atome zusammenhängen.

2. Gemäß dem *Thomsonschen Atommodell* (von *W. Thomson* und *J.J. Thomson* in den Jahren 1898 - 1903 aufgestellt) besteht das Atom aus einer kugelförmigen, homogenen, positiv elektrischen Ladungsverteilung, in die die (negativen) Elektronen eingebettet sind und wie räumliche harmonische Oszillatoren um das Zentrum der positiven Ladungskugel schwingen, an das die durch die elektrostatischen Kräfte einer solchen Ladungsverteilung gebunden sind. Elektrische Erscheinungen können dadurch nur qualitativ erfaßt werden.
Das mechanische und das Thomsonsche Atommodell sind heute nur noch von historischem Interesse.

3. Das *Rutherfordsche Atommodell* wurde auf Grund der Ergebnisse von Streuversuchen mit ↑ Alphateilchen beim Durchgang durch dünne Metallfolien von Rutherford 1911 entwickelt.

Die wichtigste Erkenntnis aus diesen Streuversuchen war, daß fast die gesamte Atommasse (99,9%) in einem Bereich mit dem Durchmesser von 10^{-12} cm (vgl. Atomdurchmesser 10^{-8} cm), dem sog. ↑ Kern des Atoms konzentriert ist. Ferner hat jeder Kern Z positive elektrische Elementarladungen. In diesem Modell umkreisen genau Z ↑ Elektronen den Atomkern, ähnlich wie die Planeten die Sonne. Die Geschwindigkeit der Elektronen auf ihren Bahnen ist gerade so groß, daß jeweils die Zentrifugalkraft der Coulombschen Anziehung durch den Kern das Gleichgewicht hält. Die Elektronen sind auf ein Gebiet mit dem Durchmesser von etwa 10^{-8} cm verteilt und bilden die *Atom-* bzw. *Elektronenhülle*. Durch dieses Modell kann der Aufbau des Atoms aus einem massereichen Kern sehr geringer Ausdehnung und einer Elektronenhülle geringer Dichte richtig beschrieben werden. Es ergibt sich jedoch ein Widerspruch zu den Gesetzen der klassischen Elektrodynamik, wonach die kreisenden Elektronen nach und nach ihre Energie abstrahlen müßten und dann wegen der elektrischen Anziehung in den positiv geladenen Kern stürzen müßten. Außerdem gelingt keine Erklärung der Linienspektren.

4. In dem von *N. Bohr* im Jahre 1913 entwickelten und nach ihm benannten *Bohrschen Atommodell* gelingt es, das Auftreten scharfer Spektrallinien zu deuten. Bohr sondert aus den nach den Gesetzen der klassischen Mechanik unendlich vielen möglichen Kreisbahnen bestimmte sog. *erlaubte Bahnen* aus. Er postuliert:

a) Die Elektronen bewegen sich nur auf solchen Kreisbahnen strahlungsfrei, für die das Produkt aus ihrem Impuls $m \cdot v_n$ und dem Umfang $2r_n \cdot \pi$ der Kreisbahn ein ganzzahliges Vielfaches des ↑ Planckschen Wirkungsquantums h ist:

$$\boxed{2r_n\pi \cdot m \cdot v_n = n \cdot h} \quad (n = 1,2,3,4...).$$

Diese Beziehung heißt *1. Bohrsches Postulat* oder *Bohrsche Quantenbedingung*. Die Zahlen n werden als *Hauptquantenzahlen* und die durch die Quantenbedingung ausgesonderten Bahnen als *Bohrsche, stationäre* oder *Quanten-Bahnen* bezeichnet. Jeder stationären

Abb. 20

Bahn entspricht genau eine Energiestufe im Atom (Abb. 20).

Die Bahngeschwindigkeit v des umlaufenden Elektrons ist das Produkt aus seiner Winkelgeschwindigkeit ω und dem Radius r der betreffenden Kreisbahn: $v = \omega \cdot r$.

Für die Bohrsche Quantenbedingung folgt damit

$$\boxed{\begin{aligned} 2\pi \cdot m \cdot r_n^2 \cdot \omega &= n \cdot h \\ m \cdot r^2 \cdot \omega &= n \cdot \hbar \end{aligned}}$$

$(n=1,2,3,...)$ mit $\hbar = h/2\pi$,

Der ↑ Bahndrehimpuls des Elektrons ist demnach ein ganzzahliges Vielfaches von $\hbar$.

b) Soll ein Elektron von einer tiefer liegenden Bahn mit der Hauptquantenzahl n_1 auf eine weiter außen liegende Bahn mit der Hauptquantenzahl n_2 ($n_1 < n_2$) angehoben werden, so gelingt dies nur, wenn ihm gerade derjenige Energiebetrag zugeführt wird, um den sich die Energien W_1 und W_2 der zu n_1 bzw. n_2 gehörenden Bahnen unterscheiden. Springt umgekehrt ein Elektron von einer äußeren Bahn mit der Hauptquantenzahl n_2 in eine tiefer liegende mit der Hauptquantenzahl n_1, so wird dabei ein Energiequant (↑ Photon) emittiert, dessen Energie gerade der Energiedifferenz der beiden Bahnen entspricht.

Die Frequenz f der absorbierten bzw. emittierten elektromagnetischen Strahlung ist durch die sog. *Bohrsche Frequenzbedingung* oder das *2. Bohrsche Postulat*

$$h \cdot f = W_2 - W_1 \quad (W_2 > W_1)$$

gegeben. Die Emission bzw. Absorption von Strahlung anderer Frequenzen ist unmöglich.

Mit der von Bohr entwickelten Modellvorstellung gelingt eine gute Erklärung des ↑ Wasserstoffspektrums sowie eine Berechnung der Spektrallinien (*Balmer-, Brackett-, Lyman-, Paschen-* und *Pfundserie*). Die sog. Feinstruktur der Spektrallinien allerdings ist damit nicht erklärbar.

5. *Sommerfeld* erweiterte (1915) unter Hinzunahme von Ellipsenbahnen das Bohrsche Atommodell zum *Bohr-Sommerfeldschen Atommodell*. Die Elektronen bewegen sich (gleich Planeten um die Sonne) auf Ellipsenbahnen, in deren einem Brennpunkt sich der Kern befindet (Abb. 21).

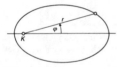

Abb. 21

Die Bewegung eines Elektrons erfolgt in einer Ebene, besitzt also nur zwei ↑ Freiheitsgrade. Es genügen damit auch zwei Quantenzahlen zur Bahnbeschreibung. Bei der Darstellung der Elektronenbewegung mit Hilfe von Polarkoordinaten ergibt sich für die Quantenbedingung

$$\int p_\varphi \, d\varphi = n_\varphi \cdot h$$
$$\int p_r \, dr = n_r \cdot h$$

n_r heißt *radiale* oder *Hauptquantenzahl*, n_φ *azimutale* oder *Nebenquantenzahl*. In nichtrelativistischer Näherung ergibt sich dann für die Energien der Quantenbahnen derselbe Ausdruck wie bei Bohr, wobei aber jetzt $n = n_r + n_\varphi$ ist, so daß verschiedene Zahlenpaare (n_r, n_φ) zum selben Wert für n führen können. Es kommen also keine neuen Energieniveaus hinzu. Berücksichtigt man jedoch die relativistische Massenveränderlichkeit der mit wechselnder Geschwindigkeit umlaufenden Elektronen, so erhält man zu verschiedenen Werten von n_φ bei gleichem n verschiedene Energieniveaus. Die azimutale Quantenzahl n_φ beschreibt die Feinstruktur der Spektrallinien. Die beobachtete Feinstruktur der Spektrallinien des Wasserstoffatoms ergibt sich aber erst durch Einführung der *Auswahlregel* $\Delta n_\varphi = \pm 1$, d.h. es sind nur solche Elektronensprünge zulässig, bei denen sich die Nebenquantenzahl um 1 ändert. Diese Auswahlregel findet im Bohr-Sommerfeldschen Atommodell keine Begründung.

Das Bohr-Sommerfeldsche Atommodell bewährte sich vor allem bei der Erklärung der Gesetzmäßigkeiten der charakteristischen ↑ Röntgenspektren und ermöglichte schließlich eine Deutung der Systematik des Periodensystems der chemischen Elemente (Bohr 1921), die aber erst nach Entdeckung des Elektronenspins (↑ Spin) und Aufstellung des ↑ Pauli-Prinzips (1925) besser begründet werden konnte. Bohr ordnete dazu die Elektronen eines Atoms in sog. *Elektronenschalen*, die durch die Hauptquantenzahlen n gekennzeichnet werden. Man bezeichnet die Schalen als K-, L-, M-, ... Schale, je nachdem, ob $n = 1, 2, 3, \ldots$ ist. Die Zahl der Elektronen in einer solchen Schale paßte der chemischen Erfahrung an. In der n-ten Schale sind dabei $2n^2$ Energiezustände (Quantenbahnen) mit der gleichen Hauptquantenzahl n, aber sonst unterschiedlichen Werten der übrigen Quantenzahlen zusammengefaßt. Jede Schale kann maximal $2n^2$ Elektronen aufnehmen und ist dann eine *abgeschlossene Schale*. In diesem *Schalen-*

modell der Atome besetzen nun die Z Elektronen des Atoms einzeln die verschiedenen Energiezustände bzw. Quantenbahnen in der durch eine Zunahme der Energiewerte gegebenen Reihenfolge. Im allgemeinen sind dabei die Elektronen in äußeren Schalen weniger fest an den Kern gebunden und im Mittel weiter von ihm entfernt als solche in inneren Schalen. Die Zahl der Elektronen in der äußersten Schale bestimmt die ↑ *Wertigkeit* (*Valenz*) des betreffenden Atoms (bzw. seines Elementes). Diese sog. *äußeren Elektronen* (*Valenzelektronen*) sind für die chemischen Eigenschaften des Atoms verantwortlich. Elemente, deren Atome zwar eine verschiedene Anzahl von inneren Schalen haben, während die jeweils äußerste Schale gleichviele Elektronen enthält, zeigen ähnliche Eigenschaften und bedingen so in periodischem Wechsel die Ordnung des Periodensystems.

Atome, deren äußere Schale vollständig bzw. mit acht Elektronen aufgefüllt ist, sind besonders stabil. Es sind dies die Atome der chemischen besonders inaktiven Edelgase. Man spricht daher auch von einer *Edelgaskonfiguration*. Atome mit vereinzelten äußeren Elektronen (Metalle) geben diese leicht ab, wobei ein positiv geladener Atomrumpf zurückbleibt, der verhältnismäßig stabil ist, weil er eine Edelgaskonfiguration besitzt. Dagegen haben die Atome, bei denen in der äußersten Schale nur wenige Elektronen zur vollständigen Auffüllung fehlen, das Bestreben, die fehlenden Elektronen von anderen Atomen zu übernehmen um dadurch ebenfalls eine Edelgaskonfiguration auszubilden. Sie werden dabei zu negativen Ionen. Viele chemische Verbindungen beruhen auf einem derartigen Austausch von Elektronen zwischen den Atomen der beteiligten Elemente.

6. Das *wellenmechanische Atommodell*: Ausgehend von der Wellennatur der atomaren Teilchen (↑ Dualismus, ↑ Materiewellen) entwickelte *de Broglie*

(1924) ein grundlegend neues Atommodell. Jedem Elektron mit dem Impuls $p = m \cdot v$ läßt sich eine Materiewelle mit der Wellenlänge $\lambda = h/p$ zuordnen. Die stationären Quantenbahnen der Elektronen im Atom lassen sich damit als kreisförmig in sich geschlossene stehende Elektronenwellen deuten. Solche stehenden Wellen bilden sich nur aus, wenn der Kreisumfang der Quantenbahnen ein ganzzahliges Vielfaches der Wellenlänge λ ist, wenn also gilt: $2r_n \cdot \pi = n \cdot \lambda$ ($n = 1, 2, 3, \ldots$). Dies entspricht genau der Bohrschen Quantenbedingung

$$2 \cdot \pi \cdot m \cdot v \cdot r_n = n \cdot h,$$

so daß sich für den Bahnradius und die Energiewerte der Quantenbahn die Bohrschen Werte ergeben. Da aber in einer stehenden Welle kein Ladungstransport erfolgt, kann das Elektron auf einer solchen Quantenbahn nicht fortwährend elektromagnetische Strahlung emittieren. Damit ist auch eine Deutung der Stabilität der Bohrschen Quantenbahnen gewonnen.

Während de Broglie noch keine mathematische Beschreibung der Elektronenwelle lieferte, tat dies *E. Schrödinger* in seiner Wellenmechanik. Er stellte eine partielle Differentialgleichung auf, die sog. *Schrödinger-Gleichung*, deren Lösungen *Wellenfunktionen* ψ ($\vec{r}, t$) genannt werden. Die Wellenfunktionen beschreiben mathematisch das Verhalten der Elektronen in den stationären Energiezuständen. Die Wellenmechanik liefert nun ein Bild des Atoms, in dem der Ort des Elektrons nicht mehr genau vorhersagbar ist, sondern nur durch eine räumliche Wahrscheinlichkeitsverteilung bestimmt ist. Diese gibt die Aufenthaltswahrscheinlichkeit des Elektrons in jedem Raumpunkt an. Die innerste Bohrsche Kreisbahn ergibt sich als die wahrscheinlichste Aufenthaltsort des Elektrons, wenn es sich im Grundzustand befindet. Mit einer gewissen Wahrscheinlichkeit ist es auch immer außerhalb dieser Bahn anzutreffen. Entsprechendes gilt für die angeregten Zustände.

Atomphysik, im *engeren* Sinne die Physik der Atome, Ionen und Moleküle und aller von ihnen verursachten physikalischen Erscheinungen; im *erweiterten* Sinne die Physik aller mikrophysikalischen Erscheinungen. Heute versteht man unter Atomphysik die Physik der Elektronenhülle und der in ihr ablaufenden Vorgänge, an denen die Atomelektronen beteiligt sind. Die Physik der Atomkerne (↑ Kern) dagegen bezeichnet man als Kernphysik.

Atomrumpf, Bezeichnung für den Teil des Atoms, der aus dem Atomkern (↑ Kern) und den abgeschlossenen Elektronenschalen besteht, d.h. das Atom ohne seine in der äußersten Schale befindlichen Außenelektronen. Der Atomrumpf ist ein relativ stabiles Gebilde, da seine Elektronenkonfiguration eine *Edelgaskonfiguration* ist. Die Elektronen des Atomrumpfes werden als *Rumpfelektronen* bezeichnet, im Gegensatz zu den Leucht- oder Valenzelektronen der äußeren Schale.

Atwoodsche Fallmaschine, Gerät zur Demonstration der Fallgesetze (↑ freier Fall). An den beiden Enden eines über eine drehbar gelagerte feste Rolle geführten Seiles hängen zwei gleiche Mas-

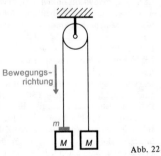

Bewegungs-richtung

m

M *M*

Abb. 22

senstücke (Masse = *M*), die sich gegenseitig das Gleichgewicht halten. Auf einer Seite wird nun ein zusätzliches

kleines Massenstück (Masse = *m*) angebracht (Abb. 22), wodurch sich das ganze System nach dieser Seite hin in Bewegung setzt, und zwar in eine gleichmäßig beschleunigte Bewegung (↑ Kinematik). Beschleunigend wirkt dabei nur die Kraft $F = mg$ (*g* Erdbeschleunigung), beschleunigt wird dagegen die Masse $2M + m$ (von der Masse des Fadens, dem Trägheitsmoment der Rolle und der Reibung der Rolle wird hierbei abgesehen). Für den Betrag der Beschleunigung *a* des Systems gilt folglich $mg = (2M + m) \cdot a$

bzw. $$a = \frac{m}{2M + m}\, g.$$

Da $m \ll 2M + m$ ist auch $a \ll g$. Damit läuft aber der Fallvorgang langsamer ab und kann leichter beobachtet und gemessen werden als beim freien Fall.

Aufdruck, der auf die Bodenfläche eines in eine Flüssigkeit eintauchenden Körpers wirkende ↑ Druck. Die durch den Aufdruck bewirkte senkrecht nach oben gerichtete Druckkraft ist gleich der Gewichtskraft einer Flüssigkeitssäule, welche die gedrückte Fläche als Grundfläche und eine Höhe von der gedrückten Fläche bis zur Oberfläche der Flüssigkeit hat (↑ Archimedisches Prinzip).

Aufhängung, die Befestigung eines hängenden Körpers. Außer der einfachen Art der Aufhängung eines Körpers an einem Seil, einer Kette oder einem Stab spielen insbesondere die bifilare Aufhängung und die cardanische Aufhängung eine wichtige Rolle.
Bei der *bifilaren Aufhängung* (Abb. 23) ist der Körper an zwei Fäden aufgehängt. Verlaufen diese beiden Aufhängefäden nicht parallel zueinander, dann

Abb. 23

kann der aufgehängte Körper nur senkrecht zu der durch sie aufgespannten Ebene schwingen. Er hat somit nur einen Freiheitsgrad (↑ Pendel). Bei der *kardanischen Aufhängung* (Abb. 24) ist der Körper im Innersten dreier jeweils unter einem rechten Winkel ineinander beweglicher Ringe befestigt.

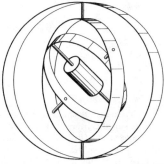

Abb. 24

Er kann so um alle drei Raumachsen rotieren. Die kardanische Aufhängung wird beispielsweise beim Kreiselkompaß verwendet. Dabei bleibt der aufgehängte Kreisel stets in seiner ursprünglichen Lage, unabhängig von der Bewegung des Aufhängepunktes.

Auflösungsvermögen, Maß für die Fähigkeit eines optischen Gerätes (Linse, Mikroskop, Fernrohr), zwei sehr nahe beieinander liegende Gegenstandspunkte noch als deutlich voneinander unterscheidbare Bildpunkte abzubilden. Das Auflösungsvermögen A ist definiert als der reziproke Wert des Abstandes d_{min}, den zwei Gegenstandspunkte mindestens haben müssen, damit sie als getrennte Bildpunkte erkennbar sind:

$$A = \frac{1}{d_{min}}$$

Infolge der ↑ Beugung des Lichtes (z.B. an den Rändern der Eintrittsöffnung eines Fernrohres oder Mikroskops) sind dem Auflösungsvermögen optischer Geräte prinzipielle Grenzen gesetzt.

Für das Auflösungsvermögen einer Linse gilt die Beziehung:

$$A = \frac{0,82 \cdot n \cdot d}{\lambda \cdot f}$$

(n Brechzahl des zwischen Gegenstand und Linse befindlichen Materials, d Durchmesser der Eintrittsöffnung der Linse, f Brennweite der Linse, λ Wellenlänge des zu Abbildungen verwendeten Lichts). Diese Beziehung gilt auch für ein Mikroskop, da dessen Auflösungsvermögen allein durch das Auflösungsvermögen des Objektivs bestimmt wird.

Gemäß dieser Beziehung läßt sich das Auflösungsvermögen eines Mikroskops oder einer Linse folgendermaßen steigern:

1. Vergrößern des Objektivdurchmessers d

2. Verwendung von Licht mit möglichst kleiner Wellenlänge

3. Einbringen einer Flüssigkeit mit möglichst großer Brechzahl n in den Raum zwischen dem betrachteten Gegenstand und das Objektiv. Solche Flüssigkeiten werden als *Immersionsflüssigkeiten* bezeichnet. Die gebräuchlichsten sind Glyzerin und Zedernöl.

Beim Fernrohr interessiert im Zusammenhang mit dem Auflösungsvermögen nicht so sehr der wirkliche Abstand zweier getrennt wahrnehmbarer Objektpunkte, weil dieser im allgemeinen wegen der großen Entfernung dieser Punkte nicht unmittelbar gemessen werden kann. Man definiert deshalb als Auflösungsvermögen eines Fernrohres den reziproken Wert des kleinsten Sehwinkels δ_{min}, unter dem zwei Objektpunkte erscheinen dürfen, damit ihre Bildpunkte gerade noch getrennt wahrnehmbar sind. Es gilt also:

$$A = \frac{1}{\delta_{min}} .$$

33

Das Auflösungsvermögen ergibt sich dabei aus der Beziehung:

$$A = \frac{0,82 \cdot d}{\lambda}$$

(d Durchmesser der Eintrittsöffnung des Objektivs, λ Wellenlänge des zur Abbildung verwendeten Lichtes).
Dieselbe Beziehung gilt auch für das Auflösungsvermögen des menschlichen Auges. Nimmt man einen Pupillendurchmesser bei mittlerer Beleuchtung von $d = 3$ mm und eine mittlere Wellenlänge des Lichtes von $\lambda = 6 \cdot 10^{-4}$ mm an, dann ergibt sich für das Auflösungsvermögen des menschlichen Auges:

$$A = \frac{0,82 \cdot 3}{6 \cdot 10^{-4}} = 4100$$

Der kleinste Sehwinkel δ_{min}, unter dem zwei Gegenstandspunkte noch getrennt wahrnehmbar sind, ergibt sich dann aus der Beziehung $\delta_{min} = 1/A$ zu etwa 44 Winkelsekunden.

Auftrieb, die der Schwerkraft entgegengesetzt gerichtete Kraft, die ein in eine Flüssigkeit eintauchender Körper erfährt. Der Betrag des Auftriebs A ist gleich dem Betrag der Gewichtskraft der vom eintauchenden Körper verdrängten Flüssigkeitsmenge. Es gilt also:

$$A = V \cdot \gamma$$

(V Volumen des eintauchenden Körpers, γ Wichte der Flüssigkeit).
Der Auftrieb bewirkt einen Gewichtsverlust. Die Gewichtskraft eines Körpers in einer Flüssigkeit ist geringer als die Gewichtskraft desselben Körpers in Luft. Es gilt:

$$G_F = G_L - A$$

(G_F Gewichtskraft des Körpers in Flüssigkeit, G_L Gewichtskraft des Körpers in Luft, A Auftrieb).
Entsprechendes gilt auch für den Auftrieb eines Körpers in einem Gas, z.B. in Luft (↑ Archimedisches Gesetz).

Auge, Sehorgan bei Menschen und Tieren. Das menschliche Auge gleicht in Bau und Wirkungsweise einem Photoapparat (Abb. 25).

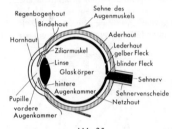

Abb. 25

Aufbau des menschlichen Auges

Die physikalisch wichtigsten Bestandteile des menschlichen Auges sind die *Regenbogenhaut (Iris),* die *Augenlinse (Kristallinse)* und die *Netzhaut (Retina).* Die Regenbogenhaut stellt physikalisch betrachtet eine Lochblende dar. Der Durchmesser ihrer kreisförmigen Öffnung (*Pupille*) kann durch zwei Muskeln stetig verändert werden. Hinter der Iris befindet sich die Kristallinse. Sie besteht aus einer elastischen Masse. Ihre Wölbung läßt sich durch Spannen und Entspannen des *Ziliarmuskels* in weiten Bereichen verändern. Der Raum zwischen der Kristallinse und der den Augapfel nach vorn begrenzenden durchsichtigen Hornhaut (*Cornea*) wird als *Augenkammer* bezeichnet. Er ist mit einer durchsichtigen Flüssigkeit, der *Kammerflüssigkeit* gefüllt. Den Raum des Augapfels hinter der Kristallinse nimmt eine gallertartige, durchsichtige Masse ein, der sogenannte *Glaskörper,* der im Hintergrund des Auges an die Netzhaut (Retina) angrenzt. Auf dieser befinden sich die Sinneszellen in Form der hell-dunkel empfindlichen *Stäbchen* (etwa 120 000 000 Stück) und der farbempfindlichen *Zäpfchen* (etwa 7 000 000 Stück). Besonders dicht liegen die Zäpfchen in einer der Pupille genau gegenüberstehenden kleinen Vertiefung. Sie wird als *Netzhautgrube* oder *gelber Fleck* bezeichnet und stellt den Ort schärfsten Sehens dar. An der Eintrittsstelle des Sehnervs in den Augapfel, dem sogenannten *blinden Fleck* befinden sich keine Sinneszellen, weder Stäbchen noch Zäpfchen.

Wirkungsweise des menschlichen Auges
Die Iris hat die Aufgabe, das Auge vor zu großem (schädlichen) Lichteinfall zu schützen. Ihre Öffnung verkleinert sich bei großer Helligkeit, sie vergrößert sich bei geringer Helligkeit. Dieser Vorgang erfolgt unbewußt und unwillkürlich. Er wird als *Adaptation* bezeichnet. Die Kristallinse wirkt in Verbindung mit der Hornhaut und der Kammerflüssigkeit wie eine Sammellinse. Sie entwirft von einem vor dem Auge befindlichen Gegenstand ein reelles, umgekehrtes, seitenvertauschtes und verkleinertes Bild auf der Netzhaut. Da die Bildweite bei diesem Vorgang durch den feststehenden Abstand zwischen Linse und Auge gegeben ist und sich also nicht verändern läßt, könnte nur bei einer einzigen, ganz bestimmten, von der Brennweite der Linse abhängigen Gegenstandsweite ein scharfes Bild auf der Netzhaut erzeugt werden. Nun läßt sich aber durch den Ziliarmuskel die Wölbung der Kristallinse und damit ihre Brennweite weitgehend verändern. Sie wird beim betrachten eines Gegenstandes unbewußt immer so eingestellt, daß auf der Netzhaut ein scharfes Bild entsteht. Diese Fähigkeit des Auges wird als *Akkomodation* bezeichnet. Der Akkomodationsbereich des Auges liegt beim Menschen zwischen Unendlich (*Fernpunkt*) und etwa 10 - 15 cm (*Nahpunkt*). Der Nahpunkt rückt mit zunehmendem Alter immer weiter vom Auge weg. Als *deutliche Sehweite* bezeichnet man diejenige Entfernung, auf die das Auge ohne Ermüdung längere Zeit akkomodieren kann. Sie beträgt für junge Menschen etwa 25 cm.

Bei einem normalsichtigen Auge liegt der Brennpunkt der nicht akkomodierten, also völlig entspannten Augenlinse genau auf der Netzhaut. Gelegentlich ist das aber nicht der Fall. Man spricht dann von *Weitsichtigkeit*, wenn der Brennpunkt bei entspannter Linse *hinter* der Netzhaut liegt, von *Kurzsichtigkeit*, wenn er *vor* der Netzhaut liegt. Die Weitsichtigkeit kann weitgehend behoben werden, wenn man eine Brille mit Sammellinsen, die Kurzsichtigkeit, wenn man eine Brille mit Zerstreuungslinsen trägt.

Das räumliche Sehen kommt dadurch zustande, daß der betrachtete Gegenstand von den beiden Augen unter verschiedenen Winkeln gesehen wird. Die beiden Netzhautbilder unterscheiden sich dann geringfügig voneinander. Im Gehirn werden diese Unterschiede ausgewertet und zu einem räumlichen Eindruck verarbeitet.

Auslösebereich (*Plateaubereich*) eines ↑ Zählrohres, Spannungsbereich, innerhalb dessen die Zählrate (Anzahl der Ausgangsimpulse innerhalb einer bestimmten Zeit) von der Zählrohrspannung *unabhängig* ist. In diesem Bereich ist die Zählrate von der Primärionisation unabhängig (↑ Zählrohr).

Austrittsarbeit, die Energie, die aufgebracht werden muß, um ein ↑ Elektron aus dem Innern eines Stoffes (insbesondere ein Leitungselektron aus einem Metall) durch seine Oberfläche nach außen zu bringen. Die erforderliche Energie kann auf verschiedene Weise geliefert werden; wichtig sind vor allem ↑ Photoeffekt, ↑ glühelektrischer Effekt und ↑ Stoßionisation. Im Mittel beträgt die Austrittsarbeit zum Beispiel für Cäsium 1,8 eV und für Wolfram 4,5 eV.

Avogadrosche Konstante, Formelzeichen N_A, die Anzahl der in einem Mol eines Stoffes enthaltenen Atome bzw.

Moleküle. Sie ist für alle Stoffe gleich und hat den Wert:

$$N_A = 6{,}023 \cdot 10^{23} \text{ mol}^{-1}.$$

Die Maßzahl dieser Größe wird oft auch als *Avogadrosche Zahl* bezeichnet (↑ Loschmidtsche Konstante).

Avogadrosches Gesetz, ein von dem italienischen Physiker *A. Avogadro* (1776 - 1856) erstmals ausgesprochene Gesetzmäßigkeit: Bei gleichem Druck und gleicher Temperatur enthalten gleiche Volumina verschiedener (hinreichend idealer) Gase die gleiche Anzahl von Molekülen.

Bahnbeschleunigung, die in Richtung der Bahntangente eines bewegten Körpers wirkende ↑ Beschleunigung. Der Betrag a_t der Bahnbeschleunigung ist gleich dem 1. Differentialquotienten des Betrages v der Geschwindigkeit nach der Zeit t bzw. gleich dem 2. Differentialquotienten des Betrages s des Weges nach der Zeit (↑ Kinematik):

$$a_t = \frac{dv}{dt} = \frac{d^2s}{dt^2}$$

Bahndrehimpuls, der ↑ Drehimpuls, den ein Teilchen aufgrund seiner Bewegung auf einer gekrümmten Bahn bezüglich des Koordinatenursprungs besitzt; speziell der Drehimpuls eines Elektrons (im Bohrschen ↑ Atommodell) aufgrund seines Umlaufs um den Atomkern (im Gegensatz zum Eigendrehimpuls, dem ↑ Spin). Der Bahndrehimpuls eines den Kern umkreisenden Elektrons kann nicht beliebige Werte annehmen, sondern nur ein ganzzahliges Vielfaches von $\hbar = h/2\pi$, dem sog. *elementaren Drehimpuls* $\hbar$ sein. Man bezeichnet bei dem Produkt $l \cdot \hbar$ die Zahl l als *Nebenquantenzahl* einer Bohrschen Bahn. Beträgt die Hauptquantenzahl einer Bohrschen Bahn n, so kann l alle Werte von Null bis einschließlich $n - 1$ annehmen.

Bahngeschwindigkeit, die Geschwindigkeit, mit der sich ein Körper auf seiner Bahnkurve bewegt. Die Bahngeschwindigkeit ist gleich dem Betrag des Geschwindigkeitsvektors (↑ Kinematik).

Bahnkurve, geometrischer Ort aller Punkte, die vom Schwerpunkt eines Körpers bei einer Bewegung durchlaufen werden (↑ Kinematik).

Bahnmagnetismus, der durch die Bewegung der Hüllenelektronen (im Bohrschen ↑ Atommodell) verursachte ↑Diamagnetismus der Atome. Auch der dadurch bedingte Anteil des magnetischen Moments eines Atoms wird bisweilen als Bahnmagnetismus bezeichnet. Dieser Anteil wird durch den Gesamtdrehimpuls $\vec{L}$ aller Elektronen der Hülle geliefert und als magnetisches Bahnmoment μ_L bezeichnet. μ_L ist proportional zum gesamten ↑ Bahndrehimpuls L, der Proportionalitätsfaktor ist das *Bohrsche Magneton* μ_B.

Ballistik, Lehre vom Verhalten und der Bewegung geschossener Körper. Während sich die *innere Ballistik* mit den Vorgängen im Inneren des Gewehrlaufs oder des Geschützrohres befaßt, beschäftigt sich die *äußere Ballistik* mit dem Verhalten des Geschosses nach dem Verlassen des Laufes. Es bewegt sich dann auf einer sogenannten *ballistischen Kurve*. Diese weicht erheblich von der idealen Wurfparabel (↑ Wurf) ab. Ihre Form ist unter anderem abhängig von der Luftdichte, vom Luftdruck, von den allgemeinen Witterungsverhältnissen (Windstärke, Luftfeuchtigkeit usw.), von der Gewichtskraft und Form des Geschosses, vom Geschoßdrall und von der Erdrotation. Die ballistische Kurve liegt stets innerhalb der idealen Wurfparabel (Abb. 26). Sie ist nicht symmetrisch, der absteigende Ast verläuft steiler als der aufsteigende.

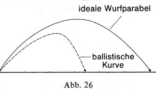

Abb. 26

ballistisches Galvanometer *(Stoßgalvanometer)*, hochempfindliches Meßgerät zum Messen kleiner Ladungen, die durch Stromstöße verursacht werden. Voraussetzung ist, daß die Dauer des Stromstoßes sehr viel kleiner ist als die Schwingungsdauer T der Galvanometer-Drehspule. In einem solchen Fall versetzt ein Stromstoß die Spule in eine freie Drehschwingung, deren erster Maximalausschlag proportional der während des Stromstoßes durch die Spule geflossenen Ladung ist. († Galvanometer).

ballistisches Pendel, eine auf dem Satz von der Erhaltung des Impulses beruhende Vorrichtung zur Bestimmung von Geschoßgeschwindigkeiten. Es besteht aus einem an einer Stange aufgehängten Pendelkörper (in der Regel ein mit Sand gefüllter Sack oder Kasten), in den das Geschoß, dessen Geschwindigkeit gemessen werden soll, hineingeschossen wird und steckenbleibt (unelastischer † Stoß). Das Pendel beginnt dadurch zu schwingen und erreicht dabei die Höhe h über seiner Ruhelage.
Bevor das Geschoß in den Pendelkörper eindringt, steckt der Gesamtimpuls des aus Geschoß und Pendel bestehenden Systems nur im Geschoß selbst, denn das Pendel befindet sich ja zunächst in Ruhe. Es gilt somit für den Gesamtimpuls J_v:

$$J_v = m\, v_g,$$

(m Masse des Geschosses, v_g Geschwindigkeit des Geschosses).
Nach dem Eindringen des Geschosses in den Pendelkörper haben beide dieselbe Geschwindigkeit v_p. Der Gesamtimpuls J_n nach dem Schuß ist also:

$$J_n = (M + m) \cdot v_p$$

(M Masse des Pendelkörpers).
Da der Gesamtimpuls erhalten bleibt, gilt:

$$J_v = J_n \text{ bzw. } m\, v_g = (M+m) \cdot v_p$$

und damit

$$v_g = \frac{M + m}{m} \cdot v_p$$

v_p läßt sich aber aus der Höhe h, um die das Pendel gehoben wird, ermitteln zu

$$v_p = \sqrt{2gh} \quad (\text{† freier Fall}).$$

Es ist also:

$$v_g = \frac{M + m}{m} \cdot \sqrt{2gh}$$

Balmerformel, von *J. J. Balmer* im Jahre 1885 aufgestellte Beziehung für die †Wellenzahlen $\tilde{\nu} = 1/\lambda$ (ursprünglich für die Wellenlängen λ) der Spektrallinien der später nach ihm benannten Balmerserie. Sie lautet in der heute üblichen, von *J. Rydberg* eingeführten Schreibweise (als Differenz zweier *Balmerterme* R_H/n^2)

$$\tilde{\nu} = R_H \left(\frac{1}{2^2} - \frac{1}{n^2} \right)$$

($n = 3,4,5,6,...$), wobei R_H die † *Rydbergkonstante* des Wasserstoffatoms ist.

Balmerserie, nach *J. J. Balmer* benannte Spektralserie, die beim Übergang des Wasserstoffatoms von einem höheren zum zweittiefsten Energieniveau emittiert (im umgekehrten Fall absorbiert) wird. Nach dem Bohrschen †Atommodell „umkreisen" Elektronen auf verschiedenen Bahnen den Kern des Wasserstoffatoms. Durch geeignete Energiezufuhr kann ein Elektron aus einer inneren Bahn auf eine äußere Bahn gehoben werden. Die dadurch entstehende „Elektronenlücke" wird jedoch sehr schnell (innerhalb 10^{-8} s) wieder durch ein Elektron einer äußeren Bahn aufgefüllt, wobei die freiwerdende Energie in Form eines Lichtquants abgestrahlt wird. Alle † Spektrallinien, die durch den Übergang eines Elektrons des Wasserstoffatoms aus einer äußeren Bahn auf die *zweitinnerste* Bahn entstehen, bilden die *Balmerserie*. Die größte Wellenlänge der Balmerserie ist etwa $\lambda \approx 656{,}2$ nm, die zugehörige Spektrallinie wird mit H_α bezeichnet. Es folgen die Linien H_β ($\lambda \approx 486{,}2$ nm), H_γ ($\lambda \approx 434{,}1$ nm) usw. bis zur kürzesten Wellenlänge $\lambda \approx 365$ nm, die als *Seriengrenze* bezeichnet wird. Die Wellenlänge λ der einzelnen genügen der *Balmerformel*

$$\frac{1}{\lambda} = R_H \left(\frac{1}{2^2} - \frac{1}{n^2} \right),$$

wobei R_H die ↑ *Rydbergkonstante* des Wasserstoffatoms ist und n die sog. *Laufzahl* die Werte $n = 3,4,5,6,...$ annehmen kann.

Bande, eine Vielzahl eng benachbarter Spektrallinien (Bandenlinien), die nach einer Seite des Spektrums zur Bandenkante hin dicht zusammengedrängt sind. Banden erscheinen bei geringem Auflösungsvermögen des ↑ Spektralapparates als strukturlose bandartige Gebilde (↑ Bandenspektrum).

Bandenspektrum *(Viellinienspektrum),* ein durch ↑ Banden charakterisiertes ↑ Spektrum, das (im Gegensatz zum ↑ Linienspektrum von Atomen) bei Übergängen zwischen Energiezuständen von Molekülen emittiert bzw. absorbiert wird.
Jeder Energiezustand eines Moleküls läßt sich näherungsweise als Summe der *Energie der Elektronenhülle,* der *Schwingungsenergie* (Oszillation der Atome des Moleküls gegeneinander) und der *Rotationsenergie* (Rotation des Moleküls um seine Hauptträgheitsachsen) darstellen. Dieser Dreiteilung entspricht eine dreifache Struktur der Bandenspektren: Bei alleiniger Änderung der *Rotationsenergie* ergeben sich verhältnismäßig einfache Linienfolgen im fernen ↑ Infrarot. Eine Änderung der *Schwingungsenergie* und *Rotationsenergie* führt zu gesetzmäßig angeordneten Linienfolgen im nahen Infrarot, gleichzeitige Änderung der *Elektronen-Schwingungs-* und *Rotations-*

energie ergibt eine größere Anzahl komplizierter Linienfolgen im sichtbaren und ultravioletten Bereich. Die Banden im sichtbaren und ultravioletten Bereich sind meist durch eine Kantenstruktur gekennzeichnet: Von einer scharfen Kante aus verläuft die Einzelbande in den kurz- oder langwelligen Bereich. Bandenspektren im sichtbaren und ultravioletten Bereich werden vor allem von zweiatomigen Molekülen oder Molekülionen emittiert bzw. absorbiert. Die Bandenspektren mehratomiger Moleküle liegen vorwiegend im Infrarot.

Bandgenerator *(Van-de-Graaff-Generator),* von dem holländischen Physiker *Robert van de Graaff* 1931 entwickeltes Gerät zur Herstellung sehr hoher elektrischer Gleichspannung (bis zu einigen Megavolt), die vor allem in der Kernphysik zur Beschleunigung schwerer geladener Teilchen benötigt wird (Abb. 27).

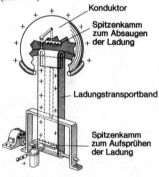

Abb. 27

Ein endloses, elektrisch nicht leitendes Band läuft mit etwa 50 Umläufen pro Sekunde über zwei mehrere Meter voneinander entfernte Metallwalzen, von denen sich eine auf Erdpotential und die andere im Innern einer sehr gut isolierten metallischen Hohlkugel befindet. Das Band entnimmt durch ↑ Influenz oder ↑ Spitzenwirkung einer Spannungsquelle von einigen kV

2*

elektrische Ladung und transportiert diese kontinuierlich in das Innere der Hohlkugel, wo sie durch einen Spitzenkamm abgesaugt wird und sich auf die äußere Kugelfläche verteilt. Zur Vermeidung von Überschlägen wird der Bandgenerator in einen Druckkessel eingebaut, dessen mit Zusatzstoffen versehenes Füllgas (z. B. trockene Luft oder Stickstoff von 5 bis 10 atm) die Durchschlagspannung auf über 8 MV erhöht.

Davon zu unterscheiden ist der in der Schulphysik zu Experimentierzwecken verwendete *selbsterregte Bandgenerator* (Abb. 28).

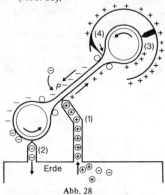

Abb. 28

Das Band (z. B. aus Gummi) laufe entgegen dem Uhrzeigersinn. Gelangt auf irgendeine Weise eine negative Ladung (z. B. aus der Luft) an die dem mit der Erde verbundenen Spitzenkamm (1) gegenüberliegende Stelle P, so werden dadurch positive Ladungen aus der Erde auf das aufwärtslaufende Band influenziert (↑ Influenz). Die aus der Erde stammenden positiven Ladungen werden mit Hilfe eines Spitzenkammes (3) im Innern der Hohlkugel abgesaugt und verteilen sich auf der äußeren Kugelfläche. Mit Hilfe eines weiteren Spitzenkammes (4) werden durch Influenz — bewirkt vom aufwärtslaufenden, positive Ladung tragenden Band — negative Ladungen aus der

Hohlkugel auf das abwärtslaufende Band übertragen. Die abwärtslaufenden negativen Ladungen bewirken bei P wieder, daß durch Influenz (mit Hilfe des Spitzenkammes (1)) positive Ladungen aus der Erde auf das aufwärtslaufende Band gelangen. Damit aber das Band beim Spitzenkamm (1) wieder elektrisch neutral ankommt, müssen die abwärts transportierten negativen Ladungen durch den Spitzenkamm (2) zur Erde abgeleitet werden.

Bar (Einheitenzeichen bar), vorwiegend in der Wetterkunde (Meteorologie) verwendete Einheit des ↑ Druckes. Mit dem Pascal (Einheitenzeichen Pa), der *SI-Einheit* des Druckes hängt das Bar wie folgt zusammen:

$$1 \text{ bar} = 100\,000 \text{ Pa}$$
$$1 \text{ Pa} = 0,00001 \text{ bar}$$

Häufig wird die kleinere Einheit 1 Millibar = 0,001 bar verwendet.

Barn (barn, b), bei der Angabe von ↑ Wirkungsquerschnitten in der Kernphysik verwendete Flächeneinheit. Es gilt

$$1 \text{ barn} = 10^{-24} \text{ cm}^2 ;$$

das ist angenähert die Querschnittsfläche eines Atomkerns (↑ Kern) mittlerer ↑ Massenzahl.

Barometer, Gerät zur Messung des ↑ Luftdruckes. Man unterscheidet im wesentlichen zwischen *Quecksilberbarometer* und *Aneroidbarometer*.
1. Das *Quecksilberbarometer* geht in seiner Grundkonstruktion auf den Torricelli-Versuch zurück. Es besteht aus einer mit Quecksilber gefüllten, unten U-förmig umgebogenen Glasröhre mit zwei verschieden langen Schenkeln. Der längere Schenkel ist oben geschlossen, der kürzere ist oben offen und läuft in eine Schale aus (Abb. 29). Die Höhe der im geschlossenen Schenkel befindlichen Quecksilbersäule über der freien Quecksilberoberfläche in der offenen Schale ist ein

Maß für den Luftdruck. Meist wird dieser unmittelbar in Torr angegeben, wobei 1 Torr der Gewichtsdruck einer 1 mm hohen Quecksilbersäule ist. Zur Vermeidung von Meßfehlern, die dadurch auftreten, daß die Höhe der

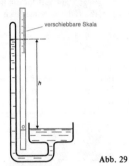

verschiebbare Skala

h

Abb. 29

freien Quecksilberoberfläche in der Schale von der Höhe der Quecksilbersäule abhängt (sie steigt, wenn die Säule sinkt und umgekehrt), wird die Ableseskala verschiebbar gebaut. Vor jeder Messung stellt man ihren Nullpunkt auf das Niveau der freien Quecksilberoberfläche ein.

Abb. 30

2. Das *Aneroidbarometer* arbeitet ohne Quecksilber. Das gebräuchlichste Aneroidbarometer ist das sogenannte *Dosenbarometer* (Abb. 30). Es besteht im wesentlichen aus einer weitgehend luftleer gepumpten Metalldose, die

vom äußeren Luftdruck entsprechend seiner jeweiligen Größe mehr oder weniger stark zusammengedrückt wird. Die Verformung der Dose wird über ein Hebelwerk auf einen Zeiger übertragen, der auf einer Skala den gemessenen Luftdruck anzeigt. Aneroidbarometer müssen mit Hilfe eines Quecksilberbarometers geeicht werden.

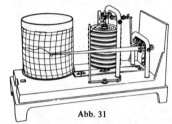

Abb. 31

Barographen sind Barometer, die mit einer Schreibvorrichtung versehen sind und zeitliche Schwankungen des Luftdrucks über längere Zeiträume hinweg auf einer sich drehenden Trommel selbständig aufzeichnen (Abb. 31).

barometrische Höhenformel, Formel, die den Zusammenhang zwischen ↑ Luftdruck und Höhe in der Erdatmosphäre beschreibt. Unter Annahme einer konstanten Temperatur gilt:

$$p_h = p_0 \cdot e^{-\frac{\rho_0 g \cdot h}{p_0}}$$

(p_h Luftdruck in der Höhe h, p_0 Luftdruck in der Höhe $h = 0$, ρ_0 Luftdichte in der Höhe $h = 0$, g Erdbeschleunigung)

Nach h aufgelöst ergibt sich:

$$h = \frac{p_0}{\rho_0 \cdot g} \cdot (\ln p_0 - \ln p_h)$$

Mit $p_0 = 101\ 325$ Pa, $\rho_0 = 0{,}001293$ g/cm³, und $g = 981$ cm/s² ergibt sich unter Verwendung dekadischer Logarithmen:

$$h = 18{,}4 \text{ km} \cdot \lg \frac{p_0}{p}$$

Basiseinheiten *(Ausgangseinheiten)*, diejenigen frei wählbaren und unabhängig voneinander festzulegenden Einheiten eines Einheitensystems, aus denen sich alle übrigen Einheiten in Form von *Potenzprodukten* ableiten lassen. Die Basiseinheiten des *SI-Systems* (Système International d'Unités), das durch das Gesetz über Einheiten im Meßwesen vom 2. Juli 1969 als verbindlich vorgeschrieben wurde, sind in der folgenden Tabelle aufgeführt:

Basis-einheit	Einheiten-zeichen	Basisgröße
Meter	m	Länge
Kilogramm	kg	Masse
Sekunde	s	Zeit
Ampere	A	elektrische Stromstärke
Kelvin	K	thermodynamische Temperatur
Mol	mol	Stoffmenge
Candela	cd	Lichtstärke

(↑ Einheitensysteme, ↑ Größen).

Batterie, zusammengeschaltete ↑ galvanische Elemente oder ↑ Akkumulatoren. Bei Hintereinanderschaltung der Elemente (Minuspol des ersten verbunden mit Pluspol des nächsten Elements) erreicht man höhere Gleichspannungen, bei Parallelschaltung (Pluspol des ersten verbunden mit Pluspol des nächsten Elements) erzielt man eine größere Stromergiebigkeit.

Beaufort-Skala, Skala zur Abschätzung der Windstärke nach beobachteten Wirkungen. (S. Tabelle auf S. 43)

Beleuchtungsstärke, Formelzeichen *E*, Quotient aus dem senkrecht auf eine Ebene fallenden Lichtstrom Φ und der Größe *A* dieser Fläche:

$$E = \frac{\Phi}{A}$$

Dimension: dim E = dim Φ/dim A = = J L^{-2}

Einheit der Beleuchtungsstärke ist das Lux (lx). Wird um eine punktförmige Lichtquelle als Mittelpunkt eine Kugelfläche gelegt, dann gilt für die Beleuchtungsstärke E dieser Kugelfläche:

$$E = \frac{I}{r^2}$$

(*I* Lichtstärke der punktförmigen Lichtquelle, *r* Abstand der Kugelfläche von der punktförmigen Lichtquelle.) Daraus ergibt sich das sogenannte *Lambertsche Entfernungsgesetz:*

$$\frac{E_1}{E_2} = \frac{r_2^2}{r_1^2}$$

d. h.: die Beleuchtungsstärke, die eine punktförmige Lichtquelle auf zwei um sie als Mittelpunkt gelegten konzentrischen Kugelflächen erzeugt, ist umgekehrt proportional dem Quadrat der Entfernungen dieser Flächen von der Lichtquelle. Die Beleuchtungsstärke nimmt also mit dem Quadrat der Entfernung von der Lichtquelle ab. Die Beziehung $E = I/r^2$ und das Lambertsche Entfernungsgesetz gelten angenähert auch für ebene Flächen, wenn diese sich nicht allzu nahe an der Lichtquelle befinden.

In der folgenden Tabelle sind einige Beleuchtungsstärken angegeben:

Vollmond	ca 0,20 lx
Autoscheinwerfer in 25 m Entfernung	10−15 lx
Straßenbeleuchtung	20 lx
Wohnraumbeleuchtung	100−200 lx
Beleuchtung zum Lesen	300 lx
Arbeitsplatzbeleuchtung für sehr feine Arbeiten	1000−4000 lx
Beleuchtung durch Sonne im Schatten	2000−10000 lx
direkte Beleuchtung durch Sonne	70000−100000 lx

benetzende Flüssigkeit, Bezeichnung für eine Flüssigkeit, die am Rande eines Gefäßes höher steht als in der Mitte. In einem senkrecht in eine benetzende Flüssigkeit eintauchenden dünnen Rohr *(Kapillarrohr)* befindet sich die Flüssigkeitsoberfläche höher als in der Umgebung *(Kapillaraszension)*. Bringt man einen Tropfen einer benetzenden Flüssigkeit auf eine waagrechte Fläche, dann läuft er zu einer flachen Linse auseinander. Bei benetzenden Flüssigkeiten sind die ↑ Kohäsionskräfte kleiner als die ↑ Adhäsionskräfte. Beispiel für eine benetzende Flüssigkeit ist das Wasser (↑ Oberflächenspannung).

Berührungselektrizität, Bezeichnung für alle elektrischen Erscheinungen, die an den Grenzflächen zweier sich berührender Substanzen auftreten. Berühren sich zwei Körper, so treten in den Grenzschichten Elektronenübertritte auf.

Bei *Isolatoren* findet der Übertritt jeweils von demjenigen Körper mit der größeren relativen ↑ Dielektrizitätskonstante zu dem mit der kleineren statt. Trennt man die beiden voneinander, so ist der Isolator mit der größeren relativen Dielektrizitätskonstante an der Grenzschicht positiv, der andere negativ aufgeladen.

Bei verschiedenen *Metallen* (von gleicher Temperatur) treten die Elektronen jeweils von dem Metall mit der

Windstärkeskala nach Beaufort

Wind-stärke nach Beaufort	Bezeichnung der Windstärke	Auswirkungen des Windes im Binnenland	untere und obere Grenzen der Geschwindigkeit in m/s
0	Stille	Windstille, Rauch steigt gerade empor.	0 ... 0,2
1	leiser Zug	Windrichtung angezeigt nur durch Zug des Rauches, aber nicht durch Windfahne	0,3... 1,5
2	leichte Brise	Wind am Gesicht fühlbar, Blätter säuseln, Windfahne bewegt sich.	1,6... 3,3
3	schwache Brise	Blätter und dünne Zweige bewegen sich, Wind streckt Wimpel.	3,4... 5,4
4	mäßige Brise	Wind hebt Staub und loses Papier, bewegt Zweige und dünnere Äste.	5,5... 7,9
5	frische Brise	kleine Laubbäume beginnen zu schwanken. Schaumköpfe bilden sich auf Seen.	8,0...10,7
6	starker Wind	Starke Äste in Bewegung, Pfeifen in Telegrafenleitungen, Regenschirme schwierig zu benutzen.	10,8...13,8
7	steifer Wind	ganze Bäume in Bewegung, fühlbare Hemmung beim Gehen gegen den Wind.	13,9...17,1
8	stürmischer Wind	Wind bricht Zweige von den Bäumen, erschwert erheblich das Gehen im Freien.	17,2...20,7
9	Sturm	kleinere Schäden an Häusern (Rauchhauben und Dachziegel werden abgeworfen).	20,8...24,4
10	schwerer Sturm	Bäume werden entwurzelt, bedeutende Schäden an Häusern.	24,5...28,4
11	orkanartiger Sturm	verbreitete Sturmschäden (sehr selten im Binnenland).	28,5...32,6
12			32,7...36,9
13			37,0...41,4
14	Orkan	schwerste Verwüstungen	41,5...46,1
15			46,2...50,9
16			51,0...56,0
17			> 56,0

kleineren ↑ Austrittsarbeit zu dem mit der größeren über. Ersteres ist also nach der Trennung positiv gegen das zweite aufgeladen. Auf diese Weise lassen sich Metalle in die sog. Voltasche ↑ Spannungsreihe einordnen (↑ Berührungsspannung).

Berührungsspannung *(Kontaktspannung)*, die bei intensiver Berührung zweier verschiedenartiger Körper in der Berührungsschicht entstehende Spannung. Berühren sich zwei stofflich verschiedene Körper, so kommt es an der Berührungsfläche zu einem Übertritt von Elektronen. Die Ursache dafür liegt in den unterschiedlichen Kräften, mit denen verschiedene Atome Elektronen anziehen. Die beiden Körper laden sich daher ungleichnamig auf, so daß sich zwischen ihnen eine Berührungsspannung ausbildet. Diese verhindert schließlich einen weiteren Elektronenübertirtt, es stellt sich ein Gleichgewichtszustand ein. Die Berührungsspannung liegt in der Größenordnung von 1V. Handelt es sich bei den beiden Körpern um zwei Isolatoren, in denen Ladungen nicht frei beweglich sind, so findet ein Elektronenübertritt nur in einer dünnen Grenzschicht von ca. 10^{-10}m Dicke statt. Die beiden Grenzschichten laden sich entgegengesetzt gleich stark auf und bilden eine sog. *elektrische Doppelschicht.* Diese kann als geladener ↑ Plattenkondensator mit sehr kleinem Plattenabstand angesehen werden. Trennt man die Isolatoren, so wird der Plattenabstand größer und damit die Kapazität kleiner. Nach der Beziehung $U = Q/C$ nimmt dann die Spannung zwischen den Oberflächen zu und kann Werte erreichen, die zum Funkenüberschlag führen. Auch bei Berührung von verschiedenartigen *Metallen* gleicher Temperatur tritt eine Kontaktspannung auf. Elektronen wechseln von dem Metall mit kleinerer Elektronen-↑Austrittsarbeit W_A infolge Wärmebewegung zum anderen Metall über. Die Metalle laden sich entgegengesetzt auf, wodurch der Elektronenübertritt behindert wird und schließlich aufhört. Die in diesem Gleichgewichtszustand herrschende Spannung heißt *Voltaspannung.* Für sie gilt:

$$U_{12} = \frac{W_{A2} - W_{A1}}{e}$$

(U_{12} Voltaspannung des Metalls 1 gegen das Metall 2, W_{A1} Austrittsarbeit aus dem Metall 1, W_{A2} Austrittsarbeit aus dem Metall 2, e Ladung eines Elektrons)
Voltaspannungen sind direkt sehr schwer zu messen, da sie keinen Strom erzeugen. Schließt man nämlich verschiedene sich berührende Metalle zu einem Kreis zusammen, so ist die Summe aller Voltaspannungen gleich Null. Ein Strom kann erst dann fließen, wenn das Gleichgewicht an den Kontaktstellen gestört wird, indem diese auf verschiedene Temperaturen gebracht werden (↑ Seebeck-Effekt).

Beschleunigung, Formelzeichen $\vec{a}$, Quotient aus der Geschwindigkeitsänderung $\Delta \vec{v}$ eines bewegten Körpers und der dazu erforderlichen Zeit Δt:

$$\vec{a} = \frac{\Delta \vec{v}}{\Delta t}$$

Ist dieser Quotient zeitlich konstant, erfolgt also in gleichen Zeitabschnitten Δt stets die (nach Betrag und Richtung) gleiche Geschwindigkeitsänderung Δv, dann liegt eine *gleichförmig beschleunigte* Bewegung vor. Anderenfalls spricht man von einer *ungleichförmig beschleunigten* Bewegung. Die *Augenblicksbeschleunigung* einer solchen Bewegung erhält man beim Übergang zu unendlich kleinen Zeitschnitten als Differentialquotient der Geschwindigkeit nach der Zeit:

$$a = \lim_{\Delta t \to 0} \frac{\Delta \vec{v}}{\Delta t} = \frac{d \vec{v}}{d t}$$

Die Beschleunigung ist ein *Vektor*, da zu ihrer Beschreibung außer der Angabe ihres Betrages auch die Angabe ihrer Richtung erforderlich ist. Für die *Dimension* der Beschleunigung gilt: dim $\vec{a}$ = dim $\vec{v}$/dim t = L Z^{-2}.

SI-Einheit der Beschleunigung ist das Meter durch Sekundenquadrat (m/s^2). 1 m/s^2 ist gleich der Beschleunigung eines sich geradlinig bewegenden Körpers, dessen Geschwindigkeit sich während der Zeit 1 s gleichmäßig um 1 m/s ändert.

Negative Beschleunigungen, Beschleunigungen also, bei denen der Geschwindigkeitsbetrag abnimmt, bezeichnet man häufig auch als *Verzögerungen*. Die Beträge der durchschnittlichen Beschleunigung bei einigen Körpern sind in der folgenden Tabelle angegeben:

Elektrische Lokomotive	0,25 m/s^2
Kraftfahrzeug (ca. 75 PS = 55 kW)	3 m/s^2
Rennwagen	8 m/s^2
frei fallender Körper	9,81 m/s^2
Geschoß im Lauf	500 000 m/s^2

Beschleunigungsarbeit, die Arbeit, die erforderlich ist, um einen Körper zu beschleunigen, d. h. um seine Geschwindigkeit zu ändern (↑ Beschleunigung). Bei der *fortschreitenden Bewegung* gilt für die Arbeit W, die erforderlich ist, um einen Körper der Masse m aus dem Zustand der Ruhe auf die Geschwindigkeit v zu beschleunigen, die Beziehung:

$$W = \frac{1}{2}mv^2$$

Sie ist also gleich der kinetischen ↑ Energie, die der bewegte Körper nach der Beschleunigung dann auf Grund seiner Geschwindigkeit besitzt. Bei der *Drehbewegung* gilt für die Arbeit W, die erforderlich ist, um einen drehbar gelagerten Körper mit dem ↑ Trägheitsmoment J aus der Ruhe auf die Winkelgeschwindigkeit ω zu bringen, die Beziehung:

$$W = \frac{1}{2}J\omega^2 .$$

Auch hierbei ist die Beschleunigungsarbeit gleich der kinetischen Energie, die der sich drehende Körper nach der Beschleunigung auf Grund seiner Winkelgeschwindigkeit besitzt.

Besetzungszahl, diejenige Zahl der ↑ Elektronen bzw. ↑ Nukleonen, mit denen die einzelnen Schalen und Unterschalen oder auch die einzelnen Energiezustände besetzt sind.

Betaspektrum, Energieverteilung der von einem ↑ Betastrahler emittierten ↑ Betateilchen. Das Betaspektrum ist *kontinuierlich*, d. h. es umfaßt alle positiven Energiebeträge bis zu einer scharfen oberen Grenze. Diese ist für den einzelnen Zerfall charakteristisch und liegt im Bereich von einigen keV bis zu einigen MeV. Um das kontinuierliche Betaspektrum erklären zu können, postulierte *W. Pauli* 1931 ein Elementarteilchen, das sog. ↑ Neutrino (erster Nachweis 1950), das beim ↑ Betazerfall beliebige Energiebeträge, die natürlich kleiner sind als die maximale Energie im Betaspektrum, aufnehmen kann. Beim negativen Betazerfall übernimmt das Antineutrino (das ↑ Antiteilchen des Neutrinos) diese Rolle.

Betastrahlen *(β-Strahlen)*, ionisierende Teilchenstrahlen, die beim Kernzerfall gewisser natürlicher ↑ radioaktiver Elemente, den sog. *β-Strahlern* oder bei gewissen ↑ Kernreaktionen auftreten. Die β-Strahlen bestehen aus *β-Teilchen*, das sind entweder schnelle Elektronen (e$^-$) oder Positronen (e$^+$). Die β-Teilchen, die ein β-Strahler aussendet, besitzen Energien von Null bis zu einer den β-Strahler charakterisierenden *Grenzenergie* (zwischen einigen keV und MeV). Die Reichweite beträgt je nach Energie in Luft einige Meter. Zur

Abschirmung der β-Strahlen verwendet man Stoffe großer ↑ Ordnungszahl oder großer Dichte (Eisen, Blei). Zur Messung und zum Nachweis benutzt man ↑ Ionisationskammern, ↑ Zählrohre, ↑ Nebelkammern, zur Energiemessung Betaspektrometer, ↑ Szintillationszähler und ↑ Halbleiterzähler.

Betastrahler *(β-Strahler)*, radioaktives Isotop, das beim Zerfall seiner Atomkerne (↑ Kern) Betastrahlen (Elektronen bzw. Positronen) aussendet. Bei einem *Elektronenstrahler* wird in jedem zerfallenden Kern ein Neutron in ein Proton verwandelt unter Aussendung eines Elektrons (e⁻) und eines Antineutrinos ($\bar{\nu}$). Bei einem *Positronenstrahler* hingegen wird pro zerfallenden Kern ein Proton in ein Neutron umgewandelt unter Emission eines Positrons (e⁺) und eines Neutrinos (ν). Bei der *natürlichen* Radioaktivität kommen unter den Betastrahlern nur Elektronenstrahler vor (z.B. ^{228}Ra, ^{87}Rb, ^{40}K). Unter den künstlich radioaktiven Isotopen sind häufig auch Positronenstrahler zu finden (z.B. ^{64}Cu, ^{22}Na, ^{15}C). Obwohl die meisten radioaktiven Isotope Betastrahler sind, gibt es nur relativ wenige, die nicht außerdem noch ↑ Gammastrahlung emittieren (*reine Betastrahler*, z.B. ^{45}Ca und ^{14}C).

Betazerfall ein radioaktiver Kernzerfall, bei dem sich die ↑ Kernladungszahl Z um eine Einheit ändert, während die ↑ Massenzahl *A* konstant bleibt. Je nachdem, was für ein Nukleon im Kern am Zerfall beteiligt ist, unterscheidet man zwischen dem *negativen Betazerfall*, dem *positiven Betazerfall* und dem *Elektroneneinfang*.

1) *Negativer Betazerfall.*

$$n \rightarrow p + e^- + \bar{\nu}$$

Ein Neutron (n) wird umgewandelt in ein Proton (p) unter Emission eines Elektrons (e⁻) und eines Antineutrinos ($\bar{\nu}$).

2) *Positiver Betazerfall.*

$$p \rightarrow n + e^+ + \nu$$

Ein Proton (p) wandelt sich um in ein Neutron (n) unter Emission eines ↑ Positrons (e⁺) und eines Neutrinos (ν).

3) *Elektroneneinfang.*

$$p + e^- \rightarrow n + \nu$$

Ein *Hüllenelektron* wird vom Kern eingefangen, wobei sich ein Proton unter Emission eines Neutrinos in ein Neutron umwandelt.

Die aus dem Kern emittierten Betateilchen (Elektronen bzw. Positronen) entstehen erst während des Zerfalls, sie sind nicht schon vorher im Kern vorhanden.

Beugung, Abweichung von der geradlinigen Ausbreitung einer ↑ Welle an den Grenzen eines Hindernisses.

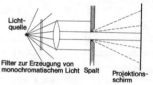

Abb. 32

Trifft eine ebene Welle gemäß Abb. 32 auf ein Hindernis, so erfährt sie an dessen Rändern eine Richtungsänderung. Das Hindernis wirft keinen scharfen Schatten. Diese Erscheinung läßt sich mit Hilfe des ↑ Huygensschen Prinzips erklären. Gemäß diesem Prinzip kann jeder Punkt einer Welle als Ausgangspunkt einer sich in der Ebene kreisförmig, im Raum kugelförmig ausbreitenden Elementarwelle aufgefaßt werden. Im allgemeinen überlagern sich diese Elementarwellen so, daß die Resultierende mit der sich einfach ausbreitenden ursprünglichen Welle identisch ist. Am Rande des Hindernisses finden jedoch die Elementarwellen einseitig keine Partnerwellen, mit denen sie sich überlagern können. Sie breiten sich deshalb in den Raum hinter dem Hindernis aus.

Beugungserscheinungen treten bei allen Wellenvorgängen auf. Besonders deutlich wahrnehmbar sind sie bei *Schallwellen*. Auch im Raum hinter einem Hindernis, z. B. hinter einem Pfeiler in einem Konzertsaal oder hinter der Wand neben einer geöffneten Tür läßt sich der von einer Schallquelle ausgehende Schall wahrnehmen. Die Schallwellen „*kriechen*" um das Hindernis herum und zwar um so intensiver, je tiefer der Ton, je länger also die Schallwellenlänge ist.

Weniger stark in Erscheinung treten dagegen Beugungserscheinungen bei *Lichtwellen*. Sie zeigen sich beispielsweise darin, daß ein von einer Lichtquelle beleuchteter lichtundurchlässiger Körper keinen scharfen Schatten wirft, sondern verwaschene Schattenränder zeigt.

Beugung am Spalt

Besonders einfach zu deuten sind die Beugungserscheinungen, die auftreten, wenn ein paralleles Strahlenbündel *einfarbigen (monochromatischen)* Lichts senkrecht auf einen engen Spalt trifft (Abb. 32). Es zeigt sich dann auf einem Schirm hinter dem Spalt eine aus hellen *(Beugungsmaxima)* und dunklen Streifen *(Beugungsminima)* bestehende

Abb. 33

Beugungsfigur (Abb. 33). Die Intensitätsverteilung in dieser Beugungsfigur zeigt die Abb. 34.

Gemäß dem Huygensschen Prinzip kann man jeden Punkt des Spaltes als Wellenzentrum einer Elementarwelle auffassen. Diese Wellenzentren schwingen in gleicher Phase, wenn das Licht, wie angenommen, senkrecht auf die Spaltebene trifft. Die so entstandenen

Elementarwellen überlagern sich im Raum hinter dem Spalt. Je nach Richtung besteht zwischen ihnen ein Gangunterschied, der bei der Überlagerung zur gegenseitigen Verstärkung, zur gegenseitigen Abschwächung oder zur gegenseitigen Auslöschung führt.

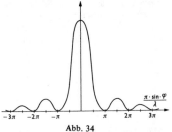

Abb. 34

Die helle Mitte der Beugungsfigur *(Nulltes Beugungsmaximum)* kommt zustande, weil die senkrecht aus dem Spalt austretenden Strahlen gleichphasig auf den Schirm treffen und sich dabei gegenseitig verstärken. Die Entstehung des ersten dunklen Streifens der Beugungsfigur ergibt sich aus der Abbildung 35. Der *Gangunterschied*

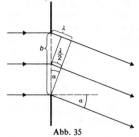

Abb. 35

zwischen den beiden Randstrahlen ist gleich der Wellenlänge λ des verwendeten Lichts. Das ist immer dann der Fall, wenn für den Winkel α gilt:

$$\sin \alpha = \frac{\lambda}{b}$$

(b Spaltbreite). Dann besteht aber zwischen einem Randstrahl und dem Mittelstrahl ein Gangunterschied von $\lambda/2$, so daß sich diese beiden Strahlen gegenseitig auslöschen („Wellenberg trifft auf Wellental"). Ebenso findet jeder Strahl aus der unteren Spalthälfte einen Strahl in der oberen Spalthälfte, mit dem er einen Gangunterschied von $\lambda/2$ hat, mit dem er sich also gegenseitig auslöscht.

Weitere dunkle Streifen in der Beugungsfigur ergeben sich, wenn der Gangunterschied der beiden Randstrahlen ein ganzzahliges Vielfaches der Wellenlänge λ ist. Die allgemeine Bedingung für die völlige Auslöschung *(Beugungsminimum)* lautet somit:

$$\sin \alpha = n \cdot \frac{\lambda}{b}$$

für $n = \pm 1, \pm 2, \pm 3 \ldots$

Eine ähnliche Überlegung führt zur allgemeinen Bedingung für Entstehung heller Streifen in der Beugungsfigur. Für die Stellen maximaler Helligkeit *(Beugungsmaxima)* gilt die Beziehung:

$$\sin \alpha = \frac{2n+1}{2} \cdot \frac{\lambda}{b}$$

für $n = \pm 1, \pm 2, \pm 3 \ldots$

Die Intensität der Beugungsmaxima nimmt mit zunehmenden n ab.

Die durch den Winkel α bestimmte Lage der Beugungsmaxima und -minima ist bei gleichbleibender Spaltbreite b nur von der Wellenlänge λ des verwendeten Lichtes abhängig. Bei Verwendung weißen Lichtes ist deshalb nur das Nullte Beugungsmaximum, d. h. das mittlere Beugungsmaximum weiß. Alle anderen Maxima *(Nebenmaxima)* sind farbig.

Beugung an einem optischen Gitter
Als optisches Gitter bezeichnet man ein System von zahlreichen nebeneinanderliegenden parallelen Spalten. Der Abstand zweier benachbarter Spaltmitten heißt *Gitterkonstante* (Formelzeichen g). Läßt man einfarbiges Licht senkrecht auf ein optisches Gitter fallen, so zeigt sich hinter ihm eine aus hellen und dunklen Streifen bestehende Beugungsfigur. Für den Winkel α,

unter dem die Beugungsmaxima erscheinen, gilt dabei die Beziehung:

$$\sin \alpha = n \cdot \frac{\lambda}{g}$$

mit $n = 0, 1, 2, 3, \ldots$

Je größer die Wellenlänge λ und je kleiner die Gitterkonstante g, um so stärker wird das Licht beim Durchgang durch ein optisches Gitter abgelenkt und um so weiter auseinander liegen die Beugungsmaxima. Läßt man folglich weißes Licht auf ein optisches Gitter fallen, so entstehen keine scharfen Beugungsmaxima, sondern farbige Bänder. Man bezeichnet sie als *Gitterspektrum*. Die Farbenfolge beim Gitterspektrum ist genau umgekehrt wie beim ↑ Prismenspektrum, weil das langwellige (rote) Licht hierbei die stärkste, das kurzwellige (violette) Licht die geringste Ablenkung erfährt. Während beim Prismenspektrum die Auffächerung des weißen Lichtes von der Wellenlänge abhängig ist, also ungleichmäßig erfolgt (der rote Bereich ist weniger stark auseinandergezogen als der violette), erfolgt sie bei Gitterspektrum über den ganzen Wellenlängenbereich gleichmäßig. Man spricht deshalb auch von einem *Normalspektrum*. Aus der Lage einer Farbe in einem solchen Normalspektrum kann unmittelbar ihre Wellenlänge bestimmt werden.

Beugungserscheinungen treten auch auf, wenn Licht durch eine kreisförmige Öffnung oder auf einen dünnen Draht oder ein kleines Kreisscheibchen fällt.

Durch die Beugungserscheinungen an den Rändern von Blenden wird das ↑ Auflösungsvermögen optischer Geräte bestimmt.

Bewegung, die Ortsveränderung eines Körpers in bezug auf einen anderen Körper oder ein durch andere Körper festgelegtes *Bezugssystem.* Bei der *ebenen Bewegung* liegt die Bahn des bewegten Körpers in einer Ebene; ist das nicht der Fall, dann spricht man von einer *räumlichen Bewegung*. Eine *geradlinige Bewegung* liegt vor, wenn die Bahnkurve des bewegten Körpers eine Gerade ist, anderenfalls handelt es sich um eine *krummlinige Bewegung*. Von einer *gleichförmigen Bewegung* spricht man, wenn der bewegte Körper auf seiner Bahn in gleichen Zeitabschnitten gleiche Wegstrecken zurücklegt; ist das nicht der Fall, dann handelt es sich um eine *ungleichförmige Bewegung*.

Bei einer gleichförmigen Bewegung ist der *Betrag* der Geschwindigkeit konstant. Handelt es sich um eine geradlinig-gleichförmige Bewegung, dann ist darüber hinaus auch noch die *Richtung* der Geschwindigkeit konstant. Bei krummliniger Bewegung, ob gleichförmig oder ungleichförmig, ändert sich dagegen die Geschwindigkeit zumindest nach der Richtung. *Krummlinige Bewegungen sind also stets beschleunigte Bewegungen* (↑ Beschleunigung).

Von einer *Translationsbewegung (fortschreitende Bewegung)* spricht man, wenn alle Punkte eines Körpers sich auf parallelen Bahnen bewegen und dabei in gleichen Zeiten untereinander gleiche Wetstrecken zurücklegen. Behält ein einzelner Punkt oder eine Gerade des Körpers eine feste Lage im Raum bei, dann spricht man von einer *Drehbewegung (Rotation)*. Jede Bewegung eines Körpers, z. B. das Abrollen eines Rades oder die Bewegung der Planeten, kann aus Translations- und Rotationsbewegungen zusammengesetzt werden.

Eine *periodische Bewegung* liegt vor, wenn der Körper nach bestimmten, untereinander gleichen Zeitabschnitten immer wieder in seine Ausgangslage zurückkehrt und der gleiche Bewegungsvorgang sich anschließend wiederholt (z. B. Pendelschwingung, gleichförmiger Umlauf eines Körpers auf einer Kreisbahn).

Da man von der Bewegung eines Körpers, ebenso wie von der Ruhe, nur sprechen kann, wenn man seinen Zustand relativ zu einem Bezugskörper oder einem Bezugssystem betrachtet, lassen sich überhaupt nur *relative Bewegungen* angeben. Der Begriff der absoluten Bewegung hat physikalisch keinen Sinn.

Im täglichen Leben gilt für gewöhnlich die Erde als Bezugssystem zur Beschreibung einer Bewegung.

Bewegungsbäuche, bei einer stehenden mechanischen Welle diejenigen Orte, an denen die schwingenden Teilchen des Ausbreitungsmediums ständig mit maximaler Amplitude schwingen (↑ stehende Welle).

Bewegungsgröße *(Impuls),* Formelzeichen $\vec{p}$, Produkt aus der Masse m und der Geschwindigkeit $\vec{v}$ eines Körpers (Massenpunktes):

$$\vec{p} = m\,\vec{v}$$

Die Bewegungsgröße ist ein *Vektor*, dessen Richtung mit der Richtung der Geschwindigkeit übereinstimmt.

Für die *Dimension* der Bewegungsgröße ergibt sich gemäß der Definition:

$$\dim \vec{p} = \dim m \cdot \dim \vec{v} = M\,L\,Z^{-1}$$

Die *SI-Einheit* der Bewegungsgröße ist $1\ kg \cdot m \cdot s^{-1}$.

Wirkt während der Zeit t eine zeitlich konstante Kraft $\vec{F}$ auf einen Körper (Massenpunkt) der Masse m, so setzt er sich in Bewegung. Dabei gilt für die ihm durch die Kraft mitgeteilte Bewegungsgröße:

$$m \cdot \vec{v} = \vec{F} \cdot t$$

Die Größe $\vec{F} \cdot t$, das Produkt aus der Kraft und der Zeitdauer ihrer Wirkung auf den betrachteten Körper (Massenpunkt) wird als *Kraftstoß* bezeichnet. Befand sich der Körper schon vor Beginn des Einwirkens der Kraft in

Bewegung, so geht die Beziehung über in die Form:

$$\Delta(m\vec{v}) = \vec{F} \cdot t$$

($\Delta(m\vec{v})$ *Änderung* der Bewegungsgröße).

Das heißt aber: Die durch einen Kraftstoß bewirkte Änderung der Geschwindigkeit eines freibeweglichen Körpers (Massenpunktes) erfolgt in der Art, daß die Änderung der Bewegungsgröße, also des Produktes aus Masse m und Geschwindigkeit $\vec{v}$, gleich dem Kraftstoß ist.

Ist die Kraft zeitabhängig, dann gilt:

$$\Delta(m\vec{v}) = \int_{t_1}^{t_2} \vec{F}\, dt$$

($t_2 - t_1$ Zeitdauer des Einwirkens der Kraft).

Diese Beziehung läßt sich auch folgendermaßen umformen:

$$\vec{F} = \frac{d(m\vec{v})}{dt}$$

Die auf einen freibeweglichen Körper (Massenpunkt) ausgeübte Kraft F ist demnach gleich der 1. Ableitung der Bewegungsgröße nach der Zeit. Das ist jedoch nichts anderes als das 2. Newtonsche Axiom, das in der Regel in der Form

$$F = m\frac{d\vec{v}}{dt} = m\vec{a}$$

($\vec{a}$ Beschleunigung) verwendet wird, weil in den meisten Fällen vorausgesetzt werden kann, daß die Masse des Körpers während des betrachteten Vorgangs konstant bleibt. In der Form

$$\vec{F} = \frac{d(m\vec{v})}{dt}$$

ist das 2. Newtonsche Axiom jedoch allgemeiner und kann beispielsweise auch auf die Bewegungsvorgänge bei einer ↑ Rakete angewandt werden, bei der sich die Masse infolge des Ausstoßes von Verbrennungsgasen ständig ändert.

Setzt man $F = 0$, dann ergibt sich:

$$\frac{d(m\vec{v})}{dt} = 0\,,$$

woraus folgt:

$$m\vec{v} = \text{const.}$$

Darin kommt aber ein Erhaltungssatz zum Ausdruck. Dieser als *Impulssatz, Impulserhaltungssatz* oder *Satz von der Erhaltung der Bewegungsgröße* bezeichnete Erhaltungssatz lautet:
In einem System, auf das keine äußeren Kräfte wirken (abgeschlossenes System) ist die Summe aller Bewegungsgrößen unveränderlich.
Der Bewegungsgröße bei der fortschreitenden Bewegung (Translationsbewegung) entspricht der Drehimpuls bei der Drehbewegung.

Bewegungsknoten, bei einer stehenden mechanischen Welle diejenigen Orte, an denen die Teilchen des Ausbreitungsmediums ständig in Ruhe bleiben (↑ stehende Welle).

Bewegungszentrum (Beschleunigungszentrum), derjenige feste Raumpunkt, auf den die eine ↑ Zentralbewegung verursachende Kraft *(Zentralkraft)* während des gesamten Bewegungsvorganges gerichtet ist.

Bifilarwicklung, in der Elektronik verwendete Wicklungsart von Widerstandsdrähten und Spulen zur Reduzierung der ↑ Selbstinduktion bzw. Induktivität. Der Draht wird dazu in der Mitte geknickt, beide Hälften werden (voneinander isoliert) gleichzeitig als parallel verlaufender Doppeldraht gewickelt. Durch die nebeneinanderliegenden Drähte fließt der gleiche Strom, nur in entgegengesetzter Richtung. Hin- und Rückleitung haben daher magnetische Felder entgegengesetzter Richtung, so daß sich ihre

Wirkungen aufheben. Damit heben sich auch die Induktivitäten beider Wicklungen auf. Ein Nachteil besteht darin, daß eine bifilar gewickelte Spule eine relativ große Spulenkapazität besitzt.

Bild, Ergebnis einer ↑ optischen Abbildung. Ein *reelles* Bild kann auf einem Bildschirm (z. B. einer Mattscheibe) aufgefangen werden. Es entsteht immer dann, wenn für jeden Punkt des Gegenstandes gilt, daß sich die von ihm ausgehenden Strahlen nach der Brechung bzw. Reflexion wieder in einem Punkte, dem reellen Bildpunkt vereinigen.

Ein *virtuelles* Bild kann nicht auf einem Bildschirm aufgefangen werden, bei ihm vereinigen sich die von den einzelnen Punkten des Gegenstandes ausgehenden Strahlen nach der Brechung bzw. Reflexion nicht wieder in einem Punkt, wohl aber ihre gedachten rückwärtigen Verlängerungen (↑ Linse, ↑ Hohlspiegel, ↑ Wölbspiegel).

Bildebene, bei einem abbildenden optischen System diejenige senkrecht zur optischen Achse verlaufende Ebene, auf der das *Bild* eines (Gegenstands-)Punktes liegt. Alle Punkte, die auf einer optischen Achse senkrechten Ebene *(Gegenstandsebene)* liegen, werden im Idealfall auf ein und derselben Bildebene abgebildet.

Bildgröße, bei einer ↑ optischen Abbildung die Größe des entstehenden reellen oder virtuellen Bildes.

Bildweite, Formelzeichen *b*, bei einer ↑ optischen Abbildung der Abstand des (reellen oder virtuellen) Bildes von der Linse bzw. vom Spiegel. Bei dünnen symmetrischen Linsen wird die Bildweite von der *Linsenebene*, bei dicken Linsen oder Linsensystemen von der betreffenden ↑ *Hauptebene*, bei Kugelspiegeln von der *Scheitelebene* aus gemessen.

Bimetallstreifen, ein aus zwei miteinander verschweißten oder verklebten Metallschichten mit verschieden starker ↑ Wärmeausdehnung bestehender flacher Körper. Beim Erwärmen krümmt sich der Bimetallstreifen zur Seite derjenigen Metallschicht, die den kleineren Ausdehnungskoeffizienten besitzt, beim Abkühlen in die umgekehrte Richtung (↑ Wärmeausdehnung).

Biot-Savartsches-Gesetz, Gesetz zur Bestimmung der magnetischen Induktion in der Umgebung eines stromführenden Leiters. Die magnetische Induktion in einem Meßpunkt *P* rührt von allen Teilen des Leiters her. Das Biot-Savartsche Gesetz gibt nun an, welchen Beitrag ein Stück d*s* des vom Strom *I* durchflossenen Leiters liefert (Abb. 36). Das Gesetz lautet:

$$d\vec{B} = \frac{\mu\mu_0}{4\pi} I \frac{d\vec{s} \times \vec{R}_{PP'}}{R_{PP'}^3}$$

(μ relative Permeabilität; μ_0 magnetische Feldkonstante; *I* Stromstärke des Leiterstroms; d*B* Beitrag der magnetischen Induktion, der vom Leiterstück d*s* herrührt; d$\vec{s}$ Vektor mit dem Betrag d*s* (wobei d*s* die Länge des untersuchten Leiterstücks ist) und einer Richtung, die durch das Leiterstück und die technische Stromrichtung festgelegt ist; $\vec{R}_{PP'}$ siehe Abb. 36)

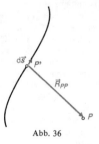

Abb. 36

Addiert man alle Beiträge, die von den einzelnen Leiterstücken herrühren, so erhält man die magnetische Induktion

51

im Punkt P. Mathematisch wird das durch eine Integration erreicht.

Biprisma, ein gleichschenkliges ↑ Prisma, dessen brechender Winkel nahezu 180° beträgt. Es wird ähnlich wie der Winkelspiegel beim ↑ Fresnelschen Spiegelversuch dazu verwendet, um eine punktförmige Lichtquelle in zwei virtuelle Lichtquellen aufzuspalten, deren Strahlen kohärent sind und infolgedessen bei der Überlagerung Interferenzerscheinungen zeigen können.

Blasenkammer, Gerät zum Nachweis und zur Sichtbarmachung der Bahnen energiereicher ionisierender Teilchen. Tritt ein ionisierendes Teilchen in eine reine überhitzte Flüssigkeit, so heben die von ihm erzeugten Ionen örtlich den ↑ Siedeverzug auf: es bilden sich Dampfbläschen, die die Bahn des Teilchens sichtbar machen.

Eine Blasenkammer besteht im wesentlichen aus einem Gefäß, in dem sich unter dem Druck von einigen Atmosphären eine leicht siedende Flüssigkeit (z. B. flüssiger Wasserstoff, flüssiges Propan oder Helium) befindet. Die Flüssigkeit wird auf eine Temperatur erhitzt, die über ihrem Siedepunkt unter Normalbedingungen liegt. Durch plötzliche Druckerniedrigung (z. B. Zurückziehen eines Kolbens) wird die Flüssigkeit kurzzeitig überhitzt. Vorteile der Blasenkammer gegenüber der ↑ Nebelkammer sind:
1. Die Dichte von Flüssigkeiten ist größer als die von Gasen, wodurch in der Blasenkammer schnellere Teilchen stärker gebremst werden als in der Nebelkammer. Zur Beobachtung der Bahnen energiereicher Teilchen ist die Blasenkammer daher vorteilhafter.
2. Wegen der größeren Dichte der Flüssigkeit erzeugen Teilchen, die in der Nebelkammer nur schwach sichtbar sind, in der Blasenkammer deutliche Spuren.

Blende, bei optischen Geräten (Linsen, Photoapparaten, Mikroskopen, Fernrohren usw.) Vorrichtung zur Begrenzung des Querschnitts von Strahlenbündeln. Da die Bildqualität wesentlich vom Durchmesser der an der Bilderzeugung beteiligten Strahlenbündel abhängt, haben Blenden einen entscheidenden Einfluß auf die Abbildungseigenschaften eines optischen Systems. Als Blenden dienen die Fassungen von Linsen bzw. Spiegeln selbst, oder gesonderte Lochscheiben, die an beliebigen Stellen des optischen Systems in den Strahlengang gebracht werden können. Als *Blendenbild* bezeichnet man das reelle oder virtuelle Bild einer Blende.
Eine *Irisblende* ist eine Blende, bei der sich der Durchmesser der Blendenöffnung stetig verändern läßt. Irisblenden werden insbesondere bei Photoapparaten verwendet. Mit ihnen kann sowohl der Schärfentiefebereich (↑ Schärfentiefe) als auch der Lichteinfall eingestellt werden.

Blindleistung, in der Elektrotechnik Bezeichnung für den Ausdruck

$$Q = \sqrt{S^2 - P^2}$$

(S ↑ Scheinleistung, P ↑ Wirkleistung). Bei einem zeitlich *sinusförmigen* Verlauf von Wechselstrom und Wechselspannung erhält man

$$Q = S \cdot \sin \varphi \text{ bzw. } Q = \frac{1}{2} U_0 \cdot I_0 \cdot \sin \varphi$$

(U_0, I_0 Amplitude der Spannung bzw. Stromstärke, φ ↑ Phasenverschiebung zwischen Spannung und Strom).
Es werden weiterhin folgende Bezeichnungen verwendet:

$$Blindfaktor = \frac{Q}{S} = \sin \varphi$$

$$Blindstrom \ I_b = \frac{Q}{U_{\text{eff}}} \cdot \sin \varphi$$

$$Blindspannung \ U_b = \frac{Q}{I_{\text{eff}}} = U_{\text{eff}} \cdot \sin \varphi$$

$$Blindwiderstand \ (Reaktanz) \ X = \frac{Q}{I_{\text{eff}}^2}$$

$Blindleitwert\ (Suszeptanz)\ B = \dfrac{Q}{U_{\text{eff}}^2}$

Bei der Angabe von elektrischen Blindleistungen darf das ↑ Watt auch als Var (Einheitenzeichen var) bezeichnet werden.

Sind in einem Leiterkreis nur ein induktiver oder kapazitiver ↑ Widerstand vorhanden, so beträgt die Phasenverschiebung zwischen Spannung und Strom $-\pi/2$ bzw. $+\pi/2$, d. h. die Wirkleistung beträgt 0 Watt. Die Blindleistung ist in diesem Falle maximal und stimmt mit der Scheinleistung überein; man spricht dann auch von einem *wattlosen Strom*. Sind in einem Leiterkreis nur ↑ Ohmsche Widerstände vorhanden, ist also die Phasenverschiebung 0, so tritt keine Blindleistung auf, die Wirkleistung stimmt mit der Scheinleistung überein.

Bodendruck, der ↑ Druck, den eine ruhende Flüssigkeit auf den Boden des Gefäßes ausübt, in dem sie sich befindet. Für den Bodendruck gilt die Beziehung:

$$p = \gamma \cdot h$$

mit p Bodendruck; γ Wichte der Flüssigkeit; h Höhe der Flüssigkeitsoberfläche über der Bodenfläche.
Der Bodendruck ist also weder von der Form des Gefäßes noch von dem Gewicht der im Gefäß befindlichen Flüssigkeitsmenge abhängig (↑ hydrostatisches Paradoxon).

Bogenentladung, zwischen zwei Kohlestäben bei Atmosphärendruck und mindestens 60 V Gleichspannung auftretende selbständige ↑ Gasentladung, die als Lichtbogen sichtbar ist. Bringt man die Kohlestäbe bei einer Mindestspannung von 60 V zur Berührung, so erhitzt der dabei fließende starke Strom die Übergangsstelle bis zum Glühen. Dadurch wird auch das umgebende Gas erhitzt, wobei durch thermische Stöße der Gasatome Ionen

entstehen (↑ Stoßionisation). Bei Auseinanderziehen der Kohlestäbe tritt daher im elektrischen Feld eine selbständige Gasentladung auf. Die positiven Ionen schlagen auf die Kathode auf und erhitzen diese auf ca. 3000 K. Die Kathode sendet durch ↑ Glühemission weitere Elektronen aus, die ihrerseits wieder Stoßionisation im Gas bewirken. Durch Aufprall von Elektronen auf die Anode wird diese bis zu 5000 K erhitzt. Es bildet sich an ihr eine Aushöhlung in Form eines Kraters, von dem ein intensives weißes Licht ausgeht, das als Bogen zur Anode führt. In diesem Lichtbogen herrschen je nach Gasart Temperaturen zwischen 4000 — 10000 K. Die Bogenentladung zwischen zwei Kohleelektroden wird wegen ihres hellen Lichtbogens in der Kohlebogenlampe zu Beleuchtungszwecken verwendet.

Bohrsche Frequenzbedingung, von *N. Bohr* in seinem ↑ Atommodell formulierte Bedingung für die Frequenz(en) der von einem Atom oder atomaren System emittierten bzw. absorbierten elektromagnetischen Strahlung. Geht ein Elektron aus einem Zustand (Energieniveau, Quantenzustand) der Energie W_n in einen Zustand der Energie W_m über, so wird die Energiedifferenz als ↑ Photon emittiert oder absorbiert, je nachdem, ob W_n größer oder kleiner als W_m ist. Die Frequenz f des Photons ist durch die *Bohrsche Frequenzbedingung*

$$h \cdot f = \left| W_n - W_m \right|$$

gegeben (h Plancksches Wirkungsquantum). Die Emission bzw. Absorption von Strahlung anderer Frequenzen ist unmöglich.

Bohrscher Radius, der Radius der innersten Elektronenbahn im Bohrschen ↑ Atommodell des Wasserstoffatoms:

$$r_{\text{H}} = \frac{\hbar^2}{m_e \cdot e^2} = 0{,}529 \cdot 10^{-10}\,\text{m}$$

mit $\hbar = h/2\pi$ (h Plancksches Wirkungs-quantum, m_e Elektronenmasse, e Elementarladung). Der doppelte Bohr-sche Radius gibt den Durchmesser des Wasserstoffatoms im Grundzustand (Hauptquantenzahl $n = 1$) an. In der Atomphysik verwendet man den Bohr-schen Radius oft als (atomare) Längen-einheit.

Bohrsches Magneton, Formelzeichen μ_B, nach *N. Bohr* benannte Grundein-heit des atomaren magnetischen Dipol-momentes (↑ Magneton),. Es gilt

$$\mu_B = \frac{e\hbar}{2m_e \cdot c}$$

(e Elementarladung, $\hbar = h/2\pi$, h Planck-sches Wirkungsquantum, m_e Masse eines Elektrons, c Lichtgeschwindig-keit).

Bolometer, Gerät zur Messung der Energie elektromagnetischer Strahlun-gen (z. B. von Infrarotstrahlen). Man läßt die zu messende Strahlung auf eine schmale Folie aus geschwärztem Platin fallen; die durch die Erwärmung der Folie bewirkte Widerstandsände-rung ist ein Maß für die Energie der Strahlung und kann mit einer Wheat-stoneschen Brückenschaltung gemessen werden.

Bourdon-Röhre, ein zur Druckmessung in ↑ Manometern verwendetes ge-krümmtes Hohlrohr mit zumeist ellip-tischem Querschnitt. Besteht zwischen Innen- und Außenraum eine Druck-differenz, so ändert sich die Krüm-mung der Bourdon-Röhre. Diese meist nur geringe Formänderung wird über ein Hebel- bzw. Zahnradsystem auf einen Zeiger übertragen, mit dessen Hilfe auf einer geeichten Skala der Wert der Druckdifferenz abgelesen werden kann.

Boyle-Mariottesches Gesetz, ein Ge-setz, das die Abhängigkeit zwischen Druck p und Volumen V einer be-stimmten Menge eines ↑ idealen Gases

bei gleichbleibender absoluter Tempe-ratur T beschreibt. Es lautet:

$$p \cdot V = const.$$

bei $T = const$. Das heißt: Das Produkt aus Druck und Volumen einer Gas-menge ist bei gleichbleibender Tempe-ratur konstant bzw. der Druck einer Gasmenge ist bei gleichbleibender Temperatur dem Volumen umgekehrt proportional.

Betrachtet man einen durch den Druck p_1 und das Volumen V_1 charakteri-sierten Zustand 1 und einen durch den Druck p_2 und das Volumen V_2 cha-rakterisierten Zustand 2, dann ergibt sich aus dem Boyle-Mariotteschen Gesetz die Beziehung:

$$p_1 \cdot V_1 = p_2 \cdot V_2$$

bei $T = const$. Das Boyle-Mariottesche Gesetz ergibt sich aus der allgemeinen ↑ Zustandsgleichung der Gase

$$\frac{p_1 V_1}{T_1} = \frac{p_2 V_2}{T_2}$$

wenn man $T_1 = T_2 = T$ setzt.

Brackett-Serie, nach *F. P. Brackett* benannte ↑ Spektralserie, die beim Übergang des Wasserstoffatoms von einem höheren in das viertniedrigste Energieniveau emittiert (im umgekehr-ten Fall absorbiert) wird. Im Bohr-schen ↑ Atommodell entspricht dies einem Übergang von Elektronen aus äußeren Bahnen auf die viertinnerste Bahn (bei der Absorption umgekehrt). Die ↑ Spektrallinien der B.S. liegen im Infrarot. Für die Wellenzahlen $\tilde{\nu} = 1/\lambda$ gilt die Serienformel

$$\tilde{\nu} = R_H \left(\frac{1}{4^2} - \frac{1}{n^2} \right) \ (n=5,6,7,8,\ldots),$$

dabei ist R_H die ↑ Rydberg-Konstante des Wasserstoffs (↑ Balmerserie).

Braggsche Gleichung *(Braggsche Re-flexionsbedingung)*, Gleichung, die die Bedingung für das Zustandekommen bestimmter Röntgenstrahlinterferenzen bei Kristallen beschreibt. Trifft ein monochromatisches Röntgenstrahlbündel oder ein Elektronenstrahlbzw. Neutronenstrahlbündel einheitlicher Energie auf einen parallel zu seinen Gitterebenen geschliffenen Kristall, so lassen sich reflektierte Strahlen praktisch nur feststellen, wenn der Auftreffwinkel ganz bestimmte Werte annimmt.

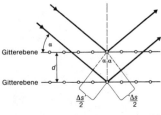

Abb. 37

Betrachtet man zwei Strahlen (aus dem unter dem Winkel α auf den Kristall auftreffenden Bündel), die an benachbarten Gitterebenen reflektiert werden, so besitzen diese den Gangunterschied $\Delta s = 2 \cdot d \cdot \sin \alpha$, wobei d der Abstand zwischen den benachbarten Gitterebenen ist. Die reflektierten Strahlen kommen zur ↑ Interferenz und verstärken sich nur dann (maximal), wenn der Gangunterschied ein ganzzahliges Vielfaches der Wellenlänge λ des Röntgenlichts oder der ↑ Materiewelle beträgt, also $\Delta s = k \cdot \lambda$ ($k = 1,2,3,4,...$) gilt. Insgesamt erhält man also nur für ganz bestimmte (diskrete) Auftreffwinkel α_k, die auch *Glanzwinkel* genannt werden, ein reflektiertes Bündel; diese Winkel α_k müssen die folgende Gleichung erfüllen:

$$k \cdot \lambda = 2 \cdot d \cdot \sin \alpha_k \quad (k=1,2,3,...).$$

Diese Beziehung nennt man nach den beiden englischen Physikern *W. H. Bragg* und *W. L. Bragg* (Vater und Sohn) *Braggsche Gleichung* oder *Braggsche Reflexionsbedingung*. Unter

allen anderen Auftreffwinkeln löschen sich die an den verschiedenen Gitterebenen reflektierten Strahlen durch Interferenz nahezu aus. (↑ Drehkristallmethode, ↑ Debye-Scherrer-Verfahren).

brechende Flächen, bei einem ↑ Prisma die beiden Flächen, durch die der Lichtstrahl ein- bzw. austritt. Der Winkel, den die beiden brechenden Flächen miteinander bilden, heißt *brechender Winkel*, die Kante, die die beiden brechenden Flächen gemeinsam haben, heißt *brechende Kante*.

Brechkraft, Formelzeichen D, der Kehrwert der in Metern gemessenen ↑ Brennweite f einer Linse oder eines Linsensystems, bezogen auf die Luft als Umgebungsmedium:

$$D = \frac{1}{f}$$

Einheit der Brechkraft ist die *Dioptrie* (dpt). 1 dpt ist gleich der Brechkraft eines optischen Systems mit der Brennweite 1 m in einem Medium der Brechzahl 1. Die Brechkraft ist *positiv* für Sammellinsen, sie ist *negativ* für Zerstreuungslinsen.

Brechung *(Refraktion)*, Änderung der Ausbreitungsrichtung von Wellen beim Durchgang durch die Grenzfläche zweier Medien, in denen sie verschiedene Ausbreitungsgeschwindigkeiten besitzen.
Trifft ein Lichtstrahl gemäß Abb. 38 schräg auf die Trennfläche zwischen Luft und Wasser, so wird ein Teil von

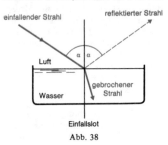

Abb. 38

55

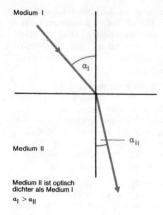

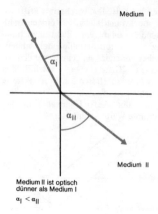

Medium I

α_I

Medium II

α_{II}

Medium II ist optisch
dichter als Medium I
$\alpha_I > \alpha_{II}$

Medium I

α_I

α_{II}

Medium II

Medium II ist optisch
dünner als Medium I
$\alpha_I < \alpha_{II}$

Abb. 39

ihm reflektiert (↑ Reflexion), während der andere Teil in das Wasser übertritt. Dabei erfährt er eine Richtungsänderung, die als *Brechung* bezeichnet wird. Die Senkrechte auf der Trennfläche im Einfallspunkt des Lichtstrahls heißt *Einfallslot*, der Winkel zwischen einfallendem Strahl und Einfallslot heißt *Einfallswinkel*, der Winkel zwischen gebrochenem Strahl und Einfallslot heißt *Brechungswinkel.* Einfallender Strahl, Einfallslot und gebrochener Strahl liegen in einer Ebene. Bei senkrechtem Einfall auf die Trennfläche tritt keine Brechung auf. Brechungserscheinungen zeigen sich natürlich nicht nur beim Übergang Luft-Wasser, sondern ganz allgemein beim Durchgang eines Lichtstrahls durch die Trennfläche zweier Medien mit unterschiedlicher *optischer Dichte.* Wird dabei der Lichtstrahl zum Einfallslot hingebrochen, so heißt das Medium II *optisch dichter,* wird er vom Einfallslot weggebrochen, dann heißt das Medium II *optisch dünner* als das Medium I (Abb. 39).

Zur Untersuchung der Gesetzmäßigkeiten bei der Brechung gehen wir von Abb. 40 aus. Das Verhältnis der beiden Strecken MP' und MQ' ist für jeden

Einfallswinkel α_I konstant. Es wird als *Brechungsverhältnis* oder *relative Brechzahl* von Medium II gegenüber Medium I ($n_{II,I}$) bezeichnet:

$$\frac{MP'}{MQ'} = n_{II,I}$$

Da aber gilt:

$$MP' = r \sin \alpha_I \text{ und } MQ' = r \sin \alpha_{II},$$

ergibt sich:

$$\frac{MP'}{MQ'} = \frac{r \sin \alpha_I}{r \sin \alpha_{II}} = \frac{\sin \alpha_I}{\sin \alpha_{II}} = n_{II,I}.$$

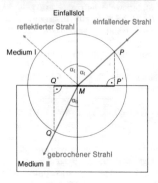

Abb. 40

Das heißt in Worten: Beim Übergang eines Lichtstrahles aus einem Medium I in ein Medium II ist der Quotient der Sinuswerte von Einfallswinkel α_I und Brechungswinkel α_{II} eine nur von den beiden Medien abhängige Konstante. (*Snelliussches Brechungsgesetz*, benannt nach dem niederländischen Naturforscher *Willebrord Snellius*, 1580–1626.)

Für den Übergang von Luft in Wasser gilt: $n_{W,L} = 4/3$, für den Übergang von Luft in Glas gilt: $n_{G,L} = 3/2$. Das Brechungsverhältnis für den Übergang aus dem Vakuum in ein Medium M heißt *absolute Brechzahl* (auch *Brechungsindex*) des Mediums M (n_M). Die absoluten Brechzahlen einiger Stoffe sind in der folgenden Tabelle angegeben:

Stoff	absolute Brechzahl
Luft	1,0003
Wasser	1,3329
Benzol	1,5013
Schwefelkohlenstoff	1,6254
Quarzglas	1,4588
Kronglas	1,52–1,62
Flintglas	1,61–1,76
Diamant	2,4173

(Die Werte beziehen sich auf eine Wellenlänge von 589 nm.)

Die relative Brechzahl $n_{II,I}$ des Mediums II gegenüber dem Medium I ist gleich dem Quotienten aus absoluter Brechzahl n_{II} des Mediums II und absoluter Brechzahl n_I des Mediums I:

$$n_{II,I} = \frac{n_{II}}{n_I} .$$

Das Snelliussche Brechungsgesetz läßt sich dann auch in der folgenden Form schreiben:

$$\frac{\sin \alpha_I}{\sin \alpha_{II}} = \frac{n_{II}}{n_I} .$$

Beim Übergang eines Lichtstrahles vom Medium I in ein Medium II ist der Quotient der Sinuswerte von Einfallswinkel α_I und Brechungswinkel α_{II} gleich dem umgekehrten Verhältnis der absoluten Brechzahlen beider Medien.

Die Brechzahl n ist nicht nur vom Medium selbst abhängig, sondern auch von der Wellenlänge (und damit von der Farbe) des betreffenden Lichtes. Violettes Licht wird am stärksten, rotes Licht am schwächsten gebrochen (↑ Dispersion). Brechungserscheinungen treten nicht nur beim Licht, sondern auch bei allen anderen Wellenarten auf. Die Vorgänge bei der Brechung lassen sich sehr anschaulich mit Hilfe des ↑ Huygensschen Prinzips erklären.

Gemäß Abb. 41 sei c_1 die Ausbreitungsgeschwindigkeit der betrachteten Welle

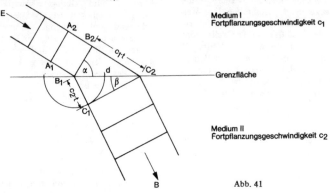

Medium I
Fortpflanzungsgeschwindigkeit c_1

Grenzfläche

Medium II
Fortpflanzungsgeschwindigkeit c_2

Abb. 41

57

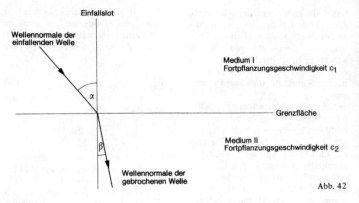

Abb. 42

im Medium I und c_2 die im Medium II. Die einfallende, als eben angenommene Welle E trifft im Punkt B_1 unter dem Winkel α_I auf die Grenzfläche G. Während der Wellenpunkt B_2 noch den Weg B_2C_2 im Medium I zurücklegen muß, breitet sich schon um den Punkt B_1 eine kreisförmige Elementarwelle im Medium II aus. Wenn die einfallende Welle für den Weg von B_2 nach C_2 die Zeit t benötigt, dann können wir die Strecke B_2C_2 als Produkt aus Ausbreitungsgeschwindigkeit c_1 und Laufzeit t schreiben:

$$B_2C_2 = c_1 \cdot t \, .$$

In dieser Zeit t hat sich aber die um B_1 entstehende Elementarwelle um die Strecke $c_2 \cdot t$ ausgebreitet. Ihre Wellenfront liegt auf einem Kreis um B_1 mit dem Radius $c_2 \cdot t$. Die Wellenfront der gebrochenen Welle im Medium II ergibt sich als Tangente vom Punkte C_2 an diesen Kreis. Die Wellenfront ist also C_1C_2. Für das rechtwinklige Dreieck $B_1B_2C_2$ gilt die Beziehung

$$\sin \alpha_I = \frac{c_1 \cdot t}{d}$$

und für das rechtwinklige Dreieck $B_1C_1C_2$:

$$\sin \alpha_I = \frac{c_2 \cdot t}{d} \, .$$

Daraus folgt:

$$\frac{\sin \alpha_I}{\sin \alpha_{II}} = \frac{c_1}{c_2} \, .$$

Betrachten wir nur die Wellennormalen, die Senkrechten auf der Wellenfront also, so ergibt sich die Abb. 42. Die Winkel α_I und α_{II} sind dabei identisch mit den Winkeln α_I und α_{II} in Abb. 41. Es läßt sich leicht erkennen, daß eine Welle beim Übergang in ein Medium mit geringerer Ausbreitungsgeschwindigkeit zum Einfallslot hin gebrochen und beim Übergang in ein Medium mit größerer Ausbreitungsgeschwindigkeit vom Einfallslot weggebrochen wird. Geringere Ausbreitungsgeschwindigkeit ist also gleichbedeutend mit größerer optischer Dichte und umgekehrt. Da beim senkrechten Einfall auf die Trennfläche die geradlinige Welle mit ihrer gesamten Front gleichzeitig ins Medium II übergeht, tritt keine Brechung auf.

Aus der gezeigten Ableitung folgt die Beziehung:

$$n_{II,I} = \frac{c_1}{c_2} \, .$$

Die Brechzahl $n_{II,I}$ des Mediums II gegenüber dem Medium I ist demnach

58

gleich dem Verhältnis der Ausbreitungsgeschwindigkeiten in diesen beiden Medien.

Brechungswinkel, der Winkel, den ein durch eine brechende Fläche (z. B. durch eine Linsenfläche) hindurchgehender Lichtstrahl mit dem Einfallslot bildet (↑ Brechung).

Bremsstrahlung, die bei der Abbremsung eines schnellen geladenen Teilchens (z. B. eines Elektrons) im elektrischen Feld eines anderen geladenen Teilchens (z. B. Atomkern) entstehende elektromagnetische Strahlung. Bei einer solchen Abbremsung wird ein ↑ Photon ausgesandt, dessen Energie $h \cdot f$ (h Plancksches Wirkungsquantum, f Frequenz der Strahlung) gerade so groß ist wie der Energieverlust ΔW des abgebremsten Teilchens. Da hierbei alle Energieverluste kontinuierlich möglich sind, erhält man ein kontinuierliches ↑ Spektrum, das als *Bremsspektrum* bezeichnet wird. Das schnelle geladene Teilchen kann maximal seine gesamte kinetische Energie verlieren, weshalb die Photonenenergie und daher die Frequenz der Bremsstrahlung eine obere und die Wellenlänge eine untere kurzwellige Grenze besitzt. Für die *Grenzfrequenz f_{max}* gilt:

$$h \cdot f_{max} = W_{kin} = q \cdot U$$
$$f_{max} = \frac{W_{kin}}{h} = \frac{q \cdot U}{h}$$

dabei ist q die Ladung des abgebremsten Teilchens, das die Beschleunigungsspannung U durchlaufen hat, um die kinetische Energie W_{kin} zu erreichen.
Für die zugehörige *Grenzwellenlänge* gilt:

$$\lambda_{min} = \frac{c}{f_{max}} = \frac{c \cdot h}{q \cdot U}$$

(c Lichtgeschwindigkeit).
Die *Intensität* der Bremsstrahlung ist dem Produkt der Quadrate der Ladungen von einfallendem und ablenkendem Teilchen direkt und dem Quadrat der Masse des einfallenden Teilchens umgekehrt proportional. Wegen dieser starken Massenabhängigkeit ist praktisch nur die *Elektronen-Bremsstrahlung* von Bedeutung, die bei der Abbremsung schneller Elektronen im Coulombfeld von Atomkernen entsteht (1895 von *W. C. Röntgen* in Würzburg entdeckt).

Brennebene, bei einer Linse, einem Linsensystem oder einem gekrümmten Spiegel die durch den Brennpunkt gehende, zur optischen Achse senkrechte Ebene (↑ Linse, ↑ Hohlspiegel).

Brennelement, *Brennstoffelement*, kleinstes selbständiges Bauteil eines ↑ Kernreaktors (meist in Form eines Stabes), in dem der Kernbrennstoff enthalten ist.

Brennglas, landläufige Bezeichnung für eine Sammellinse, wenn man sie dazu benutzt, um die parallel einfallenden Sonnenstrahlen im ↑ Brennpunkt der ↑ Linse zu sammeln.

Brennpunkt *(Fokus; F)*, derjenige Punkt auf der optischen Achse einer Linse, eines Linsensystems oder eines gekrümmten Spiegels, in dem sich achsennahe, parallel zur optischen Achse einfallende Strahlen nach der Brechung bzw. Reflexion schneiden. Bei Zerstreuungslinsen und Wölbspiegeln bezeichnet man denjenigen Punkt, von dem aus achsennahe, parallel zur optischen Achse verlaufende Strahlen nach der Brechung bzw. Reflexion ausgehen scheinen, wo sich also die gedachten Verlängerungen der gebrochenen bzw. reflektierten Strahlen schneiden, als *scheinbaren Brennpunkt* oder *Zerstreuungspunkt*. Der Abstand des Brennpunktes von der Linse bzw. dem Spiegel heißt ↑ *Brennweite* (Formelzeichen f) (↑ Linse, ↑ Wölbspiegel, ↑ Hohlspiegel).

Brennstrahl *(Brennpunktstrahl)*, ein durch den ↑ Brennpunkt einer Linse,

eines Linsensystems oder eines gekrümmten Spiegels verlaufender Strahl.

Brennweite, Formelzeichen *f*, Abstand
des ↑ Brennpunktes von einer Linse,
einem Linsensystem oder einem gekrümmten Spiegel. Bei dünnen symmetrischen Linsen wird die Brennweite
von der *Linsenebene*, bei dicken Linsen oder Linsensystemen von der
betreffenden ↑ *Hauptebene* und bei
gekrümmten Spiegeln von der *Scheitelebene* aus gemessen. Bei *dünnen
symmetrischen* Linsen ist die Brennweite *f* nahezu gleich dem Krümmungsradius *r*:

$$f = r \, .$$

Beim sphärischen Spiegel ist die Brennweite gleich dem halben Krümmungsradius:

$$f = \frac{r}{2}$$

(↑ Linse,   ↑ Hohlspiegel,   ↑ Wölbspiegel).

Brewstersches Gesetz, ein von dem
schottischen Physiker *Sir D. Brewster*
aufgefundener Zusammenhang zwischen ↑ Reflexion und ↑ Polarisation
eines Lichtstrahls. Fällt ein Lichtstrahl
so auf die Grenzfläche zweier *nicht-
metallischer* Medien unterschiedlicher
optischer Dichte, daß der reflektierte
Strahl und der gebrochene Strahl einen
Winkel von 90° miteinander bilden
(Abb. 43), dann ist der reflektierte
Strahl vollständig linear polarisiert.
Der Einfallswinkel, bei dem das der
Fall ist, wird als *Brewsterscher Winkel*
bezeichnet. Sind n_1 und n_2 die absoluten Brechzahlen (↑ Brechung) der
beiden Medien, dann gilt für den
Brewsterschen Winkel α_p:

$$\tan \alpha_p = \frac{n_2}{n_1} = n$$

Der Brewstersche Winkel ist von der
Wellenlänge des einfallenden Lichtes
abhängig (↑ Dispersion). Für den Über-

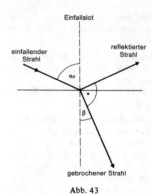

Abb. 43

gang Luft–Glas beträgt er bei gelbem
Licht (λ = 590 nm) etwa 57°.

Brownsche Bewegung (auch *Brownsche Molekularbewegung*), die von
dem englischen Botaniker R. Brown
(1773–1858) im Jahre 1827 erstmals
beschriebene völlig regellose, zitternde
Bewegung sehr kleiner in Flüssigkeiten
oder Gasen schwebender Teilchen. Die
Brownsche Bewegung erfolgt auf
Grund der ständigen, vollkommen
regellosen Stöße, die die einzelnen
Moleküle der umgebenden Flüssigkeit
bzw. des umgebenden Gases auf die in
ihnen schwebenden Teilchen ausüben.
Deren Masse ist sehr groß im Vergleich
zur Masse der Moleküle. Was man bei
der Brownschen Bewegung sieht, sind
also nicht etwa die sich bewegenden
Moleküle selbst, sondern die durch die
Molekülbewegung hervorgerufenen
Bewegungen von zwar kleinen, aber im
Mikroskop noch sichtbaren Teilchen.
(Moleküle selbst sind mit einem normalen Lichtmikroskop nicht zu beobachten.)
Die Abb. 44 zeigt die Brownsche Bewegung dreier Kolloidteilchen in Wasser.
Die Lage der Teilchen nach jeweils
gleichen Zeitabschnitten ist dabei
durch Punkte gekennzeichnet. Aus der
Brownschen Bewegung läßt sich unter
anderem die ↑ Loschmidtsche Zahl
bestimmen.

Die Brownsche Bewegung läßt sich nicht nur bei in Flüssigkeiten oder Gasen schwebenden Teilchen nachweisen. So führt beispielsweise der an einen sehr dünnen Draht aufgehängte Spiegel eines empfindlichen Spiegelgalvanometers unter dem Einfluß der Molekülbewegung in der umgebenden Luft auch ohne das Wirken eines elektrischen Stromes eine unregelmäßige Schwingungsbewegung um seine Ruhelage aus. Demnach kann ein Spiegelgalvanometer nur dann zuverlässige

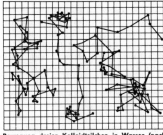

Bewegung dreier Kolloidteilchen in Wasser (nach Perrin). Die Lage der Teilchen nach jeweils gleichen Zeiten ist durch Punkte gekennzeichnet

Abb. 44

Meßwerte liefern, wenn sich die Auswirkungen der Meßgröße deutlich von denen der Brownschen Bewegung unterscheiden.

Brückenschaltung, Zusammenschaltung mehrerer elektrischer Widerstände, Kondensatoren und Spulen in einer Stromverzweigung. Durch sie lassen sich mit einer *Nullmethode* Widerstände, Kapazitäten und Induktivitäten messen. Häufig verwendet werden die ↑ Wheatstonesche Brücke und die Thomsonsche Brücke, die beide mit Gleichspannung arbeiten.

Bunsenbrenner, ein von dem deutschen Chemiker *Robert W. Bunsen*

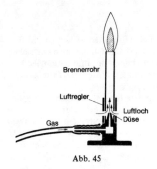

Abb. 45

(1811–1889) konstruierter Gasbrenner, bei dem das zugeführte Gas die zur Verbrennung erforderliche Luft durch eine verstellbare Öffnung ansaugt. Je nach Einstellung der Ansaugöffnung kann eine hell leuchtende, nicht sehr heiße oder eine blaßblaue, sehr heiße Flamme erzeugt werden.

Büschelentladung, bei hohen ↑ Feldstärken an Kanten oder Spitzen leitender Gegenstände auftretende selbständige Gasentladung. Bei der dabei auftretenden ↑ Stoßionisation werden Atome, Moleküle und Ionen so energiereich, daß sie Leuchterscheinungen verursachen (↑ Stoßanregung). Man kann sie bei Dunkelheit an *negativ* aufgeladenen Spitzen in Form von Lichtpunkten beobachten, von denen kurze und dünne Lichtstrahlen weglaufen, bei *positiv* geladenen Spitzen als lange, verästelte Leuchtfäden. Stehen sich zwei gegengepolte Elektroden gegenüber, so endet die Büschelentladung bei genügend hoher Spannung in einer ↑ Funkenentladung, d. h. als Funke.

Candela (Einheitenzeichen cd), SI-Einheit der ↑ Lichtstärke; eine der sieben Basiseinheiten des Internationalen Einheitensystems *(Système International d'Unités).*

1 Candela (cd) ist die Lichtstärke, mit der $1/600\,000\,m^2$ der Oberfläche eines Schwarzen Strahlers bei der Temperatur des beim Druck von 101 325 Pascal erstarrenden Platins senkrecht zu seiner Oberfläche leuchtet.

Celsius-Skala, die von dem schwedischen Astronomen Anders Celsius 1742 eingeführte Temperaturskala, deren Bezugspunkte (↑ Fixpunkte) der Schmelzpunkt des Wassers *(Eispunkt)* und der Siedepunkt des Wassers *(Dampfpunkt)* bei einem Druck von 1 atm = 101 325 Pa sind. Der mit einem Quecksilberthermometer gemessene Abstand zwischen diesen beiden Bezugspunkten wird in 100 gleiche Abschnitte unterteilt, die als *Celsius-Grade* bezeichnet werden. Ein *Grad Celsius* (Einheitenzeichen: °C) ist somit definiert als der 100. Teil des mit einem Quecksilberthermometer gemessenen Abstandes zwischen dem zu 0°C festgelegten Eispunkt des Wassers und dem zu 100°C festgelegten Dampfpunkt des Wassers bei einem Druck von 1 atm = 101 325 Pa. Die Celsius-Skala wird oberhalb des Dampfpunktes und unterhalb des Eispunktes in entsprechenden Schritten weitergeführt, wobei die unter 0°C liegenden Temperaturen ein Minuszeichen erhalten (↑ Fahrenheit-Skala, ↑ Reaumur-Skala, ↑ Rankine-Skala).

Čerenkovstrahlung, die von *P. A. Čerenkov* 1934 entdeckte elektromagnetische Strahlung, die in einem durchsichtigen Medium (Brechungsindex $n > 1$) von einem energiereichen elektrisch geladenen Teilchen erzeugt wird,

wenn dessen Geschwindigkeit v größer ist als die Phasengeschwindigkeit c/n des Lichtes in diesem Medium (c Vakuumlichtgeschwindigkeit). Dieser *Čerenkoveffekt* ist vergleichbar dem Auftreten einer Kopfwelle in Form eines Machschen Kegels, wenn sich eine Schallquelle mit Überschallgeschwindigkeit bewegt.

Für den halben Öffnungswinkel Θ der entstehenden elektromagnetischen Kopfwelle, deren Wellenfront die Form eines Kegelmantels besitzt (das sich bewegende Teilchen bildet dabei die Kegelspitze; Abb. 46) gilt:

$$\sin \Theta = \frac{c}{n \cdot v}$$

Die senkrecht zur Kopfwelle emittierten ↑ Photonen haben Energien bis in

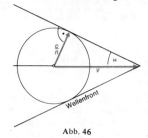

Abb. 46

den Röntgenstrahlbereich. Im sichtbaren Bereich liegt das Intensitätsmaximum zwischen blau und ultraviolett, so daß bei starken Teilchenströmen, wie etwa in der Nähe des Kerns eines Schwimmbeckenreaktors, ein bläulich-weißes Leuchten erkennbar ist, das *Čerenkov-Leuchten* genannt wird.

Čerenkovzähler, Nachweis- und Energiemeßgerät für hochenergetische Teilchen mit großem zeitlichen Auflösungsvermögen (10^{-9}s). Ein Čerenkovzähler besteht im Prinzip aus einem zylindrischen Körper aus durchsichtigem Material (Plexiglas, Glimmer, aber auch Gas bzw. Flüssigkeit) und einem dahinter aufgebauten ↑ Sekundärelektronenvervielfacher. Bei genügend hoher Teilchenenergie — die Teilchengeschwindigkeit v im Medium muß mindestens gleich oder größer sein als die ↑ Phasengeschwindigkeit c/n (c Vakuumlichtgeschwindigkeit, n Brechungsindex des Mediums) des Lichts im gleichen Medium — löst das Teilchen im Zylinder ↑ Čerenkovstrahlung aus, deren Photonen mit dem Sekundärelektronenvervielfacher registriert werden können. Teilchen mit $v < c/n$ werden nicht registriert. Die Photonen der Čerenkovstrahlung werden senkrecht zur Wellenfront emittiert. Die Richtung der Wellenfront hängt aber ab von der Teilchengeschwindigkeit v:

$$\sin \Theta = \frac{c}{n \cdot v}$$

(Θ halber Öffnungswinkel der kegelförmigen elektromagnetischen Kopfwelle). Also ist auch die Richtung der Photonen abhängig von v. Aus der Photonenrichtung kann man demnach zunächst auf die Teilchengeschwindigkeit v und bei bekannter Ruhmasse der Teilchen auf die Teilchenenergie schließen.

cgs-System, ein in der Mechanik verwendetes Einheitensystem, bei dem sich alle vorkommenden physikalischen Einheiten auf drei Grundeinheiten, und zwar auf die Längeneinheit *Zentimeter* (c), die Masseneinheit *Gramm* (g) und die Zeiteinheit *Sekunde* (s) zurückführen lassen.

Chladnische Klangfiguren, Figuren, die sich auf mit Korkpulver bestreuten schwingenden Platten herausbilden.
Bringt man eine an einer Stelle fest eingespannte elastische Platte durch Anschlagen oder Anstreichen mit einem Geigenbogen zum Schwingen, so bilden sich auf ihr ↑ stehende Wellen heraus. Es gibt also auf der Platte

außer Stellen, die ständig schwingen, auch solche Orte, die während des gesamten Schwingungsvorganges in Ruhe bleiben. Sie werden als *Knotenlinien* bzw. *Knotenflächen* bezeichnet. Sichtbar machen kann man sie, indem man die Platte mit feinem Korkpulver bestreut. Dieses wird von den schwingenden Stellen weggeschleudert und sammelt sich an den ständig in Ruhe bleibenden Knotenlinien bzw. Knotenflächen an. Es ergeben sich dabei zumeist sehr regelmäßige Figuren, die nach ihrem Entdecker, dem Physiker Ernst Chladni (1756—1827), *Chladnische Klangfiguren* genannt werden (Abb. 47). Die Form der Chladnischen Klangfiguren hängt außer vom Material

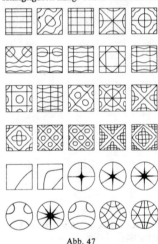

Abb. 47

und der Abmessung der Platte in starkem Maße auch davon ab, an welcher Stelle die Platte angeschlagen bzw. angestrichen wird und an welcher Stelle sie fest eingespannt ist, da sich an der Anregungsstelle naturgemäß stets ein Bewegungsbauch und an der Einspannstelle stets ein Bewegungsknoten herausbildet.

chromatische Aberration *(Farbabweichung)*, ein auf der Erscheinung der

↑ Dispersion des Lichtes beruhender Abbildungsfehler bei Linsen oder Linsensystemen.

Die Brechzahl (↑ Brechung) des Linsenmaterials ist von der Wellenlänge des hindurchgehenden Lichtes abhängig. Kurzwelliges (violettes) Licht wird stärker gebrochen als langwelliges (rotes) Licht. Aus diesem Grunde ist die Brennweite bzw. die Brechkraft einer Linse für die einzelnen Farben verschieden. Der Brennpunkt liegt für violettes Licht näher an der Linse als für rotes Licht. Infolgedessen treffen sich die von einem Punkt *(Dingpunkt)* ausgehenden weißen Lichtstrahlen nach Durchgang durch eine Linse nicht wieder in einem einzigen Punkt *(Bildpunkt)*. Es entstehen vielmehr mehrere hintereinanderliegende verschiedenfarbige Bildpunkte. Der blaue Bildpunkt liegt dabei der Linse am nächsten, der rote ist von ihr am weitesten entfernt.

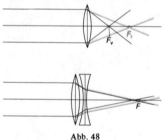

Abb. 48

Die chromatische Aberration kann weitgehend behoben werden, wenn man anstelle einer einzelnen Linse eine Kombination aus einer Sammel- und einer Zerstreuungslinse verwendet, deren Material unterschiedliche Dispersion besitzt. Bei geeigneter Wahl der Brennweiten und des Linsenmaterials wird dabei die durch die Sammellinse bewirkte Auffächerung der Lichtstrahlen in die verschiedenen Farben durch die Zerstreuungslinse gerade wieder rückgängig gemacht. Das System als ganzes besitzt dann eine Brennweite, die gleich der algebraischen Summe der Brennweiten der beiden Einzellinsen ist.

Kombiniert man beispielsweise eine Sammellinse der Brennweite $+f$ und eine Zerstreuungslinse der Brennweite $-f/2$ und hat dabei das Material der Zerstreuungslinse eine doppelt so große Dispersion als das der Sammellinse, so ergibt sich ein Linsensystem ohne chromatische Aberration mit der Brennweite $+f/2$. Derartige Linsenkombinationen werden als *Achromaten* bezeichnet.

Compoundkern *(Verbundkern, Zwischenkern)*, der bei Beschuß eines Atomkerns (↑ Kern) mit energiereichen Teilchen (↑ Neutronen, ↑ Alphateilchen) auftretende Zwischenzustand. Die Einführung des Compoundkerns (*N. Bohr* 1936) ermöglicht es, den Ablauf einer resonanzartig verlaufenden ↑ Kernreaktion in zwei Schritte zu zerlegen: die *Bildung* und den *Zerfall* des Compoundkerns. Bei einem (n,p)-Prozeß beispielsweise wird zunächst durch ↑ Neutroneneinfang ein Zwischenkern gebildet, wobei die dem Kern zugeführte Energie gleichmäßig auf alle Nukleonen verteilt wird: der Kern wird aufgeheizt. (Voraussetzung: die zugeführte Energie entspricht ungefähr einem Resonanzniveau im Kern.) Nach einer relativ langen Zeit von $10^{-17\pm3}$ s kann es dazu kommen, daß auf ein Nukleon (beim (n,p)-Prozeß auf ein Proton) ein Energiebetrag übertragen wird, der dessen ↑ Bindungsenergie übersteigt. Das Nukleon kann dann den Kern verlassen; der Kern zerfällt. Ausgehend von verschiedenen stabilen Kernen kann man über verschiedene Kernreaktionen zum gleichen Compoundkern gelangen, der wiederum auf verschiedene Arten zerfallen kann.

Compton-Effekt, die bei der Streuung von elektromagnetischen Wellenstrahlen an Elektronen auftretende Änderung der Frequenz bzw. Wellenlänge.

A. H. Compton entdeckte um 1923, daß sich bei der Streuung elektromagnetischer Wellen (↑ Photonen, speziell ↑ Röntgen- und ↑ Gammaquanten) an freien bzw. schwach gebundenen Elektronen deren Frequenz bzw. Wellenlänge ändert. Man spricht von *Comptonstreuung* und bezeichnet die Frequenzänderung als *Comptoneffekt*. Beim Auftreffen eines Photons auf ein ruhendes Elektron (Abb. 49) gibt das Photon Energie an das Elektron ab, die dieses in From kinetischer Energie auf-

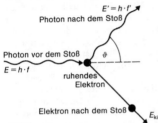

E'=h·f'

Photon nach dem Stoß

Photon vor dem Stoß

E = h·f

ϑ

ruhendes
Elektron

Elektron nach dem Stoß

E_{kin}

Abb. 49

nimmt. Unter der Annahme eines elastischen Stoßes gilt nach dem Energieerhaltungssatz

$$W' = W - W_{kin},$$

wobei W und W' die Energie des Photons vor bzw. nach dem Stoß und W_{kin} die kinetische Energie des Elektrons nach dem Stoß bedeutet. Seine geringere Energie nach dem Stoß bewirkt, daß das Photon wegen $W = h \cdot f$ eine geringere Frequenz f' besitzt. Es gilt

$$h \cdot f' = h \cdot f - W_{kin}.$$

und damit

$$f' = f - \frac{W_{kin.}}{h}$$

(h Plancksches Wirkungsquantum, f Frequenz vor dem Stoß, f' Frequenz nach dem Stoß). Entsprechend ändert sich die Wellenlänge λ. Es gilt $\lambda = c/f$ und $\lambda' = c/f'$ (c Lichtgeschw.). Da sich die Frequenz verringert, bedeutet dies eine Vergrößerung der Wellenlänge. Diese vom Streuwinkel ϑ (siehe Abb. 49) abhängige Vergrößerung der

Wellenlänge bezeichnet man als *Comptonverschiebung*. Es ergibt sich unter Anwendung des Impulserhaltungssatzes

$$\Delta \lambda = \lambda - \lambda' = \lambda_C \ (1 - \cos \vartheta)$$

wobei

$$\lambda_C = \frac{h}{m_0 \cdot c} \quad \text{die sogenannte}$$

Comptonwellenlänge ist. (m_0 Ruhemasse des Elementarteilchens, c Lichtgeschwindigkeit).
Für das Elektron gilt $\lambda_C =$ $2{,}24262 \cdot 10^{-10}$ cm. Ersetzt man h durch $\hbar = h/2\pi$, so wird der Ausdruck $\hbar/(m_0 \cdot c)$ als *Comptonlänge* bezeichnet (↑ Dualismus, ↑ Lichttheorien).

Corioliskraft, eine scheinbare Kraft, die ein sich in einem rotierenden Bezugssystem bewegender Körper senkrecht zu seiner Bahn und senkrecht zur Drehachse erfährt. Die Corioliskraft existiert nur für einen mit dem Bezugssystem mitrotierenden Beobachter. Für einen feststehenden Beobachter tritt sie nicht auf. Sie ist, wie die Zentrifugalkraft, eine *Trägheitskraft*.
Ein Beobachter befinde sich genau im Zentrum einer rotierenden Kreisscheibe. Er stoße nun einen Körper K radial von sich weg. Sieht man von Reibungsvorgängen ab, dann bewegt sich dieser Körper für einen nicht mitrotierenden Beobachter mit konstanter Geschwindigkeit radial vom Mittelpunkt der Scheibe weg (Abb. 50). Er vollführt also eine geradlinig gleichförmige Bewegung. Die Summe der auf ihn wirkenden Kräfte ist folglich gleich Null. Für den im Mittelpunkt der rotierenden Scheibe sitzenden, mitbewegten Beobachter erfährt der weggestoßene Körper dagegen eine seitliche Ablenkung (Abb. 51). Als Ursache für diese Richtungsänderung kommt für den mitbewegten Beobachter nur eine Kraft in Frage, die senkrecht zur

65

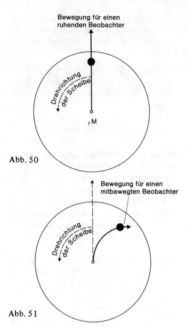

Bewegung für einen
ruhenden Beobachter

Drehrichtung
der Scheibe

M

Abb. 50

Bewegung für einen
mitbewegten Beobachter

Drehrichtung
der Scheibe

Abb. 51

Bewegungsrichtung des weggestoßenen
Körpers wirkt. Diese Kraft wird als
Corioliskraft bezeichnet. Ihr Betrag
ergibt sich aus der Beziehung:

$$F_c = 2\,m\,v\,\omega$$

(F_c Betrag der Corioliskraft, m Masse
des bewegten Körpers, v Betrag der
konstanten Radialgeschwindigkeit des
Körpers, ω Winkelgeschwindigkeit
des rotierenden Bezugssystems).
Corioliskräfte treten nicht nur bei radialen Bewegungen auf, sondern stets
dann, wenn sich ein Körper relativ zu
einem rotierenden Bezugssystem bewegt. In diesem Fall ist der Betrag der
Corioliskraft von der Bewegungsrichtung abhängig, und es gilt

$$F = 2\,m\,v\,\omega \sin \varphi\,,$$

wobei φ der von der Bewegungsrichtung und der Drehachse eingeschlos-

sene Winkel ist. In vektorieller Schreibweise:

$$\vec{F} = 2\,m(\vec{v} \times \vec{\omega})\,.$$

Die Corioliskraft wirkt insbesondere
auch auf jeden Körper, der sich auf der
Erdoberfläche bewegt und verursacht
für den mit der Erde mitbewegten
Beobachter eine Reihe bemerkens-
werter Erscheinungen. So wird beispielsweise ein frei fallender Körper
nach Osten abgelenkt. Auf der Erdoberfläche oder parallel dazu sich
bewegende Körper werden auf der
Nordhalbkugel der Erde nach rechts,
auf der Südhalbkugel nach links abgelenkt. Dadurch ist die Erosion der
Flüsse auf der *Nord*halbkugel am
rechten, auf der *Süd*halbkugel am
linken Ufer stärker. Entsprechend werden auf der *Nord*halbkugel die *rechten*
Eisenbahnschienen, auf der *Süd*halbkugel die *linken* stärker abgenutzt.
Und schließlich ist die Richtung der
Passatwinde auf die Corioliskraft zurückzuführen.

Coulomb (Einheitenzeichen C), SI-Einheit der elektrischen Ladung (Elektrizitätsmenge).
1 Coulomb ist gleich der Elektrizitätsmenge, die während der Zeit 1 s bei
einem zeitlich unveränderlichen elektrischen Strom der Stärke 1 Ampere
(A) durch den Querschnitt eines Leiters fließt:

$$1\,C = 1\,A \cdot s$$

Coulomb-Feld, das elektrische Feld
einer als punktförmig angenommenen
Ladung Q. Befindet sich die Ladung Q
in einem durch den Ortsvektor $\vec{r}_Q$ festgelegten Punkt des Raumes, so gilt aufgrund des Coulombschen Gesetzes für
die elektrische Feldstärke in einem
durch den Ortsvektor $\vec{r}$ bestimmten
Punkt

$$\vec{E}(\vec{r}) = \frac{Q}{4\pi\epsilon_0\,|\vec{r}-\vec{r}_Q|^3}\,(\vec{r}-\vec{r}_Q)$$

(ϵ_0 elektrische Feldkonstante). Für den *Betrag E* der elektrischen Feldstärke in einem Punkt, der von der Ladung Q die Entfernung r hat, gilt:

$$E = \frac{Q}{4\pi\epsilon_0 \cdot r^2}$$

Coulombmeter, ein auf der chemischen Wirkung des elektrischen Stromes beruhendes Gerät zur Messung der Stromstärke. Dabei wird die Masse m der Stoffmenge gemessen, die durch den zu messenden Strom in einem Elektrolyten an einer Elektrode in der Zeit t abgeschieden wird. Die Masse m ist proportional der in der Zeit t durch den Elektrolyten transportierten Ladungsmenge Q ($\uparrow$ Faradaysche Gesetze). Andererseits gilt, sofern der Strom konstant ist, $Q = I \cdot t$. Damit ist $m \sim Q = I \cdot t$ oder $I \sim m/t$. Die pro Zeiteinheit abgeschiedene Stoffmenge ist demnach ein Maß für die Stromstärke.

Beispiele für das Coulombmeter sind das *Knallgascoulombmeter* (mit verdünnter Schwefelsäure als Elektrolyt), bei dem die Menge des durch Elektrolyse gebildeten Knallgases gemessen wird, sowie das *Silber-* oder *Kupfercoulombmeter* (mit Silbernitrat bzw. Kupfersulfatlösung als Elektrolyt), bei denen die abgeschiedene Metallmenge gemessen wird.

Coulombsches Gesetz, von *Ch. A. de Coulomb* im Jahre 1785 aufgefundene und nach ihm benannte Gesetzmäßigkeit der Elektrizitätslehre: Der Betrag der zwischen zwei punktförmigen Ladungen Q_1 und Q_2 wirkenden Kraft $\vec{F}$ ist dem Produkt der Einzelladungen direkt proportional, dem Quadrat ihres Abstandes r umgekehrt proportional. Es gilt:

$$F = \frac{Q_1 Q_2}{4\pi\epsilon_0\epsilon_r r^2}$$

(ϵ_0 elektrische Feldkonstante *(Influenzkonstante)*, ϵ_r relative $\uparrow$ Dielektrizitätskonstante des Mediums, in dem sich die Ladungen befinden).

Diese in Richtung der Verbindungslinie der punktförmigen Ladungen wirkende Kraft führt bei Ladungen gleichen Vorzeichens zu einer Abstoßung (Vergrößerung des Abstandes r), bei Ladungen entgegengesetzten Vorzeichens zu einer Anziehung (Verringerung des Abstandes r).

Auch eine von *Ch. A. de Coulomb* im Jahre 1785 aufgefundene und nach ihm benannte Gesetzmäßigkeit des Magnetismus wird als *Coulombsches Gesetz* bezeichnet: Der Betrag der zwischen zwei (idealisiert) punktförmigen Magnetpolen der Polstärke p_1 und p_2 wirkenden Kraft $\vec{F}$ ist dem Produkt der beiden Polstärken direkt proportional, dem Quadrat ihres Abstandes r umgekehrt proportional. Es gilt:

$$F = \frac{p_1 p_2}{4\pi\mu_0\mu_r r^2}$$

(μ_0 magnetische Feldkonstante ($\uparrow$ Induktionskonstante), μ_r relative $\uparrow$ Permeabilität des Mediums, in dem sich die Magnetpole befinden). Die Richtung der Kraft stimmt mit der Verbindungslinie der beiden punktförmigen Magnetpole überein. Man erhält Abstoßung für gleiches Vorzeichen der Magnetpole sowie Anziehung bei ungleichem Vorzeichen.

Zur Unterscheidung wird das zuerst gefundene Gesetz oft auch als *elektrostatisches* bzw. *1. Coulombsches Gesetz* und das zweite als *magnetisches* bzw. *2. Coulombsches Gesetz* bezeichnet.

Daltonsches Gesetz, Gesetz über den Zusammenhang zwischen dem Gesamtdruck eines Gemischs (idealer) Gase und dem Druck der einzelnen Bestandteile dieses Gemischs. Es gilt: Der Gesamtdruck eines Gemischs von (idealen) Gasen, die chemisch nicht miteinander reagieren, ist gleich der Summe der Einzeldrücke (*Partialdrücke*), die jedes einzelne Gas des Gemischs ausüben würde, wenn es allein den gesamten Raum ausfüllen könnte.

Dämmerung, die Übergangszeit zwischen der vollen Taghelligkeit und der vollständigen Nachtdunkelheit bei Sonnenaufgang (*Morgendämmerung*) bzw. bei Sonnenuntergang (*Abenddämmerung*). Ihre Dauer ist von der geographischen Breite des Beobachtungsortes abhängig. Am Äquator ist sie sehr kurz, in unseren Breiten beträgt sie etwa 2 Stunden. Man unterscheidet dabei die *bürgerliche Dämmerung* und die *astro*- Die *astronomische Dämmerung* beginnt bzw. endet, wenn die Sonne 18°, die *bürgerliche Dämmerung*, wenn sie 6° unter dem Horizont steht. Die während der Dämmerung auftretenden Erscheinungen sind einerseits durch *Streuung* des Sonnenlichtes an den in der Atmosphäre schwebenden Teilchen (Wassertröpfchen, Eiskristalle, Staubkörnchen), andererseits durch *Brechungs-* und *Absorptionsvorgänge* verursacht. Die Strahlen der tiefstehenden Sonne müssen einen langen Weg durch die Erdatmosphäre zurücklegen. Dabei werden aber vor allen Dingen die blauen und grünen Anteile des Sonnenlichts absorbiert. Mit den dann noch verbleibenden roten und gelben Bestandteilen ruft die untergehende Sonne das Morgen- bzw. Abendrot hervor. Da die Erdatmosphäre bei uns abends im allgemeinen einen höheren Dunstgehalt aufzuweisen hat als am Morgen, pflegen Abenddämmerungen farbenprächtiger zu verlaufen als Morgendämmerungen.

Dampf, Bezeichnung für den gasförmigen ↑ Aggregatzustand eines Stoffes, wenn dieser mit seiner Flüssigkeit in Verbindung steht. Dabei wird zwischen Dampf und Flüssigkeit ständig Substanz ausgetauscht in der Art, daß Moleküle einerseits aus der Flüssigkeit in den Dampfraum, andererseits aus dem Dampfraum in die Flüssigkeit übergehen. Bleibt bei diesem Vorgang die Stoffmenge der Flüssigkeit und die des Dampfes gleich, treten also in gleichen Zeitabschnitten genau so viele Moleküle aus der Flüssigkeit in den Dampfraum wie umgekehrt aus dem Dampfraum in die Flüssigkeit, dann spricht man von einem *thermodynamischen Gleichgewicht* zwischen den beiden Aggregatzuständen.

Dampfdichte, die ↑ Dichte eines Dampfes, bezogen auf einen Druck von 760 Torr und eine Temperatur von 0°C (*Normalbedingungen*). Das Verhältnis der Dampfdichte zur Dichte der Luft bei derselben Temperatur und demselben Druck wird als *Dichteverhältnis* bezeichnet. Multipliziert man das Dichteverhältnis eines Dampfes mit dem Molekulargewicht der Luft (= 28,8), dann erhält man das Molekulargewicht des betreffenden Dampfes.

Dampfdruck, der von der Temperatur abhängige Druck eines ↑ Dampfes. Befindet sich der Dampf dabei mit seiner Flüssigkeit im gleichen Raum, befinden sich also Dampf und Flüssigkeit im *thermodynamischen Gleichgewicht*, dann bezeichnet man den Dampfdruck als ↑ *Sättigungsdampfdruck*.

Dampfmaschine, Vorrichtung zur Umwandlung von Wärmeenergie in mechanische Energie. Im Gegensatz zur ↑ Verbrennungskraftmaschine erfolgt bei der Dampfmaschine die Verbrennung des Betriebsstoffes (Kohle, Öl, Gas) außerhalb der eigentlichen Maschine in einer Kesselanlage. Dabei wird zunächst möglichst heißer Dampf mit möglichst hohem Druck erzeugt. Dieser gelangt über eine Rohrleitung zur Dampfmaschine, wo dann schließlich ein Teil seiner Wärmeenergie in mechanische Energie umgewandelt wird. Bei der ↑ Kolbendampfmaschine ergibt sich dabei zunächst eine geradlinige Hin- und Her-Bewegung eines Kolbens in einem Zylinder. Diese kann über eine Pleuelstange und ein Schwungrad in eine Drehbewegung umgewandelt werden. Bei der ↑ Dampfturbine dagegen erhält man unmittelbar eine Drehbewegung (auch ↑ Wärmeenergiemaschinen).

Dampfturbine, Vorrichtung zur Umwandlung von Wärmeenergie in mechanische Energie. Der Betriebsstoff (z.B. Kohle, Öl oder Gas) wird zunächst in einer gesonderten Kesselanlage verbrannt. Die dabei freiwerdende Wärme-energie dient zur Erzeugung von Wasserdampf mit möglichst hoher Temperatur und möglichst hohem Druck. Diesen Wasserdampf läßt man nun mit großer Geschwindigkeit aus einer Düse austreten und auf die Schaufeln eines drehbar gelagerten Schaufelrades treffen. Dabei wird das Rad in Drehung versetzt.

Um die im Wasserdampf enthaltene Druckenergie möglichst vollständig in Bewegungsenergie umzusetzen, um also einen Dampfstrahl mit möglichst hoher Strömungsgeschwindigkeit zu erhalten, verwendet man bei Dampfturbinen sogenannte *Lavaldüsen* (Abb.52), die aus dem Eintrittsteil mit abgerundeten Ecken, dem engsten Querschnitt und dem nachgeschalteten erweiterten Teil bestehen. Durch die Querschnittsverengung in der Düse wird eine hohe Dampfstrahlgeschwindigkeit bewirkt. Je größer aber die Geschwindigkeit ist, umso größer ist auch die Kraft, die der Dampfstrahl auf ein in seinen Weg gebrachtes Hindernis ausübt. Dabei wiederum ist ausschlaggebend, in welchem Maße der Dampfstrahl aus seiner ursprünglichen Richtung abgelenkt wird. Bringt man eine Anzahl von Schaufeln

Abb. 52

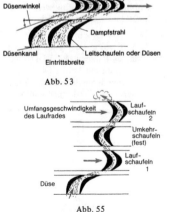

Laufschaufeln

Düsenwinkel

Dampfstrahl

Düsenkanal

Leitschaufeln oder Düsen

Eintrittsbreite

Abb. 53

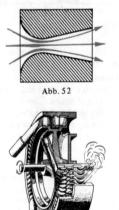

Abb. 54

Umfangsgeschwindigkeit des Laufrades

Laufschaufeln 2

Umkehrschaufeln (fest)

Laufschaufeln 1

Düse

Abb. 55

auf einem Rad an, die den Dampfstrahl nahezu in Umfangsrichtung ablenken (Abb.53), so beginnt sich das Rad mit großer Kraft zu drehen (Abb.54).

Zur vollen Ausnutzung der im Dampf enthaltenen Energie werden zumeist mehrere Stufen hintereinander geschaltet. Die mit Schaufeln versehenen Laufräder sitzen dabei alle auf ein und derselben Welle, drehen sich also mit gleicher Winkelgeschwindigkeit. Zwischen je zwei Laufrädern ist ein feststehendes Leitrad geschaltet, das die Aufgabe hat, den Dampfstrahl wieder in die geeignete Richtung umzulenken. (*Curtis-Turbine*; Abb.55).

Der ↑ *Wirkungsgrad* einer Dampfturbine, d.h. das Verhältnis von abgegebener mechanischer Energie zu der durch den Brennstoff zugeführten Wärmeenergie beträgt im günstigsten Falle nahezu 40%, liegt also wesentlich höher als bei der Kolbendampfmaschine (auch ↑ Wärmeenergiemaschinen).

Dämpfung, bei einer ↑ Schwingung oder ↑ Welle die durch die Umwandlung der Schwingungsenergie in andere Energieformen bedingte Abnahme der Amplitude. Maß für die Dämpfung ist der Quotient zweier aufeinanderfolgender Amplituden. Man bezeichnet ihn als *Dämpfungsverhältnis*. Der natürliche Logarithmus des Dämpfungsverhältnisses heißt *logarithmisches Dekrement*.

Dasymeter, Gerät zur Demonstration des ↑ Auftriebs in Luft (Abb.56). An einer kleinen Balkenwaage hängen auf der einen Seite ein hohler Glaskörper und auf der anderen Seite ein kompaktes Massenstück. Glaskörper und Mas-

senstück haben zwar unterschiedliche Volumina, sind aber *in Luft* gleich schwer, so daß die Balkenwaage im Gleichgewicht ist. Der Auftrieb, den ein Körper in Luft erfährt ist gleich der Gewichtskraft der von ihm verdrängten Luftmenge. Es gilt also:

$$F_a = V_k \cdot \gamma_L$$

mit F_a Auftrieb, V_k Volumen des Körpers, γ_L Wichte der Luft.

Somit erfährt der hohle Glaskörper wegen seines größeren Volumens einen größeren Auftrieb als das kompakte Massenstück, und ist in Wirklichkeit schwerer als dieses. Das erkennt man, wenn sich das Dasymeter in einem evakuierten Gefäß befindet (Abb.57). Da in diesem Falle der Auftrieb durch die Luft entfällt, neigt es sich zur Seite des

zur Luftpumpe

Abb. 57

hohlen Glaskörpers (↑ auch Archimedisches Gesetz).

Dauermagnet, Magnet, der sein magnetisches Moment und damit sein magnetisches Fels ohne äußere Einwirkungen beliebig lange behält. Es verliert diese Eigenschaft nur, wenn er stark erschüttert oder über seine *Curietemperatur* (↑ Feromagnetismus) hinaus erhitzt wird.

Debye-Scherrer-Verfahren (auch *Kristallpulvermethode*), wichtigstes Verfahren zur Strukturuntersuchung von Kristallen durch ↑ Röntgenstrahlen. Prinzipiell eine ↑ Drehkristallmethode, bei der jedoch statt eines Einkristalls

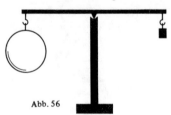

Abb. 56

gepreßtes Pulver des zu untersuchenden Materials verwendet wird. Ein fein ausgeblendetes monochromatisches Röntgenstrahlbündel fällt senkrecht auf das meist in Form eines Stäbchens gepreßte Pulver, das sich in der Achse eines kreiszylindrisch gebogenen Films befindet. Wegen der ungeordneten Lage der Kristallite befinden sich unter ihnen zahlreiche, deren Netzebenen der ↑ Braggschen Gleichung genügen. Die an gleichen Netzebenen reflektierten Strahlen liegen auf einem Kegelmantel, dessen Achse mit der Richtung des einfallenden Strahls zusammenfällt. Verschiedene Netzebenen erzeugen Reflexionskegel mit verschiedenen Öffnungswinkeln. Die Schnittlinien der Kegelmäntel mit dem Film ergeben die *Debye-Scherrer-Aufnahmen* bzw. *-diagramme.*

Deuterium, schwerer Wasserstoff, Zeichen D oder ^{2}H, Wasserstoffisotop mit dem doppelten Atomgewicht des gewöhnlichen Wasserstoffs ^{1}H; sein Kern (↑ Deuteron) besteht aus einem Proton und einem Neutron. In natürlichem Wasserstoff ist Deuterium zu 0,016% enthalten. Deuterium zeigt in seinem chemischen Verhalten (von der Reaktionsgeschwindigkeit abgesehen) die gleichen Eigenschaften wie gewöhnlicher Wasserstoff. Auf Grund des großen Massenunterschiedes gegenüber den Atomen des ^{1}H ergibt sich jedoch ein stark abweichendes physikalisches Verhalten. So liegt z.B. der Schmelzpunkt des Deuteriums bei 18,7 K und sein Siedepunkt bei 23,7 K gegenüber 13,4 K bzw. 20.4 K bei gewöhnlichem Wasserstoff. Die wichtigste chemische Verbindung des Deuteriums ist das ↑ schwere Wasser.

Deuteron, der aus einem Proton und einem Neutron bestehende Kern des schweren Wasserstoffs (↑ Deuterium). Für das Deuteron sind folgende Symbole gebräuchlich: $d = {}^2_1 d = D = {}^2_1 D = {}^2_1 H$. Die *Ruhmasse* des Deuterons beträgt $m = 2,01355$ u $= 3,3433 \cdot 10^{-27}$ kg,

sein Spin ist $\hbar = h/2\pi$. Das Deuteron als gebundener Zustand ist der einfachste der zusammengesetzten Atomkerne und als solcher das einzige Nukleonensystem, das exakt berechenbar ist und durch Vergleich mit experimentellen Befunden Rückschlüsse über die ↑ Kernkräfte zuläßt.
Wegen seiner besonders kleinen ↑ Kernbindungsenergie von $W_B = -2,19$ MeV zerfällt das Deuteron, wenn es hochbeschleunigt auf einen anderen Atomkern trifft, sehr leicht in seine beiden Bestandteile, (↑ Kernfusion).

deutliche Sehweite, diejenige Entfernung, auf die das Auge gerade noch ohne Ermüdung über längere Zeit hinweg scharf eingestellt werden kann. Sie liegt bei etwa 25 cm und nimmt mit zunehmendem Alter zu. Für Meßzwecke wird sie auf genau 25 cm festgesetzt.

Dewar-Gefäß, doppelwandiges Gefäß zum Aufbewahren von Stoffen, die vor Wärmeverlust oder schädlicher Wärmezufuhr geschützt werden sollen. Um die Wärmeübertragung durch ↑ Wärmeleitung zu verhindern, ist der Raum zwischen den beiden Gefäßwänden weitgehend luftleer gepumpt. Die Wärmeübertragung durch ↑ Wärmestrahlung wird durch Verspiegelung der Innen- und Außenwände verhindert. Die im Haushalt zum Warm- und Kalthalten von Getränken verwendete *Thermosflasche* stellt ein solches Dewar-Gefäß dar.

Dezimalwaage, eine ungleicharmige Balkenwaage, bei der sich die Längen der beiden Waagebalken wie 1:10 verhalten. Die zu wiegende Last befindet sich am kürzeren, die Wägestücke befinden sich am längeren Waagebalken. Im Gleichgewichtsfall ist die Gewichtskraft der Last 10mal so groß wie die Gewichtskraft der aufgelegten Wägestücke.

Diamagnetismus, magnetische Erscheinung beim Einbringen von Materie in ein ↑ Magnetfeld. Sowohl die ↑ Spin- als auch die Bahnbewegung eines Elektrons im Atom ist mit einem magnetischen ↑ Dipolmoment verbunden. Bringt man nun einen Stoff in ein Magnetfeld, so kommt es wegen der vorhandenen magnetischen Momente der Elektronen zu magnetischen Kraftwirkungen, was zu einer Präzessionsbewegung der Elektronen und ihrer Bahnen um die Richtung des angelegten Magnetfelds führt. Diese Präzession stellt eine Bewegung von Ladungen dar, und erzeugt ihrerseits ein Magnetfeld. Das so erzeugte Feld wirkt dem angelegten Feld entgegen und schwächt es. Bei diamagnetischen Stoffen ist die relative ↑ Permeabilität $\mu < 1$ und die magnetische ↑ Suszeptibilität $X < 0$. Der Diamagnetismus ist eine Erscheinung, die bei allen Stoffen auftritt, jedoch oft von anderen magnetischen Effekten verdeckt wird (↑ Ferromagnetismus, ↑ Paramagnetismus). Rein tritt er nur bei Substanzen auf, deren Atome bzw. Moleküle kein permanentes magnetisches Moment besitzen. Solche Stoffe bezeichnet man als *diamagnetisch*, Beispiele dafür sind Wasser, Edelgase und Wismut.

Dichte, Formelzeichen ρ, der Quotient aus der Masse m und dem Volumen eines Körpers V:

$$\rho = \frac{m}{V}$$

Die Dichte hängt außer vom Material des Körpers weitgehend von Druck und Temperatur ab, insbesondere bei flüssigen und gasförmigen Körpern. Im Gegensatz zur ↑ Wichte hängt aber die Dichte eines Körpers nicht vom Ort ab, sondern ist überall gleich.
Dimension: dim ρ = dim m/dim V = = $M \cdot L^{-3}$.
SI-Einheit der Dichte ist das Kilogramm durch Kubikmeter (kg/m^3). 1 kg/m^3 ist gleich der Dichte eines homogenen

Körpers, der bei der Masse 1 kg das Volumen 1 m^3 einnimmt. Weitere häufig verwendete Einheiten sind: 1 g/cm^3, 1 kg/dm^3 und 1 g/l. Es gilt dabei:

$$1\,\frac{g}{cm^3} = 1\,\frac{kg}{dm^3} = 1000\,\frac{g}{l} = 1000\,\frac{kg}{m^3}.$$

Als *relative Dichte*, Dichtezahl oder Dichteverhältnis bezeichnet man den Quotienten aus der Dichte eines Körpers und der Dichte eines Vergleichskörpers, in der Regel Wasser bei 4°C und 760 Torr oder Luft bei 0°C und 760 Torr. Die relative Dichte ist dimensionslos.

Dielektrizitätskonstante, 1) *absolute Dielektrizitätskonstante, Influenzkonstante, Verschiebungskonstante, elektrische Feldkonstante*, Formelzeichen ϵ_0, im ↑ Coulombschen Gesetz auftretende Konstante, durch die mechanische und elektrische Größen miteinander verknüpft werden. Sie besitzt den Wert

$$\epsilon_0 = 0{,}88594 \cdot 10^{-11}\frac{As}{Vm}.$$

Im gelegentlich noch verwendeten elektrostatischen Maßsystem wird definitionsgemäß $\epsilon_0 \equiv 1$ gesetzt.

2) *relative Dielektrizitätskonstante, Dielektrizitätszahl*, Formelzeichen ϵ_r, dimensionslose Materialkonstante, zusammen mit der absoluten Dielektrizitätskonstante der Proportionalitätsfaktor zwischen der elektrischen ↑ Feldstärke und ↑ Verschiebungsdichte

$$\vec{D} = \epsilon_r \epsilon_0\,\vec{E}.$$

Bringt man Materie in das elektrische Feld eines Kondensators, so erhöht sich dessen Kapazität um den Faktor ϵ_r; die relative Dielektrizitätskonstante ist bei Gasen nur wenig von 1 verschieden, bei Flüssigkeiten und Festkörpern können höhere Werte vorkommen. (Wasser 81,6; Keramiken bis 2500).

Dieselmotor, eine zur Gruppe der ↑ Verbrennungskraftmaschinen gehörende Vorrichtung zur Umwandlung von Wärmeenergie in mechanische Energie. Im Gegensatz zum ↑ Ottomotor, bei dem ein Kraftstoff-Luft-Gemisch angesaugt und nach dem Verdichten durch den elektrischen Funken einer Zündkerze (*Fremdzündung*) zur Explosion gebracht wird, saugt der Dieselmotor beim Abwärtsgehen des Kolbens reine Luft in den Zylinder. Diese wird beim Aufwärtsgehen des Kolbens außerordentlich stark verdichtet (Verdichtungsverhältnis von 14:1 bis etwa 25:1), wobei sie sich auf 600°C - 900°C erhitzt.

In diese heiße Luft wird nun der flüssige Kraftstoff (Leicht- oder Schweröl) eingespritzt. Er entzündet sich darin von selbst nach einer kurzen Verzögerung von etwa 1 tausendstel Sekunde, während der er zunächst verdampft (*Zündverzug*). Die dabei entstehenden Verbrennungsgase treiben den Kolben nach unten. Bei der darauffolgenden Aufwärtsbewegung des Kolbens werden dann die Verbrennungsgase ausgestoßen, worauf der aus *Ansaugen, Verdichten, Einspritzen, Verbrennung* und *Ausstoßen* bestehende Arbeitsgang von vorn beginnt. Ebenso wie Ottomotoren werden auch Dieselmotoren als *Viertaktmotoren* und als *Zweitaktmotoren* gebaut.

Der *Wirkungsgrad* eines Dieselmotors, d.h. das Verhältnis von abgegebener mechanischer Energie zu der durch den Kraftstoff zugeführten Wärmeenergie, ist wegen der hohen Verbrennungstemperaturen wesentlich größer als beim Ottomotor. Er erreicht im günstigsten Fall Werte von über 40%. Das heißt, 40% der zugeführten Wärmeenergie werden in mechanische Energie umgewandelt, die restlichen 60% gehen ungenutzt in die umgebende Atmosphäre (↑ Wärmeenergiemaschinen).

Differentialflaschenzug, Gerät zum Heben schwerer Lasten, bestehend aus zwei miteinander verbundenen festen Rollen mit verschiedenen Radien ($R > r$), einer losen Rolle und einem endlosen Seil (Abb. 58). Die zum Heben der Last

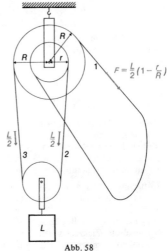

$$F = \frac{L}{2}\left(1 - \frac{r}{R}\right)$$

Abb. 58

L erforderliche Kraft F wird dabei durch die am Seilstrang 2 hängende Lasthälfte $L/2$ unterstützt. Auf die festen Rollen wirken somit zwei rechtsdrehende Drehmomente:

$$D_1 = F \cdot R \text{ und } D_2 = \frac{L}{2} \cdot r$$

und ein linksdrehendes Drehmoment:

$$D_3 = \frac{L}{2} \cdot R$$

Gleichgewicht herrscht, wenn die Summe der rechtsdrehenden gleich der Summe der linksdrehenden Drehmomente ist (↑ Hebel), wenn also gilt:

$$F \cdot R + \frac{L}{2} \cdot r = \frac{L}{2} \cdot R.$$

Daraus folgt:

$$F \cdot R = \frac{L}{2}(R - r)$$

bzw.

$$F = \frac{L}{2}\left(1 - \frac{r}{R}\right).$$

Zum Heben der Last L um den Weg h ist ein Kraftweg der Größe

$$s = \frac{2Rh}{R-r}$$

erforderlich. Für die dabei aufzuwendende Arbeit W gilt:

$$W = F \cdot s = F \cdot \frac{2Rh}{R-r} =$$
$$= \frac{L}{2}\left(1 - \frac{r}{R}\right) \cdot \frac{2Rh}{R-r} = L \cdot h.$$

Das ist aber gerade die Arbeit, die auch erforderlich gewesen wäre, wenn man die Last L ohne Verwendung des Differentialflaschenzuges um den Weg h gehoben hätte (Erhaltung der Energie).

Diffusion, statistischer Ausgleichsprozeß, in dessen Verlauf Teilchen (Atome, Moleküle) infolge ihrer Wärmebewegung († Brownsche Bewegung) auf unregelmäßigen Zickzackwegen von Orten höherer Konzentration zu solchen niederer Konzentration gelangen, so daß allmählich ein Dichte- bzw. Konzentrationsausgleich erfolgt. So diffundieren zwei Gase ineinander, bis die Teilchen jeder Sorte gleichmäßig im Raum verteilt sind. Eine Diffusion tritt auch – wenn auch etwa 10^5 mal langsamer – zwischen den Teilchen von Flüssigkeiten auf und noch langsamer zwischen denen fester Körper sowie als *Oberflächendiffusion* allgemein an der Grenze zweier Phasen (*Grenzflächendiffusion*). Die Diffusion von Ionen erfolgt allgemein langsamer als die neutraler Teilchen. Ein Ortsaustausch gleicher Teilchen, der z.B. durch radioaktive Isotope nachgewiesen werden kann, wird als *Selbstdiffusion* bezeichnet. Bei der † Osmose tritt eine *einseitige Diffusion* durch eine poröse Wand zwischen zwei Lösungen auf. Die mathematische Behandlung der Diffusion ist der der Wärmeleitung sehr ähnlich.

In der Technik wird die Diffusion vor allem zur Gastrennung ausgenutzt. Besonders wichtig wurde die † Isotopentrennung der beiden Uranisotope U 235 und U 238.

Dimension (*Dimensionsprodukt*), die qualitative Darstellung einer physikalischen Größe aus den für die Beschreibung des betreffenden Teilgebiets der Physik gewählten Grundgrößenarten in der Form eines Potenzproduktes mit [meist] ganzzahligen Exponenten. Die Dimension beschreibt exakt die Proportionalität zwischen der betrachteten Größenart Z und dem System der Grundgrößenarten A_i. Gekennzeichnet werden Dimensionen durch $\dim[Z]$ oder durch Groteskbuchstaben Z; dabei erhalten die Grundgrößenarten A_i die Grunddimensionen A_i zugewiesen und bilden ein *Dimensionssystem* des betreffenden physikalischen Gebietes. Aus der Definitionsgleichung für die Größenart Z, die den quantitativen Zusammenhang von Z mit den A_i wiedergibt, erhält man die Dimension von Z, $\dim[Z]$, dadurch, daß alle Zahlenfaktoren, mathematische Operationszeichen außer denen der Multiplikation und Division (also z.B. alle Integral- und Differentialoperatoren) sowie der extensive [Vektor]charakter der betreffenden Größenart unberücksichtigt bleiben und anstelle der Symbole für die Grundgrößenarten deren Dimensionszeichen gesetzt werden. Sind bei einem so erhaltenen Dimensionsprodukt alle Exponenten null, so bezeichnet man diese Größenart eine von der Dimension 1; als Beispiel sei der Winkel α angeführt, definiert als („Kreisbogenlänge" dividiert durch „Radiuslänge"): beide bestimmenden Größen haben die Dimension einer Länge, so daß gilt:

$$\dim[\alpha] = L/L = 1.$$

Da die Dimension den Zusammenhang mit den Grundgrößenarten widerspiegelt, hat natürlich dieselbe Größenart bezüglich verschiedener Dimensionssysteme auch verschiedene Dimensionen. Die Größenart Energie, W, z.B. erhält — bezogen auf die Grundgrößenarten Länge l, Masse m, Zeit t, Dimensionssystem LMT — gemäß der Definitionsgleichung

$$W = \frac{1}{2} m v^2 = \frac{1}{2} m \left(\frac{dl}{dt}\right)^2$$

das Dimensionsprodukt $\dim[W] = $ $= M\, L^2 T^{-2}$, während in einem Kraft (F)-Länge (l)-Zeit (t)-System wegen

$$F = mb = m \frac{d^2 l}{dt^2}$$

$\dim[W] = F\, L$ ist.

Andererseits gibt es — da ja der extensive Charakter der betreffenden Größenart in das Dimensionsprodukt nicht eingeht — Größen verschiedener Art, doch gleicher Dimension: Beispiele sind im Bereich der Mechanik die Energie $W = m\, v^2/2$ und das Drehmoment $T = l \times F$, die beide dieselbe Dimension besitzen (hier im LMT-System angegeben): $\dim[W] = \dim[T] = M\, L^2 T^{-2}$.

Diode, einfachste Ausführung einer ↑Elektronenröhre, bei der sich in einem evakuierten Glaskolben eine Kathode K

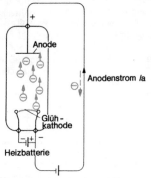

Anodenbatterie (Spannung Ua)

Abb. 59

und eine Anode A gegenüberstehen (Abb.59). Die Kathode K wird entweder direkt oder indirekt durch einen elektrischen Strom (*Heizstrom*) erhitzt. Dabei treten aus ihr Elektronen aus (*Edison-Effekt*). Verbindet man die geheizte Kathode mit dem negativen Pol und die Anode mit dem positiven Pol einer Gleichspannungsquelle, so werden die aus der Kathode austretenden Elektronen in dem so erzeugten elektrischen Feld zur Anode hin be-

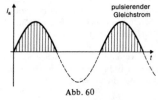

Abb. 60

schleunigt. Es entsteht ein Strom, der als *Anodenstrom* I_a bezeichnet wird. Seine Stärke ist u.a. von der zwischen Kathode und Anode bestehenden Spannung (*Anodenspannung*) abhängig. Mit wachsender Anodenspannung wächst auch der Anodenstrom bis zu einem von der Temperatur der Kathode (also vom Heizstrom bzw. von der Heizspannung) abhängigen Maximalwert, der als *Sättigungswert* I_{as} bezeichnet wird. Verbindet man jedoch die Anode mit dem negativen Pol und die Kathode mit dem positiven Pol einer Gleichspannungsquelle, so fließt *kein* Anodenstrom, weil die Elektronen gegen das elektrische Feld nicht anlaufen können. Die Diode kann deshalb als *Gleichrichter* verwendet werden. Verbindet man Kathode und Anode mit den Polen einer Wechselspannungsquelle, so fließt nur während des positiven Teils der Wechselspannungsperiode ein Anodenstrom, ein sog. *pulsierender Gleichstrom* (Abb.60). Zeichnet man in einem Diagramm den Anodenstrom I_a in Abhängigkeit von der zwischen den Elektroden herrschenden Spannung U_a bei konstanter Heizspannung, so erhält man die sogenannte I_a-U_a-Kennlinie (Abb.61; ↑ Elektronrnröhre, ↑ Triode).

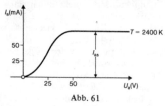

Abb. 61

Dioptrie (Einheitszeichen dpt), gesetzliche Einheit der ↑ Brechkraft von optischen Systemen (Linsen, Linsenkombinationen usw.).
Festlegung: 1 Dioptrie (dpt) ist gleich der Brechkraft eines optischen Systems mit der Brennweite 1 m in einem Medium der Brechzahl 1.

Dipol, 1) *elektrischer Dipol*, System von zwei gleichgroßen, ungleichnamigen Punktladungen, die sich isoliert voneinander im Raum befinden. Der Abstand der beiden Ladungen voneinander wird durch den Abstandsvektor $\vec{l}$ beschrieben, der von der negativen zur positiven Ladung weist. Die folgende physikalische Größe $\vec{p}$ ist charakteristisch für den elektrischen Dipol:

$$\vec{p} = Q \cdot \vec{l}$$

(Q positive Ladung des Dipols)
$\vec{p}$ ist ein Vektor und wird als elektrisches Dipolmoment bezeichnet. Die *SI-Einheit* ist 1 Coulomb mal Meter (1 Cm).
Das elektrische Feld in der Umgebung eines elektrischen Dipols wird beschrieben durch

$$\vec{E} = \frac{1}{4\pi\epsilon_0 r^3}\left((3\,\vec{p}\cdot\vec{r}\,)\frac{\vec{r}}{r^2} - \vec{p}\right)$$

($\vec{E}$ elektrische Feldstärke, ϵ_0 Influenzkonstante, $\vec{p}$ elektrisches Dipolmoment, $\vec{r}$ Abstandsvektor vom Mittelpunkt des Dipols zum Punkt, in dem $\vec{E}$ bestimmt

werden soll, $\vec{p}\cdot\vec{r}$ Skalarprodukt zwischen den beiden Vektoren).
2) *magnetischer Dipol*, Bezeichnung für alle Körper, die in ihrer Umgebung ein magnetisches Feld haben, für dessen magnetische ↑ Induktion in einer Entfernung, die groß gegenüber den Abmessungen des Körpers ist, gilt:

$$B \sim \frac{1}{r^3}$$

(r Entfernung Körper - Meßpunkt)
Solche Körper sind z.B. ein Stabmagnet oder eine stromdurchflossene Leiterschleife. Der magnetische Dipol wird durch das magnetische Dipolmoment charakterisiert, es ist folgendermaßen definiert: Für seinen *Betrag m* gilt $m = I\,A$. (I Stromstärke des Ringstroms, A vom Ringstrom umschlossene Fläche). Seine *Richtung* stimmt mit der Richtung der ↑ magnetischen Induktion innerhalb der Fläche A überein. Die *SI-Einheit* ist 1 Am^2.
Innerhalb von Atomen kann sowohl die Eigenrotation von Elektronen als auch ihr Kreisen um den Kern als Ringstrom gedeutet werden. Diesen Bewegungen kann man deshalb ein magnetisches Dipolmoment m zuordnen.

Dispersion des Lichtes, Bezeichnung für die Abhängigkeit der Fortpflanzungsgeschwindigkeit des Lichtes und damit der ↑ Brechzahl eines optischen Ausbreitungsmediums von der Wellenlänge bzw. von der Frequenz. Nur im Vakuum tritt keine Dispersion auf; in ihm ist die Lichtgeschwindigkeit für alle Wellenlängen gleich. In allen übrigen Ausbreitungsmedien ist die Fortpflanzungsgeschwindigkeit dagegen von der Wellenlänge abhängig.
Von *normaler Dispersion* spricht man, wenn die Fortpflanzungsgeschwindigkeit mit zunehmender Wellenlänge wächst bzw. die Brechzahl mit zunehmender Wellenlänge abnimmt. Ein solches Verhalten zeigt sich beispielsweise in Wasser, Glas und Quarz. Beim Durchgang durch ein ↑ Prisma aus einem der-

76

artigen Material wird also das langwellige rote Licht weniger stark abgelenkt als das kurzwellige violette Licht. Schickt man weißes Licht durch ein solches Prisma, so zeigt sich ein ↑ Spektrum vom am wenigsten abgelenkten Rot über Orange, Gelb, Grün, Blau und Indigo zum stärksten abgelenkten Violett. Im Gegensatz zu dem beim Durchgang weißen Lichts durch ein optisches Gitter entstehenden sogenannten Gitterspektrum spricht man im vorliegenden Fall von einem *Dispersionsspektrum*. Die Änderung der Brechzahl mit der Wellenlänge erfolgt nicht gleichmäßig. Im langwelligen roten Bereich ist sie geringer als im kurzwelligen violetten Bereich. Aus diesem Grunde ist ein Dispersionsspektrum im roten Gebiet weniger stark auseinandergezogen als im violetten.

Bei manchen Stoffen wächst in bestimmten Wellenlängenbereichen die Brechzahl mit zunehmender Wellenlänge. In einem solchen Falle spricht man von einer *anomalen Dispersion*. Die Wellenlängenbereiche anomaler Dispersion fallen dabei in der Regel mit den Wellenlängenbereichen zusammen, in denen der betrachtete Stoff das hindurchgehende Licht absorbiert. Anomale Dispersion tritt also vorwiegend bei farbigen Medien auf. Läßt man weißes Licht durch ein Prisma hindurchgehen, dessen Material anomale Dispersion zeigt, dann ergibt sich ein Spektrum mit genau umgekehrter Farbenfolge – das langwellige rote Licht wird jetzt stärker abgelenkt als das kurzwellige violette Licht.

Dissoziation, Aufspaltung eines ↑ Elektrolyten in seine Ionenbausteine. Der Quotient aus der Anzahl N_d der dissoziierten Moleküle und der Anzahl N der ursprünglich vorhandenen Moleküle $\alpha = N_d/N$ wird als *Dissoziationsgrad* bezeichnet, er wächst mit steigender Temperatur und Verdünnung.
dim $\alpha = 1$.
In Gasen tritt bei höheren Temperatu-

ren eine Aufspaltung der Moleküle in einzelne Atome auf, auch diesen Vorgang bezeichnet man als Dissoziation.

Doppelbrechung, Bezeichnung für die bei vielen Kristallen auftretende Erscheinung, daß ein einfallender Lichtstrahl in zwei Teilstrahlen zerlegt wird. Trifft beispielsweise ein Lichtstrahl senkrecht auf die Kristallfläche eines *Kalkspats* (Abb.62), so wird er beim

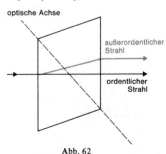

optische Achse

außerordentlicher Strahl

ordentlicher Strahl

Abb. 62

Eindringen in zwei Teilstrahlen zerlegt. Der eine davon erfährt beim (senkrechten) Durchgang durch die Grenzfläche wie nach dem Brechungsgesetz zu erwarten keine Ablenkung. Er wird als *ordentlicher Strahl* bezeichnet. Der zweite Teilstrahl dagegen wird entgegen dem Brechungsgesetz beim Eintritt in den Kristall gebrochen. Er heißt deshalb *außerordentlicher Strahl*. Beim Austritt wird er ein zweites mal gebrochen und verläuft dann parallel zum ordentlichen Strahl. Außerordentlicher und ordentlicher Strahl sind senkrecht zueinander polarisiert (↑ Polarisation).

Doppelpendel, Kombination zweier Fadenpendel, bei der das eine Pendel an der Pendelmasse des anderen befestigt ist.

Doppler-Effekt (*Dopplersches Prinzip*), die nach dem österreichischen Mathematiker Christian Doppler (1803-1853) benannte Erscheinung, daß bei jeder Art von Welle eine Änderung der Frequenz bzw. der Wellenlänge eintritt, sobald Beobachter und Wellenerreger

stehender Beobachter hört...

...höheren Ton (höhere Frequenz)   ...niedrigeren Ton (niedrigere Frequenz)

Abb. 63

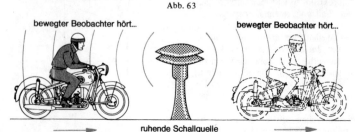

bewegter Beobachter hört...   bewegter Beobachter hört...

ruhende Schallquelle

...höheren Ton (höhere Frequenz)   ...niedrigen Ton (niedrigere Frequenz)

Abb. 64

sich relativ zueinander bewegen. Besonders eindringlich zeigt sich der Dopplereffekt bei Schallwellen. Fährt beispielsweise eine pfeifende Lokomotive auf einen ruhenden Beobachter zu, so hört dieser einen höheren Ton, als wenn sich die Lokomotive von ihm weg bewegt (Abb.63). Ebenso hört ein sich auf eine ruhende Schallquelle zu bewegender Beobachter einen höheren Ton als ein sich von der Schallquelle wegbewegender Beobachter (Abb.64).

Beim Doppler-Effekt unterscheidet man zwei Fälle:

1) *Ruhender Wellenerreger - bewegter Beobachter*

Bezeichnet man die in Hz gemessene Frequenz des Wellenerregers W mit f_0, seine in Metern gemessene Wellenlänge mit λ_0 und die in Meter pro Sekunde gemessene Geschwindigkeit, mit der sich der Beobachter B auf W zu bewegt, mit v, dann ergibt sich folgende Erscheinung (Abb.65): Pro Sekunde erreichen den Beobachter zunächst ein-

mal die vom Wellenerreger pro Sekunde ausgesandten Wellen, deren Anzahl zahlenmäßig gleich der Frequenz f_0 ist. Zusätzlich treffen aber noch genau so viele Wellen beim Beobachter ein, wie sich auf dem von ihm in einer Sekunde zurückgelegten Weg befinden. Dieser

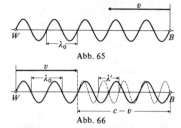

Abb. 65

Abb. 66

Weg ist zahlenmäßig gleich der Geschwindigkeit v des Beobachters. Folglich ist aber die Anzahl der darauf entfallenden Wellen zahlenmäßig gleich dem Quotienten v/λ_0. Es kommen also beim Beobachter B pro Sekunde $f_0 + v/\lambda_0$ Wellen an. Für die Frequenz

f', die der Beobachter registriert, gilt dann:

$$f' = f_0 + \frac{v}{\lambda_0} \ .$$

Da aber $\lambda_0 = c/f_0$ (c Ausbreitungsgeschwindigkeit der Welle), ergibt sich:

$$f' = f_0 + \frac{v}{c} \cdot f_0$$

bzw.

$$\boxed{f' = f_0 \left(1 + \frac{v}{c} \right).}$$

Entsprechend erhält man für den Fall, daß sich der Beobachter von dem ruhenden Wellenerreger wegbewegt:

$$\boxed{f' = f_0 \left(1 - \frac{v}{c} \right).}$$

2) *Bewegter Wellenerreger - ruhender Beobachter*

Die in Hertz gemessene Frequenz des Wellenerregers W sei f_0, die in Meter gemessene Wellenlänge sei λ_0, die in Meter pro Sekunde gemessene Geschwindigkeit, mit der sich der Wellenerreger W auf den Beobachter B zubewegt sei u und die in Metern pro Sekunde gemessene Ausbreitungsgeschwindigkeit der Welle sei c (Abb.66). Die Anzahl der pro Sekunde von W ausgesandten Wellen ist zahlenmäßig gleich der Frequenz f_0. Sie werden wegen der Bewegung des Wellenerregers auf ein Wegstück zusammengedrängt, das zahlenmäßig gleich der Differenz $c - u$ ist. Für die vom Beobachter B registrierte Wellenlänge λ' ergibt sich dann:

$$\lambda' = \frac{c - u}{f_0} \ .$$

Da aber $f_0 = c/\lambda_0$, kann man dafür auch schreiben:

$$\lambda' = \frac{c - u}{c} \cdot \lambda_0$$

bzw.

$$\lambda' = \lambda_0 \cdot \left(1 - \frac{u}{c} \right).$$

Mit $\lambda = c/f$ ergibt sich daraus:

$$\frac{c}{f'} = \frac{c}{f_0} \left(1 - \frac{u}{c} \right)$$

bzw.

$$\boxed{f' = \frac{f_0}{1 - \frac{u}{c}}.}$$

Entsprechend gilt für den Fall, daß sich der Wellenerreger W vom Beobachter B mit der Geschwindigkeit u wegbewegt:

$$\lambda' = \lambda_0 \left(1 + \frac{u}{c} \right)$$

bzw.

$$\boxed{f' = \frac{f_0}{1 + \frac{u}{c}}.}$$

Da die beiden Fälle „ruhender Wellenerreger - bewegter Beobachter" und „bewegter Wellenerreger - ruhender Beobachter" auf verschiedene Ergebnisse führen, kommt es bei der Erscheinung des Dopplereffektes nicht nur, wie man anfänglich meinen könnte, auf die relative Bewegung zwischen Wellenerreger und Beobachter an, sondern vielmehr auch darauf, wer von beiden sich relativ zum Ausbreitungsmedium bewegt. Nur wenn die Geschwindigkeit v des Beobachters bzw. des Wellenerregers klein ist gegenüber der Ausbreitungsgeschwindigkeit c der Welle, gehen die Beziehungen $f' = f_0/(1-v/c)$ und $f' = f_0(1 + v/c)$ ineinander über, wie die folgende Reihenentwicklung zeigt:

$$f' = \frac{f_0}{1 - \frac{v}{c}} =$$

$$= f_0 \left[1 + \frac{v}{c} + \left(\frac{v}{c} \right)^2 + \dots \right].$$

v/c ist dann eine kleine Größe; die Glieder ab $(v/c)^2$ können vernachlässigt werden.

Besondere Bedeutung hat der Dopplereffekt außer in der Akustik auch in der Optik. Während er sich bei Schallwellen in der Änderung der Tonhöhe bei Bewegung einer Schallquelle bzw. eines Beobachters zeigt, äußert er sich in der Optik, bei Lichtwellen also, in einer Verschiebung der Spektrallinien einer bewegten Lichtquelle. Bewegt sich die Lichtquelle auf den Beobachter zu bzw. bewegt sich der Beobachter auf die Lichtquelle zu, tritt eine Verschiebung der Spektrallinien zum Blau hin, bewegt sich die Lichtquelle vom Beobachter weg bzw. bewegt sich der Beobachter von der Lichtquelle weg, tritt eine Verschiebung der Spektrallinien zum Rot hin auf. In der Astronomie wird diese Erscheinung benutzt, um die Radialgeschwindigkeit von Himmelskörpern zu bestimmen.

Für Lichtwellen (wie für alle elektromagnetischen Wellen) fällt allerdings die Unterscheidung der Fälle 1 und 2 weg; das liegt daran, daß die Lichtgeschwindigkeit eine Naturkonstante ist, die nicht vom Bewegungszustand des Beobachters abhängt (↑ Relativitätstheorie). Für kleine Geschwindigkeiten spielt die Unterscheidung ohnehin keine Rolle, für große Geschwindigkeiten ergibt der *relativistische* Dopplereffekt, wenn sich Quelle und Beobachter aufeinander zu bewegen

$$f' = f_0 \frac{\sqrt{1 - \left(\frac{v}{c}\right)^2}}{1 - \frac{v}{c}}$$

und bei der Bewegung voneinander fort

$$f' = f_0 \frac{\sqrt{1 - \left(\frac{v}{c}\right)^2}}{1 + \frac{v}{c}}$$

Dosimeter, Gerät zur Bestimmung der Strahlendosis (↑ Dosis), insbesondere zur Messung der Strahlenbelastung von Personen, die berufsmäßig mit Röntgenstrahlen, radioaktiven Präparaten oder an Reaktoren und ↑ Teilchenbeschleunigern zu tun haben. Die Arbeitsweise eines Dosimeters beruht entweder auf der ionisierenden Wirkung oder auf durch die Strahlen ausgelösten chemischen Reaktionen.

Dosis (*Strahlendosis, Energiedosis*), Maß für die einem Körper zugeführte Strahlungsmenge. Man unterscheidet:
1. Die *absorbierte Dosis* oder *Energiedosis*
2. Die *Äquivalentdosis*
3. Die *Ionendosis*
4. Die *relative biologische Wirksamkeitsdosis* bzw. *RBW-Dosis*

1. Die *absorbierte Dosis* oder *Energiedosis* ist definiert als der Quotient $D = \Delta W/\Delta m$, wobei ΔW die Energie bedeutet, die von der Strahlung auf das Material der Masse Δm übertragen wird.
2. Als *Äquivalentdosis* (für den Strahlenschutz) bezeichnet man das Produkt $D_q = q \cdot D$ aus der Energiedosis D und einem von der Art und der Energie der Strahlung abhängigen Faktor q. Der Wert dieses Faktors wurde aus biologischen Erkenntnissen festgelegt, und zwar $q = 1$ für Photonen und Elektronenstrahlen, $2 \leq q \leq 10$ für Neutronen (je nach Energie), $q = 10$ für Alpha-, Protonen- und Deuteronenstrahlen, $q = 20$ für schwere Kerne. *SI-Einheit* der Energie- oder Äquivalentdosis ist das Joule durch Kilogramm (J/kg).
3. Die *Ionendosis* ist definiert als der Quotient $\Delta Q/\Delta m_L$, wobei ΔQ die Ladung der in einer Luftmenge der Masse Δm_L erzeugten Ionen eines Vorzeichens ist. *SI-Einheit* der Ionendosis ist das Coulomb durch Kilogramm (C/kg).
4. Die in der Biologie benutzte *relative biologische Wirksamkeitsdosis* (*RBW-Dosis*) ist die Energiedosis einer mit 250 kV erzeugten Röntgenstrahlung, die dieselbe biologische Wirkung hervorruft, wie die Energiedosis der untersuchten Strahlenart.

Dosisleistung, *Energiedosisrate, Energiedosisleistung,* die auf die Zeiteinheit bezogene Strahlendosis (↑ Dosis). *SI-Einheit* der Energiedosisrate oder Energiedosisleistung ist das Watt durch Kilogramm (W/kg). 1 W/kg ist gleich der Energiedosisrate oder Energiedosisleistung, bei der durch eine ionisierende Strahlung zeitlich unveränderlicher Energieflußdichte die Energiedosis 1 J/kg während der Zeit 1 s entsteht.

drahtlose Nachrichtenübermittlung, Nachrichtenübermittlung durch ↑ elektromagnetische Wellen. Das Prinzip der drahtlosen Nachrichtenübermittlung besteht darin, daß die Sendestation mit einem ↑ Schwingkreis ungedämpfte elektrische Schwingungen erzeugt, die mit der Informationsschwingung (beim Rundfunk mit Hilfe eines Mikrophons in elektrische Stromschwankungen umgewandelte akustische Schwingung) moduliert und auf einen angekoppelten Hertzschen Dipol übertragen werden (↑ Modulation). Dieser Dipol strahlt die Schwingungen als elektromagnetische Wellen ab. Am Empfangsort nimmt ein zweiter Dipol die ankommenden Wellen auf. Die entstehende hochfrequente Spannung wird einem Schwingkreis zugeführt und verstärkt. Die so erzeugte Schwingung trägt wegen der am Sendeort erfolgten Modulation immer noch die Informationsschwingung. Diese wird nun von der Trägerschwingung getrennt und ausgewertet (beim Rundfunk wird sie mittels eines Lautsprechers in Schallschwingungen umgesetzt).

Drehachse, der geometrische Ort aller derjenigen Punkte, die bei der Drehung eines Körpers in Ruhe bleiben.

Drehbewegung (*Drehung, Rotation*), die Bewegung eines Körpers, bei der sich alle seine Punkte auf konzentrischen Kreisen um eine feststehende Achse (*Drehachse, Rotationsachse*) bzw. auf den Oberflächen konzentrischer Kugeln um einen feststehenden Punkt (*Drehpunkt, Rotationszentrum*) bewegen (↑ Kinematik).

Dreheiseninstrument, ein sowohl für Gleich- als auch Wechselstrom verwendbares ↑ Amperemeter. Sein Funktionsprinzip beruht auf der Magnetisierung zweier Eisenstücke im Innern einer vom zu messenden Strom durchflossenen Spule.

Drehfeld, magnetisches bzw. elektrisches Feld, dessen magnetische bzw. elektrische Feldstärkerichtung mit konstanter Winkelgeschwindigkeit rotiert.

Drehimpuls (*Drall, Impulsmoment*), Formelzeichen $\vec{L}$, bei einem sich drehenden ↑ starren Körper das Produkt aus dem Trägheitsmoment J bezüglich der Drehachse und der Winkelgeschwindigkeit $\vec{\omega}$:

$$\vec{L} = J\vec{\omega}$$

Der Drehimpuls ist ein *Vektor,* dessen Richtung mit der Richtung der Drehachse zusammenfällt. Für die *Dimension* des Drehimpulses gilt $\dim L = \dim J \cdot \dim \vec{\omega} = L^2\,M\,Z^{-1}$. Die *SI-Einheit* des Drehimpulses ist

$$1\,\frac{\text{kg m}^2}{\text{s}} = 1\,\text{Nms} = 1\,\text{Js}$$

Der Drehimpuls entspricht bei der *Drehbewegung* der ↑ *Bewegungsgröße* (*Impuls*) bei der *fortschreitenden* Bewegung (Translationsbewegung).

Eine dem Zusammenhang zwischen Bewegungsgröße und ↑ Kraftstoß bei der fortschreitenden Bewegung entsprechende Beziehung läßt sich auch zwischen Drehmoment und Drehimpuls aufstellen. Es gilt:

$$\vec{M} = J\vec{\alpha} = J\frac{\Delta\vec{\omega}}{\Delta t} = \frac{J \cdot \Delta\vec{\omega}}{\Delta t} = \frac{\Delta L}{\Delta t}$$

($\vec{M}$ beschleunigendes Drehmoment, Δt Dauer der Einwirkung des Drehmomentes (d.h. Dauer der Beschleunigung), J Trägheitsmoment des betrachteten Körpers bezüglich der Drehachse, $\vec{\alpha}$ Winkelbeschleunigung, $\Delta\vec{\omega}$ Änderung der

81

Winkelgeschwindigkeit, $\Delta\vec{L}$ Änderung des Drehimpulses). Aus dieser Beziehung ergibt sich:

$$\vec{M} \cdot \Delta t = \Delta\vec{L}$$

Die Größe $M \cdot \Delta t$, also das Produkt aus dem Drehmoment M und der Zeitdauer Δt seiner Einwirkung auf den drehbaren starren Körper wird als *Antriebsmoment* bezeichnet.

Ändert sich während der Bewegung das Trägheitsmoment J des betrachteten starren Körpers nicht, dann läßt sich diese Beziehung auch folgendermaßen schreiben:

$$\vec{M} \cdot \Delta t = J \cdot \Delta\vec{\omega}$$

Die durch ein Antriebsmoment bewirkte Änderung der Winkelgeschwindigkeit eines drehbaren Körpers ist demnach so beschaffen, daß die Änderung des Drehimpulses gerade gleich dem Antriebsmoment ist.

Der gesamte Drehimpuls eines Körpers, der sich zur Zeit $t = 0$ in Ruhe befand, ist dann aber gleich der Summe aller bis zur betrachteten Zeit $t = t_1$ auf ihn einwirkenden Antriebsmomente:

$$J\vec{\omega} = \vec{L} = \sum_{t=0}^{t_1} \vec{M} \cdot \Delta t$$

bzw. beim Übergang zu infinitesimalen Zeitabschnitten:

$$J\vec{\omega} = \vec{L} = \int_{0}^{t_1} \vec{M}\, dt$$

bzw.

$$\vec{M} = \frac{d\vec{L}}{dt} = \frac{d(J\vec{\omega})}{dt}$$

Demnach ist das auf einen drehbaren Körper ausgeübte Drehmoment gleich der *1. Ableitung des Drehimpulses nach der Zeit.*

Setzt man $\vec{M} = 0$, dann erhält man die Beziehung:

$$\frac{d(J\vec{\omega})}{dt} = 0$$

woraus folgt: $J\vec{\omega} =$ const. Darin kommt aber ein Erhaltungssatz zum Ausdruck. Dieser als *Drehimpulssatz, Satz von der Erhaltung des Drehimpulses* oder *Momentensatz* bezeichnete Erhaltungssatz lautet:

In einem System, auf das keine äußeren Drehmomente wirken, ist der Drehimpuls unveränderlich.

Auf diesem Drehimpulssatz beruht beispielsweise die allseits bekannte Erscheinung, daß ein Eisläufer, der eine Pirouette dreht, seine Winkelgeschwindigkeit $\vec{\omega}$ ohne Wirken eines äußeren Drehmomentes erhöhen kann, wenn er die ursprünglich ausgebreiteten Arme an den Körper anlegt. Er vermindert dadurch sein Trägheitsmoment. Damit aber der Drehimpuls seinen Wert beibehält, erhöht sich dabei „automatisch" seine Winkelgeschwindigkeit $\vec{\omega}$ in der Art, daß das Produkt aus Trägheitsmoment und Winkelgeschwindigkeit gleichbleibt.

Den Drehimpuls eines Systems von Massenpunkten erhält man aus der Beziehung:

$$\vec{L} = \sum_k [\vec{r}_k \times m_k \vec{v}_k]$$

(m_k Massen der einzelnen Massenpunkte, r_k Ortsvektoren der einzelnen Massenpunkte, $\vec{v}_k$ Bahngeschwindigkeiten der einzelnen Massenpunkte).

Drehkondensator, technische Ausführung eines Plattenkondensators. Durch drehbare Lagerung der Platten kann die Größe der sich gegenüberstehenden Plattenflächen verändert werden. Da die Kapazität eines Plattenkondensators proportional der Plattenfläche ist, läßt sich dadurch die Kapazität variieren. Drehkondensatoren werden beim Bau von Rundfunkempfängern verwendet.

Drehkristallmethode (*Braggsche Methode*), Verfahren zur Untersuchung von Kristallstrukturen. Trifft ein monochromatisches Röntgenstrahlbündel der Wellenlänge λ auf einen parallel zu seinen Gitterebenen geschliffenen Kristall, so kann man mit Hilfe eines Zählrohrs oder eines Films ein reflektiertes Bündel nur dann beobachten, wenn der Winkel $α_k$, den das Bündel mit der Kristalloberfläche einschließt, die ↑ Braggsche Gleichung

$$k \cdot \lambda = 2 \cdot d \cdot \sin α_k \quad (k = 1,2,3,4 \ldots)$$

erfüllt, wobei d der Abstand zweier benachbarter Gitterebenen ist. Ermittelt man nun durch Drehen des Kristalls senkrecht zur Flächennormale die diskreten Winkel, so kann man daraus den Gitterabstand d berechnen und erhält dadurch Kenntnis von der Kristallstruktur. Bei bekannter Kristallstruktur dient diese Methode zur Ermittlung der Wellenlänge unbekannter Röntgenstrahlen bzw. zu deren spektroskopischen Untersuchung (↑ Debye-Scherrer-Verfahren).

Drehmoment, Formelzeichen M, Maß für die Drehwirkung einer an einem drehbaren starren Körper angreifenden Kraft. Der Betrag M des Drehmomentes ist dabei gleich dem Produkt aus dem Betrag F der angreifenden Kraft und dem senkrechten Abstand d ihrer Wirkungslinie vom Drehpunkt:

$$M = F \cdot d$$

Ist r der Abstand des Angriffspunktes A der Kraft vom Drehpunkt D des betrachteten Körpers und ist $γ$ der Winkel zwischen der Kraftrichtung und der Verbindungsgeraden AD, dann gilt gemäß Abb.67 für den Betrag M des Drehmomentes:

$$M = F \cdot d = F \cdot r \sin γ$$

Vektoriell ist das Drehmoment definiert als das *Vektorprodukt* aus der Kraft $\vec{F}$ und dem vom Drehpunkt zum Angriffspunkt der Kraft F gezogenen Vektors $\vec{r}$:

$$\vec{M} = \vec{F} \times \vec{r}$$

Gemäß der Definition des Vektorproduktes ist das Drehmoment also ein Vektor, der senkrecht auf der durch

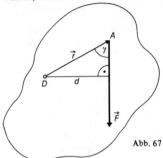

Abb. 67

die Vektoren $\vec{F}$ und $\vec{r}$ aufgespannten Ebene steht und dessen Betrag gleich der Fläche des von $\vec{F}$ und $\vec{r}$ aufgespannten Parallelogramms ($= F \cdot r \cdot \sin γ$) ist.

Für die *Dimension* des Drehmomentes ergibt sich aus dieser Definition

$$\dim M = \dim \vec{F} \cdot \dim \vec{r} = M \, L^2 \, Z^{-2}.$$

Die *SI-Einheit* des Drehmomentes ist 1 Nm. *Obwohl* jedoch das Drehmoment sowohl die gleiche Dimension als auch die gleiche Einheit hat wie die ↑ Arbeit, sind beide Größen voneinander *verschieden*, was sich schon daraus ergibt, daß die Arbeit ein *Skalar*, das Drehmoment aber ein *Vektor* ist.

Greifen an einem drehbaren starren Körper mehrere Kräfte an, so ist das resultierende Drehmoment gleich der vektoriellen Summe der durch die einzelnen Kräfte bewirkten Drehmomente. Dabei kann auch der Fall eintreten, daß sich die einzelnen Drehmomente gegenseitig aufheben, wenn nämlich die Summe der Beträge der rechtsdrehenden Drehmomente gleich der Summe der Beträge der linksdrehenden Drehmomente ist.

Durch die Wirkung eines Drehmomentes erfährt ein drehbarer starrer Körper eine beschleunigte Drehbewegung. Dabei gilt:

$$\vec{M} = J\vec{\alpha}$$

(M Drehmoment, J ↑ Trägheitsmoment des Körpers bezüglich der Drehachse, $\vec{\alpha}$ Winkelbeschleunigung).
Ein Vergleich mit dem für die fortschreitende Bewegung aufgestellten 2. Newtonschen Axioms

$$\vec{F} = m \cdot \vec{a}$$

($\vec{F}$ Kraft, m Masse, $\vec{a}$ Bahnbeschleunigung), zeigt, daß bei der fortschreitenden Bewegung und der Drehbewegung gleichartige Beziehungen entstehen, wenn man wechselweise die *Kraft* $\vec{F}$ durch das *Drehmoment* $\vec{M}$, die Masse m durch das *Trägheitsmoment* J und die *Bahnbeschleunigung* $\vec{a}$ durch die *Winkelbeschleunigung* $\vec{\alpha}$ ersetzt.

Drehspulinstrument, ein nur für Gleichstrom verwendbares ↑ Amperemeter, bei dem man den zu messenden Strom durch eine Spule fließen läßt, die sich zwischen zwei Magnetpolen eines (meist hufeisenförmigen) Dauermagneten befindet.

Drehstrom (Dreiphasenstrom), Bezeichnung für die Gesamtheit dreier Wechselströme, die um 120° phasenverschoben sind (Abb. 68).

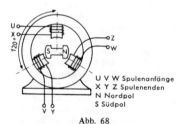

U V W Spulenanfänge
X Y Z Spulenenden
N Nordpol
S Südpol

Abb. 68

Drei gleiche Spulen mit Eisenkern werden mit den nötigen sechs Zuleitungen versehen und in den Ecken eines gleichseitigen Dreiecks aufgestellt. In der Mitte befindet sich die Achse eines Permanentmagneten, der sich mit seinen Polen über die Eisenkerne der Pole hinwegdrehen kann. Rotiert der Permanentmagnet, so dreht sich auch sein Magnetfeld vor den Spulen. In ihnen wird auf Grund des sich ändernden Kraftflusses eine Spannung induziert, die bei dieser Anordnung jeweils um 2/3 rad gegenüber der in der folgenden Spule induzierten phasenverschoben ist. Da die in den Spulen induzierten Spannungen erdfrei sind, kann jeder beliebige Punkt geerdet werden. Vereinigt man die inneren Enden jeder Spule miteinander, so wird nur eine Zuleitung zu den Meßgeräten notwendig. Der gemeinsame Leitungspunkt heißt *Sternpunkt*, die Schaltungsform *Sternschaltung*.

Drehwinkel, Formelzeichen φ, bei einer Drehung der Quotient aus dem von einem Punkt des sich drehenden Körpers zurückgelegtem Wege s und dem Abstand r dieses Punktes von der Drehachse:

$$\varphi = \frac{s}{r}$$

Dimension: $\dim \varphi = \dfrac{\dim s}{\dim r} = \dfrac{L}{L} = 1.$

Drehzahl, Formelzeichen n, bei einem gleichförmig rotierenden Körper der Quotient aus der Anzahl der Umdrehungen und der dazu erforderlichen Zeit t.

$$n = \frac{u}{t}$$

Sie ist zahlenmäßig gleich der Anzahl der Umdrehungen pro Zeiteinheit (zumeist pro Sekunde oder pro Minute)
Dimension: $\dim n = Z^{-1}$.
Zwischen der Drehzahl n und der ↑ Winkelgeschwindigkeit ω besteht die Beziehung:

$$\omega = 2\pi n.$$

Druck, Formelzeichen p, Quotient aus dem Betrag einer senkrecht auf eine Fläche wirkenden Kraft F und der Größe A dieser Fläche:

$$p = \frac{F}{A}.$$

Wirkt die Kraft nicht senkrecht zur Fläche, so zerlegt man sie in zwei Komponenten, deren eine senkrecht zur Fläche (F_s), deren andere parallel zur Fläche (F_p) gerichtet ist. Da F_p nichts zum Druck beiträgt, sondern nur F_s, erhält man nun für den Druck p die Beziehung:

$$p = \frac{F_s}{A}.$$

Die Zerlegung in F_s und F_n wird automatisch berücksichtigt, wenn man vektoriell schreibt:

$$p = \frac{\vec{F} \cdot \vec{n}}{A},$$

wobei $\vec{n}$ der Einheitsvektor in Richtung der Flächennormalen ist.

Dimension: $\dim p = \dfrac{\dim F}{\dim A} =$

$$= M \cdot L^{-1} Z^{-2}.$$

SI-Einheit des Druckes ist 1 Pascal (Pa). *Festlegung:* 1 Pa ist gleich dem auf eine Fläche gleichmäßig wirkenden Druck, bei dem senkrecht auf die Fläche 1 m^2 die Kraft 1 N ausgeübt wird. Weitere Druckeinheiten sind:

Bar: $1 \text{ bar} = 100\,000 \text{ Pa} = 10^6 \text{ dyn/cm}^2$

Millibar: $1 \text{ mbar} = 100 \text{ Pa} = 10^3 \text{ dyn/cm}^2$

Torr: $1 \text{ Torr} = \dfrac{101\,325}{760} \text{ Pa}$

Physikalische Atmosphäre:
$1 \text{ atm} = 101\,325 \text{ Pa}$

technische Atmosphäre:

$$1 \text{ at} = 1 \frac{\text{kp}}{\text{cm}^2}$$

$$= 98066,5 \text{ Pa}$$

Millimeter Quecksilbersäule (mmHg):
$1 \text{ mmHg} = 1 \text{ Torr}$

Meter-Wassersäule (mWS):

$$1 \text{ mWS} = \frac{1}{10} \text{ at} = 9806,65 \text{ Pa}$$

(zur *Druckmessung* ↑ Vidie-Dose, ↑ Manometer).

Druckbäuche, bei einer ↑ stehenden Welle in einem Gas diejenigen Orte, an denen während des gesamten Vorganges ein gleichbleibender maximaler Druck herrscht. Die Druckbäuche befinden sich dabei an den Stellen, an denen die schwingenden Teilchen des Gases ständig in Ruhe bleiben, also an den ↑ Bewegungsknoten.

Druckknoten, bei einer ↑ stehenden Welle in einem Gas diejenigen Orte, an denen während des gesamten Vorganges ein gleichbleibender minimaler

Umrechnungstabelle für Druckeinheiten:

	Pa	bar	mbar	Torr	atm	at
1 Pa =	1	10^{-5}	10^{-2}	$7,5 \cdot 10^{-3}$	$9,87 \cdot 10^{-6}$	$1,02 \cdot 10^{-5}$
1 bar =	10^5	1	10^{-3}	750	0,987	1,02
1 mbar =	10^2	10^{-3}	1	0,75	$0,987 \cdot 10^{-3}$	$1,02 \cdot 10^{-3}$
1 Torr =	133	$1,33 \cdot 10^{-3}$	1,33	1	$1,32 \cdot 10^{-3}$	$1,36 \cdot 10^{-3}$
1 atm =	101330	1,0133	1013,3	760	1	1,033
$1 \text{ at} = 1 \frac{\text{kp}}{\text{cm}^2} =$	98100	0,981	981	736	0,968	1

Druck herrscht. Die Druckknoten befinden sich dabei an den Stellen, an denen die Teilchen des Gases ständig mit maximaler Amplitude schwingen, also an den ↑ Bewegungsbäuchen.

Druckkoeffizient (*Spannungskoeffizient*), Formelzeichen γ, die auf den Druck bei 0°C bezogene Druckänderung, die ein ideales Gas erfährt, wenn seine Temperatur bei konstant gehaltenem Volumen um 1K (= 1°C) verändert wird. Der Wert des Druckkoeffizienten ist:

$$\gamma = \frac{1}{273,15K}$$

(↑ auch Amontonssches Gesetz).

Druckkraft, die durch einen Druck *p* auf eine Fläche der Größe *A* ausgeübte Kraft *F*. Für ihren Betrag gilt:

$$F = p \cdot A.$$

Die Kraftrichtung steht dabei senkrecht auf der Ebene.

Dualismus *von Welle und Korpuskel* (*Welle-Teilchen-Dualismus*), Bezeichnung für die Erscheinung, daß mikrophysikalische Objekte je nach Art der Beobachtung bzw. des vorliegenden Experimentes sich einmal als Teilchen, ein andermal als Welle verhalten. Die Interferenzversuche mit Licht lassen sich nur deuten und mathematisch berechnen, wenn man annimmt, daß das Licht sich wie eine Welle mit bestimmter Wellenlänge λ, Ausbreitungsgeschwindigkeit und Amplitude verhält. Mit dieser *modellmäßigen* Wellenvorstellung, dem sogenannten *Wellenbild* oder der sogenannten *Wellentheorie* vom Licht, kann man jedoch nicht alle physikalischen Erscheinungen erklären, die mit dem Licht zusammenhängen. Einige experimentelle Ergebnisse stehen sogar im Widerspruch zum Wellenbild. So würde z.B. beim ↑ Photoeffekt die zur Auslösung eines Photoelektrons

benötigte Energie durch Absorption erst nach einigen Minuten zur Verfügung stehen, wenn man das Wellenbild zugrunde legt. Dies steht in krassem Widerspruch zur sofortigen Freisetzung eines Photoelektrons (sofern das Licht überhaupt dazu in der Lage ist). Auch die beim ↑ Comptoneffekt beobachtete Wellenlängenänderung hätte nach der Wellentheorie nicht auftreten dürfen, vielmehr hätte man eine Verringerung der Amplitude zu erwarten. Der Photoeffekt und der Comptoneffekt sowie andere experimentelle Befunde zeigen, daß die Wellenvorstellung vom Licht und allgemein von elektromagnetischer Strahlung versagt, wenn man Vorgänge bei der „Entstehung" (↑ Emission) und „Vernichtung" (↑ Absorption) von Strahlung bzw. allgemein die Wechselwirkung des Lichts mit Materie betrachtet. Die experimentellen Ergebnisse führten zu einer mit dem Wellenbild unvereinbaren neuen Modellvorstellung vom Licht, dem sogenannten *Teilchenbild* oder der sogenannten *Korpuskularvorstellung*, nach der ein Lichtstrahl der Wellenlänge λ (Frequenz *f*) aus sogenannten *Photonen* (*Lichtteilchen, Lichtkorpuskel, Lichtquanten*) besteht. Die Photonen bewegen sich mit Lichtgeschwindigkeit *c*. Sie besitzen die Energie $h \cdot f$ (*h* Plancksches Wirkungsquantum) den Impuls vom Betrag $p = h/\lambda$ und die Masse

$$m = \frac{h \cdot f}{c^2}$$ (↑ Einsteinsche Gleichung).

Zur Beschreibung aller physikalischen Vorgänge bei der Entstehung, Ausbreitung, Interferenz, Wechselwirkung mit Materie und schließlich Vernichtung des Lichtes benötigt man also zwei miteinander nicht in Einklang zu bringende *Modelle*. Diesen Sachverhalt bezeichnet man als *Dualismus von Welle und Korpuskel*. Ganz allgemein liegt dieser Dualismus bei allen mikrophysikalischen Objekten bzw. Strahlenbündeln von atomaren Teilchen vor. So verhalten sich z.B. Elektronen der Neutronen beim Durchgang durch Kristallgitter wie Wellenstrahlung (↑ Materiewelle), d.h. es treten Interferenz- und Beugungserscheinungen auf.

Duane-Huntsches-Gesetz, die von W. Duane und F.L. Hunt 1915 für Röntgenspektren gefundene Gesetzmäßigkeit: Das kontinuierliche Röntgenspektrum bricht bei einer kürzesten Wellenlänge λ_{min} ab, die durch die Beziehung

$$\lambda_{min} \cdot U = const$$

gegeben ist, wobei U die an der Röntgenröhre anliegende Spannung und die Konstante weder von U noch von der Wellenlänge der Röntgenstrahlung abhängt. Dies erklärt sich aus dem Energieerhaltungssatz: Die maximale Energie der Röntgenquanten ist gleich der kinetischen Energie der sie erzeugenden Elektronen, d.h. $h \cdot f_{max} = e \cdot U$ (h Plancksches Wirkungsquantum, f_{max} maximale Frequenz, U Beschleunigungsspannung, die die Elektronen durchlaufen, e Elektronenladung). Mit $\lambda_{min} \cdot f_{max} = c$ (c Vakuumlichtgeschwindigkeit) erhält man $h \cdot c/\lambda_{min} = e \cdot U$ oder umgeformt

$$\lambda_{min} \cdot U = \frac{h \cdot c}{e} .$$

Die Konstante $h \cdot c/e$ hat dabei den Wert $12,346 \cdot 10^{-7}$ Vm (↑ Röntgenstrahlen).

Durchgriff, Formelzeichen D, bei einer ↑ Triode Maß dafür, mit welchem Bruchteil die Anodenspannung U_a auf den Anodenstrom J_a bei einer Gitterspannung U_g einwirkt. Insgesamt hängt I_a also von der Spannung $U = U_g + DU_a$ ab. Soll I_a konstant bleiben, so hat eine Erniedrigung der Gitterspannung um ΔU_g (im geradlinigen Teil der I_a-U_g-Kennlinien) eine Erhöhung der Ano-

denspannung um $\Delta U_a = \Delta U_g/D$ zur Folge.

Somit gilt im geradlinigen Teil des Kennlinienfeldes:

$$D = \frac{\Delta U_g}{\Delta U_a} \quad \text{mit } I_a = const.$$

Allgemein gilt für den Durchgriff:

$$D = \frac{\partial U_g}{\partial U_a} \quad \text{mit } I_a = const.$$

Dyn (dyn), für eine Übergangsfrist bis 31.12.1977 noch zugelassene Einheit der ↑ Kraft. *Festlegung*: 1 dyn ist gleich der Kraft, die einer Masse von 1 Gramm (g) die Beschleunigung 1 cm/s^2 erteilt:

$$1 \text{ dyn} = 1 \frac{\text{g cm}}{\text{s}^2} .$$

Mit dem *Newton* (N), der *SI-Einheit* der Kraft hängt das Dyn wie folgt zusammen:

$$1 \text{ dyn} = 10^{-5} \text{ N} = \frac{1}{100\,000} \text{ N}$$

bzw.

$$1 \text{ N} = 100\,000 \text{ dyn}$$

Dynamik, Teilgebiet der Mechanik, in dem der Zusammenhang zwischen Kräften und den durch sie verursachten Bewegungszuständen untersucht wird. Grundlage der Dynamik ist das 2. ↑ *Newtonsche Axiom* (dynamisches Grundgesetz):

$$\vec{F} = m \vec{a}$$

(Kraft ist gleich Masse mal ↑ Beschleunigung) bzw.

$$\vec{F} = \frac{d(m\vec{v})}{dt}$$

(Kraft ist gleich der zeitlichen Änderung der Bewegungsgröße).

Dynamometer (*Federwaage*), Kraftmesser, bei dem die durch die zu messende Kraft hervorgerufenen Verformung eines elastischen Körpers als Maß für den Betrag dieser Kraft herangezogen wird.

Im einfachsten Fall besteht das Dynamometer aus einer Schraubenfeder, die dem ↑ Hookeschen Gesetz gehorcht, bei der also die Längenänderung dem Betrag der einwirkenden Kraft direkt proportional ist.

E

Echo (*Widerhall*), Schallreflexion, bei der der reflektierte Schall getrennt vom Originalschall wahrnehmbar ist. Das menschliche Ohr vermag zwei Schallereignisse (z.B. zwei Pistolenschüsse) nur dann als getrennt voneinander zu erkennen, wenn zwischen beiden ein zeitlicher Unterschied von mindestens 1/10 Sekunde besteht. Da sich der Schall in Luft mit einer Geschwindigkeit von etwa 340 m/s ausbreitet, legt er in dieser Zeit 34 m zurück. Der Abstand zwischen Schallquelle und dem reflektierenden Hindernis muß deshalb mindestens 34 m:2 = 17 m betragen, damit ein Echo zustande kommt (↑ Nachhall).

Echolot, eine auf der ↑ Reflexion von Schallwellen beruhende Vorrichtung zur Messung von Meerestiefen (Abb.69).

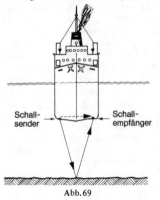

Schall-sender   Schall-empfänger

Abb. 69

Von einer am Schiffsrumpf angebrachten Schallquelle aus wird ein kurzer, kräftiger Schallimpuls in Richtung Meeresboden gesendet, dessen Echo auf einen ebenfalls am Schiffsrumpf befindlichen Schallempfänger trifft. Die Laufzeit (Δt) des Schallimpulses, d.h.

die Zeit, die er für den Weg zum Meeresboden und zurück benötigt, wird mit einem Kurzzeitmesser gemessen. Bei bekannter Ausbreitungsgeschwindigkeit des Schalls im Wasser (c_w) läßt sich dann die Wassertiefe (h) bestimmen aus der Beziehung

$$h = \frac{c_w \cdot \Delta t}{2}.$$

eichen, 1. allgemein: durch Vergleich mit bereits bekannten Werten die Abhängigkeit des Ausschlags eines Meßgerätes von der zu messenden Größe bestimmen; 2. speziell: Maße und Meßgeräte, die im öffentlichen Bereich verwendet werden, mit den Normalen der Eichbehörden abstimmen.

Eigenfrequenz, diejenige Frequenz, mit der ein durch einen einmaligen Anstoß zum Schwingen erregtes und dann sich selbst überlassenes schwingungsfähiges System schwingt, die Frequenz also, mit der die Eigenschwingungen erfolgen. In der Regel besitzt ein schwingungsfähiges System mehrere Eigenfrequenzen. Die Eigenfrequenz des ebenen mathematischen Pendels beträgt

$$f_0 = \frac{1}{2\pi} \sqrt{\frac{g}{l}}$$

(g Schwerebeschleunigung, l Pendellänge), die eines Federpendels

$$f_0 = \frac{1}{2\pi} \sqrt{\frac{D}{m}}$$

(D Federkonstante, m Masse des schwingenden Massenpunkts) (↑ Saite).

Eigenschwingung, die ↑ Schwingung, die ein schwingungsfähiges Gebilde ausführt, wenn man es nach einem einmaligen Anstoß sich selbst überläßt. Die Frequenz der Eigenschwingung wird als

Eigenfrequenz bezeichnet. Die Eigenschwingung ist stets eine gedämpfte Schwingung. Ein System kann verschiedene Eigenschwingungen haben, nämlich eine *Grundschwingung* und deren *Oberschwingungen* (Moden) (↑ Saite).

Einfache Maschinen, die Grundformen physikalischer Maschinen.

Maschinen im physikalischen Sinne sind Vorrichtungen, mit deren Hilfe Angriffspunkt, Größe oder Richtung einer Kraft geändert werden können. Sinn dieser Änderung ist es, einer gegebenen Kraft die für eine bestimmte Arbeitsverrichtung zweckmäßigste Form zu geben.

Die Grundformen, auf die sich jede Maschine zurückführen läßt, heißen *einfache Maschinen.* Zu ihnen gehören ↑ Rolle, ↑ Hebel, ↑ schiefe Ebene, ↑ Schraube, ↑ Keil und ↑ hydraulische Presse. Alle diese einfachen Maschinen dienen dazu, in der Arbeitsgleichung $W = F \cdot s \cdot \cos \alpha$ (↑ Arbeit) die drei Faktoren der rechten Seite zu ändern, ohne daß sich der Wert des Produktes selbst dabei ändert. Im Gleichgewichtszustand und bei Vernachlässigung der Reibung gilt für den Fall, daß die Maschine eine kleine Bewegungsänderung ausführt, durch die sich die Angriffspunkte aller Kräfte um den Weg Δs verschieben, die Gleichung $\Sigma F_s \cdot \Delta s = 0$, wobei F_s die Kraftkomponenten in Richtung des Weges sind (*Prinzip der virtuellen Verrückung*). Daraus folgt aber, daß durch Anwendung einer Maschine keine Arbeit gewonnen werden kann. In der Formulierung von *Galilei* (1564 - 1642) lautet diese sogenannte *goldene Regel der Mechanik:* „Was an Kraft gespart wird, muß am Weg zugesetzt werden". Im Falle fehlender Reibung ist diese Regel äquivalent dem *Erhaltungssatz der Energie.* In Wirklichkeit ist die aufzuwendende Arbeit jedoch größer als die von der Maschine verrichtete Arbeit, da stets Reibungs- kräfte auftreten. Dabei wird ein Teil der Arbeit in Wärmeenergie umgewandelt und ist dadurch nicht mehr nutzbar.

Einfallslot, die Senkrechte in dem Punkt einer spiegelnden oder brechenden Fläche (z.B. eines ↑ Hohlspiegels oder einer ↑ Linse), auf den ein Lichtstrahl trifft.

Einfallswinkel, der Winkel, den ein auf eine spiegelnde oder brechende Fläche (z.B. auf einen Hohlspiegel oder auf eine Linse) fallender Lichtstrahl mit der Senkrechten zu dieser Fläche in seinem Auftreffpunkt (*Einfallslot*) bildet.

Einheit (*physikalische Einheit*), der quantitativen Messung einer physikalischen Größe dienende Vergleichsgröße derselben Größenart von festem, reproduzierbarem Betrag. Der Betrag der Einheit ist prinzipiell frei wählbar, doch werden aus Zweckmäßigkeitsgründen nur die Einheiten der Grundgrößenarten, die *Grundeinheiten* (*Basiseinheiten*), so festgelegt; für die übrigen Größen lassen sich dann aus diesen Grundeinheiten Einheiten über die Definitionsgleichungen dieser abgeleiteten Größenarten definieren. Den Zusammenhang zwischen solchen *abgeleiteten Einheiten* und gegebenenfalls bestehenden frei gewählten Einheiten für dieselbe Größenart geben Einheitengleichungen (die allgemein die Beziehungen zwischen Einheiten angeben). Die Gesamtheit aller Einheiten für die Größenarten eines Gebietes der Physik bezeichnet man als *Einheitensystem.* Einheitensysteme aus Grundeinheiten und abgeleiteten Einheiten bilden abgestimmte oder kohärente Einheitensysteme. – Zusammenstellung der wichtigsten physikalischen Einheiten ↑ Größen. Durch die folgenden Vorsilben vor den Namen der jeweiligen Einheit können dezimale Vielfache und dezimale Teile der betreffenden Einheiten gebildet werden.

1) Dezimale Vielfache:

Vorsilbe	Abkürzung	Bedeutung
Tera-	T	1 000 000 000 000- bzw. 10^{12}-faches
Giga-	G	1 000 000 000- bzw. 10^9-faches
Mega-	M	1 000 000- bzw. 10^6-faches
Kilo-	k	1 000- bzw. 10^3-faches
Hekto-	h	100- bzw. 10^2-faches
Deka-	da	10-faches

2) Dezimale Teile:

Vorsilbe	Abkürzung	Bedeutung
Dezi-	d	0,1- bzw. 10^{-1}faches
Zenti-	c	0,01- bzw. 10^{-2}faches
Milli-	m	0,001- bzw. 10^{-3}-faches
Mikro-	μ	0,000 001- bzw. 10^{-6}-faches
Nano-	n	0,000 000 001- bzw. 10^{-9}-faches
Piko-	p	0,000 000 000 001- bzw. 10^{-12}-faches
Femto-	f	0,000 000 000 000 001- bzw. 10^{-15}-faches

Es darf jeweils nicht mehr als *ein* Vorsatz verwendet werden!

Einheitengleichung, eine Gleichung, durch welche eine physikalische Einheit auf die Ausgangseinheiten des betreffenden Einheitensystems bzw. auf schon vorher daraus abgeleitete Einheiten zurückgeführt wird. Beispiele für Einheitengleichungen:

$$1 \text{ Watt} = \frac{1 \text{ Newton} \cdot 1 \text{ Meter}}{1 \text{ Sekunde}}$$

$$\left(1 \text{ W} = 1 \frac{\text{Nm}}{\text{s}} \right)$$

1 Coulomb = 1 Ampere · 1 Sekunde

(1C = 1 As).

Einheitensysteme, Systeme von Einheiten für physikalische Größenarten zur quantitativen, einfachen Formulierung der Naturgesetze. Grundsätzlich kann man für jede Größenart (↑ Größe) eine Einheit in irgendeiner Weise einführen, die Beschreibung des Naturgeschehens wird dann jedoch wegen der nur empirisch festzustellenden Proportionalitätsfaktoren in den Gleichungen für die abgeleiteten Größenarten oft unhandlich. Ein *kohärentes Einheitensystem* hat den Vorteil, daß sich die Einheiten der einzelnen Größenarten in ihm genauso aus den *Basiseinheiten* (den Einheiten für die Grundgrößenarten) ergeben, wie die Größenarten selbst sich aus den Grundgrößenarten bestimmen. Die Basiseinheiten sind vorgebbar, damit sind alle abgeleiteten Einheiten festgelegt: Man erhält die Einheit einer Größenart durch formales Ersetzen der Dimensionen der Grundgrößenarten durch die entsprechenden Basiseinheiten im Dimensionsprodukt der betreffenden Größenart. Einheiten, die z.B. aus meßtechnischen Gründen eingeführt sind und die sich von der Einheit eines kohärenten Systems durch einen Zahlenfaktor unterscheiden, bezeichnet man als *nichtkohärent, systemfremd* oder *systemfrei*.

Das *Internationale Einheitensystem* (Système International d'Unités, Abk. SI), das durch das Gesetz über Einheiten im Meßwesen vom 2. Juli 1969 verbindlich vorgeschrieben wurde, enthält sechs Basiseinheiten für die folgenden Grundgrößenarten (Kurzzeichen der Einheiten in Klammern): Für die Länge das Meter (m), für die Masse das Kilogramm (kg), für die Zeit die Sekunde (s), für die elektrische Stromstärke das Ampere (A), für die Lichtstärke die Candela (cd) und für die thermodynamische Temperatur den Grad Kelvin (K). Seine kohärenten Einheiten bezeichnet man als *SI-Einheiten*. Aus den Teilsystemen des Internationalen Einheitensystems (für den Bereich der Mechanik das *MKS-System* mit den Basiseinheiten m, kg und s, für den Bereich der Elektrodynamik [in vierdimensionaler Einführung] das *MKSA-* oder *Giorgi-System* mit den Basiseinheiten m, kg, s und A) haben folgende Einheiten eigene Namen erhalten: Die Einheit der Energie (Joule), der Kraft (Newton), der Leistung (Watt), der Ladung (Coulomb), der Spannung (Volt), des Widerstandes (Ohm), des Leitwerts (Siemens), der Kapazität (Farad), der Induktivität (Henry), des magnetischen Flusses (Weber), der Induktion (Tesla).

Ferner verwendet man in der Strahlungslehre eigene Namen für die Einheit des Lichtstroms: Lumen (lm), 1 lm = 1 cd sr und für die Einheit der Beleuchtungsstärke: Lux (lx), 1 lx = = 1 cd sr m^{-2} (sr bezeichnet die Einheit der geometrischen Verhältnisgröße „räumlicher Winkel", ↑ Steradiant).

Einsatzspannung, bei Auslösezählrohren diejenige elektrische Spannung, oberhalb der alle Impulse unabhängig von der Größe der ↑ Primärionisation den gleichen Betrag erreichen, so daß das Zählrohr als reiner Nachweisdetektor arbeitet. Bei der Einsatzspannung beginnt das *Plateau* eines Zählrohres. Ihr Wert ist abhängig von der Zählrohrgeometrie, der Gasart und dem Gasdruck des Füllgases.

Einschwingvorgang, Bezeichnung für den Verlauf einer ↑ erzwungenen Schwingung vom Beginn der Erregung bis zur Herausbildung eines stationären Schwingungszustandes. Die Dauer des Einschwingvorgangs wird als *Einschwingzeit* bezeichnet.

Einsteinsche Gleichung, Bezeichnung sowohl für die Gleichung

$$W = m \cdot c^2$$

als auch für die Gleichung

$$W = h \cdot f$$

Die *erste* Gleichung wurde von *A. Einstein* in der speziellen ↑ Relativitätstheorie aufgestellt und bringt die *Äquivalenz* von Masse *m* und Energie *W* zum Ausdruck (*c* Vakuumlichtgeschwindigkeit). Die *zweite* Gleichung gibt den Zusammenhang zwischen der Frequenz *f* einer (elektromagnetischen) Strahlung und der Energie *W* ihrer Quanten (↑ Photonen) wieder (*h* Plancksches Wirkungsquantum).

Eispunkt, die Gleichgewichtstemperatur zwischen Eis und luftgesättigtem Wasser bei einem Druck von 1 atm = = 760 Torr = 101 325 Pa. Ihr Wert beträgt 0,02°C = 273,17 K.

elastisch heißt die Verformung eines Körpers durch äußere Kräfte, wenn er durch sie keine bleibende Änderung seiner Form erfährt. Bei der elastischen Verformung nimmt also der Körper seine ursprüngliche Form wieder an, sobald die Wirkung der verformenden äußeren Kräfte aufhört (↑ plastisch).

elastischer Stoß, ein ↑ Stoß, bei dem die während des Stoßvorganges erfolgende Verformung der sich stoßenden Körper nach dem Stoß vollständig rückgängig gemacht wird. Beim elastischen Stoß bleiben sowohl die gesamte *mechanische Energie* als auch die Summe der ↑ *Bewegungsgrößen* aller am Stoß beteiligten Körper konstant.

elektrische Feldstärke, Formelzeichen $\vec{E}$, Maß für die Stärke eines elektrischen ↑ Feldes. Sie ist definiert durch die Kraft $\vec{F}$, die auf eine Ladung *Q* ausgeübt wird:

$$\vec{F} = Q \cdot \vec{E}.$$

elektrische Influenz, Ladungstrennung in einem metallischen Leiter unter dem

Einfluß eines elektrischen Felds. Bringt man einen metallischen Leiter in ein elektrisches Feld, so werden seine freien Elektronen durch die Kraft $F = eE$ (e Elementarladung; E Betrag der elektrischen Feldstärke) so weit verschoben, daß im Innern des Metalls das äußere elektrische Feld vom entstehenden inneren Gegenfeld in seiner Wirkung aufgehoben wird (Abb. 70).

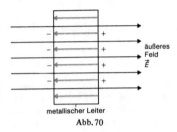

metallischer Leiter
Abb. 70

Beispiel für den Vorgang der elektrischen Influenz: Zwei isoliert gehaltene Metallplatten werden gemäß Abb. 71 in das elektrische Feld eines ↑ Plattenkondensators gebracht. Auf Grund der elektrischen Influenz laden sich die bei-

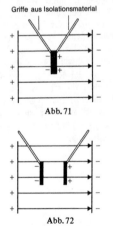

Griffe aus Isolationsmaterial

Abb. 71

Abb. 72

den Platten auf. Trennt man sie nun (Abb. 72) und nimmt sie anschließend

aus dem elektrischen Feld des Plattenkondensators, dann besitzt die Platte, die dem negativ geladenen Teil des Kondensators gegenüberstand, die positive Ladung Q, die Platte, die dem positiv geladenen Teil des Kondensators gegenüberstand, die negative Ladung $-Q$.

elektrische Klingel, eine durch einen ↑ Elektromagneten betriebene Klingel. Über einem Elektromagneten befindet sich eine als *Anker* bezeichnete Stahlfeder, an der im Bereich des Magneten ein Stück Weicheisen befestigt ist. Am Ende der Feder ist ein Klöppel angebracht, der eine Glocke anschlagen kann. Der Elektromagnet ist einerseits über einen Kontaktstift und andererseits über einen Schalter mit einer Stromquelle verbunden. Fließt Strom in diesem Kreis, so bewirkt die stromdurchflossene Spule des Elektromagneten eine Anziehung des Ankers an den Magneten und damit eine Unterbrechung des Leiterkreises am Kontaktstift. Gleichzeitig schlägt der Klöppel an die Klingel. Wegen der Unterbrechung des Stromes verliert der Elektromagnet seine Wirkung und läßt den Anker wieder los. Dieser wird durch eine Feder wieder in die Ausgangslage zurückgezogen und der Vorgang beginnt von neuem (↑ Wagnerscher Hammer).

elektrischer Fluß (*dielektrischer Verschiebungsfluß*, *elektrischer Kraftfluß*), Formelzeichen ψ, Bezeichnung für das Flächenintegral der elektrischen ↑ Verschiebungsdichte $\vec{D}$, die eine orientierte Fläche A durchsetzt:

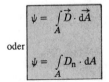

oder

$$\psi = \int_A \vec{D} \cdot d\vec{A}$$

$$\psi = \int_A D_n \cdot dA$$

93

Mit Hilfe von $\vec{D} = \epsilon_r \cdot \epsilon_0 \cdot \vec{E}$ erhält man

$$\psi = \epsilon_r \cdot \epsilon_0 \int_A \vec{E} \, dA$$

($\vec{E}$ elektrische Feldstärke, ϵ_r relative Dielektrizitätskonstante des betreffenden Mediums, ϵ_0 Dielektrizitätskonstante des Vakuums).
Als Einheit für den elektrischen Fluß erhält man die Ladungseinheit 1 Coulomb. Es gilt: Der elektrische Fluß durch eine beliebige *geschlossene* Fläche ist gleich der von der Fläche eingeschlossenen Gesamtladung Q:

$$Q = \oint_A \vec{D} \, d\vec{A}.$$

Insbesondere ist also der elektrische Fluß durch eine geschlossene Fläche Null Coulomb, wenn die Fläche keine Ladung einschließt.
Bisweilen wird auch nur das Flächenintegral $\int_A \vec{E} \, d\vec{A}$ als elektrischer Fluß bezeichnet.

Das Integral $\oint_A \vec{E} \, d\vec{A}$ über eine *geschlossene* Fläche A heißt *elektrische Quellstärke*. Der Quotient aus der elektrischen Quellstärke und dem von der geschlossenen Fläche eingeschlossenen Volumen wird als *Quelldichte* bezeichnet.

elektrischer Leiter, ein Stoff oder Körper, der im Gegensatz zu einem ↑ Isolator den elektrischen Strom verhältnismäßig gut leitet (dessen spezifischer elektrischer Widerstand also sehr viel kleiner als $10^6 \, \Omega m$ ist). Erfolgt der Transport der Ladungen in Form von Elektronen, so spricht man von *Elektronenleitern*. Zu ihnen zählen vor allem die Metalle. Werden die Ladungen in Form von ↑ Ionen transportiert, so bezeichnet man die Leiter als *Ionenleiter* (↑ Elektrizitätsleitung).

elektrisches Erdfeld, das zwischen Erde und Atmosphäre bestehende elektrische ↑ Feld. Das Feld ist zur Erde gerichtet, so daß diese Träger der negativen Ladung ist, während sich die positive Ladung auf zahllosen, dem Auge unsichtbaren Trägern in der Atmosphäre befindet. In Erdnähe ergibt sich für die Feldstärke etwa ein Mittelwert von 130 V/m. In größeren Höhen nimmt sie ab.

elektrisches Moment, physikalische Größe, die zur Beschreibung elektrischer Erscheinungen dient. Die Atome bzw. Moleküle von Isolatoren besitzen entweder von Natur aus ein elektrisches Dipolmoment oder sie erhalten eines beim Einbringen in ein elektrisches Feld. Addiert man nun vektoriell alle diese elektrischen Dipolmomente einer Substanz, so erhält man eine vektorielle physikalische Größe $\vec{P}$, die das elektrische Verhalten der Substanz charakterisiert. Man bezeichnet sie als *elektrisches Moment*, ihre *SI-Einheit* ist 1 Asm = 1 Cm.

elektrisches Potential, eine skalare ortsabhängige Größe zur Beschreibung des elektrischen ↑ Feldes. Wenn in einem elektrischen Feld eine positive Ladung Q von einem Punkt P_1 zu einem von P_1 verschiedenen Punkt P_2 gebracht wird, so muß dazu entweder die Arbeit $W_{P_1 P_2}$ aufgebracht werden oder (abhängig von der Richtung der elektrischen Feldstärke E) diese Arbeit wird frei. In jedem Punkt des elektrischen Feldes wirkt auf die positive Ladung Q die Kraft $\vec{F} = Q \cdot \vec{E}$. Für die Arbeit $W_{P_1 P_2}$ gilt daher

$$W_{P_1 P_2} = \int_{P_1}^{P_2} \vec{F} \cdot d\vec{s}$$

oder

$$W_{P_1 P_2} = Q \int_{P_1}^{P_2} \vec{E} \cdot d\vec{s}.$$

Den Quotienten aus $W_{P_1 P_2}$ und der

Ladung Q bezeichnet man als *elektrisches Potential* φ.

$$\varphi = \frac{W_{P_1 P_2}}{Q} = \int_{P_1}^{P_2} \vec{E} \cdot \vec{ds} \, .$$

Als Einheit für das elektrische Potential ergibt sich somit 1 Joule/Coulomb = = 1 VAs/As = 1 V. Wählt man nun einen festen willkürlichen Ausgangspunkt P_0, so kann man jedem beliebigen Raumpunkt P das elektrische Potential zuordnen.

$$\varphi_P = \int_{P_0}^{P} \vec{E} \cdot \vec{ds}$$

Für zwei verschiedene Punkte P_1 und P_2 erhält man somit:

$$\varphi_{P_1} = \frac{W_{P_0 P_1}}{Q} = \int_{P_0}^{P_1} \vec{E} \cdot \vec{ds} \quad \text{und}$$

$$\varphi_{P_2} = \frac{W_{P_0 P_2}}{Q} = \int_{P_0}^{P_2} \vec{E} \cdot \vec{ds}.$$

Für die Differenz P_0 ergibt sich:

$$\varphi_{P_2} - \varphi_{P_1} = \int_{P_0}^{P_2} \vec{E} \, \vec{ds} - \int_{P_0}^{P_1} \vec{E} \, \vec{ds}$$

$$= \int_{P_1}^{P_2} \vec{E} \, \vec{ds}$$

und wegen

$$\frac{W_{P_1 P_2}}{Q} = \int_{P_1}^{P_2} \vec{E} \, \vec{ds}$$

erhält man

$$\varphi_{P_2} - \varphi_{P_1} = \frac{W_{P_1 P_2}}{Q}$$

oder

$$W_{P_1 P_2} = (\bar{\varphi}_{P_2} - \varphi_{P_1}) \cdot Q$$

Die Arbeit $W_{P_1 P_2}$, die man aufbringen muß (bzw. gewinnt) um die positive Ladung Q vom Punkt P_1 nach P_2 zu bringen ist also nur von Q selbst und der Potentialdifferenz abhängig. Die Wahl des Potential-Nullpunktes spielt hierfür keine Rolle; er ist daher für den Potentialbegriff von untergeordneter Bedeutung. Die Potentialdifferenz $\varphi_{P_2} - \varphi_{P_1}$ bezeichnet man als elektrische ↑ Spannung zwischen P_1 und P_2.

elektrische Verschiebungsdichte, *elektrische Flußdichte, (di)elektrische Verschiebung*), Bezeichnung für die im isotropen Medien der elektrischen Feldstärke $\vec{E}$ gleichgerichtete und ihr proportionale vektorielle elektrische Feldgröße $\vec{D}$, deren Quellen die wahren Ladungen sind. Es gilt

$$\vec{D} = \epsilon_r \cdot \epsilon_0 \cdot \vec{E} \, .$$

(ϵ_r relative Dielektrizitätskonstante, ϵ_0 elektrische Feldkonstante).
Die elektrische Verschiebung ist eine *vektorielle* Größe. *SI-Einheit* der elektrischen Verschiebung ist das Coulomb durch Quadratmeter (C m^{-2}). 1 Coulomb durch Quadratmeter ist gleich der elektrischen Flußdichte oder Verschiebung in einem Plattenkondensator, dessen beide im Vakuum parallel zueinander angeordnete, unendlich ausgedehnte Platten je Fläche 1 m^2 gleichmäßig mit der Elektrizitätsmenge 1 C aufgeladen wären.

Elektrisierung, 1. Bezeichnung für elektrische Aufladung eines Körpers durch Reibung oder ↑ Influenz,
2. anderes Wort für ↑ Polarisation.

Elektrizitätsleitung, Transport von elektrischen Ladungen in einem Medium. Man unterscheidet die Elektrizitätsleitung in *Festkörpern*, in *Flüssigkeiten* und in *Gasen*.

1) *Elektrizitätsleitung in Feststoffen*

Bei der Elektrizitätsleitung in Feststoffen hat man zu unterscheiden zwischen der *metallischen Leitung* und der *Leitung in Halbleitern*.

a) *Metallische Leitung*

Die gute Leitfähigkeit der Metalle beruht auf der Existenz von *freibeweglichen Elektronen*, von Elektronen also, die zu keinem bestimmten Atom gehören, und die deshalb durch elektrische Kräfte leicht verschoben werden können. Unter dem Einfluß eines elektrischen Feldes ist somit in Metallen ein Ladungstransport sehr leicht möglich.
sehr leicht möglich.

Bringt man ein Metall in ein homogenes elektrisches Feld mit der Feldstärke $\vec{E}$, so wirkt auf jedes Elektron die Kraft $\vec{F} = e\,\vec{E}$, wobei e die elektrische Elementarladung bedeutet. Diese Kraft allein würde bei den Elektronen eine *gleichförmig beschleunigte* Bewegung hervorrufen, d.h. die Geschwindigkeit der Elektronen würde proportional mit der Zeit t anwachsen. Dies jedoch wird durch eine auf die Elektronen wirkende Reibungskraft (*Elektronenreibung*) verhindert. Die Elektronen bewegen sich deshalb unter dem Einfluß des elektrischen Feldes mit einer *konstanten* Geschwindigkeit, der sog. *Driftgeschwindigkeit*. Abb. 73 zeigt einen Me-

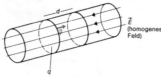

$\vec{E}$ (homogenes Feld)

Abb. 73

talldraht, mit dem Querschnitt q, an dem eine Spannung U anliegt und in dessen Innern somit ein homogenes Feld E wirksam wird. Bezeichnet man den Betrag der Driftgeschwindigkeit der Elektronen mit v, so legen sie in der Zeit Δt den Weg $d = v\Delta t$ zurück. Alle Elektronen, die sich in einer Entfernung d' mit $d' \leq d$ von der Quer-

schnittsfläche q, befinden, wandern deshalb im Verlauf dieser Zeit durch q, das sind alle Elektronen innerhalb des durch q und d bestimmten Zylinders. Bezeichnet man die Anzahl der Elektronen pro Volumeneinheit mit n, so erhält man für die Zahl z der in der Zeit Δt durch den Querschnitt q wandernden Elektronen die Beziehung $z = n \cdot q \cdot d$. Für d gilt $d = v\Delta t$. Durch Einsetzen erhält man

$$z = n \cdot q \cdot v\Delta t.$$

Der Betrag der Driftgeschwindigkeit v und der Betrag der Feldstärke E sind einander proportional: $v \sim E$. Dies ist äquivalent mit:

$$\frac{v}{E} = \overline{v} = \text{konst.}$$

Die Konstante $\overline{v}$ nennt man die Beweglichkeit der Elektronen. *SI-Einheit* der Elektronenbeweglichkeit: $1\ \mathrm{m^2/Vs}$. Durch Einsetzen von v ergibt sich:

$$z = n\,q\,\overline{v} \cdot E\Delta t.$$

Die an einem Leiter der Länge l angelegte Spannung U steht mit dem Betrag der elektrischen Feldstärke E in folgendem Zusammenhang: $E = U/l$. Mit dieser Beziehung erhält man:

$$z = n\,q\,\overline{v}\,\frac{U}{l}\,\Delta t.$$

Für die während der Zeit Δt konstante Stromstärke I in einem Leiter gilt:

$$I = \frac{\Delta Q}{\Delta t}$$

(ΔQ ist dabei die Ladung, die in der Zeit Δt durch den Querschnitt q fließt). Da jedes Elektron die Elementarladung e trägt und für in der Zeit Δt gerade z Elektronen durch den Querschnitt q wandern, erhält man:

$$I = \frac{z \cdot e}{\Delta t} = \frac{e\,n\,q\,\overline{v}\,U}{l}$$

bzw.

$$U = I \frac{l}{n e q \overline{v}}$$

Da $l / n e q \overline{v}$ eine nur von der Temperatur T abhängige Konstante ist (die Beweglichkeit $\overline{v}$ der Elektronen ist temperaturabhängig!), ergibt sich

$$\frac{U}{I} = \text{konstant.}$$

Das experimentell hergeleitete ↑ Ohmsche Gesetz: $U = I\, R$ (R Widerstand des Metalldrahts) bedeutet eine Bestätigung für die oben angestellten theoretischen Überlegungen und man erhält

$$R = \frac{l}{e n q \overline{v}}.$$

Wenn pro Volumeneinheit gleich viel freie Atome wie Elektronen vorhanden sind, ergibt sich für die Elektronendichte n

$$n = \frac{\text{Loschmidtsche Zahl}}{\text{Molvolumen}}.$$

Die Elementarladung e eines Elektrons beträgt $e = 1{,}6 \cdot 10^{-19}$ As. ρ läßt sich experimentell bestimmen. Somit kann $\overline{v}$ berechnet werden; für Kupfer ergibt sich: $\overline{v} = 43 \cdot 10^{-4}$ m^2/Vs. Bei einer Feldstärke E von 0,1 V/m ergibt sich für die Geschwindigkeit v der Elektronen

$$v = 4{,}3 \cdot 10^{-4} \frac{m}{s}.$$

Die große Geschwindigkeit einer elektrischen Nachrichtenübertragung beruht also nicht auf der Geschwindigkeit der Elektronen, sondern auf der Ausbreitungsgeschwindigkeit des elektrischen Feldes.

Durch Einführen des *spezifischen Widerstands*

$$\rho = \frac{1}{\overline{v}\, e\, n}$$

erhält man

$$R = \rho\, \frac{l}{q}.$$

Der Widerstand hängt demnach nur von der Länge l, dem Querschnitt q und der (temperaturabhängigen) Materialkonstante ρ ab.

b) Elektrizitätsleitung in Halbleitern
Halbleiter sind Feststoffe mit einem spezifischen Widerstand, der unter Normalbedingungen etwa zwischen 10^{-1} und $10^3 \,\Omega$m liegt. Sie besitzen im Gegensatz zu Metallen keine freibeweglichen Elektronen, alle Elektronen sind an ein bestimmtes Atom gebunden. Deshalb sind Halbleiter bei hinreichend tiefen Temperaturen ↑ Isolatoren. Erhöht man nun die Temperatur des Halbleiters, so nimmt die kinetische Energie der Elektronen zu. Einige Elektronen sind dann in der Lage, sich von ihren Atomen zu lösen und sich analog den Elektronen in einem Metall zu bewegen. Diese freigewordenen Elektronen stehen beim Anlegen eines elektrischen Feldes für die Elektrizitätsleitung zur Verfügung. Hinzu kommt eine neue Erscheinung, die für Halbleiter charakteristisch ist. Konnte ein Elektron auf Grund seiner großen kinetischen Energie sein Atom verlassen, so läßt es ein positiv geladenes Ion zurück. Dieses ist bestrebt, seinen Elektronenbestand wieder zu vervollständigen. Das geschieht, indem es seinem Nachbaratom ein Elektron entreißt. Das Nachbaratom wird nun seinerseits positiv geladen, die positive Ladung wurde also verschoben. Unter dem Einfluß eines äußeren elektrischen Felds erfolgt diese Verschiebung in Richtung zur Kathode zu. Die positiven Ladungen nennt man *Löcher* oder *Defektelektronen*, ihre Wanderung nennt man *Löcherleitung*. Zwei typische Vertreter aus der Gruppe der Halbleiter sind *Germanium* und *Silizium*. Unter Normalbedingungen stehen für Germanium $1{,}3 \cdot 10^{13}$ Elektronen und ebensoviele

Löcher pro cm^3 zur Verfügung. Für Silizium sind es 7,7 · 10^9 Elektronen bzw. Löcher.

Die Halbleiter haben für die moderne Technik grundlegende Bedeutung. Für die Technik werden die Halbleiter präpariert. Man bringt meistens mittels ↑ Diffusion zwischen die Halbleiteratome Fremdatome. Dabei unterscheidet man zwei Fälle:

I. Fremdatome, die zwischen Halbleiteratomen spontan ein Elektron abspalten. Diese Elektronen stehen dann zusätzlich zu den freien Elektronen der Halbleiter für Leitungsvorgänge zur Verfügung. Auf solche Weise präparierte Halbleiter nennt man *n-Typ-Halbleiter*, die eingepflanzten Fremdatome *Donatoren*. Beispiele von *n*-Typ-Halbleitern sind Germanium mit Arsenatomen, Silizium mit Phosphoratomen.

II. Fremdatome, die sich beim Einbringen spontan ein Elektron von einem benachbarten Halbleiteratom aneignen. Damit erzeugen sie ein positiv geladenes Halbleiteratom, ein sogenanntes Loch. Die schon ursprünglich vorhandenen Löcher im Halbleiter werden auf diese Art vermehrt. So präparierte Halbleiter nennt man *p-Typ-Halbleiter*, die eingepflanzten Fremdatome *Akzeptoren*. Beispiele von *p*-Typ-Halbleitern sind Silizium mit Indiumatomen, Silizium mit Boratomen.

Zur *Anwendung* von Halbleitern ↑ Kristalldiode, ↑ Transistor, ↑ Photozelle.

2) Elektrizitätsleitung in Flüssigkeiten

Flüssigkeiten sind im allgemeinen ↑ Isolatoren; lediglich Lösungen und Schmelzen von Salzen, Basen und Säuren sind zu den elektrischen Leitern zu rechnen, man bezeichnet sie als *Elektrolyten*. Im Gegensatz zu den Metallen ist der Ladungstransport in Elektrolyten mit einer chemischen Zersetzung verbunden (*Elektrolyse*).

Bringt man in eine elektrolytische Lösung zwei mit den Polen einer Gleichspannungsquelle verbundene Elektroden, so fließt ein elektrischer Strom, d.h. in der Lösung wird elektrische Ladung transportiert. Dieser Vorgang ist folgendermaßen zu erklären:

Die Moleküle der Elektrolyten sind aus Ionen aufgebaut. So besteht ein Silberchloridmolekül AgCl aus dem *einfach positiv* geladenen Silberion Ag$^+$ und dem *einfach negativ* geladenen Chloridion Cl$^-$. In wässriger Lösung oder in Schmelze werden diese Ionen voneinander getrennt und stehen als freibewegliche Ladungsträger (ähnlich den Leitungselektronen in Metallen) für einen Ladungstransport zur Verfügung. Den Vorgang der Aufspaltung in Ionen nennt man *Dissoziation*. Auf Grund des zwischen den Elektroden herrschenden elektrischen Feldes werden die Ladungsträger beschleunigt. Die positiv geladenen Ionen (*Kationen*) wandern zur Kathode, die negativ geladenen (*Anionen*) zur Anode. An den Elektroden nehmen die Kationen Elektronen auf, die Anionen geben Elektronen ab. Die Ionen werden dabei neutralisiert und ändern ihren chemischen Charakter. So wird aus dem Silberion Ag$^+$ ein Silberatom Ag und aus dem Chloridion Cl$^-$ ein Chloratom Cl. Dies bedeutet, daß an der Kathode Silber abgeschieden wird und an der Anode Chlor entsteht. Einen Zusammenhang zwischen der an den Elektroden abgeschiedenen Stoffmenge und der transportierten Ladung stellen die ↑ Faradayschen Gesetze her.

Oft reagieren die an den Elektroden entstehenden Stoffe mit dem Elektrodenmaterial oder mit dem Elektrolyten (*elektrolytische Sekundärreaktion*). Ähnlich wie bei der metallischen Leitung können theoretische Überlegungen über den Zusammenhang von Stromstärke I im Elektrolyten und der angelegten Gleichspannung U durchgeführt werden. Dabei ergibt sich für einen Elektrolyten, der aus zwei z-wertigen Ionen (↑ Wertigkeit) aufgebaut ist, folgendes physikalisches Gesetz:

$$I = z\,e\,n\,q\,(\overline{u} + \overline{v})\,\frac{U}{l}$$

(I Stromstärke im Elektrolyten, z Wertigkeit der Ionen, e Elementarladung, n Anzahldichte der positiven bzw. negativen Ionen, q Querschnitt der Lösung, $\overline{u}$ Beweglichkeit der Anionen, $\overline{v}$ Beweglichkeit der Kationen, U angelegte Gleichspannung, l Elektrodenabstand). Das experimentell bestimmte Ohmsche Gesetz lautet bei fester Temperatur:

$$U = I\,R$$

(U angelegte Gleichspannung, I Stromstärke im Elektrolyten, R Widerstand des Elektrolyten).
Ein Vergleich liefert:

$$\frac{1}{R} = z\,e\,n\,(\overline{u} + \overline{v})\,\frac{q}{l}\ .$$

Daraus ergibt sich für den spezifischen Widerstand $\rho = R \cdot l/q$

$$\rho = \frac{l}{z\,e\,n\,(\overline{u} + \overline{v})}.$$

Die Beweglichkeiten $\overline{u}, \overline{v}$ der Ionen ist sehr stark von der *Konzentration* des Elektrolyten abhängig. Es muß deshalb beim spezifischen Widerstand eines Elektrolyten zusätzlich die Konzentration angegeben werden.

3) *Elektrizitätsleitung in Gasen*
In der Regel sind Gase gute ↑ Isolatoren, da unter Normalbedingungen keine freibeweglichen Ladungsträger vorhanden sind. Zu einer Elektrizitätsleitung kann es jedoch kommen, wenn im Gas genügend Ladungsträger (Ionen oder Elektronen) erzeugt werden. Man unterscheidet, je nach Art ihrer Entstehung, zwischen unselbständiger Leitung (unselbständiger Gasentladung) und selbständiger Leitung (selbständiger Gasentladung).

a) Bei der *unselbständigen Gasentladung* setzt zur Stromleitung ein, wenn durch äußere Einwirkungen Ladungsträger im Gas selbst entstehen (z.B. durch Röntgenstrahlen, UV-Licht,

Strahlung radioaktiver Stoffe usw.) oder wenn von außen her Ladungsträger in das Gas eingebracht werden (z.B. Ionen heißer Flammengase, geladene Staub- oder Rauchteilchen, Elektronen, die durch Glühemission oder auf Grund des lichtelektrischen Effekts aus der Kathode austreten usw.). Die Leitung hört jedoch auf, wenn die Ursache ihres Zustandekommens (Erzeugung von Ladungsträgern) verschwindet.

b) Eine *selbständige Gasentladung* liegt vor, wenn im Gas auch ohne ständige Einwirkung von außen, beim Anlegen einer genügend hohen Gleichspannung an zwei Elektroden, ein Ladungstransport erfolgt. Dabei werden die wenigen bereits vorhandenen Ladungsträger (z. B. durch natürliche radioaktive Strahlung gebildete Ionen) im elektrischen Feld so stark beschleunigt, daß sie bei Zusammenstößen mit Atomen bzw. Molekülen des Gases diese ionisieren (↑ Stoßionisation). Die auf diese Weise erzeugten neuen Ladungsträger können durch das elektrische Feld so beschleunigt werden, daß auch sie wieder durch Zusammenstoß mit Gasteilchen Ladungsträger erzeugen usw. Die Zahl der Ionen wächst auf diese Weise lawinenartig an. Damit eine selbständige Entladung aber überhaupt einsetzen und aufrechterhalten werden kann, müssen die Ionen zwischen zwei Zusammenstößen mit Gasteilchen soviel ↑ kinetische Energie erhalten, daß diese für eine Ionisation ausreicht. Das bedeutet, daß die Spannung zwischen den Elektroden bei hohem Gasdruck (große ↑ Anzahldichte des Gases) sehr groß sein muß, daß bei niedrigem Gasdruck jedoch eine kleinere Spannung genügt. Je nach der Spannung, dem Gasdruck, der Gasart und der Gestalt der Elektroden gibt es verschiedene Erscheinungsformen der selbständigen Entladung. Im wesentlichen unterscheidet man die selbständige Gasentladung bei *normalem* Gasdruck (↑ Spitzenendladung, ↑ Funkenentladung, ↑ Bogenendladung) und die selbständige Gasentladung bei *niedrigem Druck* (↑ Glimmentladung).

elektrochemisches Äquivalent, Formelzeichen *k*, Proportionalitätskonstante im 1. ↑ Faradayschen Gesetz. *k* ist eine *Stoffkonstante*; sie gibt an, wieviel Kilogramm eines bestimmten Stoffes bei der ↑ Elektrolyse bei einem Ladungstransport von 1 C an einer der ↑ Elektroden abgeschieden werden. Die *SI-Einheit* ist 1 Kilogramm durch Coulomb (1 kg/C). In der folgenden Tabelle sind die elektrochemischen Äquivalente einiger Stoffe angegeben.

Stoff:	k in $\dfrac{\text{kg}}{\text{C}}$
Silber	$1,118 \cdot 10^{-6}$
Platin	$0,506 \cdot 10^{-6}$
Wasserstoff	$0,0105 \cdot 10^{-6}$
Aluminium	$0,0932 \cdot 10^{-6}$
Kupfer	$0,329 \cdot 10^{-6}$
Sauerstoff	$0,0829 \cdot 10^{-6}$

Elektroden, elektrisch leitende, meist metallische Teile, an denen ↑ Elektronen von einem Medium in ein anderes übergehen. Beispiele für Elektroden sind Anode und Kathode in ↑ Elektronenröhren oder ↑ Gasentladungsröhren.

Elektrodynamik, Lehre von den zeitlich veränderlichen elektromagnetischen Feldern und ihren Wechselwirkungen mit ruhenden und bewegten elektrischen Ladungen.

Elektrolyse, Bezeichnung für die Gesamtheit der chemischen Vorgänge und chemischen Veränderungen eines Stoffes, die beim Durchgang eines elektrischen Stromes durch einen Elektrolyten auftreten (↑ Elektrizitätsleitung in Flüssigkeiten).

Elektrolyte, Stoffe, deren wässrige Lösungen und Schmelzen elektrische Leiter sind. Es handelt sich dabei um Basen, Säuren und Salze.

Elektrolytkondensator, technische Ausführung eines ↑ Kondensators. Ein mit einer unsichtbaren, isolierenden Oxidschicht überzogenes Aluminiumblech wird mit einem ↑ Elektrolyten kombiniert. Da der Abstand der beiden Leiter minimal ist, besitzen Elektrolytkondensatoren sehr hohe ↑ Kapazitäten (zwischen 10^{-2} und 10^{-3} Farad). Die zulässige Höchstspannung ist sehr gering. Die angegebene Polung muß strikt eingehalten werden, weil sonst die Oxidschicht zerstört wird.

Elektromagnet, stromdurchflossene Spule, deren magnetische Wirkung darauf beruht, daß ein Strom in seiner Umgebung ein Magnetfeld erzeugt. Im Innern der Spule ist das Magnetfeld weitgehend homogen. Durch Einbringen eines *Eisenkerns* wird auf Grund ferromagnetischer Effekte die magnetische ↑ Induktion sehr stark vergrößert (relative ↑ Permeabilität von Eisen $\mu \gg 1$). Elektromagnete spielen in der Technik und der physikalischen Forschung eine bedeutende Rolle (magnetisches ↑ Feld).

elektromagnetische Wellen, Transport von elektrischer und magnetischer Energie mittels einer ↑ Welle. Deformiert man einen Schwingkreis wie in Abb. 74 dargestellt, so erhält man einen sogenannten elektrischen Dipol oder *Hertzschen Dipol.* Kapazität und Induktivität sind bei ihm längs der Dipolstäbe

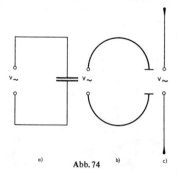

a)   Abb. 74   b)   c)

kontinuierlich verteilt. Koppelt man nun einen Hertzschen Dipol an einen geeigneten Schwingkreis (Resonanz), dessen Schwingungen auf Grund einer Rückkopplungsschaltung ungedämpft verlaufen, so ändert sich die Spannung $U_\approx$ am Dipol (Abb. 74c) mit der Eigenfrequenz des Schwingkreises. Das elektrische Feld des Dipols ist somit nicht konstant. Die elektrischen Feldlinien sind in Abb. 75 dargestellt, wenn wir annehmen, daß zur Zeit $t = 0$ die hochfrequente Wechselspannung $U_\approx$ erst angelegt wird.

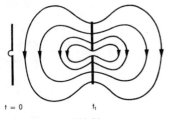

t = 0   t₁

Abb. 75

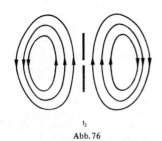

t₂

Abb. 76

Das Dipolfeld kann in eine Nah- und Fernzone eingeteilt werden. In der Nahzone erfüllt das Dipolfeld wie bei einem statischen Feld den Raum und pulsiert mit der Frequenz des Dipols. In der Fernzone kann die Feldstörung wegen der endlichen Ausbreitungsgeschwindigkeit mit der Änderung des Dipolfeldes nicht mehr Schritt halten. Die Feldlinien kehren nicht wieder zum Dipol zurück, sondern schnüren sich ab. Der Vorgang des Abschnürens kann ganz grob mit dem der Seifenblasen verglichen werden (Abb. 76).

Das sich zeitlich ändernde elektrische Feld ist die Ursache eines ↑ Verschiebungsstroms $I(t)$. Dieser von der Zeit t abhängige Verschiebungsstrom J erzeugt ein Magnetfeld, das ebenfalls zeitlich veränderlich ist. Das sich zeitlich verändernde Magnetfeld hat aber auf Grund der elektromagnetischen Induktion wiederum ein zeitabhängiges elektrisches Feld zur Folge. Dieses elektrische Feld ruft nun seinerseits einen Verschiebungsstrom $I(t)$ hervor usw.

Ein solches Feld, in dem zeitlich veränderliche elektrische und magnetische Felder ursächlich verbunden sind, nennt man *elektromagnetisches Feld*. Wie sich bei genauer mathematischer Untersuchung ergibt, breiten sich die oben beschriebenen Feldänderungen in Form einer Welle aus. Man bezeichnet sie als *elektromagnetische Welle*. Ihre Ausbreitungsgeschwindigkeit ist gleich der ↑ Lichtgeschwindigkeit. Die Welle kann mit Hilfe des elektrischen Feldvektors $\vec{E}$ und des magnetischen Induktionsvektors $\vec{B}$ beschrieben werden. Dabei zeigt sich, daß $\vec{E}$ und $\vec{B}$ aufeinander senkrecht stehen.

Durch die elektromagnetische Welle wird Energie transportiert. Ein Maß für den Energietransport ist der *Poyntingsche Vektor S*:

$$\vec{S} = \vec{E} \times \vec{H}$$

($\vec{H}$ magnetischer Feldstärkevektor). Seine *SI-Einheit* ist $1\ J/sm^2$. Der Poyntingsche Vektor gibt an, wieviel Energie in der Sekunde durch eine in das Gebiet der Welle gebrachte Fläche von $1\ m^2$ fließt.

Bei den elektromagnetischen Wellen kann man ↑ Interferenz, ↑ Beugung, ↑ Reflexion und ↑ Brechung feststellen. Außerdem lassen sie sich polarisieren. Bei einer linear polarisierten elektromagnetischen Welle schwingt der Vek-

101

WELLENLÄNGENBEREICHE DER ELEKTROMAGNETISCHEN STRAHLUNG

Wellenlängen-bereich	Frequenzbereich	deutsche Bez.	internatio-nale Bez.	Verwendung
18 000 km	16 ⅔ Hz	{ [techn.]	—	elektr. Bahnen
6 000 km	50 Hz	{ Wechselstrom	—	allgemeine Energieversorgung
18 800–15 km	16–20 000 Hz	Tonfrequenz	af	Übertragung von Sprache und Musik
∞–30 000 m	0–10 kHz	Niederfrequenz	—	Regeltechnik, Telegraphie, induktive Heizung
30 000–10 000 m	10–30 kHz	Längstwellen	vlf	Überseetelegraphie, Frequenz-normale, Boden-Unterwasser-Verbindungen
10 000–1 000 m	30–300 kHz	Langwellen	lf	Kontinentaltelegraphie, Presse und Wetterdienst, Langwellenrund-funk
1 000–182 m	300–1 650 kHz	Mittelwellen	mf	Rundfunk, Schiffsfunk (SOS), Flug-funk, Polizeifunk
182–100 m	1,650–3 MHz	Grenzwellen	—	Küstenfunk
100–10 m	3–30 MHz	Kurzwellen	hf	Überseetelegraphie und Telepho-nie, Rundfunk, Flugfunk, Ama-teurfunk
10–1 m	30–300 MHz	Ultrakurzwellen	vhf	Rundfunk, Fernsehen, Flugfunk, Polizei- und Richtfunk
1 m–1 dm	300–3 000 MHz	Dezimeterwellen	uhf	Fernsehen, Richtfunk, Militär, Satellitensteuerung
10–1 cm	3–30 GHz	Zentimeterwellen	shf	Richtfunk, Radar, Satellitenfunk, Maser
10–1 mm	30–300 GHz	Millimeterwellen	ehf }	noch nicht techn. ausgenutzt
1–0,1 mm	300–3 000 GHz	Mikrowellen	}	
1 mm–0,78 μm	3 · 10¹¹–3,8 · 10¹⁴ Hz	Infrarot	ir	Wärmeortung, Infrarot-Nach-richtentechnik, Laser
0,78–0,36 μm	3,8 · 10¹⁴–8,3 · 10¹⁴ Hz	[sichtbares] Licht	— }	Lichttelephonie, Lasertechnik, opt.-
0,36–0,01 μm	8,3 · 10¹⁴–3 · 10¹⁶ Hz	Ultraviolett	uv }	elektr. Entfernungsmessung
60–0,1 nm	5 · 10¹⁵–3 · 10¹⁹ Hz	{ weich Röntgen-		Röntgendiagnostik, -therapie
10⁻²–10⁻³ nm	3 · 10¹⁹–3 · 10²⁰ Hz	{ mittel strahlen		Materialprüfung
10⁻³–10⁻⁸ nm	3 · 10²⁰–2 · 10²⁵ Hz	{ hart		Kern-, Elementarteilchenreaktionen
0,4–10⁻⁴ nm	8 · 10¹⁷–4,7 · 10²¹ Hz	Gammastrahlen	γ	Strahlentherapie, Materialunter-suchung, Kernreaktionen

tor $\vec{E}$ nur in einer Ebene, bei einer elliptisch polarisierten beschreibt seine Spitze eine Ellipse. Alle Experimente der Optik können auch mit elektromagnetischen Wellen wiederholt werden. Dies bringt die Erkenntnis, daß ↑ Licht eine spezielle elektromagnetische Welle ist. Weiter kann man zeigen, daß auch die Röntgen- und γ -Strahlen zu den elektromagnetischen Wellen zu rechnen sind.

Trifft eine elektromagnetische Welle auf einen nicht angeregten Hertzschen Dipol (Spezialfall eines Schwingkreises), so erzeugt sie dort, falls dessen Eigenfrequenz mit der Frequenz der Welle übereinstimmt, auf Grund von elektromagnetischen Induktionsvorgängen eine hochfrequente Wechselspannung $U_{\approx}$. Diese Spannung kann z.B. dazu

benutzt werden, in einem auf Resonanz mit dem Empfangsdipol gebrachten Schwingkreis elektrische Schwingungen auszulösen. Mit Hilfe einer modulierten elektromagnetischen Welle können auf diese Weise Nachrichten (Fernsehen, Funk) zwischen einem Senderdipol und einem Empfangsdipol übertragen werden (↑ drahtlose Nachrichtenübermittlung). Man bezeichnet dann die Dipole als Antennen. Die obenstehende Tafel gibt eine Übersicht über die elektromagnetischen Wellen.

Elektrometer, geeichtes Gerät zur Messung von Ladungen und Spannungen. Abb. 77 zeigt das *Braunsche Elektrometer.* In einem senkrechten Halter ist ein leichter Metallzeiger mit Schneiden drehbar gelagert. Der Zeiger hängt in seiner Ruhelage senkrecht. Legt man eine Spannung zwischen dem Metallhalter und das davon isolierte geerdete Gehäuse, so laden sich Halter und Zei-

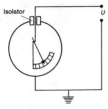

Abb. 77

ger gleichnamig auf. Die Abstoßungskräfte zwischen ihnen drehen dann den Zeiger desto stärker aus der Ruhelage, je größer die angelegte Spannung ist. An einer in Volt geeichten Skala, die der Zeiger überstreicht, kann die angelegte Spannung abgelesen werden. Das Braunsche Elektrometer kann für Spannungen von 500 V - 10 kV angewendet werden.
Abb. 78 zeigt das Prinzip des *Wulf-Elektroskops* mit dem man Spannungen bis hinunter zu 1V messen kann. Ein bewegliches Stanniolbändchen *S*, das durch eine feine Quarzschlinge in senkrechter Lage gehalten wird, steht einer gegen das Gehäuse isolierten, verschiebbaren Gegenelektrode *G* gegenüber. Legt man zwischen beide die zu messende Spannung, so wird das Stanniolbändchen zur Elektrode hingezogen. Der Ausschlag des Bändchens kann auf eine geeichte Voltskala abgebildet werden. Die Empfindlichkeit des Elektro-

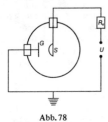

Abb. 78

skops kann durch Annähern der Gegenelektrode an das Blättchen wesentlich

gesteigert werden. Gleichzeitig sinkt jedoch der Meßbereich, da bei zu großer Annäherung das Bändchen bei immer kleineren Spannungen labil wird, an die Gegenelektrode anschlägt und sich entlädt.

Elektromotor, technisches Gerät zur Umwandlung elektrischer Energie in mechanische Energie. Je nach der verwendeten Stromart unterscheidet man zwischen *Gleichstrom-* und *Wechselstrommotoren.* Elektromotoren sind grundsätzlich wie ↑ Generatoren aufgebaut. Es gibt je nach Verwendungszweck eine Vielzahl verschiedener Ausführungen. Stellvertretend sei das Prin-

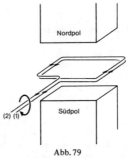

Abb. 79

zip eines *Gleichstrommotors* erläutert: Zwischen den beiden Polen eines Dauermagneten befindet sich eine Spule (Abb. 79).

Wird die skizzierte Leiterschleife so mit einer Stromquelle verbunden, daß die Zuleitung (1) zum Plus- und die Zuleitung (2) zum Minuspol führt, fließt also der (technische) Strom zunächst in der skizzierten Richtung, so entsteht dadurch ein Magnetfeld, dessen Feldlinien des Dauermagneten entgegengesetzt sind (oberhalb der Leiterschleife entsteht ein magnetischer Nordpol, der vom Nordpol des Dauermagneten abgestoßen wird, unterhalb der Leiterschleife stoßen sich analog dazu die Südpole ab.) Die Leiterschleife beginnt

103

sich zu drehen. Sie würde sich nur um 180° drehen, bis der „Leiterschleifennordpol" dem Südpol des Dauermagneten gegenüberliegt. Um ein Weiterdrehen zu erreichen, müßte man dann die Zuleitungen (1) und (2) vertauschen. Dies erreicht man mit Hilfe eines *Polwenders* bzw. *Kommutators* (beim Generator auch *Kollektor* genannt; Abb. 80):

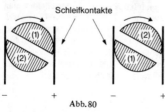

Schleifkontakte

Abb. 80

Der vorhandene Schwung bewirkt eine Weiterdrehung im Moment des Umpolens (*Totpunkt*). In der Praxis erreicht man einen gleichmäßigen Lauf durch mehrere Wicklungen, deren Wicklungsebenen gegeneinander versetzt sind. Die sich drehende Spule ist zur Verstärkung des Magnetfeldes mit einem Eisenkern versehen und wird als *Anker* bezeichnet. Die beim Elektromotor auftretende Induktionsspannung († Induktion) sorgt für eine *Selbststeuerung*. Dreht sich der Motor im unbelasteten Zustand relativ schnell, so ist die Induktionsspannung groß, die Spule wird von einem Strom geringer Stärke durchflossen, der Elektromotor entnimmt der Stromquelle wenig Energie. Bei Belastung (d.h. langsamen Lauf) wird die Induktionsspannung geringer, die Spule wird von einem größeren Strom durchflossen, es wird daher der Stromquelle mehr Energie entnommen. Anstelle des Dauermagneten kann auch ein geeignet von einer stromdurchflossenen Spule (*Feldspule*) erzeugtes Magnetfeld verwendet werden. Den benötigten Strom entnimmt man derselben Stromquelle, mit der auch die sich drehende Spule verbunden ist. Sind Anker und Feldspule hintereinander geschaltet, so spricht man von einem *Hauptschlußmotor*; bei Parallelschaltung von Anker und Feldspule liegt ein sogenannter *Nebenschlußmotor* vor.

elektromotorische Kraft (EMK), Bezeichnung für diejenige Kraft in einer Stromquelle, die einen ständigen Ladungstransport vom Minuspol zum Pluspol bewirkt. An den Polen häufen sich bestimmte Mengen positiver und negativer Ladungen an, wodurch eine Spannung zwischen ihnen aufrechterhalten wird. Man bezeichnet diese als *Eigen-* oder *Quellspannung* (U_{EMK}), sie ist ein Maß für die EMK. Es gilt:

$$U_{EMK} = \frac{W}{Q},$$

wobei W die Arbeit ist, die die EMK verrichtet, um die positive Ladung Q vom Minuspol zum Pluspol der Stromquelle zu transportieren. (Man beachte, daß die EMK trotz ihrer Bezeichnung keine *Kraft*, sondern eine *Spannung* ist.)
EMK treten z.B. als chemische EMK in galvanischen Elementen, Batterien, Akkus, als elektrische EMK in Dynamomaschinen (Netzanschluß), als mechanische EMK beim Bandgenerator, als thermische EMK in Thermoelementen auf.

Elektron, leichtes, negativ geladenes, stabiles (d.h. nicht zerfallendes) Elementarteilchen, das in der Physik durch die Zeichen e bzw. e⁻, gelegentlich auch ⊖ symbolisiert wird. Das Elektron hat insofern eine sehr große Bedeutung, da es neben dem † Proton und dem † Neutron der dritte Baustein der Atome und damit der Materie ist. Das Elektron hat eine Ruhmasse von $m_e = 0,910904 \cdot 10^{-27}$ g und ist Träger einer negativen Elementarladung. Seine elektrische Ladung ist also $e = -1,60210 \cdot 10^{-19}$ C. Damit hat das Elektron die spezifische Ladung $e/m_e = -1,759 \cdot 10^8$ C/g. Das Elektron besitzt einen † Spin (Eigendrehimpuls) vom Betrage $\hbar/2 = h/4\pi$ (h Plancksches Wirkungsquantum). Sein im wesentlichen vom Spin verursachtes magnetisches Moment beträgt $\mu_e = 1,0116\ \mu_B$ ($\mu_B \uparrow$ Bohrsches Magneton).

Denkt man sich die gesamte Ladung e des Elektrons gleichmäßig auf einer Kugeloberfläche verteilt und setzt deren potentielle Energie

$$\frac{e^2}{8\pi\epsilon_0 \cdot r}$$

gleich der Ruhenergie $m_e \cdot c^2$, so erhält man den *klassischen Elektronenradius r*

$$r = \frac{e^2}{8\pi\epsilon_0 m_e \cdot c^2}$$

(ϵ_0 elektrische Feldkonstante) .
Daraus ergibt sich $r = 2,818 \cdot 10^{-15}$ m.

Elektronenbahnen, die Bahnen, auf denen (nach dem Bohr-Sommerfeldschen $\uparrow$ Atommodell) die Elektronen den Atomkern umlaufen. Im Bohrschen Atommodell sind diese Bahnen kreisförmig, die Kreisradien r_n müssen dem 1. *Bohrschen Postulat* genügen:

$$2r_n\pi \cdot m_e \cdot v_n = n \cdot h \quad (n = 1,2,3, \ldots),$$

(m_e Masse des Elektrons, v_n jeweilige Geschwindigkeit des Elektrons auf der zugehörigen Bahn, h Plancksches Wirkungsquantum). Diese durch das 1. Bohrsche Postulat festgelegten Kreisbahnen werden auch *Bohrsche Bahnen* genannt.

Elektronenbeugung, Abweichung der Elektronenstrahlen von der geradlinigen Ausbreitung beim Durchgang durch Materie auf Grund der Welleneigenschaften der bewegten Elektronen ($\uparrow$ Materiewelle).

Elektroneneinfang, spezielle $\uparrow$ Kernreaktion, bei der ein instabiler Atomkern ein Elektron aus seiner Atomhülle absorbiert. Der Elektroneneinfang wurde 1935 von *H. Yukawa* theoretisch vor-

hergesagt und ist 1937 erstmals von *L.W. Alvarez* experimentell nachgewiesen worden.

Ursache des Elektroneneinfangs ist der *Protonenüberschuß* bzw. *Neutronenmangel* eines instabilen Atomkerns. Um diesen Protonenüberschuß bzw. Neutronenmangel zu beseitigen, absorbiert der Kern ein Elektron aus seiner Atomhülle und verwandelt dabei ein Proton unter Emission eines Neutrinos in ein Neutron; hierdurch verringert sich die Kernladungszahl um eins. Der Elektroneneinfang ist somit ein Sonderfall des $\uparrow$ Betazerfalls; es entsteht der gleiche Endkern wie beim β^+-Zerfall. Da die beiden Elektronen der *K*-Schale die größte Aufenthaltswahrscheinlichkeit am Ort des Kerns haben, absorbiert der Kern in 90% der Fälle ein Elektron aus der *K*-Schale, man bezeichnet diesen Elektroneneinfang als *K-Einfang*. Der seltenere Elektroneneinfang aus höheren Schalen wird entsprechend als *L-Einfang* bzw. *M-Einfang* bezeichnet.

Das durch einen Elektroneneinfang entstandene Elektronenloch in der Atomhülle wird durch ein Elektron aus einer äußeren Schale aufgefüllt. Bei diesem Übergang eines Elektrons aus einer äußeren Schale auf eine innere entsteht $\uparrow$ Röntgenstrahlung, die charakteristisch für das neu entstandene Nuklid ist.

Elektronenemission (*Elektronenaustritt*), der Austritt von Elektronen aus Metallgrenzflächen bei hinreichend hoher (die $\uparrow$ Austrittsarbeit W_A gegenüber dem angrenzenden Medium überschreitender) Energie. Dieser zur Elektronenemission benötigte Energiebetrag kann durch entsprechende Temperaturerhöhung des Metalls (*thermische Emission, Glühemission*), durch ein angelegtes ausreichend starkes elektrisches Feld ($\uparrow$ *Feldemission*), durch Absorption energiereicher Photonen ($\uparrow$ *Photoeffekt*), oder durch *Elektronen-* bzw. *Ionenstoß* ($\uparrow$ Stoßionisation) auf die Metallelektronen übertragen werden, so daß sie das Metall verlassen können. Die Temperaturabhängigkeit der sogenannten thermischen Emission wird durch die ↑ Richardson-Gleichung beschrieben.

Elektronenhülle, die Gesamtheit der Elektronen, die einen Atomkern (↑ Kern) umgeben. Hat der Kern die ↑ Kernladungszahl Z, so bilden genau Z Elektronen zusammen mit dem Kern ein neutrales Atom des chemischen Elements der Ordnungszahl Z.

Elektronenlawine, explosionsartige Vermehrung freier Elektronen bei einer ↑ Gasentladung. Eine Elektronenlawine entsteht, wenn jedes der beschleunigten Elektronen mehr als ein Sekundärelektron bildet.

Elektronenlinse, rotationssymmetrisches elektrisches oder magnetisches

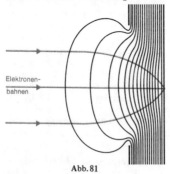

Abb. 81

Feld, in dem die von einem Objektpunkt ausgehenden Elektronen in einem Bildpunkt gesammelt oder in bestimmter Weise gestreut werden. Die bei optischen ↑ Linsen geltenden Gesetzmäßigkeiten lassen sich auch auf Elektronenlinsen übertragen. Ein Unterschied besteht allerdings darin, daß sich bei den optischen Linsen an der Linsenoberfläche die Brechungszahl sprunghaft ändert, während sich bei den Elektronenlinsen die Strahlrichtung allmählich verändert.
Abb. 81 zeigt eine einfache elektrische

Elektronenlinse in Form eines ↑ Kondensators, dessen eine Platte als Loch-

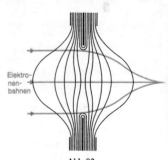

Abb. 82

blende ausgebildet ist. Sie wirkt als ↑ Sammellinse, wenn Elektronen aus einem verhältnismäßig feldfreien Raum in das Loch eintreten. Ebenfalls als Sammellinse wirkt das in Abb. 82 dargestellte, auf einer Achse angeordnete Lochblendensystem mit geeigneten Spannungsunterschieden. Der einfallende Elektronenstrahl konvergiert im linken Teil des Feldes und divergiert entsprechend im rechten Teil. Da das elektrische Feld die Elektronen jedoch beschleunigt, halten diese sich im rechten Feld kürzere Zeit auf, als im linken, so daß sich trotzdem eine sammelnde Wirkung zeigt.

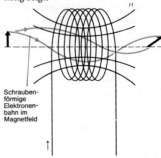

Schraubenförmige Elektronenbahn im Magnetfeld

Abb. 83

Da das Magnetfeld eine Spule ebenfalls eine sammelnde Wirkung auf Elektronen hat, wird es als magnetische Elektronenlinse verwendet. Die Elektronen bewegen sich im Feld dabei auf Schraubenlinien (Abb. 83).

Elektronenmikroskop, Mikroskop, das an Stelle von Licht Elektronen zur Abbildung benutzt. Als Linsen werden rotationssymmetrische elektrische und magnetische Felder verwendet (↑ Elektronenlinsen). Abb. 84 zeigt den Strahlengang durch ein magnetisches und elektrostatisches Elektronenmikroskop im Vergleich zu dem in einem Lichtmikroskop. Das Elektronenmikroskop enthält drei in Eisen gekapselte Spulen bzw. drei auf einer Achse angeordnete Zylinder, die geeignete Spannungsunterschiede besitzen. Sie entsprechen in ihrer Funktion dem Kondensor, dem Objektiv und dem Okular des Lichtmikroskops. Die als Kondensor wirkende elektrische bzw. magnetische

Linse konzentriert das von der Glühkathode kommende Elektronenbündel auf das Objekt. Dieses wird je nach seiner Struktur von den Elektronen verschieden stark durchstrahlt, so daß eine entsprechende Intensitätsverteilung im Elektronenbild die Struktur wiedergibt. Das Elektronenbild wird als vergrößertes reelles Bild von der Projektionslinse auf einer photographischen Platte oder Leuchtschirm aufgefangen. Das Elektronenmikroskop hat große Bedeutung in der Forschung gewonnen, da es eine Vergrößerung bis zu 200 000 : 1 ermöglicht.

Ein oft benutztes Elektronenmikroskop ist das *Feldelektronenmikroskop* (Abb. 85). Es besteht aus einer spitzenförmigen Kathode und einer als Leuchtschirm ausgebildeten Anode in einem evakuierten Glaskolben. Die Spitze ist so klein, daß aus ihr beim Anlegen einer

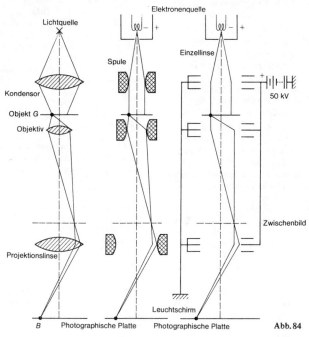

Abb. 84

hinreichend großen Spannung unter dem Einfluß des starken elektrischen Feldes Elektronen austreten (↑ Feldemission). Sie bewegen sich in dem die Spitze umgebenden radialen Feld prak-

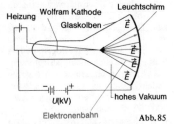

Abb. 85

tisch längs der Feldlinien zur Anode und erzeugen dort ein Projektionsbild der Spitze. Diejenigen Bereiche der Spitze, die wenig Elektronen emittieren, erscheinen im Bild dunkel, die anderen hell. Man erhält so ein Projektionsbild der Kristallstruktur der Metallspitze (z.B. Wolframspitze).

Elektronenröhre, evakuiertes Glas- oder Metallgefäß, das mindestens eine Elektronen aussendende Glühkathode und eine als Elektronenauffänger dienende Anode enthält.
Elektronenröhren werden zur Steuerung und Verstärkung von elektrischen Vorgängen verwendet (↑ Diode, ↑ Triode).

Elektronenstoß, der ↑ Stoß eines energiereichen Elektrons auf ein anderes atomares Gebilde (Atom, Molekül). Liegt ein *elastischer Stoß* vor, so behält das Elektron seine gesamte kinetische Energie, es ändert nur seine Richtung. Beim *unelastischen Stoß* wird ein Teil der kinetischen Energie des Elektrons zur Anregung oder Ionisation des Stoßpartners (↑ Stoßionisation) verbraucht, wobei es zum Elektronenstoßleuchten kommen kann. Der unelastische Stoß tritt erst oberhalb einer Energieschwelle auf (↑ Franck-Hertz-Versuch).
Elektronenstöße, bei denen das Elektron nach dem Stoß geringere oder dieselbe Energie besitzen wie vor dem Stoß, werden auch als *Stöße erster Art*

bezeichnet. Davon zu unterscheiden sind die *Elektronenstöße zweiter Art*, bei denen ein Elektron auf ein angeregtes Atom trifft, von diesem die ↑ Anregungsenergie übernimmt und somit nach dem Stoß eine größere Energie besitzt als vorher.

Elektronenstrahler, ↑ Betastrahler, bei dem in jedem zerfallenden Kern ein Neutron (n) in ein Proton (p) verwandelt wird, wobei gleichzeitig ein Elektron (e⁻) und ein Antineutrino (ν) emittiert werden:

Neutron → Proton + Elektron + Antineutrino

$$n \quad \rightarrow \quad p \quad + \quad e^- \quad + \quad \bar{\nu}.$$

Alle in der Natur vorkommenden Betastrahler sind Elektronenstrahler (z.B. ^{228}Ra, ^{87}Rb, ^{40}K) (↑ Betazerfall).

Elektronenvolt (Einheitenzeichen eV), atomphysikalische *SI-Einheit* der Energie. *Festlegung*: 1 Elektronenvolt ist die Energie, die ein Elektron beim Durchlaufen einer Potentialdifferenz von 1 Volt im Vakuum gewinnt. Folgende Vielfache dieser Energieeinheit sind in der Atomphysik gebräuchlich:

$$1 \text{ keV} = 10^3 \text{ eV}$$
$$1 \text{ MeV} = 10^6 \text{ eV}$$
$$1 \text{ GeV} = 10^9 \text{ eV}.$$

Zwischen den Energieeinheiten Elektronenvolt (eV) und ↑ Joule (J) besteht die Beziehung:

$$1 \text{ eV} = 1,60210 \cdot 10^{-19} \text{ J}.$$

Vor allem auch die ↑ Ruheenergien von Elementarteilchen werden in Elektronenvolt angegeben. So besitzt zum Beispiel das Proton eine Ruheenergie von 938,256 MeV.

Elektroskop, Gerät zum Nachweis elektrischer Ladungen und Spannungen. Seine Wirkungsweise beruht auf dem Vorhandensein elektrostatischer Kräfte zwischen dem festen und mindestens einem beweglichen Teil (Zeiger, Bändchen, Quarzfaden), wenn zwischen diesen eine Spannung vorhanden ist. Abb. 86 zeigt das *Blättchen-Elektroskop*.

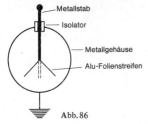

— Metallstab

— Isolator

— Metallgehäuse

— Alu-Folienstreifen

Abb. 86

Zwei dünne Blättchen aus Aluminiumfolie sind metallisch verbunden. Beim Aufladen spreizen sich die Blättchen wegen ihrer gleichnamigen Ladung. Die Größe ihres Ausschlags ist ein Maß für die Größe der aufgenommenen Ladung.

Elektrostatik, Lehre von den ruhenden elektrischen Ladungen und deren Wirkung auf ihre Umgebung.

Elektrostriktion, eine bei allen festen ↑ Dielektrika bei Anlegen einer elektrischen Spannung auftretende elastische Verformung. Auf Grund der angelegten Spannung liegen sich im Dielektrikum die positiven und negativen Pole der Elementardipole (↑ Dipol) gegenüber und nähern sich infolge der elektrostatischen Anziehung bei Erhöhung der Spannung. Dies geht solange vor sich, bis die entstehenden elastischen Gegenkräfte den elektrischen Kräften gerade das Gleichgewicht halten (↑ Piezoelektrizität).

Elementarladung, Formelzeichen e, kleinste bisher nachgewiesene positive oder negative elektrische Ladung, $e = 1,60210 \cdot 10^{-19}$ Coulomb. Jede Ladung ist ein ganzzahliges Vielfaches der Elementarladung. Ladungsträger der Elementarladung sind die ↑ Elementarteilchen. In der Theorie der Elementarteilchen werden jedoch auch Teilchen (sogenannte *Quarks*) mit der Ladung $e/3$ und $2e/3$ postuliert.

Elementarlänge, die kleinste in der Theorie der ↑ Elementarteilchen noch sinnvolle Länge. Sie hat die Größenordnung von 10^{-15} m, entspricht also zum Beispiel dem klassischen Elektronenradius (↑ Elektron). Man vermutet in der Elementarlänge eine wichtige Naturkonstante.

Elementarteilchen, Bezeichnung für die kleinsten nicht weiter zerlegbaren materiellen Teilchen. Sie sind im allgemeinen instabil und entstehen in Wechselwirkungsprozessen mit hoher, d.h. beträchtlich über der bei Kernreaktionen üblichen Energie- und Impulsübertragung. Sie wandeln sich ineinander um oder gehen auseinander hervor, besitzen also keine unzerstörbare Individualität. Sie sind Urheber und Träger aller atomaren und subatomaren Erscheinungen.

Nach ihrer Masse und der Art ihrer Wechselwirkung unterscheidet man zunächst Teilchen mit halbzahligem ↑ Spin (Fermionen) und ganzzahligem Spin (Bosonen). Die Teilchensorten unterscheiden sich in ihrem Verhalten dadurch erheblich, daß für Fermionen das ↑ Pauliprinzip gilt, d.h. es können sich keine zwei gleichartigen Fermionen am gleichen Ort befinden. Für Bosonen gilt dieses Verbot nicht. Im einzelnen gibt es

1. das *Photon*, es hat verschwindende Ruhmasse und den Spin 1, es ist mit seinem ↑ Antiteilchen identisch.

2. *Leptonen*, das sind Fermionen (Spin 1/2), die nicht der starken ↑ Wechselwirkung unterliegen. Zu ihnen gehören das ↑ Elektron, das ↑ Myon und die zugehörigen ↑ Neutrinos ν_e und ν_μ sowie die entsprechenden vier Antiteilchen.

3. *Mesonen*, das sind Bosonen (Spin 0) mit mittlerer Ruhmasse. Zu ihnen gehören u.a. die ↑ Pionen, *nicht* jedoch das fälschlich oft μ-Meson genannte Myon.

4. *Baryonen*, das sind schwere Fermionen, die der starken Wechselwirkung unterliegen. Zu ihnen gehören neben

den ↑ Nukleonen (Neutron, Proton und ihre Antiteilchen) auch sogenannte Hyperonen, deren Masse höher als die Protonenmasse ist.

Die Baryonen und Mesonen werden manchmal auch mit dem Sammelbegriff *Hadronen* bezeichnet.

Unter den Elementarteilchen sind nur die Elektronen, Protonen, Neutronen (wenn sie in Atomkernen gebunden sind), Neutrinos und Photonen wirklich stabil. Dabei sind die Elektronen, Protonen und Neutronen die Bausteine der Atome und damit der gesamten Materie. Alle anderen Elementarteilchen sowie das Neutron in freiem Zustand sind unbeständig, d.h. sie zerfallen, wobei ihre Zerfallsprodukte aber ebenfalls wieder Elementarteilchen sind. Neben diesen langlebigen Elementarteilchen (langlebig in Vergleich mit der ↑ Elementarzeit von etwa 10^{-23} s) gibt es eine große Zahl extrem kurzlebiger Elementarteilchen (Lebensdauer kleiner als 10^{-20} s), die sogenannten *Resonanzen*, die sich in Elementarteilchenreaktionen als Zwischenzustände bemerkbar machen und zu den Elementarteilchen gezählt werden müssen.

Am Ende des 19. Jahrhunderts, in dem man erste Beweise für die Existenz, chemische Eigenschaften und Veränderlichkeit der Atome erbracht hatte, begann man deren innere Struktur zu erforschen. Versuche mit ↑ Kathodenstrahlen (*P. Lenard, J.J. Thomson*) zeigten das negativ geladene Elektron (e^-), den Träger einer elektrischen ↑ Elementarladung, als Bestandteil der Atomhülle. Nach dem *Rutherfordschen Streuexperiment* (1911) erkannte man ein zweites Elementarteilchen, das positiv geladene Proton (p), das als Baustein des Atomkerns auftritt. 1932 wurde von *J. Chadwick* ein weiterer Kernbaustein, das ungeladene Neutron (n) entdeckt. Theoretische Überlegungen (*P. Dirac* 1928) führten zur Vorhersage neuer Elementarteilchen und deren Eigenschaften. So wurde auf die Existenz positiv geladener Elektronen (e^+) geschlossen. 1932 wurde dieses Teilchen, das Positron, in der Höhenstrahlung von *C.D. Anderson* beobachtet. Damit war das erste Teilchen-Antiteilchen-Paar gefunden.

Hatte man zunächst die elektromagnetischen Erscheinungen durch ein klassisches Feld beschrieben (*J.C. Maxwell*), so wurde seit 1905 die Lichtquantenhypothese (*A. Einstein*) Ausgangspunkt für den Teilchenaspekt des elektromagnetischen Feldes, und das masselose Photon (γ) als Elementarteilchen erkannt (↑ Dualismus-Welle-Teilchen). Auf dieser Vorstellung basiert die Theorie der ↑ Kernkräfte (*H. Yukawa* 1935), die die Protonen und Neutronen im Atomkern gegen die Coulombschen Abstoßungskräfte zusammenhalten. Ähnlich den elektromagnetischen Kräften, die durch Photonen vermittelt werden, sind nun Teilchen von etwa der 200fachen Elektronenmasse, die π-Mesonen oder Pionen ($\pi^\pm$, π^0), für diese starke Wechselwirkung (Reichweite etwa 10^{-15} m) verantwortlich. Tatsächlich haben *C.F. Powell* und andere 1947 die geladenen π-Mesonen in der Höhenstrahlung entdeckt. Die Erforschung des Betazerfalls, z.B. $n \rightarrow p + e^- + \nu_e$ führte schließlich zur Annahme der Existenz des ungeladenen Neutrinos ν_e (*L.C. Pauli* 1931) und zur Entdeckung der schwachen Wechselwirkung. Neben diesen acht Elementarteilchen (p, n, e^-, ν_e, $\pi^\pm$, π^0, γ) und den zugehörigen Antiteilchen, die für einen *„zweckmäßigen Aufbau der Welt genügen"* würden, treten aber nun in der Natur weitere *„unerwartete"* Teilchen und eine sehr große Anzahl sehr kurzlebiger Teilchen (sogenannte *Resonanzen*) auf. Sie sind etwa 1952 auf Grund der fortschreitenden Meßtechnik (↑ Nebelkammern, ↑ Zählrohre, ↑ Blasenkammer, ↑ Funkenkammer, ↑ Szintillationszähler) und durch den Bau großer Beschleuniger (↑ Teilchenbeschleuniger) in rascher Folge entdeckt worden.

Zu Beginn der Elementarteilchenphysik herrschte die Vorstellung, daß alle Materie nur aus einigen „wirklichen" Elementarteilchen, z.B. p und e⁻, aufgebaut wäre. Inzwischen kennen wir über hundert Elementarteilchen, deren Zahl noch weiter anwachsen dürfte. Allen Teilchen ist gemeinsam, daß sie sich durch geeignete Stoß- oder Zerfallsprozesse ineinander umwandeln lassen oder erzeugt werden können, wobei jedoch gewisse ↑ Erhaltungssätze gelten. Man kann also nicht einige als „*elementarer*" ansehen als die übrigen, jedoch ist eine relativ kleine Gruppe *quasistabiler* Teilchen gegenüber sogenannten Resonanzen ausgezeichnet.

Zu den bedeutendsten spekulativen Teilchen, deren Existenz noch nicht gesichert ist, zählen die sogenannten ↑ *Quarks*. Als weitere spekulative Teilchen seien die *Tachyonen* genannt, hypothetische Teilchen, die sich mit einer Geschwindigkeit bewegen, die größer ist als die Lichtgeschwindigkeit. (Die Relativitätstheorie läßt solche Teilchen zu, wenn das Quadrat ihrer Masse negativ ist, d.h. wenn sie eine imaginäre Masse besitzen.)

Elementarwellen, die gemäß dem ↑ Huygensschen Prinzip von jedem Punkt einer Welle ausgehenden Kreis- bzw. Kugelwellen. Die Hüllkurve aller Elementarwellen ist dabei identisch mit der sich ausbreitenden Wellenfront.

Elementarzeit, die Zeit, die das Licht im Vakuum zum Durchlaufen der ↑ Elementarlänge (ca. 10^{-15} m) braucht. Ihr Wert liegt bei 10^{-23} s. Die Elementarzeit stellt die kürzeste physikalisch sinnvolle Zeitspanne dar.

Elongation, bei einer mechanischen ↑ Schwingung die jeweilige Entfernung des schwingenden Körpers von seiner Ruhe- bzw. Gleichgewichtslage. Die Elongation ist dabei eine zeitabhängige Größe. Ihr Maximalwert heißt Amplitude. Im entsprechend übertragenem Sinne spricht man auch von Elongation bei nicht-mechanischen Schwingungen.

Bei einer harmonischen Schwingung ist die Elongation dem Sinus der Zeit proportional.

Emission, Aussendung einer Wellen- oder Teilchenstrahlung. *Spontane* Emission erfolgt (nach vorangegangener ↑ Anregung und Ablauf einer kurzen Verweilzeit) ohne weitere äußere Einwirkung, *induzierte* Emission wird durch Einwirkung einer Strahlung ausgelöst.

Emissionsspektrum, aus einzelnen Emissionslinien oder Emissionsbanden bestehendes Spektrum, das von Atomen oder Molekülen ausgesandt wird (Gegensatz: ↑ Absorptionsspektrum).

Emissionsvermögen, Formelzeichen E, die gesamte Energie, die von der Flächeneinheit der Oberfläche eines Körpers pro Zeiteinheit in den Halbraum abgestrahlt wird (Kirchhoffsches ↑ Strahlungsgesetz).

endotherm heißt ein Vorgang, bei dem Wärmeenergie von außen aufgenommen wird.

Energie, Formelzeichen W, die in einem physikalischen System gespeicherte ↑ Arbeit oder die Fähigkeit eines physikalischen Systems, Arbeit zu verrichten. Beispielsweise hat eine gespannte Feder die Fähigkeit, beim Entspannen Arbeit zu verrichten; sie besitzt also Energie. Energie besitzt auch ein fahrendes Auto. Seine Fähigkeit, Arbeit zu verrichten, kommt bei einem Zusammenstoß klar in den auftretenden Deformation (*Verformungsarbeit*) zum Ausdruck. Die verschiedenen in der Natur vorkommenden Energieformen (z.B. mechanische Energie, thermische Energie, elektrische Energie, magnetische Energie, chemische Energie und Kernenergie) können ineinander umgerechnet und weitgehend auch umgewandelt werden. So wird beispielsweise in einem Wärmekraftwerk chemische Energie bei der Verbrennung in Wärmeenergie, diese in der Dampfturbine in mechanische Energie und diese schließlich im Generator in elektrische Energie umgewandelt.

Energie kann weder erzeugt noch vernichtet, sondern lediglich von einer Form in eine andere gebracht werden. Die Summe aller Energien eines abgeschlossenen Systems bleibt konstant (↑ Energiesatz, ↑ Hauptsätze der Wärmelehre).

Dimension der Energie:
dim $W = M \cdot L^2 \cdot Z^{-2}$

SI-Einheit: 1 Joule (J)

Dimension und SI-Einheit der Energie sind identisch mit denen der ↑ Arbeit.

1) *Mechanische Energie*

In der Mechanik treten zwei Energieformen auf, die *potentielle Energie* und die *kinetische Energie*.

a)Die *potentielle Energie* (*Lageenergie*), Formelzeichen W_{pot}, ist die Energie, die ein Körper auf Grund seiner *Lage* besitzt. Setzt man für die Erdoberfläche $h = 0$, dann benötigt man, um einen Körper der Masse m im Schwerefeld der Erde bis zur Höhe h emporzuheben, die Hubarbeit $W_h = mgh$ (g Erdbeschleunigung). Der Körper besitzt dann aber in dieser Höhe relativ zur Erdoberfläche die potentielle Energie:

$$W_{pot} = m g h .$$

Beim Herabfallen auf die Erdoberfläche kann er dieselbe Arbeit verrichten, die zum Emporheben erforderlich war.

Potentielle Energie besitzt auch eine gespannte Feder (*elastische Energie*). Um eine Feder, die dem ↑ Hookschen Gesetz genügt, um die Länge l auszudehnen, ist eine *Spannarbeit* erforderlich:

$$W_{sp} = \frac{1}{2} D l^2$$

(D Federkonstante). Ihre potentielle Energie relativ zum entspannten Zustand ist dann aber gleich dieser Spannarbeit:

$$W_{pot} = \frac{1}{2} D l^2 .$$

Beim Entspannen wird die zum Spannen erforderliche Arbeit wieder zurückgewonnen.

Allgemein gilt: Um einen Körper von einem Zustand geringerer in einen Zustand höherer potentieller Energie zu bringen, muß Arbeit verrichtet werden, im entgegengesetzten Fall verrichtet der Körper Arbeit.

b) Die *kinetische Energie* (*Bewegungsenergie, Wucht*) Formelzeichen W_{kin}, ist die Energie, die ein Körper auf Grund seines *Bewegungszustandes* besitzt. Um einen Körper der Masse m aus der Ruhe auf die Geschwindigkeit v zu bringen, benötigt man eine Beschleunigungsarbeit der Größe:

$$W_a = \frac{m}{2} v^2$$

Die kinetische Energie des Körpers ist dann aber gleich dieser „in ihn hineingesteckten" Arbeit:

$$W_{kin} = \frac{m}{2} v^2$$

In diesem Falle handelt es sich um eine *Translationsenergie*. Beim Abbremsen gibt der Körper die zu seiner Beschleunigung erforderliche Arbeit wieder ab. Erhöht man die kinetische Energie durch Erhöhen der Geschwindigkeit, so muß man Arbeit verrichten, verringert man sie, verrichtet der Körper Arbeit.

Gemäß analoger Überlegungen erhält man die kinetische Energie eines rotierenden Körpers (*Rotationsenergie*) zu:

$$W_{kin} = \frac{1}{2} J \omega^2$$

(J Trägheitsmoment im Bezug auf die Drehachse, ω Winkelgeschwindigkeit). Die kinetische Energie eines rollenden Körpers (beispielsweise eines Zylinders) setzt sich aus der Translations- und der Rotationsenergie zusammen. Es gilt:

$$W_{kin} = \frac{1}{2} m v^2 + \frac{1}{2} J \omega^2 .$$

Ganz allgemein gilt für eine beliebige Bewegung eines starren Körpers:

$$W_{kin} = \frac{1}{2} m v_s^2 + \frac{1}{2} J_s \omega_s^2$$

(v_s Momentangeschwindigkeit des Körperschwerpunktes, J_s Trägheitsmoment in bezug auf die momentane durch den Schwerpunkt gehende Achse, ω_s Momentanwinkelgeschwindigkeit).

2)*Energieinhalt des elektrischen Feldes*
Der Energieinhalt W eines geladenen ↑ Kondensators ergibt sich aus der Beziehung

$$W = \frac{1}{2} C \cdot U^2$$

(C Kapazität des Kondensators, U Spannung, die am Kondensator anliegt).
Speziell für einen Plattenkondensator ist $C = \epsilon \epsilon_0 A/d$ und $U = E \cdot d$ (A Fläche einer Kondensatorplatte, d Plattenabstand, E elektrische Feldstärke, ϵ_0 und ϵ absolute bzw. relative Dielektrizitätskonstante). Durch Einsetzen erhält man

$$W = \frac{1}{2} \epsilon \epsilon_0 E^2 A d.$$

Berücksichtigt man, daß die Verschiebungsdichte $D = \epsilon \epsilon_0 E$ und das Volumen des Plattenkondensators $V = A \cdot d$, erhält man

$$W = \frac{1}{2} D \cdot E \cdot V.$$

Der Energieinhalt W des Plattenkondensators ist proportional zum felderfüllten Volumen. Weiter sind D und E Größen, die charakteristisch für das elektrische Feld sind. Der Energieinhalt ist deshalb nicht von den Ladungen auf den Platten abhängig, sondern vom dazwischen befindlichem elektrischen Feld. Der Raum *zwischen* den elektrischen Ladungen speichert also Energie. Die ↑ Energiedichte des elektrischen Felds im Innern eines Plattenkondensators beträgt somit:

$$w = \frac{W}{V} = \frac{1}{2} \cdot D \cdot E$$

Man kann die oben durchgeführten Überlegungen auf jedes beliebige elektrische Feld verallgemeinern und kommt zu einem allgemeineren Gesetz für die Energiedichte eines elektrischen Felds. Es lautet:

$$w = \frac{1}{2} \vec{D} \cdot \vec{E}$$

($\vec{D} \cdot \vec{E}$ *Skalarprodukt* der beiden Vektoren $\vec{D}$ und $\vec{E}$).

3) *Energie des magnetischen Feldes*
Für den Energieinhalt W des Feldes einer langen ↑ Zylinderspule gilt:

$$W = \frac{1}{2} L I^2$$

(L Selbstinduktionskoeffizient, I Stromstärke des Spulenstroms).
Für den Selbstinduktionskoeffizienten gilt dabei (↑ Selbstinduktion) :

$$L = \mu \mu_0 \frac{n^2 A}{l}$$

(n Anzahl der Windungen der Spule, A Spulenquerschnitt, l Spulenlänge, μ relative Permeabilität, μ_0 magnetische Feldkonstante).
Einsetzen liefert:

$$W = \frac{1}{2} \mu \mu_0 \frac{n^2 A}{l} I^2$$

bzw.

$$W = \frac{1}{2} \mu \mu_0 \frac{n I}{l} \cdot \frac{n I}{l} \cdot l A.$$

Weiter gelten für die magnetische Induktion $\vec{B}$ und die magnetische Feldstärke $\vec{H}$ die physikalischen Gesetze $B = \mu \mu_0 \, n \, I/l$ bzw. $H = n \, I/l$, daraus folgt

$$W = \frac{1}{2} B H l A.$$

Da das Produkt $A \cdot l$ das Volumen V der Spule und damit das Volumen des Raumes darstellt, der vom Magnetfeld erfüllt ist, ergibt sich

$$W = \frac{1}{2} B H V.$$

Die Energiedichte w des Spulenmagnetfelds ist demnach

$$w = \frac{W}{V} = \frac{1}{2} BH.$$

Durch allgemeinere Überlegungen kann man die Energiedichte eines beliebigen Magnetfelds bestimmen. Es ergibt sich:

$$\frac{W}{V} = \frac{1}{2} \vec{B} \cdot \vec{H}.$$

4) *Wärmeenergie (thermische Energie)*
Gemäß der kinetischen Wärmetheorie kann man die Wärmeenergie als kinetische Energie der Moleküle eines Stoffes und somit also als mechanische Energie auffassen.

5) *Chemische Energie*
Die chemische Energie ist identisch mit der Bindungsenergie der zu Molekülen vereinigten Atome. Bei exothermen chemischen Prozessen wird sie in Form von Wärmeenergie frei, bei endothermen Vorgängen muß sie in Form von Wärmeenergie zugeführt werden.

6) *Kernenergie*
↑ Kernbindungsenergie, ↑ Einsteinsche Gleichung.

Energiedichte, Formelzeichen w, Quotient aus der ↑ Energie W, die in einem Raum vom Volumen V gespeichert ist, und dem Volumen V dieses Raumes. Die *SI-Einheit* beträgt: 1 Joule durch Kubikmeter (1 J m^{-3}).

Energiesatz (*Energieprinzip, Satz von der Erhaltung der Energie*), ein allgemeingültiges, grundlegendes Naturgesetz, nach dem bei einem physikalischen Vorgang ↑ Energie weder erzeugt noch vernichtet, sondern lediglich von einer Energieform in eine andere umgewandelt werden kann. In einem abgeschlossenen System (d.h. in einem System, das keinerlei Wechselwirkung mit seinem Außenraum besitzt, insbesondere auch keinen Energieaustausch) ist die Summe aller vorhandenen Energien konstant. Verringert sich in einem solchen System beispielsweise der Anteil der vorhandenen mechanischen

Energie um den Betrag ΔW, so nehmen die übrigen Energieformen zusammen um eben diesen Energiebetrag ΔW zu. Als Folgerung des Energiesatzes ergibt sich die Unmöglichkeit, ein ↑ *Perpetuum mobile 1. Art* zu konstruieren, eine Maschine also, die ohne Energiezufuhr von außen ständig Arbeit verrichtet.

(↑ Erhaltungssätze, ↑ Hauptsätze der Wärmelehre, ↑ goldene Regel der Mechanik).

Energieschwelle, die bei vielen physikalischen Prozessen zur Einleitung der Reaktion notwendige Mindestenergie, die aus dem Erhaltungssatz für die Gesamtenergie folgt. So muß bei einer durch Gammastrahlung eingeleiteten Kernreaktion, z.B. beim (γ, n)-Prozeß, die Quantenenergie die ↑ Kernbindungsenergie des Neutrons von etwa 10 MeV überschreiten, um eine Teilchenemission zu bewirken.

Entmagnetisieren, Zurückführung einer ferromagnetischen Substanz in einen völlig unmagnetischen Zustand. Dies kann durch zyklisches Durchlaufen der ↑ Hysteresisschleife mit abnehmender Maximalfeldstärke erfolgen oder durch Erhitzen der Substanz über die Curietemperatur (↑ Ferromagnetismus).

Entropie, Formelzeichen S, eine den augenblicklichen Zustand eines physikalischen Systems kennzeichnende Größe (*Zustandsgröße*). Sie ist definiert durch die Beziehung:

$$S = k \cdot \ln W$$

(*k* Boltzmann-Konstante, W thermodynamische Wahrscheinlichkeit des betrachteten Zustands).

Die *thermodynamische Wahrscheinlichkeit* W ist dabei gleich der Anzahl der möglichen Mikrozustände, die den betrachteten (Makro-)Zustand des physikalischen Systems hervorrufen können. Je größer diese Anzahl ist, mit desto größerer Wahrscheinlichkeit nimmt das

System diesen Zustand an, desto größer ist also seine Entropie. Erfahrungsgemäß erfolgen alle von selbst ablaufenden Naturvorgänge nur in der Richtung, daß die Wahrscheinlichkeit des neuen Zustands größer als die des vorhergehenden oder höchstens genau so groß ist. Diese Erfahrung bildet den Inhalt des *zweiten Hauptsatzes der Wärmelehre*. Er läßt sich mit Hilfe des Entropiebegriffs wie folgt formulieren: *In einem abgeschlossenen System (d.h. in einem System, das keine Wechselwirkung mit seinem Außenraum besitzt) nimmt die Entropie niemals ab. Sie bleibt konstant, wenn im System nur reversible (umkehrbare) Vorgänge ablaufen. Sie nimmt zu, wenn im System irreversible (nicht von selbst umkehrbare) Prozesse vor sich gehen.*

Erdmagnetfeld, magnetisches Feld der Erde. Die Erde besitzt ein magnetisches Dipolfeld, das mit dem Feld eines riesigen Stabmagneten verglichen werden kann. In Analogie zum Feld des Stabmagneten ordnet man auch dem Erdmagnetfeld einen Nord- und Südpol zu. Der *magnetische* Nordpol liegt in der Nähe des *geographischen* Südpols, der *magnetische* Südpol dagegen in der Nähe des *geographischen* Nordpols.

Das Erdmagnetfeld zeigt gelegentlich starke Schwankungen (*magnetische Stürme*), die durch verstärkte Teilchenstrahlung der Sonne ausgelöst werden. Sie sind von Polarlicht begleitet und stören die Ausbreitung von Radiowellen.

Erdung, Bezeichnung für die leitende Verbindung eines elektrischen Leiters mit der Erde. Da die Erde ein guter Leiter ist, können dadurch alle überschüssigen Ladungen zur Erde abfließen. Schaltzeichen:

Erg (*erg*), für eine Übergangsfrist bis 31.12.1977 noch zugelassene Einheit der ↑ Arbeit bzw. ↑ Energie.

Festlegung: 1 erg ist gleich der Arbeit, die verrichtet wird, wenn der Angriffspunkt der Kraft 1 ↑ Dyn in Richtung der Kraft um 1 cm verschoben wird:

$$1 \text{ erg} = 1 \text{ dyn} \cdot \text{cm} \ .$$

Mit dem ↑ *Joule* (J), der *SI-Einheit* von Arbeit, Energie und Wärmemenge hängt das Erg wie folgt zusammen:

$$1 \text{ erg} = 10^{-7} \text{J} = \frac{1}{10\,000\,000} \text{J}$$

bzw.

$$1 \text{ J} = 10^7 \text{ erg} = 10\,000\,000 \text{ erg}.$$

Erhaltungssätze, grundlegende physikalische Gesetze, nach denen bestimmte physikalische Größen bei bestimmten physikalischen Vorgängen stets unverändert erhalten bleiben. Zu den Erhaltungssätzen gehören u.a.:

1) *Satz von der Erhaltung der Energie:* Energie wird bei keinem physikalischen Vorgang erzeugt oder vernichtet, sondern nur von einer Form in eine andere umgewandelt (↑ Energie).

2) *Satz von der Erhaltung des Impulses:* Der Gesamtimpuls eines abgeschlossenen Systems, d.h. eines Systems, in dem nur innere Kräfte wirken, bleibt erhalten (↑ Impuls).

3) *Satz von der Erhaltung des Schwerpunktes:* Der Schwerpunkt eines abgeschlossenen Systems kann durch innere Kräfte nicht verschoben werden ↑ Schwerpunkt).

4) *Satz von der Erhaltung des Drehimpulses:* Der Gesamtdrehimpuls eines abgeschlossenen Systems bleibt erhalten (↑ Drehimpuls).

5) *Satz von der Erhaltung der Ladung:* Die elektrische Ladung eines abgeschlossenen Systems bleibt erhalten (↑ Ladung).

erzwungene Schwingung, ↑ Schwingung, bei der ein schwingungsfähiges Gebilde durch eine periodisch wirkende äußere Kraft zum Schwingen erregt wird. Das schwingungsfähige Gebilde wird in diesem Zusammenhang als *Resonator* bezeichnet.

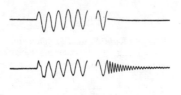

Abb. 87

Erregt man ein schwingungsfähiges Gebilde, beispielsweise ein Federpendel durch einen einmaligen Anstoß, so vollführt es eine Schwingung ganz bestimmter, ihm eigener Frequenz. Diese Schwingung wird als *Eigenschwingung*, ihre Frequenz als *Eigenfrequenz* bezeichnet. Erregt man das schwingungsfähige Gebilde dagegen durch eine periodisch wirkende äußere Kraft, dann schwingt es nach kurzer Zeit, der sogenannten *Einschwingzeit (Einschwingvorgang)* nicht mehr mit seiner Eigenfrequenz, sondern mit der Frequenz dieser Kraft (*Erregerfrequenz*). Die Eigenfrequenz wird dabei völlig unterdrückt. Sie kommt erst wieder zum Zuge, wenn die äußere Kraft aufgehört hat zu wirken. Die Schwingung

klingt dann mit der Eigenfrequenz ab (*Ausschwingvorgang*). In Abb. 87 ist der

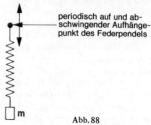

periodisch auf und abschwingender Aufhängepunkt des Federpendels

m

Abb. 88

Verlauf einer erzwungenen Schwingung dargestellt. Die obere Kurve gibt dabei den Verlauf der äußeren Kraft an. Realisieren läßt sich eine erzwungene Schwingung etwa durch das in Abb. 88 dargestellte Federpendel, dessen Aufhängepunkt periodisch auf- und abschwingt. Die Amplitude der erzwungenen Schwingung hängt von der Erregerfrequenz ab. Ist diese sehr viel kleiner als die Eigenfrequenz, dann stimmt die Amplitude der erzwungenen Schwingung mit der Amplitude der äußeren Kraft überein, das Federpendel schwingt auf und ab, ohne daß sich die Feder selbst verformt. Je näher die Frequenz der äußeren Kraft jedoch an die Eigenfrequenz herankommt, umso größer wird die Amplitude der erzwungenen Schwingung, um schließlich (bei feh-

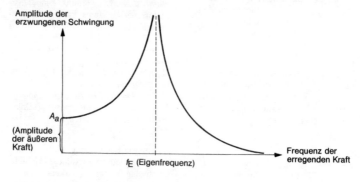

Amplitude der
erzwungenen Schwingung

A_a

(Amplitude
der äußeren
Kraft)

f_E (Eigenfrequenz)

Frequenz der
erregenden Kraft

Abb. 89

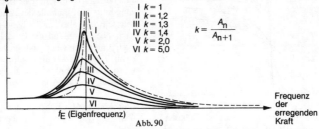

I $k = 1$
II $k = 1{,}2$
III $k = 1{,}3$
IV $k = 1{,}4$
V $k = 2{,}0$
VI $k = 5{,}0$

$$k = \frac{A_n}{A_{n+1}}$$

f_E (Eigenfrequenz)

Frequenz
der
erregenden
Kraft

Abb. 90

lender Dämpfung) unendlich groß zu werden, wenn die Erregerfrequenz und die Eigenfrequenz übereinstimmen (*Resonanzfall*). Steigert man die Erregerfrequenz weiter, so nimmt die Amplitude der erzwungenen Schwingung allmählich wieder ab und strebt asymptotisch dem Wert Null zu. Diese Abhängigkeit der Amplitude der erzwungenen Schwingung von der Erregerfrequenz zeigt die in Abb. 89 dargestellte sogenannte *Resonanzkurve*.

Mit zunehmender Dämpfung sinkt das Maximum der Resonanzkurve und verschiebt sich dabei nach kleineren Frequenzen hin (Abb. 90). Bei kleiner Dämpfung kann der Resonanzfall zur Zerstörung des schwingenden Systems führen (*Resonanzkatastrophe*).

Den Phasenverlauf der erzwungenen Schwingung für den Fall fehlender Dämpfung zeigt die Abb. 91. Unterhalb der Eigenfrequenz stimmen die Phasen von äußerer Kraft und erzwungener Schwingung überein. Beim Erreichen

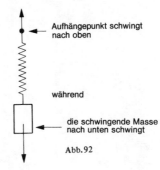

Aufhängepunkt schwingt
nach oben

während

die schwingende Masse
nach unten schwingt

Abb. 92

(Phasendifferenz zwischen
Erregerschwingung und
erzwungener Schwingung)

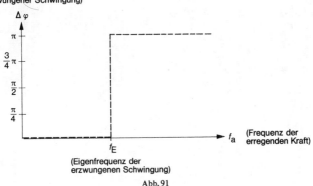

$\Delta \varphi$

π

$\frac{3}{4}\pi$

$\frac{\pi}{2}$

$\frac{\pi}{4}$

f_E

f_a (Frequenz der
erregenden Kraft)

(Eigenfrequenz der
erzwungenen Schwingung)

Abb. 91

117

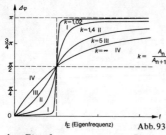

Abb. 93

der Eigenfrequenz tritt ein Phasensprung der Größe π auf, und von da an

hinkt die erzwungene Schwingung der
äußeren Kraft um eine halbe Schwingung hinterher. Im Falle des Federpendels schwingt also der Aufhängepunkt
nach oben, während die Pendelmasse
nach unten schwingt und umgekehrt
(Abb. 92). Je stärker die Dämpfung ist,
umso weniger abrupt erfolgt der Phasensprung, wie die Abb. 93 zeigt.

exotherm heißt ein Vorgang, bei dem
Wärmeenergie nach außen abgegeben
wird.

118

Fadenpendel, ein ↑ Pendel, bei dem an einem langen dünnen Faden mit möglichst geringer Masse ein Körper mit möglichst großer Masse, aber möglichst kleinem Volumen hängt. Das Fadenpendel stellt eine weitgehende Realisierung des *mathematischen Pendels* dar.

Fadenstrahl (*gaskonzentrierter Elektronenstrahl*), dünner Elektronenstrahl, der in einer ↑ Gasentladung bei einer bestimmter Emissionsstromstärke und bei einem bestimmten (geringen) Gasdruck von einer kleinen ↑ Glühkathode ausgeht. Die positive Raumladung der von den Elektronen des Fadenstrahls erzeugten Restgasionen (die bei der Ionisation gebildeten Elektronen diffundieren schnell aus der Bahn des Strahls heraus) bewirkt eine Konzentration (*Gasfokussierung*) des Elektronenstrahls zu einem helleuchtenden Faden (Querschnitt etwa 0,25 mm^2). Die Sichtbarkeit dieses Fadenstrahls rührt von dem Leuchten der durch die Elektronen angeregten Gasmoleküle her. Fadenstrahlen eignen sich vorzüglich zur Demonstration der elektromagnetischen Ablenkung von Elektronenstrahlen.

Fahrenheit-Skala, die von dem deutschen Physiker G.B. Fahrenheit 1714 eingeführte und heute in den USA und Großbritannien verwendete Temperatur-Skala. Ursprünglich hatte Fahrenheit das Temperaturintervall zwischen der Temperatur einer Kältemischung aus Eis, Wasser und festem Salmiak ($-17,8°C$) und der Bluttemperatur eines gesunden Mannes in 96 gleiche Intervalle geteilt. Heute werden als Bezugspunkte (↑ Fixpunkte) der Schmelzpunkt des Wassers (*Eispunkt*) und der Siedepunkt des Wassers (*Dampfpunkt*) bei einem Druck von 1 atm = 101 325 Pa gewählt. Der mit einem Quecksilber-

thermometer gemessene Abstand zwischen diesen beiden Punkten wird in 180 gleiche Abschnitte unterteilt, die als *Fahrenheit-Grade* bezeichnet werden. Ein Grad Fahrenheit (Einheitenzeichen: °F) ist definiert als der 180. Teil des mit einem Quecksilberthermometer gemessenen Abstandes zwischen dem zu 32°F festgelegten Eispunkt und dem zu 212°F festgelegten Dampfpunkt des Wassers bei einem Druck von 1 atm = 101 325 Pa. Zwischen dem Zahlenwert t_f einer Temperatur in der Fahrenheit-Skala und dem Zahlenwert t_c derselben Temperatur in der Celsius-Skala bestehen die folgenden Beziehungen:

$$t_f = \frac{9}{5}\, t_c + 32$$

und

$$t_c = \frac{5}{9}\,(t_f - 32)$$

(↑ Celsius-Skala, ↑ Reaumur-Skala, ↑ Rankine-Skala).

Fahrstrahl, bei einer ↑ Zentralbewegung die Verbindungsgerade vom Bewegungszentrum zum bewegten Massenpunkt bzw. zum Massenmittelpunkt des bewegten Körpers. Der Fahrstrahl überstreicht in gleichen Zeiten gleiche Flächenstücke.

Fallbeschleunigung (*Erdbeschleunigung*), Formelzeichen g, die Beschleunigung, die ein im luftleeren Raum frei fallender Körper im Schwerefeld der Erde erfährt. Die Größe der Fallbeschleunigung ist ortsabhängig. Sie nimmt mit der Höhe (genauer gesagt mit wachsendem Abstand vom Erdmittelpunkt) gemäß dem Gravitationsgesetz ab (↑ Gravitation). Aber auch in Meereshöhe hat sie nicht an allen Orten der Erde denselben Wert. Infolge der Erdabplattung nimmt die Entfernung zwischen Erdmittelpunkt und Erdoberfläche nach den Polen hin ab und erreicht dort ihren kleinsten Wert. Die Fallbeschleunigung hat somit an den Polen ihren größten Wert (9,83221 m/s² in Meereshöhe). Die Abnahme der Fallbeschleunigung nach dem Äquator zu ist jedoch nicht allein auf die Zunahme der Entfernung zwischen Erdmittelpunkt und Erdoberfläche zurückzuführen, sondern beruht auch auf der infolge der Erdrotation auftretenden Fliehkraft, die zum Äquator zu anwächst und dort selbst ihren höchsten Wert erreicht. Am Äquator hat die Fallbeschleunigung in Meereshöhe einen Wert von 9,78049 m/s². Außer diesen Unterschieden treten zusätzlich noch örtliche Schwankungen der Fallbeschleunigung auf, die durch ungleichmäßige Massenverteilung in der Erdkruste verursacht werden und beim Aufspüren von Erzlagerstätten eine Bedeutung haben. Als *Normfallbeschleunigung* (Beschleunigung am Normort) ist ein Wert von $g = 9,80665$ m/s² festgesetzt. Häufig genügt es, mit dem Näherungswert $g = 9,81$ m/s² zu rechnen.

Fallgesetze, im allgemeinen Sinne alle gesetzmäßigen Zusammenhänge, die beim Fall eines Körpers in einem beliebigen Schwerefeld und unter beliebigen Bedingungen (Luftwiderstand, zusätzliche Fliehkräfte usw.) auftreten, im engeren Sinne die Gesetze des freien Falls in Erdnähe (↑ freier Fall).

Fallrinne, rinnenförmig ausgebildete ↑ schiefe Ebene zur Demonstration der Fallgesetze (↑ freier Fall). Ist α der Neigungswinkel der Fallrinne gegenüber der Waagrechten, so gilt gemäß Abb. 94 für die Beschleunigung a, die eine darauf befindliche Kugel in Richtung ihrer Bewegung erfährt:

$$a = g \cdot \sin \alpha \ .$$

Setzt man diesen Wert an Stelle von g in das Geschwindigkeits-Zeit-Gesetz bzw. das Weg-Zeit-Gesetz des freien Falls, so ergibt sich:

bzw.
$$v = g \cdot \sin \alpha \cdot t$$
$$s = \frac{g \cdot \sin \alpha}{2} \cdot t$$

Da sind $\alpha \leqslant 1$ und damit auch $a \leqslant g$, ist der Bewegungsablauf der Kugel ge-

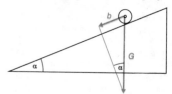

Abb. 94

genüber dem freien Fall verlangsamt und somit der Beobachtung und Messung besser zugänglich. Die Bewegung erfolgt umso langsamer, je kleiner α ist. Vernachlässigt wurde bei diesen Überlegungen die ↑ Winkelbeschleunigung der Kugel, die einen Teil der Schwerebeschleunigung aufzehrt. In Wirklichkeit ist der Bewegungsablauf daher etwas langsamer als angegeben.

Fallröhre, Gerät zur Demonstration der Erscheinung, daß alle Körper im luftleeren Raum gleich schnell fallen, daß also auf alle Körper, unabhängig von ihrer Masse, im Vakuum die gleiche ↑ Fallbeschleunigung wirkt. In einer Glasröhre befinden sich zwei Körper, ein Bleiklötzchen und eine Daunenfeder. Solange noch Luft in der Röhre ist, fällt das Bleiklötzchen schneller als die Daunenfeder, weil letztere einen größeren Luftwiderstand erfährt. Pumpt man dagegen die Glasröhre weitgehend luftleer, dann fallen beide Körper gleich schnell.

Fallschnur, Gerät zur Demonstration des Weg-Zeit-Gesetzes des ↑ freien Falles:
$$h = \frac{g}{2} \, t^2$$

(*h* Fallweg, *t* Fallzeit, *g* Fallbeschleunigung).
An einer dünnen Schnur sind kleine, möglichst schwere Körper befestigt, deren Abstände untereinander sich wie

$$1^2 : 2^2 : 3^2 : 4^2 : 5^2 : \ldots$$

verhalten. Hält man die Schnur so, daß der unterste Körper gerade den Erdboden berührt und läßt sie los, dann schlagen die einzelnen Körper in untereinander gleichen Zeitabständen auf dem Boden auf.

Farad (Einheitenzeichen F), *SI-Einheit* für die Kapazität. 1 Farad (F) ist gleich der elektrischen Kapazität eines Kondensators, der durch die Elektrizitätsmenge 1 Coulomb (C) auf die elektrische Spannung 1 Volt (V) aufgeladen wird:

$$1\ F = 1\ \frac{C}{V}.$$

Faradayeffekt, Drehung der Polarisationsebene von linear polarisiertem Licht unter dem Einfluß eines Magnetfelds.
Unter dem Einfluß eines Magnetfelds wird die Polarisationsebene von linear polarisiertem Licht, das in Richtung der magnetischen Feldlinien einfällt, um einen Winkel α gedreht, für den gilt:

$$\alpha = V \cdot B \cdot l$$

(*V* Materialkonstante, sog. *Verdet-Konstante*, *B* magnetische Induktion des Magnetfelds, *l* die vom Lichtstrahl durchlaufene Schichtdicke).

Faraday-Käfig, ein allseitig geschlossener Metallkasten bzw. ein nicht zu weitmaschiger Drahtnetzkäfig, der zur Abschirmung eines begrenzten Raumes gegen ein äußeres elektrisches ↑ Feld verwendet wird. Befindet sich der Faraday-Käfig im Wirkungsbereich eines elektrischen Feldes, so enden die elektrischen Feldlinien auf der Außenseite des Käfigs, da der Innenraum jedes elektrischen Leiters feldfrei ist.

Faradaykonstante, Formelzeichen *F*, Proportionalitätskonstante, die angibt, welche ↑ Ladung ein ↑ Kilogrammäquivalent eines Stoffes trägt. Es ist

$$F = 9{,}6524\ \frac{C}{\text{kg-Äquivalent}}.$$

Die Faradaykonstante hängt mit der ↑ Loschmidtzahl und der ↑ Elementarladung *e* zusammen:

$$F = e \cdot L.$$

Hat man zwei dieser Konstanten experimentell bestimmt, läßt sich die dritte daraus errechnen (↑ Faradaysche Gesetze).

Faradaysche Gesetze, Gesetze zur quantitativen Beschreibung der ↑ Elektrolyse. Bringt man in die wässrige Lösung oder Schmelze eines ↑ Elektrolyten zwei Elektroden, die mit den Polen einer Gleichspannungsquelle verbunden sind, so kann man mit Hilfe eines Amperemeters eine Stromstärke *I* messen. Gleichzeitig ist an den Elektroden das Abscheiden eines Metalls bzw. das Entstehen eines Gases zu beobachten (↑ Elektrizitätsleitung in Flüssigkeiten). Dabei läßt sich experimentell das *1. Faradaysche Gesetz* bestimmen:

$$m = k \cdot I \cdot t$$

(*m* an einer Elektrode abgeschiedene Stoffmasse, *I* Stromstärke, *t* zeitliche Dauer des Stromflusses). *k* ist dabei eine Stoffkonstante, man nennt sie ↑ *elektrochemisches Äquivalent*. Sie gibt an, wieviel Kilogramm eines Stoffes abgeschieden werden, wenn während einer Zeit von 1 Sekunde ein Strom von 1 Ampere fließt.
Um ein ↑ Kilogrammäquivalent eines Stoffes abzuscheiden, ist ein Ladungstransport von $9{,}6524 \cdot 10^7$ As notwendig. Dies bedeutet z.B.: Um ein Kilogrammäquivalent eines Stoffes abzuscheiden, muß ein Strom von $9{,}6524\ A$ während einer Zeit von 10^7 s fließen.

Dieses *2. Faradaysche Gesetz* läßt sich folgendermaßen deuten. Um *ein einwertiges* Ion (↑ Wertigkeit) zu neutralisieren, benötigt man *eine* ↑ Elementarladung, um *ein zweiwertiges* zu neutralisieren, *zwei* Elementarladungen usw. Da nun in einem Kilogrammatom bzw. Kilogrammol eines Stoffes $L = 6,0247 \cdot 10^{26}$ Atome bzw. Moleküle vorhanden sind (↑ Loschmidtsche Zahl), benötigt man zum Neutralisieren dieser Masse die Ladungsmenge

$$Q = z \cdot L \cdot e$$

(Q Ladungsmenge, z Wertigkeit der zu neutralisierenden Ionen, L Loschmidtsche Zahl, e Elementarladung).

Um L/z Ionen zu neutralisieren (soviele Ionen sind in einem Kilogrammäquivalent vorhanden) braucht man somit die Ladungsmenge

$$Q = z \frac{L}{z} \, e = L \, e.$$

Da L und e bekannte Größen sind, ergibt sich $Q = 0,6524 \cdot 10^7 \, C$. Diese Konstante bezeichnet man als *Faradaykonstante F*.

Farbe, eine Sehempfindung, die durch ↑ Licht bestimmter Wellenlänge hervorgerufen wird. Läßt man weißes Licht (Sonnenlicht, Licht einer Bogenlampe) durch ein ↑ Prisma hindurchtreten, so zeigt sich hinter dem Prisma ein farbiges Lichtband, ein sogenanntes ↑ Spektrum. Genauere Untersuchungen dieser Erscheinung ergeben, daß das weiße Licht ein Gemisch elektromagnetischer Wellen mit Wellenlängen zwischen 380 nm und 750 nm darstellt. Die verschiedenen Wellenlängen werden durch das Prisma verschieden stark abgelenkt, und zwar umso stärker, je kürzer sie sind. Jede Wellenlänge ruft im gesunden menschlichen Auge einen bestimmten Farbeindruck hervor. Licht mit einer Wellenlänge von etwa 750 nm wird als rot, Licht von einer Wellenlänge von etwa 380 nm als violett empfunden. Jede Wellenlänge ruft so

einen anderen Farbeindruck hervor. Alle überhaupt möglichen Farben sind im weißen Licht enthalten. Ein Körper erscheint farbig, wenn er nur bestimmte Wellenlängen des auf ihn treffenden Lichtes reflektiert. Ein roter Körper wirft beispielsweise nur das rote Licht zurück bzw. solche Farben, die sich zu Rot addieren. Körper, die das gesamte auffallende Licht reflektieren, erscheinen weiß, Körper, die überhaupt kein Licht reflektieren, erscheinen schwarz. Grau erscheinende Körper reflektieren zwar alle Wellenlängen gleichmäßig, jedoch nicht in dem Maße wie weiß erscheinende.

In der Farblehre unterscheidet man zwischen *Farbton, Sättigung* und *Helligkeit* einer Farbe. Der *Farbton* ist dabei die Eigenschaft, die eine bunte Farbe von einer unbunten (weiß, grau, schwarz) unterscheidet, er wird durch die Wellenlänge des entsprechenden Lichts beschrieben. Die *Helligkeit* gibt die Stärke der Lichtempfindung an; die *Sättigung* beschreibt den Grad der Buntheit gegenüber einem Grau der gleichen Helligkeit. Mit Hilfe dieser drei Merkmale läßt sich jede einzelne der etwa 10 Millionen vom menschlichen Auge unterscheidbaren Farben eindeutig beschreiben.

Farben dünner Plättchen, eine beim Einfall weißen Lichtes auf dünne, durchsichtige Schichten (Ölfilm auf Wasser, Seifenlamelle, Glimmerplättchen, Oxidschicht auf Metallen) sowohl im reflektierten als auch (weniger stark) im durchgehenden Licht zu beobachtende Farberscheinungen, die auf der ↑ Interferenz beruhen. Durch teilweise Reflexion der einfallenden Lichtwellen an den beiden Begrenzungsflächen der dünnen Schicht ergeben sich kohärente Teilwellenzüge, die sich für gewisse, von der Blickrichtung abhängige Wellenlängen gegenseitig auslöschen. Der verbleibende Rest des ursprünglich weißen Lichtes erscheint für den Beobachter in der komplementären Mischfarbe der nicht ausgelöschten Wellenlängen (↑ Newtonsche Ringe).

Farbtemperatur, die in Kelvin angegebene Temperatur eines ↑ schwarzen Strahlers, bei der dieser Licht der gleichen Wellenlänge wie der zu kennzeichnende Strahler aussendet.

fata morgana, eine auf der Erscheinung der ↑ Totalreflexion beruhende Luftspiegelung. In stark vereinfachter Weise kann man zwei Arten der fata morgana unterscheiden:
1. Direkt über der Erdoberfläche befindet sich eine sehr stark erwärmte Luftschicht; die Lufttemperatur nimmt mit zunehmender Höhe ab (Abb. 95). Ein von einem aus der heißen Bodenschicht herausragenden Gegenstand ausgehender Lichtstrahl wird an der direkt am Boden befindlichen wärmeren und damit optisch dünneren Luftschicht total reflektiert. Der Beobachter sieht ein auf den Kopf stehendes Spiegelbild des Gegenstandes, das sich scheinbar unter der Erdoberfläche, also unter dem Horizont befindet.

Abb. 95

2. Direkt über der Erdoberfläche befindet sich eine sehr kalte Luftschicht; mit zunehmender Höhe nimmt die Lufttemperatur zu (Abb. 96). Ein von einem Gegenstand in der auf dem Boden aufliegenden sehr kalten Luftschicht ausgehender Lichtstrahl wird an den darüberbefindlichen wärmeren und damit optisch dünneren Luftschichten total reflektiert. Der Beobachter sieht ein auf dem Kopf stehendes Spiegelbild des Gegenstandes, das sich scheinbar

weit über der Erdoberfläche, also weit über dem Horizont befindet. In diesem Falle kann man über dem Horizont in umgekehrter Stellung Dinge sehen, die

Abb. 96

in Wirklichkeit weit unter dem Horizont liegen und auf direktem Wege nicht sichtbar wären.

Federkonstante, Formelzeichen D, Bezeichnung für die ↑ Richtgröße einer Feder. Sie ist gleich dem in einem bestimmten Dehnungsbereich (*Proportionalitätsbereich*) konstanten Quotienten aus dem Betrag der dehnenden Kraft F und der durch sie bewirkten Verlängerung Δx:

$$D = \frac{F}{\Delta x} \ .$$

Die Federkonstante dient als Maß für die *Steifheit* einer Feder (↑ Hookesches Gesetz).

Federpendel, ein an einer Schraubenfeder oder einer Blattfeder befestigter Körper (im Idealfall ein Massenpunkt) der unter dem Einfluß der Rückstellkraft der Feder eine Schwingungsbewegung ausführen kann.

Feld, in der Physik Bezeichnung für eine mit einem besonderen Zustand des Raumes verbundene Erscheinung, die durch eine oder mehrere Funktionen der Ortskoordinaten, den sogenannten *Feldgrößen* oder *Feldfunktionen* beschrieben wird. Im engeren Sinne versteht man unter diesem Begriff ein *Kraftfeld,* d.h. ein durch die an jeder Stelle des Raumes auf einen Probe-

123

körper ausgeübten Kraftwirkungen gekennzeichnetes Feld. Bei Kraftfeldern werden die zugehörigen Feldgrößen (*Feldvektoren*) als *Feldstärken* bezeichnet. Jedes vektorielle Feld kann durch eine Schar von Feldlinien in seinem Verlauf und seiner Stärke kenntlich gemacht werden. Die Feldlinien gehen dabei von den *Quellen* des Feldes aus und enden in seinen *Senken*, die Feldlinien stehen senkrecht auf den *Äquipotentialflächen*. In verschiedenen Punkten des Feldes unterscheiden sich die Kräfte im allgemeinen nach *Betrag* und *Richtung*, man spricht dann von einem *inhomogenen* Feld. Sind die Kräfte in allen Punkten nach Betrag und Richtung gleich, handelt es sich um ein *homogenes* Feld.

Wichtige Kraftfelder sind das elektrische Feld, das magnetische Feld und das Gravitationsfeld.

1) *Elektrisches Feld:*

In einem elektrischen Feld ordnet man jedem Punkt diejenige Kraft $\vec{F}$ zu, die auf eine feste, punktförmige, positive Probeladung Q wirkt.

In jedem Punkt gilt: Der Betrag der Kraft $\vec{F}$ ist proportional zur Probeladung Q. Daher ist in jedem Punkt P eines elektrischen Feldes der Quotient $\vec{F}/Q$ eine von der Probeladung Q unabhängige, nur vom elektrischen Feld abhängige, konstant *vektorielle* Größe, die man *elektrische Feldstärke E* nennt. Es gilt:

$$\vec{E} = \frac{\vec{F}}{Q}.$$

Die elektrische Feldstärke $\vec{E}$ hat die gleiche Richtung wie die Kraft $\vec{F}$ auf eine *positive* Probeladung Q. In einem *homogenen* elektrischen Feld ist die elektrische Feldstärke E in allen Punkten des Feldes *gleich*.

Aus dieser Definition der elektrischen Feldstärke $\vec{E}$ erhält man als Einheit zunächst 1 Newton/Coulomb = 1 N/C

bzw. (wegen der Beziehungen 1 Volt = = 1 Joule/Coulomb = 1 Nm/C)

$$1\,\frac{N}{C} = 1\,\frac{Nm}{Cm} = 1\,\frac{V}{m}.$$

1 V/m ist die *SI-Einheit* der elektrischen Feldstärke $\vec{E}$. 1 Volt durch Meter ist gleich der elektrischen Feldstärke eines homogenen elektrischen Feldes, in dem die Potentialdifferenz zwischen zwei Punkten im Abstand 1 m in Richtung des Feldes 1 V beträgt.

Kennt man die elektrische Feldstärke $\vec{E}$ in einem Raumpunkt P, so kann man die Kraft $\vec{F}$ berechnen, die in P auf einen Körper der Ladung Q wirkt:

$$\vec{F} = Q \cdot \vec{E}.$$

Zur *Veranschaulichung* des elektrischen Feldes dienen die *Feldlinien* bzw. das *Feldlinienbild*.

Denkt man sich in jedem Punkt eines elektrischen Feldes die Richtung der Kraft auf eine positive Probeladung als unendlich kleine gerichtete Strecke, so erhält man unendlich viele (gerichtete) Linien, die als *elektrische Feldlinien* bezeichnet werden (Abb. 97). Da die Kraftrichtung in jedem Punkt eindeutig festliegt, erkennt man als wichtiges Merkmal: *Feldlinien schneiden sich nie,* durch jeden Punkt geht genau eine Feldlinie. Kennt man das Feldlinienbild eines elektrischen Feldes, so kann man daraus leicht in jedem Punkt des Feldes

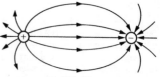

Abb. 97

die Richtung der Kraft auf eine Ladung durch Zeichnen (Konstruieren) der Tangente an die betreffende Feldlinie ermitteln.

Feldlinien gehen immer von einer positiven Ladung aus und enden in einer negativen Ladung. Den Sitz der positiven Ladung nennt man daher auch *Feldquelle*, den einer negativen Ladung *Feldsenke*.

Bringt man eine positive Probeladung in einen Punkt P eines elektrischen Feldes und läßt sie los, so beschreibt sie (wenn man von anderen Kräften absieht) auf Grund der wirksamen elektrischen Kräfte als Weg diejenige Feldlinie, die durch P geht.

In der *Elektrostatik* stehen auf Leiteroberflächen die elektrischen Feldlinien immer senkrecht. Wäre dies nicht der Fall, so hätte die elektrische Feldstärke $\vec{E}$ eine von Null verschiedene Komponente parallel zur Leiteroberfläche, was eine *Ladungsverschiebung* im Leiter zur Folge hätte. Dann könnte man aber nicht mehr von Elektrostatik sprechen.

Zwei wichtige Beispiele:

a) Das (annähernd) homogene elektrische Feld eines Plattenkondensators (↑ Kondensator, Abb. 98).

Im *Innern* eines Plattenkondensators ist die elektrische Feldstärke $\vec{E}$ in allen Punkten die gleiche. (*Idealfall*: unendlich ausgedehnte Platten; in Wirklichkeit geht die Homogenität an den Rändern verloren!)

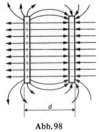

Abb. 98

Haben die beiden Kondensatorplatten den Abstand d und besteht zwischen ihnen die ↑ Spannung U, so gilt der Betrag E der elektrischen Feldstärke $\vec{E}$ im Innern

$$E = \frac{U}{d}.$$

Zur *Herleitung* dieser Beziehung denke man sich auf der negativ geladenen Kondensatorplatte ein freies ↑ Elektron e^- der Ladung $- e$. Auf dieses Elektron wirkt in jedem Punkt die Kraft $\vec{F} = - e \cdot \vec{E}$, die es in Feldrichtung zur positiven Platte bewegt. Dadurch wurde am Elektron auf dem Weg der Länge d insgesamt die Arbeit $W = F \cdot d = - e \cdot E \cdot d$ vom elektrischen Feld verrichtet. Andererseits gilt $U = W/Q$, das heißt $W = - e \cdot U$. Durch Gleichsetzen erhält man

$$e \cdot U = e \cdot E \cdot d$$

bzw.

$$E = \frac{U}{d}.$$

b) das kugelsymmetrische Feld einer punktförmigen Ladung (Abb. 99).

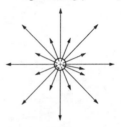

Abb. 99

Die felderzeugende Ladung sei Q. Befindet sich eine (Probe-)Ladung Q_p in einem Punkt, der von Q die Entfernung r hat, so gilt für den Betrag F der Kraft $\vec{F}$ auf Q_p:

$$F = \frac{Q \cdot Q_p}{4\pi\epsilon_0 \, r^2}$$

(↑ Coulombsches Gesetz).

Wegen $F = Q_p \cdot E$ gilt für den Betrag E der elektrischen Feldstärke $\vec{E}$ in der Entfernung r von Q

$$E = \frac{Q}{4\pi\epsilon_0 \, r^2}$$

125

(Q felderzeugende Ladung, ϵ_0 Feldkonstante, r Entfernung des betrachteten Punktes von der Ladung Q). Die
Feldstärke nimmt also mit dem Qua-

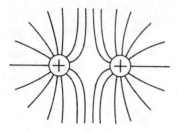

Abb. 100

drat der Entfernung ab. Zwei weitere
Feldlinienbilder zeigen die Abbildungen 100 und 101.

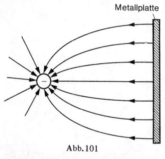

Abb. 101

2) *Magnetisches Feld:*

In der Umgebung eines stromdurchflossenen Leiters treten Kraftwirkungen auf Eisenspäne, Kompaßnadeln
und auf andere stromdurchflossene
Leiter auf. Diese Kräfte besitzen eine
andere Richtung als die elektrischen
Kräfte und sind in der Regel größer als
diese. Der stromführende Leiter besitzt
in seiner Umgebung ein *magnetisches
Feld*. Bringt man Eisenfeilspäne in die
Umgebung des stromführenden Leiters,
so stellen sie sich in Richtung der wirkenden Kräfte in Form geschlossener
Kurven ein, diese Kurven nennt man
magnetische Feldlinien. Die Dichte der

Feldlinien ist dabei ein Maß für die
Größe der auftretenden Kräfte.

Im Gegensatz zu den elektrischen Feldlinien sind die magnetischen Feldlinien
immer *geschlossene Kurven*.

Die Abb. 102 und 103 zeigen das magnetische Feldlinienbild eines geradlinigen
Leiters und einer langen Zylinderspule.
Aus der gleichmäßigen Feldliniendich-
te im Innern der Spule ersieht man, daß
dort ein annähernd homogenes Feld
herrscht. Außerhalb der Spule streben
die Feldlinien stark auseinander. Dort
ist das magnetische Feld inhomogen.
Das Magnetfeld an den Enden einer

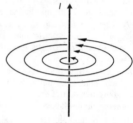

Abb. 102

Spule wird nun näher charakterisiert.
Man spricht von *Nord-* und *Südpol* der
Spule. Dabei werden Nord- und Südpol
so gelegt, daß im Innern der Spule die
Feldlinien vom Südpol zum Nordpol
verlaufen.

Dieselben Kraftwirkungen, die man in
der Nähe von stromdurchflossenen Lei-

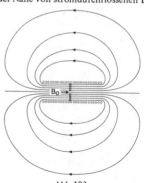

Abb. 103

126

tern beobachten kann, treten auch in der Nähe von sogenannten Dauermagneten auf. Auch sie besitzen in ihrer Umgebung ein magnetisches Feld (Abb. 104 und 105). Bei ihnen muß man sich die Feldlinien im Innern fortgesetzt den-

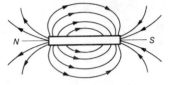

Abb. 104

ken. Analog zur Spule bezeichnet man das Feld an den beiden Enden eines Stabmagnets ebenfalls als Nord- und Südpol. Die magnetischen Erscheinungen in der Umgebung von Dauermagneten lassen sich auf den Fall des stromdurchflossenen Leiters zurückführen (↑ Ferromagnetismus).

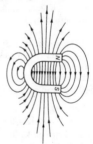

Abb. 105

Die magnetischen Kräfte F in einem Punkt der Umgebung eines von einem Strom der Stärke I durchflossenen Leiters auf eine Meßsonde (Abb. 106) werden beschrieben durch:

$$F \sim I \cdot \Delta s \cdot \sin \varphi$$

(Δs Länge des Leiterstücks der Sonde, φ spitzer Winkel zwischen dem Leiter der Meßsonde und der Feldrichtung im Meßpunkt). Daraus folgt:

$$\frac{F}{I \cdot \Delta s \cdot \sin \varphi} = B = \text{const.}$$

Die Konstante B ist somit bei gleichbleibenden Versuchsbedingungen für den das Magnetfeld erzeugenden Leiter von den physikalischen Größen der Meßsonde unabhängig. B ist deshalb ein Maß für die Stärke des magnetischen Felds in einem bestimmten Punkt des Raums. Weiter wird der Größe B noch die Feldlinienrichtung zugeord-

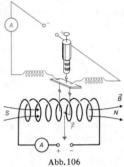

Abb. 106

net. Die so definierte vektorielle Größe $\vec{B}$ nennt man *magnetische Induktion* oder *magnetische Kraftflußdichte*. Ihre *SI-Einheit* ist 1 Tesla (T). 1 Tesla ist gleich der Flächendichte des homogenen magnetischen Flusses 1 Weber (Wb), der die Fläche 1 m^2 durchsetzt:

$$1\,\text{T} = 1\,\frac{\text{Wb}}{\text{m}^2} = 1\,\frac{\text{Vs}}{\text{m}^2}.$$

Es gilt also

$$F = I \cdot \Delta s \cdot B \cdot \sin \varphi$$

bzw. in vektorieller Schreibweise

$$\boxed{\vec{F} = I \cdot (\vec{\Delta s} \times \vec{B})}$$

($\vec{\Delta s}$: Vektor vom Betrag Δs und einer Richtung, die durch den Leiter der Sonde und die technische Stromrichtung bestimmt ist).
Bringt man eine Substanz in das Magnetfeld und mißt in ihrem Innern die magnetische Induktion $\vec{B}$, so stellt man

127

eine Veränderung gegenüber dem Vakuum fest. Diese Veränderung wird durch eine Konstante, die relative Permeabilität (Formelzeichen μ) erfaßt. Man unterscheidet dabei drei Bereiche:

1) diamagnetischer Bereich: $\mu < 1$
2) paramagnetischer Bereich: $\mu > 1$
3) ferromagnetischer Bereich: $\mu \gg 1$.

Die Schwächung bzw. Verstärkung der magnetischen Induktion im Innern von Materie beruht auf komplizierten atomaren Vorgängen (↑ Dia-, ↑ Para-, ↑ Ferromagnetismus).
Eine andere Größe zur Beschreibung des magnetischen Feldes ist die *magnetische Feldstärke* $\vec{H}$, für die gilt: $\vec{B} = \mu\mu_0 \ \vec{H}$. (Mit der ↑ magnetischen Feldkonstante $\mu_0 = 4\pi \cdot 10^{-7}$ Vs/(Am).
Beispiele für magnetische Felder:
a) Magnetfeld im Inneren einer langen Zylinderspule.
Untersucht man experimentell die magnetische Induktion im Innern einer mit Luft gefüllten langen Zylinderspule, so bestätigt sich die annähernde Homogenität des magnetischen Feldes, wie sie schon auf Grund der Feldliniendarstellung vorausgesagt wurde. Dabei findet man folgendes Gesetz:

$$B = \frac{\mu_0 I_S \cdot n}{l}$$

(I_S Stromstärke des Spulenstroms, n Windungszahl, l Länge der Spule).
Füllt man das Innere der Spule mit Materie, so ergibt sich

$$B = \mu\mu_0 \ \frac{I_S n}{l}.$$

b) Magnetfeld in der Umgebung eines geraden Leiters.

$$B = \mu\mu_0 \ \frac{I}{2r}$$

(I Stromstärke des Leiterstroms, r Abstand vom Leiter zum Meßpunkt).

c) Magnetfeld einer Leiterschleife.
Auf der Achse der Leiterschleife ergibt sich für die magnetische Induktion beim Punkt P:

$$B = \mu\mu_0 \ \frac{1}{2} \ \frac{Ia^2}{(r^2 + a^2)^{3/2}}$$

(I Leiterstromstärke, r, a siehe Abb. 107).

Abb. 107

d) Magnetfelder von Dauermagneten.
Die magnetischen Kraftwirkungen in der Umgebung von Dauermagneten lassen sich auf elektrische Vorgänge im Inneren dieser Körper zurückführen (↑ Ferromagnetismus). Um diese magnetischen Felder mathematisch erfassen zu können, ersetzt man die magnetisierten Körper durch ein elektrisches Ersatzbild, z.B. einen magnetisierten Zylinder durch eine Zylinderspule, die gewisse Bedingungen erfüllen muß.

3) Gravitationsfeld:
In einem Gravitationsfeld ordnet man jedem Punkt diejenige Kraft $\vec{F}$ zu, die auf einen ↑ Massenpunkt m wirkt. Für die Gravitationsfeldstärke $\vec{g}$ gilt:

$$\vec{g} = \frac{\vec{F}}{m} \ .$$

Die Gravitationsfeldstärke des Feldes, das ein kugelförmiger Körper in seiner Umgebung erzeugt, ist

$$\vec{g} = \gamma \ \frac{M}{r^3} \ \vec{r} \ .$$

(γ Gravitationskonstante, M Masse des Körpers, r Abstand des betrachteten Raumpunkts vom Mittelpunkt des Körpers (↑ Gravitation)).

Feldemission (*Kaltemission, Autoemission, autoelektrischer Effekt*), Austritt von Elektronen aus *kalten* Metallen unter dem Einfluß von äußeren, starken elektrischen Feldern (10^6 V/cm), wie sie nur an Kanten oder scharfen Spitzen vorkommen können. Das Metall muß dabei natürlich als ↑ Kathode benutzt werden, so daß die Elektronen unter dem Einfluß des starken elektrischen Feldes aus dem Metall abgesaugt und in Richtung zur ↑ Anode beschleunigt werden. Die Feldemission kann nur in sehr gutem Vakuum stattfinden, da andernfalls schon bei niedrigeren als zur Feldemission nötigen Feldstärken eine ↑ Gasentladung eintritt.

Femtometer (fm), der 10^{15}-te Teil eines ↑ Meters:

$$1 \text{ fm} = 10^{-15} \text{ m} .$$

Vor allem in der Atom- und Kernphysik werden Längen und Entfernungen oft in Femtometer angegeben, da die Durchmesser der Atomkerne (↑ Kern) in der Größenordnung eines Femtometers liegen.

Fernrohr (*Teleskop*), optisches Gerät, mit dessen Hilfe entfernt liegende Gegenstände unter einem vergrößerten ↑ Sehwinkel erscheinen. Wichtige Kenngrößen des Fernrohres sind:

a) Die Fernrohrvergrößerung V
Unter der Fernrohrvergrößerung V versteht man den Quotienten aus dem Tangens des Sehwinkels α_F, unter dem man den betrachteten Gegenstand *mit* Fernrohr und dem Tangens des Sehwinkels α_0 unter dem man ihn ohne Fernrohr sieht.

$$V = \frac{\tan \alpha_F}{\tan \alpha_0} .$$

Bei kleinen Winkeln gilt $\tan \alpha \approx \alpha$. Es ergibt sich dann die vereinfachte Beziehung:

$$V = \frac{\alpha_F}{\alpha_0} .$$

b) Der Objektivdurchmesser D
Der Objektivdurchmesser D ist ein Maß für die Menge des Lichtes, die in das Fernrohr eintreten kann, und damit für die Beleuchtungsstärke des Bildes auf der Augennetzhaut. D wird in Millimetern gemessen und meist mit der Fernrohrvergrößerung V zusammen in der Form $V \times D$ angegeben. So bedeutet die Angabe 8×50 für ein Fernrohr, daß es eine 8fache *Vergrößerung* des Sehwinkels bewirkt und einen *Objektivdurchmesser* von 50 mm besitzt.

c) Das Sehfeld (Gesichtsfeld) G
Das Seh- oder Gesichtsfeld G ist das vom Fernrohr abgebildete und mit diesem überschaubare Feld. Es wird entweder angegeben als Strecke, die man in 1000 m Entfernung überblicken kann (z.B. „150 m auf 1000 m") oder als Durchmesser des übersehbaren Feldes im Winkelmaß (z.B. 8,5°). Im letzteren Fall spricht man auch vom *Gesichtsfeldwinkel* (α_g) und schreibt z.B.:
$\alpha_g = 8,5°$.
Je nach Bauart und Wirkungsweise unterscheidet man im wesentlichen zwischen den folgenden Fernrohren:

1. das *Keplersche* oder *Astronomische* Fernrohr
2. das *Terrestrische* oder *Erd*fernrohr
3. das *Prismen*fernrohr
4. das *Galileische* oder *Holländische* Fernrohr
5. das *Spiegelteleskop*.

1. *Das Keplersche oder Astronomische Fernrohr* (Abb. 108) besteht aus zwei Sammellinsen mit gemeinsamer optischer Achse (↑ Linse). (In der Praxis handelt es sich bei diesen beiden Sammellinsen in der Regel um Linsensysteme.) Die dem Gegenstand („Objekt") zugewandte Linse heißt *Objektiv*, die dem Auge („oculus") zugewandte Linse heißt *Okular*. Objektiv und Okular sind durch einen ausziehbaren Tubus so miteinander verbunden, daß der *bildseitige* Brennpunkt des Objektivs

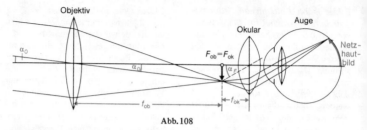

Abb. 108

nahezu mit dem *dingseitigen* Brennpunkt des Okulars zusammenfällt. Die Tubuslänge l und damit die Länge des Fernrohres ist somit nahezu gleich der *Summe* aus der Brennweite f_{ob} des Objektivs und der Brennweite f_{ok} des Okulars:

$$l = f_{ob} + f_{ok}.$$

Das Objektiv erzeugt von dem betrachteten, weit entfernten Gegenstand ein umgekehrtes, verkleinertes, reelles Bild (*Zwischenbild*) nahe seiner Brennebene. Damit dieses Zwischenbild nicht zu klein ist, muß die Objektivbrennweite möglichst groß gewählt werden. Der Tubus wird nun so eingestellt (*Scharfeinstellung*), daß sich das reelle Zwischenbild genau in der Brennebene des Okulars befindet. Es kann dann mit dem auf unendlich eingestellten, also nicht akkommodierten Auge durch das Okular wie durch eine Lupe betrachtet werden.

Die Vergrößerung V des Keplerschen oder Astronomischen Fernrohres ist gleich dem Quotienten aus der Brennweite f_{ob} des Objektivs und der Brennweite f_{ok} des Okulars:

$$V = \frac{f_{ob}}{f_{ok}}.$$

Zur Erzielung einer günstigen Vergrößerung wählt man die Objektivbrennweite zweckmäßigerweise möglichst groß und die Okularbrennweite möglichst klein.

Ein Nachteil des Keplerschen oder Astronomischen Fernrohres ist die Tatsache, daß das Bild des Gegenstandes umgekehrt erscheint. Bei Himmelsbeobachtungen, zu denen es vorwiegend verwendet wird, ist das jedoch belanglos.

2. *Das Terrestrische oder Erdfernrohr* (Abb. 109) stellt im Prinzip ein Keplersches Fernrohr dar, bei dem das reelle, umgekehrte Zwischenbild durch eine zwischen das Objektiv und das Okular gebrachte Sammellinse (*Umkehrlinse*) aufgerichtet wird. Dadurch sieht der Beobachter ein aufrechtstehendes Bild des betrachteten Gegenstandes. Das vom Objektiv erzeugte umgekehrte Zwischenbild Z_1 befindet sich dabei genau in der doppelten Brennweite der

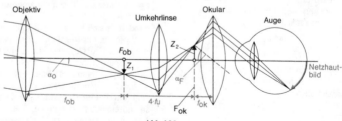

Abb. 109

Umkehrlinse. Diese liefert somit von Z_1 ein reelles, gleich großes, umgekehrtes (und somit nun wieder aufrechtstehendes) Bild ebenfalls in der doppelten Brennweite. Dieses Zwischenbild Z_2 wird schließlich durch das Okular wie durch eine Lupe betrachtet.

Ist f_{ob} die Brennweite des Objektivs, f_{ok} die Brennweite des Okulars und f_U die Brennweite der Umkehrlinse, dann ergibt sich für die Fernrohrlänge l des auf Unendlich eingestellten Terrestrischen oder Erdfernrohres

$$l = f_{ob} + 4 \cdot f_u + f_{ok}.$$

Damit ist es aber noch länger, als das an sich schon sehr lange und unhandliche Keplersche Fernrohr.

3. *Das Prismenfernrohr.* Beim Prismenfernrohr (Abb. 110), das ebenfalls im

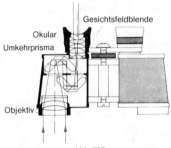

Abb. 110

Prinzip ein Keplersches Fernrohr darstellt, erfolgt die Bildumkehr nicht durch eine Umkehrlinse sondern durch zwei zwischen Objektiv und Okular gebrachte um 90° gegeneinander versetzte ↑ *Umkehrprismen.* Das eine Prisma vertauscht dabei im Strahlengang oben und unten, das andere dagegen rechts und links (Abb. 111), so daß das vom Objektiv erzeugte auf dem Kopf stehende und seitenvertauschte Zwischenbild nun wieder aufrecht und seitenrichtig erscheint. Es wird durch das Okular wie durch eine Lupe betrachtet. Durch die Prismenanordnung wird der Strahlengang zwischen Objektiv und Okular

zweimal um je 180° umgelenkt, wodurch das Prismenfernrohr wesentlich kürzer und handlicher ist als das Terrestrische Fernrohr. Der durch die Konstruktion bedingte größere Abstand zwischen den beiden Objektiven ist darüber hinaus von Nutzen für das räumliche Sehen.

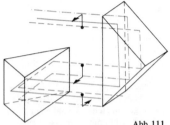

Abb. 111

4. *Das Galileische oder Holländische Fernrohr* (Abb. 112) besteht aus zwei Linsen bzw. Linsensystemen mit einer gemeinsamen optischen Achse. Dabei ist das Objektiv eine *Sammellinse* mit großer Brennweite, das Okular dagegen eine *Zerstreuungslinse.* Beide sind durch einen ausziehbaren Tubus so verbunden, daß der bildseitige Brennpunkt des Objektivs nahezu mit dem bildseitigen Brennpunkt des Okulars zusammenfällt. Die Tubuslänge l und damit die Länge des Fernrohres ist demnach etwa gleich der *Differenz* aus der Brennweite von Objektiv (f_{ob}) und Okular (f_{ok}):

$$l = f_{ob} - f_{ok}.$$

Das Objektiv sammelt die von dem betrachteten, weit entfernten Gegenstand kommenden Strahlen so, daß ein reelles Zwischenbild nahe seiner Brennebene entstehen würde. Bevor sich aber die Strahlen dort vereinigen können, treffen sie auf die Zerstreuungslinse. Der Tubus wird nun so eingestellt (*Scharfeinstellung*), daß das Zwischenbild, wenn es überhaupt zustande käme, in der bildseitigen Brennebene des Okulars entstehen würde. Gemäß den Ge-

131

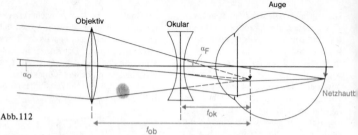

Auge

Objektiv · Okular

α_F

α_0

Netzhaut

Abb. 112

f_{ok}

f_{ob}

setzen der Zerstreuungslinse verlaufen aber alle auf einen Punkt der jenseitigen Brennebene gerichteten Strahlen nach Durchgang durch die Linse parallel zueinander und zwar in Richtung des dem konvergenten Strahlenbüschel zugehörigen Mittelpunktstrahlers (↑ Linse). Die Lichtstrahlen verlassen also das Okular parallel zueinander und zwar unter einem Winkel α_F, der größer ist als der Winkel α_0, unter dem der betrachtete Gegenstand ohne Fernrohr gesehen würde.

Die *Vergrößerung* V des Galileischen oder Holländischen Fernrohres ist gleich dem *Quotienten* aus der Brennweite f_{ob} des Objektivs und dem Betrag der (negativen) Brennweite f_{ok} des Okulars:

$$V = -\frac{f_{ob}}{|\,f_{ok}\,|}\,.$$

Die üblichen Vergrößerungen liegen bei $V = 2,5$. Das Galileische Fernrohr liefert unmittelbar, also ohne jede weiteren Hilfseinrichtungen ein aufrechtes Bild, da sich die vom Gegenstand kommenden Strahlen nicht in einem reellen Zwischenbild überkreuzen wie beim Keplerschen Fernrohr.

5. *Das Spiegelteleskop* (Abb. 113). In der *Astronomie* verwendete Fernrohre

haben nicht die Aufgabe, den Sehwinkel, unter dem ein Stern gesehen wird, zu vergrößern. Die beobachteten Sterne sind so weit entfernt, daß sie auch mit Fernrohr unter einem unmeßbar kleinen Sehwinkel erscheinen. Aufgabe des Fernrohres in der Astronomie ist es vielmehr, möglichst viele der von einem Stern einfallenden parallelen Strahlen zu erfassen und in einem Punkt, dem Brennpunkt des Objektivs zu bündeln, damit in diesem Punkt die Helligkeit groß genug ist, um im Auge des Beobachters einen Lichteindruck hervorzurufen. Die Helligkeit im Brennpunkt ist desto größer, je größer der Durchmesser des Objektivs ist. Da sich aber brauchbare Linsen nur bis zu einem Durchmesser von etwa 1 m herstellen lassen, verwendet man für solche Zwecke ↑ Hohlspiegel.

Die von einem Stern kommenden, parallel einfallenden Strahlen werden von einem ↑ Parabolspiegel mit möglichst großem Durchmesser in seinem Brennpunkt gebündelt. Da dieser der Beobachtung nicht direkt zugänglich ist, weil er im Strahlengang des einfallenden Lichtes liegt, werden durch geeignete Spiegelvorrichtungen die zum Brennpunkt verlaufenden Strahlen umgelenkt und fallen über eine Sammel-

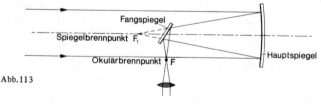

Fangspiegel

Spiegelbrennpunkt F_1

Okularbrennpunkt F

Hauptspiegel

Abb. 113

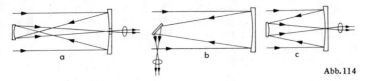

Abb. 114

linse, das Okular, auf das Auge des Beobachters. Solche Fernrohre heißen
Spiegelteleskope. Die Abb.114 zeigt einige Grundformen des Spiegelteleskops.
Das größte Spiegelteleskop mit einem
Spiegeldurchmesser von ca. 5 m und
einer Brennweite von 12,9 m befindet
sich auf dem Mount Palomar (USA).

Fernpunkt, derjenige von allen Punkten, die man scharf sehen kann, der am
weitesten vom ↑ Auge entfernt ist. Um
den Fernpunkt scharf zu sehen, muß
das Auge nicht akkommodieren (↑ Akkommodation). Da beim gesunden,
nicht akkommodierten Auge der
Brennpunkt auf der Netzhaut liegt,
sich die parallel zueinander einfallenden
Strahlen also auf der Netzhaut schneiden, liegt der Fernpunkt in diesem Falle im Unendlichen. Im Gegensatz zum
↑ Nahpunkt ist die Lage des Fernpunk-
tes kaum vom Lebensalter abhängig.

Ferrimagnetismus, magnetisches Verhalten gewisser kristalliner Stoffe, bei
denen die magnetischen Momente der
Elektronen (↑ Spin) bei tiefen Temperaturen im Gegensatz zum ↑ antiferro-
magnetischen Verhalten nicht alle antiparallel ausgerichtet sind, sich in ihrer
magnetischen Wirkung also nur teilweise aufheben. Bei ihnen treten deshalb ähnliche Eigenschaften wie bei
ferromagnetischen Stoffen auf, jedoch
zeigen sie eine viel geringere Sättigungsmagnetisierung. Oberhalb einer
kritischen Temperatur beobachtet man
auch bei ihnen nur noch paramagnetisches Verhalten.
Ein typischer Vertreter des Ferrimagnetismus ist das Eisenoxid FeO_4. Durch
Einbau von Aluminium- oder Magne-
siumatomen an die Stelle des Eisen-
atoms entstehen die sogenannten *Ferri-*

te. Ferrite werden als Transformator-
kerne benutzt, da sie fast nichtleitend
sind und so Wirbelstromverluste vermieden werden.

Ferroelektrizität, Sammelbezeichnung
für alle elektrischen Erscheinungen, die
für eine kleine Gruppe von Stoffen, die
sogenannten Ferroelektrika charakteristisch ist. Ferroelektrika sind kristalline Stoffe mit besonders hoher Polari-
sierbarkeit, die ihre ↑ Polarisation auch
nach dem Abschalten des die Polarisation bewirkenden elektrischen Feldes
noch beibehalten. Ferroelektrizität ist
so das elektrische Analogon zum ↑ Ferromagnetismus. Stellt man die Polarisation P in Abhängigkeit von der angelegten magnetischen Feldstärke dar, so
ergibt sich eine Kurve, die der ↑ Hysteresisschleife beim Ferromagnetismus
entspricht.
Die Moleküle in einem ferroelektri-
schen Kristall bilden bereits ohne ein
äußeres elektrisches Feld elektrische
↑ Dipole. Der Kristall zerfällt dabei in
einzelne Gebiete (*Domänen*), in denen
alle Dipolmomente die gleiche Richtung
haben, diese Domänen entsprechen den
Weißschen Bezirken bei den Ferromagnetika. Die Richtungen der Dipolmomente der einzelnen Domänen selbst
unterscheiden sich untereinander. Ein
äußeres elektrisches Feld bewirkt ein
Ausrichten der Dipolmomente, bis es
schließlich zu einer Parallelstellung aller Dipolmomente im Kristall kommt.
Die Domänen haben nur unterhalb
einer gewissen Temperatur der sogenannten *Curie-Temperatur* T_C, Bestand.
Oberhalb T_C sind die einzelnen Dipolmomente in diesen Gebieten starken
Wärmebewegungen ausgesetzt, dann
beobachtet man nur noch eine Orien-

tierungspolarisation (↑ Polarisation).
Beispiele für Ferroelektrika sind Seignettesalz, Bariumtitanat und Colemanit.

Ferromagnetismus, Bezeichnung für die Gesamtheit der magnetischen Erscheinungen, die beim Einbringen von Eisen, Nickel, Kobalt (und noch einigen weiteren Substanzen) in ein Magnetfeld auftreten.
Die Atome bzw. Moleküle dieser Stoffe zeigen folgende magnetische Eigenschaft: Addiert man alle magnetischen ↑ Dipolmomente $\vec{m}_B$ und $\vec{m}_S$, die von der Bahn- und der Spinbewegung der Elektronen herrühren, so heben sie sich alle bis auf ein mit einem Elektronenspin verbundenes Moment auf (↑ Spin). Jedes Atom bzw. Molekül der Substanz trägt somit das ↑ magnetische Moment $\vec{m}_S$. Die Richtungen dieser Momente stimmen in bestimmten Bereichen, den *Weißschen Bezirken,* überein (Abb. 115).

Weißsche Bezirke

Abb. 115

Den einzelnen Bereichen kann man demnach ein magnetisches Moment $\vec{m}_W$ zuordnen. Gleichen sich die magnetischen Momente der einzelnen Bezirke gegenseitig aus, so ist die Substanz nach außen hin unmagnetisch. Entsteht bei der vektoriellen Addition jedoch ein resultierendes magnetisches Moment, so besitzt die Substanz in ihrer Umgebung ein magnetisches Feld. Bringt man einen Stoff mit einer solchen atomistischen Struktur in ein Magnetfeld, so werden einzelne Weißsche Bezirke auf Kosten anderer durch Verschieben der Begrenzungswände (*Blochwände*) vergrößert. Außerdem werden die magnetischen Momente $\vec{m}_W$ in die Richtung des angelegten Magnetfelds gezwungen, was zu seiner Verstärkung führt. Für die relative ↑ Permeabilität μ gilt daher im Gegensatz zum Paramagnetismus $\mu \gg 1$, entsprechend wird die magnetische Induktion B nach Einbringen der Substanz entsprechend der Gleichung $B = \mu B_0$ gegenüber der magnetischen Induktion im Vakuum B_0 stark erhöht.
Einen weiteren Gegensatz zum ↑ Dia- und ↑ Paramagnetismus findet man in der Abhängigkeit der Magnetisierung $\vec{M}$ von der angelegten Feldstärke H. Während sich bei Dia- und Paramagnetismus ein linearer Zusammenhang ergibt, liegen die Verhältnisse beim Ferromagnetismus komplizierter; sie werden durch die ↑ Hysteresisschleife beschrieben. Aus ihr entnimmt man, daß die Magnetisierung $\vec{M}$ bei einer bestimmten magnetischen Feldstärke $\vec{H}$ einen Sättigungswert erreicht hat, nämlich dann, wenn die Substanz nur noch aus *einem einzigen* Weißschen Bezirk besteht, dessen magnetisches Moment $\vec{m}_W$ genau in Feldrichtung zeigt.
Das Vergrößern der Weißschen Bezirke und das Umklappen ihrer magnetischen Momente in Feldrichtung (*Barkhausensprünge*) stellt eine Kraftflußänderung in der Umgebung der Substanz dar. Bringt man den ferromagnetischen Stoff in das Innere einer Spule, so verursachen die Barkhausensprünge Induktionserscheinungen in der Spule und damit Spannungsstöße. Diese können mit einem Lautsprecher hörbar gemacht werden (*Barkhauseneffekt*).
Der Ferromagnetismus ist unterhalb einer bestimmten Temperatur T_C (*Curie-Temperatur*) temperaturunabhängig, in diesem Bereich kann die Wärmebewegung die Weißschen Bezirke nicht beeinflussen. Wird T_C überschritten, werden diese Bereiche zerstört, oberhalb der Curie-Temperatur verhält sich also ein ferromagnetischer Stoff paramagnetisch. Die ↑ magnetische Suszeptibilität χ ist für diesen Bereich stark

temperaturabhängig, die Abhängigkeit wird durch das *Curie-Weißsche Gesetz* mit Hilfe der *Curie-Konstante C* beschrieben:

$$\chi = \frac{C}{T - T_c}.$$

Einige Curie-Temperaturen: Eisen 1047 K, Kobalt 1404 K, Nickel 645 K.

Fettfleckphotometer, einfaches Gerät zur Messung der ↑ Lichtstärke einer (punktförmigen) Lichtquelle. Ein mit einem Fettfleck versehenes Blatt weißes Papier befindet sich dabei zwischen zwei Lichtquellen. Die Lichtstärke der einen Lichtquelle ist bekannt, die der anderen soll bestimmt werden. Man verschiebt das Papierblatt so, daß der Fettfleck in einer bestimmten Lage von beiden Seiten aus nicht mehr zu erkennen ist. Die ↑ Beleuchtungsstärke ist dann auf beiden Seiten des Blattes gleich. Aus dem Abstand des Blattes von den beiden Lichtquellen und aus der bekannten Lichtstärke läßt sich die unbekannte Lichtstärke berechnen.

Feuchtigkeit (*Feuchte*), der Wasserdampf-Gehalt eines Gases. Man unterscheidet zwischen *absoluter* und *relativer* Feuchte.
Die *absolute Feuchte* F_a ist gleich dem Quotienten aus der Masse m_d des in einem Gasvolumen enthaltenen Wasserdampfes und dem Volumen V selbst:

$$F_a = \frac{m_d}{V}$$

Sie wird gemessen in g/m³ und gibt somit an, wieviel Gramm Wasserdampf in 1 m³ feuchtem Gas enthalten sind. Die *maximale Feuchtigkeit* F_{max} ist erreicht, wenn das Gas mit Wasserdampf gesättigt ist. Die maximale Feuchte ist abhängig von der Temperatur; sie steigt mit steigender Temperatur und umgekehrt (Abb. 116).
Die *relative Feuchte* F_r ist gleich dem Quotienten aus absoluter Feuchte F_a

und maximaler Feuchte F_{max}:

$$F_r = \frac{F_a}{F_{max}},$$

sie wird meist in Prozent angegeben. Es gilt dann:

$$F_r = \frac{F_a}{F_{max}} \cdot 100\%.$$

Erwärmt man ein Gas, ohne seine absolute Feuchte zu verändern, so nimmt seine relative Feuchte ab, weil die maximale Feuchte steigt. Kühlt man ein Gas ab, ohne seine absolute Feuchte zu verändern, so steigt die relative Feuchte, weil die maximale Feuchte sinkt. Diejenige Temperatur, bei der die relative Feuchte 100% beträgt, bei der also absolute und maximale Feuchte gleich sind, heißt *Taupunkt*. Kühlt man ein

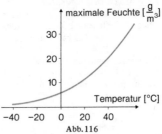
Abb. 116

Gas unter seinen Taupunkt ab, so kondensiert jeweils soviel Wasserdampf, daß die relative Feuchte stets 100% beträgt.
Geräte zur Messung der Feuchtigkeit eines Gases heißen *Hygrometer*. Ein besonders einfaches, wenn auch nicht sehr genau messendes Gerät dieser Art ist das sogenannte *Haarhygrometer*. Es dient zur unmittelbaren Messung der relativen Feuchte und beruht auf der Erscheinung, daß sich ein menschliches Haar bei Zunahme der relativen Feuchte ausdehnt und bei Abnahme der relativen Feuchte wieder zusammenzieht.

Fixpunkte der Temperaturmessung (*thermometrische Fixpunkte*), gesetzlich festgelegte Bezugspunkte für Temperaturmessungen bzw. für die Eichung

	Stoff	Zustand	Temperatur in °C
1.) Fundamentalpunkte	Wasser	Schmelzpunkt	0
	Wasser	Siedepunkt	100
2.) Primäre Fixpunkte	Sauerstoff	Siedepunkt	-182,970
	Schwefel	Siedepunkt	444,6
	Silber	Schmelzpunkt	960,8
	Gold	Schmelzpunkt	1063,9
3.) Sekundäre Fixpunkte (Auswahl)	Quecksilber	Schmelzpunkt	- 38,87
	Zinn	Schmelzpunkt	231,9
	Blei	Schmelzpunkt	327,3
	Wolfram	Schmelzpunkt	3380

von ↑ Thermometern. Man unterscheidet dabei zwischen den *Fundamentalpunkten*, den *Primären Fixpunkten* und den *Sekundären Fixpunkten*. Die Angaben der Fixpunkte in der obenstehenden Tabelle gelten für einen Druck von 1 atm = 101 325 Pa (Normdruck).

Flächenladungsdichte, Formelzeichen σ, Quotient aus der auf einer Fläche befindlichen ↑ Ladung Q und der Größe A dieser Fläche:

$$\sigma = \frac{Q}{A} \, .$$

Flächensatz, ursprünglich Bezeichnung für das zweite ↑ Keplersche Gesetz der Planetenbewegung: Die von der Sonne zu einem Planeten gezogene Verbindungsstrecke, der sogenannte *Fahrstrahl* überstreicht in jeweils *gleichen Zeiten* auch jeweils *gleich große Flächen*.
Dieses Gesetz gilt nicht nur für die Planetenbewegung, sondern für jede ↑ Zentralbewegung. Der Flächensatz ist identisch mit dem Satz von der Erhaltung des ↑ Drehimpulses, nach dem in einem System, auf das keine äußeren Drehmomente wirken, der Gesamtdrehimpuls unverändert erhalten bleibt.

Flaschenzug, Gerät zum Heben schwerer Lasten, das aus einer Kombination mehrerer fester und loser Rollen be-

steht (Abb.117). Die Rollen sind zu sogenannten *Flaschen* zusammengesetzt. An der losen Flasche hängt die Last *L*. Sie wird von mehreren Seilabschnitten,

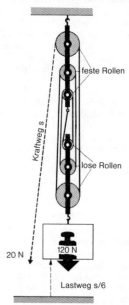

Abb. 117

deren Anzahl mit der Anzahl aller Rollen übereinstimmt, gleichmäßig aufgenommen. Besteht der Flaschenzug aus

n Rollen, so trägt jeder der dann vorhandenen n Seilabschnitte nur der n-ten Teil der Last. Die Kraft F greift aber nur an einem der Seilabschnitte an. Somit herrscht Gleichgewicht, wenn gilt:

$$F = \frac{L}{n}.$$

Zum Heben der Last L um den Weg h ist ein Kraftweg der Größe $s = n \cdot h$ erforderlich. Für die dabei aufzuwendende Arbeit W gilt $W = F \cdot s = F \cdot n \cdot h = (L/n) \cdot n \cdot h = L \cdot h$. Das ist aber gerade die Arbeit, die auch erforderlich wäre, wenn man die Last L ohne Verwendung eines Flaschenzuges um den Weg h heben wollte (Energie-Erhaltung).

Fluchtgeschwindigkeit (*Entweichgeschwindigkeit*), diejenige (Anfangs-)Geschwindigkeit, die man einem senkrecht startenden Flugkörper erteilen muß, damit er ohne weiteren Antrieb das Gravitationsfeld der Erde überwinden kann, d.h. damit er ohne weiteren Antrieb in ein Raumgebiet gelangen kann, in dem die Gravitationswirkung eines anderen Himmelskörpers (z.B. des Mondes oder der Sonne) größer ist als die der Erde. (Der Luftwiderstand der Atmosphäre bleibt dabei unberücksichtigt.)
Die Fluchtgeschwindigkeit ist betragsgleich derjenigen Geschwindigkeit, mit der ein aus dem Unendlichen kommender, frei fallender Körper, dessen Anfangsgeschwindigkeit gleich Null war, auf der Erdoberfläche anläme, wenn er nicht durch die Erdatmosphäre abgebremst würde. Der Wert der Fluchtgeschwindigkeit liegt bei 11,18 km/s. Auf dem *Mond* beträgt sie nur etwa 2,38 km/s.

Fluoreszenz, charakteristische Leuchterscheinungen von festen Körpern, Flüssigkeiten oder Gasen nach Bestrahlung mit Licht, Röntgen- oder Korpuskularstrahlen. Im Gegensatz zur *Phosphoreszenz* spricht man von Fluoreszenz bei Stoffen, die kein Nachleuchten zeigen.

Das Fluoreszenzlicht erlischt also gleichzeitig oder ganz kurze Zeit ($< 10^{-6}$ s) nach der Bestrahlung (↑ Luminiszenz). Die Atome des Fluoreszenzstoffes absorbieren Energiequanten der einfallenden Strahlung, befinden sich also im angeregten Zustand (↑ Anregung). Durch spontane Emission des charakteristischen Fluoreszenzlichtes geben sie diese Energie ab und gelangen so in den ↑ Grundzustand. Für gewöhnlich ist die emittierte Strahlung langwelliger als die absorbierte. Man spricht von *Resonanzfluoreszenz*, wenn aus dem einfallenden Spektrum gerade die Wellenlänge absorbiert wird, die als Fluoreszenzlicht emittiert wird.

Formänderungsarbeit (*Verformungsarbeit, Spannarbeit*), die ↑ Arbeit, die man verrichten muß, um einen Körper durch äußere Kräfte zu verformen. So stellt beispielsweise die Arbeit, die zum Dehnen einer dem ↑ Hookeschen Gesetz gehorchenden Schraubenfeder erforderlich ist, eine Formänderungsarbeit dar. Ihre Größe ergibt sich aus der Beziehung:

$$W = \frac{1}{2} D (\Delta x)^2$$

(W Formänderungsarbeit, D Richtgröße der Feder (Federkonstante), Δx Verlängerung der Feder unter dem Einfluß der dehnenden Kraft).
Allgemein gilt für die Formänderungsarbeit im Gültigkeitsbereich des Hookeschen Gesetzes:

$$W = \frac{1}{2} \vec{F} \cdot \vec{s}$$

($\vec{F}$ verformende Kraft, $\vec{s}$ Verschiebung des Angriffspunktes der verformenden Kraft).
Bei mehreren Kräften ergibt sich die gesamte Formänderungsarbeit als Summe der von den einzelnen Kräften verrichteten Arbeiten:

$$W = \frac{1}{2} \sum_{k=1}^{n} \vec{F}_k \, \vec{s}_k$$

Foucaultscher Pendelversuch, der von dem französischen Physiker *Léon Foucault* (1819 - 1868) im Jahre 1850 in der Pariser Sternwarte erstmals durchgeführte und im Jahre 1851 im Pariser Pantheon wiederholte Versuch zum Nachweis der Erdrotation. Grundlage des Versuches ist die Tatsache, daß ein schwingendes ↑ Pendel infolge seiner Trägheit die Richtung seiner Schwingungsebene beibehält. Da sich die Erde *an den Polen* in 24 Stunden genau einmal unter einem schwingenden Pendel hinwegdreht, scheint sich für einen auf der Erde *mitbewegten* Beobachter die Schwingungsebene des Pendels in 24 Stunden um genau 360° zu drehen bzw. in einer Stunde um 15°. Am Äquator dagegen schwingt das Pendel auch für den mitbewegten Beobachter immer in der gleichen Richtung, wie man sich an einem Globus leicht klarmachen kann. Ganz allgemein gilt für den Winkel ψ, um den sich die Schwingungsebene in 1 Stunde scheinbar dreht:

$$\psi = 15° \sin \varphi,$$

worin φ die geographische Breite des betreffenden Versuchsortes ist. Foucault benutzte zu seinem Versuch eine an einem 67 m langen Faden schwingende Kupferkugel von 28 kg Masse mit einer Schwingungsdauer von 16,4 Sekunden. Es ergab sich eine scheinbare Drehung der Schwingungsebene um etwa 11°. Aus dieser scheinbaren Drehung und der Tatsache, daß ein Pendel seine Schwingungsebene beibehält, schloß Foucault auf die Rotation der Erde.

Franck-Hertz-Versuch(*Elektronenstoßversuch*), von *J. Franck* und *G. Hertz* 1913 durchgeführter Versuch zum Nachweis diskreter Anregungszustände in der Atomhülle bzw. zum Nachweis dafür, daß ein Elektron eine bestimmte (Mindest-)Energie, die sogenannte ↑ Anregungsenergie, besitzen muß, um sie durch einen unelastischen Stoß auf ein Atom zu übertragen zu können. In der an ein Vorbild von *P. Lenard* angelehn-

ten Apparatur (Abb.118) gehen von einer ↑ Glühkathode K Elektronen aus, die in Quecksilberdampf von der zwischen K und einem Gitter G herrschenden Spannung U beschleunigt werden. Zwischen G und der Auffangelektrode A liegt eine kleine Gegenspannung $U_g (\approx 0{,}5 \text{ V})$.

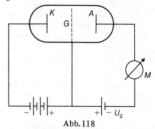

Abb. 118

Bei Erhöhung der Beschleunigungsspannung U (beginnend von $U = 0{,}5$ V) nimmt zunächst die mit Hilfe eines sehr empfindlichen Amperemeters M gemessene Stromstärke I zu. Ab einer bestimmten Beschleunigungsspannung U_a (bei Verwendung von Hg-Dampf $U_a = 4{,}9$ V) nimmt die Stromstärke jedoch sehr stark ab. Erhöht man die Beschleunigungsspannung weiter, so beobachtet man wieder eine Zunahme der Stromstärke bis zu einer Beschleunigungsspannung von $2 \cdot U_a$. Dieser Vorgang wiederholt sich, so daß jeweils bei einer Beschleunigungsspannung von $n \cdot U_a$ ($n = 1{,}2{,}3{,}4, \ldots$) die Stromstärke sehr stark abnimmt (Abb.119).

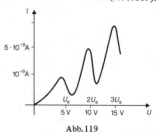

Abb. 119

Aus dem Franck-Hertz-Versuch folgt, daß die Elektronen erst nach Durchlaufen der Beschleunigungsspannung

U_a die Mindestenergie besitzen, um mit den Gasatomen unelastisch zusammenzustoßen und damit eine ↑ Anregung der Atome zu bewirken. Man nennt die Spannung U_a daher auch *Anregungsspannung* und die zugehörige Energie *Anregungsenergie* (für Quecksilberatome beträgt die Anregungsspannung 4,9 V und die Anregungsenergie 4,9 eV). Die Elektronen erreichen bei $U = U_a$ die Anregungsenergie erst bei G, übertragen diese dann auf die Gasatome und sind nicht mehr in der Lage die geringe Gegenspannung zu überwinden und zur Auffangelektrode zu gelangen. Das empfindliche Amperemeter zeigt eine sehr starke Abnahme der Stromstärke an (nur einzelne Elektronen gelangen doch noch zur Auffangelektrode A, da sie bereits mit größerer kinetischer die Glühkathode verlassen haben). Beträgt die Beschleunigungsspannung $2 \cdot U_a$, $3 \cdot U_a$ bzw. allgemein $n \cdot U_a$ ($n = 1,2,3,4, \ldots$) so können die Elektronen auf ihrem Weg zum Gitter G gerade insgesamt 2, 3 bzw. n unelastische Stöße ausführen. Danach reicht ihre kinetische Energie jeweils nicht mehr aus, um die Gegenspannung zu überwinden. Man beobachtet dann jeweils eine starke Abnahme der Stromstärke I. Die Elektronen könnten bei genügend hoher Beschleunigungsspannung auch die Ionisierungsenergie des betreffenden Füllgases erreichen, wenn die *mittlere freie Weglänge* (das ist die Strecke, die ein Elektron zurücklegt, ohne mit einem Gasatom zusammenzutreffen) genügend groß wäre. Beim Franck-Hertz-Versuch kann dieser Anregungszustand jedoch nicht beobachtet werden.

freie Achsen, bei einem starren Körper die beiden durch den Schwerpunkt verlaufenden Achsen, für die das ↑ Trägheitsmoment einen größten bzw. einen kleinsten Wert besitzt. Die Rotation eines freibeweglichen Körpers erfolgt stets um eine dieser beiden freien Achsen.

freier Fall, ganz allgemein jede aus der Ruhe heraus erfolgende Bewegung eines Körpers in einem Schwerefeld, speziell im Schwerefeld der Erde, bei der außer der Schwerkraft keine weiteren Kräfte wie z.B. Luftwiderstand oder Auftrieb auf den fallenden Körper wirken. Erfolgt die Bewegung nicht aus der Ruhe heraus, erhält also der Körper eine *Anfangsgeschwindigkeit* v_0, so handelt es sich nicht mehr um einen Fall, sondern um einen ↑ Wurf.

Der freie Fall kann realisiert werden, indem man einen Körper in einer weitgehend luftleer gepumpten Röhre (*Fallröhre*) fallen läßt. Dabei zeigt sich, daß alle Körper unabhängig von Gestalt, Stoffzusammensetzung und Masse gleich schnell fallen.

Im folgenden soll der freie Fall im Schwerefeld der Erde betrachtet werden. Die angeführten Gesetze gelten jedoch bei Verwendung der entsprechenden Beschleunigungen für alle möglichen Schwerefelder.

Beim freien Fall handelt es sich – *geringe Fallhöhe vorausgesetzt* – um eine gleichmäßig beschleunigte Bewegung (↑ Kinematik). Die konstante Beschleunigung wird dabei als *Fallbeschleunigung, Schwerebeschleunigung* oder *Erdbeschleunigung g* bezeichnet. Zwischen Fallhöhe h, Fallgeschwindigkeit v, Zeit t und Fallbeschleunigung g gelten die folgenden Beziehungen (*Fallgesetze*):

$$g = \text{const} \approx 9,81 \, \frac{m}{s^2}$$

(Beschleunigungs-Zeit-Gesetz),

$$v = g \cdot t \quad \text{(Geschwindigkeits-Zeit-Gesetz),}$$

$$h = \frac{g}{2} \cdot t^2 \quad \text{(Weg-Zeit-Gesetz).}$$

Die graphischen Darstellungen dieser drei Beziehungen ergeben das Beschleunigungs-Zeit-Diagramm (Abb.120), das Geschwindigkeits-Zeit-Diagramm (Abb. 121) und das Weg-Zeit-Diagramm (Abb. 122) des freien Falls. Eine Beziehung

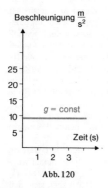

Beschleunigung $\frac{m}{s^2}$

25
20
15
10 — $g = \text{const}$
5 — Zeit (s)

1 2 3

Abb. 120

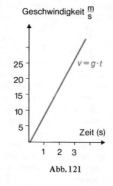

Geschwindigkeit $\frac{m}{s}$

25 — $v = g \cdot t$
20
15
10
5 — Zeit (s)

1 2 3

Abb. 121

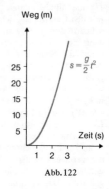

Weg (m)

25 — $s = \frac{g}{2} t^2$
20
15
10
5 — Zeit (s)

1 2 3

Abb. 122

zwischen Fallhöhe h und Geschwindigkeit v erhält man durch Einsetzen von $t = v/g$ in das Weg-Zeit-Gesetz:

$$h = \frac{v^2}{2g}.$$

Das ist die sogenannte *Geschwindigkeitshöhe*, die von dem fallenden Körper durchlaufen werden muß, damit er die Geschwindigkeit v erhält. Durch Auflösen nach v erhält man die Abhängigkeit der Fallgeschwindigkeit v von der Fallhöhe h:

$$v = \sqrt{2gh}.$$

Die Erdbeschleunigung g ist nicht an allen Orten der Erde gleich. Sie hängt u.a. von der geographischen Breite φ ab:

φ in Grad	g in $\frac{m}{s^2}$
0°	978,049
10°	978,204
20°	978,652
30°	979,338
40°	980,180
50°	981,079
60°	981,924
70°	982,614
80°	983,065
90°	983,221

Streng genommen handelt es sich beim freien Fall allerdings nicht um eine gleichmäßig beschleunigte Bewegung, da die Erdbeschleunigung g nach dem Newtonschen Gravitationsgesetz vom Abstand zwischen Erdmittelpunkt und Massenmittelpunkt des fallenden Körpers abhängt. Sie ändert sich folglich während des Falles. Diese Änderung von g ist allerdings so gering, daß sie nur beim Fall aus sehr großen Höhen (d.h. Höhen, die nicht mehr klein gegen den Erdradius sind) berücksichtigt werden muß. Für die Geschwindigkeit v, die ein Körper in der Entfernung r vom Erdmittelpunkt besitzt, wenn er seinen freien Fall in der Entfernung r_0 vom Erdmittelpunkt begonnen hat, gilt dann die Beziehung:

$$v = R \sqrt{2g_R \left(\frac{1}{r} - \frac{1}{r_0} \right)}$$

(R Erdradius, g_R Schwerebeschleunigung an der Erdoberfläche).

Für $r_0 \to \infty$, d.h. für den freien Fall aus unendlich großer Höhe (z.B. Fall eines Meteoriten), würde der Körper ohne Abbremsen durch den Luftwiderstand an der Erdoberfläche ($r = R$) die Geschwindigkeit $v = \sqrt{2gR} \approx 11180$ m/s erreichen (↑ Fluchtgeschwindigkeit).

Infolge der Erdrotation erfährt jeder fallende Körper eine Ostablenkung, da die Geschwindigkeit seines Ausgangspunktes größer als die der Erdoberfläche ist. Er trifft somit also nicht genau senkrecht unter seinem Ausgangspunkt auf, sondern etwas östlich davon. Für diese Ostablenkung gilt bei einer Fallzeit t angenähert:

$$x \approx \frac{1}{3}\, g\omega t^3 \cos\varphi$$

(ω Winkelgeschwindigkeit der Erde, φ geographische Breite; ↑ auch Corioliskraft). Zur Demonstration der Fallgesetze benutzt man u.a. die ↑ Fallrinne, die ↑ Atwoodsche Fallmaschine und die ↑ Fallschnur.

freie Weglänge (*mittlere freie Weglänge*), diejenige Strecke λ, die ein Teilchen im Mittel zwischen zwei aufeinanderfolgenden Zusammenstößen zurücklegt. In einem Strahl mit N_0 Teilchen sind nach Durchquerung einer Materieschicht der Dicke x noch

$$N = N_0\, e^{-\frac{x}{\lambda}}$$

Teilchen vorhanden. Die mittlere freie Weglänge ist gleichzeitig die Strecke für die die Wahrscheinlichkeit, sie ohne Stoß zu durchlaufen, gleich $1/e$ ist. In Teilchensystemen mit statistisch ungeordneter Bewegung der Teilchen (mittlere Geschwindigkeit $\bar{v}$, Teilchendichte n) gilt, wenn ν die Zahl der Stöße pro Volumen- und Zeiteinheit ist:

$$\lambda = \frac{1}{2}\, \frac{n\bar{v}}{\nu}.$$

Frequenz, Formelzeichen f, bei einem periodischen Vorgang, z.B. einer Schwingung, der Quotient aus der Anzahl n der Perioden (vollen Schwingungen) und der dazu erforderlichen Zeit t:

$$f = \frac{n}{t}.$$

Die Frequenz ist also zahlenmäßig gleich der Anzahl der pro Zeiteinheit (zu-

meist 1 Sekunde) erfolgenden Perioden (Schwingungen).
Für die *Dimension* der Frequenz gilt: $\dim f = \mathsf{Z}^{-1}$. *SI-Einheit* der Frequenz ist das Hertz (Hz). Eine Schwingung hat die Frequenz 1 Hz, wenn in 1 Sekunde eine volle Schwingung erfolgt. Weitere häufig verwendete Einheiten sind:

1 Kilohertz (kHz) = 1 000 Hz
1 Megahertz (MHz) = 1 000 000 Hz
1 Gigahertz (GHz) = 1 000 000 000 Hz

Das 2π-fache der Frequenz wird als *Kreisfrequenz* (Formelzeichen ω) bezeichnet:

$$\omega = 2\pi f.$$

Zwischen der Periodendauer (Schwingungsdauer) T und der Frequenz f besteht die folgende Beziehung:

$$f = \frac{1}{T} \quad \text{bzw.} \quad T = \frac{1}{f}$$

(↑ Schwingung).

Fresnelscher Spiegelversuch, der von dem französischen Physiker $A.J.$ Fresnel im Jahre 1816 durchgeführte klassische Interferenzversuch zum Nachweis der Wellennatur des Lichtes (Abb. 123). Durch zwei unter einem Winkel von fast

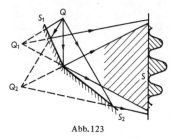

Abb. 123

180° gegeneinander geneigte Spiegel S_1 und S_2 werden von einer nahezu punkt- bzw. linienförmigen monochromatischen Lichtquelle Q zwei virtuelle Bilder Q_1 und Q_2 entworfen. Diese bilden die gedachten Ausgangspunkte zweier ↑ kohärenter Teilstrahlenbündel. In jedem Punkte des gemeinsam überdeckten Bereiches besteht zwischen den Teilwellenbezügen eine zeitlich konstante Phasenbeziehung. Es ergibt sich dadurch ein räumlich feststehendes Interferenzsystem von abwechselnd hellen und dunklen Streifen, die auf einem Schirm S beobachtet werden können.

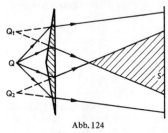

Abb. 124

Anstelle des Spiegels kann auch ein Prisma mit einem brechenden Winkel von nahezu 180° (*Fresnelsches Biprisma*) zur Erzeugung der virtuellen Lichtquellen verwendet werden (Abb. 124).

Führungskraft, die Kraft, die erforderlich ist, um einen sich bewegenden Körper auf einer vorgeschriebenen Bahn zu halten. Zu ihrer Bestimmung ist die Kenntnis der *Führungsbeschleunigung* erforderlich. Im Idealfall der reibungslosen Führung verläuft die Richtung der Führungsbeschleunigung senkrecht zur Bahnrichtung. Treten dagegen Reibungskräfte auf, dann hat sie auch eine tangentiale Komponente, d.h. eine Komponente in Bahnrichtung. Eine Führungskraft stellt beispielsweise die von den Eisenbahnschienen in Kurven auf die Wagen eines Zuges ausgeübte Kraft dar. Führungskräfte verrichten keine Arbeit.

Fundamentalpunkte, Bezeichnung für den Schmelzpunkt des Wassers bei einem Druck von 1 atm = 101 325 Pa (0°C) und dem Siedepunkt des Wassers bei gleichem Druck (100°C) in ihrer Eigenschaft als Bezugspunkte für die Temperaturmessung. Das Temperaturintervall zwischen den beiden Fundamentalpunkten wird als *Fundamentalabstand* bezeichnet (↑ Fixpunkte der Temperaturmessung).

Funkenentladung, bei hohen Spannungen auftretender, in Form eines Funkens erfolgender Übergang großer Ladungsmengen zwischen zwei Leitern. Sie stellt eine kurzzeitige selbständige ↑ Gasentladung dar. Bei gleichen Leitern und gleichem umgebenden Gas setzt die Gasentladung bei einer Spannung ein, die nur vom Abstand der Leiter abhängt. So erfolgt z.B. zwischen zwei parallelen, ebenen Leitern im Abstand von 1 cm ein Funkenüberschlag bei einer Spannung von $U = 30$ kV.
Beim Funkenüberschlag kann man sehr große Stromstärken beobachten, da während einer kurzen Zeit Δt eine sehr große Ladungsmenge ΔQ fließt. Dadurch wird das Gas zwischen den Leitern stark erhitzt, was zu einem Unterdruck im Bereich des Funkens führt. Das aus der Umgebung in diese Drucksenke nachströmende Gas verursacht einen Knall.
Eine Funkenentladung zwischen zwei Wolken oder zwischen einer Wolke und der Erde ist ein *Blitz,* der entsprechende Knall macht sich als *Donner* bemerkbar.

Funkenkammer, Gerät zum Nachweis oder zur Sichtbarmachung der Spuren energiereicher ionisierender Teilchen (↑ Ionisation). Die Funkenkammer besteht aus einer Anzahl flächiger, parallel zueinander angeordneter ↑ Elektroden, z.B. Metallplatten in einer Gasatmosphäre (Luft, Edelgas). Kurz nach dem Durchgang eines ionisierenden Teilchens wird, gesteuert durch einen Triggerimpuls, den das Teilchen in einem ↑ Szintillations- oder ↑ Čerenkovzähler auslöst, kurzzeitig eine so hohe Spannung an die Elektroden angelegt, daß entlang der Ionisationsspur des

Teilchens sichtbare Funken zwischen den Platten überspringen, die von zwei Seiten her photographiert oder elektronisch registriert werden. Ihr Vorteil gegenüber der ↑ Blasen- und ↑ Nebelkammer liegt in der viel kürzeren ↑ Totzeit (wenige Millisekunden), in der weitgehenden Freiheit der Wahl des Absorptionsvermögens und vor allem in der Triggerung, durch die erreicht wird, daß nur bestimmte Ereignisse registriert werden.

Funkenzähler, Gerät zum Nachweis ionisierender Teilchen. Zwischen zwei ↑ Elektroden im Abstand von einigen zehntel Millimetern wird bei einer Spannung von einigen tausend Volt durch ein ionisierendes Teilchen eine Entladung ausgelöst, die elektrisch, akustisch oder photographisch registriert werden kann. Die Löschung erfolgt über einen hohen Arbeitswiderstand ($\approx 100\,\mathrm{M\Omega}$). Die Auflösezeit beträgt etwa 10^{-10} s (↑ Funkenkammer).

galvanisches Element, Bezeichnung für Kombination aus zwei verschiedenen Metallen, die mit einem ↑ Elektrolyten in Verbindung stehen. Zwischen den Metallen tritt dabei eine Spannung auf, die eine Folge der zwischen Metallen und Flüssigkeiten entstehenden ↑ Berührungsspannung ist. Diese Berührungsspannungen werden *elektrolytische Potentiale* genannt. Da sich jedes Metall in einer Flüssigkeit mehr oder weniger löst und damit positive Ionen in die Flüssigkeit treten, lädt sich das Metall jeweils gegen den Elektrolyten negativ auf. An der Grenze zwischen Metall und Flüssigkeit entsteht eine elektrische Doppelschicht, deren elektrisches Feld die Ionen wieder auf das Metall zurücktreibt. Das elektrische Feld ist um so größer, je höher die Ionendichte in der Flüssigkeit ist. Außerdem werden auch durch Diffusion in Lösung befindliche Ionen an das Metall zurückgetrieben und treten in dieses wieder ein. Ist die Anzahl der in der Zeiteinheit durch Rückdiffusion und durch die Wirkung des elektrischen Feldes in der Grenzschicht wieder in das Metall eintretenden Ionen gleich der in Lösung gehenden, so stellt sich ein Gleichgewichtszustand ein. Zwischen Metall und Flüssigkeit herrscht dann ein bestimmtes elektrolytisches Potential, das von der Art des Metalls und der Flüssigkeit abhängt.

Befinden sich nun zwei verschiedene Metalle in einer Flüssigkeit, so sind ihre elektrolytischen Potentiale φ_1 und φ_2 gegen die Flüssigkeit i.a. voneinander verschieden. Zwischen den Metallen herrscht eine Spannung oder Potentialdifferenz $U_{12} = \varphi_2 - \varphi_1$. Ist $\varphi_1 > \varphi_2$, so ist das Metall 2 die positive Elektrode des galvanischen Elements. Werden die beiden Elektroden leitend miteinander verbunden, so fließt ein Strom.

Dabei wandern im äußeren Leiter Elektronen von der negativen zur positiven Elektrode und werden dort abgeschieden. Zum Ausgleich gehen wieder weitere Ionen von der negativen Elektrode in Lösung. Ein Strom fließt so lange, bis sich entweder die negative Elektrode vollständig aufgelöst oder die positive Elektrode vollständig mit dem Metall der negativen bedeckt hat, so daß die Verschiedenheit der Elektroden beseitigt ist und damit kein galvanisches Element mehr existiert.

Es gibt auch galvanische Elemente, bei denen die Metalle zwar gleich, der Elektrolyt jedoch aus Metallsalzlösungen unterschiedlicher Konzentration besteht. Die Lösungen müssen dabei aber z.B. durch eine poröse Wand voneinander getrennt sein, damit eine Durchmischung kaum möglich ist. Auf diese Weise entstehen trotzdem unterschiedliche elektrolytische Potentiale und somit eine Spannung zwischen den Elektroden (Beispiel: 2 Kupferstäbe in dünnter bzw. konzentrierter $CuCO_4$-Lösung). Das historisch älteste galvanische Element ist das *Volta-Element*. Bei ihm tauchen ein Zn- und Cu-Stab in $CuSO_4$-Lösung. Zwischen den Elektroden herrscht eine Spannung von (1 V ↑ Westonelement).

Galvanisieren, ein auf der Elektrolyse beruhendes Verfahren, Gegenstände mit einer Metallschicht zu versehen. Dabei wird der zu galvanisierende Körper als ↑ Kathode in eine elektrisch leitende Flüssigkeit gebracht, in der sich negative Ionen von dem entsprechenden Metalls befinden. Beim Anlegen einer Gleichspannung wandern diese Ionen zu dem zu galvanisierenden Körper und setzen sich nach Neutralisation gleichmäßig auf seiner Oberfläche fest (↑ Elektrizitätsleitung in Flüssigkeiten).

Galvanometer, empfindliches Strommeßgerät, das auf der Wirkung der ablenkenden Kraft eines Magnetfeldes auf einen stromdurchflossenen Leiter beruht. Folgende Galvanometer werden heute häufig verwendet:

a) Das *Drehspulgalvanometer* oder *Spiegelgalvanometer* (Abb.125), besteht aus einer Spule, die drehbar zwischen den Polen eines Permanentmagneten angebracht ist. Über die Zuleitungen kann durch die Spule Gleichstrom fließen, so daß an ihren beiden Enden Magnetpole entstehen. Ist etwa der Nordpol vorne, so wird er vom Nordpol des Magneten abgestoßen, vom Südpol dagegen angezogen. Die Spule dreht sich also von vorne gesehen nach rechts. Der dann hinten liegende Südpol dreht sich im gleichen Drehsinn. Schaltet man den Strom ab, so bewegt sich die Spule wieder in ihre Ruhelage zurück. Bei umgekehrter Stromrichtung werden zwar die Pole der Spule vertauscht, nicht aber die des Permanentmagneten. Die Spule dreht sich nun in die andere Richtung. Die Auslenkung kann auf einer Skala durch einen Lichtzeiger verfolgt werden, einen Lichtstrahl, der an einem kleinen, an den Torsionsdrähten befestigten Spiegel reflektiert wird. Die Ausschlagrichtung zeigt die Stromrichtung an, wenn sich der Nullpunkt in Skalenmitte befindet.

b) Im *Nadelgalvanometer* befindet sich an einem Torsionsfaden hängend, eine kleine Magnetnadel im Inneren einer Spule (Abb. 126). Bei Stromdurchgang durch die Spule wirkt ein Drehmoment auf die Nadel, das umso größer ist, je größer die Stromstärke ist. Die Anzeige erfolgt auch hier durch einen Lichtzeiger, wobei die Richtung des Ausschlages ebenfalls von der Stromrichtung in der Spule abhängt.

c) Der *Schleifenoszillograph* ist im wesentlichen ein Drehspulgalvanometer, bei dem statt der Drehspule nur eine einzige Drahtschleife angebracht ist (Abb. 127). Diese trägt einen Spiegel. Bei Stromfluß durch die Schleife erfahren diese und der Spiegel ein Drehmoment. Eine Halterungsfeder bringt nach Abschalten des Stroms die Schleife wieder in die Ausgangsstellung zurück. Der besondere Vorteil des Schleifenoszillographen besteht darin, daß das Lichtanzeigersystem eine so geringe Trägheit besitzt, daß es auch noch schnellen Änderungen der Stromrichtung folgen kann. Es ist daher auch für den Nachweis des zeitlichen Verlaufs von Wechselströmen geeignet.

d) Das *ballistische Galvanometer* (Abb. 128) ist ein Drehspulgalvanometer mit relativ großer Eigenschwingungsdauer T, das zur Messung von Stromstößen und damit von Ladungen verwendet wird.

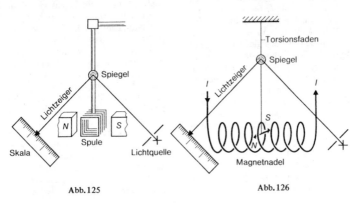

Abb. 125   Abb. 126

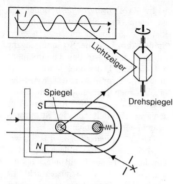

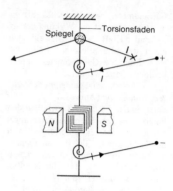

Abb. 127

Abb. 128

Dabei ist Voraussetzung, daß die Dauer des Stromstoßes sehr viel kleiner als die Schwingungsdauer der Galvanometerdrehspule ist, also $\Delta t \ll T$. Ein Stromstoß ($Q = I\Delta t$) versetzt dann die Spule in eine freie Drehschwingung. Der erste Maximalausschlag des Lichtzeigers wird abgelesen. Dieser Maximalausschlag ist proportional der während des Stromstoßes durch die Spule geflossenen Ladung.

Gammaquanten (γ-Quanten), die energiereichen ↑Photonen der Gammastrahlung. Die Energien der Gammaquanten liegen bei natürlichen radioaktiven Stoffen (entsprechend den möglichen Anregungsenergien ihrer Atome) zwischen 0,01 und 4,9 MeV. Bei künstlichen ↑ Kernumwandlungen treten Energien bis zu 17,6 MeV auf. Auch die im allgemeinen sehr viel energiereicheren Photonen in der ↑ Bremsstrahlung hochenergetischer Elektronen aus ↑ Teilchenbeschleunigern, die Photonen in der ↑ Höhenstrahlung sowie die beim Zerfall von ↑ Elementarteilchen und bei der ↑ Paarvernichtung entstehenden Photonen werden als Gammaquanten bezeichnet.

Gammastrahlen (γ-Strahlen), im engeren Sinne die von angeregten Atomkernen bei ↑ Gammaübergängen ausgesandte äußerst kurzwellige elektromagnetische Wellenstrahlung (Wellenlängen zwischen 10^{-9} cm und 10^{-12} cm), deren Photonen, die sogenannten *Gammaquanten*, eine sehr hohe Quantenenergie besitzen (entsprechend den gegenüber der Atomhülle sehr viel höheren Anregungsenergien der Atomkerne von etwa 0,01 MeV bis zu 17,6 MeV). Sie treten i.a. im Anschluß an jede ↑ Kernumwandlung auf, bei der sich der Folgekern in angeregtem Zustand befindet, vor allem aber bei der natürlichen und künstlichen ↑ Radioaktivität sowie bei Einfangprozessen. Beim radioaktiven ↑ Zerfall bilden die Gammastrahlen neben den ↑ Alpha- und ↑ Betastrahlen die dritte, elektrisch und magnetisch aber nicht ablenkbare Komponente der radioaktiven Strahlung.
Auf Grund ihrer hohen Quantenenergie sind Gammastrahlen stark durchdringungsfähig und wirken ionisierend (↑ Ionisation). Ihre Schwächung beim Durchgang durch Materie folgt (entsprechend den ↑ Röntgenstrahlen) dem exponentiellen Absorptionsgesetz, ihre physiologische Wirkung ist die gleiche wie bei Röntgenstrahlen. Das Spektrum der Gammastrahlen ist ein Linienspektrum und wird als·*diskretes Gammaspektrum* bezeichnet. Aus der Existenz des diskreten Linienspektrums der Gammastrahlung folgt, daß die Atomkerne nur diskrete Energieniveaus besitzen.

Im weiteren Sinn bezeichnet man auch die beim Zerfall von ↑ Elementarteilchen und die bei der ↑ Paarvernichtung entstehende elektromagnetische Strahlung als Gammastrahlung. Häufig wird auch die durch starke Abbremsung hochenergetischer Elektronen (aus Elektronenbeschleunigern und in der ↑ Höhenstrahlung) entstehende ↑ Bremsstrahlung zur Gammastrahlung gerechnet, insbesondere dann, wenn die Quantenenergien größer sind als bei der Kerngammastrahlung. Insofern bilden die Gammastrahlen im elektromagnetischen Spektrum die Fortsetzung der Röntgenstrahlen zu höheren Frequenzen. Der Nachweis von Gammastrahlen erfolgt mit ↑ Szintillationszählern, ↑ Ionisationskammern, ↑ Kernspurplatten sowie ↑ Halbleiterzählern.

Gammaübergang (*γ-Übergang,* auch *Gammazerfall*), der unter Emission von γ-Quanten erfolgende Übergang eines angeregten Atomkerns in den ↑ Grundzustand. Der Gammaübergang ist kein radioaktiver Zerfall im eigentlichen Sinne, da sich bei ihm weder die ↑ Kernladungszahl noch die ↑ Massenzahl des Kerns ändert. Ausgangs- und Endkern gehören zum selben ↑ Nuklid. Die Kerne sind ↑ Isomere. Der Gammaübergang wird daher auch als *isomerer Übergang* bezeichnet.

Gangunterschied, die Differenz der beiden Wegstrecken, die zwei an einem bestimmten Raumpunkt zusammentreffende und sich dort überlagernde Wellen zurückgelegt haben, um vom jeweiligen Erregerzentrum zu diesem Punkt zu gelangen. Ist der Gangunterschied zweier Wellen mit *gleicher Amplitude gleicher Wellenlänge* und *gleicher Schwingungsrichtung* gleich der halben Wellenlänge oder einem ungeradzahligen Vielfachen der halben Wellenlänge, dann löschen sich die beiden Wellen gegenseitig aus, weil dann Wellenberg auf Wellental bzw. Wellental auf Wellenberg trifft. Ist der Gangunterschied je-

doch 0 oder gleich einem ganzzahligen Vielfachen der Wellenlänge, dann trifft Wellenberg auf Wellenberg und Wellental auf Wellental. Die beiden Wellen verstärken sich gegenseitig.

Gasentladung, elektrische Leitung in leitfähig gemachten Gasen. Da Gase normalerweise aus elektrisch neutralen Molekülen bestehen, besitzen sie nicht genügend Ladungsträger zur Leitung des elektrischen Stroms. Damit das Gas leitend wird, müssen Ladungsträger im Gas erzeugt werden. Man unterscheidet, je nach deren Entstehung, zwischen *selbständiger* und *unselbständiger* Gasentladung.

1. Eine *unselbständige Gasentladung* liegt in den folgenden Fällen vor:
a) Von außen werden Ladungsträger in das Gas eingebracht. Das kann geschehen durch Einbringen von Ionen (z.B. Ionen heißer Flammengase eines Bunsenbrenners), durch Einbringen geladener Teilchen (z.B. Staub- oder Rauchteilchen, die sich durch ↑ Influenz im elektrischen Feld aufladen) oder durch Einbringen von Elektronen (z.B. Elektronen, die durch Glühemission oder auf Grund des ↑ Photoeffekts aus Metall austreten).
b) Ladungsträger entstehen durch äußere Einwirkung im Gas selbst. Neutrale Gasmoleküle können durch von außen wirkende Strahlung z.B. Röntgenstrahlen, UV-Licht, radioaktive Strahlung usw. in positive Ionen und Elektronen aufgespalten werden (↑ Strahlungsionisation).

Befindet sich das Gas im feldfreien Raum, so rekombinieren die Ladungsträger (↑ Rekombination). Bringt man in das Gas aber zwei Elektroden ein und legt an diese eine Gleichspannung (Gasentladungsröhre), so werden auf Grund der im elektrischen Feld wirkenden Kräfte die *positiven* Ionen zur *Kathode,* die *negativen* Ionen bzw. Elektronen zur *Anode* beschleunigt.

Je höher die angelegte Spannung ist, je rascher also die Ionen an die Elektroden gelangen, desto geringer wird die Zahl derjenigen sein, die auf dem Weg zur Kathode bzw. Anode rekombinieren können. Der durch das Gas fließende Strom steigt also zunächst mit der Spannung an (Abb.129, Teil a). Weitere Spannungserhöhung bewirkt, daß alle vorhandenen Ionen zur Kathode bzw. Anode fließen, ohne sich auf dem Weg dorthin neutralisieren zu können. Der fließende Strom hat damit einen *Sättigungswert* erreicht (Sättigungsstrom; Abb.129, Teil b). Die unselbständige Gasentladung hört auf, wenn die Ursache der Ionisation neutraler Gasmoleküle verschwindet.

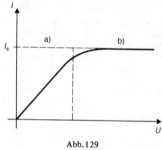

Abb.129

2. *Selbständige Gasentladung* setzt ein, wenn bei sehr hoher Spannung das Gas auch ohne die ständig von außen wirkende Ionisation leitet. In dem durch die Spannung ausgebildeten elektrischen Feld erhalten die vorhandenen Ionen eine so große Energie, daß sie beim Zusammenstoß mit neutralen Gasmolekülen diese ionisieren können (↑ Stoßionisation). Die so entstandenen Ionen werden wieder beschleunigt und ionisieren weitere neutrale Gasmoleküle auf ihrem Weg zur Kathode bzw. Anode. Die Zahl der Ionen wächst auf diese Weise lawinenartig an. Die selbständige Gasentladung hat deshalb eine fallende Strom-Spannungs-Kennlinie (Abb.130). Ist der Gasdruck sehr hoch ($\geqslant 10^5$ Pa), so ist die mittlere freie Weglänge rela-

tiv klein. In diesem Fall muß die angelegte Spannung so hoch sein, daß die Ionen auch während des kurzen Weges die nötige ↑ Ionisierungsenergie erhalten. (↑ Spitzenentladung, ↑ Bogenent-

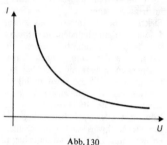

Abb.130

ladung, ↑ Funkenentladung). Ist der Gasdruck aber niedrig ($1\,\text{Pa} < p < 10^5$ Pa), so reicht eine geringere Spannung zur Stoßionisation aus, da die mittlere freie Weglänge größer ist. Da aber nicht alle Ionen die mittlere freie Weglänge durchlaufen, bevor es zu einer Kollision mit einem Gasmolekül kommt, reicht deren kinetische Energie dazu aus, die Gasmoleküle zu Leuchterscheinungen anzuregen (Stoßanregung, ↑ Glimmentladung). Unterschreitet der Gasdruck 1 Pascal, so ist die mittlere freie Weglänge von der Größenordnung des Abstands Kathode-Anode. Es kommt nur noch sehr selten zu Kollisionen mit Gasmolekülen, die Ionen und Elektronen werden demnach im elektrischen Feld zwischen Kathode und Anode stetig beschleunigt. Die positiven Ionen sind dann so energiereich, daß sie aus der Kathode Elektronen herausschlagen können. Diese werden im elektrischen Feld beschleunigt, daß sie bei geeigneter Form der Kathode als stark gebündelte ↑ *Kathodenstrahlen* erscheinen. Durchbohrt man die Kathode, so treten aus deren Öffnung positive Ionenstrahlen (↑ *Kanalstrahlen*) aus. Kathoden- und Kanalstrahlen sind so energiereich, daß sie bei Auftreffen auf Glas dieses zu Fluoreszenz anregen.

Unterhalb eines Gasdrucks von 0,1 Pa hört eine selbständige Gasentladung auf, da keine Stoßionisation von Gasmolekülen mehr stattfindet.

Gasentladungsdetektor, Nachweisgerät für ionisierende Teilchen. Es besteht im Prinzip aus einem ↑ Kondensator, der mit einem Gas oder Dampf als Dielektrum gefüllt ist. Unter dem Einfluß eines elektrischen Feldes zwischen den Kondensatorelektroden wandern die im Gasraum durch ionisierende Strahlung erzeugten Ladungsträger an die Elektroden, falls sie nicht wieder durch ↑ Rekombination verloren gehen. Zunächst überwiegt die Rekombination (*Anfangsleitfähigkeit*), erst bei höheren elektrischen Feldstärken gelangen sämtliche Ladungsträger an die Elektroden (*Sättigungsstrom*). Bei noch höheren Feldstärken setzt dann ↑ Stoßionisation ein (*Gasmultiplikation*), wodurch Ladungsträgerlawinen erzeugt werden. Je nachdem in welchem Bereich der Gasentladungs-

detektor arbeitet, unterscheidet man ↑ *Ionisationskammer, Proportionalzählrohr, Auslöse-(Geiger-Müller-)Zählrohr.* In jedem Fall erzeugt der Durchgang ionisierender Strahlung einen ↑ Stromstoß bzw. an einem Arbeitswiderstand einen ↑ Spannungsstoß ΔU

$$\Delta U = A \cdot \frac{n \cdot e}{C}$$

(*A* die Gasmultiplikation, *e* Elementarladung, *C* Kapazität des Detektors). Der Strom- bzw. Spannungsstoß setzt sich zusammen aus einem steilen zeitlichen Anstieg (Elektronenimpuls) und einem langsamen Anstieg, bedingt durch die trägeren Ionen (Ionenimpuls).
Die prinzipielle Abhängigkeit des Ladungsträgerstromes von der elektrischen Feldstärke und damit Elektrodenspannung zeigt Abb. 131.

Gasgesetze, Sammelbezeichnung für die Gesetze, die das Verhalten ↑ idealer sowie ↑ realer Gase beschreiben wie z.B. die *allgemeine* ↑ *Zustandsgleichung* der Gase, die ↑ *van der Waalsche Zu-*

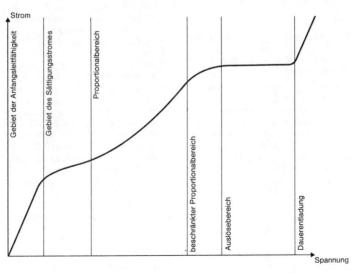

Abb. 131

standsgleichung, das ↑ *Amontonssche Gesetz*, das ↑ *Boyle-Mariottesche Gesetz* und das ↑ *Gay-Lussacsche Gesetz*.

Gaskonstante, die in der allgemeinen ↑ Zustandsgleichung der Gase

$$\frac{p \cdot V}{T} = R$$

auftretende Konstante R. Man unterscheidet•dabei zwischen der von der Art des betrachteten Gases abhängigen und in der Einheit 1 J/kg · K gemessenen *speziellen Gaskonstanten* und der stoffunabhängigen, auf ein Mol eines Gases bezogenen *universellen Gaskonstanten* (Symbol R_0). Die universelle Gaskonstante hat den Wert

$$R_0 = 8{,}3143 \frac{J}{mol \cdot K},$$

sie ist mit der ↑ Avogadroschen Konstante N_A und der *Boltzmann-Konstante* k ($k = 1{,}3805 \cdot 10^{-16}$ erg/K) durch

$$R_0 = N_A \cdot k$$

verknüpft.

Gasthermometer, ein ↑ Thermometer, bei dem zur Temperaturmessung die Zustandsänderung eines idealen Gases verwendet wird.

Der Druck in einem idealen Gas ist bei konstant gehaltenem Volumen der absoluten Temperatur direkt proportional (↑ Amontonssches Gesetz, ↑ Zustandsgleichung). Mit dem Gasthermometer wird nun zunächst der Druck eines in einem Glasgefäß eingeschlossenen Gases bei 0°C und dann bei der zu messenden Temperatur bestimmt. Aus der Druckdifferenz läßt sich rechnerisch die Temperaturdifferenz bestimmen.

Gasthermometer liefern zwar sehr genaue Werte, sind aber im Gebrauch recht unhandlich. Sie werden deshalb nur zu Präzissionsmessung und zur Eichung anderer Thermometer verwendet.

Gasturbine, eine zur Gruppe der ↑ Verbrennungskraftmaschinen gehörende Vorrichtung zur Umwandlung von Wärmeenergie in mechanische Energie, die im wesentlichen auf dem Arbeitsprinzip der ↑ Dampfturbine beruht. Während jedoch bei der Dampfturbine hocherhitzter und hochgespannter Wasserdampf, der in einer gesonderten Kesselanlage erzeugt wird, gegen die Schaufeln eines Schaufelrades strömt, versetzen bei der Gasturbine die heißen Verbrennungsgase eines in einer Brennkammer verbrannten Kraftstoff-Luft-Gemischs das Schaufelrad in Bewegung. Abb. 132 zeigt schematisch die Wirkungsweise einer Gasturbine:

Der Verdichter (*Turbokompressor*) saugt Frischluft an und bringt sie auf einen Druck von 5 - 6 at. Die komprimierte Luft gelangt darauf in einen Wärmeaustauscher, wo sie durch die noch heißen, der Turbine entströmenden Verbrennungsgase vorgewärmt wird. Die erwärmte Luft strömt nun in eine Brennkammer, wo sie mit dem Kraftstoff vermischt wird. Das Kraftstoff-Luft-Gemisch wird verbrannt. Dabei entstehen Verbrennungsgase mit einer Temperatur von ca. 600°C-700°C. Diese Verbrennungsgase strömen mit hoher Geschwindigkeit gegen die Schaufeln der Turbine und setzen sie in Bewegung. Abb. 133 zeigt die Ausführung einer Gasturbine. Eine spezielle Art von Gasturbine stellt die sogenannte *Heißluftturbine* dar (Abb. 134). Hier durchströmen nicht die heißen Verbrennungsgase des Kraftstoff-Luft-Gemischs selbst die Turbine, sondern Luft, die in einem Wärmeaustauscher durch die heißen Verbrennungsgase erhitzt wurde. Diese Heißluft durchläuft dabei einen Kreislauf, d.h. nach Verlassen der Turbine wird sie erneut vom Kompressor angesaugt, im Wärmeaustauscher erhitzt und wiederum der Turbine zugeführt.

Gay-Lussacsches Gesetz, ein Gesetz, das die Abhängigkeit zwischen dem

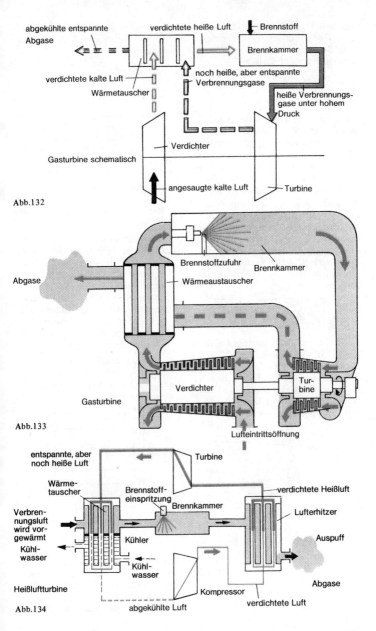

abgekühlte entspannte Abgase

verdichtete heiße Luft

Brennstoff

Brennkammer

verdichtete kalte Luft

Wärmetauscher

noch heiße, aber entspannte Verbrennungsgase

heiße Verbrennungsgase unter hohem Druck

Verdichter

Gasturbine schematisch

angesaugte kalte Luft

Turbine

Abb.132

Brennstoffzufuhr

Brennkammer

Abgase

Wärmeaustauscher

Verdichter

Tur-bine

Gasturbine

Abb.133

Lufteintrittsöffnung

entspannte, aber noch heiße Luft

Turbine

Wärme-tauscher

Brennstoff-einspritzung

Brennkammer

verdichtete Heißluft

Verbrennungsluft wird vor-gewärmt

Lufterhitzer

Kühler

Auspuff

Kühl-wasser

Kühl-wasser

Abgase

Heißluftturbine

Kompressor

verdichtete Luft

Abb.134

abgekühlte Luft

Volumen V und der absoluten Temperatur T einer bestimmten Menge eines ↑ idealen Gases bei gleichbleibendem Druck p beschreibt. Es lautet:

$$\frac{V}{T} = \text{const}$$

für $p = \text{const}$. Das heißt: Der Quotient aus Volumen V und absoluter Temperatur T einer Gasmenge ist bei gleichbleibendem Druck konstant bzw. das Volumen einer Gasmenge ist bei gleichbleibendem Druck der absoluten Temperatur direkt proportional.

Betrachtet man einen durch das Volumen V_1 und die absolute Temperatur T_1 beschriebenen Zustand 1 und einen durch das Volumen V_2 und die absolute Temperatur T_2 beschriebenen Zustand 2 eines idealen Gases, dann ergibt sich aus dem Gay-Lussacschen Gesetz die Beziehung:

$$\frac{V_1}{T_1} = \frac{V_2}{T_2}$$

bei $p = \text{const}$. Wählt man für den Zustand 1 die Temperatur von 0°C und für den Zustand 2 die Temperatur von t°C und bezeichnet man mit V_0 das Volumen des Gases bei 0°C und mit V_t das Volumen des Gases bei t°C, dann geht die Beziehung über in:

$$\frac{V_0}{273,15 \text{ grd}} = \frac{V_t}{(273,15 \text{ grd} + t)}$$

bzw.

$$V_t = V_0 \; \frac{273,15 \text{ grd} + t}{273,15 \text{ grd}}$$

und daraus ergibt sich:

$$V_t = V_0 \left(1 + \frac{t}{273,15 \text{ grd}} \right).$$

Das heißt: Bei konstantem Druck nimmt das Volumen einer Gasmenge beim Erwärmen um 1°C um $1/273,15$ des Volumens bei 0°C zu.

Das Gay-Lussacsche Gesetz ergibt sich aus der allgemeinen ↑ Zustandsgleichung der Gase

$$\frac{p_1 V_1}{T_1} = \frac{p_2 V_2}{T_2}$$

wenn man $p_1 = p_2 = p$ setzt.

gedämpfte Schwingung, eine ↑ Schwingung, bei der infolge der Umwandlung von Schwingungsenergie in andere Energieformen eine ständige Abnahme der Amplitude erfolgt. Alle realen Schwingungen sind gedämpfte Schwingungen.

Gefrierpunkt, diejenige Temperatur, bei der ein Körper vom flüssigen in den festen ↑ Aggregatzustand übergeht (↑ Schmelzen).

Gefrierpunktserniedrigung, die Herabsetzung der Temperatur, bei der ein Körper vom flüssigen in den festen ↑ Aggregatzustand übergeht. Eine Gefrierpunktserniedrigung läßt sich dadurch erreichen, daß man einen geeigneten Stoff in der betreffenden Flüssigkeit löst. So liegt beispielsweise die Erstarrungstemperatur einer Kochsalz-Wasser-Lösung unter -20°C.

Gegenfeldmethode, auf Ph. Lenard zurückgehende Methode zur Bestimmung der Geschwindigkeit geladener Teilchen in einem Teilchenstrahl. Denkt

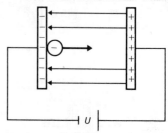

Abb. 135

man sich auf der negativ geladenen Platte eines Kondensators ein negativ geladenes Teilchen (Abb. 135), so wird dieses im elektrischen Feld des Kondensators beschleunigt. Wenn es bei der positiv geladenen Platte angelangt ist, hat es insgesamt die Energie $W = Q \cdot U$ (Q Ladung des Teilchens, U Spannung zwischen den Kondensatorplatten) aufgenommen und in Form kinetischer Energie gespeichert. Dieses Teilchen kann in einem dem obigen elektrischen Feld entgegengerichteten Feld gleicher Stärke, im sogenannten *Gegenfeld*, wieder bis zum Stillstand abgebremst werden. Man muß dazu die das Gegenfeld bewirkende Spannung so lange erhöhen, bis sie bei unserem Beispiel genau so groß ist wie die am Kondensator anliegende.

Wird ein Teilchen der Masse m, der Ladung Q und der Geschwindigkeit v in einem elektrischen Feld mit zugehöriger Spannung U bis zum Stillstand abgebremst, so gilt

$$W_{kin} = \frac{m}{2} \, v^2 = Q \cdot U,$$

und damit

$$v = \sqrt{\frac{2Q \cdot U}{m}}.$$

Werden *alle* Teilchen eines Teilchenstrahls in einem Gegenfeld abgebremst, dann ist die zugehörige Spannung ein Maß für die auftretende *Maximalgeschwindigkeit*.

Gelegentlich benutzt man ein Gegenfeld auch, um nur Teilchen oberhalb einer bestimmten Geschwindigkeit oder Energie zu erhalten.

Gegenkraft, die nach dem dritten ↑ Newtonschen Axiom bei der Kraftwirkung eines Körpers A auf einen Körper B auftretende, der einwirkenden Kraft entgegengerichtete, dem Betrag nach gleich große Kraft, die der Körper B auf den Körper A ausübt.

Gegenstandsebene, bei einem abbildenden optischen System (↑ Linse, ↑ Linsensystem, ↑ Hohlspiegel) diejenige senkrecht zur optischen Achse verlaufende Ebene, auf der der Punkt bzw. die Punkte liegen, die abgebildet werden sollen. Alle Punkte der Gegenstandsebene werden im Idealfall wieder in einer Ebene abgebildet, der sogenannten ↑ *Bildebene*.

Gegenstandsgröße, bei einer optischen Abbildung die Größe des abgebildeten Gegenstandes (↑ Linse, ↑ Hohlspiegel, ↑ Wölbspiegel).

Gegenstandsweite, Formelzeichen g, bei einer optischen Abbildung der Abstand des Gegenstandes, dessen Bild erzeugt wird, von der Linse bzw. vom Spiegel. Bei dünnen, symmetrischen Linsen wird die Gegenstandsweite von der *Linsenebene*, bei dicken Linsen oder Linsensystemen von der betreffenden ↑ *Hauptebene* und bei Kugelspiegeln von der *Scheitelebene* aus gemessen. (↑ Linse, ↑ Hohlspiegel, ↑ Wölbspiegel, ↑ Abbildungsgleichung).

Geiger-Nutallsche Regel, Zusammenhang zwischen der Energie W von ↑ Alphastrahlen und der Zerfallskonstanten λ des α-Strahlers:

$$\log \lambda = a \cdot \log W + b,$$

wobei a und b innerhalb einer ↑ Zerfallsreihe konstant sind.

Geigersche Regel, Zusammenhang zwischen der Reichweite R und der Geschwindigkeit v bzw. der Energie W von Alphateilchen (↑ Alphastrahlen)

$$R = a \cdot v^3 = b \cdot W^{3/2}$$

(a, b konstant). Die Reichweite ist proportional der dritten Potenz der Geschwindigkeit bzw. der Quadratwurzel aus der dritten Potenz aus der Energie.

gekoppelte Pendel, durch eine Schraubenfeder, einen belasteten Faden oder dergleichen miteinander verbundene Pendel, die sich beim Schwingen gegenseitig beeinflussen können (Abb. 136). Eine interessante Erscheinung tritt ein, wenn zwei Fadenpendel gleicher Länge und gleicher Masse miteinander gekoppelt sind. Ein solches System bezeichnet man als *sympathische Pendel*.

Erregt man das erste Pendel durch einen Anstoß zum Schwingen, so gibt es allmählich seine Schwingungsenergie über die Kopplung an das zweite Pen-

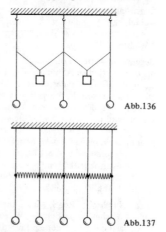

Abb.136

Abb.137

del ab. Dieses beginnt mit wachsender ↑ Amplitude zu schwingen, während das erste Pendel zur Ruhe kommt. Die gesamte zugeführte mechanische Energie steckt dann im zweiten Pendel. Über die Kopplung wird nun die Schwingungsenergie wieder auf das erste Pendel übertragen. Das zweite Pendel kommt allmählich zur Ruhe, während das erste mit wachsender Amplitude schwingt. Die beiden gekoppelten Pendel erreichen also wechselweise die Zustände der Ruhe und der maximalen Schwingung. Dieser Vorgang des Energieaustausches wiederholt sich solange, bis die zugeführte mechanische Energie durch Reibungsvorgänge aufgezehrt, d.h. in Wärmeenergie umgewandelt worden ist.
Die Schwingungen der sympathischen Pendel stellen einen Spezialfall einer ↑ Schwebung dar. Keine Schwebungserscheinungen kommen zustande, wenn man die beiden sympathischen Pendel gleichzeitig so erregt, daß beide entweder gleichsinnig oder gegensinnig mit gleicher Amplitude schwingen.

gelber Fleck (*Netzhautgrube*), die lichtempfindlichste Stelle auf der Netzhaut des menschlichen ↑ Auges. Sie liegt der Pupille genau gegenüber.

Generator (*Dynamomaschine*), elektrische Maschine, in der mechanische Energie in elektrische Energie umgewandelt wird. Der Generator beruht auf folgendem Prinzip: Dreht man eine Leiterschleife der Fläche A im Magnetfeld eines Dauermagneten mit der magnetischen Induktion B, so kommt es auf Grund der ständigen Änderung des Kraftflusses zu einer elektromagnetischen Induktion in der Leiterschleife (Abb. 138). An den Enden des Leiters wird eine Spannung U erzeugt, für die gilt:

$$U = -\frac{d\phi}{dt}$$

(ϕ Kraftfluß durch die Leiterschleife).
Für den Kraftfluß ϕ gilt:

$$\phi = B \cdot A \cdot \cos \alpha$$

(α spitzer Winkel zwischen B und der Normalen auf die Fläche A).

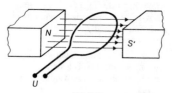

Abb.138

Dieser Winkel ist zeitabhängig. Dreht man die Leiterschleife mit der konstanten Winkelgeschwindigkeit ω, so ergibt sich:

$$\alpha = \omega \cdot t.$$

Daraus ergibt sich für den Kraftfluß

$$\phi = B A \cos(\omega t)$$

und damit für die Spannung

$$U = -\frac{d}{dt}(B \cdot A \cdot \cos(\omega t)),$$

also

$$U = B \cdot A \cdot \omega \sin(\omega t).$$

Bezeichnet man $\omega \cdot B \cdot A$ mit U_0, so erhält man:

$$U = U_0 \cdot \sin(\omega t) \ .$$

Die induzierte Spannung wird durch eine Sinuskurve beschrieben (Abb.139), es handelt sich um eine ↑ Wechselspannung. Ihre Frequenz ist der Quotient aus der Anzahl der Umdrehungen der Leiterschleife und der dazu benötigten Zeit. Die Spannung schwankt zwischen den beiden Scheitelwerten U_0 und $-U_0$ die der Fläche A der Leiterschleife und dem Betrag der magnetischen Induktion B proportional sind.

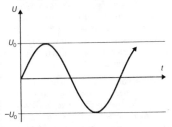

Abb.139

In der Praxis werden Wechselspannungen erzeugt, indem man Spulen mit Eisenkern im Magnetfeld eines Elektromagneten rotieren, oder umgekehrt Elektromagnete um eine ruhende Spule kreisen läßt. Die Elektrizitätswerke erzeugen bei uns Wechselspannungen mit der Frequenz 50 Hz.

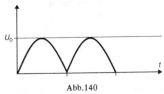

Abb.140

Primär werden mit einem Generator Wechselspannungen erzeugt. Durch An-bringen eines ↑ Kollektors kann diese Wechselspannung gleichgerichtet werden. Abb. 140 zeigt den zeitlichen Verlauf der gleichgerichteten Spannung (pulsierende Gleichspannung). Generatoren, die mit einem Kollektor ausgestattet sind, nennt man *Gleichstromgeneratoren.*

Geradsichtprisma, eine Kombination mehrerer ↑ Prismen, bei der die Brechungsverhältnisse von der Art sind, daß ein hindurchgehender Lichtstrahl mit einer ganz bestimmten Wellenlänge keine Richtungsänderung erfährt. Die einzelnen Ablenkungen im Inneren des Geradsichtprismas heben sich für diese Wellenlänge gegenseitig auf.

Geschwindigkeit, Formelzeichen $\vec{v}$, bei einer gleichförmigen Bewegung (d.h. bei einer Bewegung, bei der in gleichen Zeitabschnitten gleich lange Wege zurückgelegt werden) der konstante Quotient aus dem zurückgelegten Weg $\vec{s}$ und der dazu benötigten Zeit t:

$$\vec{v} = \frac{\vec{s}}{t} \ .$$

Bei ungleichförmiger Bewegung der entsprechende Differentialquotient

$$\vec{v} = \frac{d\vec{s}}{dt}$$

(↑ Kinematik).

Die Geschwindigkeit ist ein *Vektor*, da zu ihrer vollständigen Beschreibung außer der Angabe ihres Betrages auch die Angabe ihrer Richtung erforderlich ist. Für die *Dimension* der Geschwindigkeit ergibt sich:

$$\dim \vec{v} = \frac{\dim \vec{s}}{\dim t} = \mathsf{L} \cdot \mathsf{Z}^{-1} \ .$$

SI-Einheit der Geschwindigkeit ist 1 Meter pro Sekunde (1 m/s). Ein Körper hat die Geschwindigkeit 1 m/s, wenn er in 1 Sekunde einen Weg von 1 Meter zurücklegt. Eine weitere häufig verwendete Geschwindigkeitseinheit ist 1 Kilometer pro Stunde (1 km/h). Zwischen m/s und km/h besteht die folgende Umrechnungsbeziehung:

$$1\,\frac{m}{s} = 3{,}6\,\frac{km}{h} \quad \text{bzw.} \quad 1\,\frac{km}{h} = \frac{1}{3{,}6}\,\frac{m}{s}.$$

Gewichtskraft (*Gewicht*), diejenige Kraft, mit der ein Körper infolge der Anziehung der Erde (oder auch irgendeines anderen Himmelskörpers) auf seiner Unterlage lastet, an seiner Aufhängung zieht oder, falls beides nicht vorhanden, zum Erdmittelpunkt hin beschleunigt wird. Ist g die Erdbeschleunigung und m die Masse eines Körpers, dann gilt für den Betrag seiner Gewichtskraft $G = mg$.

Die Gewichtskraft ist ein *Vektor*. Seine Richtung stimmt mit der von g überein, weist also stets zum Erdmittelpunkt. Ebenso wie die Erdbeschleunigung g ist auch die Gewichtskraft ortsabhängig. Bei gleicher Masse m wiegt ein Körper am Äquator weniger als an den Polen, der Unterschied beträgt etwa $6^o/_{oo}$. Auch mit zunehmender Höhe nimmt die Gewichtskraft ab. In 6370 km Höhe beträgt sie nur noch ein Viertel dessen auf der Erdoberfläche. Für die *Dimension* von G gilt: dim $G = M \cdot L \cdot Z^{-2}$.

SI-Einheit der Gewichtskraft ist das ↑ Newton. Für eine Übergangsfrist bis 31. 12. 1977 ist auch noch das ↑ Pond und ↑ Kilopond als Einheit der Gewichtskraft zulässig. 1 kp ist die Gewichtskraft eines Körpers mit der Masse 1 kg am Normort (45° geographische Breite, Meereshöhe). Es gilt:

	1 kp = 9,80665 N
bzw.	1 N = 0,101972 kp.

Gitter, 1) eine *Elektrode* (zumeist in Form einer Drahtspirale), die sich in einer Elektronenröhre zwischen Anode und Kathode befindet und zur Steuerung des Anodenstroms verwendet wird (↑ Triode). Bei *positiver* Aufladung des Gitters gegen die Kathode bewirkt es eine *Verstärkung*, bei *negati-*

ver Aufladung gegen die Kathode eine *Schwächung* des Anodenstroms.

2) *Optisches* Gitter, ein System zahlreicher zueinander paralleler, dicht nebeneinanderliegender Spalte mit untereinander gleichen Abständen zur Erzeugung von Beugungserscheinungen und ↑ Gitterspektren. Der Abstand zweier benachbarter Spaltmitten wird als *Gitterkonstante* bezeichnet (↑ Beugung).

Gitterspektrum, ein durch ein optisches ↑ Gitter erzeugtes ↑ Spektrum. Die Entstehung eines Gitterspektrums beruht auf der Erscheinung der ↑ Beugung. Im Gegensatz zum ↑ Prismenspektrum erfolgt die Farbauffächerung beim Gitterspektrum gleichmäßig über den ganzen Wellenlängenbereich, also unabhängig von der Wellenlänge. Aus der Lage einer Farbe in einem Gitterspektrum läßt sich somit unmittelbar ihre Wellenlänge bestimmen. Aus diesem Grunde bezeichnet man Gitterspektren häufig auch als *Normalspektren*.

Gittervorspannung, Bezeichnung für eine zwischen Kathode und Gitter in einer ↑ Elektronenröhre gelegte Gleichspannung. Sie beeinflußt den durch die Anodenspannung bewirkten Anodenstrom. Bei einer negativen Gittervorspannung (d.h. wenn das Gitter negativ gegen die Kathode geladen ist) nimmt der Anodenstrom ab, da die Elektronen abgebremst werden. Je stärker negativ die Gittervorspannung ist, desto weniger Elektronen besitzen genügend kinetische Energie, um zur Anode zu gelangen. Umgekehrt verursacht eine positive Gittervorspannung eine Zunahme des Anodenstroms, da mehr Elektronen im so verstärkten elektrischen Feld die nötige kinetische Energie erhalten, um zur Anode gelangen zu können.

Gleichgewicht, Zustand, in dem sich ein Körper befindet, wenn die Summe aller auf ihn wirkenden ↑ Kräfte bzw. ↑ Drehmomente gleich Null ist (*Gleich-*

gewichtsbedingung). Der Körper erfährt dann keine Änderung seines Bewegungszustands, d.h. er bleibt im Zustand der Ruhe oder der gleichförmigen geradlinigen Bewegung (*statisches Gleichgewicht*). Im folgenden sollen nur Gleichgewichtszustände ruhender Körper betrachtet werden. Man unterscheidet dabei folgende drei Gleichgewichtsarten:

1. Ein Körper befindet sich im *stabilen Gleichgewicht*, wenn er nach einer kleinen Auslenkung aus seiner Gleichgewichtslage wieder in diese zurückkehrt. Seine potentielle Energie besitzt in der stabilen Gleichgewichtslage ein Minimum. Beim stabilen Gleichgewicht eines Körpers im Schwerefeld hat sein Schwerpunkt die tiefstmögliche Lage (Abb. 141).

2. Ein Körper befindet sich im *labilen Gleichgewicht*, wenn er nach einer kleinen Auslenkung aus seiner Gleichgewichtslage nicht mehr in diese zurückkehrt, sondern eine andere, stabile Gleichgewichtslage anstrebt. Seine potentielle Energie besitzt in der labilen Gleichgewichtslage ein Maximum. Beim labilen Gleichgewicht eines Körpers im Schwerefeld hat sein Schwerpunkt die höchstmögliche Lage (Abb. 142).

Abb.141   Abb.142   Abb.143

3. Ein Körper befindet sich im *indifferenten Gleichgewicht*, wenn er nach einer kleinen Auslenkung aus dieser Gleichgewichtslage weder in die ursprüngliche Lage zurückkehrt noch eine andere Lage anstrebt, sondern vielmehr in der Lage bleibt, in die er durch die Auslenkung gebracht wurde. Seine potentielle Energie ändert sich somit nicht. Beim indifferenten Gleichgewicht eines Körpers im Schwerefeld wird bei einer kleinen Auslenkung also sein Schwerpunkt weder gesenkt noch gehoben (Abb. 143).

Gleichrichter, elektrische Geräte zur Umwandlung von Wechselstrom in (pulsierenden) Gleichstrom unter Benutzung von Schaltelementen, die den elektrischen Strom vorwiegend in einer Richtung durchlassen. Bei der Einwegschaltung wird nur eine Halbwelle, bei der Zweiwegschaltung werden beide Halbwellen des Wechselstroms ausgenutzt (↑ Diode, ↑ Graetzschaltung).

Gleichspannung, zeitlich dem Betrage und Vorzeichen nach konstante elektrische ↑ Spannung (im Gegensatz zur ↑ Wechselspannung). Oft auch Bezeichnung für eine Spannung, die zwar nicht konstant ist, jedoch ihr Vorzeichen nicht ändert. Um sie von der Wechselspannung zu unterscheiden, wird für die Gleichspannung das Symbol $U_=$ benutzt.

Gleichstrom, zeitlich dem Betrage und der Richtung nach konstante elektrischer ↑ Strom (im Gegensatz zum ↑ Wechselstrom). Oft auch Bezeichnung für einen Strom mit gleichbleibender Richtung, aber veränderlicher Stärke. Um ihn vom Wechselstrom zu unterscheiden, benutzt man für den Gleichstrom das Symbol $I_=$.

Glimmentladung, eine bei niedrigem Gasdruck zwischen zwei an einer Gleichstromquelle liegenden Elektroden auftretende selbständige ↑ Gasentladung. Sie kann in einer gasgefüllten Glasröhre beobachtet werden, nachdem bei einem von der angelegten Spannung und den Abmessungen der Röhre abhängigen Gasdruck ein Strom zu fließen beginnt.

Abb.144 zeigt die bei vollständig ausgebildeter Glimmentladung auftretenden typischen Leuchtschichten und Dunkelräume:

Die Kathode ist von einer schwach leuchtenden Lichthaut, der *Kathodenschicht* (1) bedeckt, an die sich ein lichtloser Raum, der *Hittorfsche Dunkelraum* (2) anschließt. Dieser wird durch das *Glimmlicht* (3) begrenzt. Durch einen allmählichen Übergang wird davon ein zweiter lichtloser Raum, der *Faradaysche Dunkelraum* (4), abgetrennt. Den übrigen Teil der Röhre füllt die *positive Säule* (5) (↑ Plasma).

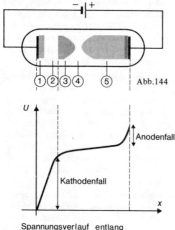

Abb.144

Spannungsverlauf entlang der Entladungsstrecke   Abb.145

Diese Beobachtung wird durch Ausmessen der Spannungsverteilung zwischen Kathode und Anode ergänzt (Abb.145). Unmittelbar vor der Anode findet ein steiler Spannungsabfall der sogenannte *Anodenfall* statt, während dann bis zum Hittorfschen Dunkelraum die Spannung verhältnismäßig wenig sinkt. Dagegen besteht ein starker Spannungsabfall zwischen der Kante des Glimmlichts und der Kathode. Er wird als *Kathodenfall* bezeichnet. Dieser Spannungsverlauf erlaubt ein Verständnis der Glimmentladungserscheinung.

Bei niedrigem Gasdruck ist die Entfernung zwischen den im Gas bereits vorhandenen Ionen und den nichtionisierten Gasteilchen größer als bei Normaldruck. Es genügt deshalb eine relativ geringe Spannung zur Einleitung einer selbständigen Gasentladung durch ↑ *Stoßionisation.* Die dabei erzeugten positiven Ionen werden zur Kathode gezogen. Im Kathodenfall werden sie so stark beschleunigt, daß ein Teil von

ihnen eine genügend hohe kinetische Energie besitzt, um beim Aufprall aus der Kathode Elektronen herauszuschlagen. Wegen des unterschiedlich zurückgelegten Wege reicht die Energie der übrigen positiven Ionen nicht zum Ablösen von Elektronen aus der Kathode aus. Sie geben ihre Energie durch ↑ Stoßanregung ab, was zu Leuchterscheinungen an der Kathode führt. Die von der Kathode abgestoßenen Elektronen werden im Kathodenfall so stark beschleunigt, daß einige im Bereich des Glimmlichts durch Stoßionisation neue positive Ionen erzeugen können. Energieärmere Elektronen bewirken mittels Stoßanregung Leuchterscheinungen. Alle Elektronen geben soviel Energie ab, daß sie im Faradayschen Dunkelraum weder ionisieren noch Leuchterscheinungen erzeugen können. Bis zur positiven Säule nehmen sie erneut soviel Energie auf, daß sie dort in der Lage sind, Stoßanregung oder Stoßionisation zu verursachen. In diesem Gebiet werden pro Zeiteinheit soviele neue Ionen erzeugt wie durch ↑ Rekombination verloren gehen. Verstärkte Ionisation tritt noch einmal im Anodenfall auf, wodurch die Ionen nachgeliefert werden, die aus der positiven Säule in Richtung Kathode wandern.

Da die positiven Ionen eine größere Masse als die Elektronen besitzen, erreichen sie geringere Geschwindigkeiten im elektrischen Feld als die Elektronen. Im Bereich vor der Kathode kommt es deshalb zu einer *Anhäufung positiver Ionen.* Dies ist der Grund für den großen Spannungsabfall an der Kathode.

Anwendung findet die positive Säule der Glimmentladung in Leuchtröhren, die des Glimmlichts in ↑ Glimmlampen.

Glimmlampe, mit verdünntem Edelgas (z.B. Neon) gefüllte Glasröhre, in die zwei ↑ Elektroden in so geringem Abstand eingeschmolzen sind, daß nur das Glimmlicht der ↑ Glimmentladung sich ausbilden kann. Der ↑ Kathodenfall ist dabei so niedrig, daß die Lampe bei normaler Netzspannung betrieben werden kann. Wegen der geringen Lichtstärke des Glimmlichts findet die Glimmlampe Verwendung als Kontroll-, Signal- oder Markierungslampe.

glühelektrischer Effekt (*Edison-Effekt, Richardson-Effekt, thermische Elektronenemission*), der Austritt von Elektronen (*Glühelektronen*) aus einer glühenden Metall- oder Halbleiteroberfläche (*Glühemission*). Mit steigender Temperatur nimmt die mittlere kinetische Energie der Leitungselektronen im erhitzten Körper soweit zu, daß immer mehr von ihnen imstande sind, die Potentialschwelle an der Oberfläche des Kristalls zu überwinden (↑ Austrittsarbeit) und das Kristallgitter zu verlassen. Diese Elektronen umgeben den durch Elektronenverlust sich positiv aufladenden Körper in Form einer Raumladungswolke, wodurch eine weitere Elektronenemission erschwert wird. Legt man den Körper als sogenannte *Glühkathode* in einen Stromkreis einer – im Vergleich zu ihr positiv geladenen – Anode gegenüber, so werden die Elektronen durch das elektrische Feld abgesaugt, es kommt zu einem anhaltenden Stromfluß. Die Abhängigkeit der Sättigungsstromdichte j von der absoluten Temperatur T und der Austrittsarbeit W der Elektronen wird durch die sogenannte *Richardson-Dushman-Gleichung* gegeben:

$$j = A \cdot T^2 \cdot e^{-W/kT}$$

(A konstanter Faktor vom Wert 120 A/(cm^2 K^2), k Boltzmannkonstante). Die große praktische Bedeutung der glühelektrischen Effekts liegt in der Möglichkeit der einfachen Erzeugung freier Elektronen, die z.B. die Entwicklung der ↑ Elektronenröhre ermöglichte.

Glühkathode, negative Elektrode in Elektronenröhren, Röntgenröhren u.a., aus der Elektronen emittiert werden.

Die zu Austritt aus der Metalloberfläche nötige Austrittsenergie wird dabei den Elektronen durch Erhitzen der Elektrode zugeführt (↑ Austrittsarbeit).

Goldene Regel der Mechanik, Bezeichnung für die allgemeingültige Gesetzmäßigkeit, nach der bei Verwendung von ↑ einfachen Maschinen (z.B. ↑ Hebel, ↑ Rolle, ↑ schiefe Ebene, ↑ Flaschenzug) keine ↑ Arbeit gewonnen wird.
Sofern man von Reibungsverlusten absehen kann, ist die am *Eingang* einer einfachen Maschine von der Antriebskraft verrichtete Arbeit gleich der von der Maschine am *Ausgang* abgegebenen Arbeit. Das Skalarprodukt aus Kraft und Weg bleibt also bei Verwendung einer einfachen Maschine unverändert erhalten. Benutzt man eine einfache Maschine als *kraftsparende* Maschine, so muß man am Wege zusetzen, was an Kraft eingespart wird, verwendet man sie als *wegsparende* Maschine, so muß man an Kraft zusetzen, was am Weg eingespart wird und zwar jeweils in der Art, daß das Skalarprodukt aus Kraft und Weg (die Arbeit also) gleich bleibt.
Die Goldene Regel der Mechanik stellt nichts anderes dar als die spezielle Formulierung des Satzes von der Erhaltung der Energie für einfache Maschinen.

Graetz-Schaltung, zur Gleichrichtung von Wechselstrom verwendete Brückenschaltung. Dabei bilden vier Gleichrichter eine Brücke, an deren einen Diagonalzweig die Wechselstromquelle angeschlossen ist, während der andere Diagonalzweig den gleichgerichteten Strom führt.

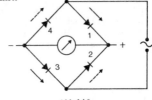

Abb.146

159

Abb. 146 zeigt: Fließen die Elektronen während der 1. Halbperiode des Wechselstromes in Pfeilrichtung (→), so sind die Dioden 1 und 3 geöffnet, während der anderen Halbperiode sind es die Dioden 2 und 4.

Gramm (g), Masseneinheit, der 1000. Teil eines ↑ Kilogramms.

Gravitation (*Massenanziehung*), die Kraft, die zwei oder mehrere Körper allein auf Grund ihrer (schweren) Masse aufeinander ausüben. Die Gravitation der Erde bezeichnet man auch als *Schwerkraft*. Sie ist die Ursache für die ↑ Gewichtskraft eines Körpers.

Für den Betrag der Kraft F, mit der sich zwei Körper gegenseitig anziehen, gilt das *Newtonsche Gravitationsgesetz*:

$$F = \gamma \cdot \frac{m_1 \cdot m_2}{r^2}$$

(F Betrag der Anziehungskraft, m_1 und m_2 Massen der beiden Körper, r Abstand der Massenmittelpunkte beider Körper, γ *Gravitationskonstante*).

Der Wert der Gravitationskonstante ist:

$$\gamma = 6,670 \cdot 10^{-11} \frac{m^3}{kg \cdot s^2} =$$
$$= 6,670 \cdot 10^{-11} \frac{N \cdot m^2}{kg^2} .$$

Als *Gravitationsfeld* bezeichnet man den Raum in der Umgebung eines Körpers, in dem er auf andere Körper eine Anziehungskraft ausübt. Maß für die Stärke des Gravitationsfeldes an irgendeinem beliebigen Raumpunkt ist der Quotient aus der Kraft $\vec{F}$, die an diesem Punkt auf einen Körper ausgeübt wird und der Masse dieses Körpers. Er wird als *Gravitationsfeldstärke* $\vec{g}$ bezeichnet:

$$\vec{g} = \frac{\vec{F}}{m} .$$

Für den Betrag der Gravitationsfeldstärke der Erde gilt:

$$g = \gamma \cdot \frac{M}{r^2}$$

(g Betrag der Gravitationsfeldstärke, M Masse der Erde, r Abstand des betrachteten Raumpunktes vom Erdmittelpunkt, γ Gravitationskonstante).

Für die ↑ Arbeit W, die erforderlich ist, um einen Körper der Masse m im Gravitationsfeld der Erde aus der Entfernung r in die größere Entfernung r_g zu bringen, gilt die Beziehung:

$$W = \gamma \, m M \left(\frac{1}{r} - \frac{1}{r_g} \right)$$

Will man den Körper ganz aus dem Gravitationsfeld herausbringen ($r_g \to \infty$), dann muß man die Arbeit

$$W = \gamma \frac{mM}{r}$$

verrichten. Der Quotient aus dieser Arbeit und der Masse m des betrachteten Körpers wird als *Potential* des Gravitationsfeldes (*Gravitationspotential*), Formelzeichen V, bezeichnet:

$$V = \frac{W}{m} = \gamma \frac{M}{r} .$$

Grenzwinkel der Totalreflexion, beim Übergang eines Lichtstrahles von einem optisch dichteren in ein optisch dünneres Medium derjenige Einfallswinkel (= Winkel zwischen einfallenden Strahl und Einfallslot), für den der Brechungswinkel (= Winkel zwischen gebrochenem Strahl und Einfallslot) genau 90° ist, für den also der gebrochene Strahl entlang der Trennfläche der beiden Medien verläuft. Ist der Einfallswinkel größer als der Grenzwinkel der Totalreflexion, dann gelangt der Lichtstrahl nicht ins optisch dünnere Medium, er wird gemäß dem ↑ Reflexionsgesetz *total* ins optisch dichtere Medium reflektiert († Totalreflexion).

Größe (*physikalische Größe*), Bezeichnung für einen Begriff, der eine qualitative und quantitative Aussage über ein meßbares Einzelmerkmal eines physikalischen Sachverhalts, [des Zustands] eines physikalischen Systems oder Objektes oder einer physikalischen Erscheinung beinhaltet; physikalische Größen bezeichnen also Eigenschaften oder Merkmale, die sich quantitativ erfassen lassen. Jede Größe ist durch eine geeignete Meßvorschrift definiert. – Einen Begriff, der eine qualitative Aussage ohne Berücksichtigung der quantitativen Unterschiede – die jedoch möglich sein müssen – enthält, bezeichnet man als *Größenart* (*Dimension*), jede Größe ist in diesem Sinne ein Repräsentant einer bestimmten Größenart. Die speziellen Längen 5 Meter, 1 Lichtjahr und Abstand Erde - Mond sind z.B. Größen der Größenart Länge, die

speziellen Zeiten 10 Sekunden, Halbwertszeit von ^{14}C, Schwingungsdauer eines 1 m langen Pendels Größen der Größenart Zeit.

Läßt sich durch ein qualitatives Experiment die Abhängigkeit eines physikalischen Sachverhalts von verschiedenen Größenarten bestimmen, so benötigt die exakte Erfassung die Festlegung spezieller Größen von gleicher Art wie die zu untersuchende als Vergleichsnormale. Die Messung einer physikalischen Größe läuft dann auf den Vergleich der Größe mit dem Normal, der † Einheit, hinaus; der Proportionalitätsfaktor zwischen Größe und Einheit ist der *Zahlenwert* der Größe. Damit ist jede Größe a durch das Produkt aus Zahlenwert $\{a\}$ und Einheit $[a]$ darzustellen: $a = \{a\} \cdot [a]$. Die Formulierung eines Naturgesetzes kann so vorgenommen werden, daß man nach Festlegung der Einheiten für die einzelnen Größen das System durch Beziehungen zwischen

GRÖSSENARTEN UND IHRE EINHEITEN

1. **Basisgrößen und Basiseinheiten** (nach dem Gesetz über Einheiten im Meßwesen vom 2. Juli 1969)

Basisgröße, Formelzeichen (nach DIN bzw. IUPAP)	Dimension	Basiseinheit		weitere Einheiten der gleichen Größenart	
		Benennung	Einheitenzeichen	gesetzl. zulässige Einheiten (Einheitenzeichen)	befristet oder gesetzl. nicht mehr zulässige Einheiten (Einheitenzeichen)
Länge l	L	Meter[1]	m	Seemeile [für die Seefahrt]	Ångström[3] (Å), Astron, astronom. Einheit (A.E.), Faden, Fermi, Fuß, Meile, Mikron (μ), typograph. Punkt[1] (p), X-Einheit (X.E.), Zoll (″)
Masse m	M	Kilogramm[1]	kg	Gramm[1] (g), Tonne[1] (t), atomare Masseneinheit (u), metr. Karat (Kt) [nur bei der Angabe der Masse von Edelsteinen]	Dalton, Gamma (γ), Hyl (hyl), Kilohyl (khyl; = techn. Masseneinheit, TME, ME), Hyle, Pfund, Zentner, Doppelzentner (dz)
Zeit t	T	Sekunde[2]	s	Minute (min), Stunde (h), Tag (d), Jahr (a)	Sigma (σ)
elektr. Stromstärke I	I	Ampere[1]	A		Biot (Bi), internat. Ampere (A_{int}), Bez. absolutes Ampere (A_{abs})
thermodynam. Temperatur T, θ	Θ	Kelvin	K	Grad Celsius (°C)	Grad Fahrenheit (°F), Grad Kelvin[3] (K), Grad Rankine (°R, ʳRank), Grad Reaumur (°R), grd [für Temperaturdifferenzen]
Stoffmenge n	—	Mol[1]	mol		Val (val) [bei Äquivalentmengen]
Lichtstärke I_v	J	Candela[1]	cd		Hefnerkerze (HK), Internat. Kerze (IK), Neue Kerze (NK)

161

2. Abgeleitete Größen und Einheiten
Räumliche, zeitliche und mechanische Größen und Einheiten

Größe, Formelzeichen (nach DIN bzw. IUPAP)	Dimension	Einheit		weitere zweckmäßige, gesetzl. zulässige Einheiten (Einheitenzeichen)	befristet oder gesetzl. nicht mehr zulässige Einheiten (Einheitenzeichen)
		Benennung	Einheitenzeichen		
Fläche A, S	L^2	Quadratmeter[1]	m^2	Ar (a), Hektar (ha) 1 a = 100 m², 1 ha = 10⁴ m²	Barn[3] (b), Morgen
Volumen V, τ	L^3	Kubikmeter[1]	m^3	Liter[1] (l); 1 l = 1 dm³ = 10⁻³ m³	Festmeter[3] (Fm), Lambda (λ), Normkubikmeter (m³ₙ, Nm³), Normliter (lₙ), Raummeter[3] (Rm)
ebener Winkel α, β, γ, ...	LL^{-1}	Radiant[2]	rad	Grad (°), Minute ('), Sekunde ("), Gon[2] (gon)	Neugrad (ᵍ), Neuminute[3] (ᶜ), Neusekunde[3] (ᶜᶜ), artillerist. Strich (–), naut. Strich (')
räuml. Winkel (Raumwinkel) Ω	L^2L^{-2}	Steradiant	sr		Quadratgon (□ᵍ), Quadratgrad (□°)
Frequenz f, ν	T^{-1}	Hertz	Hz	kHz, MHz, GHz	
Kreisfrequenz ω	T^{-1}	reziproke Sekunde	1/s		
Winkelgeschwindigkeit ω	T^{-1}	Radiant je Sekunde	rad/s	rad/min, rad/h, Grad je Sekunde (°/s) usw.	
Winkelbeschleunigung α	T^{-2}	Radiant je Quadratsekunde	rad/s²	rad/min², rad/h², Grad je Quadratsekunde (°/s²) usw.	
Geschwindigkeit v	LT^{-1}	Meter je Sekunde	m/s	cm/s, m/h, km/s, km/h usw., Knoten (kn) [für die Seefahrt]	Mach (M, Ma); Bez. Stundenkilometer
Beschleunigung a	LT^{-2}	Meter je Quadratsekunde	m/s²	cm/s², km/s²	Eötvös (E), Galilei (Gal)
Volumenstrom (Volumendurchfluß) $\dot{V}$	L^3T^{-1}	Kubikmeter je Sekunde	m³/s	l/s, m³/h usw.	
längenbezogene Masse m/l	$L^{-1}M$	Kilogramm je Meter	kg/m	mg/m, g/km, Tex (tex; = g/km) [bei textilen Fasern und Garnen]	Denier (den)
Flächendichte (flächenbezogene Masse, Massenbelag) m/A	$L^{-2}M$	Kilogramm je Quadratmeter	kg/m²	g/mm², g/cm², t/m²	
Dichte (volumenbezogene Masse, Massendichte) ϱ	$L^{-3}M$	Kilogramm je Kubikmeter	kg/m³	g/cm³, g/l, kg/dm³, kg/l, t/m³	
spezif. Volumen v	L^3M^{-1}	Kubikmeter je Kilogramm	m³/kg	l/g, cm³/g usw.	
Trägheitsmoment (Massen[trägheits]moment) J	L^2M	Kilogrammquadratmeter	kg m²	g/cm²	
Flächen[trägheits]moment I	L^4	Meter hoch 4	m⁴	cm⁴, mm⁴	
Massenstrom (Massendurchfluß) $\dot{m}$	MT^{-1}	Kilogramm je Sekunde	kg/s	kg/h, t/h	
Kraft F	LMT^{-2}	Newton[1]	N		Dyn[3] (dyn), Pond[3] (p), Kilopond[3] (kp), Megapond[3] (Mp)
Kraftmoment, Drehmoment M	L^2MT^{-2}	Newtonmeter	N m (= J)	N cm, kN m, MN m	mit befristet zulässigen Krafteinheiten gebildete entsprechende Einheiten
Wichte γ	$L^{-2}MT^{-2}$	Newton je Kubikmeter	N/m³	N/l, kN/m³, N/cm³ usw.	

[1] Weitere übliche und gesetzl. zulässige Einheiten sind die durch Vorsetzen der SI-Vorsätze sich ergebenden dezimalen Vielfachen und Teile der betreffenden Einheiten; treten Potenzen von Einheiten auf, so sind jeweils die Vielfachen bzw. Teile zu potenzieren

[2] Weitere übliche und gesetzl. zulässige Einheiten sind die durch Vorsetzen der entsprechenden SI-Vorsätze sich ergebenden dezimalen Teile der betreffenden Einheiten

[3] Im amtl. und geschäftl. Verkehr gesetzlich nur noch bis zum 31. Dez. 1977 zulässig

Größe, Formelzeichen (nach DIN bzw. IUPAP)	Dimension	Einheit		weitere zweckmäßige, gesetzl. zulässige Einheiten (Einheitenzeichen)	befristet oder gesetzl. nicht mehr zulässige Einheiten (Einheitenzeichen)
		Benennung	Einheitenzeichen		
Druck p, mechan. Spannung σ	$L^{-1}MT^{-2}$	Pascal[1], Newton je Quadratmeter	Pa, N/m²	Bar[1] (bar); 1 Pa = 1 N/m², 1 bar = 10⁵ Pa	techn. Atmosphäre[3] (at), physikal. Atmosphäre[3] (atm), absolute Atmosphäre (ata), Atmosphäre Überdruck (atü), Atmosphäre Unterdruck (atu), Torr, Meter Wassersäule[3] (m WS), Millimeter Quecksilbersäule[3] (mm Hg)
dynam. Viskosität η	$L^{-1}MT^{-1}$	Pascalsekunde, Newtonsekunde je Quadratmeter	Pa s, N s/m²	dPa s, mPa s	Poise[3] (P), kp s/m²
kinemat. Viskosität ν	$L^{2}T^{-1}$	Quadratmeter je Sekunde	m²/s	mm²/s, cm²/s	Stokes[3] (St)
Impuls (Bewegungsgröße) p	LMT^{-1}	Newtonsekunde, Kilogrammeter je Sekunde	N s, kg m/s	1 N s = 1 kg m/s	kp s
Arbeit W, A, Energie W, E,	$L^{2}MT^{-2}$	Joule[1], Newtonmeter, Wattsekunde	J, N m, W s	Wh, kWh, MWh, Elektronvolt[1] (eV) [als atomphysikal. Einheit]; 1 J = 1 N m = 1 W s	Erg[3] (erg), Kalorie[3] (cal), Kilopondmeter[3] (kp m) und alle anderen Produkte aus einer befristet zulässigen Krafteinheit und einer gesetzl. Längeneinheit
Energiedichte w	$L^{-1}MT^{-2}$	Joule je Kubikmeter	J/m³	mJ/m³, kJ/m³ usw.	⎫ mit befristet zulässigen Energieeinheiten gebildete entsprechende Einheiten
Oberflächenspannung σ, γ	MT^{-2}	Joule je Quadratmeter, Newton je Meter	J/m², N/m	J/mm², mJ/m², N/mm, mN/m	⎬
Leistung P	$L^{2}MT^{-3}$	Watt[1], Joule je Sekunde	W, J/s	kJ/s, kJ/h usw.; 1 W = 1 J/s = 1 N m/s	Pferdestärke[3] (PS), Blindwatt (bW), internat. Watt (W_int), Bez. absolutes Watt (W_abs)
Drehimpuls (Impulsmoment, Drall) L	$L^{2}MT^{-1}$	Kilogrammquadratmeter je Sekunde	kg m²/s	g cm²/s, J s; 1 J s = 1 kg m²/s	Ergsekunde[3] (erg s)

Elektrische und magnetische Größen und Einheiten

Größe, Formelzeichen (nach DIN bzw. IUPAP)	Dimension	Einheit		weitere, zweckmäßige, gesetzl. zulässige Einheiten (Einheitenzeichen)	befristet oder gesetzl. nicht mehr zulässige Einheiten (Einheitenzeichen)
		Benennung	Einheitenzeichen		
elektr. Stromdichte i, J, S, G	$L^{-2}I$	Ampere je Quadratmeter	A/m²	A/cm², A/mm², kA/cm²	
elektr. Ladung, Elektrizitätsmenge Q	TI	Coulomb[1]	C (As)	Amperestunde (Ah); 1 C = 1 A s	Franklin (Fr)
elektr. Dipolmoment m_{el}, p	LTI	Coulombmeter	C m	C cm	
Raumladungsdichte ϱ, η	$L^{-3}TI$	Coulomb je Kubikmeter	C/m³	C/cm³, C/l	
Flächenladungsdichte σ	$L^{-2}TI$	Coulomb je Quadratmeter	C/m²	C/cm²	
[di]elektr. Erregung (Verschiebung), elektr. Flußdichte, Verschiebungsdichte D	$L^{-2}TI$	Coulomb je Quadratmeter	C/m²	C/mm², C/cm², kC/m²	
elektr. Kraftfluß, [di]elektr. Verschiebungsfluß Ψ	TI	Coulomb[1]	C		
elektr. Leistung P	$L^{2}MT^{-3}$	Watt[1]	W	Joule je Sekunde (J/s), Voltampere (VA) [bei elektr. Scheinleistung] Var (var) [bei elektr. Blindleistung]	internat. Watt (W_int), Bez. absolutes Watt (W_abs)
elektr. Spannung, Potentialdifferenz U	$L^{2}MT^{-3}I^{-1}$	Volt[1]	V		internat. Volt (V_int) Bez. absolutes Volt (V_abs),
elektr. Feldstärke E	$LMT^{-3}I^{-1}$	Volt je Meter	V/m	V/cm, kV/m usw.	

Größe, Formelzeichen (nach DIN bzw. IUPAP)	Dimension	Einheit Benennung	Einheit Einheitenzeichen	weitere zweckmäßige, gesetzl. zulässige Einheiten (Einheitenzeichen)	befristet oder gesetzl. nicht mehr zulässige Einheiten (Einheitenzeichen)
elektr. Widerstand R	$L^2MT^{-3}I^{-2}$	Ohm[1]	Ω	$1\,\Omega = 1\,V/A$	internat. Ohm (Ω_{int}), Bez. absolutes Ohm (Ω_{abs})
spezif. elektr. Widerstand ϱ	$L^3MT^{-3}I^{-2}$	Ohmmeter	Ωm	$\Omega\,cm$, $\Omega\,mm^2/m$ ($=\mu\Omega m$)	
elektr. Leitwert G	$L^{-2}M^{-1}T^3I^2$	Siemens[1]	S	$1\,S = 1/\Omega$	Mho (mho) für reziprokes Ohm ($1/\Omega$)
elektr. Leitfähigkeit $\gamma, \sigma, \varkappa$	$L^{-3}M^{-1}T^3I^2$	Siemens je Meter	S/m	S/cm, mS/cm usw., S m/mm², m/(Ω mm²), 1/(Ω cm)	Mho je Zentimeter (mho/cm)
elektr. Kapazität C	$L^{-2}M^{-1}T^4I^2$	Farad[2]	F	$1\,F = 1\,C/V$	internat. Farad (F_{int}) Bez. absolutes Farad (F_{abs})
Dielektrizitätskonstante ε	$L^{-3}M^{-1}T^4I^2$	Farad je Meter	F/m	A s/(V m); $1\,F/m = 1\,A\,s/(V\,m)$	
magnet. Fluß, Induktionsfluß Φ	$L^2MT^{-2}I^{-1}$	Weber[2] Voltsekunde	Wb, Vs	mVs; $1\,Wb = 1\,Vs$	Maxwell (M)
magnet. Moment m, μ	$L^3MT^{-2}I^{-1}$	Webermeter	Wb m		
magnet. Flußdichte, Induktion B	$MT^{-2}I^{-1}$	Tesla[2]	T	$1\,T = 1\,Wb/m^2 = 1\,Vs/m^2$	Gamma (γ), Gauß (G)
magnet. Feldstärke H, Magnetisierung M	$L^{-1}I$	Ampere je Meter	A/m	A/mm, A/cm, k A/m	Oersted (Oe)
magnet. Spannung V, U_m	I	Ampere	A		Gilbert (Gb)
Induktivität L	$L^2MT^{-2}I^{-2}$	Henry[2]	H	$1\,H = 1\,Wb/A = 1\,Vs/A$	internat. Henry (H_{int}), Bez. absolutes Henry (H_{abs})
Permeabilität μ	$LMT^{-2}I^{-2}$	Henry je Meter	H/m		

Photometrische Größen und optische Strahlungsgrößen

Größenart, Formelzeichen (nach DIN bzw. IUPAP)	Dimension	Einheit[1] Benennung	Einheit[1] Einheitenzeichen	befristet oder gesetzl. nicht mehr zulässige Einheiten (Einheitenzeichen)
Leuchtdichte L_v	$L^{-2}J$	Candela je Quadratmeter	cd/m²	Apostilb (asb), Stilb (sb), Nit (nt)
Lichtstrom Φ_v	J	Lumen	lm (1 lm = 1 cd · sr)	Phot (phot), Nox (nx)
Beleuchtungsstärke E_v, spezif. Lichtausstrahlung M_v	$L^{-2}J$	Lux	lx (1 lx = 1 lm/m²)	
Lichtmenge Q_v	TJ	Lumensekunde	lm s	
Belichtung H_v	$L^{-2}TJ$	Luxsekunde	lx s	
Strahlungsenergie Q_e, W, U	L^2MT^{-2}	Joule, Wattsekunde	J, Ws	
Strahlungsfluß Φ_e, P	L^2MT^{-3}	Watt, Joule je Sekunde	W, J/s	
Strahlstärke I_e	L^2MT^{-3}	Watt je Steradiant	W/sr	
Strahldichte L_e	MT^{-3}	Watt je Quadratmeter und Steradiant	W/(m² sr)	mit befristet zulässigen Energieeinheiten gebildete entsprechende Einheiten
Strahlungsflußdichte, spezif. Bestrahlungsstärke E_e, Ausstrahlung M_e	MT^{-3}	Watt je Quadratmeter	W/m²	
Bestrahlung H_e	MT^{-2}	Joule je Quadratmeter	J/m²	

Schallgrößen

Größe, Formelzeichen (nach DIN)	Dimension	Einheit[1] Benennung	Einheit[1] Einheitenzeichen	befristet oder gesetzl. nicht mehr zulässige Einheiten
Schallschnelle v	LT^{-1}	Meter je Sekunde	m/s	
Schallfluß q	L^3T^{-1}	Kubikmeter je Sekunde	m³/s	
Schallintensität J	MT^{-3}	Watt je Quadratmeter	W/m²	
spezif. Schallimpedanz Z_s	$L^{-2}MT^{-1}$	Newtonsekunde je Kubikmeter	N s/m³	Rayl
mechan. Impedanz Z_m	MT^{-1}	Newtonsekunde je Meter	N s/m	mechan. Ohm
akust. Impedanz, Schallimpedanz Z_a	$L^{-4}MT^{-1}$	Newtonsekunde je Meter hoch fünf	N s/m⁵	akust. Ohm

GRÖSSENARTEN UND IHRE EINHEITEN (Fortsetzung)

Strahlungsgrößen ionisierender Strahlungen

Größenart, Formelzeichen	Dimension	Einheit[1] Benennung	Einheiten- zeichen	befristet oder gesetzl. nicht mehr zulässige Ein- heiten (Einheitenzeichen)
Ionendosis J	$M^{-1}TI$	Coulomb je Kilogramm	C/kg	Röntgen[3] (R, r)
Ionendosisleistung, Ionen- dosisrate j	$M^{-1}I$	Ampere je Kilogramm	A/kg	Röntgen[3] je Sekunde (R/s, r/s)
Energiedosis D, Kerma K	L^2T^{-2}	Joule je Kilogramm	J/kg	Rad[3] (rad, rd), Erg[3] je Gramm (erg/g), Rem[3] (rem)
Energiedosisleistung, Energie- dosisrate $\dot{D}$, Kermaleistung $\dot{K}$	L^2T^{-3}	Watt je Kilogramm	W/kg	Rad[3] je Sekunde (rad/s, rd/s)
Aktivität A	T^{-1}	reziproke Sekunde	1/s	Curie[3] (Ci), Eman (eman), Mache-Einheit (M. E.), Millistat (mSt), Rutherford (rd)

Thermische Größen

Größenart, Formelzeichen (nach DIN bzw. IUPAP)	Dimension	Einheit[1] Benennung	Einheiten- zeichen	befristet oder gesetzl. nicht mehr zulässige Ein- heiten (Einheitenzeichen)
Wärmemenge Q	L^2MT^{-2}	Joule	J	Kalorie[3] (cal), Kilo- kalorie[3] (kcal)
Wärmekapazität C, Entropie S	$L^2MT^{-2}\Theta^{-1}$	Joule je Kelvin	J/K	Clausius (Cl), kcal/grd
spezif. Wärme[kapazität] c	$L^2T^{-2}\Theta^{-1}$	Joule je Kilogramm und Kelvin	J/(kg K)	kcal/(kg grd)
Wärmestrom Φ	L^2MT^{-3}	Watt, Joule je Sekunde	W, J/s	cal/s, kcal/min, kcal/h
Wärmestromdichte q, φ	MT^{-3}	Watt je Quadratmeter	W/m²	cal/(s cm²), kcal/(h m²)
Wärmeübergangskoeffizient α	$MT^{-3}\Theta^{-1}$	Watt je Quadratmeter und Kelvin	W/(m² K)	cal/(cm² s grd), kcal/(m² h² grd)
Wärmeleitfähigkeit λ	$LMT^{-3}\Theta^{-1}$	Watt je Meter und Kelvin	W/(m K)	cal/(cm s grd), kcal/(m h grd)
Temperaturleitfähigkeit a	L^2T^{-1}	Quadratmeter je Sekunde	m²/s	

den Zahlenwerten der Größen — bezogen auf die entsprechenden Einheiten — beschreibt, also durch *Zahlenwertgleichungen*, oder die Abhängigkeiten als solche zwischen den einzelnen Größen formuliert, die also sowohl für die Zahlenwert wie für die Einheiten gelten (*Größengleichungen*). Die Gesetze der Physik stellen sich dann als Beziehungen zwischen Größenarten dar, in denen erst bei der Anwendung auf ein spezielles Problem die diesen zugeordneten Größen an die Stelle der Größenarten treten. Diese Auffassung führt dazu, einzelne Größenarten auf andere zurückzuführen, z.B. die Größenart Geschwindigkeit auf die Größenarten Länge und Zeit. Diejenigen Größenarten, auf die man — meist aus Zweckmäßigkeitsgründen — andere zurückführt, bezeichnet man als *Grundgrößenarten*.

So werden in der Mechanik die Grundgrößenarten Länge, Masse und Zeit verwendet. Diese Grundgrößenarten verwendete man gemäß der ursprünglich mechanistischen Interpretation — wie auch aus Zweckmäßigkeitsgründen — auch in der Elektrodynamik; sie werden jedoch heute meist um (mindestens) eine zusätzliche Grundgrößenart erweitert, die das Phänomen der elektrischen Erscheinungen beschreibt (z.B. die Stromstärke und/oder die Spannung). (↑ Einheitensysteme).

Grundschwingung, bei einer zusammengesetzten ↑ Schwingung diejenige (harmonische) Teilschwingung, deren Frequenz den kleinsten Wert hat. Die übrigen Schwingungen werden als *Oberschwingungen* bezeichnet. Die Frequenzen der Oberschwingungen sind ganzzahlige Vielfache der Frequenz der

Grundschwingung (*Grundfrequenz*). Bei akustischen Schwingungen (↑Schall) werden entsprechend die Bezeichnungen *Grundton* und *Obertöne* verwandt.

Grundzustand, derjenige stationäre Zustand von Atomen, Molekülen oder Kernen, der die niedrigste Energie besitzt. Die Elektronen der Atome bzw. Moleküle oder die Nukleonen der Kerne befinden sich normalerweise im Grundzustand. Durch Zufuhr geeigneter Energiebeträge (↑ Anregungsenergie) können sie in Zustände höherer Energie gebracht, d.h. angeregt werden (↑ Anregung). Im allgemeinen kehren sie nach kurzer Zeit in den Grundzustand zurück.

Gummilinse, ein System von ↑ Linsen, dessen Brennweite sich kontinuierlich verändern läßt. Gummilinsen werden insbesondere bei Filmaufnahmegeräten verwendet: Vergrößert man während der Aufnahme die Brennweite, dann scheint bei der Wiedergabe die Kamera, also der Betrachter, auf das Objekt zuzufahren (*Fahreffekt*).

Halbleiter, kristalline ↑ Isolatoren, die bei Zimmertemperatur eine merkliche elektrische Leitfähigkeit zeigen. Die charakteristischen Eigenschaften der Halbleiter beruhen auf der Tatsache, daß Ladungsträger erst durch thermische oder optische Energie aktiviert werden müssen (↑ Elektrizitätsleitung).

Halbleiterzähler, Gerät zur Zählung und spektroskopischen Untersuchung geladener Teilchen und Gammaquanten, bei dem das für den Nachweis empfindliche Bauelement ein Halbleiter ist. Entsprechend den Verhältnissen in einer ↑ Ionisationskammer setzt das einfallende Teilchen im wesentlichen durch inneren ↑ Photoeffekt in der Verarmungszone des Halbleiters einige Elektron-Loch-Paare frei, die bei einer angelegten Spannung einen dem Energieverlust des Teilchens proportionalen Stromstoß erzeugen, der elektronisch vervielfacht und registriert wird.

Halbwertszeit, Formelzeichen $t_{1/2}$, allgemein die Zeitspanne, in der eine abfallende physikalische Größe auf die Hälfte ihres Anfangswertes abgesunken ist. Speziell beim ↑ radioaktiven Zerfall bezeichnet man als Halbwertszeit $t_{1/2}$ diejenige Zeit, innerhalb der von ursprünglich vorhandenen N_0 Atomen die Hälfte zerfallen ist, also nur noch $N_0/2$ unzerfallene Atome vorhanden sind. Aus dem Zerfallsgesetz erhält man

$$t_{1/2} = \frac{\ln 2}{\lambda} = \tau \cdot \ln 2$$

(λ Zerfallskonstante, τ mittlere Lebensdauer).
Die Halbwertszeit ist für jedes radioaktive Isotop eine charakteristische, von äußeren Bedingungen (Druck, Temperatur) *unabhängige* Konstante.

Halleffekt, von dem amerikanischen Physiker *E.H. Hall* 1879 entdeckte physikalische Erscheinung: Im stromdurchflossenen elektrischen Leiter tritt in einem homogenen Magnetfeld, dessen Feldlinien senkrecht zur Richtung des elektrischen Stromes (↑ Stromdichte $\vec{j}$) verlaufen, eine elektrische Spannungsgefälle senkrecht zur Stromrichtung und zur magnetischen Kraftflußdichte (Induktion) B auf: Die infolge eines angelegten elektrischen Feldes der Feldstärke E durch den Leiter fließenden Ladungsträger werden bei Einschalten des Magnetfeldes durch die auf sie wirkende ↑ *Lorentzkraft* seitlich abgelenkt und häufen sich solange an den seitlichen Begrenzungsflächen des Leiters, bis sich ein von ihrer Raumladung erzeugtes transversales elektrisches Gegenfeld der Feldstärke $\vec{E}_H = R_H \cdot (\vec{j} \times \vec{B})$, das sogenannte *Hallfeld*, ausgebildet hat, das die ablenkende Lorentz-Kraft gerade kompensiert (es fließt dann wieder ein unabgelenkter Strom, man spricht vom *stationären Zustand*). R_H ist eine für jeden Leiter charakteristische Konstante, die als *Hallkonstante* bezeichnet wird. Ihr Vorzeichen und Betrag geben Aufschluß über die Art und Beweglichkeit der Ladungsträger sowie über ihre Anzahl in der Volumeneinheit.
Bei einem platten- oder quaderförmigen Leiter der Breite b und der Dicke d (Querschnitt $q = b \cdot d$), in dem der im stationären Zustand fließende Strom die Stromstärke $I = q \cdot j$ hat und das Magnetfeld parallel zu den Seitenflächen verläuft, wird zwischen den beiden Seiten dann die sogenannte *Hall-Spannung*

$$U_H = E_H \cdot b = R_H \cdot I \cdot \frac{B}{d}$$

gemessen.

harmonische Analyse, in der Schwingungslehre das Zerlegen einer ↑ Schwingung in ihre harmonischen *Teilschwingungen (Partialschwingungen)*.

Jede noch so komplizierte Schwingung läßt sich als Summe harmonischer Schwingungen darstellen, deren Frequenzen ganzzahlige Vielfache der niedrigsten vorkommenden Frequenz *(Grundfrequenz)* sind. Die mit der Grundfrequenz erfolgende harmonische Schwingung wird dabei als *Grundschwingung* bezeichnet, die übrigen Teilschwingungen heißen *Oberschwingungen*. Das mathematische Verfahren für die harmonische Analyse wird auch als *Fourier-Analyse* bezeichnet.

Härte, der Widerstand, den ein Körper dem Eindringen eines anderen Körpers entgegensetzt. Man nennt ganz allgemein einen Körper 1 härter als einen Körper 2, wenn man den Körper 2 mit dem Körper 1 ritzen kann. Zur Bestimmung der Härte eines Körpers verwendet man u.a. die insbesondere in der Mineralogie übliche *Mohssche Härteskala*. In ihr sind 10 verschieden harte Stoffe (Mineralien) so zusammengestellt, daß jeder folgende seine Vorgänger ritzen kann. Der weichste Stoff steht am Anfang der Skala, der härteste am Ende:

Stoff	Härtestufe
Talk	1
Gips	2
Kalkspat	3
Flußspat	4
Apatit	5
Orthoklas	6
Quarz	7
Topas	8
Korund	9
Diamant	10

Die Härte eines Versuchskörpers liegt zwischen der Härte desjenigen Stoffes aus dieser Skala, von dem er gerade noch geritzt wird und der Härte des Stoffes, den er selbst gerade noch ritzt.

Hauptebenen, zwei senkrecht auf der optischen Achse von ↑ Linsen oder Linsensystemen stehende Ebenen, mit deren Hilfe man auf einfache Weise die Bildkonstruktion durchführen kann, ohne den komplizierten Strahlenverlauf im Inneren der Linse oder des Linsensystems selbst zu kennen. Die Schnittpunkte der Hauptebenen mit der optischen Achse heißen *Hauptpunkte*. Die dem Gegenstand zugewandte Hauptebene bezeichnet man als *dingseitige*, die dem Bild zugewandte als *bildseitige Hauptebene*. Einen Punkt der bildseitigen Hauptebene (und damit diese selbst) erhält man, wenn man einen dingseitigen, parallel zur optischen Achse einfallenden Strahl und den zugehörigen bildseitigen Brennpunktstrahl ohne Rücksicht auf den tatsächlichen Strahlenverlauf im Innern der Linse oder des Linsensystems zum Schnitt bringt; die dingseitige Hauptebene dagegen erhält man, wenn man einen dingseitigen Brennpunktstrahl mit dem zugehörigen bildseitigen Parallelstrahl zum Schnitt bringt (Abb. 147). Brennweite f, Bildweite b und Gegenstandsweite g werden von der jeweiligen Hauptebene aus gemessen (Abb.148). Die Brennweite ist dabei beiderseits gleich, wenn die Linse auf beiden Seiten an das gleiche optische Medium grenzt.

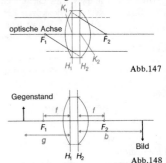

Abb.147

Abb.148

Für die Strahlenkonstruktion mit Hilfe der Hauptebenen gelten folgende Vorschriften (Abb. 149):

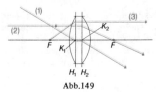

Abb.149

1. Ein durch den Hauptpunkt K_1 gehender Strahl (*Hauptstrahl*) springt längs der optischen Achse zum Hauptpunkt K_2 und verläßt diesen in der ursprünglichen Richtung. Es tritt also lediglich eine *Parallelverschiebung* ein.

2. Ein parallel zur optischen Achse einfallender Strahl (*Parallelstrahl*) wird ungebrochen durch die Hauptebene H_1 hindurch bis zur Hauptebene H_2 weitergeführt und verläuft von dort aus durch den jenseitigen Brennpunkt.

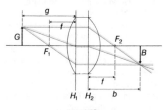

Abb.150

3. Ein vom Brennpunkt aus auffallender Strahl (*Brennstrahl*) wird an der Hauptebene H_1 gebrochen und verläuft dann als Parallelstrahl weiter.

Abb.150 zeigt eine Bildkonstruktion, die mit Hilfe der beiden Hauptebenen und unter Verwendung der drei angeführten Strahlen durchgeführt wurde. Dingseitige und bildseitige Hauptebene werden ohne Bildumkehr aufeinander im Maßstab 1:1 abgebildet.

Bei dünnen Linsen fallen die beiden Hauptebenen in der Linsenebene zusammen.

Hauptquantenzahl, die für die Charakterisierung und Festlegung der Energiezustände eines Atoms wichtigste Quantenzahl, die gleichzeitig zur Numerierung der Elektronenschalen im Atom dient (↑ Atommodelle).

Hauptsätze der Wärmelehre, Bezeichnung für drei grundlegende Erfahrungssätze, auf denen sich die gesamte Wärmelehre aufbaut. Sie lassen sich auf verschiedene Weise formulieren, z.B. folgendermaßen:

1. Hauptsatz der Wärmelehre:
Wärme ist eine besondere Form der *Energie*; sie kann in festen Verhältnissen in andere Energieformen umgewandelt werden und umgekehrt. In einem abgeschlossenen System bleibt die Summe aller Energiearten (*mechanische, thermische, elektrische, magnetische* und *chemische Energie*) konstant (*Satz von der Erhaltung der Energie*).

2. Hauptsatz der Wärmelehre:
Wärme kann nicht von selbst von einem kälteren auf einen wärmeren Körper übergehen.

3. Hauptsatz der Wärmelehre (*Nernstsches Wärmetheorem*):
Die ↑ Entropie eines festen oder flüssigen Körpers hat am absoluten Nullpunkt den Wert Null. Das heißt aber, der absolute Nullpunkt ist prinzipiell nicht erreichbar.

Als *Nullter Hauptsatz der Wärmelehre* wird häufig der folgende aus zwei Teilen bestehende Satz bezeichnet: a) Alle physikalischen Körper lassen sich eindeutig in Klassen gleicher Temperatur einteilen. b) Werden zwei Körper aus verschiedenen Klassen genügend lange in Berührung gebracht, so gleichen sie ihren Zustand an und gelangen in die gleiche Klasse.

Hauptstrahl (*Mittelpunktstrahl*), 1. bei einer *dicken* Linse oder einem Linsensystem ein durch den diesseitigen Hauptpunkt verlaufender Strahl (↑ Hauptebene).
2. Bei einer *dünnen* Linse ein durch den optischen Mittelpunkt verlaufender Strahl (↑ Linse).
3. Bei einem *sphärischen Spiegel* (Kugelspiegel) ein durch den Krümmungsmittelpunkt verlaufender oder auf den Krümmungsmittelpunkt zielender Strahl (↑ Hohlspiegel, ↑ Wölbspiegel).

Hebel, ↑ einfache Maschine in Form eines starren, meist stabförmigen, um eine Achse drehbaren Körpers, an dem in einer zur Drehachse senkrechten Ebene Kräfte angreifen. Greifen diese Kräfte zu beiden Seiten der Drehachse an, dann spricht man von einem *zweiarmigen* Hebel (Abb. 151), andernfalls von einem *einarmigen Hebel* (Abb. 152).

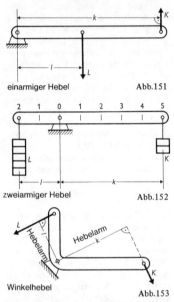

einarmiger Hebel   Abb. 151

zweiarmiger Hebel   Abb. 152

Winkelhebel   Abb. 153

Weist der Hebel einen Knick auf, so bezeichnet man ihn als *Winkelhebel* (Abb. 153). Wirken an einem Hebel nur zwei Kräfte und bezeichnet man die eine mit Last (*L*) und die andere mit Kraft (*K*), die Abstände ihrer Wirkungslinien von der Drehachse mit Lastarm (*l*) und Kraftarm (*k*), dann gilt das Gesetz:

$$K \cdot p = L \cdot l \ .$$

Am Hebel herrscht also Gleichgewicht, wenn das Produkt aus Kraft und Kraftarm gleich dem Produkt aus Last und Lastarm ist.

Das Produkt aus einer Kraft F und dem Abstand a ihrer Wirkungslinie von der Drehachse bezeichnet man als ↑ Drehmoment. Allgemein läßt sich das *Hebelgesetz* mit diesem Begriff wie folgt formulieren:

Am Hebel herrscht Gleichgewicht, wenn die Summe der *rechtsdrehenden* Drehmomente gleich der Summe der *linksdrehenden* Drehmomente ist. Rechnet man die linksdrehenden Drehmomente positiv und die rechtsdrehenden negativ, dann kann man sagen:

Am Hebel herrscht Gleichgewicht, wenn die Summe aller Drehmomente gleich Null ist: $\Sigma D = 0$.

Heber, eine auf der Wirkung des äußeren Luftdrucks beruhende Vorrichtung, mit deren Hilfe man Flüssigkeiten aus offenen Gefäßen entnehmen kann.

Der *Stechheber* ist ein beiderseits offenes Glasrohr, das am oberen Ende eine kugelförmige Erweiterung besitzt. Das untere Ende wird in die Flüssigkeit getaucht, am oberen Ende wird mit dem Mund gesaugt. Hält man darauf das obere Ende mit dem Finger zu, so kann man die angesaugte Flüssigkeit entnehmen. Sie wird durch den äußeren Luftdruck im Heber gehalten.

Der *Saugheber* ist eine gebogene Glasröhre mit zwei verschieden langen Schenkeln. Der kurze Schenkel wird in die Flüssigkeit getaucht, am längeren Hebel wird solange gesaugt, bis die angesaugte Flüssigkeit den obersten Punkt des Saughebers überschritten hat. Sie fließt dann aus, solange die Flüssigkeits-

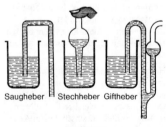

Saugheber   Stechheber   Giftheber

Abb. 154

170

oberfläche im Gefäß höher als die Austrittshöhe liegt. Ein spezieller Saugheber ist der sogenannte *Giftheber*, bei dem durch ein seitliches Zusatzrohr verhindert wird, daß die angesaugte Flüssigkeit in den Mund des Saugenden gelangt (Abb. 154).

Heronsball, ein mit Flüssigkeit gefülltes Gefäß, das über ein durch einen luftdicht schließenden Stopfen führendes Rohr mit dem Außenraum in Verbindung steht. Die untere Rohröffnung befindet sich dabei in der Flüssigkeit. Ist der in diesem Gefäß über der Flüssigkeitsoberfläche herrschende Druck größer als der äußere Luftdruck, dann wird die Flüssigkeit über das Rohr herausgedrückt (Abb. 155). Dieses Verfahren wird beispielsweise bei Spraydosen verwendet.

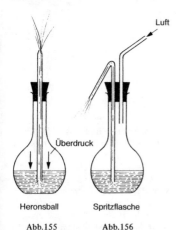

Heronsball   Spritzflasche

Abb. 155   Abb. 156

Führt man durch den Stopfen noch ein zweites Rohr, dann kann man den zum Austreiben der Flüssigkeit erforderlichen Überdruck dadurch erzeugen, daß man in dieses Rohr hineinbläst. Eine solche Vorrichtung wird als *Spritzflasche* bezeichnet (Abb. 156).

Hertz (Hz), *SI-Einheit* der ↑ Frequenz. *Festlegung:* 1 Hertz (Hz) ist gleich der Frequenz eines periodischen Vorganges der Periodendauer 1 Sekunde (s):

$$1 \text{ Hz} = \frac{1}{\text{s}} = \text{s}^{-1}.$$

Hochspannung, elektrische Spannung von über 1000 V (1 kV) gegen Erde. Sie wird mit Hochspannungsgeneratoren oder mit Hilfe von ↑ Transformatoren erzeugt.

Höhenstrahlung (*kosmische Strahlung, Ultrastrahlung*) 1912/13 von *V.F. Hess* und *Kohlhörster* entdeckte, aus dem Weltraum in die Erdatmosphäre eindringende hochenergetische Teilchen- und Photonenstrahlung. Damals vermutete man, daß die Leitfähigkeit der Luft durch die Strahlung ↑ radioaktiver Stoffe im Erdboden verursacht wird. Bei Untersuchungen der Leitfähigkeit in Abhängigkeit von der Höhe h über dem Erdboden stellte man aber entgegen den Erwartungen fest, daß die ↑ Ionisation mit der Entfernung von der Erdoberfläche zunahm. Die die Ionisation bewirkende Strahlung hatte ihren Ursprung also nicht in der Erde, sondern mußte aus dem Weltall kommen.

Messungen mit Hilfe von Ballons und Raketen ergaben, daß in etwa 20 km Höhe ein Maximum der Ionisation erreicht wird und bei noch größeren Entfernungen die Ionisation einen konstanten Wert annimmt (Abb. 157).

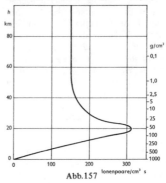

Abb. 157

171

Dieser konstante Wert entspricht der Intensität der von außen in die Erdatmosphäre eindringenden sogenannten *Primärstrahlung*, die aus sehr energiereichen kosmischen Partikeln (10^9 bis 10^{18} eV) besteht. Die Primärstrahlung besteht zu 80% aus ↑ Protonen, zu 19% aus ↑ Alphateilchen, während sich der Rest aus Kernen von Lithium, Beryllium, Bor, Kohlenstoff, Stickstoff, Sauerstoff und Calcium zusammensetzt. Die Häufigkeit dieser Kerne entspricht − mit Ausnahme von Lithium, Beryllium und Bor − dem Auftreten dieser Elemente im Kosmos. Die Primärstrahlung gelangt bis in 20 km Höhe. Die sehr energiereichen Teilchen der Primärstrahlung verlieren durch Ionisation der Atome der Luft ihre Energie; außerdem treten sie in Wechselwirkung mit den Atomkernen der Luft. Dabei kann es zur *Kernsplitterung* (*Spallation*) kommen: die getroffenen Atomkerne zerplatzen und die einzelnen Bruchstücke fliegen nach allen Richtungen sternförmig davon (↑ Kernexplosion). Diese von der Primärstrahlung erzeugten Teilchen und Energiequanten bilden die sogenannte *Sekundärstrahlung*. Primärteilchen und Sekundärstrahlung bewirken weitere Kernzertrümmerungen, bis die ursprüngliche Energie aufgebraucht ist. So kommt es zunächst zu einer Erhöhung der Intensität. Beim weiteren Eindringen der Sekundärstrahlung in die Atmosphäre nimmt die Intensität infolge ↑ Absorption ab. Am Erdboden ($h = 0$ km) wird nur noch Sekundärstrahlung beobachtet. Man unterscheidet 1. die *Nukleonenkomponente*; 2. die *harte Komponente*; sie besteht aus ↑ Myonen, ihre Intensität nimmt erst nach Durchqueren einer 1 m dicken Bleiplatte auf die Hälfte ab (sie kann daher noch am Grund von tiefen Seen gemessen werden); 3. die *weiche Komponente*; sie besteht aus Elektronen und Photonen und wird von 15 cm Blei fast völlig absorbiert; 4. den *Neutrinostrom*, der wegen der schwachen Wechselwirkung

von Neutrinos mit Materie praktisch ungehindert die ganze Erde durchquert und entsprechend schwer nachgewiesen werden kann.

Der energieärmere Teil der Höhenstrahlung stammt von der Sonne, die Teilchen hoher Energie kommen von außerhalb des Sonnensystems.

Hohlspiegel (*Konkavspiegel*), im weitesten Sinne alle gekrümmten, auf der Innenseite verspiegelten Flächen. (Entsprechend bezeichnet man außen verspiegelte gekrümmte Flächen als ↑ Wölbspiegel.) Ist der Spiegel Teil einer Kugelfläche, dann spricht man von einem *sphärischen Hohlspiegel* oder *Kugelspiegel*. Beim sphärischen Hohlspiegel werden folgende Bezeichnungen verwendet (Abb. 158):

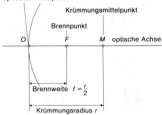

Abb.158

O optischer Mittelpunkt, M Krümmungsmittelpunkt, $OM = r$ Krümmungsradius, F Brennpunkt, $OF = FM = r/2$ Brennweite.

Die Gerade durch O und M heißt *optische Achse*. Die im Brennpunkt senkrecht auf der optischen Achse stehende Ebene heißt *Brennebene*, die im optischen Mittelpunkt O senkrecht auf der optischen Achse stehende Ebene heißt *Scheitelebene*. Lichtstrahlen, die parallel zur optischen Achse einfallen, heißen *Parallelstrahlen*. Lichtstrahlen, die durch den Krümmungsmittelpunkt verlaufen, heißen *Mittelpunktsstrahlen* oder *Hauptstrahlen*. Lichtstrahlen, die durch den Brennpunkt verlaufen, heißen *Brennpunktsstrahlen*.

Unter Beschränkung auf nahe der opti-

172

schen Achse verlaufende Strahlen (*achsennahe Strahlen*) gelten für die Reflexion am sphärischen Hohlspiegel, die folgenden aus dem ↑ Reflexionsgesetz ableitbaren Sätze (Abb. 159):

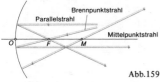

Abb.159

1. Parallelstrahlen werden nach der Reflexion zu Brennpunktsstrahlen.
2. Brennpunktsstrahlen werden nach der Reflexion zu Parallelstrahlen.
3. Mittelpunktsstrahlen werden in sich selbst reflektiert.
4. Strahlen, die parallel zueinander einfallen, schneiden sich nach der Reflexion in einem Punkt der Brennebene, und zwar im Schnittpunkt des dem parallelen Strahlenbündel angehörenden Mittelpunktsstrahles mit der Brennebene (Abb. 160).

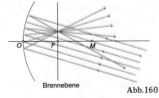

Brennebene   Abb.160

5. Strahlen, die von einem Punkt der Brennebene ausgehen, verlaufen nach der Reflexion parallel zueinander, und zwar in Richtung des zugehörigen Mittelpunktsstrahles (Abb. 161).

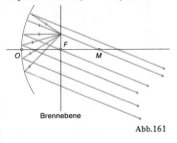

Brennebene   Abb.161

6. Alle von einem Punkt P außerhalb der Brennebene ausgehenden Strahlen schneiden sich nach der Reflexion in einem Punkte P' (Bildpunkt zu P). Falls P zwischen dem Spiegel und der Brennebene liegt, schneiden sich nicht die reflektierten Strahlen selbst, sondern ihre rückwärtigen Verlängerungen (Abb. 162 und 163).

Beschränkt man sich nicht nur auf achsennahe Parallelstrahlen, so erhält man *keinen Brennpunkt,* sondern eine *Brennfläche* oder *Kaustik* (↑ Parabolspiegel).

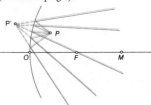

Abb.162

Abb.163

Der sphärische Hohlspiegel erzeugt von einem Gegenstand ein Bild, dessen *Art, Lage* und *Größe* von der Entfernung zwischen Gegenstand und Spiegel abhängt. Diese Entfernung bezeichnet man als *Gegenstandsweite* (g), die Entfernung zwischen Bild und Spiegel als *Bildweite* (b). Da alle von einem Punkte ausgehenden Strahlen nach der Reflexion am Hohlspiegel wieder in einem Punkte zusammenlaufen, genügt es, zur Bildkonstruktion nur zwei Strahlen heranzuziehen. In der Regel verwendet man den Mittelpunktsstrahl einerseits und den Parallel- oder Brennpunkts-

173

strahl andererseits. Es ergeben sich dann die folgenden Möglichkeiten: (Abb. 164–167):

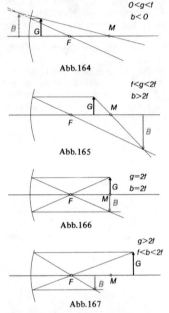

$0<g<f$
$b<0$

Abb.164

$f<g<2f$
$b>2f$

Abb.165

$g=2f$
$b=2f$

Abb.166

$g>2f$
$f<b<2f$

Abb.167

Zwischen Gegenstandsweite g, Bildweite b und Brennweite f besteht der folgende, als Hohlspiegelgleichung bezeichnete Zusammenhang:

$$\frac{1}{g} + \frac{1}{b} = \frac{1}{f} \; .$$

(Bei virtuellen Bildern ist die Bildweite b negativ zu setzen). Zwischen Bildgröße B, Bildweite b, Gegenstandsgröße G und Gegenstandsweite g besteht gemäß Abb. 168 die folgende Beziehung:

$$\frac{B}{G} = \frac{b}{g} \; .$$

Das Verhältnis Bildgröße B zu Gegenstandsgröße G heißt *Abbildungsmaßstab A*:

$$A = \frac{B}{G}$$

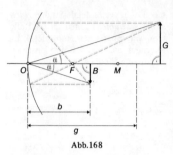

Abb.168

Hookesches Gesetz, ein Gesetz, durch das der lineare Zusammenhang zwischen der elastischen Verformung eines Körpers und der dazu erforderlichen Kraft bzw. der dabei auftretenden rücktreibenden Kraft dargestellt wird. Das Hookesche Gesetz gilt beispielsweise bei der Dehnung einer *Schraubenfeder*.

Hängt man gemäß Abb.169 an eine Schraubenfeder nacheinander verschiedene Massenstücke, so wird sie durch die verschiedenen Gewichtskräfte verschieden stark gedehnt. Dabei ist (bei nicht zu großer Dehnung) der Quotient aus dem Betrag der dehnenden Kraft $\vec{F}$ und der durch sie bewirkten Verlängerung Δl konstant. Es gilt also:

$$\frac{F}{\Delta l} = \text{const.}$$

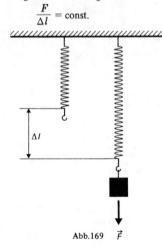

Abb.169 $\vec{F}$

174

Die Verlängerung einer Feder ist also der dehnenden Kraft direkt proportional. Die dabei auftretende Konstante ist von Feder zu Feder verschieden. Sie wird als *Richtgröße* oder *Federkonstante* (Formelzeichen D) bezeichnet. Für die *Dimension* von D gilt:

$$\dim D = \frac{\dim F}{\dim l} = \text{M} \cdot \text{Z}^{-2}.$$

SI-Einheit der Richtgröße ist 1 Newton pro Meter (1 N/m). Eine Feder hat die Richtgröße 1 N/m, wenn sie durch eine ziehende Kraft von 1 N um 1 m gedehnt wird. Unter Verwendung der Richtgröße läßt sich das Hookesche Gesetz auch so schreiben:

$$\boxed{F = D \cdot \Delta l.}$$

Je größer die Richtgröße, umso straffer ist die Feder.

Das Hookesche Gesetz, also die Proportionalität zwischen dehnender Kraft und Verlängerung gilt nur in einem bestimmten Dehnungsbereich, dem sogenannten *Proportionalitätsbereich*. Seine obere Grenze wird als *Proportionalitätsgrenze* bezeichnet. Sie hängt von der Art und Beschaffenheit der betrachteten Feder ab.

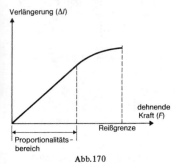

Verlängerung (Δl)

dehnende Kraft (F)

Reißgrenze

Proportionalitätsbereich

Abb.170

Die den Zusammenhang zwischen dehnender Kraft F und Verlängerung Δl beschreibende Kurve (Abb.170) verläuft im Proportionalitätsbereich geradlinig, und zwar umso flacher, je größer die Richtgröße, je straffer also die Feder ist. Oberhalb der Proportionalitätsgrenze geht die Kurve allmählich in die Waagrechte über.

Hörbereich, derjenige Frequenzbereich, innerhalb dessen mechanische Schwingungen vom menschlichen Gehör als Schall wahrgenommen werden können. Der Hörbereich erstreckt sich von 16 Hz (*untere Hörgrenze*) bis zu 20 000 Hz (*obere Hörgrenze*), umfaßt also ungefähr 10 Oktaven (↑ Tonleiter). Die obere Hörgrenze sinkt mit zunehmendem Alter stark ab und liegt für 35jährige bei etwa 15 000 Hz, für 60jährige bei etwa 5 000 Hz.

Hubarbeit, die ↑ Arbeit, die erforderlich ist, um einen Körper entgegen seiner Gewichtskraft zu heben. Für die Hubarbeit gilt:

$$\boxed{W_H = G\,h = m\,g\,h}$$

(W_H Hubarbeit, G Betrag der Gewichtskraft des Körpers, m Masse des Körpers, g Erdbeschleunigung, h Höhenunterschied, der überwunden wird).

Die Hubarbeit hängt also nur von der Gewichtskraft und dem überwundenen Höhenunterschied ab, nicht jedoch von dem Wege, auf dem dieser Höhenunterschied überwunden wurde, noch von der Vorrichtung, die gegebenenfalls zum Heben des Körpers verwendet wurde (↑ einfache Maschinen).

Huygenssches Prinzip, eine von dem holländischen Physiker *Christian Huygens* (1629 – 1695) entwickelte Modellvorstellung, nach der jeder Punkt einer Wellenfläche als Ausgangspunkt einer neuen Welle, einer sogenannten Elementarwelle betrachtet werden kann. Diese Elementarwellen breiten sich im gleichen Medium mit derselben Geschwindigkeit aus wie die ursprüngliche Welle, und zwar in der Ebene als *Kreiswellen* und im Raum als *Kugelwellen*. Die durch ↑ Interferenz aus diesen Elementarwellen entstehende resultierende Welle ist identisch mit der sich ausbreitenden ursprünglichen Welle (Abb. 171).

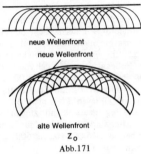

neue Wellenfront

neue Wellenfront

alte Wellenfront

z_0

Abb. 171

In Abb. 172 ist eine solche Elementarwelle am Beispiel von Wasserwellen dargestellt. Eine ebene Wasserwelle mit geradliniger Wellenfront trifft auf ein Hindernis, das nur an einem engen Spalt durchlässig ist. Hinter diesem Spalt breitet sich eine Kreiswelle aus. Es ist dies die Elementarwelle, die sich an der ebenen Welle herausgebildet hat, die auf den Spalt traf. Da sie sich nicht mit anderen Elementarwellen überlagern kann, breitet sie sich in Form einer Kreiswelle aus.

Abb. 172

Abb. 173 zeigt, wie mehrere Elementarwellen, deren Erregungszentren sich auf einer Geraden befinden, durch Interferenz wieder eine geradlinige Wellenfront bilden.

Mit Hilfe des Huygensschen Prinzips lassen sich ↑ Reflexion, ↑ Brechung und ↑ Beugung von Wellen anschaulich deuten.

Abb. 173

hydraulische Presse, Vorrichtung zur Erzeugung sehr großer Kräfte. Ihre Wirkungsweise beruht auf der Erscheinung, daß sich der Druck in einer Flüssigkeit nach allen Seiten in gleicher Stärke fortpflanzt. Den prinzipiellen Aufbau einer hydraulischen Presse zeigt die Abb. 174. Der Kolben K_1 (*Pumpkolben*) habe die Fläche A_1, der Kolben K_2 (*Preßkolben*) die Fläche A_2, wobei $A_2 \gg A_1$. Drückt man nun auf K_1 mit der Kraft F_1, so wird auf die Flüssigkeit der Druck $p = F_1/A_1$ ausgeübt. Dieser Druck pflanzt sich nach allen Seiten fort und herrscht somit auch am Kolben K_2. Auf Grund dieses Druckes erfährt der Kolben K_2 eine nach oben gerichtete Kraft $F_2 = p \cdot A_2$. Da aber $p = F_1/A_1$, ergibt sich für F_2:

$$F_2 = \frac{F_1 \cdot A_2}{A_1}.$$

Für das Verhältnis der beiden Kräfte gilt also:

$$\boxed{\frac{F_2}{F_1} = \frac{A_2}{A_1}.}$$

Ist beispielsweise $A_2 = 1000\,A_1$, dann ist auch $F_2 = 1000\,F_1$.

Bewegt man den Kolben K_1 um den Weg s_1 nach unten, so hat man die Arbeit $W_1 = F_1 \cdot s_1$ verrichtet und dabei das Flüssigkeitsvolumen $V = A_1 \cdot s_1$ verschoben. Der Kolben K_2 hebt sich dadurch um den Weg s_2. Da die Flüssigkeit praktisch inkompressibel ist, gilt

$V = A_1 \cdot s_1 = A_2 \cdot s_2$ (Abb. 175), somit ist:

$$s_2 = \frac{A_1 \cdot s_1}{A_2}.$$

Die Arbeit am Kolben K_2 ergibt sich zu $W_2 = F_2 \cdot s_2$. Nun ist

$$F_2 = \frac{F_1 \cdot A_2}{A_1}$$

und

$$s_2 = \frac{A_1 \cdot s_1}{A_2}$$

und somit gilt für W_2:

$$W_2 = \frac{F_1 \cdot A_2 \cdot A_1 \cdot s_1}{A_1 \cdot A_2} = F_1 \cdot s_1,$$

damit ist aber: $W_2 = W_1$ (Erhaltung der Energie).

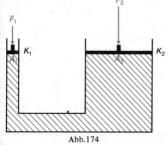

Abb.174

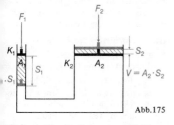

Abb.175

Hydrostatik, die Lehre vom Gleichgewicht ruhender, inkompressibler (nicht zusammendrückbarer) Flüssigkeiten bei Einwirkung äußerer Kräfte, insbesondere der Schwerkraft. Die grundlegende Aufgabe der Hydrostatik ist die Bestimmung der Druckverteilung in einer ruhenden Flüssigkeit. Nach dem *Pascal-schen Gesetz* ist der ↑ hydrostatische Druck auf ein Flächenelement einer ruhenden Flüssigkeit unabhängig von dessen Orientierung im Raum, d.h. unabhängig davon ob es z.B. parallel zur Flüssigkeitsoberfläche (waagrecht) verläuft oder senkrecht dazu. Daraus folgt, daß der Druck auf ein beliebig gerichtetes Flächenstück einer Gefäßwandung genauso groß ist wie in der angrenzenden waagrechten Schicht der Flüssigkeit.

hydrostatischer Druck, ↑ Druck in einer ruhenden Flüssigkeit. Für eine *schwerelose* Flüssigkeit gilt:
Im *Inneren* sowie an den *Grenzflächen* einer *ruhenden, schwerelosen Flüssigkeit* herrscht überall der *gleiche Druck*. Ein auf die Flüssigkeit ausgeübter Druck pflanzt sich nach allen Seiten gleichmäßig fort (↑ hydraulische Presse). Bei einer der *Schwerkraft* unterliegenden Flüssigkeit nimmt dagegen der Druck p mit der Tiefe zu. Nun ist der Druck gleich dem Quotienten aus drückender Kraft F und gedrückter Fläche A, wobei die Kraftrichtung senkrecht auf der Fläche stehen muß. Es gilt also:

$$p = \frac{F}{A}.$$

Die in Abb.176 auf die Fläche A in der Tiefe h wirkende Kraft ist aber gleich der Gewichtskraft G der darüber befindlichen Flüssigkeitsmenge. Ist V das Volumen dieser Flüssigkeitsmenge und γ die Wichte, dann gilt:

$$G = V \cdot \gamma.$$

Da in unserem Falle $V = A \cdot h$ ergibt sich:

$$G = A \cdot h \cdot \gamma.$$

Somit ist der Druck p in der Tiefe h unter der Flüssigkeitsoberfläche:

$$p = \frac{G}{A} = \frac{A \cdot h \cdot \gamma}{A} = h \cdot \gamma.$$

Dieser nur von der Tiefe und der Wichte der Flüssigkeit abhängende Druck wird als *hydrostatischer Druck* bezeichnet. (Dazu addiert werden muß natürlich noch der auf die Flüssigkeitsoberfläche wirkende äußere Luftdruck). Daraus folgt, daß auch der Druck auf den Boden eines mit einer Flüssigkeit gefüllten Gefäßes (*Bodendruck*) nur von der Flüssigkeitswichte und von der Höhe des Flüssigkeitsspiegels über dem Boden abhängt, jedoch nicht von der Form des Gefäßes und dem Gewicht der darin befindlichen Flüssigkeitsmenge. Diese Erscheinung bezeichnet man als *hydrostatisches Paradoxon*. Die drei Gefäße in Abb. 177 haben die gleiche Bo-

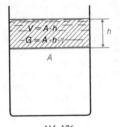

Abb.176

denfläche A und sind bis zur gleichen Höhe mit derselben Flüssigkeit gefüllt. Trotz der unterschiedlichen Flüssigkeitsmengen in den einzelnen Gefäßen ist der Bodendruck und die durch ihn auf den Boden ausgeübte Kraft ($F=p \cdot A$) überall gleichgroß.

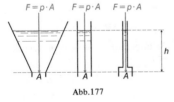

Abb.177

Der auf die Seitenwände eines mit einer Flüssigkeit gefüllten Gefäßes wirkende Druck heißt *Seitendruck*. Seine Größe ergibt sich ebenso wie die des nach

oben gerichteten *Aufdruckes* wegen der allseitig gleichen Druckverteilung aus der oben angeführten allgemeinen Formel für den in der betreffenden Tiefe herrschenden hydrostatischen Druck: $p = \gamma \cdot h$ (Abb. 178).

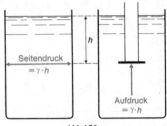

Abb.178

hydrostatisches Paradoxon, Bezeichnung für die zunächst paradox (widersinnig) erscheinende Tatsache, daß der Bodendruck in einem mit einer Flüssigkeit gefüllten Gefäß nur von der ↑ Wichte der Flüssigkeit und der Höhe der Flüssigkeitsoberfläche über der Bodenfläche abhängt, nicht aber von der Form des Gefäßes und damit von der Masse bzw. Gewichtskraft der darin befindlichen Flüssigkeit (↑ hydrostatischer Druck, Pascalsche Waage).

Hygrometer, Geräte zur Messung der ↑ Feuchtigkeit. Sind sie mit einer Registriereinrichtung versehen, so bezeichnet man sie als *Hygrographen*.

Hysteresisschleife, graphische Darstellung des Betrags der Magnetisierung $\vec{M}$ in Abhängigkeit vom Betrag der magnetischen Feldstärke $\vec{H}$ beim Einbringen eines ferromagnetischen Stoffs in ein Magnetfeld (Abb.179). Für eine am Anfang unmagnetische ferromagnetische Substanz steigt die Kurve bei kleiner magnetischer Feldstärke zunächst sehr stark an, um dann bis zum Erreichen einer Sättigung immer flacher zu werden. Diesen Bereich der Kurve (in Abb. 179 nennt man *jungfräuliche Kurve* oder *Neukurve*. Vermindert man nun $\vec{H}$ wieder, so fallen die Meßwerte für die Magnetisierung nicht mehr mit den ursprünglichen zusammen. Sie sind größer als die zur gleichen Feldstärke gehörenden Werte der Neukurve. Für

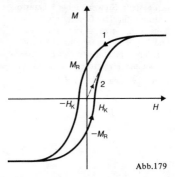

Abb.179

$\vec{H} = 0$ behält $\vec{M}$ sogar einen endlichen Wert $\vec{M}_R$, den man als *Remanenz* bezeichnet. Um die Remanenz aufzuheben, ist ein Feld mit entgegengesetzter Richtung, ein sogenanntes *Koerzitivfeld* mit der Feldstärke $-\vec{H}_K$ notwendig. $\vec{H}_K$ trägt die Bezeichnung *Koerzitivkraft*. Vergrößert man das Gegen-

feld über den Wert $-H_K$ hinaus, so wird auch hier ein Sättigungswert für $\vec{M}$ erreicht, der dem Betrag nach dem Sättigungswert bei gleichgroßer positiver Feldstärke $\vec{H}$ entspricht. Bei erneuter Verminderung von $\vec{H}$ wird die Kurve 2 durchlaufen. Für $\vec{H} = 2$ stellt man die Remanenz $-\vec{M}_R$ fest. Um sie aufzuheben, ist die Koerzitivkraft $\vec{H}_K$ notwendig. Man kann die magnetische Feldstärke zwischen den Sättigungswerten beliebig oft ändern. Man erreicht dabei den Nullpunkt nicht mehr. Stets bleibt man auf den Kurven 1 u. 2. Die Steigung der Hysteresiskurve gibt für jede beliebige Feldstärke $\vec{H}$ die ↑ magnetische Suszeptibilität an. Um ein Stück Eisen entmagnetisieren zu können, durchläuft man Hysteresisschleifen mit allmählich kleiner werdender maximaler Feldstärke. Auf diese Weise nähert man sich langsam wieder dem Nullpunkt, wo zur magnetischen Feldstärke $\vec{H} = 0$ auch die Magnetisierung $\vec{M}$ verschwindet (Abb. 180). Der Flächeninhalt der Hysteresisschlei-

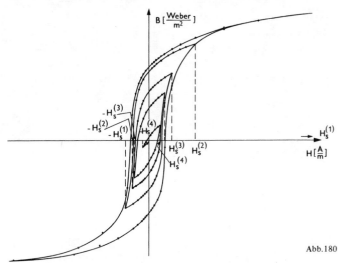

Abb.180

fe ist ein Maß für die Arbeit, die zur Magnetisierung der ferromagnetischen Substanz aufgewandt werden muß. Diese Arbeit findet sich als Erwärmung des Stoffes wieder. Je nach Materie beträgt die bei einem Umlauf der Hysteresis erzeugte Wärme 5 - 1000 J/m^3. Zur Verringerung dieser Energieverluste, z. B. in Elektromagneten, werden Materialien mit schmaler Hysteresisschleife benutzt, z.B. die Legierung Permalloy (78% Nickel, 22% Eisen). Je nach der Verwendungsart werden von der Technik verschiedene Ansprüche an die magnetischen Eigenschaften der Materialien gestellt. So werden bei ↑ Transformatoren für Hifi-Geräte zur Vermeidung von Verzerrungen von Sprache und Musik Ferromagnetika verwendet, bei denen in einem möglichst großen Gebiet der Hysteresiskurve Proportionalität zwischen $\vec{M}$ und $\vec{H}$ herrscht.

ideales Gas, Modellvorstellung für theoretische Untersuchungen über das Verhalten von Gasen. Beim idealen Gas wird insbesondere vom Eigenvolumen der Gasmoleküle und von den zwischen den Gasmolekülen wirkenden Kräften abgesehen. Nur ein ideales Gas erfüllt exakt die allgemeine ↑ Zustandsgleichung der Gase und damit auch das ↑ Boyle-Mariottesche, das ↑ Gay-Lussacsche und das ↑ Amontonssche Gesetz.

Die Eigenschaften realer Gase nähern sich umso mehr denen des idealen Gases, je geringer der Druck und je höher die Temperatur ist, je weiter das Gas also von seinem Kondensationspunkt entfernt ist (↑ kondensieren).

Impuls, Formelzeichen $\vec{p}$, Produkt aus der ↑ Masse m eines Körpers und seiner ↑ Geschwindigkeit $\vec{v}$:

$$\vec{p} = m\,\vec{v}\;.$$

Der Impuls ist somit identisch mit der ↑ Bewegungsgröße.

Wegen des engen Zusammenhanges zwischen *Bewegungsgröße* und ↑ *Kraftstoß* wird die Bezeichnung Impuls häufig auch für den Kraftstoß verwendet, also für das Produkt aus der Kraft $\vec{F}$ und der Zeitdauer t ihrer Einwirkung auf einen Massenpunkt.

Impulssatz (*Impulserhaltungssatz, Satz von der Erhaltung der Bewegungsgröße*), einer der ↑ Erhaltungssätze. Er lautet: In einem System, auf das keine äußeren Kräfte wirken (abgeschlossenes System) ist die Summe aller Bewegungsgrößen unveränderlich:

$$\sum_{i=1}^{n} m_i\,\vec{v}_i = \text{const.}$$

Induktion (*elektromagnetische*), Erzeugung von elektrischen Spannungen durch veränderliche Magnetfelder. Ändert man das Magnetfeld, das durch eine Leiterschleife hindurchgreift, so kann man an den Enden der Leiterschleife einen ↑ Spannungsstoß, bei Kurzschluß einen ↑ Stromstoß messen. Diesen Vorgang nennt man elektromagnetische Induktion. Diese Änderung des Magnetfeldes kann u.a. folgendermaßen erfolgen: a) durch Annähern oder Entfernen eines Stabmagneten, b) durch Annähern oder Entfernen einer stromdurchflossenen Spule, c) durch Einschalten, Abschalten, Verstärken oder Vermindern des Stroms einer Spule in der Umgebung der Leiterschleife, d) durch Einbringen der Leiterschleife aus einem feldfreien Raum in ein Magnetfeld, e) durch Drehen der Leiterschleife in einem Magnetfeld, f) durch Bewegen der Leiterschleife quer zu den magnetischen Feldlinien, g) durch Verändern der Fläche A der Leiterschleife, h) durch Einschieben eines Eisenkerns in eine Spule, die sich in der Nähe der Leiterschleife befindet. Wie g) und e) zeigen, ist die Änderung der von der Leiterfläche A umfaßten Feldlinien für den Induktionsvorgang maßgebend. Die Gesamtheit der Feldlinien durch A wird mit Hilfe des magnetischen Flusses ϕ erfaßt. Man kann nun folgendes Gesetz formulieren: Ändert sich der magnetische Fluß durch eine Leiterschleife, so wird in ihr eine Induktionsspannung $U_{\text{ind.}}$ erzeugt. Für den quantitativen Zusammenhang von $U_{\text{ind.}}$ und ϕ für eine Leiterschleife gilt:

$$U_{\text{ind.}} = -\frac{\mathrm{d}\phi}{\mathrm{d}t}\;.$$

Der zeitliche Spannungsverlauf hat für a) - h) etwa den in Abb. 181 dargestellten Verlauf. Die Fläche S unter der Kurve ist dabei ein Maß für die Größe des induzierten Spannungsstoßes. Für S gilt:

$$S = \int_0^{t_1} U_{ind.} \, dt$$

$$S = \phi_1 - \phi_0 = \Delta\phi$$

(ϕ_0, ϕ_1 magnetischer Fluß zur Zeit $t = 0$ bzw. zur Zeit $t = t_1$). ϕ steht mit der magnetischen Induktion $\vec{B}$ und der Fläche A der Leiterschleife in folgender Beziehung: $\phi = B \cdot A$. Daraus ergibt sich $S = \Delta(B \cdot A)$.

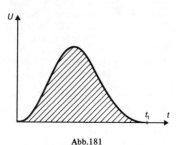

Abb. 181

Ersetzt man die Stromschleife durch eine Spule mit n Windungen, so erhält man

$$U_{ind.} = -n \frac{d\phi}{dt}$$

und

$$S \quad = n\,(\Delta\phi) = n\,\Delta(B \cdot A).$$

Die *Richtung* des Induktionsstroms $I_{ind.}$, der bei einem Kurzschluß der Leiterschleife bzw. Spule auf Grund der Induktionsspannung $U_{ind.}$ fließt, kann mit Hilfe der ↑ Lenzschen Regel bestimmt werden.

Induktionsspule, Spule, an deren Anschlüssen auf Grund elektromagnetischer ↑ Induktion eine Induktionsspannung auftritt. Diese Bezeichnung wird vor allem zur Unterscheidung von einer ein Magnetfeld erzeugenden Spule, der sogenannten *Feldspule*, benutzt.

Influenz (*elektrostatische Induktion, elektrische Verteilung*), Ladungstrennung auf der Oberfläche eines ursprünglich elektrisch neutralen Leiters unter dem Einfluß eines elektrischen Feldes. Die das Feld verursachende Ladung bewirkt auf Grund der Coulomb-Kraft eine Ladungstrennung: an der ihr zugewandten Seite des ursprünglich ungeladenen Leiters sammeln sich ungleichnamige, an der abgewandten Seite gleichnamige Ladungen. Die gleichnamigen Ladungen sind ableitbar bzw. kompensierbar (freie Ladung), die ungleichnamigen dagegen nicht (gebundene Ladung). Allgemein entstehen influenzierte Ladungen stets an Stellen, an denen das elektrische Feld durch Leiteroberflächen unterbrochen wird. Dabei gehen von einem isolierten influenzierten Leiter ebenso viele elektrische Feldlinien aus wie auf ihm enden (↑ Bandgenerator).

Infrarot (auch *Ultrarot*), unsichtbare elektromagnetische Wellen, die sich an das rote Ende des sichtbaren ↑ Spektrums anschließen. Ihre Wellenlänge liegt etwa zwischen $7,5 \cdot 10^{-7}$ m und $1,4 \cdot 10^{-3}$ m. Nach größeren Wellenlängen zu schließen sich dem Infrarot die sogenannten *Mikrowellen* an. Sie gehören bereits in den Bereich der *Radiowellen*.

Infrarote Strahlen erkennt man an ihrer Wärmewirkung. Diese wird beim *Infrarotstrahler* und beim *Infrarotgrill* für Heizzwecke ausgenutzt. Infrarotstrahlen durchdringen fast ungehindert Nebel und Wolken. Die *Infrarotphotographie* verwendet Filmmaterial, das für Infrarotlicht empfindlich ist. Damit kann sowohl durch Dunst und Wolken als auch bei Nacht photographiert werden. Für ähnliche Zwecke wie die Infrarotphotographie werden auch *Infrarotsichtgeräte* verwendet. Sie enthalten als Hauptbestandteil eine Vorrichtung, durch die das auf das Gerät treffende infrarote Licht in sichtbares Licht umgewandelt wird.

Infraschall, mechanische Schwingungen und Wellen mit Frequenzen unterhalb von 16 Hz, die zwar vom menschlichen Gehör nicht mehr als ↑ Schall wahrgenommen werden können (↑ Hörbereich), die sich jedoch in ihrem physikalischen Verhalten nicht wesentlich vom hörbaren Schall unterscheiden.

Inklination, Neigung der Feldlinien des ↑ Erdmagnetfelds gegen die Horizontale. Die Abweichung der Richtung der Feldlinien von der geographischen Nordrichtung bezeichnet man als *Deklination*.

Innenwiderstand, Formelzeichen R_i, Widerstand, den jedes elektrische Meßgerät und jede Spannungsquelle besitzt. Er bewirkt bei belasteter Spannungsquelle die Abweichung der ↑ Klemmenspannung von der (ohne Belastung von der ↑ elektromotorischen Kraft bewirkten) *Eigenspannung* und ist bei Anwendung der ↑ Kirchhoffschen Gesetze zu berücksichtigen. Bei Meßgeräten beeinflußt der Innenwiderstand die zu messende Größe.

Interferenz, Bezeichnung für die Gesamtheit der charakteristischen Überlagerungserscheinungen, die beim Zusammentreffen zweier oder mehrerer Wellenzüge (elastische, elektromagnetische Wellen, Materiewellen, Oberflächenwellen) mit fester Phasenbeziehung untereinander am gleichen Raumpunkt beobachtbar sind. Erregt man zwei benachbarte Punkte einer Wasseroberfläche mit gleicher Frequenz und Phase, so gehen von den Erregungszentren zwei Systeme von kreisförmigen Oberflächenwellen aus. In der Umgebung beobachtet man auf Hyperbelscharen, deren Brennpunkte in den Erregungszentren liegen, Verstärkung oder Auslöschung: Die Teilwellen interferieren miteinander. Die Interferenz beruht auf dem ↑ Superpositionsprinzip: Die Amplitude der resultierenden Welle ist gleich der Summe der Amplituden der Einzelwellen. Überlagert man zwei ebene, sich in x-Richtung ausbreitende ↑ Wellen gleicher Frequenz f.

$$y_1 = A_1 \sin 2\pi \left(ft - \frac{x}{\lambda} + \varphi_1\right),$$

$$y_2 = A_2 \sin 2\pi \left(ft - \frac{x}{\lambda} + \varphi_2\right),$$

so ist die resultierende Welle ($y = y_1 + y_2$) wiederum eine Sinusschwingung mit der Amplitude

$$A = [A_1^2 + A_2^2 + 2A_1 A_2 \cos(\varphi_1 - \varphi_2)]^{1/2}.$$

Die Amplitude A hängt nicht nur von den Amplituden A_1 und A_2 der Einzelwellen ab, sondern auch von ihrer gegenseitigen Phasendifferenz $\varphi_1 - \varphi_2$. Für $\varphi_1 - \varphi_2 = 0$ ist $A = A_1 + A_2$, für $\varphi_1 - \varphi_2 = \pi$ ist $A = A_1 - A_2$. Die Intensität des Wellenfeldes schwankt gemäß der Phasenbeziehung der Einzelwellen zwischen $(A_1 + A_2)^2$ und $(A_1 - A_2)^2$.

Ausgeprägte Interferenzerscheinungen erhält man, wenn die interferierenden Wellen annähernd gleiche Amplituden besitzen (Abb.182). Sind die Perioden der Einzelwellen nicht gleich, so ist die Amplitude der resultierenden Welle zeitabhängig (↑ Schwebung). Typische Interferenzerscheinungen sind auch die stehenden Wellen, die man erhält, wenn eine fortschreitende Welle reflektiert wird und reflektierte und ankommende Welle miteinander interferieren. – Interferenz bedeutet keine Wechselwirkung

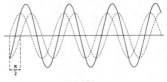

Abb.182

der Einzelwellen, sondern ist eine Folge ihres gleichzeitigen Vorhandenseins in einem Raumpunkt. Nach Verlassen des Interferenzgebietes weisen die Einzelwellen keinerlei Spuren des Zusammentreffens auf.

Die *Interferenz des Lichts* genügt prinzipiell dem allgemeinen Interferenzprinzip, beobachtbare Interferenzen erhält man jedoch nur unter besonderen Bedingungen. Natürliches Licht thermischer Strahler entsteht fast ausschließlich durch spontane Emission untereinander unabhängiger angeregter Atome mit einer Emissionszeit von etwa 10^{-8} s. Phase und Amplitude der dieser Emissionszeit entsprechenden Wellenzüge der gleichen oder verschiedener Lichtquellen sind statistisch völlig ungeordnet. Die Interferenzerscheinung ist deshalb nicht stationär, sondern ändert sich sprunghaft in Intervallen von etwa 10^{-8} s. Dieser schnelle Wechsel ist nicht beobachtbar, es erscheint als Mittelung eine gleichmäßige Helligkeit, die der Addition der Intensitäten der einzelnen Strahlenbündel entspricht. Eine räumlich feststehende Interferenzerscheinung wird nur dann beobachtet, wenn das Licht einer (punktförmigen) Lichtquelle in Teilbündel aufgespalten wird und die Teilbündel nach Durchlaufen verschiedener Lichtwege zur Interferenz gebracht werden. Die Phasenbeziehungen der Wellenzüge jedes Teilbündels für sich sind ungeordnet, aber zwischen entsprechenden Wellenzügen der verschiedenen Bündel besteht eine zeitlich konstante Phasenbeziehung. Nur Wellenzüge, die derartigen kohärenten Strahlenbündeln angehören, liefern beobachtbare Interferenzen. Die Interferenzfähigkeit wird durch den *Kohärenzgrad* beschrieben (↑kohärent). Strahlenbündel, die von verschiedenen [reellen] Lichtquellen ausgehen, sind hingegen inkohärent (ausgenommen das Licht zweier gleichartiger Laser), ebenso wie Strahlenbündel, die von der gleichen Lichtquelle ausgehen, für die aber der Unterschied des Lichtweges an ihrer Überlagerungsstelle so groß ist, daß die interferierenden Wellenzüge aus verschiedenen Erzeugungsakten innerhalb der Lichtquelle herrühren. Den größten Lichtwegunterschied, bei dem noch Interferenzen auftreten, nennt man die *Kohärenzlänge*.

Interferometer, Sammelbezeichnung für alle optischen Geräte, mit denen unter Ausnutzung von Interferenzerscheinungen des Lichtes z.B. äußerst genaue Längenmessungen, Winkelmessungen oder Messungen der Brechzahl eines Stoffes vorgenommen werden können.

Ion, ein atomares, molekulares oder größeres Teilchen, das nach außen hin nicht elektrisch neutral ist, sondern eine negative oder positive elektrische ↑ Ladung besitzt. Je nach der Anzahl der überschüssigen bzw. fehlenden Elektronen spricht man von einfach, zweifach, usw. negativ bzw. positiv geladenen Ionen. Positive Ionen heißen *Kationen*, negative *Anionen*. Als Ladungsträger spielen die Ionen neben den Elektronen bei der ↑ Gasentladung eine wichtige Rolle.

Ionisation (*Ionisierung*), der Vorgang der Bildung von ↑ Ionen durch Abtrennung oder Anlagerung eines Elektrons oder mehrerer Elektronen an ein neutrales Atom oder Molekül. Im Fall der *Abtrennung* ist das gebildete Ion ein- oder mehrfach *positiv* geladen, im Fall der *Anlagerung* ein- oder mehrfach *negativ*, je nachdem ob ein oder mehr als ein Elektron abgetrennt oder angelagert wurde. Man unterscheidet
1) *Thermische Ionisation*: Bei ihr führt Erwärmen neutraler Atome zu unelastischen Zusammenstößen, wodurch Elektronen freigesetzt werden können (↑ Plasma).
2) *Ionisation durch Elektronen- oder Ionenstoß* (↑ Stoßionisation, ↑ Gasentladung).
3) *Ionisation unter dem Einfluß elektromagnetischer Strahlung* (↑ Photoionisation, ↑ Strahlungsionisation).
4) *Ionisation durch Auftreffen neutraler Atome auf Metalloberflächen*, für die die ↑ Austrittsarbeit von Elektronen geringer ist als die ↑ Ionisierungsenergie der auftreffenden Atome.
Bei allen angeführten Prozessen muß die aufgebrachte Ionisierungsenergie

mindestens so groß sein wie die Bindungsenergie des Elektrons. Bei ausreichender Energiezufuhr kann es zur *Mehrfachionisation*, d.h. zur Abtrennung von mehreren Elektronen kommen. Die durch Ionisation freigesetzten Elektronen lagern sich für gewöhnlich an neutrale Atome an: es entstehen negative Ionen, insgesamt also Ionenpaare. Nach einer gewissen Zeit findet ein Ladungsaustausch statt, d.h. es tritt Neutralisation ein. Unter der *spezifischen Ionisation* (*Ionisierungsvermögen*) I_S versteht man den Quotienten aus der Anzahl dN der längs eines Wegstückchens dx erzeugten Ladungsträgerpaare und der Wegstrecke dx bei Stoß- oder Strahlungsionisation.

$$I_S = \frac{dN}{dx} \, .$$

Es gilt

$$I_S = -\frac{dW}{dx} \cdot \frac{1}{\overline{W}} \, ,$$

wobei dW der Energieverlust des ionisierenden Teilchens längs des Weges dx und $\overline{W}$ der mittlere Energieverlust pro Ionenpaar ist. $\overline{W}$ ist in erster Näherung von der Teilchenenergie unabhängig.

Ionisationskammer, Gerät zum Nachweis ionisierender Strahlen, das im Gebiet der Anfangsleitfähigkeit (↑ Gasentladung) oder im Gebiet des Sättigungsstromes arbeitet. Den schematischen Aufbau einer Ionisationskammer zeigt die Abb. 183.
In einem mit Luft oder einem anderen Gas gefüllten Gefäß befinden sich zwei sich gegenüberstehende voneinander isolierte Elektroden (meist zylindrischer oder planparalleler Gestalt). An den Elektroden liegt eine Spannung von 100 Volt und mehr an, wodurch zwischen ihnen ein elektrisches Feld herrscht. In diesem Feld bewegen sich die in der Kammer entstehenden Ionen zu den Elektroden, wodurch ein *Strom*- bzw. an einem Arbeitswiderstand ein *Spannungsstoß* hervorgerufen wird.

Die verschiedenen Ausführungen unterscheiden sich in der Art der Strommessung. Die wichtigsten Möglichkeiten sind: Messung der Gesamtladung durch ein ↑ *Elektrometer* (z.B. Quarzfadenelektrometer) oder Verstärkung des Ionisationsstromes durch einen Gleichstromverstärker und Messung des verstärkten Stromes mit einem ↑ *Galvanometer*.

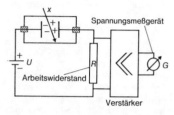

Abb.183

Die Ionisationskammer wird fast ausschließlich integrierend verwendet, d.h. sie registriert nicht einzelne Teilchen, sondern die durch die Strahlung hervorgebrachte mittlere Ionisation (Anwendung in der Dosimetrie und als *Strahlungsmonitor*). Nur bei α-Teilchen, energiereichen Protonen und Spaltproduktteilchen ist die spezifische Ionisation so hoch, daß beim Durchgang eines einzelnen Teilchens genügend Ladungsträger erzeugt werden und der an einem Arbeitswiderstand entstehende Spannungsstoß von einem elektronischen Impulsverstärker verstärkt werden (*Impulsionisationskammer*). Als Füllgas dienen meist Edelgase, Stickstoff, Methan oder auch Luft.

Ionisierungsenergie, die zur ↑ Ionisation eines Atoms oder Moleküls notwendige Energie. Sie wird in ↑ Elektronenvolt angegeben und beträgt für das ↑ Leuchtelektron eines Atoms je nach Element etwa 3 eV bis 20 eV. Die Ionisierungsenergie muß mindestens gleich der Bindungsenergie des Elektrons sein. Im Gegensatz zur ↑ Anregung ist die Energieabsorption bei der Ionisation nicht gequantelt, da das freigesetzte Elektron eine beliebige überschüssige Energie als kinetische Energie haben kann.

irreversibel, nicht umkehrbar. Ein Vorgang heißt irreversibel, wenn er weder von selbst noch durch äußere Einwirkungen rückgängig gemacht werden kann, ohne daß eine *bleibende Veränderung* der Natur zurückbleibt. Jeder irreversible Vorgang ist mit einer Vermehrung der ↑ Entropie verbunden. Beispiel für irreversible Vorgänge sind die Erzeugung von Wärme durch Reibung, die Diffusion zweier Gase ineinander und die Lösung eines Stoffes in einem Lösungsmittel.

Im strengen Sinne sind alle in der Natur vorkommenden Prozesse irreversibel. Umkehrbare (reversible) Vorgänge lassen sich lediglich denken, wenn man von bestimmten Begleiterscheinungen wie etwa der Reibung absieht.

isobar, ↑ Zustandsänderung eines Gases, bei der der *Druck* konstant bleibt. Isobare Zustandsänderungen werden durch das ↑ Gay-Lussacsche Gesetz beschrieben.

Isobare, Bezeichnung für ↑ Nuklide, deren Atomkerne gleiche Massenzahl, aber verschiedene Ordnungszahl, d.h. gleiche Nukleonenzahl bei verschiedener Protonen- und Neutronenzahl besitzen, z.B. $^{16}_{7}N$, $^{16}_{8}O$ und $^{16}_{9}F$. Wegen der Ladungsunabhängigkeit der Kernkräfte zeigen Isobare *kernphysikalisch* untereinander größere Ähnlichkeit als ↑ Isotope.

Isobaren, auf einer Wetterkarte die Linien, die Orte gleichen Luftdrucks miteinander verbinden.

isochor heißt die ↑ Zustandsänderung eines Gases, wenn bei ihr das *Volumen* konstant bleibt. Isochore Zustandsänderungen werden durch das ↑ Amontonssche Gesetz beschrieben.

Isolator, Stoff, dessen spezifischer elektrischer Widerstand größer als $10^6\,\Omega$m ist.

Isomere, Bezeichnung für Atomkerne (↑ Kern) mit gleicher Protonenzahl Z und gleicher Neutronenzahl N, die sich in verschiedenen Energiezuständen des $(N + Z)$-Nukleonensystems (Grundzustand oder angeregter Zustand) befinden und daher unterschiedliche kernphysikalische Eigenschaften besitzen.

isotherm heißt die ↑ Zustandsänderung eines Gases, wenn bei ihr die *Temperatur* konstant bleibt. Isotherme Zustandsänderungen werden durch das ↑ Boyle-Mariottesche Gesetz beschrieben.

Isotherme, 1. Kurve, durch die der Zusammenhang zwischen Druck und Temperatur bei einer isothermen ↑ Zustandsänderung eines Gases dargestellt wird. Die Isothermen sind Hyperbeln im p, T-Diagramm.
2. Auf einer Wetterkarte verbinden *Isothermen* Orte gleicher Temperatur miteinander.

Isotone, Bezeichnung für Atomkerne mit gleicher ↑ Neutronenzahl N. Bei *geradem* N gibt es immer *mindestens* zwei, meistens aber mehrere stabile Isotone (Ausnahmen bilden die einfach besetzten Isotone mit $N = 2$ und $N = 4$). Bei *ungeradem* N dagegen existieren *höchstens* zwei, meist jedoch nur ein stabiles Isoton. Für die Neutronenzahlen 19, 21, 35, 39, 45, 61, 89, 115 und 123 gibt es keine stabilen Isotone.

Isotope, Bezeichnung für ↑ Kerne mit gleicher Protonenzahl, aber verschiedener Neutronenzahl. Isotope haben also die gleiche ↑ Ordnungszahl, aber *verschiedene* ↑ Massenzahlen. Da das chemische Verhalten eines Elements durch die Ordnungszahl bestimmt wird, verhalten sich Isotope chemisch gleich, stellen also ein einziges chemisches Element dar. Eine ↑ Isotopentrennung ist daher nur mit *physikalischen* Methoden möglich. Die meisten Elemente kommen als natürliches *Isotopengemisch* vor.

Isotopentrennung, Verfahren zur Abtrennung oder Anreicherung einzelner

↑ Isotope aus einem natürlichen Isotopengemisch. Die Trennverfahren beruhen auf den verschieden großen Massen der Isotope eines Elements, die sich in den ↑ Isotopieeffekten äußern. Gebräuchliche Verfahren sind:

1) *Trennung durch Diffusion*
a) *Porendiffusion*: Leichte Isotope diffundieren leichter durch feinporige Filter als schwere. *G. Hertz* konnte, diesen Effekt ausnutzend, eine Trennung des leicht durch thermische ↑ Neutronen spaltbaren Uranisotops U 235 von dem nicht spaltbaren Isotop U 238 durchführen.
b) *Thermodiffusion*: Befindet sich ein gasförmiges Isotopengemisch in einem Gebiet mit Temperaturgefälle, so diffundiert in das Gebiet der tieferen Temperatur bevorzugt das schwerere Isotop. *Clusius* und *Dickel* nutzten diesen Effekt bei der Entwicklung des nach ihnen benannten ↑ Trennrohres aus.
Da der Trennfaktor des einzelnen Diffusionsvorganges nur sehr klein ist (wegen der i.a. kleinen Massendifferenz der Isotope), besitzt eine Trennanlage oft mehrere hundert Trennglieder, die nacheinander durchsetzt werden (*Vervielfachungsprinzip*).

2) *Trennung mittels einer Zentrifuge*:
In einer Zentrifuge sehr hoher Tourenzahl (*Gaszentrifuge*, Umlaufgeschwindigkeit 1000 m/s) wirken auf Grund der verschieden großen Isotopenmassen auf die Isotope eines chemischen Elementes verschieden große Zentrifugalkräfte: das schwerere Isotop reichert sich am Rand an.

3) *Elektromagnetische Isotopentrennung*:
Eine vollständige Isotopentrennung ist durch elektrische oder magnetische Ablenkung eines Ionenstrahles im Massenseparator (einem nach dem Prinzip des ↑ Massenspektrometers arbeitenden Gerät) möglich. Dieses Trennverfahren ist jedoch nur für geringe Substanzmengen geeignet.

Isotopieeffekte, Bezeichnung für alle physikalischen Erscheinungen, deren Ursache im Auftreten und unterschiedlichen Verhalten von ↑ Isotopen eines chemischen Elements liegen. Beispiele sind u.a. die verschiedene Diffusionsgeschwindigkeit der einzelnen Isotope (infolge unterschiedlicher Masse), die verschieden große Ablenkbarkeit eines aus mehreren Isotopen bestehenden Ionenstrahls in elektrischen und magnetischen Feldern (infolge verschiedener spezifischer Ladung), das Auftreten der Thermodiffusion. Alle angeführten Effekte sind klein, bei mehrfacher Wiederholung der Verfahren sind sie jedoch geeignet, die Isotope zu trennen (↑ Isotopentrennung).

isotrop heißt ein Körper oder ein Ausbreitungsmedium für Wellen, dessen physikalische Eigenschaften richtungsunabhängig sind. So breiten sich beispielsweise in einem isotropen Medium die Lichtwellen nach allen Seiten gleichmäßig und mit gleicher Geschwindigkeit aus. Im Gegensatz dazu spricht man von einem *anisotropen* Körper oder Medium, wenn auch nur eine einzige seiner physikalischen Eigenschaften richtungsabhängig ist.

Joule (J), *SI-Einheit* der gleichartigen Größen ↑ Energie, ↑ Arbeit und Wärmemenge.
Festlegung: 1 Joule (J) ist gleich der Arbeit, die verrichtet wird, wenn der Angriffspunkt der Kraft 1 Newton (N) in Richtung der Kraft um 1 Meter (m) verschoben wird:

$$1\,J = 1N \cdot m = 1 \text{ Wattsekunde (Ws)}.$$

Weitere Einheiten können mit den üblichen Vorsätzen für dezimale Vielfache und dezimale Teile von Einheiten gebildet werden, z.B.

$$1 \text{ Millijoule (mJ)} = \frac{1}{1000}\,J$$

$$1 \text{ Kilojoule (kJ)} = 1\,000\,J$$

Für das ↑ Drehmoment, das zwar von gleicher Dimension, nicht jedoch von gleicher Größenart wie die Energie ist, wird das Joule *nicht* verwendet, sondern nur die abgeleitete Einheit Nm.

Joulesches Gesetz, Aussage über die Erwärmung eines elektrischen Leiters infolge Stromdurchgangs: Die in einer bestimmten Zeit Δt entstehende Wärmemenge Q (*Stromwärme, Joulsche Wärme*) ergibt sich aus der Beziehung:

$$Q = R \cdot I^2 \cdot \Delta t$$

(R Widerstand des Leiters, I Stromstärke, Δt Zeit des Stromflusses).
Mit Hilfe der Beziehung $U = R \cdot I$ (U ist die zwischen den Leiterenden herrschende ↑ Spannung) ergibt sich daraus:

$$Q = U \cdot I \cdot \Delta t.$$

Falls ein sinusförmiger Wechselstrom fließt, wird in der Zeit Δt, wenn diese ein Vielfaches der Periodendauer des Wechselstromes ist, die Wärmemenge

$$Q = U_{\text{eff}} \cdot I_{\text{eff}} \cdot \Delta t \cdot \cos \varphi$$

freigesetzt, wobei U_{eff} und I_{eff} die effektive Spannung bzw. Stromstärke sowie φ die ↑ Phasenverschiebung zwischen Spannung und Stromstärke sind.

Kalorie (cal), für eine Übergangsfrist bis 31. 12. 1977 noch zugelassene Einheit der Wärmemenge (↑ Wärme).

1 Kalorie (cal) ist die Wärmemenge, die die Temperatur von 1 Gramm reinem Wasser von $14,5°C$ auf $15,5°C$ erhöht.

Mit dem ↑ Joule (J), der *SI-Einheit* der Wärmemenge hängt die Kalorie (cal) wie folgt zusammen:

bzw.
$$1 \text{ cal} = 4,1868 \text{ J}$$
$$1 \text{ J} = 0,239 \text{ cal}$$

Der tausendfache Wert der Kalorie, die *Kilokalorie* (kcal), wurde früher auch als (große) Kalorie (Cal) bezeichnet. Diese ist gemeint, wenn im Zusammenhang mit der Ernährungslehre von Kalorien die Rede ist.

Kalorimetrie, die (Lehre von der) Messung der einer Stoffmenge bei physikalischen oder chemischen Vorgängen zugeführten oder von ihr abgegebenen Wärme(mengen), z.B. die Messung der *Verdampfungswärme*, der *Schmelzwärme*, der *Verbrennungswärme* oder der *Lösungswärme*.
Kalorimetrische Messungen werden in Gefäßen durchgeführt, die einem Wärmeaustausch mit der Umgebung weitgehend verhindern. Solche Gefäße werden als *Kalorimeter* bezeichnet (↑ Dewar-Gefäß).

Kältemaschine, eine Vorrichtung, mit deren Hilfe unter Arbeitsaufwand Wärme von einem kälteren Körper auf einen wärmeren Körper übertragen wird. Kältemaschinen werden u.a. im *Haushaltskühlschrank* verwendet. Dabei wird die Erscheinung ausgenutzt, daß zur Überführung einer Flüssigkeit in den gasförmigen ↑ Aggregatzustand eine bestimm-

te Wärmemenge erforderlich ist, die sogenannte *Verdampfungswärme*. Sie muß von außen zugeführt werden bzw. wird der Umgebung entzogen, wodurch sich diese abkühlt. Verdampft wird in den Kältemaschinen ein sogenanntes Kältemittel, zumeist Ammoniak. Man unterscheidet im wesentlichen zwei Arten von Kältemaschinen, die *Kompressormaschine* und *die Absorbermaschine*. Bei der *Kompressormaschine* (Abb. 184) wird Ammoniakgas durch einen *Kompressor* zusammengepreßt. Die dabei entstehende Wärme wird anschließend in einem mit Kühlrippen versehenen Verflüssiger abgeleitet, wobei das Ammoniakgas in den flüssigen Aggregatzustand übergeht. Das flüssige Ammoniak wird nun durch eine Rohrleitung in den Raum gebracht, dessen

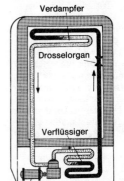

Verdampfer

Drosselorgan

Verflüssiger

Kompressor

Abb.184

Temperatur erniedrigt werden soll. Dort wird in einem sogenannten *Verdampfer* der Druck schlagartig herabgesetzt, wobei das Ammoniak verdampft. Die dazu erforderliche Verdampfungswärme wird dem zu kühlenden Raum entzogen. Nun wird das Ammoniakgas in den

189

Kompressor zurückgesaugt, wo der Kreislauf von neuem beginnt.

In der *Absorbermaschine* (Abb.185) ist das Ammoniak in Wasser gelöst. Durch eine *Heizvorrichtung* wird das Wasser erwärmt. Dabei entweicht das gasför-

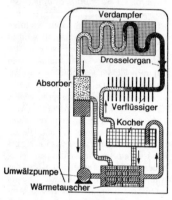

Abb.185

mige Ammoniak. Hat sich über der Wasseroberfläche genügend Ammoniakgas angesammelt, steigt dort der Druck soweit an, daß sich das Ammoniakgas verflüssigt. Die dabei freiwerdende Wärme wird über Kühlrippen abgeführt. Das flüssige Ammoniak wird darauf in den Raum gebracht, dessen Temperatur erniedrigt werden soll. Dort wird es entspannt und verdampft. Die dazu erforderliche Verdampfungswärme wird dem zu kühlenden Raum entzogen. Das Ammoniakgas gelangt darauf in einen *Absorber*, wo es sich wiederum in Wasser löst. Das ammoniakhaltige Wasser wird schließlich wieder in den *Kocher* geleitet, wo der Kreislauf erneut beginnt.

Kältemischung, Mischung von Salzen mit Wasser oder Eis, deren Erstarrungstemperatur unterhalb von 0°C liegt. Beim Auflösen bestimmter fester Stoffe wie z.B. Kochsalz, Salmiak oder Kaliumcarbonat in Wasser wird Wärme benötigt, die sogenannte ↑ Lösungswär-

me. Diese wird dem Lösungsmittel, also dem Wasser entzogen, wodurch dessen Temperatur sinkt. Mischungen solcher Stoffe mit Wasser haben in der Regel eine weitaus geringere Erstarrungstemperatur als reines Wasser und werden deshalb als *Kältemischungen* bezeichnet (↑ Gefrierpunktserniedrigung). Mischt man derartige Stoffe anstatt mit Wasser mit Eis, dessen Temperatur über der Erstarrungstemperatur des Gemischs liegt, so schmilzt das Eis. Es ergeben sich dann noch weitaus stärkere Temperaturerniedrigungen, weil dem Gemisch in diesem Falle außer der Lösungswärme auch noch die zum Schmelzen des Eises erforderliche ↑ Schmelzwärme entzogen wird. Auf dieser Erscheinung beruht die Wirkung des Tausalzes. Das beim Streuen von Tausalz entstehende Wasser ist wesentlich kälter als 0°C. In der folgenden Tabelle sind einige Kältemischungen angegeben:

Bestandteile	Gewichtsteile	Temperaturabfall
Wasser	16	
Salmiak	5	+ 10°C auf − 12°C
Salpeter	5	
Wasser	1	
Natriumcarbonat	1	+ 10°C auf − 22°C
Ammoniumnitrat	1	
Schnee	3	0°C auf − 46°C
Kaliumcarbonat	4	
Schnee	2	0°C auf − 20°C
Kochsalz	1	

Kammerton, der Ton a^1 (,,eingestrichenes a") mit einer Frequenz von 440 Hz, der als *Normton* für die Stimmung von Musikinstrumenten verwendet wird (↑ Tonleiter).

Kanalstrahlen, positive Ionenstrahlen, die bei der selbständigen ↑ Gasentladung bei einem Druck von ca. 1 Pascal entstehen und rückwärts aus der Öffnung einer durchbohrten Kathode austreten.

Kanalstrahlen können nur durch hohe elektrische und magnetische Felder beeinflußt werden. Anwendung finden sie in der Massenspektroskopie und in der Kernphysik.

Kapazität (*elektrische Kapazität*), Formelzeichen *C*, bei einem ↑ Plattenkondensator aus der ↑ Ladung *Q* der positiv geladenen Platte und der zwischen den Platten herrschenden ↑ Spannung *U*, d.h. $C = Q/U$ (↑ Kondensator); allgemein der Quotient aus der auf der Oberfläche eines elektrischen Leiters befindlichen Ladung *Q* und dem von ihr erzeugten Potential φ. SI-Einheit der Kapazität ist das ↑ Farad (F).

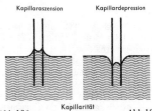

Kapillaraszension   Kapillardepression

Kapillarität

Abb.186   Abb.187

Kapillarität, Bezeichnung für das durch die ↑ Oberflächenspannung bestimmte Verhalten von Flüssigkeiten in engen Röhren (*Kapillarröhre, Kapillare*), engen Spalten und Poren. Eine benetzende Flüssigkeit steigt beim (senkrechten) Eintauchen einer Kapillare empor (*Kapillaraszension*, Abb. 186), eine nichtbenetzende Flüssigkeit sinkt im Kapillarrohr ab und steht dort tiefer als in der Umgebung (*Kapillardepression*, Abb. 187).

Kapillarwellen, Wellen an der Oberfläche von Flüssigkeiten, die unter dem Einfluß der ↑ Oberflächenspannung zustande kommen. Im Gegensatz zu den durch die Schwerkraft bedingten *Schwerewellen*, haben die Kapillarwellen eine wesentlich kleinere Wellenlänge, deren Größenordnung im Zentimeterbereich liegt. Sie werden deshalb oft auch als *Kräuselwellen* bezeichnet.

Kathode, Bezeichnung für die am *nega-*

tiven Pol einer Spannungsquelle liegenden Elektrode. Wird die Kathode (zumeist Platin- oder Wolframdraht) durch eine Heizspannungsquelle zum Glühen gebracht, so daß Leitungselektronen aus dem glühenden Metall austreten können, dann spricht man von einer *Glühkathode*.

Kathodenstrahlen, Bezeichnung für Elektronenstrahlen, die z.B. bei der selbständigen ↑ Gasentladung bei einem Druck von ca. 1 Pascal entstehen. Kathodenstrahlen schwärzen photographische Platten und regen verschiedene Stoffe zur Fluoreszenz an. Sie werden von elektrischen und magnetischen Feldern abgelenkt.
Kathodenstrahlen finden vielfache Verwendung, u.a. in der Elektronenstrahlröhre, in elektronenoptischen Sichtgeräten, im Elektronenmikroskop und in Röntgenröhren.

Kathodenstrahloszillograph, Gerät zur Sichtbarmachung und Messung des Verlaufs zeitlich sich ändernder elektrischer Ströme und Spannungen. Kernstück des Kathodenstrahloszillographen ist die sogenannte *Braunsche Röhre* (Abb.188). In dieser evakuierten Glasröhre liefert eine Glühkathode (*K*) Elektronen, die durch einen negativ geladenen Metallzylinder (*Wehnelt-Zylinder*) gebündelt werden. Der Elektronenstrahl wird durch eine Anodenspannung von mehr als 1000 V zu einer durchlöcherten Anode (*A*) hin beschleunigt und verläßt diese mit hoher konstanter Geschwindigkeit. Er trifft auf den gegenüberliegenden Leuchtschirm (*L*) auf und ist dort als fluoreszierender Leuchtpunkt sichtbar. Zwischen Anode und Leuchtschirm befinden sich zwei aufeinander senkrecht stehende Plattenpaare, die je nach angelegter Spannung den Elektronenstrahl verschieden stark ablenken. Da ein Elektronenstrahl stets zur positiven Platte hin abgelenkt wird, verursacht das senkrecht angebrachte Plattenpaar eine vertikale, das waagrecht angebrachte Plattenpaar eine

191

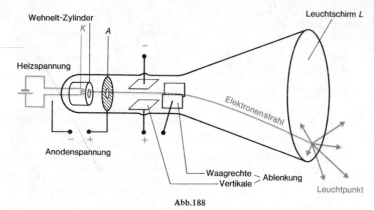

Abb.188

horizontale Ablenkung. Legt man nun an diese sogenannte *Ablenkplatten* die zu untersuchende zeitlich veränderliche Spannung (z.B. Wechselspannung), so bewegt sich der Leuchtpunkt auf dem Leuchtschirm. Da seine Ablenkung aus der Ruhelage der ablenkenden Spannung proportional ist, erfolgt eine Aufzeichnung der veränderlichen Spannung. Die Helligkeit des Leuchtpunkts kann dabei durch die negative Spannung des Wehnelt-Zylinders gesteuert werden. Er wirkt wie das Gitter einer ↑ Triode.

Kation, positiv geladenes ↑ Ion (z.B. Ag^+, Cu^{++}, H^+, Na^+, K^+).

Kausalitätsprinzip, das dem menschlichen Denken zugrunde liegende Prinzip, nach dem jede Wirkung eine Ursache hat, nach dem also zwischen einer Ursache und ihrer Wirkung ein ganz bestimmter, prinzipiell vorhersehbarer Zusammenhang besteht. Auf die Physik übertragen heißt das: Ist der Zustand eines abgeschlossenen Systems, eines Systems also, auf das keine „zufälligen" Kräfte von außen wirken, zu einem bestimmten Zeitpunkt *vollständig* bekannt und kennt man darüber hinaus alle Naturgesetze, die in diesem System herrschen, dann kann man prinzipiell den Zustand des Systems zu jedem früheren und zu jedem späteren Zeit-

punkt berechnen. Während das Kausalitätsprinzip in der *klassischen Physik* durchweg erfüllt ist, ist es in der *Quantenphysik* schon deshalb nicht anwendbar, weil seine grundlegende Forderung der *vollständigen* Kenntnis eines physikalischen Systems in diesem Bereich nicht erfüllbar ist. So kann beispielsweise gemäß der *Heisenbergschen Unschärferelation* der Ort und der Impuls eines Teilchens nicht zur gleichen Zeit exakt festgestellt werden. Damit ist aber der Berechnung des früheren und späteren Zustandes des Systems die notwendige Voraussetzung entzogen.

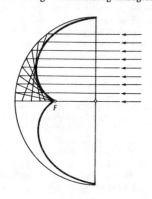

Abb.189

Kaustik (*Brennfläche*), bei einer Sammellinse oder einem Hohlspiegel diejenige Fläche, auf der sich (bei Berücksichtigung der Randstrahlen) die Schnittpunkte benachbarter Parallelstrahlen nach der Brechung bzw. nach der Reflexion befinden. Die Schnittkurve dieser Kaustik mit einer durch die optische Achse gelegten Ebene wird als *kaustische Linie* oder *Brennlinie* bezeichnet. Die bei Hohlspiegeln entstehende Kaustik wird als *Katakaustik*, die bei Linsen entstehende Kaustik als *Diakaustik* bezeichnet (Abb.189).

Keil, eine der ↑ einfachen Maschinen in Form eines prismatischen Körpers mit zwei ebenen Flächen (*Keilflanken*), die sich unter einem möglichst spitzen Winkel, dem *Keilwinkel*, schneiden. Eine in Richtung der Keilspitze C wirkende Kraft F wird gemäß Abb.190 in zwei gleichgroße, senkrecht zu den Keilflächen wirkende Kräfte $L_1 = L_2 = L$ aufgespalten. Da die Dreiecke $A'B'C'$ bzw. $A'B'C''$ ähnlich dem Dreieck ABC sind, gilt:

$$\frac{L}{F} = \frac{AC}{AB} \text{ bzw. } L = \frac{AC}{AB} \cdot F.$$

Bezeichnet man AB als Breite b des Keiles und AC als Länge l der Keilflanke, dann kann man diese Beziehung schreiben:

$$L = \frac{l}{b} \cdot F.$$

Bewegt man den Keil um den Weg s nach unten, so hat man die Arbeit $W_1 = F \cdot s_1$ aufgebracht. Dabei wird die Keilflanke um ein Stück $s_2 = s_1 \cdot b/l$ verschoben, es wird also die Arbeit $W_2 = L \cdot s_2 = s_1 \cdot (b/l) \cdot (l/b) \cdot F$ verrichtet. Es ist also $W_2 = W_1$. Dabei wurde die Reibung vernachlässigt. Diese Vernachlässigung ist beim Keil noch weniger gerechtfertigt als bei den anderen einfachen Maschinen, da ja die Keilflanken an einem Objekt, auf das die Kraft ausgeübt wird, entlanggleiten.

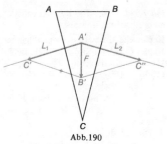
Abb.190

K-Einfang, Bezeichnung für einen speziellen ↑ Elektroneneinfang, bei dem ein instabiler Atomkern zur Beseitigung seines Protonenüberschusses bzw. Neutronenmangels ein Elektron aus der K-Schale seiner Atomhülle absorbiert (einfängt) und dabei ein Proton unter Emission eines Neutrinos in ein Neutron verwandelt. Hierdurch verringert sich die Kernladungszahl um eins, es entsteht ein neues Nuklid. Das „*Elektronenloch*" in der K-Schale wird durch ein Elektron aus einer der äußeren Schalen wieder aufgefüllt, wobei eine für das neue Nuklid charakteristische Röntgenstrahlung entsteht.

Kelvin (K), SI-Einheit der thermodynamischen Temperatur; eine der sieben Basiseinheiten des Internationalen Einheitensystems (*Système International d'Unités*).
Festlegung: 1 Kelvin (K) ist der 273,16te Teil der thermodynamischen Temperatur des ↑ Tripelpunktes des Wassers.

Kennlinie, graphische Darstellung zwischen wichtigen Größen eines elektrischen Systems. Dabei wird unter Beibehaltung der äußeren Bedingungen nur eine Größe als Funktion einer anderen dargestellt (z.B. Strom-Spannungs-Kennlinie einer Gasentladungsröhre). Werden mehrere Kennlinien, die dieselbe Abhängigkeit darstellen, aber bei Variation einer dritten Größe verschieden ausfallen, in einem gemeinsamen Diagramm gezeichnet, so nennt man diese Kennlinienschar das *Kenn-*

193

linienfeld (z.B. die Kennlinienfelder einer Elektronenröhre).

Keplersche Gesetze, die von Johannes Kepler (1571 - 1630) nach dem Beobachtungsmaterial von Tychy Brahe (1546 - 1601) aufgestellten Gesetze der Planetenbewegung. Sie lauten:
1. Die Planeten bewegen sich auf Ellipsen, in deren einem Brennpunkt die Sonne steht.
2. Die von der Sonne zu einem Planeten gezogene Verbindungsgerade, der sogenannte *Fahrstrahl* überstreicht in jeweils gleichen Zeiten auch jeweils gleiche Flächen (Spezialfall des ↑ Flächensatzes).
3. Die Quadrate der Umlaufzeiten der einzelnen Planeten verhalten sich untereinander wie die dritten Potenzen der großen Halbachsen ihrer Bahnellipsen.

Der sonnennächste Punkt einer Planetenbahn wird als *Perihel*, der sonnenfernste als *Aphel* bezeichnet. Perihel und Aphel werden unter dem Begriff *Apsiden* zusammengefaßt. Die Apsiden sind aber gerade die Hauptscheitelpunkte der Ellipsenbahnen. Die Hauptachse der Ellipse wird deshalb auch *Apsidenlinie* genannt.

Die Keplerschen Gesetze gelten nur näherungsweise. Sie wären nur dann ganz exakt gültig, wenn die Masse der Planeten gegenüber der Sonnenmasse als vernachlässigbar klein betrachtet und die Anziehungskräfte der Planeten untereinander vernachlässigt werden könnten.

Kern (*Atomkern*), der im Zentrum eines ↑ Atoms befindliche, auf einen Bereich von einigen 10^{-13} cm Durchmesser konzentrierte, positiv geladene Teil des Atoms. Fast die gesamte Masse jedes Atoms (mindestens 99,946%) befindet sich im Kern. Da sich die Kernmasse auf äußerst kleinem Raum konzentriert (der Kerndurchmesser beträgt weniger als der 10^4te Teil des Atomdurchmessers von einigen 10^{-8} cm), ist die Massendichte eines Kerns enorm

groß; sie beträgt etwa $1,4 \cdot 10^{14}$ g $\cdot$ cm^{-3}. Die den Kern bildenden Elementarteilchen bezeichnet man als *Nukleonen*; die positive Ladung tragenden Nukleonen heißen *Protonen*, die keine Ladung tragenden heißen *Neutronen*. Die Anzahl A aller Nukleonen eines Kerns wird als *Massenzahl A* (auch *Nukleonenzahl*) bezeichnet. Mit Ausnahme des nur aus einem Proton bestehenden Kerns des leichten Wasserstoffatoms herrschen zwischen den Protonen des Kerns abstoßende ↑ Coulombkräfte, die bei stabilen Kernen durch die starken ↑ Kernkräfte kurzer Reichweite (etwa 10^{-13} cm) weit kompensiert werden. Die Kernkräfte sind also diejenigen Kräfte, die den Zusammenhalt, den gebundenen Zustand des Systems von A Nukleonen bewirken. Die Masse eines Kerns ist infolge dieser Bindungsenergie kleiner als die Summe der Massen seiner sämtlichen Nukleonen. Diese Massendifferenz bezeichnet man als ↑ *Massendefekt.* Die *Bindungsenergie* im Kern (*Kernbindungsenergie*) beträgt 2,2 MeV beim Deuteron und 1 780 MeV beim Urankern. Im Mittel liegt sie für mittelschwere und schwere Kerne bei etwa 8 MeV pro Nukleon. Diese Bindungsenergie ist daher im allgemeinen etwa 10^6 mal größer als die der an den Kern gebundenen Elektronen; es ist also etwa 10^6 mal mehr Energie nötig, um ein Nukleon aus dem Kern herauszulösen, als man zur Ablösung eines Elektrons aus der Atomhülle braucht.

Diese hohe, mehrere MeV betragende *Abtrennarbeit* erklärt einerseits die Unveränderlichkeit der Kerne bei chemischen Reaktionen und andererseits die bei Kernreaktionen frei werdenden hohen Energien.

Die Zahl der (positiv geladenen) Protonen unter den Nukleonen eines Kerns legt die Zahl der positiven Elementarladungen in ihm, die sogenannte *Kernladungszahl Z* fest, und damit auch die Zahl der Elektronen, die durch den Kern in der Atomhülle im Grundzustands des Atoms gebunden werden können. Die Kernladungszahl ist gleich der *Ordnungszahl* des entsprechenden Elements.

Ist A die Massenzahl und Z die Kernladungszahl, dann gilt für die Anzahl N der Neutronen (*Neutronenzahl*)

$$N = A - Z.$$

Mit Ausnahme des Heliumkerns mit der Massenzahl $A = 3$ gilt stets $N \geq Z$. Die Differenz $N - Z$ wird als *Neutronenexzeß* bezeichnet, er nimmt mit zunehmender Kernladungszahl Z ebenfalls zu.

Die Neutronenzahl muß bei mittelschweren und schweren Kernen immer stärker die Protonenzahl überwiegen, da sonst die Coulombabstoßung zwischen den Protonen eine Bindung der Nukleonen durch die Kernkräfte verhindern würde. Bei sehr schweren Kernen ($N/Z \approx 1{,}6$) reicht eine Vergrößerung der Neutronenzahl nicht mehr aus, um einen stabilen gebundenen Zustand der Nukleonen zu erreichen; diese Kerne werden *instabil*, das heißt, sie können spontan zerfallen (↑ Radioaktivität).

Kerne mit gleicher Kernladungszahl Z können sich stark in der Neutronenzahl N und damit in der Massenzahl $A = N + Z$ unterscheiden; man spricht in diesem Fall von den *Isotopen* eines Elements.

Kerne mit gleicher Massenzahl A bezeichnet man als *Isobare*, solche mit gleicher Neutronenzahl N als *Isotone*.

Kerne des gleichen Isotops können sich noch in ihrem Energieinhalt unterscheiden, sie werden als *Isomere* bezeichnet.

In der Schreibweise der Kernphysik wird jeder Kern durch das Symbol seines chemischen Elements (im folgenden durch den Buchstaben E repräsentiert) gekennzeichnet, wobei die *Massenzahl* A als Index *oben links*, die *Protonenzahl* Z als Index *unten links* und die *Neutronenzahl* N als Index *unten rechts* dazugeschrieben wird:

$$^{A}_{Z}E_{N} \, .$$

Das mit dem Kern des leichten *Wasserstoffs* identische *Proton* wird also durch das Symbol $^{1}_{1}H_{0}$ dargestellt.

Das *Deuteron* als Kern des schweren Wasserstoffs hat als Zeichen $^{2}_{1}H_{1}$ und das Symbol $^{238}_{92}U_{146}$ steht für einen *Urankern* mit der Massenzahl 238, der Protonenzahl 92 und der Neutronenzahl 146.

Häufig läßt man jedoch die Neutronenzahl N und manchmal auch die Protonenzahl Z in der Schreibweise weg und schreibt dann z.B. nur ^{238}U bzw. auch U 238.

Jeder Kern besitzt neben Masse und Ladung im allgemeinen einen mechanischen Drehimpuls, den man als *Kerndrehimpuls, Kernspin* oder auch kurz *Spin* bezeichnet. Dieser setzt sich zusammen aus den Drehimpulsen aller Nukleonen im Kern. Der Spin eines Kerns ist entweder ein ganz- oder ein halbzahliges Vielfaches von $\hbar = h/2\pi$ (*h* Plancksches Wirkungsquantum). Bei abgeschlossenen Schalen ist er gleich Null.

Im allgemeinen besitzt ein Kern auch ein magnetisches Moment, das kurz als *Kernmoment* bezeichnet wird. Schließlich besitzen viele Kerne ein elektrisches Quadrupolmoment, das als *Kernquadrupolmoment* bezeichnet wird.

Infolge der Isotopie gibt es weit mehr verschiedene Kernarten, als es verschiedene chemische Elemente gibt. Bei diesen verschiedenen Kernarten hat man zwischen *stabilen* und *instabilen* (*radioaktiven*) Kernen zu unterscheiden; letztere wandeln sich nach einer in ihrem zeitlichen Ablauf durch ↑ Halbwertszeit festgelegten statistischen Gesetzmäßigkeit ohne äußeren Anlaß spontan in andere Kerne um (↑ Radioaktivität). Man kennt zur Zeit etwa 300 verschiedene stabile und etwa 1500 instabile radioaktive Kernarten. Von diesen kommen etwa 450 in der Natur vor, die übrigen werden durch Kernumwandlungen künstlich erzeugt.

Alle Kerne lassen sich durch Einwirkung von außen, insbesondere durch Beschießen mit (energiereichen) Teilchen (Nukleonen, leichteren Kernen, Elektronen, Gammaquanten u.a.) in andere Kerne umwandeln bzw. zerlegen (↑Kernexplosion, ↑Kernreaktionen, ↑ Kernspaltung, ↑ Kernumwandlung, ↑ Kernfusion).

Stellt man sich die Atomkerne kugelförmig vor, so gilt für den Kernradius R

$$R \approx R_0 \cdot A^{1/3} \, ,$$

wobei A die Massenzahl und

$R_0 \approx 1{,}42 \cdot 10^{-13}$ cm.

Damit ergibt sich für das Kernvolumen V

$$V \approx \frac{4}{3} \pi R_0^3 \cdot A \, .$$

Daraus ist zu ersehen, daß die *Nukleonendichte A/V* annähernd *unabhängig von der Massenzahl A* ist.

Die meisten Kerne sind allerdings nicht kugelsymmetrisch, sondern zeigen im Gegensatz zur Atomhülle eine starke Deformation. Diese ist bei einigen schweren Kernen so groß, daß sie zur spontanen Kernspaltung führen kann. Abweichungen von der Kugelsymmetrie haben sich insbesondere für die Protonenverteilung nachweisen lassen (↑ Kernmodelle).

Kernbindung, der durch die Kernkräfte (entgegen den abstoßenden Coulombkräften) bewirkte Zusammenhalt (Bindung) von Z Protonen und N Neutronen zu einem Atomkern (↑ Kern) mit der Massenzahl (↑ Nukleonenzahl) $A = N + Z$.

Wenn freie Protonen und Neutronen zur Bildung eines Kerns veranlaßt werden können, so ist dieser Vorgang immer mit dem Auftreten eines ↑ Massen-

defektes und dem Freiwerden von Energie verbunden. Die bei einem solchen Prozeß freiwerdende Energie ist identisch mit derjenigen Energie, die man aufbringen muß, um diesen entstandenen Kern wieder in seine Kernbausteine (↑ Nukleonen) zu zerlegen, man bezeichnet sie unter diesem Gesichtspunkt auch als ↑ *Kernbindungsenergie.*

Kernbindungsenergie, die Bindungsenergie der Nukleonen in einem Atomkern. Ein Atomkern (↑ Kern), in dem Z Protonen und N Neutronen in *gebundenem* Zustand vorliegen, hat eine geringere Masse als die entsprechende Zahl freier Neutronen und Protonen. Diese Erscheinung wird als *Massendefekt* bezeichnet. Beim *Zusammenfügen* eines Kerns aus freien Nukleonen würde eine dem Massendefekt entsprechende Energie *frei* werden; umgekehrt müßte man zum *Zerlegen* eines Kerns in freie Nukleonen eine entsprechende Energie *aufwenden.* Der Zusammenhang wird in Abb.191 schematisch verdeutlicht. Die dem Massendefekt entsprechende Energie heißt *Kernbindungsenergie* oder kurz *Bindungsenergie.*

Nach *A.Einstein* besteht zwischen Energie W und Masse m die sogenannte *Äquivalenzgleichung*

$$W = m \cdot c^2$$

(c Vakuumlichtgeschwindigkeit).

Man bestimmt daher die Kernbindungsenergie W_B meist über den ↑ Massendefekt ΔM eines Kerns. Es gilt

$$W_B = -\Delta M \cdot c^2 ,$$

wobei das Minuszeichen besagt, daß zum Zerlegen eines Kerns die Bindungsenergie W_B benötigt wird.

Für den Massendefekt ΔM gilt:

$$\Delta M = Z \cdot m_p + N \cdot m_n - M,$$

wobei Z die Protonenzahl, N die Neutronenzahl, m_p die Masse eines freien

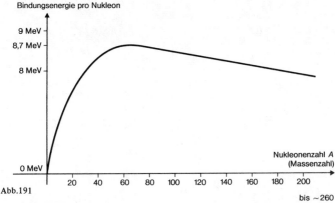

Bindungsenergie pro Nukleon

9 MeV
8,7 MeV

8 MeV

0 MeV

20 40 60 80 100 120 140 160 180 200

Nukleonenzahl A
(Massenzahl)

Abb.191

bis ~260

Protons, m_n die Masse eines freien Neutrons und M die tatsächliche Kernmasse bedeuten.

Für die Kernbindungsenergie W_B ergibt sich daraus:

$$W_B = -(Z \cdot m_p + N \cdot m_n - M) \cdot c^2 .$$

Denkt man sich die gesamte Bindungsenergie gleichmäßig auf alle Nukleonen verteilt, so erhält man *im Mittel* pro Nukleon eine Bindungsenergie zwischen 7 MeV und 9 MeV (↑ Elektronenvolt). Die Abhängigkeit der Masse pro Nukleon und der Bindungsenergie pro Nukleon von der Nukleonenzahl zeigen die Abb. 192 und 193.

Die anfängliche Zunahme der Bindungsenergie pro Nukleon bis zum Nuklid mit der Nukleonenzahl 60 (Eisen) und die nachfolgende Abnahme läßt sich folgendermaßen begründen:

Die Nukleonen werden durch *anziehende* ↑ *Kernkräfte* gegen die *abstoßenden Coulombkräfte* zwischen den positiv geladenen Protonen zusammengehalten. Diese Kernkräfte verstärken sich mit zunehmender Nukleonenzahl A, sie nehmen jedoch sehr stark mit der Entfernung ab (*exponentiell*). Die Coulombkraft dagegen ist *umgekehrt proportional* zum Quadrat der Entfernung, ihre Abnahme mit der Entfernung erfolgt mithin nicht so rasch wie die der Kernkräfte. Bei Kernen mit sehr hoher Nu-

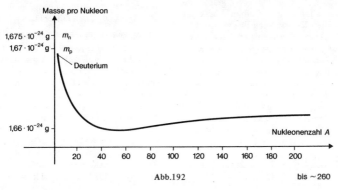

Masse pro Nukleon

$1,675 \cdot 10^{-24}$ g — m_n
$1,67 \cdot 10^{-24}$ g — m_p
Deuterium

$1,66 \cdot 10^{-24}$ g

20 40 60 80 100 120 140 160 180 200

Nukleonenzahl A

Abb.192

bis ~260

197

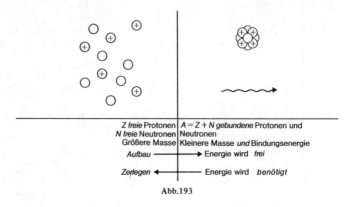

Z freie Protonen	A = Z + N gebundene Protonen und
N freie Neutronen	Neutronen
Größere Masse	Kleinere Masse und Bindungsenergie

Aufbau ————→ Energie wird *frei*

Zerlegen ←———— Energie wird *benötigt*

Abb.193

kleonenzahl *A* ist die Bindung der „äußeren Nukleonen" durch die Kernkräfte daher nicht mehr so stark, weil der Kernradius und damit die Entfernung zwischen den einzelnen Nukleonen mit der Nukleonenzahl zunimmt.

Bei Kernen mit *sehr hoher* Nukleonenzahl reichen die Kernkräfte oft kaum noch aus, um die abstoßenden Coulombkräfte zwischen den Protonen zu überwinden, es genügt dann schon eine geringe Energie, um einen solchen Kern in zwei Kerne mittlerer Nukleonenzahl zu spalten (↑ Kernspaltung).

Nun ist aber bei Kernen mittlerer Nukleonenzahl die Bindungsenergie pro Nukleon größer als bei Kernen sehr großer Nukleonenzahl (vgl. graphische Darstellung) und deshalb muß bei einer solchen Kernspaltung Energie frei werden. Dieser Effekt spielt bei der Gewinnung von Energie eine große Rolle (↑ Kernreaktor).

Gelingt es, Kerne kleinerer Nukleonenzahl zu solchen mit größerer Nukleonenzahl zusammenzufügen, so wird die Bindungsenergie pro Nukleon ebenfalls größer. Auch beim Verschmelzen leichterer Kerne zu schwereren wird also Energie frei (↑ Kernfusion).

Kernexplosion, die durch den Aufprall eines extrem energiereichen Teilchens

hervorgerufene Zerlegung eines Atomkerns (↑ Kern) in seine sämtlichen Bestandteile (↑ Nukleonen) oder zum Teil in Nukleonen, zum Teil in mehrere leichte Kernfragmente (*Kernbruchstükke*), wie zum Beispiel ↑ Alphateilchen (identisch mit dem Heliumkern $^4_2$He), wobei die Kerntrümmer ebenfalls mit hoher Energie sternförmig vom Ort der Kernexplosion fortfliegen. Ein Teil der bei einer Kernexplosion umgesetzten Energie wird durch zusätzlich entstehende ↑Mesonen sowie durch ↑Gammastrahlen abgeführt.

Kernexplosionen werden insbesondere bei der Wechselwirkung der Primärteilchen der ↑ Höhenstrahlung mit Materie beobachtet; sie wurden erstmalig 1937 in ↑ *Kernspurplatten* entdeckt.

Die Menge der für eine Kernexplosion charakteristischen, vom Ort der Kernexplosion sternförmig ausgehenden Bahnspuren der Kerntrümmer wird *Zertrümmerungsstern* oder kurz *Stern* genannt. Bei einer *Kernzertrümmerung* wird der Kern nicht so vollständig in Einzelteile zerlegt wie bei einer *Kernexplosion*; es bleiben hierbei unter Emission von Nukleonen und Alphateilchen meist ein oder zwei *größere* Kernbruchstücke übrig. Zusätzlich werden auch noch Mesonen gebildet. Um eine Kernzertrümmerung zu bewirken, benötigt man daher eine weit geringere Energie als zur Auflösung einer Kernexplosion.

Noch geringere Energien (etwa 10 MeV) reichen aus, um eine *Kernverdampfung*, die schwächste Form der Auflösung eines Atomkerns, zu erreichen.

Die Kernverdampfung beruht darauf, daß sich die geringe Anregungsenergie des ↑ Compoundkerns in statistischer Weise auf ein oder wenige Nukleonen konzentriert und es diesen ermöglicht, die Energieschwelle zum Verlassen des Kerns zu überwinden. Es verlassen nur einige wenige Nukleonen oder Nukleonengruppen (Deuteron $^2_1$H, Alphateilchen $^4_2$He) den Kernverband. Außer dem Restkern treten dabei keine weiteren Kernfragmente auf.

Im weiteren Sinn gehört zu diesen drei Formen der Kernauflösung auch die *Kernspaltung*, bei der Atomkerne des *Urans*, des *Thoriums* oder künstlich erzeugter *Transurane* sich bei Einfangen eines Neutrons in zwei etwa gleich große Bruchstücke zerlegen, ohne daß eine große Energie erforderlich ist. Kernspaltungen können im Prinzip nur bei schwereren Kernen auftreten, da nur bei diesen die ↑ Kernbindungsenergie kleiner ist als die ihrer Bruchstücke. Dagegen können alle Kerne durch energiereiche Teilchen zertrümmert werden.

Kernfusion (*Kernverschmelzung*), die Verschmelzung zweier leichter Atomkerne zu einem neuen, stabilen ↑ Kern, wobei zusätzlich ein oder mehrere Nukleonen frei werden können.
Die ↑ Kernbindungsenergie pro Nukleon nimmt zunächst stark mit der Nukleonenzahl A zu, erreicht bei $A = 60$ (Eisen) ein Maximum und nimmt danach mit zunehmender Nukleonenzahl A langsam wieder ab. Das bedeutet, daß die Bindungsenergie pro Nukleon bei Kernen mittlerer Nukleonenzahl größer ist als bei sehr schweren und bei sehr leichten Kernen, so daß also beim Verschmelzen zweier leichter Kerne zu einem schwereren Kern die Differenz zwischen der Bindungsenergie des entstehenden Kerns und der Summe der Bindungsenergien der beiden verschmelzenden Kerne frei wird.
Damit zwei Atomkerne miteinander verschmelzen können, müssen sie einander sehr nahe gebracht werden, weil die Reichweite der zwischen den Nukleonen wirksamen und zu einer Bindung führenden ↑ Kernkräfte sehr klein ist. Diese gegenseitige Annäherung wird aber durch die elektrostatischen Coulombkräfte erschwert, mit denen sich die geladenen Kerne abstoßen. Um diese *Energieschwelle* zu überschreiten, müssen die zu verschmelzenden Kerne eine bestimmte Geschwindigkeit besitzen. Dies erreicht man entweder durch ↑ Teilchenbeschleuniger oder durch Zuführen hoher Wärmeenergie. Nach der kinetischen Gastheorie ist die mit der (ungeordneten) Geschwindigkeit der Atome bzw. Kerne verknüpfte Energie proportional zur absoluten Temperatur. Bei der für eine Kernfusion erforderlichen extrem hohen Temperatur ist jede Materie verdampft und ihre atomare Bestandteile sind ionisiert.
Gegenstand intensiver Forschung, jedoch noch nicht realisiert, ist die kontrollierte Kernfusion und damit kontrollierte Energiegewinnung. Ziel ist die Erstellung eines *Fusionsreaktors*, in dem aus einem Plasma (aus Deuterium und Tritium) Kernverschmelzungsenergie gewonnen und in elektrische Energie umgewandelt wird. Ein Fusionsreaktor würde gegenüber dem Kernspaltungsreaktor (↑ Kernreaktor) folgende Vorteile bieten: Es entstehen keine langlebigen radioaktiven Rückstände; der „Brennstoff" Deuterium ist als schweres Wasser im normalen Wasser enthalten und somit fast unerschöpflich verfügbar; Tritium kann aus dem Element Lithium durch Neutronenbestrahlung im Fusionsreaktor selbst erzeugt („gebrütet") werden.

Wichtige *Kernverschmelzungsprozesse* sind:

$$(1) \quad {}^1_1H + {}^1_1H \longrightarrow {}^2_1D + {}^0_1e + 9{,}0 \text{ MeV}$$

$$(2) \quad {}^1_1H + {}^2_1D \longrightarrow {}^3_2He + \gamma + 5{,}5 \text{ MeV}$$

$$(3) \quad {}^3_2He + {}^3_2He \longrightarrow {}^4_2He + 2\,{}^1_1H + 2{,}8 \text{ MeV}$$

$$(4) \quad {}^2_1D + {}^2_1D \longrightarrow {}^3_1T + {}^1_1H + 4{,}0 \text{ MeV}$$

$$(5) \quad {}^2_1D + {}^2_1D \longrightarrow {}^3_2He + {}^1_0n + 3{,}3 \text{ MeV}$$

$$(6) \quad {}^2_1D + {}^3_1T \longrightarrow {}^4_2He + {}^1_0n + 17{,}6 \text{ MeV}$$

$$(7) \quad {}^2_1D + {}^3_2He \longrightarrow {}^4_2He + {}^1_1H + 18{,}3 \text{ MeV}$$

Eine *unkontrollierte* Kernfusion findet bei der Explosion von Wasserstoffbomben statt.

Einige wichtige *Kernverschmelzungsprozesse* sind in der obenstehenden Tabelle aufgeführt.

Die Buchstaben bezeichnen jeweils die Kerne von H (leichtem) Wasserstoff, D Deuterium, T Tritium, He Helium, ferner bedeutet e Elektron, n Neutron, γ Gammaquant. Bezüglich der durch die Ziffern ausgedrückten Eigenschaften siehe Kern.

In der Kurzschreibweise eines Kernverschmelzungsprozesses stehen links vom Pfeil jeweils die beiden leichteren Kerne, die zu dem rechts stehenden schwereren Kern verschmolzen werden; rechts vom Pfeil stehen zusätzlich noch die dabei freiwerdende Energie und die freiwerdenden Nukleonen.

Speziell bezeichnet man die Reaktion (4) als *Protonenzweig* und die Reaktion (5) als *Neutronenzweig* der sogenannten *D-D-Reaktion*.

Die Reaktion (6) heißt auch kurz *D-T-Reaktion*. Man erkennt aus obiger Aufstellung, daß die durch Fusion entstandenen Kerne wieder in der Lage sind, unter Freisetzung von Energie erneut zu fusionieren.

Wie man seit Anfang der dreißiger Jahre weiß, wird der Energiebedarf vieler Sterne, z.B. der Sonne, hauptsächlich durch Kernverschmelzungsreaktionen gedeckt, die sich im sehr heißen Sternzentrum abspielen. Dabei laufen mehrere der oben angeführten Reaktionen gleichzeitig ab, so daß ganze *Reaktionszyklen* entstehen, wie z.B. der *Proton-Proton-Prozeß* (1) bis (3). Bei dem stationären Ablauf der Verschmelzungsreaktionen im Sterninnern wird die erforderliche Temperatur aus der freigesetzten Kernenergie selbst aufrechterhalten und der ungeheure expansive Druck der heißen Materie (des Plasmas) durch Gravitationskräfte kompensiert.

Bei den Bemühungen, die Prozesse (4) und (5), die sogenannte *D-D-Reaktion*, zur Energiegewinnung in irdischem Maßstab auszunutzen, entfällt diese Möglichkeit der Kompensation des Plasmadrucks. Man ist darauf angewiesen, ihn durch *Inertialkräfte* oder durch elektromagnetische Kräfte aufzufangen. Im ersten Fall müssen sich die erforderlichen Werte von Temperatur und Dichte der reaktionsfähigen Materie möglichst schnell einstellen und so beschaffen sein, daß die mittlere Zeit zwischen zwei Kernverschmelzungsreaktionen sehr klein ist, verglichen mit der Zeit, in der das ↑ Plasma unter dem Einfluß des gaskinetischen Druckes expandiert und sich abkühlt. Dieser Vorgang spielt sich z.B. bei der Explosion einer Wasserstoffbombe ab.

Bei der Entwicklung eines Fusionsreaktors geht es vor allem um die Lösung zweier Probleme:
1. Das Problem der *Energiezufuhr (Heizung)*. Wenn ein Fusionsreaktor zur Energiegewinnung dienen soll, so muß die bei einer Kernfusion freiwerdende Energie größer sein als die Energie, die zum Verschmelzen aufgebracht werden mußte (ein weiterer Energieverlust findet durch Abstrahlung elektromagnetischer Energie bei der Abbremsung von Plasmaelektronen statt). Aus dieser Energiebilanz folgen Bedingungen für die Plasmatemperatur T, die Plasmadichte n (in Teilchen pro Kubikzentimeter) sowie für die mittlere Aufenthaltsdauer t (in Sekunden) eines Kerns im reaktionsfähigen Volumen, und zwar muß für die *D-T-Reaktion*

$$n \cdot t > 2 \cdot 10^{14} \text{ s/cm}^3 \text{ bei } T = 3 \cdot 10^8 \text{K}$$

und für die *D-D-Reaktion*

$$n \cdot t > 6 \cdot 10^{15} \text{ s/cm}^3 \text{ bei } T = 12 \cdot 10^8 \text{K}$$

sein.

Man versucht, diese hohen Temperaturen durch sogenannte *ohmsche Heizung* (mit Hilfe eines elektrischen Feldes werden Elektronen beschleunigt und diese übertragen einen Teil ihrer kinetischen Energie auf die übrigen Plasmapartner), durch *magnetische Kompression* (das Plasma wird durch momentane Erhöhung der Feldstärke des das Plasma einschließenden Magnetfeldes komprimiert und dadurch erhitzt) und neuerdings durch ↑ *Laser* (das Plasma hoher Temperatur wird durch Bestrahlung eines Kügelchens aus festem Wasserstoff hergestellt) zu erreichen.
2. Das Problem der *Einschließung* oder *thermischen Isolierung* eines Plasmas solcher Temperatur. Da bei den erforderlichen Temperaturen jegliche Materie verdampft, bleibt nur die Möglichkeit, den Zusammenhalt des Plasmas durch magnetische Felder zu erreichen; man bezeichnet die entsprechenden Felder bzw. Anordnungen als *magneti-*

sche Flaschen oder *magnetische Spiegel*.
Darüber hinaus müssen noch weitere Schwierigkeiten gemeistert werden. So müssen z.B. Verunreinigungen des Plasmas unbedingt vermieden werden. Schließlich muß die freiwerdende Energie in eine verwertbare Energieform wie z.B. elektrische Energie umgewandelt werden.

Kernkräfte, die den Zusammenhalt der ↑ Nukleonen (Kernbausteine) in den Atomkernen (↑ Kern) bewirkende Kräfte. Die Kernkräfte zählen zu den starken ↑ Wechselwirkungen, ihre Reichweite ist sehr gering (etwa 10^{-13} cm). Die Kernkräfte sind *Zweikörperkräfte*, über deren Natur und Wirkungsweise heute noch relativ wenig bekannt ist. Sie stellen neben den Gravitationskräften und Coulombkräften eine vollkommen neue Kräfteart dar und sind von diesen beiden streng zu unterscheiden.
Das Bestehen von Kernen als (im allgemeinen) gebundene Zustände einer bestimmten Anzahl von Nukleonen in Bereichen einer Ausdehnung von weniger als 10^{-12} cm zeigt, daß die Kernkräfte in diesem Bereich stark anziehend sind und über die abstoßenden Coulombkräfte (die man *nicht* zu den Kernkräften zählt) zwischen den positiv geladenen ↑ Protonen dominieren. Wegen der geringen Reichweite der Kernkräfte sind sie in einem Kern mit größerer Nukleonenzahl als 4 nicht zwischen allen Nukleonen wirksam (im Gegensatz zu den Gravitations- und Coulombkräften). Streuversuche von Nukleonen an Nukleonen haben gezeigt, daß die Kernkräfte zwischen zwei Nukleonen ladungsunabhängig sind. Man spricht daher von der *Ladungsinvarianz* der Kernkräfte. Das heißt, daß zwischen zwei Neutronen dieselben Kernkräfte wirksam sind wie zwischen zwei Protonen oder einem Proton und einem Neutron. Allerdings zeigte sich eine Abhängigkeit vom Nukleonspin (↑ Spin): Die Kernkräfte

201

zwischen zwei Nukleonen mit gleichgerichteten (parallelen) Spins sind stärker als die zwischen zwei Nukleonen
entgegengesetzten(antiparallelen)Spins.
Eine theoretische Begründung der Kernkräfte wurde um 1935 von *Yukawa* gegeben. Nach Yukawa nimmt man an,
daß das den Kernkräften zugrundelie-
gende Potential proportional zu $e^{-k \cdot r}/r$
(*r* ist die Entfernung zwischen zwei
Nukleonen) ist, das heißt exponentiell
mit der Entfernung abnimmt (während
das Potential der Coulombkräfte
proportional zu $1/r$ ist, also weniger
stark mit der Entfernung abnimmt).
Das Zustandekommen der Kernkräfte
versucht man nach Yukawa durch den
Austausch besonderer Elementarteilchen (*virtuelle Mesonen*) zwischen zwei
Nukleonen zu erklären.

Kernladungszahl, Formelzeichen *Z*, die
Anzahl der positiven Elementarladun-
gen eines Atomkerns (↑ Kern), also die
Anzahl der Protonen im Kern. Die
Kernladungszahl ist identisch mit der
↑ *Ordnungszahl*. Bei *neutralen* Atomen
ist die Kernladungszahl gleich der Elek-
tronenzahl der Atomhülle.

Kernmodelle, von experimentellen Befunden ausgehende, auf vereinfachen-
den Annahmen beruhende anschauliche Modellvorstellungen vom Atomkern (↑ Kern) und seinem inneren Aufbau, die mehr oder weniger umfassend
die beobachteten Eigenschaften des
Kerns wiedergeben und zu deuten bzw.
zu berechnen erlauben. Man muß zwischen solchen Kernmodellen unterscheiden, denen anschauliche, aus der klassischen Physik stammende Vorstellungen
und Begriffe zugrunde liegen, und solchen rein quantenmechanischer Natur,
in denen die nichtrelativistische *Schrödinger-Gleichung* des Systems von *Z*
Protonen und *N* Neutronen für ein em-
pirisches Wechselwirkungspotential
(↑ Kernkräfte) mit quantenmechanischen Näherungsmethoden gelöst wird.
Für die Schulphysik sind praktisch nur
die ersteren von Bedeutung, dies sind

das *Tröpfchenmodell*, das *Sandsackmodell*, das *Compoundkernmodell*, das
Alphateilchenmodell und das ihm ver-
wandte *Clustermodell*. Ein gebräuchli-
ches quantenmechanisches Modell ist
das *Schalenmodell*.
1. Das *Tröpfchenmodell* (auch *Flüssig-
keitsmodell*), ein anschauliches Kernmodell, in dem der Atomkern in Analogie zum Wassertropfen als Tröpfchen
einer inkompressiblen, wirbel- und rei-
bungsfreien Flüssigkeit aus Protonen
und Neutronen behandelt wird. Diese
Analogie wird unter anderem durch die
praktisch konstante Dichte aller Atomkerne, durch die nahezu konstante
↑ Kernbindungsenergie je Nukleon und
durch die geringe Reichweite der Kernkräfte nahegelegt. Das Tröpfchenmodell leistet überall da gute Dienste, wo
die freie Beweglichkeit der Nukleonen
und der Gegensatz von Oberfläche und
Kerninnerem wichtig ist, wie z.B. bei
der Erklärung der Kernspaltung, der
Kernverdampfungsprozesse, sowie bei
den als *Tröpfchenschwingungen* bezeichneten Schwingungen der Kern-
oberfläche, die für die Kerndeforma-
tion und Kernspaltung von Bedeutung
sind. Es versagt bei der Beschreibung
der inneren Struktur der Kerne, z.B.
bei der Erklärung angeregter Kernener-
gieniveaus.
2. Das *Sandsackmodell*, ein von N. Bohr
entwickeltes dem Tröpfchenmodell nahe verwandtes Kernmodell zur Beschreibung der Bildung und des Zerfalls von
↑ Compoundkernen. Ein in den Kern
eindringendes Teilchen (Nukleon, Alphateilchen) wird mit einem in einen
Sandsack eindringenden Geschoß verglichen: Die Geschoßenergie verteilt
sich sofort auf die verschiedenen Teilchen des Kerns und erhöht deren Bewegungsenergie und damit die Kern-
temperatur. Diese bestimmt das weitere
Verhalten des Kerns (z.B. Abdampfen
von Teilchen oder Kernspaltung).
3. Das *Compoundkernmodell*, ein Kernmodell, das auf der Beobachtung beruht, daß bei vielen Kernreaktionen ein

hochangeregter Zwischenzustand entsteht, dessen Lebensdauer mit $10^{-17\pm3}$ s lang gegenüber der sonst für ↑ Kernreaktionen üblichen Zeit von 10^{-22} s ist, und bei dem die Wahrscheinlichkeit für den in einer bestimmten Weise (unter verschiedenen Möglichkeiten) erfolgenden Zerfall unabhängig von der Art der Entstehung des angeregten Zustandes ist. Dieser durch den Beschuß eines Atomkerns mit energiereichen Teilchen (Nukleonen, Alphateilchen) auftretende Zwischenzustand wird nach *N. Bohr* (1936) als *Compoundkern* bezeichnet. Man nimmt an, daß sich die Energie des eingeschossenen Teilchens zunächst gleichmäßig auf alle Teilchen im Kern verteilt, wenn sie ungefähr gleich der Energie eines Resonanzniveaus des Kerns ist. Von dieser Anregungsenergie wird erst nach relativ langer Zeit auf ein (statistisch herausgegriffenes) Teilchen ein dessen Bindungsenergie übersteigender Energiebetrag übertragen, so daß dieses Teilchen den Kern verlassen kann.

4. Das *Alphateilchenmodell*, ein Kernmodell, in dem angenommen wird, daß je zwei Protonen und zwei Neutronen sich im Kern zu Alphateilchen binden und diese als für sich bestehende Kernbausteine (spezielle *Cluster*) im Kern existieren. Zwischen diesen Alphateilchen herrschen nur noch schwache Anziehungskräfte (dadurch Absättigung der Kernkräfte). Schon von den Konstruktion des Alphateilchens her stützt sich dieses Kernmodell auf die Tatsache, daß die häufigsten leichten Elemente durch vier teilbare ↑ Massezahlen und gleiche (damit auch gerade) ↑ Protonen- und ↑ Neutronenzahlen besitzen (↑ magische Zahlen). Auch bei schwereren Nukliden sind solche mit gerader Protonen- und Neutronenzahl am stabilsten und treten am häufigsten auf. Das Alphateilchenmodell stützt sich ferner auf die Tatsache, daß beim radioaktiven Zerfall Alphateilchen und nicht Protonen oder Neutronen

emittiert werden. Ein wesentlicher Einwand gegen das Alphateilchenmodell ist, daß bei schweren Kernen die überschüssigen Neutronen, deren Zahl durch den ↑ Neutronenexzeß gegeben wird, im Mittel genau so fest gebunden sind wie diejenigen in Alphateilchen, nämlich mit 7 MeV bis 9 MeV.

5. Das *Clustermodell*, ein dem Alphateilchenmodell verwandtes Kernmodell, das davon ausgeht, daß Alphateilchen und andere leichte Atomkerne großer Bindungsenergie als Unterstrukturen in schweren Kernen auftreten (die Zusammenballung von Einzelteilchen zu einem Zustand relativ hoher Bindungsenergie bezeichnet man *Cluster*). Als Cluster kommen neben den Alphateilchen vor allem auch ↑ Tritonen, ↑ Deuteronen sowie ^{3}He-Teilchen in Frage.

6. Das *Schalenmodell*, ein Kernmodell, das dem Atom(hüllen)modell gleichen Namens ähnlich ist. Das Schalenmodell wurde 1949 von *Maria Goeppert-Mayer* sowie von *O. Haxel, J. H. D. Jensen* und *H. E. Suess* vorgeschlagen. Es basiert auf der Annahme, daß sich die Bewegung eines Nukleons im Kern trotz des Fehlens eines dominierenden Kraftzentrums näherungsweise als Bewegung in einem mittleren, aus der Wechselwirkung mit allen übrigen Nukleonen resultierenden Potential beschreiben läßt. Man nimmt also ein Einteilchensystem aus $A = Z + N$ unabhängigen Nukleonen an. Die mathematische Behandlung erfolgt ähnlich wie die des entsprechenden Atommodells. Die Erklärung und Berechnung der ↑ Gammastrahlen gelingt mit dem Schalenmodell hervorragend. Bei bestimmten Protonenzahlen und Neutronenzahlen, den ↑ magischen Zahlen ist eine Schale gerade vollständig besetzt. Ist eine Schale abgeschlossen, so muß das nächste Proton oder Neutron in die nächsthöhere Schale eingeordnet werden, in der es schwächer als die übrigen Nukleonen gebunden ist. Die leichte Abtrennbarkeit solcher Nu-

kleonen und die besondere Stabilität der Kerne mit magischer Neutronen- bzw. Protonenzahl war schon vor Einführung des Schalenmodells beobachtet worden. Dies gab den Anstoß dazu, die dem Schalenmodell der Atomhülle zugrunde liegenden Vorstellungen wenigstens teilweise auf den Atomkern zu übertragen. Das Schalenmodell ist zur Zeit eines der besten Kernmodelle.

Kernmoment, das aus dem magnetischen Moment der Nukleonen und der nicht kugelsymmetrischen Ladungsverteilung im Atomkern herrührende ↑ magnetische. Moment eines Kerns. Es beträgt etwa $1/2000$ des Atommoments.

Kernphotoeffekt, durch harte Röntgen- oder Gammastrahlung ausgelöste Kernreaktion, bei der ein oder mehrere Nukleonen emittiert werden und in der Regel ein radioaktiver Kern zurückbleibt (↑ Photoeffekt).

Kernphysik, Teilgebiet der Physik, in dem die Eigenschaften der Atomkerne (↑ Kern) sowie die Wechselwirkungen der Kernbausteine (↑ Kernkräfte) untersucht werden.
Zur *experimentellen* Erforschung der Atomkerne bedient man sich der natürlichen und der künstlichen, durch Beschießen mit anderen Teilchen hervorgerufenen ↑ Kernumwandlungen. Die Art der dabei auftretenden Strahlung und ihre Energie geben Aufschluß über die innere Struktur der Atomkerne.
Eine zusammenhängende theoretische Beschreibung der Atomkerne ist noch nicht möglich, da eine vollständige Theorie der Wechselwirkungen der Kernbausteine untereinander noch aussteht. Es gibt jedoch eine Reihe phänomenologischer Kerntheorien (↑ Kernmodelle), die jeweils einer experimentellen Fragestellung angepaßt sind oder erst durch das Experiment zu bestimmende Parameter enthalten.

Kernreaktionen, natürliche oder künstlich hervorgerufene Umwandlungsprozesse von Atomkernen. Die Kernreak-

tionen lassen sich einteilen in Zerfallsprozesse instabiler Kerne (↑ Radioaktivität) und Stoßreaktionen (*erzwungene Kernreaktionen*). Dabei kann der Stoß eines Elementarteilchens oder Kerns, im folgenden durch x symbolisiert, mit einem Kern (durch X symbolisiert) entweder *elastisch* oder *unelastisch* verlaufen. Im unelastischen Falle kann eines der Teilchen durch den Stoß in einen angeregten Zustand (durch X^* symbolisiert) übergehen. Man schreibt hierfür $x + X \rightarrow X^* + x$ (unter späterem Zerfall von X^*).

Es kann sich jedoch auch die Teilchenart oder -anzahl durch den Stoß ändern: $x + X \rightarrow Y + y$ (+ weitere Teilchen). Kürzer schreibt man für einen solchen Umwandlungsprozeß $X(x, y) Y$ und spricht von einer *(x, y)-Reaktion,* z.B. von einer (α, n)-Reaktion, bei der ein Kern mit einem Alphateilchen beschossen wurde und daraufhin ein Neutron emittiert.

Die erste künstliche Kernreaktion wurde 1919 von *E. Rutherford* beobachtet, als er Stickstoff (N) mit Alphateilchen ($^4_2$He) beschoß:

$$\alpha + {}^{14}_{7}\text{N} \rightarrow {}^{17}_{8}\text{O} + \text{p}$$

(eine (α, p)-Reaktion).

Ist die Summe der Massen auf der linken Seite einer Reaktionsgleichung (Ausgangskern und Stoßteilchen) größer als die Summe der Massen auf der rechten Seite (Endkern und emittiertes Teilchen), so wird wegen der Äquivalenz von Masse und Energie ein bestimmter Energiebetrag frei. Man bezeichnet eine solche Kernreaktion als *exotherm*. Beispiel für eine exotherme Reaktion ist die (p, α)-Reaktion (Proton-Alpha-Reaktion) des $^7_3$Li- Lithiumkerns: $\text{p} + {}^{7}_{3}\text{Li} \rightarrow 2\alpha$. Der bei dieser Reaktion freiwerdende Energiebetrag tritt in Form von kinetischer Energie der Alphateilchen auf.

Ist die Summe der Massen auf der linken Seite kleiner als die der Massen auf der rechten Seite, so bezeichnet man diese Kernreaktion als *endotherm*. Bei einer endothermen Reaktion ist ein größerer Energiebetrag in Form kinetischer Energie des stoßenden Teilchens erforderlich, als bei der Reaktion selbst frei wird. Endotherm ist z.B. die Proton-Neutron-Reaktion $p + {}^7_3Li \rightarrow {}^7_4Be + n$, sie erfordert eine Mindestenergie des Protons von 1,86 MeV.

Im Hinblick auf den zeitlichen Ablauf von Kernreaktionen unterscheidet man zwischen *Resonanzprozessen* und *direkten Prozessen*. Bei den Resonanzprozessen entsteht zunächst ein angeregter Zwischenzustand, es bildet sich ein sogenannter ↑ Compoundkern, der nach den Gesetzen der ↑ Radioaktivität zerfällt. Direkte Prozesse spielen sich vor allem bei Geschoßenergien über 10 MeV ab. Der Zielkern hat dann nicht mehr genügend Zeit, sich zu einem Compoundkern umzuordnen, während das einfallende Geschoß den Kern durchquert. Das Geschoß hat in diesem Falle i.a. nicht mehr den ganzen Kern, sondern nur mehr ein einzelnes Nukleon des Kerns als Stoßpartner, das direkt aus dem Kern ausgelöst wird.

Kernreaktor, eine Anlage, in der die geregelte ↑ Kettenreaktion von ↑ Kernspaltungen zur Gewinnung von Kernenergie oder Radionukliden (↑ Nuklide) genutzt wird.

Alle Reaktoren funktionieren nach folgendem Prinzip:
Die Kernspaltung im sogenannten Brennstoff (z.B. eine Mischung der Uranisotope U 235, U 233 oder des Plutoniumisotops Pu 239 mit dem für langsame Neutronen nicht spaltbaren U 238 bzw. Th 232 oder auch (ggf. mit U 235 angereichertes) natürliches Uran oder schließlich reines U 235 oder reines Pu 239) wird ausgelöst und aufrechterhalten durch *thermische* Neutronen (mittlere Energie 0,025 eV). Die bei der Kernspaltung freiwerdenden Neutronen sind wesentlich schneller (mittlere Energie 1 MeV bis 2 MeV), so

daß sie in U 238-haltigen Brennelementen (U 238 ist in natürlichem Uran zu 99,3% enthalten) eingefangen werden, wodurch Pu 239 entsteht. Diese Neutronen können also keine weitere Spaltung von U 235 verursachen, es entstehen daher zunächst auch keine weiteren neuen Neutronen. Damit es zu weiteren Spaltprozessen kommen kann, müssen die schnellen Neutronen abgebremst werden. Dies geschieht im sogenannten *Moderator*. Als Moderator sind alle Stoffe mit geringem Atomgewicht, kleinem Absorptionsquerschnitt für langsame Neutronen und großem Streuvermögen geeignet. Daher verwendet man bevorzugt als Moderator Wasser ($\sigma = 0,33$ barn), schweres Wasser D_2O ($\sigma = 0,0046$ barn), Beryllium Be ($\sigma = 0,01$ barn) und Kohlenstoff C ($\sigma = 0,003$ barn).

Um die Neutronenverluste durch Hinausdiffundieren möglichst gering zu halten, umgibt man den Reaktor mit sogenannten Neutronenreflektoren, die aus Graphit, schwerem Wasser oder Beryllium bestehen.

Ein Kernreaktor kann sich nur dann selbst unterhalten, wenn das Verhältnis der Neutronenzahlen zweier aufeinanderfolgender Spaltungsgenerationen mindestens 1 ist, wenn also nach erfolgter Kernspaltung mindestens ebenso viele Spaltneutronen zur Verfügung stehen wie vorher. Ist dieses Verhältnis kleiner als 1, bezeichnet man den Zustand des Reaktors als *unterkritisch* (die Kettenreaktionen kommen zum Stillstand), im Falle gleich 1 als *stationär* (in gleichen Zeitintervallen finden gleich viele Kernspaltungen statt) und im Falle größer 1 als *überkritisch* (die Kernspaltungen nehmen unkontrolliert zu).

Um nun einen bestimmten Zustand des Reaktors einzustellen benutzt man in der Praxis sogenannte *Regel-* oder *Steuerstäbe*, die aus einem Material mit einem großen Einfangquerschnitt für Neutronen bestehen. Solche Materialien sind Bor, Cadmium oder Hafnium. Je nachdem, ob die Neutronenzahl ab-

oder zunehmen soll, schiebt man die Regelstäbe mehr oder weniger weit in die Reaktionszone ein. Um die Reaktion in Gang zu setzen, entfernt man sie aus diesem Bereich, um die Kettenreaktionen zum Stillstand zu bringen, führt man die Stäbe vollständig ein.

Da die bei der Kernspaltung frei werdende Energie in Wärme umgewandelt wird, muß der *Reaktorkern* (der Bereich, in dem die Kernspaltungen stattfinden) zur Abführung dieser Wärme gekühlt werden. Das Kühlmittel gibt normalerweise die aufgenommene Wärmemenge in einem Wärmetauscher an einen sekundären Wärmekreislauf zur elektrischen Energieerzeugung ab. Es besteht allerdings auch die Möglichkeit, das Reaktorkühlmittel direkt zur Energieerzeugung zu verwenden. Als Kühlmittel werden Gase, Flüssigkeiten und niedrig schmelzende Metalle verwendet.

Die bei der Kernspaltung entstehenden Fragmente sind normalerweise nicht stabil, sondern wandeln sich durch eine Folge von radioaktiven Zerfällen unter Aussendung von ↑ Beta- und ↑ Gammastrahlung in stabile Endprodukte um. Ein Kernreaktor ist daher nicht nur eine starke Neutronenquelle, sondern auch eine ebenso intensive Quelle radioaktiver Strahlung. Er wird deshalb mit einer die Strahlen absorbierenden Schutzwand umgeben, um Bedienungspersonal und Umgebung vor den gefährlichen Strahlen zu schützen. In der Praxis haben sich Beton, Schwerspat, Wasser, Eisen und Blei sehr gut als Abschirmmaterialien bewährt.

Für die Neutronenbilanz besonders ungünstige Spaltprodukte sind Xenon ($^{135}_{54}$Xe) und Samarium ($^{149}_{62}$Sm) mit großen Einfangquerschnitten für thermische Neutronen. Man nennt diese Stoffe *Reaktorgifte* und spricht von einem durch Xenon und Samarium *vergifteten Reaktor*.

Je nach *Verwendungszweck* unterscheidet man folgende Reaktortypen:
1) *Leistungsreaktoren*: Sie dienen der optimalen Ausnutzung der im Reaktor ablaufenden Kettenreaktionen zur Energiegewinnung. Abb.194 zeigt das Schema eines Siedewasserreaktors.

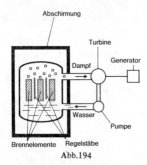

Abb.194

In diesem Reaktor wird das Wasser, das zugleich Kühlmittel und Moderator ist, zum Sieden gebracht. Der Wasserdampf treibt dann eine Turbine an. Der Reaktorkern besteht aus einer Anzahl von Brennelementen, in die (gleichmäßig verteilt) je nach Bedarf Regelstäbe eingeführt werden können.

2) *Brutreaktoren*: Sie dienen der Gewinnung von spaltbarem Material bzw. Radioisotopen. Bei der Kernspaltung wird je Spaltung durch ein Neutron mehr als ein Neutron freigesetzt, was unter gewissen Voraussetzungen zum *Brüten* neuen spaltbaren Materials genutzt werden kann, d.h. dazu, daß bei der Kettenreaktion mehr spaltbares Material erzeugt wird, als gleichzeitig zur Energiegewinnung verbraucht wird. Je nachdem ob der Brutprozeß bevorzugt mit schnellen oder langsamen, d.h. thermischen Neutronen abläuft, spricht man von *schnellen* bzw. *thermischen Brutreaktoren*. Beim schnellen Brutreaktor ist kein Moderator erforderlich. Die Umwandlung des durch thermische Neutronen nicht spaltbaren Uranisotops U 238 in das spaltbare Plutoniumisotop Pu 239 vollzieht sich in einem schnellen Brüter folgendermaßen:

$$^{238}_{92}U + n \; \rightarrow \; ^{239}_{92}U + \gamma$$

$$^{239}_{92}\text{U} \xrightarrow{\beta^-} {}^{239}_{93}\text{Np} \xrightarrow{\beta^-} {}^{239}_{94}\text{Pu}$$

3) *Forschungsreaktoren*: Sie dienen rein wissenschaftlichen Zwecken, vielfach als Strahlenquelle für Neutronen und Gammastrahlung. Man wendet sie unter anderem an zur Bestrahlung von Substanzen. Im Prinzip sind alle Forschungsreaktoren folgendermaßen aufgebaut: In einem Reaktortank (Reaktorbecken) sitzt der Reaktorkern, der aus mehreren Brennstoffelementen aufgebaut ist. Diese sind im Moderatormaterial eingebettet. Der Tank ist von einer dicken Abschirmwand umgeben. In den Reaktorkern tauchen die Regelstäbe ein. Beim sogenannten *Schwimmbeckenreaktor* befindet sich der Reaktorkern in einem Wasserbecken, dessen Wasser Moderator, Kühlmittel und Strahlenschutz zugleich ist. Der Brennstoff ist i.a. angereichertes Uran.

Kernspaltung, die Zerlegung eines Kernes mit hoher Nukleonenzahl in zwei Kerne mittlerer Nukleonenzahl, wobei auch zwei bis drei Neutronen frei werden können.
Die mittlere ↑ Kernbindungsenergie pro Nukleon nimmt zunächst mit der Nukleonenzahl A bis etwa $A = 60$ zu und darauf für größere Nukleonenzahlen wieder langsam ab. Bei Kernen mit sehr hoher Nukleonenzahl reichen die Kernkräfte oft kaum noch aus, um die zwischen den Protonen herrschenden abstoßenden Coulombkräfte zu kompensieren. Es genügt dann schon eine geringe Energie, um einen solchen Kern in zwei Kerne mittlerer Nukleonenzahl zu zerlegen.
Da die Kernbindungsenergie eines schweren Kernes kleiner ist als die Summe der Bindungsenergien der Spaltkerne mit mittlerer Nukleonenzahl, wird bei einer Kernspaltung stets Energie frei.
Eine Kernspaltung erreicht man durch Beschießen eines schweren Kernes mit Neutronen, Deuteronen, Alphateilchen oder auch mit energiereichen Gammastrahlen. Neutronen finden bevorzugt Anwendung, da sie von den Coulombschen Kräften eines Kerns nicht beeinflußt werden. Im Falle der Spaltung durch Gammastrahlen spricht man auch von *Photospaltung*.
Bei sehr schweren Kernen kann eine Kernspaltung auch ohne äußere Einwirkung eintreten; man spricht dann von einer *spontanen Kernspaltung* bzw. *Spontanspaltung*; z.B. finden bei ^{238}U 25 Spaltprozesse pro Gramm und Stunde statt. Die erste Kernspaltung wurde von *O. Hahn* und *F. Straßmann* im Jahre 1938 entdeckt.
Die bei einer Kernspaltung entstehenden Spaltprodukte (*Kerntrümmer*) sind nicht eindeutig durch den Anfangszustand (z.B. Neutron + Ausgangskern) festgelegt; es zeigt sich für jede Kernart eine statistische Verteilung.
Ein Kern zerfällt bei einer Spaltung im allgemeinen nicht in zwei gleichschwere Spaltprodukte, sondern in zwei verschiedene, die meist *radioaktiv* sind; sie besitzen einen erheblichen Neutronenüberschuß, den sie durch mehrfache β^--Emission (↑ Betazerfall) ausgleichen.
Bei jeder Kernspaltung durch langsame Neutronen werden durchschnittlich zwei bis drei Neutronen frei, d.h. mehr als für die Kernspaltung selbst verbraucht werden. Dies führt zu einer Kernkettenreaktion (↑ Kettenreaktion). Die Kontrollierbarkeit einer solchen Kettenreaktion verdankt man der Tatsache, daß die Neutronen im allgemeinen nicht sofort frei werden, sondern zum Teil erst nach einigen Sekunden (sogenannte *verzögerte Neutronen*). Spaltbare Kerne sind z.B. ^{235}U, ^{238}U und ^{239}Pu.•
Bei der Spaltung eines ^{235}U-Kerns durch *thermische Neutronen*, deren Energie weniger als 1 eV beträgt, werden im Mittel folgende Energiebeträge frei:

Kinetische Energie der Spaltkerne	167 MeV
Kinetische Energie der Spaltungsneutronen	5 MeV

sofort auftretende Gamma-	
strahlung	5 MeV
Gammastrahlung der radio-	
aktiven Spaltprodukte	5 MeV
Betastrahlung der radio-	
aktiven Spaltprodukte	5 MeV
Neutrinoenergie	11 MeV
freiwerdende Gesamtenergie	198 MeV

Die bei einer Kernspaltung frei werdenden hohen Energiebeträge werden im
↑ Kernreaktor in Wärmeenergie oder
elektrische Energie umgewandelt. Sie
werden jedoch auch für *Kernspaltungs-
waffen* benutzt.

Kernspurplatte (*Kernemulsionsplatte*),
mit einer besonderen photographischen
Emulsion beschichtete photographische
Platte zur Sichtbarmachung der Bahnen elektrisch geladener atomarer Teilchen. Durch ↑ Ionisation entstehen
längs der Teilchenbahn aus den Silber-
salzen der Emulsion photographisch
entwickelbare Silberkörner, die nach
der Entwicklung die Bahnspur aufzei-
gen. Die Auswertung erfolgt meist mit
dem Mikroskop, da die Reichweite der
Teilchen wegen der großen Materie-
dichte in der Platte oft nur Bruchteile
eines Millimeters beträgt. Aus Ionisa-
tionsdichte und ↑ Reichweite können
häufig Art und Energie der Teilchen
abgeschätzt werden. Vorteile der Kernspurplatte gegenüber ↑ Nebel- und ↑ Blasenkammer sind die stete Aufnahme-
bereitschaft, die Häufung vieler Spuren
auf einer Aufnahme, die größere Mate-
riedichte und die Möglichkeit der Auswertung zu beliebig späterem Zeitpunkt.

Kernumwandlung, im engeren Sinne
jede Umwandlung von Atomkernen,
die durch äußere Einwirkungen (Auftreffen von Nukleonen, Deuteronen,
Alphateilchen sowie auch schweren
Atomkernen) hervorgerufen wird und
zu ↑ Kernen mit anderer Massen- oder
Kernladungszahl (↑ Kernreaktionen)
führt. Im weiteren Sinne fällt unter die
Kernumwandlungen auch der spontan
erfolgende Kernzerfall (↑ Radioaktivi-

tät). Wird bei einer Kernumwandlung
die Kernladungszahl geändert, so führt
dies zu einer Elementumwandlung.

Kerreffekt, Eigenschaft bestimmter Gase und Flüssigkeiten, unter der Einwirkung eines elektrischen Feldes doppelbrechend zu werden.
Schickt man durch solche Flüssigkeiten oder Gase einen Lichtstrahl und
legt gleichzeitig senkrecht zur Licht-
richtung ein elektrisches Feld an, so
spaltet sich der Strahl in zwei Teile auf,
d.h. die Substanz wird doppelbrechend.
Dies kann mit auftretenden Polarisationserscheinungen erklärt werden. Da
der Kerreffekt auch bei sehr rasch wechselnder Feldstärke praktisch trägheitslos eintritt, wird er zur Lichtsteuerung
in der Film- und Fernsehtechnik, bei
der Bestimmung der Lichtgeschwindigkeit und bei der Hochgeschwindigkeits-
photographie ausgenutzt.

Kettenreaktion, eine Folge von ↑ Kernspaltungen, die immer dann zustande
kommt, wenn bei einer durch ein Neutron hervorgerufenen Kernspaltung wieder ein oder mehrere Neutronen frei
werden, die ihrerseits mindestens eine
weitere Kernspaltung bewirken. Die
schematische Darstellung einer Kettenreaktion zeigt Abb.195.
Bedingung für eine Kettenreaktion ist,
daß von den bei einer Kernspaltung entstehenden Neutronen hinreichend viele
zu weiteren Kernspaltungen führen, so
daß die Reaktion, einmal in Gang gebracht, *von selbst* weiterläuft (bis der
Kernbrennstoff bzw. das spaltbare Material aufgebraucht ist). Dies ist der
Fall, wenn nicht zu viele der Neutronen von anderen Atomkernen (mit verschwindender Spaltungswahrscheinlich-
keit) weggefangen werden oder durch
die Oberfläche der Kernbrennstoff-
menge (die deshalb eine Mindestgröße
haben muß) entweichen. Außerdem
müssen die betreffenden Neutronen
eine für die Kernspaltung günstige,
niedrige (thermische) Energie haben
(in ↑ Kernreaktoren mit Hilfe von

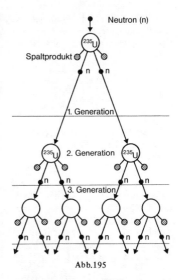

Neutron (n)

Spaltprodukt

1. Generation

2. Generation

3. Generation

Abb.195

Bremssubstanzen, den *Moderatoren*, erreichbar).

Bei einer *gesteuerten Kettenreaktion* werden aus dem Prozeß so viele Neutronen herausgefangen, daß er sich bei einer bestimmten Rate stabilisiert. Man nennt die kleinste Menge spaltbaren Materials, die notwendig ist, um eine Kettenreaktion zu erreichen, *kritische Masse*. Für ^{235}U ergibt sich als kritische Masse ungefähr 50 kg; denkt man sich diese Masse in Kugelgestalt, so hat diese Kugel einen Durchmesser von etwa 17 cm.

Eine Kettenreaktion kann dadurch verstärkt werden, daß man diejenigen Neutronen, die keine Spaltung bewirkt haben, obwohl sie dazu in der Lage gewesen wären, reflektieren läßt und sie in das spaltbare Material zurückwirft. Bei Verwendung solcher *Neutronenreflektoren* ist es auch möglich, mit kleinerer kritischer Masse zu arbeiten.

Auf Kettenreaktionen beruht die in Kernreaktoren *gesteuert*, in Atombombenexplosionen *ungesteuert* ablaufende Freisetzung von Kernenergie (↑ Kern-

bindungsenergie) in großen Beträgen. Eine Kettenreaktion erhält man zur Zeit nur mit dem in bestimmter Menge vorliegenden Uranisotop ^{235}U, mit dem Plutoniumisotop ^{239}Pu, das z.B. in sogenannten *Brutreaktoren (Brütern)* mit Hilfe einer Kettenreaktion von ^{235}U aus ^{238}U gewonnen wird, oder mit dem in ähnlicher Weise gewonnenen Uranisotop ^{233}U.

Kilogramm (kg), *SI-Einheit* der ↑ Masse; eine der sieben Basiseinheiten des Internationalen Einheitensystems (*Système International d'Unitès*).
Festlegung: 1 Kilogramm (kg) ist die Masse des Internationalen Kilogrammprototyps.
Weitere Einheiten können mit den üblichen Vorsätzen für dezimale Vielfach und dezimale Teile von Einheiten bezogen auf die Einheit Gramm (g; 1 g = = $^1/1000$ kg) gebildet werden, z.B.

1 Milligramm (mg)	$= \dfrac{1}{1000}$ g
1 Megagramm (Mg)	= 1 000 000 g =
	= 1 000 kg

Für die Einheit Megagramm (Mg) ist auch die Bezeichnung *Tonne* (t) zulässig. Auf diese Bezeichnung dürfen ebenfalls die Vorsätze für dezimale Vielfache und dezimale Teile von Einheiten angewandt werden, z.B.

1 Megatonne (Mt)	= 1 000 000 t
1 Dezitonne (dt)	$= \dfrac{1}{10}$ t = 100 kg

Kilogrammäquivalent, Quotient aus dem ↑ Kilogrammatom bzw. ↑ Kilogrammol eines Stoffes und seiner Wertigkeit.
Beispiele: 1 kg-Äquivalent Silber: 107,88 kg (Kilogrammatom Silber: 107,88 kg, Wertigkeit Silber: 1), 1 kg-Äquivalent Kupfer: 31,8 kg (Kilogrammatom Kupfer: 63,6 kg, Wertigkeit Kupfer: 2).

Kilogrammatom, diejenige Menge eines chemischen Elements, die seiner relativen ↑ Atommasse in kg entspricht.

Kilogrammol, diejenige Menge einer chemischen Verbindung, die ihrer relativen Molekülmasse in kg entspricht.

Kilokalorie (kcal), für eine Übergangsfrist bis 31.12.1977 noch zugelassene Einheit der ↑ Wärmemenge.

Festlegung: 1 Kilokalorie (kcal) ist die Wärmemenge, die die Temperatur von 1 kg reinem Wasser von 14,5°C auf 15,5°C erhöht.

Mit dem ↑ Joule (J), der *SI-Einheit* der Wärmemenge hängt die Kilokalorie wie folgt zusammen:

$$1 \text{ kcal} = 4\,186,8 \text{ J}$$
bzw.
$$1 \text{ J} = 0,000\,239 \text{ kcal}$$

Kilopond (kp), für eine Übergangsfrist bis 31.12.1977 noch zugelassene Einheit der ↑ Kraft.

Festlegung: 1 Kilopond (kp) ist gleich der Kraft, die einer Masse von 1 Kilogramm (kg) die Beschleunigung 9,80665 m/s² erteilt:

$$1 \text{ kp} = 9,80665 \; \frac{\text{kg} \cdot \text{m}}{\text{s}^2}$$

Mit dem ↑ Newton (N), der *SI-Einheit* der Kraft hängt das Kilopond (kp) wie folgt zusammen:

$$1 \text{ kp} = 9,80665 \text{ N}$$
bzw.
$$1 \text{ N} = 0,101972 \text{ kp}$$

Kilopondmeter (kp · m), für eine Übergangsfrist bis 31.12.1977 noch zugelassene Einheit der ↑Arbeit bzw. ↑Energie.

Festlegung: 1 Kilopondmeter (kp · m) ist gleich der Arbeit, die verrichtet wird, wenn der Angriffspunkt der Kraft 1 ↑ Kilopond (kp) in Richtung der Kraft um 1 Meter (m) verschoben wird.

Mit dem ↑ Joule (J), der *SI-Einheit* von Arbeit, Energie und Wärmemenge hängt das Kilopondmeter wie folgt zusammen:

$$1 \text{ kp} \cdot \text{m} = 9,80665 \text{ J}$$
bzw.
$$1 \text{ J} = 0,101\,972 \text{ kp} \cdot \text{m}$$

Kilowatt (kW), abgeleitete Einheit der ↑ Leistung; das 1000fache von einem ↑ Watt.

Kilowattstunde (kWh), vorwiegend in der Elektrik verwendete Einheit der ↑Arbeit bzw. ↑Energie. Mit dem ↑Joule (J), der *SI-Einheit* der Arbeit, Energie und Wärmemenge hängt die Kilowattstunde (kWh) wie folgt zusammen:

$$1 \text{ kWh} = 3\,600\,000 \text{ J}$$
bzw.
$$1 \text{ J} = 2,7778 \cdot 10^{-7} \text{kWh}$$

Kinematik, die Lehre von der Bewegung. Die Kinematik beschränkt sich auf die reine Beschreibung der Bewegungsvorgänge ohne Berücksichtigung der Kräfte, die die Bewegung verursachen. Unter Bewegung versteht man dabei die Ortsveränderung eines Körpers in bezug auf einen anderen Körper oder im bezug auf irgendein beliebiges Bezugssystem. Daraus folgt, daß man stets nur von *relativen Bewegungen* sprechen kann; der Begriff der *absoluten Bewegung* hat physikalisch keinen Sinn.

Legt ein sich bewegender Körper in gleichen Zeiten gleiche Strecken zurück, dann spricht man von einer *gleichförmigen Bewegung*, andernfalls von einer *ungleichförmigen Bewegung*. Bewegt sich der Körper auf einer Geraden, dann handelt es sich um eine *geradlinige Bewegung*, andernfalls um eine *krummlinige Bewegung*. Bewegen sich alle Punkte eines Körpers auf zueinander parallelen Bahnen und legen sie dabei in der gleichen Zeit jeweils auch gleichlange Wegstücke zurück, dann liegt eine *Translationsbewegung* (*fortschreitende Bewegung*) vor. Bewegen sich dagegen die Punkte eines Körpers auf konzentrischen Kreisen um eine feststehende Achse (*Rotationsachse*) oder auf konzentrischen Kugeln um einen feststehenden Punkt (*Rotationszentrum*), dann spricht man von einer *Drehbewegung* oder *Rotation*. Jede beliebige Bewegung eines Körpers läßt sich aus Translations- und Drehbewegungen zusammensetzen. Die einfachste Kombination einer Translations- und einer Drehbewegung ist die *Rollbewegung*. Die Kurve, die der geometrische Punkt aller im Laufe der Zeit von dem bewegten Körper (genauer: von dessen Schwerpunkt) durchlaufenen Punkte ist, heißt *Bahnkurve*. Verläuft sie in einer Ebene, dann spricht man von einer *ebenen Bewegung*, andernfalls von einer räumlichen Bewegung.

A. Kinematik des Massenpunktes

I. Allgemeines: Da die Bewegung ausgedehnter Körper im allgemeinen schwer zu überschauen sind, empfiehlt es sich, bei der Ableitung der Grundbegriffe der Kinematik von der Bewegung eines Massenpunktes auszugehen. Da sich die Bewegung ausgedehnter Körper auf Bewegungen von Massenpunkten zurückführen läßt, ist diese Spezialisierung zulässig und auch sinnvoll. Als *Massenpunkt* bezeichnet man einen Körper mit endlicher Masse aber unendlich kleiner Ausdehnung. Er kann also mathematisch als Punkt angesehen werden. Ein Massenpunkt kann lediglich Translationsbewegungen ausführen. Um die Lage eines solchen Massenpunktes im Raum zu bestimmen, wählt man zunächst ein Koordinatensystem, das mit dem Bezugssystem fest verbunden ist. In der Regel benutzt man ein *rechtwinkliges* (*kartesisches*) *Koordinatensystem*. Die Lage eines Massenpunktes ist dann durch seine Koordinaten x, y und z gegeben bzw. durch einen *Vektor* $\vec{r}$ mit den Komponenten x, y und z :

$\vec{r} = \{x, y, z\}$. Dieser Vektor heißt *Ortsvektor*. Sein Anfangspunkt liegt im Koordinatenursprung, seine Spitze im betrachteten Massenpunkt m (Abb. 196). Die Koordinaten des Massenpunktes bzw. die Komponenten seines Ortsvektors heißen *Lagekoordinaten*. Bewegt sich der Massenpunkt, so ändert sich der Ortsvektor mit der Zeit (ist eine Funktion der Zeit):

$$\vec{r}(t) = \{x(t), y(t), z(t)\}.$$

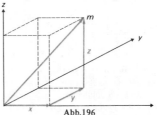

Abb. 196

II. Zusammensetzung und Zerlegung von Bewegungen: Unterliegt ein Körper mehreren Bewegungen, so ist der von ihm erreichte Ort unabhängig davon, ob er diese Bewegungen gleichzeitig oder zeitlich nacheinander ausführt. Diese Erscheinung heißt das *Prinzip von der Unabhängigkeit der Bewegungen* bzw. *Prinzip von der Superposition der Bewegungen*. Man kann also mehrere Bewegungen zu einer resultierenden Bewegung zusammenfassen oder auch eine Bewegung in mehrere Bewegungskomponenten zerlegen. Im Spezialfall mehrerer geradliniger Bewegungen erhält man die resultierende Bewegung gemäß den Regeln der Vektoraddition (*Parallelogramm der Bewegungen*). Nach den entsprechenden Regeln läßt sich eine geradlinige Bewegung in Komponenten aufspalten (Abb. 197).

III. Geschwindigkeit: Bei der geradlinig gleichförmigen Bewegung versteht man unter der Geschwindigkeit v das Verhältnis von zurückgelegten Weg s zu der dazu benötigten Zeit t:

$$v = \frac{s}{t}$$

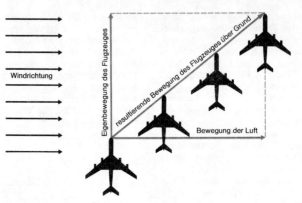

Abb.197

oder — wenn der Anfangspunkt der Betrachtung der Bewegung (s_0, t_0) nicht mit dem tatsächlichen Anfangspunkt des Bewegungsvorganges übereinstimmt — (Abb.198):

$$v = \frac{s_1 - s_0}{t_1 - t_0}.$$

Bei der ungleichförmig geradlinigen Bewegung läßt sich die *Augenblicksgeschwindigkeit* oder *Momentangeschwindigkeit* ermitteln, wenn man zu differentiell kleinen Weg- bzw. Zeitabschnitten übergeht. Es gilt dann:

$$v = \lim_{\Delta t \to 0} \frac{\Delta s}{\Delta t} = \frac{ds}{dt} = \dot{s}.$$

Die *Geschwindigkeit* ist gleich der *1.Ableitung des Weges* (der ja eine Funktion der Zeit ist) *nach der Zeit.*

Beispiel: Der von einem frei fallenden Körper zurückgelegte Weg ist nach dem folgenden Gesetz von der Zeit t abhängig (↑ freier Fall):

$$s = \frac{g}{2} t^2.$$

Seine Geschwindigkeit ist dann aber:

$$v = \frac{ds}{dt} = g \cdot t.$$

Es ist ersichtlich, daß die Geschwindig-

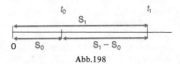

Abb.198

keit ein *Vektor* ist, dessen Richtung gleich der Richtung des Weges ist. In den beiden vorliegenden Spezialfällen einer geradlinigen Bewegung genügt es, die Betragsgleichung der Geschwindigkeit aufzustellen, da die Richtung der Geschwindigkeit unverändert bleibt. Bei der allgemeinen Definition der Geschwindigkeit muß man jedoch auch den Fall der krummlinigen räumlichen Bewegung mit berücksichtigen, bei der sich die Richtung des Geschwindigkeitsvektors mit der Wegrichtung ändert.

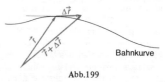

Abb.199

Wir betrachten die zeitliche Änderung des Ortsvektors einer solchen Bewegung. Zum Zeitpunkt t habe der Massenpunkt den Ortsvektor $\vec{r}$, zum Zeitpunkt $t + \Delta t$ dagegen den Ortsvektor $\vec{r} + \Delta\vec{r}$. Aus Abb.199 ist ersichtlich, daß bei differentiell kleinem Δt der Vektor

212

$\Delta \vec{r}$ mit der Bahntangente zusammenfällt und gleich dem differentiellen Wegstück $\Delta \vec{s}$ auf der Bahnkurve wird. Für die Geschwindigkeit gilt dann:

$$\vec{v} = \frac{\mathrm{d}\vec{s}}{\mathrm{d}t} = \frac{\mathrm{d}\vec{r}}{\mathrm{d}t} = \dot{\vec{r}} .$$

Diese Gleichung stellt die allgemeine Definition der Geschwindigkeit dar. Sie umfaßt die vorher angegebenen Gleichungen und gibt die Geschwindigkeit nach Größe *und* Richtung zu jedem beliebigen Zeitpunkt an. Aus ihr folgt für die *Dimension* der Geschwindigkeit:

$$\dim v = \mathsf{L} \cdot \mathsf{Z}^{-1} .$$

SI-Einheit der Geschwindigkeit ist das Meter durch Sekunde (m/s).
Festlegung: 1 Meter durch Sekunde ist gleich der Geschwindigkeit eines sich gleichförmig und geradlinig bewegenden Körpers, der während der Zeit 1s die Strecke 1 m zurücklegt.
Im täglichen Leben ist auch die Maßeinheit Kilometer pro Stunde (km/h) gebräuchlich. Es gelten die Beziehungen:

$$1 \frac{\mathrm{km}}{\mathrm{h}} = \frac{1}{3{,}6} \frac{\mathrm{m}}{\mathrm{s}} = 0{,}277 \frac{\mathrm{m}}{\mathrm{s}}$$

bzw.

$$1 \frac{\mathrm{m}}{\mathrm{s}} = 3{,}6 \frac{\mathrm{km}}{\mathrm{h}}$$

Den Betrag v des Geschwindigkeitsvektors bezeichnet man als *Bahngeschwindigkeit*. Die Komponenten des Geschwindigkeitsvektors im cartesischen Koordinatensystem (x, y, z) sind:

$$v_x = \frac{\mathrm{d}x}{\mathrm{d}t} ; v_y = \frac{\mathrm{d}y}{\mathrm{d}t} ; v_z = \frac{\mathrm{d}z}{\mathrm{d}t} .$$

IV. Beschleunigung: Unter der Beschleunigung $\vec{a}$ eines Massenpunktes versteht man den Differentialquotienten der Geschwindigkeit $\vec{v}$ nach der Zeit t:

$$a = \frac{\mathrm{d}\vec{v}}{\mathrm{d}t}$$

und da

$$\vec{v} = \frac{\mathrm{d}\vec{r}}{\mathrm{d}t} ,$$

kann man schreiben:

$$a = \frac{\mathrm{d}^2 \vec{r}}{\mathrm{d}t^2} .$$

Daraus ergibt sich als *Dimension* für die Beschleunigung: $\dim a = \mathsf{L} \cdot \mathsf{Z}^{-2}$.
SI-Einheit der Beschleunigung ist das Meter durch Sekundenquadrat (m/s²).
Festlegung: 1 Meter durch Sekundenquadrat ist gleich der Beschleunigung eines sich geradlinig bewegenden Körpers, dessen Geschwindigkeit sich während der Zeit 1s gleichmäßig um 1m/s ändert.
Die Komponenten der Beschleunigung im cartesischen Koordinatensystem (x, y, z) sind:

$$a_x = \frac{\mathrm{d}^2 x}{\mathrm{d}t^2} ; a_y = \frac{\mathrm{d}^2 y}{\mathrm{d}t^2} ; a_z = \frac{\mathrm{d}^2 z}{\mathrm{d}t^2} .$$

Die Beschleunigung läßt sich in zwei Komponenten zerlegen: Die in Richtung der Bahntangente wirkende *Tangentialbeschleunigung* (*Bahnbeschleunigung*) und die senkrecht zur Bahn des sich bewegenden Massenpunktes (in Richtung der Bahnnormale zur konkaven Seite hin) wirkende *Normalbeschleunigung*. Für die Tangentialbeschleunigung a_t gilt:

$$a_t = \frac{\mathrm{d}v}{\mathrm{d}t} = \frac{\mathrm{d}^2 s}{\mathrm{d}t^2} .$$

Für die Normalbeschleunigung a_n gilt:

$$a_n = \frac{1}{r} \cdot \left(\frac{\mathrm{d}s}{\mathrm{d}t} \right)^2 = \frac{1}{r} \cdot v^2$$

worin r der Krümmungsradius der Bahnkurve im betrachteten Punkt ist.
Die Tangentialbeschleunigung bewirkt nur eine Änderung des Betrages der Geschwindigkeit, also eine Änderung der Bahngeschwindigkeit. Die Normalbeschleunigung dagegen bewirkt nur eine

Änderung der Richtung des Geschwindigkeitsvektors. Wirkt auf einen Massenpunkt also nur eine Normalbeschleunigung, so ändert sich seine Bahngeschwindigkeit nicht.

Bei einer geradlinigen Bewegung, bei der naturgemäß nur eine Bahnbeschleunigung auftritt, vereinfachen sich die Vektorgleichungen zur Betragsgleichung:

$$a = \frac{dv}{dt} = \frac{d^2 s}{dt^2}$$

Beispiel: Die Beschleunigung beim freien Fall ergibt sich aus dem Weg-Zeit-Gesetz $s = g/2 \; t^2$ zu:

$$a = \frac{d^2 s}{dt^2} = g.$$

Ist bei einer geradlinigen Bewegung (wie im vorstehenden Beispiel) die Beschleunigung konstant, also nicht von der Zeit abhängig, dann spricht man von einer *gleichmäßig beschleunigten Bewegung*, andernfalls von einer *ungleichmäßig beschleunigten Bewegung*.

V. *Allgemeine Zentralbewegung*: Ist der Beschleunigungsvektor bei der Bewegung eines Massenpunktes stets zu dem selben Raumpunkt hin gerichtet, dann spricht man von einer *Zentralbewegung*. Der Punkt, zu dem der Beschleunigungsvektor zeigt, heißt *Bewegungszentrum*. Die Verbindungslinie vom Bewegungszentrum zum sich bewegenden Massenpunkt wird als *Fahrstrahl* oder *Radiusvektor* bezeichnet. Das Verhältnis der vom Fahrstrahl überstrichenen Fläche zu der dazu benötigten Zeit heißt *Flächengeschwindigkeit*. Die Flächengeschwindigkeit ist bei der Zentralbewegung eine konstante Größe, in gleichen Zeiten werden vom Fahrstrahl also gleichgroße Flächen überstrichen (*Flächensatz*). Zentralbewegungen sind beispielsweise die Bewegungen der Planeten (↑ *Keplersche Gesetze*) und die gleichförmige Kreisbewegung.

VI. *Die gleichförmige Kreisbewegung*: Eine gleichförmige Kreisbewegung liegt vor, wenn sich ein Massenpunkt mit konstanter Bahngeschwindigkeit auf einer Kreisbahn bewegt. Die Tangentialbeschleunigung ist dabei gleich Null. Die Normalbeschleunigung, in diesem speziellen Fall auch *Zentripetalbeschleunigung* oder *Radialbeschleunigung* genannt, ist stets zum Kreismittelpunkt gerichtet. Für ihren Betrag gilt:

$$a_n = \frac{1}{r} \cdot v^2$$

(r Kreisradius, v Bahngeschwindigkeit). Es sei ausdrücklich darauf hingewiesen, daß die gleichförmige Kreisbewegung eine *beschleunigte* Bewegung ist, denn der Geschwindigkeits*vektor* ändert seine *Richtung* ständig, allerdings nicht seinen *Betrag*, da die Bahngeschwindigkeit nach Voraussetzung konstant ist. Die Zeit T, die der Massenpunkt für einen vollen Umlauf benötigt (*Umlaufzeit*) ist:

$$T = \frac{2\pi r}{v} \, .$$

Die Anzahl der Umläufe pro Zeiteinheit heißt *Drehzahl* oder *Umlaufzahl* (f). Es gilt:

$$f = \frac{1}{T} \;\; \text{bzw.} \; T = \frac{1}{f} \, .$$

Für die Bahngeschwindigkeit v erhält man damit:

$$v = \frac{2\pi r}{T} = 2\pi r f.$$

Diese Formel erlaubt es, die Bahngeschwindigkeit aus der Umlaufzeit oder der Drehzahl zu berechnen.

Als Zusammenhang zwischen *Umlaufzeit* T bzw. *Drehzahl* f einerseits und *Zentripetalbeschleunigung* a_n andererseits ergibt sich:

$$a_n = \frac{4\pi^2 r}{T^2} = 4\pi^2 f^2 \, r.$$

Bei gleichen Umlaufzeiten bzw. gleichen Drehzahlen ist sowohl die Bahngeschwindigkeit als auch die Zentripetalbeschleunigung dem Radius der Kreisbahn direkt proportional.

VII. Winkelgeschwindigkeit und Winkelbeschleunigung: Die mathematische Behandlung der Kreisbewegung vereinfacht sich im allgemeinen, wenn man an Stelle der Bahngeschwindigkeit den Begriff der *Winkelgeschwindigkeit* oder *Rotationsgeschwindigkeit* (ω) einführt. Man versteht darunter bei der gleichförmigen Kreisbewegung den Quotienten aus dem von der Verbindungslinie Kreismittelpunkt-Massenpunkt überstrichenen Winkels und der dazu benötigten Zeit t:

$$\omega = \frac{\varphi}{t}.$$

Im allgemeinen Fall, also unter Berücksichtigung auch einer ungleichförmigen Kreisbewegung, muß man entsprechend der allgemeinen Definition der Geschwindigkeit zu differentiell kleinen Zeitabschnitten übergehen und erhält:

$$\omega = \frac{\mathrm{d}\varphi}{\mathrm{d}t}.$$

Für die Dimension der Winkelgeschwindigkeit ergibt sich: dim $\omega = Z^{-1}$.

Entsprechend der Winkelgeschwindigkeit definiert man als *Winkelbeschleunigung* oder *Rotationsbeschleunigung* (α):

$$\alpha = \frac{\mathrm{d}\omega}{\mathrm{d}t} = \frac{\mathrm{d}^2\varphi}{\mathrm{d}t^2}.$$

Dimension der Winkelbeschleunigung:

$$\dim \alpha = Z^{-2}.$$

SI-Einheit der Winkelbeschleunigung ist der Radiant durch Sekundenquadrat (rad/s²).

Festlegung: 1 Radiant durch Sekundenquadrat ist gleich der Winkelbeschleunigung eines Körpers, dessen Winkelgeschwindigkeit sich während der Zeit 1s gleichmäßig um 1 rad/s ändert.

Winkelgeschwindigkeit und Winkelbeschleunigung sind *Vektoren*. Sie sind außer durch ihren Betrag noch durch die Richtung der Drehachse und durch die Drehrichtung charakterisiert.

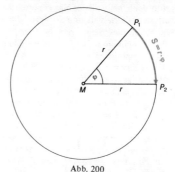

Abb. 200

Gemäß diesen Definitionen gelten dann ganz allgemein für die Kreisbewegung folgende Zusammenhänge zwischen *Bahn*größen und *Winkel*größen (Abb. 200).

$$s = \varphi \cdot r$$

$$v = r \cdot \frac{\mathrm{d}\varphi}{\mathrm{d}t} = r \cdot \omega$$

$$a_t = r \cdot \frac{\mathrm{d}^2\varphi}{\mathrm{d}t^2} = r \cdot \alpha$$

$$a_n = \frac{1}{r} \cdot v^2 = r \cdot \omega^2$$

SI-Einheit der Winkelgeschwindigkeit ist der Radiant durch Sekunde (rad/s). *Festlegung*: 1 Radiant durch Sekunde ist gleich der Winkelgeschwindigkeit eines gleichförmig rotierenden Körpers, der sich während Zeit 1s um den Winkel 1 rad um die Rotationsachse dreht.

B. Kinematik des starren Körpers

Ein *starrer Körper* ist ein Körper, bei dem die Abstände aller Massenpunkte, aus denen er zusammengesetzt ist, zeitlich konstant sind. In der Praxis sind starre Körper nur annähernd realisierbar, da sich jeder Körper bei Einwirkung von Kräften verformen läßt. Dadurch ändern sich aber die Abstände der Massenpunkte untereinander.

Ein starrer Körper kann sowohl Translations- als auch Rotationsbewegungen ausführen. Die reine Translationsbewegung des starren Körpers läßt sich mit Hilfe der Kinematik des Massenpunktes erfassen, da sie vollkommen durch die Bewegung des Schwerpunktes, der ja als Massenpunkt betrachtet werden kann, beschrieben wird.

Die Rotation eines starren Körpers ist dadurch gekennzeichnet, daß eine Gerade oder ein Punkt des Körpers bei der Bewegung in Ruhe bleibt, während sich alle übrigen Punkte auf konzentrischen Kreisen um diese Gerade (*Rotationsachse, Drehachse*) oder auf den Oberflächen konzentrischer Kugeln um diesen Punkt (*Rotationszentrum*) bewegen. Bei der Rotation um eine Achse werden die aus der Kinematik des Massenpunktes bekannten Begriffe der Winkelgeschwindigkeit und der Winkelbeschleunigung zur Beschreibung der Bewegung benutzt. Die Rotation um einen Punkt kann auf die Rotation um eine durch diesen Punkt gehende Achse, deren Richtung sich ständig ändert, zurückgeführt werden. Jede auch noch so verwickelte Bewegung eines starren Körpers läßt sich als gleichzeitige Translationsbewegung und Rotationsbewegung um eine Schwerpunktachse darstellen. Zu ihrer Beschreibung genügen also die im Abschnitt *A* angeführten Begriffe.

kinetische Energie (*Bewegungsenergie, Wucht*), Formelzeichen W_{kin}, diejenige mechanische ↑ Energie, die ein Körper aufgrund seiner Bewegung besitzt. Für die kinetische Energie W_{kin} eines Körpers, der nur eine fortschreitende Bewegung (*Translationsbewegung*) ausführt, gilt die Beziehung:

$$W_{kin} = \frac{m}{2}\, v^2$$

(*m* Masse des Körpers, *v* Geschwindigkeit des Körpers).

Vollführt ein Körper nur eine Drehbewegung (*Rotationsbewegung*) dann gilt für seine kinetische Energie (*Rotationsenergie*) die Beziehung:

$$W_{kin} = \frac{1}{2}\, J \omega^2$$

(*J* Trägheitsmoment bezüglich der Drehachse, *ω* Winkelgeschwindigkeit).

Vollführt ein Körper gleichzeitig eine Translations- und eine Rotationsbewegung, dann setzt sich seine kinetische Energie aus der *Translationsenergie* und der *Rotationsenergie* zusammen. Es ergibt sich dann:

$$W_{kin} = \frac{1}{2}\, m v^2 + \frac{1}{2}\, J \omega^2.$$

Dimension und *Maßeinheiten* der Energie entsprechen denen der ↑ Arbeit.

kinetische Gastheorie, Betrachtungsweise und Berechnungsart der Eigenschaften und Gesetzmäßigkeiten eines Gases mit Hilfe der Bewegungsvorgänge seiner Moleküle. Die kinetische Gastheorie wurde 1857 von *Clausius* begründet. Sie geht von folgender Modellvorstellung aus:

Die Moleküle eines Gases sind ständig in Bewegung. Zwischen je zwei Zusammenstößen bewegen sie sich unabhängig voneinander, gleichförmig und geradlinig, ohne eine bestimmte Raumrichtung zu bevorzugen. Sie üben keine Kräfte aufeinander aus, solange sie sich nicht berühren. Der Zusammenstoß der Moleküle untereinander und mit der Gefäßwand gehorcht den Gesetzen des elastischen ↑ Stoßes.

Als Folgerungen dieser Betrachtungsweise ergeben sich unter anderem Zusammenhänge zwischen den ↑ Zustandsgrößen (Druck, Temperatur und Volumen) und der mittleren kinetischen Energie der Moleküle. Die wichtigsten Ergebnisse sind:

1. Die Grundgleichung der kinetischen Gastheorie

$$p = \frac{1}{3}\, \bar{n} \cdot m \cdot \overline{v^2}$$

(*p* Gasdruck, $\bar{n}$ Teilchendichte, *m* Molekülmasse, $\overline{v^2}$ Mittel der Quadrate aller vorkommenden Geschwindigkeiten). Anstelle von $\bar{n}$ schreibt man auch N/V, wobei N die Gesamtzahl der im Volumen V vorkommenden Teilchen ist. Man erkennt, daß der Gasdruck p bei konstantem Gasvolumen der mittleren kinetischen Energie der Moleküle proportional ist.

2. Nach Multiplikation mit V ergibt sich:

$$p \cdot V = \frac{2}{3} \cdot N \cdot \frac{m}{2} \, \overline{v^2} \, .$$

Dies ergibt zusammen mit der idealen Gasgleichung ($p \cdot V = n \cdot R \cdot T$; mit n Zahl der Mole):

$$T = \frac{2N}{3nR} \cdot \frac{m}{2} \cdot \overline{v^2} \, ,$$

wobei T die absolute Temperatur und R die ↑ Gaskonstante bedeuten.

Da $m/2 \cdot \overline{v^2}$ gleich der mittleren kineti-Energie $\bar{\epsilon}$ der Moleküle ist, ist die absolute Temperatur eines idealen Gases proportional der mittleren kinetischen Energie $\bar{\epsilon}$ seiner Moleküle.

3. Für die mittlere kinetische Energie $\bar{\epsilon}$ eines Moleküls gilt demnach:

$$\bar{\epsilon} = \frac{3}{2} \frac{nR}{N} \cdot T.$$

Nun ist N/n die Zahl der Moleküle pro Mol, also gleich der ↑ Avogadro-Konstanten N_A, und da R/N_A gleich der Boltzmann-Konstante k ist, erhält man: man:

$$\bar{\epsilon} = \frac{3}{2} kT.$$

Durch eine entsprechende Ersetzung von R durch k erhält man übrigens eine alternative Form der idealen Gasgleichung (↑ Zustandsgleichungen):

$$p \cdot V = NkT \quad (N \text{ Teilchenzahl}).$$

4. Die *wahrscheinlichste* Geschwindigkeit $\tilde{v}$ beträgt:

$$\tilde{v} = \sqrt{\frac{2k \cdot T}{m}}$$

Die *mittlere* Geschwindigkeit $\bar{v}$ beträgt

$$\bar{v} = \sqrt{\frac{3k \cdot T}{m}}$$

5. Für zwei Gase mit dem Molekulargewichten m_1 und m_2 verhalten sich bei konstanter Temperatur T die mittleren Geschwindigkeitsquadrate umgekehrt wie die zugehörigen Molekulargewichte:

$$\frac{m_1}{m_2} = \frac{\overline{v_2}^2}{\overline{v_1}^2} \, .$$

Kirchhoffsche Regeln, von *G.R. Kirchhoff* aufgestellte Regeln zur Berechnung der Strom- und Spannungsverhältnisse in elektrischen Leitersystemen:

1. Die *Knotenregel*: Die Summe der Stromstärken der ankommenden Ströme ist in jedem Punkt des Leitersystems gleich der Summe der Stromstärken der abfließenden Ströme.

2. Die *Maschenregel*): In jedem (beliebig herausgegriffenen) in sich geschlossenen Teil des Leitersystems ist die Summe der Teilspannungen gleich der Summe der Leerlaufspannungen der in dieser geschlossenen Masche enthaltenen Stromquellen.

Klang, ein Tongemisch (↑ Ton), bei dem die Frequenzen der einzelnen Töne ganzzahlige Vielfache (Obertöne) der Frequenz des tiefsten vorhandenen Tones (Grundton) sind.

Klangfarbe, die durch Anzahl und Stärke der wahrnehmbaren Obertöne bedingte charakteristische Zusammensetzung eines Klangs, die insbesondere bei Musikinstrumenten eine Rolle spielt.

Klemmenspannung, Formelzeichen U_K, Spannung, die zwischen den Klemmen einer Stromquelle gemessen wird. In einem geschlossenen Stromkreis erzeugt die Stromquelle einen Strom, der auch durch die Quelle selbst fließt. Da jede Stromquelle einen gewissen *Innenwiderstand* R_i besitzt, erfolgt bei Stromfluß an diesem ein Spannungsabfall. Hat die

Stromquelle die Eigenspannung U_{EMK}, so herrscht also zwischen den Klemmen der Quelle eine Klemmenspannung $U_K = U_{EMK} - R_i I$, wenn I der im Stromkreis fließende Strom ist. Bei offenem Stromkreis ($I = 0$) ist die Klemmenspannung gleich der Eigenspannung U_{EMK}. Man nennt sie in diesem Fall auch *Leerlaufspannung*.

kohärent heißen zwei oder mehrere Lichtwellenzüge, wenn zwischen ihnen an irgendeinem beliebigen Raumpunkt eine ganz bestimmte zeitlich unveränderliche Phasenbeziehung besteht. Nur zwischen kohärenten Lichtwellenzügen können *Interferenzerscheinungen* auftreten. Das von einer *natürlichen* Lichtquelle ausgesandte Licht ist (anders als beim ↑ Laser) im allgemeinen nicht kohärent (*inkohärent*), da die einzelnen Atome völlig unabhängig voneinander Lichtwellenzüge aussenden, wobei die Ausstrahlungsdauer jeweils nur etwa 10^{-8} Sekunden beträgt. Zwar haben die zur gleichen Zeit von verschiedenen Atomen ausgestrahlten Wellenzüge untereinander eine zeitlich konstante Phasenbeziehung, diese Kohärenz besteht jedoch nur für die Zeit der Ausstrahlungsdauer (10^{-8} s), die danach ausgestrahlten Wellenzüge besitzen dann im allgemeinen eine andere (wieder nur für 10^{-8} s konstante) Phasenbeziehung. Zwei kohärente Lichtwellen längerer Dauer erzeugt man in der Praxis dadurch, daß man das von einer Lichtquelle ausgehende Licht an zwei Spiegeln in zwei Teilwellen zerlegt. Die beiden Teilwellen sind dann kohärent und zeigen Interferenzerscheinungen unter der Voraussetzung, daß der Unterschied zwischen den von ihnen zurückgelegten untereinander verschiedenen Wegen nicht größer ist als die Interferenzlänge (↑ Interferenz).
Der Begriff der Kohärenz bezieht sich nicht nur auf Lichtwellen, sondern auf alle vorkommenden Wellenarten.

kohärentes Einheitensystem, ein Einheitensystem, in dem sich alle abgeleiteten Einheiten als reine Potenzprodukte der Basiseinheiten (*Ausgangseinheiten*), also ohne Hinzufügen eines von 1 verschiedenen Zahlenfaktors darstellen lassen. Die so festgelegten Einheiten heißen *kohärente Einheiten*. Im Gegensatz dazu bezeichnet man eine Einheit, die sich nur durch ein mit einem von 1 verschiedenen Zahlenfaktor versehenes Potenzprodukt der Basiseinheiten darstellen läßt als *inkohärente (nichtkohärente) Einheit*.
Beispiel: Die Leistungseinheit 1 Watt läßt sich als abgeleitete Einheit mit den Basiseinheiten des Internationalen Einheitensystems (SI) folgendermaßen darstellen:

$$1 \text{ Watt} = 1 \text{ N} \cdot \text{m} \cdot \text{s}^{-1}.$$

Es handelt sich also um eine bezüglich des Internationalen Einheitensystems kohärente Einheit. Nicht kohärent bezüglich des Internationalen Einheitensystems ist die früher verwendete Leistungseinheit PS (Pferdestärke), weil zu ihrer Darstellung der Zahlenfaktor 735,5 erforderlich ist:

$$1 \text{ PS} = 735,5 \text{ N} \cdot \text{m} \cdot \text{s}^{-1}.$$

Kohäsionskräfte, die zwischen den ↑ Molekülen ein und desselben Stoffes wirkenden Molekularkräfte. Sie bewirken die *Kohäsion*, d.h. den Zusammenhalt eines Körpers; sie müssen überwunden werden, wenn man den betreffenden Körper zerreißen, zerbrechen oder zerschneiden will. Die Kohäsionskräfte sind am größten bei festen Körpern, wesentlich kleiner bei flüssigen und sehr klein bei fasförmigen Körpern. Die Kohäsionskräfte wirken nur über sehr geringe Entfernungen hinweg. Deshalb ist es praktisch nicht möglich, die Teile eines zerbrochenen festen Körpers durch einfaches Aneinanderpressen wieder zu vereinigen. (Die zum Wirken der Kohäsionskräfte erforderliche geringe Entfernung zwischen den Molekülen beiderseits der Bruchfläche läßt sich dabei in der Regel nicht erreichen.) Die Vereinigung der Bruchstücke ist jedoch möglich, wenn man sie an der Bruchstelle kurzzeitig zum Schmelzen bringt, wobei die Moleküle die zum Wirken der *Kohäsionskräfte* erforderliche geringe Entfernung untereinander erreichen. Beim Zusammenfügen der Bruchstücke mit Leim, Klebstoff oder Kitt, beruht die Wirkung auf den ebenfalls zu den Molekularkräften gehörenden ↑ Adhäsionskräften.

Koinzidenz, das zeitliche Zusammenfallen zweier Ereignisse.

Kolbendampfmaschine, Vorrichtung zur Umwandlung von Wärmeenergie in mechanische Energie. Der Betriebsstoff (z.B. Kohle, Öl oder Gas) wird zunächst in einer gesonderten Kesselanlage verbrannt. Die dabei freiwerdende Wärmeenergie dient zur Erzeugung von Wasserdampf mit möglichst hoher Temperatur und möglichst hohem Druck. Dieser Wasserdampf wird dann über eine Rohrleitung in einen Zylinder geleitet, in dem sich ein beweglicher Kolben befindet. Hier dehnt sich der Dampf aus und drückt dabei den Kolben weg (Abb. 201a). Ist der Kolben am Ende des Zylinders angekommen, d.h. hat er seinen *Tot-* oder *Umkehrpunkt* erreicht (Abb. 201b), dann kann der nun entspannte Dampf entweichen, die Frischdampfzufuhr wird umgesteuert. Frischer Dampf tritt nun auf der anderen Seite des Kolbens ein und schiebt ihn wieder in Richtung zu seinem Ausgangspunkt zurück (Abb.201c), bis er schließlich seinen anderen Umkehrpunkt erreicht (Abb.201d). Eine Kolbendampfmaschine dieser Art nennt man *doppeltwirkend*, weil die Kraft des sich entspannenden Dampfes wechselweise auf *beide Seiten* des Kolbens wirkt. Während der Kolben auf der einen Seite geschoben wird, drückt er auf der anderen Seite den entspannten Dampf aus dem Zylinder heraus.

Die Umsteuerung des Dampfes, d.h. das Hineinleiten des Frischdampfes auf die entsprechende Kolbenseite und das Auslassen des entspannten Dampfes auf der anderen Seite, besorgt ein Steuerapparat, der sogenannte *Schieber*. Die gebräuchlichste Schieberart stellt der *Flachschieber* dar (Abb.202). Er überdeckt wechselseitig den Dampfeintritts- bzw. Dampfaustrittsschlitz. Im Verlauf der Kolbenbewegung öffnet der Schieber auf der einen Seite den Schlitz für den Eintritt des Frischdampfes und auf der anderen Seite den Schlitz für den Austritt des verbrauchten, d.h. entspannten Dampfes (Abb. 202a und 202b). Der Schieber muß also immer so stehen, daß er die arbeitende Kolbenseite mit dem Frischdampf und die ausstoßende Kolbenseite mit dem Abdampfaustritt verbindet. Die Steuerung des Schiebers erfolgt durch ein von der Kurbelwelle ausgehendes Gestänge (Abb. 203). Der Abdampf strömt entweder direkt ins Freie (z.B. bei der Dampflokomotive) oder in einen Kondensator, wo er wieder in den flüssigen Aggregatzustand übergeht und erneut als Kesselspeisewasser verwendet werden kann. Bei den sogenannten *Verbundmaschinen* wird der Abdampf noch in einen oder mehrere weitere Zylinder geleitet, in denen er sich stufenweise bis zum Atmosphärendruck entspannt.

Die Bewegung des Kolbens kann über einen Kreuzkopf und eine Pleuelstange in eine Drehbewegung umgewandelt werden, wobei ein Schwungrad eine stoßfreie Umdrehung garantiert.

Der *Wirkungsgrad* einer Kolbendampfmaschine, d.h. das Verhältnis von abgegebener mechanischer Energie zu der durch den Brennstoff zugeführten Wärmeenergie beträgt im günstigsten Falle 18%. Das heißt, nur 18% der über den Verbrennungsstoff zugeführten Wärmeenergie wird in mechanische Arbeit umgewandelt, die restlichen 82% gehen ungenutzt in die umgebende Atmosphäre (↑ Wärmeenergiemaschinen).

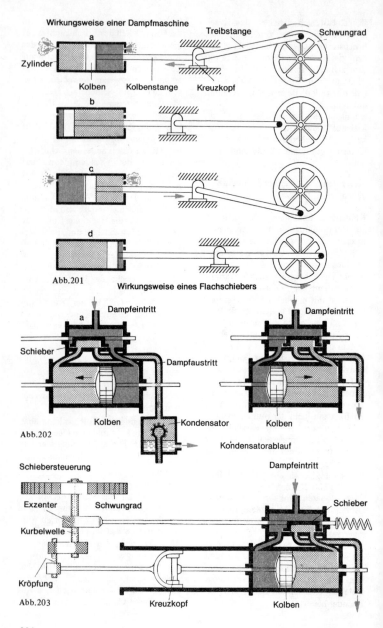

Wirkungsweise einer Dampfmaschine

Treibstange — Schwungrad

a

Zylinder — Kolben — Kolbenstange — Kreuzkopf

b

c

d

Abb. 201

Wirkungsweise eines Flachschiebers

a Dampfeintritt

Schieber — Dampfaustritt

Kolben — Kondensator

Abb. 202

b Dampfeintritt

Kolben

Kondensatorablauf

Schiebersteuerung

Dampfeintritt

Exzenter — Schwungrad

Schieber

Kurbelwelle

Kröpfung

Abb. 203

Kreuzkopf — Kolben

220

Kolbenprober, zylinderförmiges Glasgefäß mit Anschlußstutzen für Schlauchleitungen, in dem sich ein dichtschließender Kolben hin und her bewegen kann. Der Kolbenprober wird vorwiegend zur Demonstration und Messung von Drucken in Gasen und Flüssigkeiten verwendet.

Kollektor, koaxial auf der Welle eines ↑ Generators oder ↑ Elektromotors aufsitzender Bauteil. Die Stromzufuhr oder Stromabnahme erfolgt über Kupferdrahtbürsten oder Kohlen, die auf dem Kollektor schleifen. Abb.204 zeigt einen Schleifringkollektor, der bei der Abnahme von Wechselspannungen bei einem Generator verwendet wird, während in Abb.205 ein Lamellenkollektor dargestellt ist, der zur Erzeugung von Gleichspannung bei Generatoren verwendet wird.

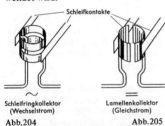

Schleifkontakte

Schleifringkollektor
(Wechselstrom)
Abb.204

Lamellenkollektor
(Gleichstrom)
Abb.205

Komet, Himmelskörper, der in Sonnennähe (d.h. wenn er von der Erde aus beobachtbar ist) einen Schweif besitzt. Die Bahnen der Kometen sind langgestreckte Ellipsen oder nahezu Parabeln, in deren einem Brennpunkt die Sonne steht. Die meiste Zeit seines Umlaufs verbringt der Komet fern von der Sonne. In Sonnennähe verdampfen Teile des aus Stein und einer Art „Eis" bestehenden Kometenkopfes, die entstehenden Gase werden von einer von der Sonne ausgehenden Teilchenstrahlung (*Sonnenwind*) fortgeblasen und zum Leuchten angeregt. Der Kometenschweif zeigt also immer von der Sonne weg.

kommunizierende Röhren (*verbundene Gefäße*), mit Flüssigkeit gefüllte Gefäße, die nach Art der Abb.206 miteinander verbunden sind. *Gleichgewicht* herrscht gemäß Abb.207, wenn an jeder Stelle der Verbindungsröhre der von der Flüssigkeit im linken Gefäßteil erzeugte Druck p_1 gleich dem von der Flüssigkeit im rechten Gefäßteil erzeugten Druck p_2 ist: $p_1 = p_2$.

Der Druck p in einer ruhenden Flüssigkeit ist aber gleich dem Produkt aus

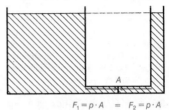

$$F_1 = p \cdot A = F_2 = p \cdot A$$
Abb.206

der Wichte γ der Flüssigkeit und der Tiefe h unter der Flüssigkeitsoberfläche (↑ hydrostatischer Druck). Es gilt also:

$$p = \gamma \cdot h.$$

Die Gleichgewichtsbedingung für die kommunizierenden Röhren ergibt sich somit zu:

$$\gamma_1 \cdot h_1 = \gamma_2 \cdot h_2.$$

Ist $\gamma_1 = \gamma_2$ (Abb.206), dann ist auch $h_1 = h_2$, d.h. die Flüssigkeit steht in beiden Gefäßteilen gleich hoch. Ist dagegen $\gamma_1 \neq \gamma_2$ (Abb.207), dann ergibt

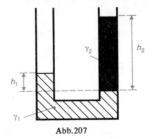

Abb.207

221

sich für das Verhältnis der beiden Wichten:

$$\frac{\gamma_1}{\gamma_2} = \frac{h_2}{h_1} \ .$$

Ist die Wichte γ_2 einer der beiden Flüssigkeiten bekannt, so läßt sich die Wichte γ_1 der anderen bestimmen aus der Beziehung:

$$\gamma_1 = \frac{h_2}{h_1} \cdot \gamma_2.$$

Kompensationsschaltung, Schaltung zur Bestimmung einer unbekannten Gleichspannung durch Vergleich mit der bekannten Spannung einer Spannungsquelle (Abb.208). Der volle Widerstand eines Schiebewiderstands liegt an der Spannungsquelle mit der unbekannten Spannung U_x, ein Teil davon an der bekannten Spannungsquelle U. Das Verhältnis R_2/R_1 des Schiebewiderstands wird nun so reguliert, daß durch den Kreis A kein Strom fließt (↑ Nullmethode), das Galvanometer also keinen Ausschlag zeigt. Dann gilt: $I_1 = I_2 = I$ und nach dem 2. Kirchhoffschen Gesetz

in A: $\quad U = IR_1$
in B: $\quad U_x = I(R_1 + R_2)$.

Durch Einsetzen folgt:

$$U_x = U \frac{R_1 + R_2}{R_1} = U\left(\frac{R_2}{R_1} + 1\right)$$

Kennt man neben U noch das Verhältnis R_2/R_1, so ist U_x bestimmt.

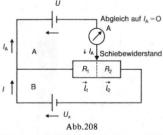

Abb.208

Kompressibilität, Formelzeichen κ, Maß für die Zusammendrückbarkeit eines Körpers unter dem Einfluß eines Druckes. Ist V das ursprüngliche Volumen des Körpers und ΔV die durch die Druckänderung Δp bewirkte Änderung des ursprünglichen Volumens, dann bezeichnet man als Kompressibilität den Quotienten aus der relativen Volumenänderung $\Delta V/V$ und der Druckänderung Δp:

$$\kappa = \frac{\Delta V}{V \cdot \Delta p}$$

Bei festen und flüssigen Körpern ist die Kompressibilität sehr klein, während sie bei Gasen sehr große Werte annimmt. Der Kehrwert der Kompressibilität wird als *Kompressionsmodul* (Formelzeichen K) bezeichnet:

$$K = \frac{1}{\kappa} \ .$$

Kompression, die Verringerung des Volumens eines Körpers, zumeist eines Gases, unter dem Einfluß eines (allseitig einwirkenden) Druckes (↑ Zustandsänderung).

Kondensationskerne, in der Luft schwebende mikroskopisch kleine Teilchen, an denen bei einer relativen Luftfeuchtigkeit von 100% (wenn also die Luft mit Wasserdampf gesättigt ist) die Kondensation des Wasserdampfes beginnt. Ohne Vorhandensein solcher Kerne kommt in der Regel selbst bei Übersättigung der Luft mit Wasserdampf keine Kondensation zustande.

Kondensator, System von zwei voneinander isolierten Leitern. Lädt man den Kondensator z.B. durch Anlegen einer Gleichspannung U auf, so bildet sich zwischen den Leitern ein elektrisches Feld aus. Nach dem Trennen von der Spannungsquelle trägt der eine Leiter die positive Ladung Q, der andere die negative Ladung $-Q$. Zwischen den Leitern herrscht die Spannung U.
Die Spannung U mißt man mit einem statischen ↑ Voltmeter, die Ladung Q,

indem man den Kondensator über ein ↑ Galvanometer entlädt.

Untersucht man den Zusammenhang zwischen der Spannung U und der Ladung Q durch Anlegen verschiedener Spannungen und Messen der dazugehörenden Ladungen Q, so ergibt sich $Q \sim U$, d.h.

$$\boxed{\frac{Q}{U} = \text{konst.} = C}$$

Die für einen Kondensator charakteristische Konstante C heißt die *Kapazität* eines Kondensators. *SI-Einheit* der Kapazität: 1 Farad (F). *Festlegung*: 1 Farad ist gleich der elektrischen Kapazität eines Kondensators, der durch die Elektrizitätsmenge 1 Coulomb (C) auf die elektrische Spannung 1 Volt (V) aufgeladen wird:

$$1\,F = 1\,\frac{C}{V} = 1\,\frac{As}{V}\,.$$

Weitere Einheiten sind:

1 Millifarad (mF) $= 10^{-3}\,F$
1 Mikrofarad (μF) $= 10^{-6}\,F$
1 Nanofarad (nF) $= 10^{-9}\,F$
1 Picofarad (pF) $= 10^{-12}\,F$

Füllt man den Zwischenraum eines Kondensators mit verschiedenen ↑ Isolatoren, so mißt man unterschiedliche Kapazitäten: Die Kapazität eines Kondensators hängt also vom Isolator ab, der sich zwischen den beiden Leitern befindet. Einen solchen Isolator nennt man *Dielektrikum*. Vergleicht man bei verschiedenen Kondensatoren die Kapazität $C_{\text{diel.}}$ des ganz mit einem bestimmten Dielektrikum gefüllten Kondensators mit der Kapazität C_0 des leeren Kondensators (Luft, im Idealfall Vakuum), so ergibt sich: $C_{\text{diel.}} \sim C_0$. Daraus folgt:

$$\boxed{\frac{C_{\text{diel.}}}{C_0} = \text{konst.} = \epsilon}$$

Die Konstante ϵ ist eine Materialkonstante. Man bezeichnet sie als *Dielek-*

trizitätskonstante, sie ist eine Verhältniszahl und besitzt keine Maßeinheit.

Tabelle verschiedener Dielektrizitätskonstanten (bei 18°C):

Vakuum	1,0
Luft	1,00059
Benzol	2,24
Kaliumchlorid	4,94
Wasser	81,1
Glyzerin	56,2
Metylalkohol	31,2
Eis ($-20°C$)	16
Ammoniak (0°C)	1,007
Petroleum	2
Porzellan	2-6
Glas	6-8
Keramische Spezialmassen	bis 4000

Die Veränderung der Kapazität eines Kondensators durch Einbringen eines Dielektrikums kommt durch elektrische Vorgänge im Innern der Moleküle des Dielektrikums zustande (↑ Plattenkondensator).

Der Kondensator hat vielfache Verwendung als Schaltelement. In Schaltplänen wird er durch das Symbol ⊣⊢ gekennzeichnet. Entlädt man den Kondensator, so fließt ein von der Zeit abhängiger Strom. Dieser Strom kann Arbeit verrichten. Der geladene Kondensator besitzt somit Energie. Um diese Energie zu bestimmen, soll zunächst der Vorgang beim Laden und Entladen des Kondensators untersucht werden:

Während des *Aufladungsvorgangs* fließt ein zeitabhängiger Strom $I(t)$ zwischen den Leitern des Kondensators und den

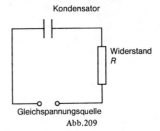

Kondensator

Widerstand R

Gleichspannungsquelle

Abb. 209

Polen der Spannungsquelle. Der Kondensator werde über einen Widerstand R aufgeladen (Abb.209). Dabei teilt sich die Spannung U_s der Spannungsquelle folgendermaßen auf:

$$U_s = U_R + U_C$$

(U_R Spannung, die am Widerstand R anliegt, U_C Spannung, die am Kondensator anliegt).
Die Restspannung liegt am Kondensator: $U_C = U_s - U_R = U_s - I \cdot R$. Nun gilt für den Kondensator $U = Q/C$ (s.o.), nach Einsetzen und Umformen erhält man:

$$U_s = \frac{Q}{C} + I \cdot R$$

und daraus durch Differentiation:

$$0 = \frac{1}{C}\,\frac{\mathrm{d}Q}{\mathrm{d}t} + R\,\frac{\mathrm{d}I}{\mathrm{d}t}\ .$$

Berücksichtigt man, daß $I = \mathrm{d}Q/\mathrm{d}t$, so erhält man nach einigen Umformungen:

$$\frac{\mathrm{d}I}{I} = -\frac{1}{RC}\ \mathrm{d}t.$$

Integration der Gleichung liefert:

$$\ln I = -\frac{1}{RC}\ t + K$$

(K Integrationskonstante).
Daraus folgt:

$$e^{\ln I} = e^{-\frac{1}{RC}t + K}$$

bzw.

$$I = e^{\frac{-t}{RC}} \cdot e^{K}.$$

Bezeichnet man den Strom, der zur Zeit $t = 0$ fließt, mit I_0, so ergibt sich schließlich:

$$I = I_0\, e^{-\frac{t}{RC}}$$

Abb.210 zeigt den charakteristischen Verlauf des Aufladungsstroms I.

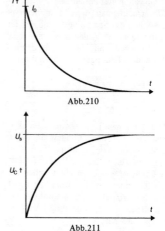

Abb.210

Abb.211

Auf ähnliche Weise wie oben läßt sich ein Gesetz über den zeitlichen Verlauf der Kondensatorspannung U_C beim Aufladen herleiten. Es gilt:

$$U_C = U_s \left(1 - e^{-\frac{t}{RC}}\right)$$

(U_C Kondensatorspannung, U_s Spannung der Spannungsquelle).
Abb.211 zeigt den charakteristischen Verlauf der Spannung U_C während des Aufladungsvorgangs. Auf ähnliche Art wie bei der Bestimmung des *Auflade-stroms* eines Kondensators lassen sich Gesetze über den zeitlichen Verlauf des Stroms $I(t)$ und der Spannung $U_C(t)$ am Kondensator während der *Entladung* bestimmen. Man erhält:

$$I = I_0\, e^{-\frac{t}{RC}}$$

und

$$U_C = U_0\, e^{-\frac{t}{RC}}\ .$$

Dieser beim Entladen fließende Strom

224

I verrichtet im Zeitintervall Δt die ↑ Arbeit *W*. Für *W* gilt:

$$W = \int_0^{\Delta t} I^2 R \, dt$$

Die Arbeit *W*, die der Strom *I(t)* verrichtet, ist im geladenen Kondensator als Energie gespeichert. Um die *gesamte* Energie zu erfassen, muß *I(t)* während eines *sehr langen* Zeitintervalls berücksichtigt werden ($\Delta t \rightarrow \infty$). Für die Energie erhält man damit: erhält man damit:

$$W = \int_0^\infty I_0^2 \cdot e^{-\frac{2}{RC} \cdot t} \cdot R \, dt.$$

Integration ergibt:

$$W = -R \cdot \frac{RC}{2} \cdot I_0^2 \cdot \left[e^{-\frac{2t}{RC}} \right]_0^\infty$$

Durch Einsetzung der Intervallgrenzen folgt:

$$W = \frac{R^2 C}{2} I_0^2 \cdot$$

Nach dem ↑ Ohmschen Gesetz $U_0 = I_0 \cdot R$ erhält man

$$W = \frac{1}{2} \cdot C \cdot U_0^2$$

und unter Berücksichtigung der Beziehung $C = Q/U_0$ ergibt sich schließlich für die Energie *W*:

$$W = \frac{1}{2} \cdot Q \cdot U_0$$

oder

$$W = \frac{1}{2} \frac{Q^2}{C} \cdot$$

kondensieren, Übergang eines Körpers vom gasförmigen in den flüssigen ↑ Aggregatzustand (↑ Verdampfen).

Kondensor, 1. bei ↑ *Projektionsapparaten* eine Sammellinse (zumeist in Form zweier mit den gewölbten Seiten einander zugewandter plan-konvexer Linsen), deren Aufgabe es ist, die von der Lichtquelle ausgehenden Strahlen so zu bündeln, daß eine möglichst intensive und gleichmäßige Ausleuchtung des Bildfeldes (Diapositivs) erfolgt. 2. bei ↑ *Dampfmaschinen* und ↑ *Dampfturbinen* eine Vorrichtung zur Überführung des (entspannten) Abdampfes in den flüssigen ↑ Aggregatzustand. Das dabei entstehende (destillierte) Wasser wird erneut als Kesselspeisewasser verwendet.

Konduktor, isoliert aufgestellter Leiter, der zur Speicherung von elektrischer Ladung dient (↑ Bandgenerator).

Konkavlinse, eine ↑ Linse, die in der Mitte dünner ist als am Rand; sie wirkt als Zerstreuungslinse, wenn das Linsenmaterial optisch dichter ist als die Umgebung.

konservatives System, ein physikalisches System (z.B. ein System von Massenpunkten), in dem der Satz von der Erhaltung der *mechanischen* Energie gilt. In einem solchen System können beispielsweise keine Reibungskräfte auftreten, weil durch sie stets ein Teil der mechanischen Energie in Wärmeenergie umgewandelt wird. Die in einem konservativen System wirkenden Kräfte werden als *konservative Kräfte* bezeichnet. Beispiele für konservative Kräfte sind die Gravitationskraft und die Kräfte zwischen elektrisch geladenen bzw. magnetischen Körpern.

Konsonanz, Zusammenklang zweier Töne, der vom menschlichen Gehör als wohlklingend empfunden wird. Die Konsonanz ist umso vollkommener, je kleiner die Zahlen sind, durch die sich das Frequenzverhältnis der beiden zusammenklingenden Töne darstellen läßt. Zu den Konsonanzen rechnet man heute allgemein solche Tonpaare, zwischen denen die folgenden Intervalle bestehen:

Intervall	Frequenzverhältnis
Oktave	2:1
Quinte	3:2
Quarte	4:3
Sexte	5:3
große Terz	5:4
kleine Terz	6:5

konvergent, zusammenlaufend. Konvergente Lichtstrahlen sind Strahlen, die auf einen gemeinsamen Schnittpunkt zulaufen.

Konvexlinse, eine ↑ Linse, die in der Mitte dicker ist als am Rande; sie wirkt als Sammellinse, wenn das Linsenmaterial optisch dichter ist als die Umgebung.

Kopplung, gegenseitige Beeinflussung zweier oder mehrerer physikalischer Systeme, z.B. zweier Pendel. Bei einer mechanischen Kopplung wird die Energie durch mechanische *Koppelglieder* (z.B. Schraubenfeder) von einem System auf das andere wechselweise übertragen. Je nach der Stärke der gegenseitigen Beeinflussung, die durch den sogenannten *Kopplungsgrad* oder *Kopplungsfaktor* gemessen wird, spricht man von einer *losen Kopplung* oder von einer *festen Kopplung*.

Körperfarbe, die Farbe eines nicht selbstleuchtenden Körpers. Sie kommt dadurch zustande, daß der betreffende Körper nicht das gesamte auf ihn fallende Licht reflektiert (bzw. hindurchgehen läßt), sondern nur bestimmte Farbanteile. Ein roter Stoff erscheint beispielsweise nur deshalb als rot, weil er von dem auf ihn fallenden Licht nur die roten Anteile reflektiert, die übrigen Farbanteile aber verschluckt. Derselbe rote Stoff erscheint folglich schwarz, wenn in dem auf ihn fallenden Licht keinerlei rote Bestandteile enthalten sind. Die Farbe eines Körpers ist also nicht an sich vorhanden, sie kommt erst zustande, wenn der Körper von einer Lichtquelle beleuchtet wird, deren Licht diejenigen Farbanteile enthält, die der betreffende Körper reflek-

tiert (bzw. hindurchgehen läßt).
Körper, die das gesamte auf sie fallende Licht reflektieren, erscheinen weiß.
Körper, die das gesamte auf sie fallende Licht verschlucken, erscheinen schwarz.

Korpuskularstrahlen, aus bewegten Teilchen bestehende Strahlen, wie Elektronen-, Ionen-, Neutronen-, Alpha- und Betastrahlen, auch Atom-, Molekular-, Kanal- und Kathodenstrahlen. Obwohl nach dem ↑ Dualismus von Welle und Korpuskel auch den Wellenstrahlen ein gewisser Korpuskularcharakter zukommt, zählt man i.a. zu den Korpuskularstrahlen nur die Strahlen von Teilchen mit nicht verschwindender ↑ Ruhmasse (mit Ausnahme des Neutrinos), die sich stets mit geringer als Lichtgeschwindigkeit bewegen. Korpuskularstrahlen aus geladenen Teilchen haben eine definierte Reichweite und sind in elektrischen und magnetischen Feldern ablenkbar.

Kraft, Formelzeichen $\vec{F}$, Ursache für die ↑ Beschleunigung oder die Verformung eines Körpers. Kräfte kann man nur an ihren *Wirkungen* erkennen. Überall, wo eine Kraft auftritt, erfolgt eine Beschleunigung bzw. eine Verformung; umgekehrt kann man aus jeder Beschleunigung oder Verformung auf eine Kraft schließen. Die Kraft ist ein Vektor. Zu ihrer Beschreibung ist die Angabe ihres *Betrages*, ihrer *Richtung* und ihrer *Wirkungslinie* erforderlich. Auf den Ort des *Angriffspunktes* einer Kraft auf ihrer Wirkungslinie kommt es nur bei der Verformung eines Körpers an. Für Kräfte, die an starren Körpern angreifen, gilt dagegen der sogenannte *Verschiebungssatz.* Er lautet: Der Angriffspunkt einer Kraft kann beliebig längs ihrer Wirkungslinie verschoben werden, ohne daß ein bestehendes Gleichgewicht mit anderen Kräften gestört wird bzw. ohne daß sich die von ihr verursachte Beschleunigung eines starren Körpers ändert.
Gemäß dem zweiten ↑ Newtonschen Axiom ist die Kraft $\vec{F}$ definiert als das

Produkt aus der (gleichbleibenden) Masse m eines Körpers und der Beschleunigung $\vec{a}$, die dieser Körper erfährt:

$$\vec{F} = m \cdot \vec{a}$$

Kann die Masse des Körpers während des betrachteten Vorgangs nicht als konstant angenommen werden, dann gilt das Newtonsche Kraftgesetz in der sogenannten *Impulsform*:

$$\vec{F} = \frac{d(m\,\vec{v})}{dt}$$

Dimension der Kraft:
$\dim \vec{F} = \dim m \cdot \dim \vec{a} = \mathsf{M} \cdot \mathsf{L} \cdot \mathsf{Z}^{-2}$.

SI-Einheit der Kraft ist 1 Newton (N).
Festlegung: 1 Newton (N) ist gleich der Kraft, die einem Körper der Masse 1 kg die Beschleunigung $1\ \mathrm{m/s^2}$ erteilt:

$$1\,\mathrm{N} = 1\ \frac{\mathrm{kg} \cdot \mathrm{m}}{\mathrm{s}^2}\ .$$

Kraftarm, der Abstand der Wirkungslinie einer auf einen drehbar gelagerten Körper (z.B. einen ↑ Hebel) wirkenden Kraft vom Drehpunkt bzw. von der Drehachse.

Kräftepaar, zwei Kräfte $\vec{F}_1$ und $\vec{F}_2$ mit gleichem Betrag ($F_1 = F_2 = F$), aber entgegengesetzter Richtung, deren Wirkungslinien nicht zusammenfallen. Zwei solche Kräfte können nicht durch eine einzige resultierende Kraft ersetzt werden (↑ Kräfteparallelogramm). Ein Kräftepaar übt auf einen starren Körper ein ↑ Drehmoment aus. Für seinen Betrag gilt die Beziehung:

$$M = r \cdot F$$

(*M* Betrag des Drehmoments, *F* Betrag der Kraft, *d* Abstand der Wirkungslinien der Kraft).

Kräfteparallelogramm (*Parallelogramm der Kräfte*), Konstruktionsverfahren bei der zeichnerischen Addition von zwei am selben Punkt eines Körpers angreifenden Kräften. Gemäß Abb. 212 konstruiert man dabei das von den beiden Kräften $\vec{F}_1$ und $\vec{F}_2$ aufgespannte Parallelogramm. Die *Summenkraft*
$$\vec{R} = \vec{F}_1 + \vec{F}_2$$
(auch *resultierende Kraft, Resultierende* oder *Resultante* genannt) ist dann nach Richtung und Betrag gleich der vom gemeinsamen Angriffspunkt der beiden Kräfte $\vec{F}_1$ und $\vec{F}_2$ ausgehenden Diagonale des Parallelogramms.

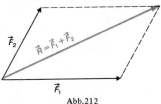

Abb. 212

Bei der zeichnerischen Addition von mehr als zwei am selben Punkt eines Körpers angreifenden Kräften geht man schrittweise so vor, daß man zuerst die Resultierende zweier Kräfte bildet, zu dieser die 3. Kraft addiert, darauf die so erhaltene Resultierende zu der 4. Kraft addiert usw. (Abb. 213).

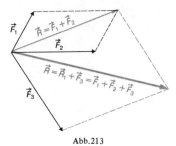

Abb. 213

Die Konstruktion des gesamten Parallelogramms und die damit verbundenen störenden Hilfslinien in der Konstruktionszeichnung lassen sich vermeiden, wenn man bei der Addition der Kräfte $\vec{F}_1$ und $\vec{F}_2$ den Kraftpfeil der Kraft $\vec{F}_1$ unter Parallelverschiebung mit seinem Schaft an die Spitze des Kraftpfeiles der Kraft $\vec{F}_2$ heftet. Der Kraftpfeil der Resultierenden $\vec{R}$ verläuft dann vom Schaft des Kraftpfeiles $\vec{F}_1$ zur Spitze des Kraftpfeiles $\vec{F}_2$. Er ist dann natürlich identisch mit der Diagonalen des von $\vec{F}_1$ und $\vec{F}_2$ aufgespannten Parallelogramms (Abb.214). Weil bei der Addi-

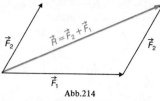

Abb.214

tion von Kräften das Vertauschungsgesetz gilt, kann man auch den Kraftpfeil $\vec{F}_1$ an die Spitze des Kraftpfeiles $\vec{F}_2$ setzen, ohne daß sich am Ergebnis der Kräfteaddition etwas ändert (Abb.

Abb.215

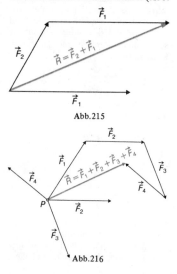

Abb.216

215). Das zuletzt geschilderte Verfahren ist besonders dann zu empfehlen, wenn mehr als zwei Kräfte zu addieren sind, weil es auf eine sehr übersichtliche Zeichnung führt (Abb.216).

Kräftezerlegung, die Aufspaltung einer Kraft in zwei oder mehrere *Teilkräfte* (*Komponenten*), wobei die Summe dieser Komponenten gleich der ursprünglichen Kraft ist. Gemäß dem ↑ Kräfteparallelogramm geht man bei der Zerlegung einer Kraft $\vec{F}$ in zwei Teilkräfte so vor, daß man ein Parallelogramm zeichnet, in dem die zu zerlegende Kraft $\vec{F}$ Diagonale ist. Die beiden vom Schaft des Kraftpfeils $\vec{F}$ ausgehenden Parallelogrammseiten sind dann nach Richtung und Betrag gleich den beiden Teilkräften $\vec{F}_1$ und $\vec{F}_2$ (Abb.217). Das Verfahren ist nicht eindeutig, weil sich unendlich viele verschiedenen Parallelo-

Abb.217

gramme zeichnen lassen, die eine gegebene Strecke als Diagonale haben (Abb.218).
Eine eindeutige Kräftezerlegung ergibt sich, wenn die Richtungen der beiden Teilkräfte vorgegeben sind. So wird

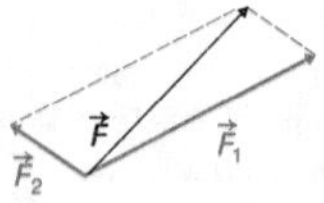

Abb.218

z.B. in Abb.219 die Gewichtskraft $\vec{G}$ eines auf einer schiefen Ebene befindlichen Körpers eindeutig in eine Komponente $\vec{F}_s$ senkrecht und eine Kom-

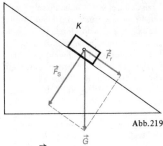

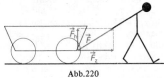

Abb.219

ponente $\vec{F}_p$ parallel zur schiefen Ebene zerlegt. Die auf die Deichsel eines Handwagens wirkende Kraft $\vec{F}$ wird gemäß

Abb.220

Abb.220 in eine Komponente $\vec{F}_h$ senkrecht zur Bewegungsrichtung (*Hubkomponente*) und in eine Komponente $\vec{F}_z$ parallel zur Bewegungsrichtung (*Zugkomponente*) aufgespalten. Beim Fadenpendel der Abb.221 wird die auf den Pendelkörper K wirkende Gewichtskraft $\vec{G}$ in eine den Pendelfaden spannende Komponente $\vec{F}_s$ längs der Fadenrichtung und in eine den Pendel-

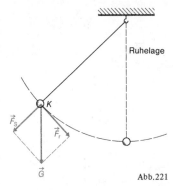

Ruhelage

Abb.221

körper zur Ruhelage treibende Komponente $\vec{F}_r$ in Bahnrichtung zerlegt.
Die Kräftezerlegung führt man in der Regel nicht praktisch, sondern nur gedanklich durch, sie dient dabei zur theoretischen Untersuchung von Kraftwirkungen.

Kraftfeld, ein Raum, in dem an jedem Punkte auf einen dort befindlichen Körper (Massenpunkt) eine nach Betrag und Richtung genau bestimmte Kraft ausgeübt wird. So stellt beispielsweise der Raum, der eine Masse m umgibt, ein Kraftfeld dar, weil darin auf eine andere Masse an jedem Ort eine nach Betrag und Richtung durch das Gravitationsgesetz festgelegte Kraft wirkt. Weitere Beispiele für Kraftfelder sind das magnetische und das elektrische ↑ Feld.

Kraftgesetz, mathematischer Zusammenhang zwischen einer Kraft oder einem Kräftepaar und einer oder mehreren geometrischen Größen wie z.B. den Lagekoordinaten oder der Formänderung eines Körpers. Hängt die Kraft nur von einer einzigen, lediglich in der ersten Potenz vorkommenden geometrischen Größe ab (z.B. Abstand von einem Festpunkt, Verlängerung eines Körpers), dann spricht man von einem *linearen Kraftgesetz*. Einem linearen Kraftgesetz gehorchen beispielsweise die bei einer elastischen Verformung auftretenden Rückstellkräfte (↑ Hookesches Gesetz). Das Vorliegen eines linearen Kraftgesetzes ist eine Voraussetzung für das Zustandekommen einer harmonischen Schwingung.

Kraftstoß (*Impuls*), Formelzeichen $\vec{P}$, Produkt aus der Kraft $\vec{F}$ und der Zeit t ihrer Einwirkung auf einen Massenpunkt:

$$\vec{P} = \vec{F} \cdot t$$

Der Kraftstoß ist ein *Vektor*, dessen Richtung mit der der Kraft überein-

229

stimmt. Ist die Kraft zeitabhängig, so zerlegt man die Zeitdauer t ihrer Einwirkung in hinreichend kleine Zeitabschnitte Δt, während der jeweils die Kraft als konstant angesehen werden kann. Es ergibt sich dann:

$$\vec{P} = \sum \vec{F} \cdot \Delta t$$

bzw. beim Übergang zu unendlich kleinen Zeitabschnitten:

$$\boxed{\vec{P} = \int \vec{F} \, dt.}$$

Die *Dimension* des Kraftstoßes ergibt sich definitionsgemäß zu:

$$\dim \vec{P} = \dim \vec{F} \cdot \dim t = \mathsf{M\,L\,Z}^{-1}.$$

Die *SI-Einheit* des Kraftstoßes ist:

1 Ns .

Wirkt ein Kraftstoß auf einen Massenpunkt, so ändert sich dessen ↑ Bewegungsgröße $\vec{p}$. Es gilt dabei:

$$\boxed{\Delta \vec{p} = \int\limits_{t_1}^{t_2} \vec{F} \, dt}$$

($\Delta \vec{p}$ Änderung der Bewegungsgröße, $\vec{F}$ Kraft, t_2-t_1 Zeitdauer der Einwirkung der Kraft). Der Kraftstoß ist also gleich der Änderung der Bewegungsgröße.

Dem Kraftstoß bei der fortschreitenden Bewegung (Translationsbewegung) entspricht das ↑ Antriebsmoment bei der Drehbewegung.

Kreisfrequenz, Formelzeichen ω, bei einem periodischen Vorgang, z.B. bei einer Schwingung das 2π-fache der Frequenz f:

$$\boxed{\omega = 2\pi f}$$

Mit der ↑ Schwingungsdauer T hängt die Kreisfrequenz wie folgt zusammen:

$$\boxed{\omega = \frac{2\pi}{T}} \quad \text{bzw.} \quad \boxed{T = \frac{2\pi}{\omega}}$$

Kreiswelle, eine von einem punktförmigen Erregerzentrum ausgehende Welle, die sich in einer durch das Erregerzentrum gehenden Ebene nach allen Seiten hin mit gleicher Geschwindigkeit ausbreitet. Die Wellenfronten einer solchen Kreiswelle sind Kreislinien, deren gemeinsamer Mittelpunkt das Erregerzentrum ist.

In großer Entfernung vom Erregerzentrum können hinreichend kleine Stücke der Wellenfronten einer Kreiswelle als geradlinig betrachtet werden.

Kristalldiode, elektrisches Schaltelemeht, das vor allem zur Gleichrichtung von Wechselspannungen dient. Bringt man einen p-Typ-Halbleiter mit einem n-Typ-Halbleiter zusammen, so nennt man diese Kombination eine Kristalldiode. (↑ Elektrizitätsleitung in Halbleitern). An der Grenzfläche zwischen beiden wandern *Löcher* aus dem p-Typ in den n-Typ und werden dort durch freie Elektronen neutralisiert. Umgekehrt wandern Elektronen aus dem n-Typ in den p-Typ und ergänzen sich dort mit den vorhandenen Löchern zu den neutralen Atomen. In der *Grenzschicht* kommt es somit zu einer Verarmung an freibeweglichen Ladungsträgern. Diese Grenzschicht kann man durch Anlegen einer Gleichspannung vergrößern bzw. aufheben. Bei Schaltung A kann kein Strom fließen:

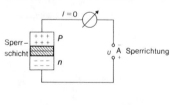

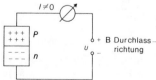

Die Diode sperrt. Bei Polung B können Elektronen und Löcher durch die Grenzfläche treten, es fließt ein Strom. Wird die Spannung U in B zu groß gewählt, so tritt eine lawinenartige Entladung im Kristall ein, ein sogenannter *Durchschlag*.

kritische Masse, Bezeichnung für die kleinste Menge spaltbaren Materials (↑ Kernspaltung), die nötig ist, damit eine ↑ Kettenreaktion abläuft.

Wird zum Beispiel durch ein Neutron ein Kern des Uranisotops ^{235}U gespalten und entstehen bei dieser Kernspaltung zwei oder drei Neutronen, die in der Lage wären, jeweils wieder eine Kernspaltung zu bewirken, so läuft eine Kettenreaktion nur dann ab, wenn immer mindestens eines der Neutronen auf einen ^{235}U-Kern trifft. Dazu muß genügend ^{235}U vorhanden sein, sonst kommt die Reaktion zum Erliegen. Für ^{235}U beträgt die kritische Masse etwa 50 kg. Denkt man sich diese Uranmasse in Kugelgestalt, so hat diese Kugel einen Durchmesser von etwa 17 cm.

kritischer Druck, derjenige Druck, durch den ein Gas, dessen Temperatur gleich seiner ↑ kritischen Temperatur ist, gerade noch in den flüssigen Aggregatzustand überführt werden kann. In der folgenden Tabelle sind die kritischen Drucke für einige Stoffe angegeben:

Stoff	kritischer Druck in Pa
Wasser	$2,21 \cdot 10^7$
Ammoniak	$1,13 \cdot 10^7$
Sauerstoff	$5,02 \cdot 10^6$
Propan	$4,24 \cdot 10^6$
Neon	$2,62 \cdot 10^6$
Wasserstoff	$1,29 \cdot 10^6$
Helium	$2,28 \cdot 10^5$

kritische Temperatur, diejenige Temperatur, oberhalb der ein Gas auch bei Anwendung höchster Drucke nicht mehr verflüssigt werden kann. Die kritische Temperatur ist von Gas zu Gas verschieden. In der folgenden Tabelle

sind die kritischen Temperaturen einiger Stoffe angegeben:

Stoff	kritische Temperatur in K
Wasser	647,30
Ammoniak	218,53
Propan	369,97
Sauerstoff	154,4
Argon	151
Neon	44,46
Wasserstoff	33,3
Helium	5,26

kritischer Zustand, Bezeichnung für den Zustand eines Stoffes, in dem zwei verschiedene ↑ Aggregatzustände gleichzeitig nebeneinander existieren, die jedoch physikalisch nicht mehr voneinander unterscheidbar sind.

Krümmungsmittelpunkt, bei einer sphärischen Linse oder einem sphärischen Spiegel der Mittelpunkt derjenigen Kugel, von deren Oberfläche die Linsenfläche bzw. die Spiegelfläche ein Teil ist. Der Radius dieser Kugel wird als *Krümmungsradius* bezeichnet.

Kugelkondensator, ↑ Kondensator mit folgendem Aufbau: Eine Metallkugel befindet sich isoliert im Innern einer metallischen Hohlkugel. Beim Aufladen

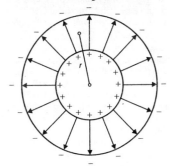

Abb.222

entsteht ein radialsymmetrisches elektrisches Feld (Abb. 222). Die ↑ *elektrische Feldstärke* im Kugelkondensator ergibt sich aus der folgenden Beziehung:

$$E = \frac{1}{4\pi\epsilon_0} \frac{Q}{r}$$

(E Betrag des Vektors der elektrischen Feldstärke, Q Ladung der positiv geladenen Kugel, r Abstand vom Mittelpunkt des Systems zu dem Punkt, in dem die Feldstärke gemessen wird, ϵ_0 Influenzkonstante, ϵ Dielektrizitätskonstante).

Die Kapazität C des Kugelkondensators läßt sich mit Hilfe des folgenden Gesetzes bestimmen:

$$C = 4\pi\epsilon\epsilon_0 \frac{R_a R_i}{R_a - R_i}$$

(R_i, R_a Radius der inneren bzw. äußeren Kugel).

Kugelspiegel, ein Spiegel, dessen reflektierende Fläche Teil einer Kugelfläche ist (↑ Hohlspiegel, ↑ Wölbspiegel).

Kugelwelle, eine von einem punktförmigen Erregerzentrum ausgehende Welle, die sich im Raum nach allen Seiten mit gleicher Geschwindigkeit ausbreitet. Die Wellenflächen einer solchen Kugelwelle sind Kugelflächen, deren gemeinsamer Mittelpunkt das Erregerzentrum ist.

In großer Entfernung vom Erregerzentrum lassen sich hinreichend kleine Bereiche einer Kugelwelle als *ebene Wellen* betrachten.

Kundtsche Röhre, Vorrichtung zur Erzeugung und Ausmessung von stehenden (Schall-)Wellen in Gasen (↑ stehende Wellen). In eine Glasröhre ragt ein in seiner Mitte eingespannter Metallstab, dessen der Röhre zugewandte Stirnfläche mit einer Scheibe versehen ist. Auf der gegenüberliegenden Seite ist die Glasröhre durch einen leicht verschiebbaren Kolben, den sogenannten *Abstimmkolben* verschlossen (Abb.223). Erregt man den Metallstab durch Reiben mit einem Lederlappen oder Anschlagen mit einem Hammer zu Längsschwingungen, so breitet sich von seiner Stirnfläche ausgehenden eine longitu-

dinale (Schall-)Welle in das Rohr hinein aus, die am Abstimmkolben in sich selbst reflektiert wird. Dabei kommt es immer dann zur Herausbildung einer

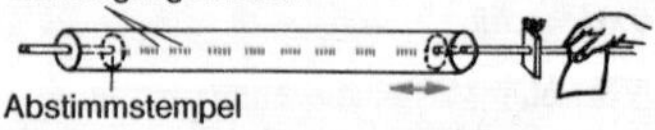

Abb.223

stehenden Welle, wenn zwischen der Wellenlänge λ und dem Abstand d zwischen Stirnfläche des Stabes und Abstimmkolben die Beziehung gilt:

$$d = (2n+1) \cdot \frac{\lambda}{4} \text{ mit } n = 0,1,2,3 \ldots$$

Das läßt sich durch Verschieben des Abstimmkolbens erreichen. Die stehende Welle kann sichtbar gemacht werden, wenn man vor dem Versuch feines Korkpulver gleichmäßig in der Röhre verteilt. An den Bewegungsbäuchen wird dieses Pulver durch die rasche Gasbewegung weggeschleudert und sammelt sich an den Bewegungsknoten an. Die so entstandenen regelmäßigen Figuren heißen *Kundtsche Staubfiguren.* Zur Sichtbarmachung der stehenden Welle spannt man oft auch einen dünnen Metalldraht längs der Rohrachse aus und bringt ihn durch einen elektrischen Stromfluß zur schwachen Rotglut. Durch die an den Bewegungsbäuchen stattfindende rasche Gasbewegung wird der glühende Draht abgekühlt und leuchtet dort nicht mehr. Der Abstand zweier benachbarter Bewegungsbäuche bzw. Bewegungsknoten läßt sich auf diese Art sehr viel genauer messen, als bei Verwendung von Korkpulver. Dieser Abstand ist aber gerade gleich der halben Wellenlänge (λ/2) der von dem schwingenden Stab im Füllgas der Kundtschen Röhre erzeugten Longitudinalwelle. Aus der Wellenlänge λ läßt sich bei bekannter Frequenz f der Stabschwingung die *Ausbreitungsgeschwindigkeit (Schallgeschwindigkeit)* c in diesem Gas bestimmen zu:

$$c = f \cdot \lambda$$

Ist dagegen die Ausbreitungsgeschwindigkeit c im Füllgas bekannt, dann läßt sich die Frequenz f der Stabschwingung aus der gemessenen *Wellenlänge* λ mit Hilfe der Beziehung

$$f = \frac{c}{\lambda}$$

ermitteln.

Bei gleicher Frequenz f gilt für das Verhältnis der Ausbreitungsgeschwindigkeiten c_1 und c_2 in zwei verschiedenen Gasen:

$$\frac{c_1}{c_2} = \frac{f \cdot \lambda_1}{f \cdot \lambda_2} = \frac{\lambda_1}{\lambda_2} .$$

Ist dabei die Schallgeschwindigkeit in einem der beiden Gase, also etwa c_2 bekannt, dann läßt sich die Schallgeschwindigkeit c_1 in dem anderen Gase bestimmen zu:

$$c_1 = \frac{\lambda_1}{\lambda_2} \cdot c_2 .$$

Auf diese Weise kann die Messung der Frequenz der Stabschwingungen umgangen werden.

Mit Hilfe derselben Beziehung läßt sich aus Messung der Wellenlänge λ_L in Luft und aus der Schallgeschwindigkeit c_L in Luft die Schallgeschwindigkeit c_{St} in dem Material bestimmen, aus dem der zum Schwingen erregte Metallstab besteht. Die Wellenlänge λ_{St} im Stab kann man dabei aus den geometrischen Abmessungen und der Art der Einspannung bestimmen. Es ergibt sich dann aber:

$$\frac{c_{St}}{c_L} = \frac{\lambda_{St}}{\lambda_L}$$

bzw.

$$c_{St} = \frac{\lambda_{St}}{\lambda_L} \cdot c_L .$$

Für den Fall, daß die Stabdicke klein gegenüber der Wellenlänge λ_{St} ist, gilt:

$$c_{St} = \sqrt{\frac{E}{\rho}}$$

(E Elastizitätsmodul des Stabmaterials, ρ Dichte des Stabmaterials).

Es läßt sich also E ermitteln aus der Beziehung:

$$E = c_{St}^2 \cdot \rho .$$

Kurzschlußläufer, ein in einem magnetischen Drehfeld drehbar gelagerter metallischer Käfig. Er besteht aus zwei Aluminiumscheiben, die durch eine Reihe dicker Drähte miteinander verbunden sind (Abb.224). Durch das umgebende Magnetfeld werden in den Drähten Induktionsströme erzeugt, die ihrerseits ein Magnetfeld ausbilden. Die beiden Magnetfelder bewirken zusammen eine Drehbewegung des Käfigs. Diese steigert sich zwar mit der Zeit, erreicht aber nie ganz die Geschwindigkeit des Drehfeldes.

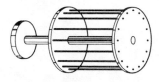

Abb.224

Kurzschlußstrom, der in einem geschlossenen Stromkreis ohne äußeren Verbraucherwiderstand fließende Strom. Er kommt zustande, wenn die Pole einer Spannungsquelle direkt durch Leitungen verbunden werden, deren Widerstand vernachlässigbar klein ist. Der maximale Kurzschlußstrom, der dann von der Eigenspannung der Stromquelle erzeugt wird, ist

$$I_{kurz} = \frac{U_{EMK}}{R_i} .$$

(R_i Innenwiderstand).

Kurzsichtigkeit, Fehlverhalten des menschlichen Auges. Normalerweise liegt der Brennpunkt des entspannten, also nicht akkommodierten Auges auf der Netzhaut, d.h., parallel zueinander einfallende Strahlen schneiden sich auf der Netzhaut. Beim kurzsichtigen Auge dagegen liegt der Brennpunkt des nicht akkommodierten Auges *vor* der Netzhaut, die Brennweite ist also zu klein. Durch Vorsetzen einer *Zerstreuungslinse* kann die Brennweite vergrößert, die Kurzsichtigkeit damit also behoben werden.

L

Ladung (*elektrische*, oft auch *Elektrizitätsmenge*) Formelzeichen *Q*. Reibt man einen Hartgummistab (z. B. Mipolam) mit einem Tuch aus Wolle oder einem Katzenfell, so übt er eine abstoßende Kraft auf einen ebenfalls geriebenen Hartgummistab aus. Der Hartgummistab hat also durch Reibung eine neue physikalische Eigenschaft bekommen, man sagt dazu: er ist *elektrisch (auf-)geladen*, er trägt *elektrische Ladung*. Da man zwischen einem geriebenen Hartgummistab und einem mit einem Seidenlappen geriebenen Glasstab eine Anziehungskraft beobachtet, unterscheidet man zwischen *positiver* und *negativer Ladung* und bezeichnet willkürlich den geriebenen Hartgummistab als positiv geladen und den geriebenen Glasstab als negativ geladen.

Allgemein beschreibt man mit dem Begriff der *Ladung* die Eigenschaft eines Körpers, daß von ihm auf einen geriebenen Hartgummistab eine anziehende oder abstoßende Kraft ausgeübt wird.

Ladung ist an Materie gebunden. Gleichnamige Ladungen stoßen einander ab, ungleichnamige ziehen einander an (Abb.225).

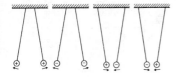

Abb.225

Ladungen kann man nicht erzeugen, man kann lediglich die in der Natur vorhandenen Ladungen trennen. Bei einer derartigen *Ladungstrennung* werden naturgemäß immer gleich viel positive wie negative Ladungen erhalten. Im elektrischen Feldlinienbild ist der Sitz der elektrischen Ladung eine *Feldquelle* (positive Ladung) oder *Feldsenke* (negative Ladung).

Je nach Stärke der Anziehungs- oder Abstoßungskraft trägt der Körper eine *große* oder *kleine* Ladung, er ist *stark* oder *schwach* geladen.

Es gibt eine *kleinste Ladung*, die sogenannte ↑ *Elementarladung.* Jede Ladung ist ein ganzzahliges Vielfaches dieser Elementarladung.

SI-Einheit für die Ladung ist 1 Coulomb (C). *Festlegung:* 1 Coulomb ist gleich der Elektrizitätsmenge oder elektrischen Ladung, die während der Zeit 1 s bei einem zeitlich unveränderlichen elektrischen Strom der Stärke 1 A durch den Querschnitt eines Leiters fließt.

Zusammenhang zwischen Ladung und ↑ *Stromstärke:* Besteht in einem Leiter die konstante Stromstärke *I*, so berechnet sich die in einer Zeit *t* durch den Leiterquerschnitt hindurchfließende Ladung *Q* zu

$$Q = I \cdot t$$

Daher gilt: 1 Coulomb = 1 Ampere · 1 Sekunde = 1 A · s.
Negative Ladung eines *Elektrons* e⁻:
$Q = -1{,}002 \cdot 10^{-19} C$
Positive Ladung eines *Positrons* e⁺:
$Q = +1{,}002 \cdot 10^{-19} C$
Ein Körper ist positiv geladen, wenn er *Mangel an Elektronen* hat.

Ladungsverteilung auf Leitern: Lädt man einen Leiter auf, so verteilt sich die gesamte Ladung auf der Oberfläche, im Innern des Leiters kann keine Ladung nachgewiesen werden. Diese Erscheinung ist verständlich auf Grund der Tatsache, daß Ladungsträger aufeinander abstoßende Kräfte ausüben. Es besteht dann im Innern des Leiters solange ein elektrisches Feld,

235

bis dieses die Ladungen an die Oberfläche getrieben hat, aus der sie nicht austreten können. Hier können sie sich noch längs der Oberfläche bewegen, solange die herrschende Feldstärke eine Komponente parallel zur Oberfläche besitzt. Die Bewegung der Ladungsträger hört auf, wenn a) die Feldstärke im Innern des Leiters überall 0 ist, b) die Feldstärke auf der Oberfläche senkrecht steht. An dieser Tatsache ändert sich auch nichts, wenn der Leiter ausgehöhlt wird, also ein leitender Hohlkörper ist (↑ Faraday-Käfig).

Ladungsdichte, Verhältnis aus der ↑ Ladung Q eines Körpers und dessen Volumen V oder Fläche A:
Volumenladungsdichte: $\rho = Q/V$
Flächenladungsdichte: $\sigma = Q/A$

Ladungsträger, Bezeichnung für elektrisch geladene, insbesondere atomare und molekulare Teilchen (↑ Ionen).

Ladungstrennung, Trennung von bereits vorhandenen Ladungen in positive und negative Ladungen. Diese Trennung erfolgt hauptsächlich durch chemische Vorgänge (↑ galvanische Elemente, ↑ Akkumulator, ↑ Batterie), durch mechanische Vorgänge (↑ Generator, ↑ Reibungselektrizität) und durch elektromagnetische Vorgänge (Dynamomaschinen).

Laser, Kunstwort, gebildet aus den Anfangsbuchstaben der englischen Wörter *l*ight *a*mplification by *s*timulated *e*mission of *r*adiation (deutsch: Lichtverstärkung durch induzierte Emission). Der Laser findet in der Schulphysik hauptsächlich Verwendung als Lichtquelle, die sich von den sonstigen Lichtquellen durch sehr große ↑ Kohärenz und Monochromasie (Einfarbigkeit) sowie sehr geringe Divergenz auszeichnet. Je nach Bauweise unterscheidet man *Kristall-, Festkörper-, Gas-* und *Halbleiterlaser.* Die Arbeitsweise eines Lasers beruht auf der sog. *induzierten* oder auch *stimulierten Emission.*

Besitzt z.B. ein Atom zwei diskrete stationäre Energiezustände W_1 und W_2 ($W_1 < W_2$), so gibt es neben dem spontanen Übergang von W_2 nach W_1 noch eine zweite Übergangsmöglichkeit: Trifft auf das betrachtete Atom Strahlung der Übergangsfrequenz f_{12}, so wird zum Übergang von W_1 nach W_2 Strahlung dieser Frequenz absorbiert, beim Übergang von W_1 nach W_2 emittiert. Im ersten Fall wird also der äußeren Strahlung ein Quant entzogen, im zweiten Fall eines hinzugefügt. Diese im letzteren Fall bewirkte Verstärkung der äußeren Strahlung gelingt aber nur, wenn – anders als im thermischen Gleichgewicht – das höhere Energieniveau W_2 stärker besetzt ist als das tiefere Energieniveau W_1.

Die höhere Besetzungszahl (man spricht von *Besetzungsinversion*) erreicht man durch sogenanntes *optisches Pumpen*; darunter versteht man Einstrahlen von Licht geeigneter Frequenz, wodurch Atome aus dem tieferen Niveau angehoben werden können, so daß es zu einer Änderung der Besetzungszahlen kommt. Um eine Besetzungsinversion zu erreichen, benötigt man mindestens drei verschiedene Energieniveaus. In der Praxis verwendet man daher als Lasersubstanz Stoffe mit drei oder vier diskreten Energieniveaus. Die Wirkungsweise eines derartigen *Dreiniveaulasers* (z.B. Rubinlaser) ergibt sich aus Abb. 226.

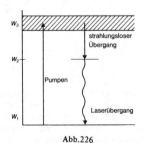

Abb.226

W_1 ist das niedrigste Energieniveau. Das Engergieniveau W_2 hat eine relativ lange Lebensdauer, so daß sich hier Atome ansammeln können. W_3 ist ein breitbandiges Niveau bzw. es besteht aus vielen dicht benachbarten Energieniveaus. Dies hat den Vorteil, daß zum Pumpen von W_1 nach W_3 kein streng monochromatisches Licht verwendet werden muß. Der Übergang von W_3 nach W_2 findet strahlungslos statt, der sog. *Laserübergang* ist der Übergang von dem dichter besetzten Niveau W_2 nach dem weniger dicht besetzten W_1.

latente Wärme, diejenige Wärme, die erforderlich ist, um einen Körper *ohne Temperaturerhöhung* aus dem festen in den flüssigen (*Schmelzwärme*) oder aus dem flüssigen in den gasförmigen ↑ Aggregatzustand (*Verdampfungswärme*) überzuführen. Die latente Wärme bewirkt also keine Temperaturerhöhung, sondern lediglich die Änderung des Aggregatzustandes. Beim Übergang vom gasförmigen in den flüssigen bzw. vom flüssigen in den festen Aggregatzustand wird sie wieder frei. (↑ Verdampfen, ↑ Schmelzen).

Laueverfahren, auf *M. von Laue* (1912) zurückgehendes Verfahren zur Aufklärung von Kristallgitterstrukturen. Ein scharf gebündelter Elektronen- oder Röntgenstrahl trifft senkrecht auf den zu untersuchenden, als dünnes Plättchen vorliegenden Kristall. Im Kristall findet Beugung der einfallenden Strahlung statt. Man erhält mit Hilfe einer Photoplatte, die hinter dem Kristall aufgestellt ist, ein Interferenzbild, das sog. *Lauediagramm.* Die Lage der Interferenzmaxima wird durch die *Lauegleichungen* beschrieben. Für verschiedene Kristallstrukturen erhält man verschiedene Diagramme.

Lautsprecher, Gerät zur Umwandlung von Stromschwankungen in Schallschwingungen. Abb.227 zeigt einen *elektrodynamischen Lautsprecher.* Eine vom tonfrequenten Wechselstrom durchflossene Zylinderspule befindet sich im Luftspalt eines Dauermagneten. Sie schwingt in dessen Magnetfeld im Rhythmus des Wechselstoms. An der Schwingspule ist eine Konusmembran befestigt, die die Bewegung als Schallwelle an die umgebende Luft weitergibt.

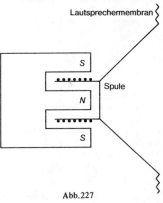

Abb.227

Der *elektrostatische Lautsprecher* beruht auf dem Kondensatorprinzip. Die negative Platte bildet eine durchlöcherte geerdete Metallplatte, der in geringem Abstand eine positive dünne Metallmembran gegenübersteht. Wird an diesen Kondensator die tonfrequente Wechselspannung angelegt, so ändert sich das elektrische Feld im Rhythmus der Wechselspannung. Die dabei auftretenden Kräfteänderungen verursachen Schwingungen der Membran im Wechselstromrhythmus, die diese an die umgebende Luft in Form von Schallwellen weiterleitet.

Lebensdauer *(mittlere)*, eine charakteristische Zeitgröße für physikalische Systeme, die statistischen Änderungen unterliegen. Sie gibt den Zeitraum an, in dem ein System im statistischen Mittel unverändert existiert. So gilt z.B. speziell für den radioaktiven Zerfall: Die Anzahl dN der in einem Zeitintervall dt zerfallenden Atome ist proportional zur Zeit dt und zur Anzahl N der ursprünglich vorhandenen Atome. Die Proportionalitätskonstante heißt

Zerfallskonstante k. Es gilt also:

$$\mathrm{d}N = -k \cdot N \cdot \mathrm{d}t$$

Daraus erhält man durch Integration das sog. ↑ Zerfallsgesetz

$$N(t) = N_0 e^{-k \cdot t}$$

($N(t)$ Anzahl der zur Zeit t vorhandenen unzerfallenen Atome, N_0 Anzahl der zur Zeit $t = 0$ vorhandenen unzerfallenen Atome).
Den Kehrwert der Zerfallskonstante k nennt man *mittlere Lebensdauer* τ (speziell einer radioaktiven Substanz). Es gilt also $\tau = 1/k$. Setzt man nun $t = \tau$, so ergibt sich

$$N(\tau) = N_0 \, e^{-1} = \frac{N_0}{e} \, .$$

Das heißt, nach Ablauf der mittleren Lebensdauer τ ist die Anzahl der unzerfallenen Atome auf den e-ten Teil der ursprünglich vorhandenen N_0 Atome abgesunken.

Lecherleitung, Spezialfall eines ↑ Schwingkreises, ein elektrisches Leitungssystem aus zwei parallel geführten Drähten, deren Länge größer ist als die Wellenlänge einer hochfrequenten elektrischen Schwingung, die durch einen Schwingkreis an dem einen Ende induktiv angekoppelt ist.
Durch die induktive Ankopplung wird im Teil S des Lechersystems eine hochfrequente Wechselspannung induziert, was zur Ausbildung einer hochfrequenten Spannungswelle längs des Systems führt. Diese Welle wird reflektiert, wenn sie an eine Störstelle kommt. Eine solche Stelle ist z.B. eine über das System gelegte Drahtbrücke. Durch Überlagerung der anlaufenden und der reflektierten Welle bildet sich eine stehende *Spannungswelle* mit Spannungsbäuchen (maximale Spannung) und Spannungsknoten (minimale Spannung) aus. Am Ort der Drahtbrücke entsteht ein Spannungsknoten.

Wird die Unstetigkeitsstelle lediglich durch die freien Enden der Lecherleitung gebildet, so bildet sich an den Enden ein Spannungsbauch aus. Analog der Spannungswelle läßt sich längs des Lechersystems auch eine stehende *Stromwelle* feststellen. Dabei zeigt sich, daß Stromknoten und Strombäuche gegenüber den Spannungsknoten und Spannungsbäuchen um eine halbe Wellenlänge verschoben sind. Die Strombäuche lassen sich mit Hilfe von Glühlampen, die Spannungsbäuche durch Glimmlampen lokalisieren (Abb.228).

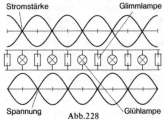

Abb.228

Leerlaufspannung, Bezeichnung für die Eigenspannung U_{EMK} (↑ elektromotorische Kraft) zwischen den Klemmen einer Spannungsquelle, wenn kein Strom fließt.

Leidener Flasche, technische Ausführung eines ↑ Zylinderkondensators. Ein Glaszylinder ist innen und außen mit einer metallischen Schicht überzogen. Das Glas wirkt als Dielektrikum. Die Leidener Flasche ist bis zu Spannungen von $5 \cdot 10^4$ Volt verwendbar. Sie hat Kapazitäten um 10^{-8} Farad.

Leidenfrostsches Phänomen, Erscheinung, die auftritt, wenn eine Flüssigkeit einen Gegenstand berührt, dessen Temperatur höher ist als die Siedetemperatur der Flüssigkeit. Es bildet sich dabei eine Dampfschicht, die eine weitere Berührung der beiden Körper und damit ein weiteres Verdampfen der Flüssigkeit verhindert. Bringt man beispielsweise einen Wassertropfen auf eine heiße Herdplatte, so bildet sich zwischen Herdplatte und Tropfen eine Dampfschicht heraus. Diese schützt wegen ihrer nur geringen Wärmeleitfähigkeit den Wassertropfen vor weiterer Wärmezufuhr. Der Tropfen schwebt dann auf der Dampfschicht und bewegt sich dabei rasch hin und her.

L-Einfang, Bezeichnung für einen speziellen ↑ Elektroneneinfang, bei dem ein instabiler Atomkern zur Beseitigung seines Protonenüberschusses bzw. Neutronenmangels ein Elektron aus der L-Schale seiner Atomhülle absorbiert (einfängt) und dabei ein Proton unter Emission eines ↑ Neutrinos in ein Neutron verwandelt. Hierdurch verringert sich die ↑ Kernladungszahl um eins, es entsteht ein neues ↑ Nuklid. Das „*Elektronenloch*" in der L-Schale wird durch ein Elektron aus einer der äußeren Schalen wieder aufgefüllt, wobei also für das neue Nuklid charakteristische ↑ Röntgenstrahlung entsteht (*L-Serie*).

Leistung, Formelzeichen P, der Quotient aus der verrichteten Arbeit W und der dazu benötigten Zeit t:

$$P = \frac{W}{t}$$

Ist die Arbeit zeitabhängig, d.h. ist die in gleichen Zeiten verrichtete Arbeit nicht konstant, dann ergibt sich für die *Durchschnittsleistung* im Zeitintervall Δt:

$$P = \frac{\Delta W}{\Delta t}$$

und für die *Augenblicksleistung*:

$$P = \lim_{\Delta t \to 0} \frac{\Delta W}{\Delta t} = \frac{dW}{dt}$$

Dimension der Leistung:

$$\dim P = \frac{\dim W}{\dim t} = \mathsf{M} \cdot \mathsf{L}^2 \cdot \mathsf{Z}^{-3}$$

SI-Einheit der Leistung ist 1 Watt (W)
Festlegung: 1 Watt ist gleich der Leistung, bei der während der Zeit 1 s die Energie 1 J umgesetzt wird:

$$1\ \mathrm{W} = 1\ \frac{\mathrm{J}}{\mathrm{s}}\ .$$

Die Umrechnungsbeziehungen zwischen dem Watt und den häufig noch benutzten Leistungseinheiten Kilopendmeter durch Sekunde (kpm/s) und Pferdestärke (PS) ergeben sich aus der folgenden Tabelle:

	Watt	$\frac{\mathrm{kpm}}{\mathrm{s}}$	PS
1 Watt =	1	0,102	$1{,}36\ 10^{-3}$
$1\ \frac{\mathrm{kpm}}{\mathrm{s}} =$	9,81	1	$1{,}33\ 10^{-2}$
1 PS =	735,5	75	1

Mechanische Leistung: Für die mechanische Arbeit W, die verrichtet wird, wenn man den Angriffspunkt einer zeitlich konstanten Kraft mit dem Betrag F in Richtung der Kraft um die Strecke s verschiebt, gilt:

$$W = F \cdot s$$

Für die mechanische Leistung P ergibt sich in einem solchen Falle:

$$P = \frac{F \cdot s}{t}$$

Stimmen Kraftrichtung und Wegrichtung nicht überein, dann gilt für die Arbeit W:

$$\vec{W} = \vec{F} \cdot \vec{s} = F \cdot s \cdot \cos \alpha$$

und für die Leistung P:

$$P = \frac{\vec{F} \cdot \vec{s}}{t} = \frac{F \cdot s}{t} \cos \alpha$$

(α Winkel zwischen Kraft- und Wegrichtung).
Bleibt längs einer kleinen Wegstrecke

$\Delta \vec{s}$ die Kraft $\vec{F}$ konstant, dann gilt für die auf diesem Wegstück verrichtete Arbeit W:

$$W = \vec{F} \cdot \Delta \vec{s}$$

und für die Leistung:

$$P = \frac{\vec{F} \cdot \Delta \vec{s}}{\Delta t} = \vec{F} \cdot \frac{\Delta \vec{s}}{\Delta t}$$

Ist Δt hinlänglich klein, dann ist der Quotient $\Delta \vec{s} / \Delta t$ gleich der Augenblicksgeschwindigkeit v. Es ergibt sich dann für die Leistung:

$$P = \vec{F} \cdot \vec{v}$$

Elektrische Leistung (Stromleistung): Fließt in einem homogenen elektrischen Leiter (elektrischer Widerstand R, Länge l) unter der Einwirkung eines konstanten elektrischen Feldes (Feldstärke E) ein Gleichstrom der Stromstärke $I = U/R$, wobei $U = E \cdot l$ die zwischen den Leiterenden herrschende elektrische Spannung ist, dann übt das elektrische Feld auf die den Strom bildenden Ladungsträger (Ladung q, Geschwindigkeit v) die Kraft $F = q \cdot E$ aus; es verrichtet dabei gegen die vom Leitermaterial auf die Ladungsträger ausgeübten und den elektrischen Widerstand bewirkenden „Reibungskräfte" innerhalb der Zeit t die mechanische Arbeit (*Stromarbeit*)

$$W_{el} = q \cdot E \cdot v \cdot t .$$

Damit ergibt sich für die elektrische Leistung (oder *Stromleistung*) eines Gleichstromes

$$P_{el} = q \cdot v \cdot E ,$$

woraus man mit der für die Stromstärke geltenden Beziehung $I = (q \cdot v)/l$ schließlich

$$P_{el} = U \cdot I = R \cdot I^2 = \frac{U^2}{R}$$

erhält.

Die Leistung eines sinusförmigen Wechselstroms der Kreisfrequenz ω ist von der ↑ Phasenverschiebung φ zwischen Spannung $U = U_0 \sin \omega t$ und der Stromstärke $I = I_0 \sin(\omega t - \varphi)$ abhängig. Für die momentane Leistung gilt in diesem Falle

$$P_{mom} = I_0 U_0 \sin \omega t \cdot \sin(\omega t - \varphi).$$

Hieraus erhält man durch Umformung mit Hilfe der Beziehung

$$\sin \alpha \cdot \sin \beta = 1/2 \, [\cos(\alpha - \beta) - \cos(\alpha + \beta)]$$

$$P_{mom} = U_0 I_0 \cdot \frac{1}{2} [\cos \varphi - \cos(2\omega t - \varphi)]$$

bzw.

$$P_{mom} = U_{eff} I_{eff} \cos \varphi - U_{eff} I_{eff} \cos(2\omega t - \varphi).$$

(U_{eff} effektive Spannung, I_{eff} effektive Stromstärke).

Die elektrische Leistung eines sinusförmigen Wechselstroms zerfällt also in einen *zeitunabhängigen* und einen *zeitabhängigen* Anteil. Für die mittlere Leistung während einer Periodendauer T erhält man

$$P_{el} = \frac{1}{T} \int_0^T P_{mom} dt = \frac{1}{2} U_0 I_0 \cdot \cos \varphi$$
$$= U_{eff} \cdot I_{eff} \cdot \cos \varphi$$

Diese Leistung bezeichnet man als *Wirkleistung* P_{wirk} oder einfach P. Das Produkt $U_{eff} \cdot I_{eff}$ bezeichnet man als *Scheinleistung* P_{schein} oder S, den Faktor $\cos \alpha$ als *Leistungsfaktor*. Der Ausdruck $\sqrt{P^2 - S^2}$ wird als *Blindleistung* P_{blind} oder Q bezeichnet. Es gelten die Beziehungen

$$P = S \cos \alpha$$
$$Q = S \sin \alpha$$
$$S^2 = P^2 + Q^2.$$

Leitfähigkeit (spezifische elektrische), Formelzeichen σ, Kehrwert des spezifischen elektrischen ↑ Widerstandes ρ:

$$\sigma = \frac{1}{\rho}$$

SI-Einheit von σ:

$$1 \frac{\text{Siemens}}{\text{Meter}} = 1 \cdot \frac{\text{S}}{\text{m}} = \frac{1}{\Omega \cdot \text{m}}$$

Zwischen der elektrischen Stromdichte

240

j und der elektrischen Feldstärke *E* besteht folgender Zusammenhang

$$j = \sigma \cdot E$$

Leitwert *(elektrischer)*, Formelzeichen *G*, der Kehrwert des elektrischen ↑ Widerstandes *R*:

$$G = \frac{1}{R}$$

SI-Einheit von *G*:
1 Siemens $= 1 \, \text{S} = 1 \, \Omega^{-1} = 1/\Omega$
1 Siemens ist also der elektrische Leitwert eines Leiters mit dem elektrischen Widerstand 1 Ω (↑ Admittanz).

Lenardfenster, nach dem deutschen Physiker *Ph. Lenard* benannte dünne luftundurchlässige Aluminiumfolie (Dicke 0,002 mm) oder dünnes Glimmerblättchen (Dicke etwa 0,05 mm) in der Wand einer ↑ Gasentladungsröhre, durch das schnelle Kathodenstrahlen austreten können. Eine Gasentladungsröhre mit Lenardfenster wird als *Lenardröhre* bezeichnet.

Lenzsche Regel *(Lenzsches Gesetz)*, Aussage über die Vorzeichen der bei der elektromagnetischen ↑ Induktion auftretenden Induktionsspannung (bzw. über die Richtung eines ↑ Induktionsstromes, falls der Induktionskreis geschlossen ist). Die *Lenzsche Regel* besagt: *Die induzierte Spannung ist stets so gerichtet, daß das Magnetfeld des durch sie verursachten Stromes der Induktionsursache entgegenwirkt, d.h. die die Induktion bewirkende Änderung zu verhindern versucht.*
Beim Schließen des Schalters *S* in Abb.229 entsteht ein ↑ Magnetfeld, dessen Nordpol der Induktionsspule gegenüberliegt (↑ Rechte-Hand-Regel). Nach der *Lenzschen Regel* soll das Entstehen dieses Nordpols verhindert werden. D.h., unabhängig vom Wicklungssinn der Induktionsspule ist die Induktionsspannung stets so gerichtet, daß an dem der Feldspule zugewandten Ende immer ein Nordpol entsteht, der den entstehenden Nordpol der Feldspule abzustoßen versucht. Im Fall der Abb.229 fließt der Induktionsstrom außerhalb der Induktionsspule von *A* nach *B*. Hängt man anstelle der Induktionsspule einen leichten Ring vor die Feldspule (Abb.230), so wird dieser beim Schließen von *S* kurzzeitig abgestoßen. Beim Öffnen des Schalters verschwindet der Nordpol der Feldspule. Dies versucht die Induktionsspannung zu verhindern. Unabhängig vom Wicklungssinn entsteht an dem der Feldspule gegenüberliegenden Ende der Induktionsspule immer ein Südpol, der den verschwindenden Nordpol zu halten versucht (beim Öffnen also Anziehung des Ringes!).

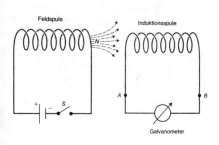

Abb. 229

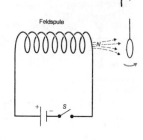

Abb. 230

241

Leptonen, Sammelbezeichnung für ↑ Elementarteilchen mit geringer Ruhmasse. Die wichtigsten Vertreter aus der Gruppe der Leptonen sind das ↑ Elektron und das ↑ Myon.

Leuchtdichte, Formelzeichen L, Quotient aus der Lichtstärke I einer gleichmäßig leuchtenden Fläche und der Größe A dieser Fläche:

$$L = \frac{I}{A}$$

Diese Beziehung gilt nur, wenn die Beobachtungsrichtung mit der Richtung der Flächennormalen (d.h. der Senkrechten auf der leuchtenden Fläche) übereinstimmt. Bilden sie einen Winkel ϵ miteinander, dann gilt für die Leuchtdichte die Beziehung:

$$L = \frac{I}{A \cos \epsilon}$$

SI-Einheit der Leuchtdichte ist 1 Candela pro Quadratmeter (cd/m^2). Häufig wird auch die abgeleitete Einheit 1 cd/cm^2 (= 1 Stilb; Abk.: sb) verwendet.
In der folgenden Tabelle sind die Leuchtdichten einiger Lichtquellen angeben:

Leuchtdichte in cd/cm^2

Sonne (mittags)	150 000
Bogenlampe	20 000–100 000
Glühlampe (klar)	200–2 000
Glühlampe (matt)	5–50
Kerze	0,75
Leuchtstofflampe	0,35–1,4
klarer Himmel	0,3–0,5
Mond	0,25

Leuchtelektron, im allgemeinen das am leichtesten anzuregende ↑ Elektron der äußersten (nicht abgeschlossenen) Schale eines Atoms. Bei Anregung wird meistens dieses Außenelektron in einen energetisch höheren Quantenzustand gehoben und strahlt beim Zurückfallen in einen energetisch tieferen angeregten Zustand bzw. bei

Rückkehr in den ↑ Grundzustand die Energiedifferenz beider Zustände bzw. die ↑ Anregungsenergie in Form eines ↑ Photons wieder aus.

Leuchtschirm *(Fluoreszenzschirm)*, Auffangschirm zur Sichtbarmachung von nicht direkt wahrnehmbaren elektromagnetischen oder Korpuskularstrahlungen. Der Leuchtschirm ist mit einem sog. *Leuchtstoff* beschichtet; das sind Materialien, welche im sichtbaren Bereich ↑ Luminiszenz zeigen (z.B. Zinksulfid, Silikate und Kaliumborat).

Licht, ↑ elektromagnetische Wellen mit Wellenlängen zwischen etwa $380 \cdot 10^{-9}$ bis $780 \cdot 10^{-9}$m, die mit dem Auge wahrnehmbar sind. Physiologisch ist Licht verschiedener Wellenlänge für den Menschen mit einem Farbempfinden verbunden. „Weißes" Licht entsteht durch Überlagerungen von Licht aller Wellenlängen des oben beschriebenen Wellenbereichs. Es kann mit Hilfe der ↑ Dispersion in die einzelnen Wellenlängen aufgefächert werden. Wichtig vor allem für die geometrische Optik ist, daß die ungestörte Ausbreitung des Lichts geradlinig erfolgt. Die Entstehung des Lichts kann nicht, wie bei langwelligeren elektromagnetischen Wellen mit Hilfe von makroskopischen elektrischen Dipolen erklärt werden (↑ Bohrsches Atommodell).

Lichtgeschwindigkeit, Formelzeichen c, Ausbreitungsgeschwindigkeit des Lichtes, d.h. diejenige Geschwindigkeit, mit der sich ein bestimmter Phasenzustand einer Lichtwelle ausbreitet. Man spricht deshalb in diesem Zusammenhang auch von *Phasengeschwindigkeit* des Lichts. Von ihr zu unterscheiden ist die *Gruppengeschwindigkeit*, d.h. die Geschwindigkeit, mit der sich eine Wellengruppe als Ganzes fortbewegt. Phasengeschwindigkeit und Gruppengeschwindigkeit stimmen nur im ↑ Vakuum überein. Die Lichtgeschwindigkeit hängt einerseits vom Ausbreitungsmedium, andererseits von der Frequenz des Lichtes ab. Nur im Vakuum, wo sie ihren höchsten Wert annimmt, ist die Lichtgeschwindigkeit frequenzunabhängig. Die Geschwindigkeit des Lichtes im Vakuum (*Vakuumlichtgeschwindigkeit*), ist eine grundlegende physikalische Konstante (*Naturkonstante*). Sie stellt nach der Relativitätstheorie die obere Grenzgeschwindigkeit für eine Energie- bzw. Signalübertragung dar. Als derzeit genauester Wert der Vakuumlichtgeschwindigkeit c_0 gilt der von *Karolus* und *Helmberger* 1965 gemessene Wert:

$$c_0 = 299\ 792{,}5\ \frac{km}{s} \pm 0{,}15\frac{km}{s}$$

Die Lichtgeschwindigkeit in Luft liegt nur um etwa 0,03 % unter der Vakuumlichtgeschwindigkeit. In beiden Fällen genügt es zumeist, mit dem gerundeten Wert von

$$c \approx 300\ 000\ \frac{km}{s}$$

zu arbeiten.
Zur Bestimmung der Lichtgeschwindigkeit sind im Laufe der Naturwissenschaftsgeschichte zahlreiche Methoden entwickelt worden, von denen einige besonders bahnbrechende im folgenden beschrieben werden.

1) *Methode von O. Rømer (1644–1710)*
Als Erstem überhaupt gelang dem dänischen Astronomen *O. Rømer* in den Jahren 1675/76 die Messung der Lichtgeschwindigkeit.
Rømer beobachtete über eine Reihe von Jahren hinweg die Verfinsterung eines der Jupitermonde, also den Eintritt des betreffenden Mondes in den Schatten des Jupiters (Abb.231). Die mittlere Zeit zwischen zwei aufeinanderfolgenden Verfinsterungen bestimmte er zu 42 Std 28 min 36 sek. Das ist aber gerade die Zeit, die der Jupitermond für einen vollen Umlauf benötigt, also seine *Umlaufzeit*. Man sollte nun annehmen, daß jeweils nach 42 Std 28 min 36 sek eine Mondverfinsterung zu beobachten ist. Das ist aber nicht der Fall. Beginnt man nämlich die Beobachtung zu der Zeit, zu der sich die Erde in *Konjunktion zum Jupiter* (Stellung I in Abb.231) befindet, und führt sie über ein halbes Jahre hinweg fort, über einen Zeitraum also, während dem sich die Erde von Stellung I in die Stellung III (*Opposition zum Jupiter*) bewegt, dann stellt man fest, daß die Mondverfinsterungen immer etwas später eintreten als aus der Umlaufzeit zu erwarten wäre.

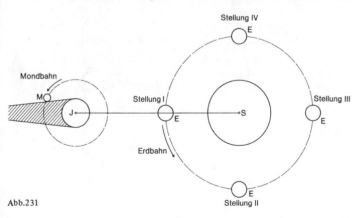

Abb.231

Diese Verspätung beträgt zwischen den Stellungen I und III rund 1000 Sekunden. Während sich im nächsten halben Jahr die Erde wieder von Stellung III nach Stellung I bewegt, werden die Verspätungen wieder kürzer. In Stellung I erfolgt die Verfinsterung dann wieder zum vorausberechneten Zeitpunkt. *Rømer* erkannte als Grund für diese Erscheinung die Tatsache, daß das vom Jupitermond kommende Licht in der Erdstellung III einen weiteren Weg zurücklegen muß als in Erdstellung I. Die Verspätung von 1000 Sekunden deutete er als die Zeit, die das Licht benötigt, um die Entfernung zwischen den Punkten I und III zu durchlaufen. Diese Entfernung ist aber gerade gleich dem Erdbahndurchmesser; sie beträgt 299 000 000 km. Die Lichtgeschwindigkeit ergibt sich dann aus der Beziehung: Geschwindigkeit = Weg/Teit zu c = 299 000 km/s. Auch aus nur je einer Messung der Umlaufzeit des Jupitermondes in den Stellungen I, II, III und IV der Erdbahn läßt sich die Lichtgeschwindigkeit bestimmen. Es zeigt sich dabei nämlich, daß die von den Stellen II und IV aus gemessenen Umlaufzeiten 15 Sekunden länger bzw. 15 Sekunden kürzer sind als die von den Stellen I

und III aus gemessenen. Die Ursache dieser scheinbaren Umlaufzeitverlängerung bzw. -verkürzung liegt darin, daß sich die Erde während eines Mondumlaufs in Stellung II um rund 450 000 km vom Jupiter weg und in Stellung IV um 450 000 km auf den Jupiter zu bewegt. Um diesen Betrag verlängert sich in Stellung II bzw. verkürzt sich in Stellung IV der Lichtweg. Daraus folgt aber, daß das Licht in 15 Sekunden rund 450 000 km zurücklegt, woraus sich eine Lichtgeschwindigkeit von c = 300 000 km/s ergibt.

2) *Methode von J. Bradley (1692–1762)*

Der englische Astronom *James Bradley* bestimmte die Lichtgeschwindigkeit im Jahre 1728 aus der von ihm entdeckten Erscheinung der ↑ *Aberration des Lichtes.*

Wie die Erde selbst, so bewegt sich auch ein fest mit ihr verbundenes Fernrohr mit einer Geschwindigkeit von ca. 29,77 km/s um die Sonne. Jeder Fixstern erscheint deshalb, außer wenn die Visierrichtung des Fernrohres mit der Bewegungsrichtung der Erde übereinstimmt, um einen bestimmten, sehr kleinen Winkel, den sogenannten *Aberrationswinkel* ver-

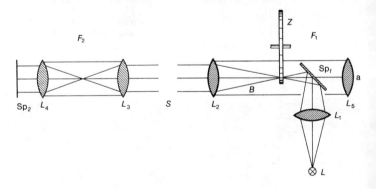

Abb. 232

schoben. Nach astronomischen Messungen beträgt dieser Winkel, wenn die Visierlinie des Fernrohrs senkrecht zur Erdbewegung gerichtet ist, genau 20,6 Winkelsekunden. Für den Aberrationswinkel α gilt aber die Beziehung

$$\tan \alpha = \frac{v}{c}$$

(v Bahngeschwindigkeit der Erde, c Lichtgeschwindigkeit).

Mit $\tan 20,6''$ und $v = 29,77$ km/s ergibt sich für die Lichtgeschwindigkeit der Wert

$$c = \frac{v}{\tan \alpha} = \frac{29,77}{0,0001} \frac{\text{km}}{\text{s}} = 297\,700 \frac{\text{km}}{\text{s}}$$

3) Methode von H. Fizeau (1819–1896)

Der französische Physiker H. Fizeau hat als erster im Jahre 1849 die Lichtgeschwindigkeit auf *experimentellem Wege* gemessen. Im Gegensatz zu seinen Vorgängern, die die Lichtgeschwindigkeit aus astronomischen Beobachtungen ermittelten *(astronomische Methode der Lichtgeschwindigkeitsmessung)*, bestimmte er sie mit Hilfe eines Experimentes auf der Erde selbst *(terrestrische Methode der Lichtgeschwindigkeitsmessung).*

Bei der Fizeauschen Methode befinden sich zwei Fernrohre F_1 und F_2 im Abstand s voneinander (Abb. 232). Beide sind auf unendlich eingestellt; durch jedes Fernrohr kann man das Objektiv des anderen deutlich erkennen. Im Objektivbrennpunkt von F_1 befinden sich die Zähne bzw. Lücken des Zahnrades Z, das um die Achse A drehbar gelagert ist. Sp_1 ist eine ebene, halbdurchlässige Spiegelglasplatte, die um einen Winkel von $45°$ gegen die optische Achse des Fernrohrs geneigt ist. Durch die Linse L_1 wird über den Spiegel Sp_1 in B ein reelles Bild der Lichtquelle L erzeugt. Befindet sich in B eine Lücke des Zahnrades, dann gelangen die Lichtstrahlen durch die Linsen L_2 und L_3 auf den im Objektivbrennpunkt des Fernrohres F_2

befindlichen ebenen Spiegel Sp_2. Nach der Reflexion legen die Lichtstrahlen den gleichen Weg in umgekehrter Richtung zurück und können durch das Okular L_5 des Fernrohres F_1 beobachtet werden. Setzt man das Zahnrad Z in Bewegung, so tritt bei einer bestimmten Geschwindigkeit eine Verdunklung des Gesichtsfeldes ein. Das ist immer gerade dann der Fall, wenn sich während der Zeit, die das Licht zum Durchlaufen der doppelten Entfernung von B nach Sp_2, also der Strecke $2s$, ein Zahn an die Stelle B bewegt. Erhöht man die Drehgeschwindigkeit weiter, dann tritt im Gesichtsfeld wieder Helligkeit auf, da das reflektierte Licht nun durch die nächstfolgende Lücke hindurchkommt. Die Zeit t, die vergeht, bis an der Stelle B eine Lücke des Zahnrades den Platz mit dem darauffolgenden Zahn vertauscht, ist:

$$t = \frac{1}{2 \cdot n \cdot U}$$

(n Anzahl der Zähne auf dem Radumfang, U Anzahl der Umdrehungen pro Sekunde).

Während dieser Zeit durchläuft für den Fall, daß der reflektierte Strahl auf den der Lücke folgenden Zahn trifft, das Licht die Strecke $2s$ (das ist zweimal der Abstand zwischen den beiden Fernrohren F_1 und F_2). Für die Lichtgeschwindigkeit c ergibt sich dann:

$$c = \frac{2s}{t} = 4 \cdot s \cdot n \cdot U$$

Fizeau erhielt mit $n = 720$, $U = 12,6$ s^{-1}, $s = 8633$ m für die Lichtgeschwindigkeit einen Wert von

$$c = 313\,290 \frac{\text{km}}{\text{s}}$$

Mit vervollkommneten Mitteln erhielt J. A. Perrotin im Jahre 1901 nach derselben Methode mit einer Meßstrecke von 46 km den Wert:

$$c = 299\,776\,\frac{\text{km}}{\text{s}} \pm 80\,\frac{\text{km}}{\text{s}}$$

Karolus und *Mittelstaedt* verwendeten an Stelle des Zahnrades eine ↑*Kerrzelle* und erhielten im Jahre 1928/29 einen Wert von

$$c = 299\,778\,\frac{\text{km}}{\text{s}} \pm 20\,\frac{\text{km}}{\text{s}}$$

4) *Methode von L. Foucault
(1819–1868)*

Die von dem französischen Physiker *L. Foucault* durchgeführte Lichtgeschwindigkeitsmessung beruht auf dem in Abb.233 in stark vereinfachter Form dargestellten Prinzip.

Ein Lichtstrahl fällt durch den Spalt *S* auf den Punkt *A* eines Spiegels Sp_1.

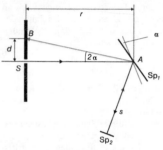

Abb.233

Dieser ist um eine senkrecht zur Zeichenebene verlaufende Achse drehbar. Befindet sich der zunächst als ruhend betrachtete Spiegel Sp_1 in einer ganz bestimmten, in der Abbildung 233 schwarz dargestellten Lage, dann wird der auf ihn im Punkte *A* auftreffende Lichtstrahl zum Spiegel Sp_2 reflektiert. Dieser Spiegel Sp_2 ist aber so eingestellt, daß der auf ihn fallende Lichtstrahl in sich selbst reflektiert wird und über den Punkt *A* des Spiegels Sp_1 wieder zum Spalt *S* zurückgelangt. Dreht sich jedoch der Spiegel Sp_1 mit hinreichend großer Geschwindigkeit, dann trifft ihn der vom Spiegel Sp_2 reflektierte Lichtstrahl in einer anderen, in der Abb.233 rot gezeichneten

Lage an und wird deshalb nicht mehr zum Spalt *S*, sondern zum Punkt *B* reflektiert. In *B* sind dann Lichtblitze sichtbar, die im Auge jedoch schon dann einen zusammenhängenden Lichteindruck hervorrufen, wenn sich der Spiegel Sp_1 etwa 20 mal in der Sekunde dreht. Die Länge der Strecke $\overline{SB}$ soll mit *d*, die der Strecke $\overline{SA}$ mit *r* und die der Strecke $\overline{A\,Sp_2}$ mit *s* bezeichnet werden. Hat sich der Spiegel Sp_1 in der Zeit, die der Lichtstrahl zum Durchlaufen der Strecke vom Punkt *A* des Drehspiegels Sp_1 zum Spiegel Sp_2 und zurück (= 2*s*) um den Winkel α gedreht, dann gilt für den Winkel *SAB*: $\sphericalangle\,SAB = 2\,\alpha$.

Daraus folgt:

$$\tan 2\alpha = \frac{d}{r}$$

Da aber selbst bei sehr hohen Drehgeschwindigkeiten α sehr klein ist, kann der Tangens des Winkels 2α näherungsweise durch den im Bogenmaß gemessenen Winkel 2α selbst ersetzt werden. Es gilt also mit sehr guter Näherung:

$$2\alpha = \frac{d}{r} \quad \text{bzw.} \quad \alpha = \frac{d}{2r}$$

Bezeichnet man die Anzahl der Umdrehungen des Drehspiegels Sp_1 pro Sekunde mit *n*, dann gilt für die Zeit *t*, die er benötigt, um sich um den Winkel α zu drehen:

$$t = \frac{\alpha}{2\pi n}$$

Setzt man darin für $\alpha = \dfrac{d}{2r}$, dann ergibt sich:

$$t = \frac{d}{4\pi r n}$$

Das ist aber gerade die Zeit, die der Lichtstrahl zum Durchlaufen der Strecke 2*s* (d.h. von Sp_1 zu Sp_2 und zurück) benötigt. Für die Lichtgeschwindigkeit *c* ergibt sich somit:

$$c = \frac{2s}{t} = \frac{2s\,4\pi\,m}{d} = \frac{8\pi\,ms}{d}$$

Darin sind außer c alle Größen leicht meßbar. Die Drehzahl des Spiegels Sp_1 wird in der Regel auf akustischem Wege aus der Höhe des bei der Rotation entstehenden Tones bestimmt. *Foucault* selbst erreichte Drehgeschwindigkeiten von 800 Umdrehungen pro Sekunde bei Verwendung einer Luftdruckturbine. Der Vorteil der Foucaultschen Methode liegt darin, daß schon mit Meßstrecken von etwa 15 m gearbeitet werden kann. Damit wurde es möglich, die Lichtgeschwindigkeit auch in anderen Ausbreitungsmedien als im Vakuum und in Luft, also beispielsweise in Wasser oder Glas zu messen. Das Foucaultsche Verfahren wurde später von *A. Michelson* verbessert. Er arbeitete nicht mehr mit einem einfachen Drehspiegel, sondern mit einem achtflächigen Prisma aus Glas oder Nickelstahl mit verspiegelten Flächen. Erste Messungen wurden auf einer 35,4 km langen Strecke zwischen zwei Bergspitzen in Kalifornien ausgeführt. Spätere Messungen in einem 1,5 km langen Rohrsystem, in dem das Licht 8 bis 10 mal hin- und hergespiegelt wurde, bevor es zum Drehspiegel zurückkam, ergaben einen Wert von

$$c = 299\,774\,\frac{\text{km}}{\text{s}}$$

Lichtjahr, eine in der Astronomie verwendete *Längen*einheit. 1 Lichtjahr ist gleich der vom Licht in einem (tropischen) Jahr zurückgelegten Strecke:

$$1 \text{ Lichtjahr} = 9,4605 \cdot 10^{12}\,\text{km}$$

Lichtstärke, Formelzeichen I, die auf den Raumwinkel bezogene Strahlungsleistung einer Lichtquelle. SI-Einheit der Lichtstärke ist die ↑ Candela (cd).

Lichtstrom, Formelzeichen Φ, Bezeichnung für die nach der spektralen Empfindlichkeit des menschlichen Auges bewertete Strahlungsleistung einer Lichtquelle. SI-Einheit des Lichtstroms ist das ↑ Lumen (lm). Der Quotient aus dem Lichtstrom Φ, der von einer punktförmigen Lichtquelle in einen bestimmten Raumwinkel Ω ausgestrahlt wird, und dem Raumwinkel selbst bezeichnet man als ↑ Lichtstärke I:

$$I = \frac{\Phi}{\Omega}$$

Lichttheorien, die Theorien, die die Natur des Lichtes und die Art seiner Ausbreitung in den verschiedenen Ausbreitungsmedien beschreiben. Sie haben sich im Laufe der Naturwissenschaftsgeschichte oft gewandelt. Die heutige Vorstellung vom *Dualismus von Teilchen und Welle* ist historisch aus verschiedenen Wurzeln gewachsen.

1) *Vorstellung von Ch. Huygens (Wellentheorie des Lichts; Undulationstheorie)*
Nach den Vorstellungen von *Ch. Huygens* handelt es sich beim Licht um einen mit den Wasserwellen vergleichbaren Vorgang. Das Licht verhält sich wie elastische Wellen in einem hypothetischen Medium, dem sogenannten *Lichtäther*. Die Lichtausbreitung soll nach dem *Huygensschen Prinzip* so erfolgen, daß jeder Punkt einer Wellenfront Ausgangspunkt einer Kugelwelle, einer sogenannten *Elementarwelle* ist. Damit ließen sich die ↑ Reflexion, die ↑ Beugung und die Ausbreitungsvorgänge des Lichts in Kristallen erklären.

2) *Vorstellungen von I. Newton (Emissionstheorie)*
Nach den Vorstellungen von *I. Newton* werden von den leuchtenden Körpern kleine materielle Lichtteilchen mit großer Geschwindigkeit ausgestoßen, die den Raum geradlinig durchfliegen. Die Lichtbrechung mußte dann so gedeutet werden, daß die Lichtteilchen deshalb beim Übergang in ein optisch

dichteres Medium zum Einfallslot hin gebrochen werden, weil sie im optisch dichteren Medium eine *größere* Geschwindigkeit erhalten. Nicht zuletzt wegen dieser nicht mit den experimentellen Ergebnissen übereinstimmenden Folgerung wurde diese Theorie zugunsten der Wellentheorie wieder aufgegeben.

3) Vorstellungen von A. J. Fresnel (Äthertheorie des Lichts)
Nach den Vorstellungen von *A. J. Fresnel* handelt es sich beim Licht um ↑ Transversalwellen. Auf der Grundlage des *Huygensschen Prinzips* wurden von *Fresnel* die ↑ Interferenz und ↑ Beugungserscheinungen des Lichts erklärt. Die Annahme von Transversalwellen erlaubte außerdem die Deutung der ↑ *Polarisation des Lichtes*. Auch von *Fresnel* wurde der hypothetische *Lichtäther* gefordert.

4) Vorstellungen von J. C. Maxwell (elektromagnetische Lichttheorie)
Auch die Maxwellsche Theorie ist eine Wellentheorie (*Undulationstheorie*), die das Licht als transversale Schwingung einer *elektrischen* und einer dazu senkrechten *magnetischen* Feldstärke behandelt, die den sogenannten *Maxwellschen Gleichungen* genügt. Dabei ist kein besonderes Ausbreitungsmedium erforderlich, auf die Ätherhypothese kann damit verzichtet werden.

5) Vorstellungen von A. Einstein (Lichtquantentheorie)
Die *Einsteinsche Lichttheorie* stellt eine Verbindung der Wellen- und der Teilchenvorstellung dar. Leuchtende Körper senden in schneller Folge kleine Teilchen (*Lichtquanten* oder *Photonen*) aus, deren Energie W nach der Relation $W = h \cdot f$ aus dem *Planckschen Wirkungsquantum h* und der wellenoptischen Frequenz f zu errechnen ist. Das Licht wird daher als *Lichtquantenfeld* aufgefaßt und nach der *Quantentheorie der Wellenfelder* theoretisch behandelt.

linearer Ausdehnungskoeffizient, Formelzeichen α, die auf die Länge bei $0°C$ bezogene relative Längenänderung, die ein Körper erfährt, wenn seine Temperatur um $1 K$ (= $1°C$) verändert wird. Der Wert des linearen Ausdehnungskoeffizienten ist vom Stoff des betrachteten Körpers abhängig (↑ Wärmeausdehnung).

Linienspektrum, ein aus einer Folge diskreter Spektrallinien bestehendes ↑ Spektrum, das – im Gegensatz zum ↑ Bandenspektrum, einem Molekülspektrum – bei den Übergängen der Leuchtelektronen zwischen den Energiezuständen der Atome oder Atomionen eines Gases emittiert (bzw. absorbiert) wird. Ein solcher Übergang ist verknüpft mit der Emission bzw. Absorption eines (Licht)Quants der Energie $h \cdot f = W_n - W_m$ (h Plancksches Wirkungsquantum, f Frequenz der Strahlung, W_n, W_m die Energien in den Quantenzuständen n bzw. m des Atoms). Jedem Übergang entspricht also eine bestimmte Frequenz, d.h. eine bestimmte Spektrallinie. Die gesetzmäßige Folge der Linien eines Linienspektrums bezeichnet man als *Linienserie*, die für ihre Wellenlängen bzw. Frequenzen gültigen Gesetze als *Seriengesetze*. Das erste Seriengesetz des Wasserstoffatoms, das ein besonders übersichtliches Linienspektrum besitzt, wurde 1885 von *J. J. Balmer* gefunden (↑ Balmerserie).
Das Linienspektrum ist für jedes chemische Element charakteristisch.

Linse, im weitesten Sinne jeder von gekrümmten Flächen begrenzte durchsichtige Körper. Im engeren Sinne bezieht sich die Bezeichnung Linse zumeist auf die sogenannte *sphärische Linse*, einen durchsichtigen Körper, der von zwei Kugelhauben bzw. von einer Kugelhaube und einer Ebene begrenzt wird. Die Mittelpunkte M_1 und M_2 der begrenzenden Kugelhauben bezeichnet man als *Krümmungsmittelpunkte*, die zugehörigen

Kugelradien r_1 und r_2 als *Krümmungs-radien*. Die Verbindungslinie der beiden Krümmungsmittelpunkte heißt *Hauptachse* oder *optische Achse* der Linse. Die Schnittpunkte S_1 und S_2 der optischen Achse mit den Linsenflächen werden als *Linsenscheitel* bezeichnet. Der Mittelpunkt 0 der Strecke S_1S_2 heißt *optischer Mittelpunkt*, die durch 0 senkrecht zur optischen Achse verlaufende Ebene heißt

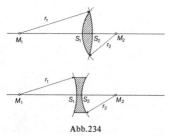

Abb.234

Linsenebene (Abb.234). Stimmen die beiden Krümmungsradien einer Linse überein ($r_1 = r_2$), dann spricht man von einer *symmetrischen Linse*, anderenfalls von einer *unsymmetrischen Linse*. Linsen, die in der Mitte dicker sind als am Rand heißen *Konvexlinsen*. Je nach Form unterscheidet man dabei zwischen *bikonvexen, plan-konvexen* und *konkav-konvexen* Linsen (Abb.235). Linsen, die in der Mitte dünner sind als am Rand, heißen *Konkavlinsen*. Je nach Form unterscheidet

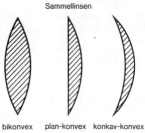

Sammellinsen

bikonvex   plan-konvex   konkav-konvex

Abb.235

man auch dabei zwischen *bikonkaven, plan-konkaven* und *konvex-konkaven* Linsen (Abb.236). Ist das Linsenmaterial optisch dichter als die Umgebung

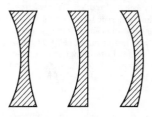

Zerstreuungslinsen

bikonkav   plan-konkav   konvex-konkav

Abb.236

(z.B. Glaslinse in Luft), dann wirken Konvexlinsen als *Sammellinsen*, Konkavlinsen dagegen als *Zerstreuungslinsen*. Die Wirkungsweise von Linsen beruht auf der ↑ Brechung. Konvex- und Konkavlinsen kann man sich aus

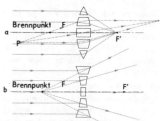

Sammellinse (a) und Zerstreuungslinse (b)

Abb.237

↑ Prismen zusammengesetzt denken (Abb.237).

Im folgenden beschränken wir uns der Einfachheit halber auf dünne symmetrische Linsen. Diese können bei der Konstruktion des Strahlenganges mit hinreichender Genauigkeit durch ihre Linsenebene und die zweimalige Brechung durch eine einmalige Brechung an dieser Linsenebene ersetzt werden. Bei Beschränkung auf *achsennahe Strahlen*, d.h. Strahlen, die nahe der optischen Achse verlaufen, und bei Verwendung einfarbigen (*monochro-*

matischen) Lichtes ergeben sich die folgenden Gesetzmäßigkeiten:

I. Sammellinsen:
A. Strahlenverlauf bei Sammellinsen

1. Parallel zur optischen Achse einfallende Strahlen (*Parallelstrahlen*) schneiden sich nach Durchgang durch die Linse in einem Punkt der optischen Achse. Dieser Punkt heißt *Brennpunkt F*, seine Entfernung vom optischen Mittelpunkt 0 der Linse heißt Brennweite f (Abb.238). Jede Linse hat zwei

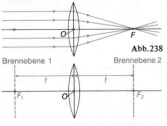

Abb.238

Abb.239

Brennpunkte F_1 und F_2, die jeweils gleich weit vom optischen Mittelpunkt entfernt sind (Abb.239). Die im Brennpunkt senkrecht auf der optischen Achse stehende Ebene heißt *Brennebene*.

2. Strahlen, die vom Brennpunkt aus auf die Linse fallen (*Brennpunktsstrahlen* oder *Brennstrahlen*), verlaufen nach Durchgang durch die Linse parallel zur optischen Achse (Abb.240).

3. Strahlen durch den optischen Mittelpunkt (*Mittelpunktsstrahlen* oder *Hauptstrahlen*) erfahren beim Durchgang durch die Linse keine Richtungsänderung. Von der bei dünnen Linsen nur geringfügigen Parallelverschiebung kann abgesehen werden (Abb.241).

4. Strahlen, die parallel zueinander einfallen, schneiden sich nach Durchgang durch die Linse in einem Punkt der Brennebene, und zwar im Schnittpunkt des dem parallelen Strahlenbündel angehörenden Mittelpunktstrahles mit der Brennebene (Abb.242).

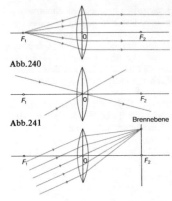

Abb.240

Abb.241

Abb.242

5. Strahlen, die von einem Punkt der Brennebene aus auf die Linse fallen, verlaufen nach dem Durchgang parallel zueinander und zwar in Richtung des dem Strahlenbüschel zugehörigen Mittelpunktstrahles (Abb.243).

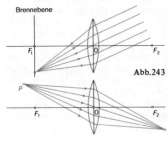

Abb.243

Abb.244

6. Alle von einem Punkt P außerhalb der Brennebene ausgehenden Strahlen schneiden sich nach Durchgang durch die Linse in einem Punkt P' (*Bildpunkt zu P*). Falls P zwischen der Brennebene und der Linse liegt, schneiden sich nicht die gebrochenen Strahlen selbst, sondern ihre rückwärtigen Verlängerungen (Abb.244). Die Brennweite f einer beliebig geformten sphärischen Sammellinse in Luft ergibt sich aus der Beziehung:

$$\frac{1}{f} = (n-1)\left(\frac{1}{r_1} - \frac{1}{r_2}\right)$$

(f Brennweite, n relative Brechzahl des Linsenmaterials, r_1, r_2 Krümmungsradien der Linse).

Die Vorzeichen von r_1 und r_2 sind gleich, wenn die beiden Krümmungsmittelpunkte auf der gleichen Seite, sie sind verschieden, wenn die beiden Krümmungsmittelpunkte auf verschiedenen Seiten der Linse liegen. Für symmetrische Glaslinsen in Luft ($r_1 = r_2$ und $n = 1,5$) ergibt sich daraus:

$$\frac{1}{f} = 0{,}5 \cdot \frac{2}{r}$$

bzw.

$$f = r$$

B. Bildentstehung an Sammellinsen

Die Sammellinse erzeugt von einem Gegenstand ein Bild, dessen *Art, Lage* und *Größe* von der Entfernung zwischen Gegenstand und Linse abhängt. Diese Entfernung bezeichnet man als *Gegenstandsweite g*, die Entfernung

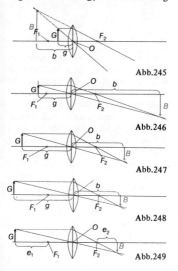

Abb.245

Abb.246

Abb.247

Abb.248

Abb.249

zwischen Linse und Bild als *Bildweite b*. Da alle von einem Punkt außerhalb der Brennebene ausgehenden Strahlen sich nach Durchgang durch die Linse entweder direkt oder mit ihren gedachten Verlängerungen in einem Punkt, dem Bildpunkt schneiden, genügt es, zur Bildkonstruktion nur zwei Strahlen heranzuziehen (in der Regel den Mittelpunktstrahl einerseits und den Parallel- oder Brennpunktstrahl andererseits). Es ergeben sich dann die folgenden Möglichkeiten:

Gegenstands-weite g	Bildweite b	Art des Bildes
$0 < g < f$	Bild liegt auf der gleichen Seite d. Linse wie der Gegenstand. $|b| > g$	virtuell, aufrechtstehend, größer als der Gegenstand (Abb.245)
$g = f$	$b = \infty$	es entsteht kein Bild
$f < g < 2f$	$b > 2f$	reell, umgekehrt, größer als der Gegenstand (Abb.246)
$g = 2f$	$b = 2f$	reell, umgekehrt, ebenso groß wie der Gegenstand (Abb.247)
$g > 2f$	$f < b < 2f$	reell, umgekehrt, kleiner als der Gegenstand (Abb.248)
$g = \infty$	$b = f$	punktförmiges „Bild"

Zwischen Gegenstandsweite g, Bildweite b und Brennweite f besteht der folgende als *Linsengleichung* oder *Linsengesetz* bezeichnete Zusammenhang:

$$\frac{1}{b} + \frac{1}{g} = \frac{1}{f}$$

(Bei virtuellen Bildern ist die Bildweite b negativ zu setzen!)

Bezeichnet man die Entfernung des Gegenstandes von dem einen Brennpunkt mit e_1 und die Entfernung des

251

Bildes von dem anderen Brennpunkt mit e_2 (Abb.249), so erhält man die sogenannte *Newtonsche Form des Linsengesetzes:*

$$e_1 \cdot e_2 = f^2$$

Zwischen Bildgröße B, Gegenstandsgröße G, Bildweite b und Gegenstandsweite g besteht die folgende Beziehung:

$$\frac{B}{G} = \frac{b}{g}$$

II. Zerstreuungslinsen:
A. Strahlenverlauf bei Zerstreuungslinsen

1. Parallel zur optischen Achse einfallende Strahlen (*Parallelstrahlen*) verlaufen nach Durchgang durch die Linse so, als ob sie von einem Punkt der optischen Achse ausgingen. Dieser Punkt heißt *Zerstreuungspunkt* oder *scheinbarer (virtueller) Brennpunkt* (Abb.250). Jede Linse hat zwei Zerstreuungspunkte, die jeweils gleichweit vom optischen Mittelpunkt entfernt sind. Die im virtuellen Brennpunkt senkrecht auf der optischen Achse stehende Ebene heißt *virtuelle Brennebene.*

2. Strahlen, die in Richtung auf den jenseitigen Zerstreuungspunkt auf die Linse fallen, verlaufen nach dem

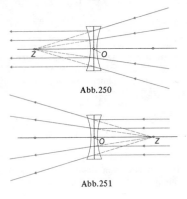

Abb.250

Abb.251

Durchgang parallel zur optischen Achse (Abb.251).

3. Strahlen durch den optischen Mittelpunkt (*Mittelpunktstrahlen* oder *Hauptstrahlen*) erfahren beim Durchgang durch die Linse keine Richtungsänderung. Von der bei dünnen Linsen nur geringfügigen Parallelverschiebung kann abgesehen werden (Abb.252).

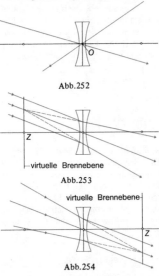

Abb.252

virtuelle Brennebene

Abb.253

virtuelle Brennebene

Abb.254

4. Strahlen, die parallel zueinander einfallen, verlaufen nach Durchgang durch die Linse so, als kämen sie von einem Punkt der diesseitigen virtuellen Brennebene, und zwar vom Schnittpunkt des dem parallelen Strahlenbündel angehörenden Mittelpunktstrahls mit der virtuellen Brennebene (Abb.253).

5. Strahlen, die in Richtung auf einen Punkt der gegenseitigen virtuellen Brennebene auf die Linse fallen, verlaufen nach dem Durchgang parallel zueinander und zwar in Richtung des dem Strahlenbüschel angehörenden Mittelpunktstrahls (Abb.254).

6. Alle von einem Punkt P außerhalb der virtuellen Brennebene ausgehenden

Strahlen verlaufen nach Durchgang durch die Linse so, als kämen sie von einem Punkt P' (*Bildpunkt zu P*). P und P' liegen dabei stets auf derselben Seite der Linse (Abb.255).

B. *Bildentstehung an Zerstreuungslinsen*

Zerstreuungslinsen liefern lediglich scheinbare (virtuelle) Bilder. Sie sind aufrecht, kleiner als der Gegenstand und liegen auf derselben Seite der Linse wie der Gegenstand, und zwar zwischen der Linse selbst und ihrem virtuellen Brennpunkt. Wie bei Sammellinsen sind zur Bildkonstruktion nur zwei Strahlen erforderlich. In der Regel verwendet man den Mittelpunktstrahl einerseits und den Parallelstrahl und den B r e n n p u n k t s t r a h l andererseits (Abb. 256).

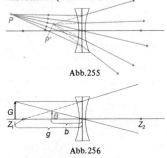

Abb.255

Abb.256

Die Linsengleichung

$$\frac{1}{g} + \frac{1}{b} = \frac{1}{f}$$

gilt auch für Zerstreuungslinsen, wenn man die Bildweite b und die Brennweite f mit negativen Vorzeichen einsetzt.

Linsenformel, eine Formel, die den mathematischen Zusammenhang zwischen relativer Brechzahl, Brennweite und Krümmungsradius einer ↑ Linse beschreibt. Für eine in Luft befindliche Linse gilt:

$$f = \frac{n}{n-1} \cdot \frac{r_1 \cdot r_2}{n(r_2-r_1) + (n-1) \cdot d}$$

(f Brennweite, n relative Brechzahl des Linsenmaterials, d Abstand der Linsenscheitel (d.h. der Schnittpunkte der optischen Achse mit den beiden Linsenflächen), r_1, r_2 Krümmungsradien der Linsenflächen).

Trifft der Lichtstrahl auf eine *konvexe* Linsenfläche, dann ist der betreffende Radius mit *positiven* Vorzeichen zu versehen, trifft der Lichtstrahl auf eine *konkave* Linsenfläche, dann ist der betreffende Krümmungsradius mit *negativen* Vorzeichen zu versehen. Die Vorzeichen von r_1 und r_2 sind also gleich, wenn sich beide Krümmungsmittelpunkte auf derselben Seite der Linse befinden, wenn es sich also um konkav-konvexe bzw. konvex-konkave Linsen handelt. Sie sind verschieden, wenn die Krümmungsmittelpunkte auf verschiedenen Seiten der Linse liegen, wenn es sich also um bikonvexe bzw. bikonkave Linsen handelt.

Für hinreichend dünne Linsen, bei denen $d \ll r_2 - r_1$, geht die Beziehung über in:

$$f = \frac{1}{n-1} \cdot \frac{r_1 \cdot r_2}{(r_2-r_1)}$$

Handelt es sich um eine symmetrische Glaslinse ($r_1 = -r_2$; $n = 1,5$), dann ergibt sich daraus:

$$f = \frac{1}{0,5} \cdot \frac{r^2}{2r} = r$$

Linsensystem, Vereinigung mehrerer ↑ Linsen, in der Regel mit gemeinsamer ↑ optischer Achse. Für die Brennweite f eines aus zwei *dünnen symmetrischen* Linsen mit gemeinsamer optischer Achse und den Brennweiten f_1 und f_2 zusammengesetzten Linsensystem gilt:

$$\frac{1}{f} = \frac{1}{f_1} + \frac{1}{f_2} - \frac{d}{f_1 f_2}$$

bzw. mit $1/f = D$ (↑ Brechkraft)

$$D = D_1 + D_2 - d\,D_1\,D_2$$

worin d der Abstand der beiden Linsenebenen ist. Die Brennweite bzw. Brechkraft von Sammellinsen sind positiv, die von Zerstreuungslinsen negativ einzusetzen. Ist $d \ll f_1, f_2$ ergeben sich die Näherungsformeln

$$\frac{1}{f} = \frac{1}{f_1} + \frac{1}{f_2} \quad \text{bzw.} \quad D = D_1 + D_2$$

Lissajous-Figuren, Kurven, die bei der Überlagerung zweier Schwingungen mit unterschiedlichen Schwingungsrichtungen entstehen. So stellt beispielsweise die Bahnkurve eines Massenpunktes, der gleichzeitig zwei Schwingungsbewegungen unterschiedlicher Richtungen ausführt, eine Lissajous-Figur dar. Ein wichtiger Spezialfall ist die Überlagerung zweier senkrecht zueinander verlaufender Schwingungen. Die Form der dabei entstehenden Figuren (Abb.257) ist abhängig
1. vom Amplitudenverhältnis,
2. vom Frequenzverhältnis und
3. vom Phasenunterschied der beiden sich überlagernden Schwingungen. Lissajous-Figuren lassen sich mit Hilfe von Doppelpendeln oder ↑ Kathodenstrahloszillographen darstellen.

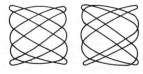

Abb.257

Lochkamera, einfache Vorrichtung zur Erzeugung einer optischen Abbildung. Bei der Lochkamera handelt es sich um einen lichtundurchlässigen Kasten, auf dessen Vorderseite sich eine kleine Öffnung befindet. Von einem vor der Kamera befindlichen Gegenstand wird gemäß Abb.258 ein umgekehrtes, seitenvertauschtes, reelles Bild erzeugt. Dieses kann auf einer Mattscheibe oder einer lichtempfindlichen Schicht

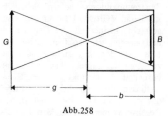

Abb.258

(Film) aufgefangen werden. Insofern stellt die Lochkamera die einfachste Form eines Photoapparates dar. Die *Form* der Öffnung (ob kreisförmig, dreieckig oder quadratisch) hat dabei keinen Einfluß auf das Bild, wohl aber ihre *Größe.* Je kleiner die Öffnung, desto schärfer ist zwar das Bild, desto lichtschwächer ist es jedoch auch.
Für die Lochkamera gilt die Beziehung:

$$\frac{B}{G} = \frac{b}{g}$$

(B Größe des Bildes, G Größe des Gegenstandes, b Entfernung des Bildes von der Öffnung, *Bildweite*, g Entfernung des Gegenstandes von der Öffnung, *Gegenstandsweite*).

Longitudinalschwingungen *(Längsschwingungen)*, Schwingungen von Stäben oder Saiten, bei denen die Schwingungsrichtung und die Richtung der Längsausdehnung übereinstimmen *(Dehnungsschwingungen)*.

Longitudinalwellen *(Längswellen)*, ↑ Wellen, bei denen die Schwingungsrichtung der schwingenden Teilchen des Ausbreitungsmediums (bzw. die Richtung des Schwingungsvektors) mit der Ausbreitungsrichtung übereinstimmt (z.B. Schallwellen in gasförmi-

254

gen, flüssigen und festen Ausbreitungsmedien).

Lorentz-Kraft, nach *H. A. Lorentz* benannte Kraft $\vec{F}$, die auf eine mit der Geschwindigkeit $\vec{v}$ in einem Magnetfeld mit der Kraftflußdichte $\vec{B}$ bewegte Ladung Q wirksam ist. Es gilt:

$$\vec{F} = Q \cdot (\vec{v} \times \vec{B})$$

Die Kraft $\vec{F}$ steht senkrecht auf $\vec{v}$ und auf $\vec{B}$, für ihren Betrag F gilt

$$F = Q \cdot v \cdot B \cdot \sin \alpha,$$

wobei α der von $\vec{v}$ und $\vec{B}$ eingeschlossene Winkel ist. Als Merkhilfe für die Richtung der Kraft nehme man die gespreizten Daumen, Zeige- und Mittelfinger der *rechten* Hand: Legt man den Daumen in Richtung von $\vec{v}$ und den Zeigefinger in Richtung von $\vec{B}$, so zeigt der Mittelfinger die Richtung von $(\vec{v} \times \vec{B})$ an, also die Richtung der Kraft auf eine *positive* Ladung Q. Schließt man den Schalter S in Abb. 259, so bewirkt die Lorentz-Kraft eine Abstoßung des Leiters in der gezeichneten Weise.

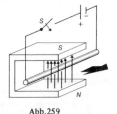

Abb.259

Die Ladungen in Abb.260 bewegen sich im Magnetfeld der Kraftflußdichte $\vec{B}$ auf kreisförmigen Bahnen, für deren Radien r man durch Gleichsetzen der Lorentz-Kraft und der ↑ Zentrifugalkraft folgende Beziehung erhält

$$Q \cdot v \cdot B \cdot \sin \alpha = m \cdot v^2/r$$

Woraus sich für $\alpha = 90°$, d.h. $\vec{v}$ senkrecht $\vec{B}$

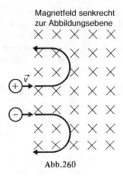

Magnetfeld senkrecht
zur Abbildungsebene

Abb.260

$$Q \cdot v \cdot B = \frac{m \cdot v^2}{r}$$

ergibt und damit schließlich

$$r = \frac{mv^2}{Q \cdot v \cdot B}$$

oder

$$r = \frac{m \cdot v}{Q \cdot B}$$

Durch Ermitteln von r ergibt sich eine gute Methode zur Bestimmung der spezifischen ↑ Ladung eines Teilchens, insbesondere der spezifischen Elektronenladung.

Loschmidtsche Konstante, Formelzeichen L, die Anzahl der Atome bzw. Moleküle, die in einem Kubikzentimeter eines idealen Gases unter Normalbedingungen (760 Torr; 0°C) enthalten sind. Ihr Wert ist:

$$L = 2{,}687 \cdot 10^{19} \text{ cm}^{-3}$$

Die Maßzahl dieser Größe wird oft auch als *Loschmidtsche Zahl* bezeichnet.

Lösungswärme, die beim Lösen eines Stoffes in einem anderen, z.B. beim Lösen eines Salzes in Wasser, erforderliche Wärme (negative Lösungswärme) oder freiwerdende Wärme (positive Lösungswärme). Die negative

Lösungswärme wird dem Lösungsmittel entzogen, wodurch eine Temperaturerniedrigung eintritt. Die positive Lösungswärme dagegen erwärmt das Lösungsmittel bzw. die Umgebung (↑ Kältemischung).

Luftdruck, der ↑ Druck, den die Lufthülle der Erde infolge ihrer Gewichtskraft ausübt. Dieser Druck wirkt nach allen Seiten gleichmäßig und ist dem hydrostatischen Druck in Flüssigkeiten vergleichbar. Sein Nachweis gelang erstmalig im Jahre 1643 dem italienischen Naturforscher *Evangelista Torricelli* (1608–1647) (↑ Torricelli-Versuch). Der Luftdruck wird mit dem ↑ Barometer gemessen. Die gesetzliche Druckeinheit ist das Pascal (Pa) (↑ Druck). Darüber hinaus werden häufig die Einheiten Bar (bar), Millibar (mbar), Torr (Torr) und physikalische Atmosphäre (atm) verwendet. Es gilt:

$$1 \text{ bar} = 100\,000 \text{ Pa},$$
$$1 \text{ mbar} = 100 \text{ Pa},$$
$$1 \text{ Torr} = \frac{101325}{760} \text{ Pa},$$
$$1 \text{ atm} = 101\,325 \text{ Pa}.$$

Der Luftdruck unterliegt starken zeitlichen und örtlichen Schwankungen. In Meereshöhe beträgt er im Mittel 101 325 Pa. Diesen Wert bezeichnet man als *Normalluftdruck*. Es gilt also: Normalluftdruck = 101325 Pa = 1,01325 bar = 1013,25 mbar = 1 atm = 760 Torr. Der Luftdruck nimmt mit der Höhe über dem Meeresspiegel ab. Diese Druckabnahme wird durch die ↑ barometrische Höhenformel beschrieben. Sie beträgt in geringen Höhen über dem Meeresspiegel 1 mbar pro 8 Meter Höhenunterschied bzw. 1 Torr pro 11 Meter Höhenunterschied. In größeren Höhen erfolgt die Luftdruckabnahme langsamer. In der Meteorologie werden Gebiete hohen Luftdrucks als *Hoch*, Gebiete niedrigen Luftdrucks als *Tief* bezeichnet. Die Wechselwirkung zwischen Hochs und Tiefs bestimmt wesentlich

das Wetter. Sowohl das Zustandekommen wie auch die Wechselwirkung von Hochs und Tiefs können nur unter Berücksichtigung der ↑ Corioliskräfte erklärt werden.

Luftpumpe, 1) Vorrichtung zum Verdichten von Luft, die insbesondere zum Aufpumpen von Fahrzeugreifen, Gummimatrazen u.ä. oder unter der Bezeichnung *Kompressor* zur Erzeugung von Druckluft verwendet wird. 2) Vorrichtung zur Erzeugung eines luftverdünnten Raumes (↑ Vakuum). Solche Pumpen werden im Gegensatz zu den unter 1. beschriebenen Luft*verdichtungs*pumpen oft auch als *Vakuumpumpen* bezeichnet. Wichtige und häufig verwendete Vakuumpumpen sind die *Kolbenluftpumpe*, die *Kapselluftpumpe* und die *Wasserstrahlpumpe*.

A. *Die Kolbenluftpumpe*
Die Kolbenluftpumpe (Abb.261) besteht aus einem Zylinder, in dem ein dicht schließender Kolben hin und her bewegt werden kann. Über einen Dreiwegehahn läßt sich der Innenraum des Zylinders wechselweise mit dem luftleer zu pumpenden Raum (*Rezipient*)

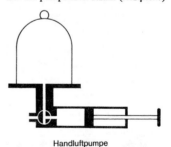

Handluftpumpe

Abb.261

und dem Außenraum verbinden. Verbindet man den Zylinder mit dem Rezipienten und zieht dann den Kolben nach rechts, also aus dem Zylinder heraus, so wird ein Teil der im Rezipienten befindlichen Luft in den Zylinderraum gesaugt. Darauf wird die Verbindung zum Rezipienten geschlossen und die Verbindung zum Außenraum geöffnet. Drückt man nun den Kolben nach links, also in den Zylinder hinein, so wird die angesaugte Luft in den Außenraum gedrückt. Darauf beginnt das Spiel von vorn. Mit Kolbenluftpumpen läßt sich der Druck im Rezipienten bis auf etwa 1 Torr (= 133 Pa) senken.

B. Die Kapselluftpumpe

Bei der Kapselluftpumpe (Abb.262) rotiert ein Zylinder exzentrisch in einem Gehäuse. Beiderseits aus ihm heraus ragen zwei Schieber, die durch eine Feder luftdicht gegen die Gehäuse-

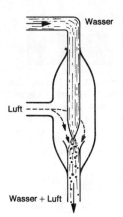

Wasser

Luft - - - -

Wasser + Luft

Abb.263

Abb. 262

wand gepreßt werden. Versetzt man den Zylinder in Drehung, so vergrößert sich einerseits der mit dem Rezipienten verbundene Raum des Pumpengehäuses, wodurch Luft angesaugt wird, andererseits aber verkleinert sich der über ein Außlaßventil mit dem Außenraum verbundene Teil des Gehäuses, wodurch die darin befindliche Luft ausgestoßen wird. Dieses Saug- und Preßspiel erfolgt bei jeder Umdrehung des Zylinders zweimal. Mit Kapselluftpumpen läßt sich der Druck im Rezipienten sehr rasch bis auf etwa 10^{-3} Torr (= 0,133 Pa) senken.

C. Die Wasserstrahlpumpe

Auf besonders einfache Art läßt sich der Druck in einem Rezipienten bis auf etwa 10 Torr (= 1330 Pa) unter Verwendung einer Wasserstrahlpumpe (Abb.263) senken. Dabei strömt ein Wasserstrahl mit hoher Geschwindigkeit aus einem engen Rohr in einen mit dem Rezipienten verbundenen erweiterten Raum und von da ins Freie. Er reißt dabei Luftteilchen mit, wodurch im Rezipienten allmählich ein Unterdruck entsteht.Extrem niedrige Drücke bis herab zu 10^{-8} Torr (= $1{,}33 \cdot 10^{-6}$ Pa) lassen sich mit *Molekularpumpen* und *Getterpumpen* erreichen. Sie können jedoch erst dann in Betrieb gesetzt werden, wenn mit einer anderen Pumpe bereits ein hinreichend hohes *Vorvakuum* erzeugt wurde.

Luftwiderstand, der Widerstand, den ein sich relativ zur Luft (bzw. zu irgendeinem anderen Gas) bewegender Körper entgegen seiner Bewegungsrichtung erfährt. Sein Betrag W ist abhängig:

1. von der Form des Körpers, ausgedrückt durch seine *Widerstandszahl* c_W;

2. von der Querschnittsfläche A des Körpers senkrecht zur Bewegungsrichtung (*Schattenquerschnitt*);

3. von der *Relativgeschwindigkeit* v zwischen Körper und Gas;

4. von der *Dichte* ρ des Gases.

257

Es gilt dabei die Beziehung:

$$W = A \cdot c_w \cdot \rho \, \frac{v^2}{2}$$

Lumen (lm), SI-Einheit des Lichtstromes. *Festlegung:* 1 Lumen (lm) ist gleich dem Lichtstrom, den eine punktförmige Lichtquelle mit der Lichtstärke 1 ↑ Candela (cd) gleichmäßig nach allen Richtungen in den Raumwinkel 1 ↑ Steradiant (sr) aussendet:

$$1 \text{ lm} = 1 \text{ cd} \cdot \text{sr}$$

Luminiszenz, Sammelbegriff für alle Leuchterscheinungen, die nicht auf hoher Temperatur der leuchtenden Substanz beruhen. Erfolgt die Lichtemission nach vorausgegangener Bestrahlung mit sichtbarem Licht oder ultravioletter Strahlung, so spricht man von *Photoluminiszenz.* War Röntgenstrahlung oder Gammastrahlung der Grund für die Lichtemission, so spricht man von *Röntgenluminis-*

zenz. Von *Radioluminiszenz* spricht man, wenn die Lichtemission durch Einwirkung radioaktiver Strahlen verursacht wurde. Daneben können aber auch chemische Vorgänge, das Einwirken elektrischer Felder oder elektrische Entladungsvorgänge die Ursache für Luminiszenz sein.

Die der Luminiszenz vorausgehenden Vorgänge führen zur Anregung der Atome oder Moleküle des betreffenden Stoffes, die dann in der Regel unmittelbar (d.h. nach etwa 10^{-8}s) in den Grundzustand übergehen (↑ *Fluoreszenz*).

Bei der insbesondere bei Festkörpern vorkommenden *Phosphoreszenz* können Elektronen dagegen zunächst in sog. Speicherniveaus (metastabile Zustände gelangen. Die charakteristischen Zeiten betragen bei der Phosphoreszenz je nach Stoff Bruchteile von Sekunden bis zu einigen Monaten und sind stark temperaturabhängig.

Lupe, Sammellinse mit kurzer Brennweite zur Vergrößerung des ↑ Sehwinkels, unter dem ein Betrachter einen Gegenstand sieht (↑ Linse). In der

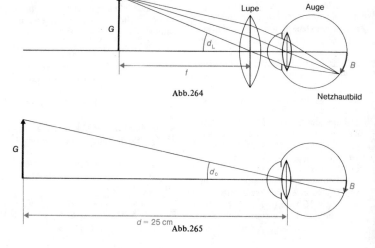

Abb.264

Netzhautbild

$d = 25$ cm

Abb.265

258

Regel benutzt man die Lupe so, daß sich der betrachtete Gegenstand in ihrer Brennebene befindet (Abb.264) Das auf Unendlich eingestellte, also nicht akkomodierte Auge befindet sich dann unmittelbar hinter der Lupe und sieht den Gegenstand G unter dem Sehwinkel α_L. Betrachtet man den selben Gegenstand G ohne Lupe, so bringt man ihn für gewöhnlich im Abstand der sogenannten ↑ *deutlichen Sehweite* ($d = 25$ cm) vor das Auge und sieht ihn dann unter dem Sehwinkel α_0 (Abb.265). Als *Normalvergrößerung* V_N der Lupe bezeichnet man den Quotienten aus dem Tangens des Sehwinkels α_L mit der Lupe und dem Tangens des Sehwinkels α_0 ohne Lupe:

$$V_N = \frac{\tan \alpha_L}{\tan \alpha_0}$$

Nun gilt gemäß Abb.264 bzw. Abb.265: $\tan \alpha_L = B/f$ und $\tan \alpha_0 = B/d$; somit ist: $V_N = (B/f) / (B/d)$ bzw.

$$V_N = \frac{d}{f}$$

Setzt man für die deutliche Sehweite $d = 0{,}25$ m und für $1/f = D$ (↑ Brechkraft), so ergibt sich für die Normalvergrößerung:

$$V_N = 0{,}25 \cdot D = \frac{D}{4}$$

Häufig verwendet man die Lupe auch in der Art, daß das virtuelle Bild in der deutlichen Sehweite $d = 25$ cm ent-

steht. Dann muß natürlich das Auge auf diese Entfernung eingestellt (akkomodiert) werden. Für die Vergrößerung V_d in diesem Fall ergibt sich:

$$V_d = V_N + 1$$

Die maximale Vergrößerung, die sich mit einer Lupe erreichen läßt, beträgt etwa 20.

Lux (lx), SI-Einheit der ↑ Beleuchtungsstärke. *Festlegung:* 1 Lux (lx) ist gleich der Beleuchtungsstärke, die auf einer Fläche herrscht, wenn auf 1 m^2 der Fläche gleichmäßig verteilt der ↑ Lichtstrom 1 ↑ Lumen (lm) fällt:

$$1 \text{ lx} = 1 \frac{\text{lm}}{\text{m}^2} = 1 \frac{\text{cd} \cdot \text{sr}}{\text{m}^2}$$

Lyman-Serie, nach *Th. Lyman* benannte ↑ Spektralserie des atomaren Wasserstoffs, deren Linien von den Wasserstoffatomen emittiert werden, deren Elektron nach ↑ Anregung von einem energetisch höher liegenden Energiezustand (Hauptquantenzahl $n \geqslant 2$) in den Grundzustand ($n = 1$) zurückkehrt. Die Spektrallinien der Lymanserie liegen im ↑ Ultraviolett. Für die Wellenzahlen $\tilde{\nu} = 1/\lambda$ (λ Wellenlänge) gilt die Serienformel

$$\tilde{\nu} = R_H \left(1 - \frac{1}{m^2}\right)$$

$m = 2, 3, 4 \ldots$,
wobei R_H die ↑ *Rydbergkonstante* des Wasserstoffs und m die sog. Laufzahl ist (↑ Balmerformel).

Mach-Zahl, Formelzeichen *Ma* (oder auch *M*), der Quotient aus der Geschwindigkeit *v* eines sich in einem Medium bewegenden Körpers und der Schallgeschwindigkeit *c* in diesem Medium:

$$Ma = \frac{v}{c}$$

Bei *Ma* = 1 fliegt also beispielsweise ein Flugzeug mit Schallgeschwindigkeit, bei *Ma* = 2 mit doppelter und bei *Ma* = *n* mit *n*-facher Schallgeschwindigkeit in der betreffenden Luftschicht. Da die Schallgeschwindigkeit von den meteorologischen Verhältnissen abhängt und von Zeitpunkt zu Zeitpunkt und von Ort zu Ort verschieden sein kann, ist auch die Geschwindigkeit über Grund eines mit *Ma* = 1 fliegenden Flugzeugs nicht immer und überall gleich groß.

Magdeburger Halbkugeln, zwei metallene Halbkugeln mit geschliffenem Rand, die sich luftdicht aneinanderpressen lassen. Pumpt man den dabei entstehenden Innenraum weitgehend luftleer, dann werden die Halbkugeln durch den äußeren Luftdruck so stark zusammengepreßt, daß sie nur mit größter Kraft wieder getrennt werden können. Der Erfinder der Luftpumpe, der Magdeburger Bürgermeister *Otto von Guericke,* führte damit die Wirkung des Luftdrucks vor. Er spannte an zwei weitgehend luftleer gepumpten Halbkugeln (Durchmesser: 42 cm) rechts und links je 8 Pferde. Sie konnten die Halbkugeln nicht trennen.

Magische Zahlen, Bezeichnung für die Protonen- oder Neutronenzahlen 2, 8, 20, 28, 50, 82 und 126. ↑ Kerne, deren Protonenzahl *Z* oder Neutronenzahl *N* gleich einer der magischen Zahlen ist, zeichnen sich gegenüber anderen Kernen durch besondere Eigenschaften aus. Man bezeichnet sie als *magische Kerne.*

Magische Kerne besitzen eine größere ↑ Kernbindungsenergie, haben einen kleineren Kernradius und haben mehr stabile ↑ Isotope als andere Kerne. Instabile magische Kerne zerfallen mit sehr großer Halbwertszeit. Diese Eigenschaften gelten verstärkt für *doppeltmagische Kerne,* das sind Kerne mit magischer Protonenzahl und magischer Neutronenzahl wie z.B. $^{16}_{8}O$, $^{40}_{20}Ca$ und $^{208}_{82}Pb$.

Das *Schalenmodell* erklärt das Auftreten magischer Zahlen: Wenn die Protonenzahl oder Neutronenzahl eines Kerns eine magische Zahl ist, so ist in ihm nach dem Schalenmodell die äußerste Protonenschale oder Neutronenschale eine abgeschlossene Schale. Extrapoliert man unter gewissen Voraussetzungen das Schalenmodell der Atomkerne in den Bereich der heute noch unbekannten *superschweren* Atomkerne, so ist zu erwarten, daß es weitere magische Zahlen gibt, die allerdings für Protonen und Neutronen nicht mehr gleich sind. So erwartet man, daß auch die Zahlen 114 und 164 magische Protonenzahlen und die Zahlen 184, 196, 272 und 318 magische Neutronenzahlen sind, daß also bei diesen Zahlen abgeschlossene Protonenschalen bzw. Neutronenschalen auftreten.

magnetische Feldkonstante, *(Induktionskonstante),* Formelzeichen μ_0, Quotient aus der ↑ magnetischen Induktion *B* und der ↑ magnetischen Feldstärke *H* im Vakuum. Es gilt:

$$\mu_0 = \frac{B}{H}$$

SI-Einheit: $1 \dfrac{\text{Tm}}{\text{A}} = 1 \dfrac{\text{Vsm}}{\text{Am}^2} = 1 \dfrac{\text{Vs}}{\text{Am}}$.

magnetische Feldstärke, Formelzeichen $\vec{H}$, physikalische Größe, die zur Beschreibung des magnetischen Felds dient. Betrachtet man die magnetische Induktion $\vec{B}$ im Innern einer langen Zylinderspule, so ergibt sich folgender Zusammenhang (magnetisches ↑ Feld):

$$B = \mu\mu_0 \frac{I \cdot n}{l}$$

(μ relative Permeabilität, μ_0 magnetische Feldkonstante, I Stromstärke des Spulenstroms, n Anzahl der Windungen der Spule, l Länge der Spule).
Um eine von den Konstanten μ, μ_0 unabhängige Größe zur Beschreibung des magnetischen Felds zu bekommen, führt man eine neue vektorielle physikalische Größe ein, die magnetische Feldstärke $\vec{H}$. Innerhalb einer langen Spule wird sie wie folgt definiert:
Für den Betrag gilt:

$$H = \frac{I \cdot n}{l}$$

Die Richtung von $\vec{H}$ entspricht der von $\vec{B}$

Die magnetische Feldstärke eines beliebigen räumlich verteilten magnetischen Felds wird nun folgendermaßen bestimmt: Man bringt eine kleine, im Verhältnis zu ihrem Durchmesser lange Spule in das Feld. Dann wird der Strom durch die Spule so lange verändert, bis die magnetische Induktion im Innern der Spule gleich Null ist. Der Betrag der magnetischen Feldstärke $\vec{H}$ im betrachteten Punkt des Felds ergibt sich dann zu $H = (I \cdot n)/l$; worin I die in der Meßspule einregulierte Stromstärke ist. Die Richtung der Feldstärke im betreffenden Punkt ist der Richtung der Spulenfeldstärke, die durch die Stromrichtung festgelegt ist, entgegengesetzt (die beiden Felder heben sich gegenseitig auf).

Zwischen der magnetischen Induktion $\vec{B}$ und der magnetischen Feldstärke $\vec{H}$ besteht (außer in ferro-magnetischen Materialien) ein eindeutiger linearer Zusammenhang, wie er für den Spezialfall einer langen Zylinderspule dargestellt wurde. Es gilt allgemein:

$$\vec{B} = \mu\mu_0 \vec{H}$$

In ferromagnetischen Materialien ist μ nicht mehr konstant, sondern hängt von H ab.

magnetische Induktion, Formelzeichen $\vec{B}$, vektorielle physikalische Größe zur Beschreibung des Magnetfeldes. Sie wird mit Hilfe der Kraftwirkungen auf stromdurchflossene Leiter im Magnetfeld definiert. *SI-Einheit* ist 1 Tesla (T). *Festlegung:* 1 Tesla ist gleich der Flächendichte des homogenen magnetischen Flusses 1 Weber (Wb), der die Fläche 1 m² senkrecht durchsetzt:

$$1\,\text{T} = 1 \frac{\text{Wb}}{\text{m}^2} \ .$$

magnetische Kräfte, Kräfte, die im Magnetfeld auf stromdurchflossene Leiter, bewegte Ladungen und auf Magnete wirken.
a) *magnetische Kräfte auf stromführende Leiter:* Der Zusammenhang zwischen der wirkenden Kraft $\vec{F}$ und den charakteristischen Größen des Magnetfelds und des Leiters ergibt sich aus der folgenden Beziehung:

$$\vec{F} = I\,(\vec{s} \times \vec{B})$$

(I Stromstärke des Leiterstroms, $\vec{s}$ Vektor, dessen Betrag gleich der Länge des Leiters ist und dessen Richtung durch die technische Stromrichtung und den Leiter festgelegt ist (Abb. 266), $\vec{B}$ magnetische Induktion).
b) *magnetische Kräfte auf bewegte Ladungen:* Die unter a) beschriebene

Kraft auf einen stromdurchflossenen Leiter greift an den Leitungselektronen bzw. anderen freien Ladungsträgern an. In Metallen hängt die Stromstärke I mit der Verschiebung der Elektronen wie folgt zusammen (↑ Elektrizitätsleitung):

$$I = n \cdot e \cdot v \cdot q$$

(n Anzahldichte der Elektronen, e Elementarladung, q Querschnitt des Leiters, v Driftgeschwindigkeit der Elektronen).

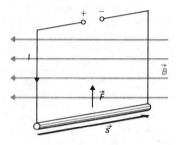

Abb.266

An den Elektronen greift dann folgende Kraft $\vec{F}$ an:

$$\vec{F} = n \cdot e \cdot q \cdot v \cdot s \cdot (\vec{k} \times \vec{B})$$

($\vec{k}$ Einheitsvektor in Richtung von $\vec{s}$, s Länge des Leiters).
Weiter gilt $V = q \cdot s$ und $N = n \cdot V$ (V Volumen des Leiters, N Anzahl der Elektronen im Leiter).
Durch Einsetzen erhält man:

$$\vec{F} = N \cdot e \cdot v \, (\vec{k} \times \vec{B})$$

Die Kraft auf ein Elektron beträgt:

$$\vec{F} = e \cdot v \cdot (\vec{k} \times \vec{B})$$

Die Richtungen von $-\vec{v}$ und $\vec{k}$ sind gleich. Deshalb kann die Gleichung folgendermaßen umgeformt werden:

$$\vec{F} = -e \, (\vec{v} \times \vec{B})$$

Das Minuszeichen kann weggelassen werden, wenn man die negative Ladung des Elektrons immer als solche durch ein Minuszeichen kennzeichnet ($e = -1{,}6 \cdot 10^{-19}\,\text{As}$).
Damit erhält man:

$$\boxed{\vec{F} = e \, (\vec{v} \times \vec{B})}$$

In skalarer Form lautet diese Gleichung:

$$\boxed{F = e \cdot v \cdot B \cdot \sin \alpha}$$

(α Winkel zwischen $\vec{v}$ und $\vec{B}$)
Diese Gleichungen können für beliebige Ladungen Q verallgemeinert werden. Sie lauten dann:

$$\boxed{\begin{aligned} \vec{F} &= Q \, (\vec{v} \times \vec{B}) \\ \vec{F} &= Q \cdot v \cdot B \cdot \sin \alpha \end{aligned}}$$

Die gemäß diesen Beziehungen auf eine sich in einem Magnetfeld bewegende Ladung Q ausgeübte Kraft wird als *Lorentzkraft* bezeichnet.
c) *magnetische Kräfte auf Magneten:* Die magnetischen Kräfte rufen bei ins Magnetfeld gebrachten Magneten in erster Linie ein Drehmoment hervor. Dieses Drehmoment $\vec{M}$ läßt sich mit Hilfe des magnetischen Moments $\vec{m}$ des Magneten und der magnetischen Induktion $\vec{B}$ beschreiben.

$$\boxed{\vec{M} = \vec{m} \times \vec{B}}$$

bzw.

$$\boxed{M = m \cdot B \cdot \sin \beta}$$

(β Winkel zwischen $\vec{m}$ und $\vec{B}$).
In *inhomogenen* Magnetfeldern tritt neben dem Drehmoment noch eine zusätzliche Kraft auf, die nur mit größerem mathematischen Aufwand beschrieben werden kann.

magnetischer Fluß, Formelzeichen ϕ, physikalische Größe, die zur Beschreibung elektromagnetischer Vorgänge dient. Befindet sich eine Fläche A in einem homogenen Magnetfeld mit der magnetischen Induktion B, so ist der magnetische Fluß ϕ durch diese Fläche definiert als

$$\phi = B \cdot A \cdot \cos \alpha$$

(α spitzer Winkel zwischen der Flächennormalen $\vec{n}$ und der Richtung des magnetischen Feldes, Abb.267).
SI-Einheit des magnetischen Flusses ist das Weber (Wb)

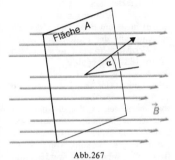

Abb.267

Festlegung: 1 Weber ist gleich dem magnetischen Fluß, bei dessen gleichmäßiger Abnahme während der Zeit 1 s auf null in einer ihn umschlingenden Windung die elektrische Spannung 1 V induziert wird

$$1 \text{ Wb} = 1 \text{ Vs}$$

Mit Hilfe eines Flächenintegrals kann der magnetische Kraftfluß ϕ auch für inhomogene Magnetfelder definiert werden.
magnetisches Moment, Formelzeichen $\vec{m}$, vektorielle physikalische Größe, die zur Beschreibung magnetischer Vorgänge dient. Materie ist aus Atomen aufgebaut. Die Atome selbst bestehen aus einem Atomkern und Elektronen, die auf ganz bestimmten Bahnen unter Durchführung einer Eigenrotation (↑ Spin) den Kern umkreisen (↑ Atommodel-

le). Sowohl das Kreisen des Elektrons um den Kern als auch der Spin kann als Ringstrom gedeutet werden. Diesen Bewegungen wird deshalb ein magnetisches Dipolmoment zugeordnet. Addiert man alle anfallenden magnetischen Dipolmomente eines Körpers, so erhält man einen Vektor, den man als magnetisches Moment $\vec{m}$ des Körpers bezeichnet.
SI-Einheit des magnetischen Moments ist 1 Am^2. Bei Körpern, die in ihrer Umgebung kein magnetisches Feld haben, ergibt sich $\vec{m} = 0$.

magnetische Suszeptibilität, Formelzeichen χ, Quotient aus dem Betrag der Magnetisierung $\vec{M}$ und dem Betrag der magnetischen Feldstärke $\vec{H}$, welche die Magnetisierung hervorruft: $\chi = M/H$. Die magnetische Suszeptibilität ist für Para- und Diamagnetika eine Konstante, für ferromagnetische Stoffe hängt sie stark von der Feldstärke $\vec{H}$ ab (↑ Hysteresisschleife). Sie hat die Dimension einer Zahl.

Magnetisierung, Formelzeichen $\vec{M}$, vektorielle physikalische Größe zur Beschreibung der Erscheinungen, die mit dem Einbringen von Materie in ein Magnetfeld verbunden sind. Sie ist definiert als der Quotient aus dem magnetischen Moment $\vec{m}$ einer Körpers und seinem Volumen V:

$$M = \frac{\vec{m}}{V}$$

SI-Einheit: 1 Am^2/m^3 = 1 A/m.
Unmagnetische Körper haben die Magnetisierung Null. Bringt man einen nicht ↑ ferromagnetischen Körper in ein magnetisches Feld, so stellt man fest, daß die Magnetisierung $\vec{M}$ proportional der ↑ magnetischen Feldstärke $\vec{H}$ ist, d.h.

$$\vec{M} = \chi \cdot \vec{H}$$

χ ist eine Stoffkonstante, die ↑ *magne-*

tische Suszeptibilität. Sie hat die Dimension einer Zahl.

Nach dem Einbringen der Substanz ins Magnetfeld tritt zur magnetischen Feldstärke $\vec{H}$ die Magnetisierung $\vec{M}$ hinzu. Somit ergibt sich für die magnetische Feldstärke $\vec{H}_S$ nach dem Einbringen der Substanz

$$\vec{H}_S = \vec{H} + \vec{M} = (1 + \chi)\,\vec{H} \ .$$

Multiplikation mit der magnetischen Feldkonstanten μ_0 liefert:

$$\mu_0 \vec{H}_S = \mu_0 (1 + \chi)\vec{H} \ .$$

$\mu_0 \vec{H}_S$ entspricht der magnetischen Induktion $\vec{B}_S$ nach dem Einbringen des Stoffs, $\mu_0 \vec{H}$ der magnetischen Induktion $\vec{B}$ des angelegten Felds. Damit ergibt sich:

$$\boxed{\vec{B}_S = (1 + \chi)\,\vec{B}}$$

Weiter besteht zwischen der magnetischen Induktion $\vec{B}_S$ in einem stofferfüllten Raum und der magnetischen Induktion $\vec{B}$ im Vakuum bzw. Luft folgender Zusammenhang:

$$\vec{B}_S = \mu \vec{B}$$

(μ relative Permeabilität) so daß gilt:

$$\boxed{(1 + \chi) = \mu}$$

Stoffe mit $\chi < 0$ heißen *diamagnetisch*, Stoffe mit $\chi > 0$ *paramagnetisch.*

Magnetkompaß, Instrument zur Bestimmung der Himmelsrichtung. Seine Arbeitsweise beruht darauf, daß sich ein in einer Horizontalebene beweglicher Permanentmagnet (*Kompaßnadel*) im Erdmagnetfeld so ausrichtet, daß der magnetische Nordpol der Kompaßnadel annähernd zum geographischen Nordpol der Erde zeigt. Der Winkel zwischen der Richtung, in die

die Kompaßnadel zeigt und der tatsächlichen Nord- bzw. Südrichtung wird als *Deklination* bezeichnet.

Magneton, Formelzeichen μ, das Verhältnis des magnetischen Moments $\vec{\mu}$ eines auf einer Kreisbahn umlaufenden Teilchens der Masse m und der Ladung $-e$ zu seinem in Einheiten von $\hbar = h/2\pi$ (h Plancksches Wirkungsquantum) gemessenen Drehimpuls $\vec{j}$:

$$\mu = -\frac{|\vec{m}|}{|\vec{j}|} = -\frac{-e\hbar}{2mc}$$

(c Lichtgeschwindigkeit)
Ist m die Elektronenmasse m_e, so spricht man vom *Bohrschen Magneton* μ_B, im Falle der Protonenmasse m_p vom *Kernmagneton* μ_N. μ_N ist um den Faktor 1837 kleiner als μ_B.
Das Magneton erweist sich als natürliche Einheit für den fundamentalen quantenmechanischen Zusammenhang von magnetischem Moment und mechanischem Drehimpuls. Dieser Zusammenhang kann nicht mehr anschaulich als Wirkung von „Kreisströmen" verstanden werden (so besitzt z.B. auch das ungeladene Neutron ein magnetisches Moment).

Magnetostriktion, Bezeichnung für alle von Magnetisierungsprozessen herrührenden Änderungen der geometrischen Abmessungen von Körpern. Die relative Längenänderung eines bis zur Sättigung magnetisierten ferromagnetischen Körpers in Richtung der Magnetisierung liegt in der Größenordnung 10^{-5}. Beispiel: Ein Eisenstab der Länge 1 m wird durch die Sättigungsmagnetisierung um 10^{-5} m verlängert.

Manometer, Geräte zur Messung des ↑ Drucks in Flüssigkeiten und Gasen. Je nach Bauart und Wirkungsweise unterscheidet man im wesentlichen zwischen den *Flüssigkeitsmanometern,* den *Deformationsmanometern* und den *Kolbenmanometern.*
1) *Flüssigkeitsmanometer*

Beim Flüssigkeitsmanometer wird der zu messende Druck mit dem genau bestimmbaren Druck einer Flüssigkeitssäule verglichen. Die einfachste Bauart eines Flüssigkeitsmanometers stellt das *U-Rohr-Manometer* dar (Abb.268). Bei ihm befindet sich die

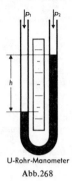

U-Rohr-Manometer

Abb.268

Meßflüssigkeit in einem u-förmig gebogenen (Glas-)Rohr. Der eine Rohrschenkel wird mit dem Meßraum verbunden, der andere bleibt dem äußeren Luftdruck ausgesetzt. Aus dem sich einstellenden Höhenunterschied h zwischen den Flüssigkeitsoberflächen in den beiden Rohrschenkeln und der ↑ Wichte γ der Meßflüssigkeit läßt sich dann die Differenz zwischen dem im Meßraum herrschenden Druck p_m und dem äußeren Luftdruck p_1 bestimmen aus der Beziehung:

$$|p_m - p_1| = h \cdot \gamma$$

Eine größere Meßgenauigkeit ergibt sich, wenn man die Flüssigkeitssäule

schräg stellt. Das ist beim sogenannten *Schrägrohrmanometer* (Abb.269) der Fall.

2) *Deformationsmanometer*

Das Meßprinzip des Deformationsmanometers (auch *Federmanometer* genannt) beruht darauf, daß sich ein elastischer Körper unter dem Einfluß des zu messenden Druckes verformt, wobei die Verformung dem herrschenden Druck proportional ist. Diese meist nur geringfügige Verformung wird über ein Hebel- und/oder Zahnradsystem auf einen Zeiger übertragen, mit dessen Hilfe die Größe des zu messenden Drucks auf einer geeichten Skala abgelesen werden kann.

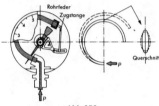

Abb.270

Das gebräuchlichste Deformationsmanometer ist das *Bourdon-Rohrfeder-Manometer* (Abb.270). Bei ihm wird der Innenraum eines kreisförmig gebogenen Rohres mit ovalem Querschnitt (*Bourdon-Röhre*) dem zu messenden Druck ausgesetzt. Die dabei auftretende Verformung dient als Maß für die Größe des Druckes.

Schrägrohrmanometer

Abb.269

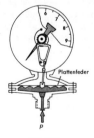

Abb.271

Beim *Plattenfedermanometer* (Abb. 271) wird die durch den zu messenden Druck bewirkte Verbiegung einer zwischen zwei Flanschen aufgespannten dünnen Metallplatte (*Plattenfeder*) zur Druckmessung verwendet.

Das *Kapselfedermanometer* (Abb.272) hat als Meßglied eine geschlossene Kapsel, deren Innenraum dem zu messenden Druck ausgesetzt wird.

3. Kolbenmanometer

Beim Kolbenmanometer (Abb.273) übt der zu messende Druck eine Kraft auf einen beweglichen Kolben aus. Dieser

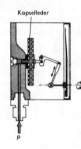

Kapselfeder

Abb.272

Kraft wird durch eine Gewichtskraft $\vec{G}$ das Gleichgewicht gehalten. Aus dem Betrag dieser Gewichtskraft G und der Fläche A des Kolbens läßt sich der zu messende Druck bestimmen aus der Beziehung:

$$p_m = \frac{G}{A}$$

Kolbenmanometer sind sehr genaue Geräte, sie werden deshalb oft zur Eichung anderer Druckmeßgeräte verwendet.

Abb.273

Maser, Kunstwert aus den Anfangsbuchstaben der Wörter *m*icrowave *a*mplification by stimulated *e*mission of *r*adiation (deutsch: Mikrowellenverstärkung durch induzierte Emission). Der Maser ist ein Verstärker, der nach dem gleichen Prinzip wie der ↑ Laser arbeitet, jedoch im Mikrowellenbereich (Wellenlängen unter 10 cm).

Masse. Der Begriff Masse wird in der Physik in zweifacher Bedeutung verwendet. Man hat zu unterscheiden zwischen *träger Masse* und *schwerer Masse*.

Unter *träger Masse* (m_t) versteht man die Eigenschaft eines Körpers, einer Änderung seines Bewegungszustandes nach Betrag bzw. Richtung einen Widerstand bestimmter Größe entgegenzusetzen. Die Größe dieses Widerstandes ist ein Maß für die *träge Masse*. Sie tritt im Grundgesetz der Dynamik auf: Kraft ist träge Masse mal Beschleunigung:

$$\vec{F} = m \cdot \vec{a}$$

Unter *schwerer Masse* (m_s) versteht man die Eigenschaft eines Körpers, einen anderen Körper durch Gravitationswirkung anzuziehen und von einem anderen Körper angezogen zu werden. Die Stärke der Anziehung ist ein Maß für die *schwere Masse*. Sie tritt im Newtonschen Gravitationsgesetz auf:

$$\vec{F} = \gamma \cdot \frac{m_1 \cdot m_2}{r^3} \, \vec{r}.$$

Trotz der unterschiedlichen Definitionen von träger und schwerer Masse sind beide als äquivalent anzusehen. Präzisionsmessungen haben gezeigt, daß beide proportional zueinander sind. Der Proportionalitätsfaktor wird vernünftigerweise gleich 1 gesetzt, so daß gilt $m_t = m_s = m$. Die Gleichheit von träger und schwerer Masse bildet die Grundlage der allgemeinen Relativitätstheorie.

Die Masse ist im Internationalen Einheitensystem (SI) eine der Basisgrößen. Ihre Einheit ist das Kilogramm (kg). 1 kg ist die Masse des internationalen Kilogrammprototyps.

Zwischen Masse (m) und Energie (W) besteht die Einsteinsche Masse-Energie-Beziehung, nach der jede Masse gleichzeitig eine Energie der Größe

$$W = m \cdot c^2$$

(c Lichtgeschwindigkeit)

bzw. jede Energie gleichzeitig eine Masse der Größe

$$m = \frac{W}{c^2}$$

darstellt.

1 Gramm Masse ist demnach äquivalent der Energie $W = 9 \cdot 10^{13}$ J.

Eine Umwandlung von Masse in Energie erfolgt beim radioaktiven Zerfall und wird bei Kernreaktoren praktisch genutzt. Auch die Sonne (wie alle Sterne) bezieht ihre Energie aus einer Umwandlung von Masse in Energie.

Massendefekt, die Differenz zwischen der Summe der Ruhmassen sämtlicher Nukleonen eines ↑ Kerns und der tatsächlichen Kernmasse M.

Besteht ein Kern aus Z Protonen und aus N Neutronen, so gilt für den Massendefekt

$$\Delta M = Z \cdot m_p + N \cdot m_n - M \quad ,$$

wobei m_p die Ruhmasse eines freien (ungebundenen) Protons, m_n die Ruhmasse eines freien Neutrons und M die Ruhmasse des Kerns bedeuten.

Der Massendefekt beruht darauf, daß beim Entstehen eines Kerns aus freien Protonen und Neutronen ↑ Energie frei wird. Der dabei freiwerdende Energiebetrag W entspricht dem Massenverlust. Nach der *Einsteinschen Äquivalenzbeziehung* zwischen Masse und Energie gilt

$$W = \Delta M \cdot c^2$$

(c Vakuumlichtgeschwindigkeit).

Will man umgekehrt einen Atomkern in seine Bestandteile (Nukleonen) zerlegen, so muß man hierzu dieselbe Energie aufbringen, die beim Entstehen des Kerns frei wurde (↑ Kernkräfte). Man bezeichnet diese Energie als *Kernbindungsenergie* W_B. Entsprechend der obigen Beziehung gilt

oder

$$W_B = -\Delta M \cdot c^2$$

$$\Delta M = -\frac{W_B}{c^2} \quad .$$

Dabei besagt das Minuszeichen, daß die Kernbindungsenergie *aufgebracht* werden muß, um einen Atomkern zu spalten.

Genaue Messungen ergeben zum Beispiel für den aus 2 Protonen und 2 Neutronen bestehenden Heliumkern $_2^4$He einen Massendefekt von $\Delta M = 0,0518 \cdot 10^{-27}$kg (das sind etwa 3 % der Ruhmasse eines Protons), was einer Bindungsenergie W_B von ungefähr 29 MeV (↑ Elektronenvolt) entspricht.

Nimmt man an, daß sich die Bindungsenergie gleichmäßig auf die 4 Nukleonen des Heliumkerns verteilt, so ergibt sich pro Nukleon eine mittlere Bindungsenergie von etwa 7,2 MeV. Unter bestimmten Voraussetzungen ist es möglich, 2 Protonen und 2 Neutronen unter Masseverlust zu einem Heliumkern „verschmelzen" zu lassen. Die aufgrund der Bindungsenergie freiwerdende Energie ist dabei 8-mal so hoch wie bei Uranspaltprozessen (↑ Kernfusion, ↑ Kernspaltung). Im Mittel beträgt die Bindungsenergie allgemein je Nukleon im Kern zwischen 7 MeV und 9 MeV.

Für stabile Kerne ist der Massendefekt *positiv*, für Kerne, die spontan zerfallen, *negativ* (↑ Radioaktivität). Der Massendefekt wächst mitzunehmender Protonenzahl Z. Diese Zunahme wird durch das Auftreten abgeschlossener Nukleonenschalen (↑ Kernmodelle) bedingt.

Häufig wird als Masseneinheit für den Massendefekt die ↑ *Tausendstelmasseneinheit*, Kurzzeichen 1 TME, benutzt. Nach der Masse-Energie-Äquivalenz gilt:

$$1 \text{ TME} = 0{,}93114 \text{ MeV}.$$

Massenpunkt, idealisierter Körper, der zwar keine Ausdehnung, also kein Volumen besitzt, wohl aber eine fest definierte Masse. Der Massenpunkt wird in der theoretischen Physik immer dann als Modell für einen (ausgedehnten) Körper verwendet, wenn man sich nur für dessen fortschreitende Bewegung (Translationsbewegung) interessiert und eventuell vorhandene Drehungen um eine Körperachse sowie die Form, Größe, Oberflächenbeschaffenheit usw. unberücksichtigt lassen kann. In einem solchen Falle wird ein Körper durch seinen ↑ Schwerpunkt ersetzt gedacht, und man betrachtet lediglich dessen Bewegung. Ein Massenpunkt kann sinnvollerweise nur Translationsbewegungen ausführen.

Massenspektrograph, Gerät zur Präzisionsbestimmung der einzelnen Massen in einem Isotopengemisch (↑ Isotop). Seine Funktionsweise beruht auf der Ablenkung von Ionenstrahlen in elektrischen und magnetischen Feldern.

Sie wird im folgenden am Beispiel des *Astonschen Massenspektrographen* erläutert (Abb.274):

Ein Ionenstrahl aus dem zu untersuchenden Isotopengemisch, dessen Ionen verschiedene Geschwindigkeiten bewitzen (sie haben z.B. in einer Kanalstrahlröhre verschiedene Beschleunigungsspannungen durchlaufen) wird zuerst in ein elektrisches Feld gelenkt, in dem die Ionen umgekehrt proportional zum Quadrat ihrer Anfangsgeschwindigkeit abgelenkt werden. Dadurch wird der Strahl aufgefächert. Die Ionen gelangen anschließend in ein Magnetfeld, welches senkrecht zum elektrischen Feld gerichtet ist. Dieses macht die durch das elektrische Feld bewirkte Ablenkung zum Teil wieder rückgängig. Bei geeigneter Wahl der geometrischen Abmessungen der Apparatur und der Kraftflußdichte des Magnetfeldes gelingt es, daß alle Ionen mit gleicher spezifischer Ladung trotz verschiedener Geschwindigkeiten nach Passieren des Magnetfeldes durch *einen* Raumpunkt gehen. Diesen Vorgang bezeichnet man als *Geschwindigkeitsfokussierung*. Weiterhin kann erreicht werden, daß die zu verschiedenen Ionen gehörenden Punkte alle in einer Ebene liegen. Bringt man in diese Ebene eine photographische Platte, so erhält man das sog. *Massenspektrum*. Bei bekannter Ionenladung kann man aus der Lage der Ionenauftreffpunkte auf der Photoplatte die jeweilige Isotopenmasse berechnen.

Massenspektrometer, Gerät zur Bestimmung der Häufigkeit der in einem Isotopengemisch vorhandenen einzelnen Massen. Im einfachsten Fall genügt ein geeignetes magnetisches Feld, in

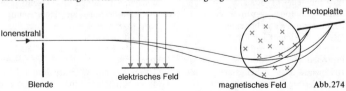

Ionenstrahl

Blende

elektrisches Feld

Photoplatte

magnetisches Feld   Abb.274

dem die Ionen eines ausgeblendeten Ionenstrahls mit verschiedener spezifischer Ladung bei gleicher Geschwindigkeit Halbkreise mit verschiedenen Radien durchlaufen. Die Änderung der Magnetfeldstärke oder der Beschleunigungsspannung der Ionen läßt die Fokussierungspunkte der einzelnen Massen über einen Auffängerspalt wandern. Bei den nach dem Prinzip des ↑ Massenspektrographen mit Ablenkung in elektrischen und magnetischen Feldern wirkenden Massenspektrometern werden die Ionenströme in der Regel elektrisch gemessen.

Massenspektroskopie, Bestimmung der Massenwerte in einem Isotopengemisch (↑ Isotop) mit einem ↑ Massenspektrographen oder der Massenhäufigkeiten mit einem ↑ Massenspektrometer. Dazu wird ein Ionenstrahl räumlich nach der spezifischen Ladung der einzelnen Ionensorten in elektrischen bzw. magnetischen Feldern zerlegt, oder aus dem Ionenstrahl wird eine bestimmte Masse in bestimmter Richtung fokussiert oder beschleunigt.

Massenveränderlichkeit *(relativistische)*, Bezeichnung für die Geschwindigkeitsabhängigkeit der ↑ Masse. Nach der speziellen Relativitätstheorie von *A. Einstein* ist die (träge) Masse eines Körpers geschwindigkeitsabhängig. Bewegt sich ein Körper der Ruhmasse m_0 mit einer Geschwindigkeit v relativ zu einem ruhenden Beobachter, gilt für seine Masse m vom ruhenden Beobachter aus gesehen

$$m = \frac{m_0}{\sqrt{1 - \dfrac{v^2}{c^2}}}$$

(c Vakuumlichtgeschwindigkeit).
Für sehr große Teilchengeschwindigkeiten, wie sie z.B. in ↑ Teilchenbeschleunigern erreicht werden, nimmt die Masse sehr stark zu, dabei kann die Massenveränderlichkeit mit großer Genauigkeit an Elementarteilchen gemessen werden.

Massenzahl *(Nukleonenzahl)*, Kurzzeichen A, die Anzahl der Protonen (Z) und der Neutronen (N) in einem ↑ Kern. Es gilt also:

Massen- zahl	=	Protonen- zahl	+	Neutronen- zahl
A	=	Z	+	N

Die Massenzahl A wird zur Kennzeichnung eines Kerns beziehungsweise Nuklids als *linker oberer* Index an das entsprechende Elementsymbol gesetzt, z.B. ^{4}He, ^{16}O, ^{232}U, ^{235}U.

Maßzahl, diejenige Zahl, die angibt, wie oft die hinter ihr stehende Maßeinheit in der zu messenden Größe enthalten ist. Die Angabe 5 m bedeutet $5 \cdot 1$ m. Darin ist 5 die *Maßzahl* und 1 m die *Maßeinheit*.

Materialkonstante, *(Stoffkonstante)*, physikalische Konstante, deren Wert vom Material des betrachteten Körpers abhängt. Zu den Materialkonstanten gehören z.B. ↑ Dichte, ↑ Wichte, spezifische ↑ Wärmekapazität, spezifische elektrische ↑ Leitfähigkeit u.a.

Materiewellen *(de-Broglie-Wellen)*, Wellen, die speziell atomaren Teilchen mit nicht verschwindender ↑ Ruhmasse (allgemein aber auch jeder bewegten Masse) zugeordnet werden. Vor allem der ↑ Photoeffekt und ↑ Comptoneffekt führten dazu, daß man einer Lichtwelle auch korpuskularen Charakter zuordnen mußte (↑ Dualismus von Welle und Korpuskel). „Licht" kann nur in ganz bestimmten Energiequanten emittiert bzw. absorbiert werden. Ist f die Frequenz der Lichtwelle und λ ihre Wellenlänge, so gilt für die Energie der „Lichtteilchen" (↑ Photonen) $W = h \cdot f$ (h Plancksches Wirkungsquantum). Mit Hilfe der Einsteingleichung $W = m \cdot c^2$ erhält man für den ↑ Impuls p eines Photons $p = W/c$. (c Lichtgeschwindigkeit). Wegen $W = h \cdot f$ und $\lambda \cdot f = c$ ergibt sich

$$p = \frac{h \cdot f}{c} = \frac{h}{\lambda}$$

Dadurch wird einer bestimmten Wellenlänge λ ein Impuls *p* zugeordnet.
De-Broglie beschritt (1924) den umgekehrten Weg und übertrug diese Beziehungen rein formal auf jede mit einer Geschwindigkeit *v* bewegten Masse *m*, die den Impuls *p* = *m* · *v* besitzt. Durch Auflösen nach λ bzw. *f* erhielt er:

$$f = \frac{W}{h}$$

und

$$\lambda = \frac{h}{p} = \frac{h}{m \cdot v} = \frac{h}{\sqrt{2m \cdot W}}$$

Diese Gleichungen heißen *de-Broglie-Gleichungen* oder *-Beziehungen*. Durch sie wird jeder mit der Geschwindigkeit *v* bewegten Masse *m* eine bestimmte Wellenlänge λ bzw. eine bestimmte Wellenfrequenz *f* zugeordnet. Man bezeichnet diese Wellenlänge als *de-Broglie-Wellenlänge*. Experimentell wurden de-Broglies Überlegungen 1927 durch *J. Davisson* und *H. Germer* bestätigt. Ihnen gelang es, zum Nachweis des Wellencharakters ↑ Interferenzen mit Elektronenstrahlen (Strahlen aus schnellen Elektronen) herzustellen. Nach Durchlaufen einer Beschleunigungsspannung *U* hat ein Elektron die Energie *W* = *e* · *U* (*e* Elementarladung). Daraus ergibt sich für die de-Broglie-Wellenlänge dieses Elektrons

$$\lambda = \frac{h}{\sqrt{2m_e \cdot e \cdot U}}$$

(m_e Elektronenmasse). Für *U* = 150 V erhält man λ = 10^{-8} cm.

Maxwellsche Beziehung, nach dem englischen Physiker *J. C. Maxwell* benannte und aus dessen Theorie über die elektromagnetischen Wellen folgende Beziehung zwischen Brechungsindex *n*, relativer ↑ Dielektrizitätskonstante ϵ und ↑ Permeabilität μ (für durchsichtige Stoffe):

$$n^2 = \epsilon \mu$$

Mechanik, Teilgebiet der Physik. Die Mechanik beschäftigt sich mit den Bewegungen, den sie verursachenden Kräften und mit der Zusammensetzung und dem Gleichgewicht von Kräften. Sie wird unterteilt in ↑ *Kinematik, Dynamik* und *Statik.* Die *Kinematik* beschränkt sich auf die bloße Beschreibung von Bewegungsvorgängen, ohne die Kräfte zu berücksichtigen, durch die sie verursacht werden. Die *Dynamik* dagegen berücksichtigt die Kräfte als Ursache der Bewegungen und ermittelt einerseits aus der Kenntnis der auf einen Körper wirkenden Kräfte den Bewegungsverlauf des Körpers und schließt andererseits aus der Kenntnis der Bewegung eines Körpers auf die den Körper zu dieser Bewegung veranlassenden Kräfte. Die *Statik* betrachtet ruhende Körper. Sie untersucht die Zusammensetzung und das Gleichgewicht von Kräften, die auf einen ideal starren Körper wirken. Von *Punktmechanik* spricht man, wenn man sich aus methodischen Gründen auf die Betrachtung von sogenannten ↑ Massenpunkten beschränkt, von *Systemmechanik,* wenn man Systeme von Massenpunkten bzw. starre Körper betrachtet. Als *Himmelsmechanik* bezeichnet man die Mechanik der Himmelskörper, wobei man insbesondere Planetensysteme, Doppelsternsysteme und künstliche Satelliten untersucht. Der *Mechanik der starren Körper,* d.h. der Mechanik derjenigen Körper, die aus Massenpunkten bestehend gedacht werden können, deren jeweilige Abstände untereinander unverändert bleiben, steht die *Mechanik der deformierbaren Körper,* die sogenannte *Kontinuumsmechanik* gegenüber.

Man unterscheidet weiterhin zwischen *klassischer Mechanik* und *relativistischer Mechanik*. Die Regeln der *klassischen Mechanik* gelten nur, wenn die vorkommenden Geschwindigkeiten klein im Vergleich zur ↑ Lichtgeschwindigkeit sind. Für Geschwindigkeiten in der Größenordnung der Lichtgeschwindigkeit gelten die Gesetze der *relativistischen Mechanik*. Sie ist umfassender als die klassische Mechanik, die nur einen Grenzfall der relativistischen Mechanik darstellt. Die Gesetze der klassischen Mechanik verlieren ihre Gültigkeit auch im atomaren Bereich. Hier tritt an Stelle der klassischen Mechanik die *Wellenmechanik* bzw. *Quantenmechanik*. Auch Wellenmechanik und Quantenmechanik enthalten als Grenzfall die klassische Mechanik. Mit statistischen Verfahren arbeitet die sogenannte *statistische Mechanik*. Sie wird immer dann angewandt, wenn man nur das makroskopische Verhalten einer größeren Anzahl von Teilchen untersuchen will und auf die Kenntnis der individuellen Bewegungszustände der einzelnen Teilchen verzichtet.

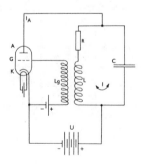

Abb.275

Meißner-Rückkopplung, Schaltung, die zur Aufhebung der Dämpfung bei elektromagnetischen Schwingungen dient.

Mit Hilfe einer Elektronenröhre oder eines Transistors kann einem Schwingkreis im richtigen Rhythmus von außen die durch Joulsche Wärme verbrauchte Energie zugeführt werden (Abb.275). Der durch die Spule L fließende Wechselstrom I erzeugt in der Spule L_g eine Wechselspannung. Diese Wechselspannung steuert über das Gitter G der Röhre den Anodenstrom I_A. Die Steuerung kann so eingerichtet werden, daß dem Schwingkreis aus der Anodenbatterie U im richtigen Takt Energie geliefert wird.

Mesonen, Sammelbezeichnung für ↑ Elementarteilchen mit mittlerer Ruhmasse. Mesonen entstehen unter anderem bei den Zusammenstößen hochenergetischer ↑ Nukleonen mit den Atomkernen der Materie. Dabei muß die kinetische Energie der stoßenden Teilchen so groß sein, daß durch sie die ↑ Ruhenergie des zu erzeugenden Mesons aufgebracht wird. So beträgt z.B. die Ruhenergie eines ↑ Pions (ein wichtiges Teilchen aus der Gruppe der Mesonen) 139 MeV. Die langlebigen Mesonen spielen in der Theorie der starken Wechselwirkungen und der ↑ Kernkräfte eine ähnliche Rolle wie die ↑ Photonen bei der elektromagnetischen Wechselwirkung. Sie sind die (Feld-)Quanten, die diese Kräfte vermitteln. Das ↑ Pion wurde bereits 1935 von *H. Yukawa* in dessen Theorie der Kernkräfte gefordert. Der erste Nachweis gelang 1947.

Metalle, Substanzen mit geringem spezifischen Widerstand, bei denen beim Stromdurchgang der Ladungstransport durch freibewegliche Elektronen erfolgt (↑ Elektrizitätsleitung).

Meteor, Leuchterscheinung, die durch einen in die ↑ Atmosphäre der Erde eindringenden kosmischen Kleinkörper hervorgerufen wird. Sehr helle Meteore werden als *Feuerkugeln,* schwächere, jedoch noch mit bloßem Auge sichtbare Meteore als *Sternschnuppen* bezeichnet. Die Körper, die die Erscheinung verursachen, werden *Meteorite* genannt. Meteorite können durch den Zerfall von ↑ Kometen entstehen und bewegen sich dann entlang der ursprünglichen Kometenbahn.

Meter (m), SI-Einheit der Länge; eine der sieben Basiseinheiten des Internationalen Einheitensystems (*Système International d'Unités*).
Festlegung: 1 Meter (m) ist das 1 650 763,73-fache der Wellenlänge der von Atomen des Nuklids ^{86}Kr beim Übergang vom Zustand $5d_5$ zum Zustand $2p_{10}$ ausgesandten, sich im Vakuum ausbreitenden Strahlung.
Weitere Einheiten können mit den üblichen Vorsätzen für dezimale Vielfache und dezimale Teile von Einheiten gebildet werden, z.B.:

$$1 \text{ Millimeter (mm)} = \frac{1}{1\,000} \text{ m}$$
$$1 \text{ Kilometer (km)} = 1\,000 \text{ m}$$

Michelson-Versuch, ein von dem amerikanischen Physiker *A. Michelson* im Jahre 1881 erstmals durchgeführter Versuch, mit dem die Annahme der Existenz eines „*Lichtäthers*" dadurch widerlegt wurde, daß sich keine Abhängigkeit der Lichtgeschwindigkeit von der relativen Bewegung zwischen Lichtquelle und Beobachter nachweisen ließ. Es zeigte sich vielmehr, daß die Lichtgeschwindigkeit in einem ruhenden und einem gleichförmig bewegten Bezugssystem nach allen Richtungen gleich ist. Diese als *Gesetz von der Konstanz der Lichtgeschwindigkeit* bezeichnete Erfahrungstatsache ist Ausgangspunkt und Grundlage der von A. Einstein entwickelten ↑ Relativitätstheorie.

Mikrometerschraube *(Meßschraube, Bügelmeßschraube)*, Gerät zur sehr genauen Messung kleiner Längen. Der zu messende Gegenstand wird zwischen zwei parallele Flächen (*Meßflächen*) gebracht, deren Abstand voneinander durch Drehen einer Schraube (*Meßspindel*) verändert werden kann. Die *Ganghöhe* (↑ Schraube) der Meßspindel beträgt in der Regel 0,5 mm oder 1 mm, das heißt bei einer vollen

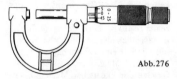

Abb.276

Umdrehung der Meßspindel ändert sich der Abstand der Meßflächen um 0,5 mm bzw. 1 mm. An der Meßspindel ist eine Skala angebracht, auf der man den jeweiligen Abstand der Meßflächen ablesen kann. Die Meßgenauigkeit einer Mikrometerschraube liegt bei 0,01 mm (Abb.276).

Mikrophon, Gerät, mit dessen Hilfe Schallschwingungen in elektrische Spannungs- bzw. Stromschwankungen umgewandelt werden können. Die einfachste Bauart stellt das *Kohlemikrophon* dar (Abb.277). Hinter einer Metallmembran liegt eine Schicht freier Kohlekörner. Die beim Sprechen erzeugten Schallwellen veranlassen die

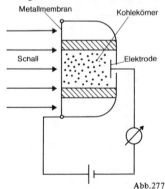

Abb.277

Membran zum Schwingen. Diese drückt dadurch die Kohlekörner periodisch zusammen, wodurch sich deren

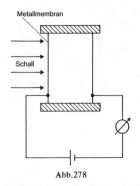

Metallmembran

Schall

Abb.278

elektrischer Widerstand im gleichen Rhythmus ändert. Ein elektrischer Strom, der von der Membran zu einer Elektrode fließt, schwankt daher ebenfalls mit der Periode der Schallwelle. Ein hochwertigeres Mikrophon ist das *Kondensatormikrophon* (Abb.278). Als Membran wird hierbei eine Platte eines Plattenkondensators verwendet. Durch die Bewegung der Membran infolge der auftreffenden Schallwellen ändert sich die Kapazität des Kondensators im Rhythmus der Schallschwingungen. Liegt der Kondensator mit einer elektrischen Spannungsquelle in einem Stromkreis, so tritt wegen der zeitlichen Schwankung der Kapazität in diesem Kreis ein Wechselstrom auf (Lade- und Entladeströme), dessen zeitlicher Verlauf mit der Schallschwingung übereinstimmt.

Mikroskop, optisches Gerät, mit dessen Hilfe sehr kleine, aber nahegelegene und zugängliche Gegenstände unter einem vergrößerten ↑ Sehwinkel erscheinen. Im Prinzip besteht das Mikroskop aus zwei Sammellinsen kleiner Brennweite mit gemeinsamer optischer Achse. (In der Praxis handelt es sich bei diesen Sammellinsen in der Regel um Linsensysteme, die aus mehreren Einzellinsen zusammengesetzt sind.) Die dem Gegenstand (Objekt) zugewandte Linse heißt *Objektiv*, die dem Auge (lat.: oculus)

zugewandte Linse heißt *Okular*. Der betrachtete Gegenstand wird zwischen die einfache und doppelte Brennweite möglichst nahe der Brennebene des Objektivs gebracht. Es entsteht dann auf der anderen Seite des Objektivs außerhalb der doppelten Brennweite ein umgekehrtes, vergrößertes, reelles Bild, das sogenannte *Zwischenbild*. Dieses Zwischenbild wird nun durch das Okular wie durch eine ↑ Lupe betrachtet. Will der Beobachter das reelle Zwischenbild durch die Lupe mit dem auf unendlich eingestellten, also nicht akkommodierten Auge betrachten, so muß er es genau in die Brennebene des Okulars bringen (Abb.279). In der Regel jedoch stellt man das Okular so ein, daß es vom Zwischenbild ein virtuelles Bild im Abstand der sogenannten ↑ deutlichen Sehweite ($d = 25$ cm) erzeugt. Das Auge des Beobachters muß dann natürlich auf diese Entfernung eingestellt (akkommodiert) werden (Abb.280).

Die *Vergrößerung* V_m des Mikroskops ist gleich dem *Produkt* aus der Vergrößerung V_{ob} des Objektivs und der Vergrößerung V_{ok} des Okulars:

$$V_m = V_{ob} \cdot V_{ok}$$

Die Entfernung zwischen bildseitiger Brennebene des Objektivs und der ihr zugewandten Brennebene des Okulars bezeichnet man als *optische Tubuslänge t* des Mikroskops. Wenn das reelle Zwischenbild sich nun aber in der Brennebene des Okulars befindet und f_{ob} die Brennweite des Objektivs ist, dann gilt für die durch das Objektiv bewirkte *(laterale)* Vergrößerung V_{ob} gemäß Abb.281:

$$V_{ob} = \frac{B}{G} = \frac{t}{f_{ob}}$$

(B Bildgröße, G Gegenstandsgröße).
Für die Lupenvergrößerung V_{ok} des Okulars gilt (↑ Lupe):

$$V_{ok} = \frac{d}{f_{ok}}$$

273

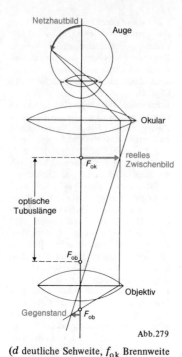

Abb.279

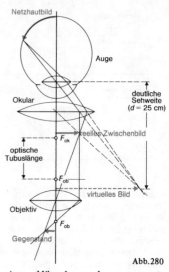

Abb.280

(*d* deutliche Sehweite, f_{ok} Brennweite des Okulars).

Mit diesen Werten ergibt sich für die Mikroskopvergrößerung V_m:

$$V_m = \frac{t \cdot d}{f_{ob} \cdot f_{ok}}$$

Außer der Vergrößerung selbst spielt für die Qualität und Brauchbarkeit

eines Mikroskops das sogenannte ↑ *Auflösungsvermögen* eine wesentliche Rolle. Darunter versteht man die Fähigkeit eines optischen Systems, zwei benachbarte Punkte des Objekts noch als getrennt erkennbare Punkte abzubilden. Durch ein mit sichtbarem Licht arbeitendes Mikroskop sind zwei Dinge, die sich etwa 160 nm (= 0,000 000 16 m) entfernt voneinander befinden, gerade noch als getrennt erkennbar. Dieser Wert stellt eine *grundsätzliche*, in der Natur des verwendeten Lichts begründete unterste Schranke dar, die nicht durchbrochen werden kann. Damit ist aber auch

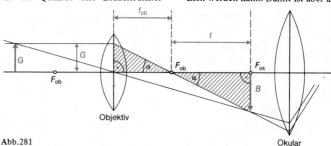

Abb.281

der Mikroskopvergrößerung eine grundsätzliche Grenze gesetzt. Eine technisch durchaus mögliche über diese Grenze gehende Mikroskopvergrößerung hat keinen Sinn, weil durch sie keine weiteren Einzelheiten des betrachteten Objekts erkennbar werden (sogenannte „leere Vergrößerungen"). Die Grenze liegt für sichtbares Licht etwa bei einer Vergrößerung von 2 000. Darüber hinausgehende sinnvolle Vergrößerungen erreicht man durch Verwendung von (unsichtbarem) ultraviolettem Licht oder durch das mit Elektronenstrahlen arbeitende ↑ Elektronenmikroskop.

Millibar (mbar), vorwiegend in der Wetterkunde (Meteorologie) verwendete Einheit des ↑ Druckes. Mit dem ↑ Pascal (Pa), der *SI-Einheit* des Druckes hängt das Millibar wie folgt zusammen:

$$1 \text{ mbar} = 100 \text{ Pa}$$

bzw.

$$1 \text{ Pa} = 0,01 \text{ mbar}$$

Millikan-Versuch, erstmals von dem amerikanischen Physiker *R. A. Millikan* durchgeführtes Experiment zum Nachweis und zur Bestimmung der ↑ Elementarladung. In das elektrische ↑ Feld eines ↑ Plattenkondensators mit waagrechten Platten bringt man als Ladungsträger Öltröpfchen ein, deren Aufladung u.a. auf photoelektrischem Wege geschehen kann (Abb. 282).

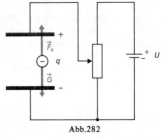

Abb. 282

Nimmt man an, das Öltröpfchen habe eine positive Ladung q, so würde es sich im gezeichneten Fall bei ausreichend großer elektrischer Feldstärke

nach oben bewegen, entgegen seiner Gewichtskraft $\vec{G} = m \cdot \vec{g}$. Man kann es grundsätzlich – durch Wahl der am Kondensator anliegenden Spannung U – so einrichten, daß das Tröpfchen gerade schwebt (in diesem Fall nennt man den Kondensator *Schwebekondensator*). Dies ist genau dann der Fall, wenn die elektrische Kraft $\vec{F}_e = q \cdot \vec{E}$ ($\vec{E}$ Feldstärke des Kondensatorfeldes) gleich der Gewichtskraft $\vec{G}$ ist. Im Schwebefall gilt also:

$$q \cdot E = m \cdot g$$

(g Erdbeschleunigung, m Tröpfchenmasse).
Mit $E = U/d$ (d Plattenabstand) erhält man für die gesuchte Ladung q

$$q = \frac{m \cdot g \cdot d}{U}$$

Rechts vom Gleichheitszeichen stehen nur meßbare Größen.
Durch eine große Anzahl von wiederholten Messungen kommt man zum Ergebnis, daß alle ermittelten Werte für die Ladung q Vielfache einer kleinsten Ladung, der Elementarladung e sind. Die Elementarladung hat den Wert $1,602 \cdot 10^{-19}$ C.

Minuspol, eine der beiden Anschlußstellen einer Gleichstromquelle. Der Minuspol ist definiert als die Elektrode, an der sich bei einer ↑ Elektrolyse Metall oder Wasserstoff abscheidet. Die andere Elektrode heißt dann stets *positiver Pol.* Verursacht man mit einer Stromquelle, von der die Vorzeichen der Pole unbekannt sind, eine Elektrolyse, so können auf Grund der Abscheidungen an den Elektroden die Pole bestimmt werden.

Mischungstemperatur, die Temperatur, die sich bei der Mischung zweier oder mehrerer verschieden warmer Körper, zumeist Flüssigkeiten einstellt. Zur

Berechnung der Mischungstemperatur zweier Körper geht man davon aus, daß die vom wärmeren Körper abgegebene Wärmemenge Q_{ab} gleich der vom kälteren Körper aufgenommenen Wärmemenge Q_{auf} ist:

$$Q_{ab} = Q_{auf}$$

Für die abgegebene Wärmemenge gilt aber:

$$Q_{ab} = m_w c_w (t_w - t_m)$$

und für die aufgenommene Wärmemenge:

$$Q_{auf} = m_k c_k (t_m - t_k)$$

(m_w Masse des wärmeren Körpers, m_k Masse des kälteren Körpers, c_w spezifische Wärmekapazität des wärmeren Körpers, c_k spezifische Wärmekapazität des kälteren Körpers, t_w Temperatur des wärmeren Körpers, t_k Temperatur des kälteren Körpers, t_m Temperatur der Mischung).
Es ergibt sich dann:

$$m_w c_w (t_w - t_m) = m_k c_k (t_m - t_k)$$

Diese Beziehung wird als *Mischungsgleichung* bezeichnet. Aus ihr läßt sich die Mischungstemperatur t_m berechnen. Es ergibt sich:

$$t_m = \frac{m_w \cdot c_w\, t_w + m_k \cdot c_k\, t_k}{m_w\, c_w + m_k\, c_k}$$

MKS-System, ein in der Mechanik verwendetes Einheitensystem, bei dem sich alle vorkommenden physikalischen Einheiten auf drei Grundeinheiten, und zwar auf die Längeneinheit ↑ *Meter* (m), die Masseneinheit ↑ *Kilogramm* (k) und die Zeiteinheit ↑ *Sekunde* (s) zurückführen lassen.

Moderator, in der Kerntechnik Bezeichnung für einen Stoff, der Neutronen hoher Energie durch elastische Stöße auf geringere (thermische) Energie abbremst. Ein Moderator ist insbe-

sondere im ↑ Kernreaktor erforderlich, wo die bei der ↑ Kernspaltung entstehenden Neutronen mit Energien von 2 MeV auf thermische Energie ($\approx$ 0,025 MeV) abgebremst (*moderiert*) werden müssen, da nur langsame Neutronen eine ↑ Kettenreaktion in natürlichem oder leicht angereichertem Uran aufrechterhalten können. Damit ein Moderator besonders wirkungsvoll ist, muß er die folgenden Eigenschaften besitzen:
1. Der Streuquerschnitt (↑ Wirkungsquerschnitt) für schnelle Neutronen muß möglichst groß sein.
2. Der Absorptionsquerschnitt für thermische Neutronen muß möglichst klein sein, damit die Neutronenverluste durch Absorption von Moderatorkernen klein sind.
3. Die Massenzahl A muß möglichst klein sein, damit die Energieübertragung, die nach den Gesetzen des elastischen ↑ Stoßes erfolgt, optimal ausfällt, d.h. damit die Abbremsung nach möglichst wenig Stößen erfolgt.
Als Moderatoren verwendet man u.a. schweres Wasser, Kohlenstoff in der Form von Graphit und Beryllium.

Modulation, Veränderung von Merkmalen einer Schwingung (*Trägerschwingung*) entsprechend dem Verlauf einer zweiten Schwingung (*modulierende Schwingung*). Man unterscheidet dabei im Wesentlichen zwei Verfahren (Abb. 283):
a) Die *Amplitudenmodulation*: Die *Amplitude* der Trägerschwingung wird entsprechend der modulierenden Schwingung verändert.

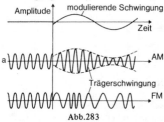

Abb.283

b) Die *Frequenzmodulation*: Die *Frequenz* der Trägerschwingung wird durch die modulierende Schwingung beeinflußt.

Mol (mol), SI-Einheit der Stoffmenge (Teilchenmenge).

Festlegung: 1 Mol (mol) ist die Stoffmenge eines Systems bestimmter Zusammensetzung, das aus ebenso vielen Teilchen besteht, wie Atome in 12/1000 Kilogramm des Nuklids ^{12}C enthalten sind.

Molekül *(Molekel)*, aus zwei oder mehreren ↑ Atomen zusammengesetztes nach außen elektrisch neutrales Teilchen, das durch die Kräfte der chemischen Bindung zusammengehalten wird. Ist ein Verband aus zwei oder mehreren Atomen Träger elektrischer Ladung, so bezeichnet man ihn als *Molekülion* oder kürzer als ↑ Ion.

Moleküle können sowohl aus gleichartigen Atomen als auch aus verschiedenartigen Atomen aufgebaut sein. Sie bilden damit die große Zahl der chemischen Verbindungen.

Physikalisch gesehen treten die Moleküle beim Erwärmen, Abkühlen usw. als einheitliche Teilchen auf. Die *Massen* der Moleküle lassen sich mit Hilfe von ↑ Massenspektrographen bestimmen. Sie liegen zwischen 10^{-27} kg und 10^{-23} kg. Die *Moleküldurchmesser* reichen von 10^{-8} cm bis 10^{-3} cm. Der Grund für das Entstehen der Moleküle liegt im Gewinn von Bindungsenergie durch das Erreichen stabiler Elektronenkonfigurationen für die einzelnen Atome. In den Molekülen ist die Elektronenhülle der Atome gegenüber der der freien Atome stark verändert. So ist bei Molekülen, die aus verschiedenen Atomen bestehen, die Elektronendichte im allgemeinen in der Nähe eines Atomkerns größer als bei solchen aus gleichen Atomen. Daraus resultiert normalerweise ein permanentes elektrisches ↑ Dipolmoment. Wird erst durch ein elektrisches ↑ Feld ein Dipolmoment erzeugt, so nennt man das Molekül *polarisierbar*.

Wie bei den Atomen existieren auch bei den Molekülen gewisse Zustände, in denen das Molekül eine ganz bestimmte innere Energie hat. Genau wie ein Atom kann ein Molekül seinen Energiezustand ändern und dabei entweder ein Energiequant abstrahlen (bei einem Übergang in einen energetisch niedrigeren Zustand) oder ein Energiequant absorbieren (um in einen energetisch höheren Zustand zu gelangen). Das emittierte bzw. absorbierte Energiequant trägt genau die Energie, die der Differenzenergie der beiden Energiezustände entspricht.

Molekülspektren sind im Gegensatz zu Atomspektren sog. ↑ *Bandenspektren*. Dies liegt daran, daß ein Molekül sehr viel mehr verschiedene Möglichkeiten der Energieabgabe besitzt als ein Atom.

Die Atome in einem Molekül und das Molekül selbst können verschiedene Bewegungen ausführen: das Molekül kann sich als Ganzes um eine Rotationsachse drehen; die Atome des Moleküls können gegeneinander schwingen (*Oszillation*). Außerdem kann durch Elektronensprünge des Leuchtelektrons der Atome eines Moleküls noch eine spezifische Strahlung auftreten. Diese drei Möglichkeiten (*Freiheitsgrade*) der Energieabgabe eines Moleküls führen zur Ausbildung des Bandenspektrums, dessen Bandbreite vom sichtbaren Bereich (durch die Leuchtelektronen) bis zum fernen ↑ Infrarot (durch die Rotation) reicht.

Molekulargewicht, veraltet für relative ↑ Molekülmasse.

Molekularkräfte, die zwischen den ↑ Molekülen ein und desselben Stoffes oder die zwischen den Molekülen verschiedener Stoffe wirkenden Kräfte. Sie sind ihrer Natur nach keine Gravitationskräfte, sondern elektrischen Ursprungs. Ihre *Wirkungssphäre*, d.h. die Umgebung eines Moleküls, in der es auf andere Moleküle Kräfte ausübt, ist mit einem Radius von 10^{-6} cm außerordentlich klein. In der unmittelbaren Umgebung eines Moleküls wirken die Molekularkräfte abstoßend, weiter entfernt davon jedoch anziehend. Man kann sie sich daher als Überlagerung abstoßender und anziehender Kräfte vorstellen. In einer ganz bestimmten Entfernung vom Molekül heben sich die anziehenden und die abstoßenden Kräfte gegenseitig auf. Das bedeutet aber, daß sich zwei Moleküle bei Abwesenheit von außen wirkender Kräfte stets in einem ganz bestimmten festen Abstand voneinander befinden. Sowohl einer Verkleinerung als auch einer Vergrößerung dieses Abstandes setzen die Molekularkräfte einen Widerstand entgegen.

Molekularkräfte zwischen den Molekülen ein und desselben Stoffes bezeichnet man als *Kohäsionskräfte*. Sie bewirken die *Kohäsion*, d.h. den Zusammenhalt eines Körpers. Wenn man den Körper zerreißen, zerbrechen oder zerschneiden will, muß man diese Kohäsionskräfte überwinden. Die Kohäsionskräfte sind am größten bei festen Körpern, wesentlich kleiner bei flüssigen und extrem klein bei gasförmigen.

Die zwischen den Molekülen verschiedener Stoffe auftretenden Molekularkräfte heißen *Adhäsionskräfte*. Sie bewirken eine *Adhäsion*, d.h. ein Aneinanderhaften von Körpern aus verschiedenen Stoffen. Adhäsionskräfte treten beispielsweise beim Leimen, Kleben oder Kitten auf. Auch das Haften der Druckerschwärze auf diesem Papier wird durch Adhäsionskräfte bewirkt (↑ Kapillarität, ↑ Oberflächenspannung).

Molekülmasse *(Molekularmasse)*,
1. *absolute Molekülmasse*, die Masse eines einzelnen Moleküls. Sie ist die Summe der absoluten ↑ Atommassen der das betreffende Molekül aufbauenden Atome. *SI-Einheit* der Masse für die Angabe von Teilchenmassen ist die atomare Masseneinheit (u).
Festlegung: 1 atomare Masseneinheit ist der 12te Teil der Masse eines Atoms des Nuklids ^{12}C.
2. *relative Molekülmasse*, die Verhältniszahl, die angibt, wievielmal die Masse eines bestimmten Moleküls größer ist als die Masse eines Standardatoms (Bezugsatom). Aufgrund der Empfehlung der IUPAP (*I*nternational *U*nion for *P*ure and *A*pplied *P*hysics) und IUPAC (*C*hemie) von 1961 wurde das Kohlenstoffnuklid $^{12}_{6}$C als Bezugsatom gewählt, und diesem die relative Atommasse 12,000 zugeordnet.

Mondfinsternis, eine Verfinsterung des Mondes, die immer dann zustande kommt, wenn die Erde so zwischen Sonne und Mond steht, daß der Erdschatten auf den Mond fällt (Abb.284). Eine Mondfinsternis kann deshalb nur bei Vollmond entstehen. Sie tritt jedoch nicht, wie vielleicht zu vermuten,

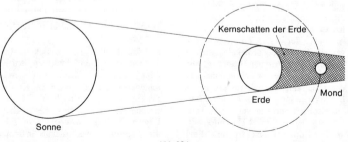

Abb.284

278

bei jedem Vollmond, also alle vier Wochen ein, weil die Mondbahnebene gegen die Ebene der Bahn der Erde um die Sonne unter einem Winkel von rund 5° geneigt ist. Aus diesem Grunde muß man auch zwischen totalen und partiellen Mondfinsternissen unterscheiden. Bei der *totalen Mondfinsternis* tritt der Mond ganz in den Erdschatten, bei der *partiellen Mondfinsternis* nur teilweise. Bei einer Mondfinsternis kann man aus der Form des Erdschattens deutlich die Kugelgestalt der Erde erkennen. Im Gegensatz zur ↑ Sonnenfinsternis ist eine Mondfinsternis grundsätzlich von der gesamten, dem Mond zugewandten Erdhalbkugel aus beobachtbar.

Mößbauereffekt *(rückstoßfreie Kernresonanzabsorption bzw. -emission)*, die von *R. Mößbauer* 1958 entdeckte physikalische Erscheinung, daß die Kerne der in ein Kristallgitter eingebauten Atome rückstoßfrei ↑ Gammaquanten emittieren bzw. absorbieren können, wobei die zugehörigen Spektrallinien (Gammalinien) nur die natürliche Linienbreite (aufgrund der Energieunschärfe, ↑ Unschärferelation) und keine Verbreiterung infolge thermischer Bewegung der strahlenden Atome (sog. Dopplerverbreiterung) besitzen. Ein Gammaquanten emittierender bzw. absorbierender Kern erfährt bei der Emission bzw. Absorption einen Rückstoß (ähnlich dem beim Abfeuern einer Kanone oder beim Eindringen eines Geschosses in ein frei aufgehängtes Holzstück). Ein Gammaquant wird emittiert bzw. absorbiert, wenn der Kern von einem Zustand der Energie W_1 in einen tieferen bzw. höheren Energiezustand W_2 übergeht, wobei die Energiedifferenz $h \cdot f_0$ beträgt. Die mit dem Rückstoßimpuls p (↑ Impuls) verbundene Rückstoßenergie W_R beträgt

$$W_R = \frac{p^2}{2M} = \frac{(h \cdot f_0)^2}{2Mc^2}$$

(*M* Kernmasse, *h* Plancksches Wirkungsquantum, *c* Lichtgeschwindigkeit).

Das emittierte Quant besitzt somit eine um diese Rückstoßenergie W_R verminderte Energie $h \cdot f = h \cdot f_0 - W_R$, während das für denselben Übergang zur Absorption geeignete Quant die um die Rückstoßenergie größere Energie $h \cdot f = h \cdot f_0 + W_R$ haben muß. Emissions- und Absorptionslinie sind damit um $2W_R$ (größenordnungsmäßig 1 eV) gegeneinander verschoben. Das bedeutet, die Energie der emittierten Strahlung ist um $2W_R$ zu klein, um einen benachbarten gleichartigen Atomkern anzuregen, es kann keine Fluoreszenzstrahlung zu emittieren, es kann keine Kernresonanzfluoreszenz (↑ Resonanzfluoreszenz) stattfinden.

Nach *Mößbauer* kann man aber dennoch eine Kernresonanzfluoreszenz erzielen, wenn das Atom des betreffenden Kerns in ein Kristallgitter eingebaut wird, so daß besonders bei tiefen Temperaturen der Impuls p des emittierten bzw. absorbierten Quants statt auf einen einzelnen Kern auf das gesamte Kristallgitter übertragen wird. Wegen der gegenüber der Kernmasse sehr viel größeren Kristallmasse wird die Rückstoßenergie verschwindend klein und somit die sog. *Rückstoßverbreiterung* der Spektrallinie unmeßbar klein (und tiefe Temperatur bewirkt zusätzlich praktisch ein Verschwinden der Dopplerverbreiterung). Die betreffende Gammalinie wird als *Mößbauerlinie* bezeichnet und ist mehr als 10^5 mal schärfer als sonst. Die Bedeutung des Mößbauereffekts liegt vor allem in der Tatsache, daß er Energie- und Frequenzmessungen mit einer Genauigkeit von über 10^{-15} gestattet, was sonst nirgends in der Physik auch nur annähernd erreicht wird. Dadurch wurden unter anderem die Formeln für die Zeitdilatation und die Geschwindigkeitsabhängigkeit der Masse mit großer Genauigkeit bestätigt (↑ Relativitätstheorie).

Multiplett, in der *Spektroskopie* eine Gruppe dicht beieinander liegender, bei geringem Auflösungsvermögen des Spektralapparats nicht zu trennender Spektrallinien; in der *Quantentheorie* eine Folge eng benachbarter, diskreter Energiezustände eines Atoms oder Atomkerns. Die einzelnen Energiezustände (↑ Terme) des Multipletts unterscheiden sich dabei durch die verschiedenen Kombinationen der ↑ Spins der Einzelelektronen, die (summierte) Drehimpuls-Quantenzahl der gesamten Elektronenhülle ist für die Terme eines Multipletts jeweils gleich. Die Anzahl der möglichen Übergänge und damit der zu einem Multiplett gehörenden Linien wird durch Auswahlregeln begrenzt. Man unterscheidet *Dubletts, Tripletts, Quartetts* usw. bei zwei-, drei-, vierfacher usw. Aufspaltung.

Myon *(fälschlich auch Mymeson, μ-Meson),* Symbol μ, im Jahre 1937 von *C. D. Anderson* und *S. H. Nedermeyer* in der ↑ Höhenstrahlung entdecktes instabiles Elementarteilchen aus der Gruppe der ↑ Leptonen. (Das Myon gehört also *nicht* zu den Mesonen, die fehlerhafte Namensgebung ist historisch bedingt.) Seine ↑ Ruhenergie beträgt etwa 105 MeV, das entspricht einer ↑ Ruhmasse, die etwa das 207-fache der Elektronenmasse beträgt. Das Myon ist Träger einer negativen ↑ Elementarladung (μ^-); sein Antiteilchen (μ^+) dagegen ist Träger einer positiven Elementarladung. Für beide

Teilchen beträgt die mittlere Lebensdauer etwa $2 \cdot 10^{-6}$ s, sie zerfallen gemäß

$$\mu^+ \to e^+ + \nu_e + \bar{\nu}_\mu$$
$$\mu^- \to e^- + \bar{\nu}_e + \nu_\mu$$

in ein Elektron (e^-) bzw. Positron (e^+), ein ↑ Neutrino (ν_e bzw. ν_μ) und ein Antineutrino ($\bar{\nu}_e$ bzw. $\bar{\nu}_\mu$). Myonen entstehen u.a. beim Zerfall von ↑ Pionen. Das negative Myon kann von einem Atom eingefangen und anstelle eines Elektrons in die Hülle eingebaut werden, es entsteht ein sog. *Myonatom.* Das positive Myon kann anstelle eines Protons mit einem Elektron ein wasserstoffähnliches instabiles Atom, ein sog. *Myoniumatom* bilden. Die Abbremsung von Myonen in Materie erfolgt fast ausschließlich durch ↑ Ionisation. Erst bei extrem hohen Energien tritt eine merkliche Mesonenbremsstrahlung auf. Daher ist die Durchdringungsfähigkeit der Myonen weit größer als die aller anderen geladenen Elementarteilchen.
Die Myonen bilden den Hauptbestandteil der harten oder durchdringenden Komponente der Höhenstrahlung und machen am Erdboden etwa 90 % der gesamten Höhenstrahlungsintensität aus. Als Teilchen der Höhenstrahlung durchdringen sie meterdicke Bleischichten und sind noch in mehr als 1 000 m Wassertiefe nachweisbar.

Nachbild, Bezeichnung für die Erscheinung, daß das menschliche Auge einen einmaligen kurzen Lichteindruck für mindestens 1/10 Sekunde festhält. Auf Grund dieser Erscheinung verschmelzen solche Lichteindrücke im menschlichen Auge miteinander, die in einem zeitlichen Abstand von weniger als 1/10 Sekunde aufeinander folgen. Dieser Effekt wird beim Kinofilm ausgenutzt.

Ein sogenanntes *negatives Nachbild* kommt im Auge zustande, wenn man längere Zeit einen sehr hellen Gegenstand betrachtet hat. Die entsprechenden Sinneszellen der Netzhaut sind dann so stark gereizt worden, daß sie während einer gewissen Zeitdauer für neue Lichtreize unempfindlich oder nur im geringen Maße empfindlich sind. Während dieser Erholungszeit glaubt der Beobachter ein schattenrißartiges dunkles Bild des vorher betrachteten hellen Gegenstandes zu sehen.

Nachhall, Schallreflexion, bei der im Gegensatz zum ↑ Echo der zurückgeworfene Schall nicht getrennt vom Originalschall wahrgenommen werden kann, sondern in ihn übergeht. Nachhallerscheinungen spielen eine wichtige Rolle in der Raumakustik. In geschlossenen Räumen sind sie im allgemeinen erwünscht, da durch sie der Originalschall verstärkt wird.

Nahpunkt, derjenige von allen Punkten, die man scharf sehen kann, der dem ↑ Auge am nächsten gelegen ist. Um den Nahpunkt scharf zu sehen, muß das Auge voll akkomodieren. Die Lage des Nahpunktes ist altersabhängig. Bei Kindern liegt er etwa 7 cm, bei Heranwachsenden und Jugendlichen 10–15 cm vor dem Auge. Mit zunehmendem Alter rückt er immer weiter vom Auge weg und fällt schließ-

lich bei 60-jährigen mit dem ↑ Fernpunkt zusammen.

Nebel, kleine, fein verteilte, in bodennahen Luftschichten schwebende Wassertröpfchen. Befindet sich der Nebel nur in höheren Luftschichten, dann spricht man von *Wolken.* In der Meteorologie wird von Nebel gesprochen, wenn die Sicht auf 1 km oder darunter zurückgeht. Nebel entsteht, wenn sich Luft (bei Anwesenheit einer ausreichenden Anzahl von *Kondensationskernen*) unter den ↑ Taupunkt abkühlt.

Nebelkammer, *(Wilson-Kammer),* Gerät zum Nachweis und zur Sichtbarmachung der Bahnen ionisierender Teilchen. Gelangt ein ionisierendes Teilchen in einen staubfreien Raum übersättigten Dampfes, so bilden die von ihm erzeugten Ionen Kondensationskeime für Flüssigkeitströpfchen. Bei seitlicher Beleuchtung wird dann die Teilchenbahn als feine Nebelspur sichtbar. Die Bahnspur wird meist photographiert und mit dem Mikroskop ausgewertet. Je nach Bauart unterscheidet man *Expansions-* und *Diffusionsnebelkammern.*

a)Expansionsnebelkammer
Die Übersättigung wird durch ↑ adiabatische Expansion des z.B. wasserdampfgesättigten Füllgases (Luft oder Edelgas) erzeugt. Das Gas kühlt sich ab und ist dann bei der tieferen Temperatur übersättigt. In der Praxis verwirklicht man dies durch einen beweglichen, die Kammer dicht abschließenden Kolben (*Kolbenexpansionskammer,* Abb.285). Die Kammer ist nur so lange zur Sichtbarmachung der Teilchenbahn brauchbar, als nach der Expansion noch kein Temperaturausgleich mit der Umgebung stattgefunden hat. Wegen der kurzen Empfindlichkeitsdauer werden

bei Expansionskammern meist *Expansion, Beleuchtung* und *Aufnahme* durch das nachzuweisende Teilchen selbst ausgelöst (*automatische Nebelkammer*), indem diese vor und hinter der Nebelkammer einen Detektor (z.B. ↑ Zählrohr) durchsetzt, dessen Impuls die Nebelkammer anstößt (*triggert*).

b) Diffusionsnebelkammer
Kühlung der einen und Erwärmung der anderen Kammerhälfte bewirkt eine ständige Diffusion des warmen flüssigkeitsgesättigten Dampfes in die kalte Hälfte. Dadurch bildet sich eine Zwischenzone übersättigten Dampfes aus, die dauernd für den Nachweis ionisierender Teilchen empfindlich ist (*kontinuierliche Nebelkammer*).

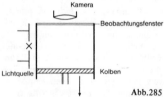

Abb.285

Nebenschluß *(Shunt)*, einem elektrischen Leiter parallelgeschalteter Leiterzweig, in dem meist nur ein Strom geringer Stromstärke fließt. Ein Nebenschluß in Form eines einzigen Nebenwiderstandes (*Shunt*) wird vor allem zur Meßbereichserweiterung eines ↑ Amperemeters verwendet (Abb.286).

Das Amperemeter A habe den Innenwiderstand R_i und zeige Vollausschlag

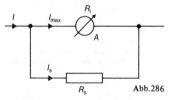

Abb.286

bei einer Stromstärke I_{max}. Am Amperementer A und am Nebenwiderstand R_S, der von einem Strom der Stärke I_S durchflossen wird, liegt

dieselbe Spannung U. Will man nun den Meßbereich auf das $n$fache erweitern, soll also $I = n \cdot I_{max}$ sein, so muß der Shuntwiderstand R_S so bemessen werden, daß die Stromstärke $I_S = (n-1) I_{max}$. Nach der Kirchhoffschen Knotenregel gilt nämlich $I = I_{max} + I_S$, woraus wegen $I = n \cdot I_{max}$ die obige Beziehung für I_S folgt. Nun gilt ferner $U = R_S I_S$ und $U = R_i I_{max}$ bzw.

$$\frac{I_{max}}{I_S} = \frac{R_S}{R_i}$$

woraus sich wegen $I_S/I_{max} = 1/(n-1)$ $R_S = R_i/(n-1)$ ergibt.

Will man also den Meßbereich eines Amperemeters auf das n-fache erweitern, so muß man einen Nebenwiderstand verwenden, dessen Größe der (n-1)-te Teil des Innenwiderstandes R_i des Amperemeters ist.

Netzhaut *(Retina)*, die lichtempfindliche Schicht des ↑ Auges, auf der sich die Sinneszellen in Form von hell-dunkel empfindlichen *Stäbchen* (etwa 120 000 000 Stück) und der farbempfindlichen *Zäpfchen* (etwa 7 000 000 Stück) befinden. Die empfindlichste Stelle der Netzhaut liegt der Pupille genau gegenüber. Sie wird als *Netzhautgrube* oder *gelber Fleck* bezeichnet. Die Zäpfchen liegen dort besonders dicht beieinander (etwa 150 000 pro mm^2). Die Eintrittstelle des Sehnervs in das Augeninnere wird als *blinder* Fleck bezeichnet, weil sich an dieser Stelle keine Sinneszellen, weder Stäbchen noch Zäpfchen befinden.

Netzwerk, *elektrisches,* Zusammenschaltung einer beliebigen Anzahl von Bauteilen, die mindestens zwei oder mehrere Anschlußklemmen (Pole) aufweist. Bauteile eines Netzwerks sind z.B. Generatoren, Motoren, Leitungen, Heizgeräte, Schalter, Transformatoren, Elektronenröhren, Transistoren, Kondensatoren, Widerstände, Spulen, Wicklungen, Batterien usw. Die spezielle Anordnung dieser Bauteile im

Netzwerk wird durch einen Schaltplan wiedergegeben, in dem diese durch festgelegte Schaltsymbole und die Verbindungsleiter zu den Anschlußklemmen durch Linien dargestellt sind. Will man das zeitliche Verhalten einer oder mehrer physikalischer Größen eines Netzwerkes ermitteln, z.B. den Verlauf der Stromstärke in einem bestimmten Bauteil oder den der Spannung zwischen seinen Anschlußklemmen, so benutzt man Meßgeräte. Diese werden mit dem zu untersuchenden Netzwerk verbunden, wobei zu beachten ist, daß sie das Verhalten des ursprünglichen Netzwerks beeinflussen können.

Neukerze, frühere Bezeichnung für die Einheit ↑ Candela.

Neutrino, physikalisches Zeichen ν, sehr leichtes, elektrisch neutrales ↑ Elementarteilchen, das mit anderen Elementarteilchen nur in schwacher ↑ Wechselwirkung steht. Sein ↑ *Spin* beträgt $\frac{1}{2}\hbar$ bzw. $\frac{1}{2}\cdot\frac{h}{2\pi}$, seine *Ruhmasse* ist sehr klein, wahrscheinlich exakt Null (bisherige Messungen ergaben 0,2 keV als obere Grenze für die der Ruhmasse entsprechende *Ruhenergie*).

Das Neutrino wurde 1931 von *W. Pauli* aus theoretischen Überlegungen vorhergesagt, um den Energiesatz mit dem kontinuierlichen Elektronenspektrum des ↑ Betazerfalls in Einklang zu bringen und die Drehimpulserhaltung zu gewährleisten.

Ein Neutrino entsteht immer beim positiven Betazerfall eines Kerns, ohne allerdings vorher im Kern enthalten zu sein. Dabei gilt:

Proton → Neutron + Positron + Neutrino
$p \;\rightarrow\; n \;+\; e^+ \;+\; \nu$

Diese mit Elektronenemission verbundenen *Elektronenneutrinos* (ν_e) sind von den *Myneutrinos* (ν_μ) zu unterscheiden, die beim ↑ Pionenzerfall ($\pi^+ \rightarrow \mu^+ + \nu_\mu$) zusammen mit den Myo-

nen entstehen. Das Neutrino hat wegen seiner geringen ↑ Wechselwirkung mit Materie ein extrem hohes ↑ Durchdringungsvermögen. Neutrinos können gewaltige Massen (z.B. den Erdkörper) durchdringen, ohne absorbiert zu werden, was ihren Nachweis sehr schwierig macht. Der erste direkte Nachweis des Neutrinos erfolgte 1956.

Neutron, physikalisches Zeichen n, schweres, elektrisch neutrales, langlebiges ↑ Elementarteilchen.

Die *Ruhmasse* des Neutrons beträgt $m_n = 1,008665\ \text{u} = 1,675 \cdot 10^{-24}$ g; das entspricht einer *Ruhenergie* von 939,55 MeV. Die Ruhenergie des Neutrons ist somit etwa um 1,293 MeV größer als die des ↑ Protons. Der ↑ *Spin* des Neutrons ist wie beim Proton $\frac{1}{2}\hbar = \frac{1}{2}\cdot\frac{h}{2\pi}$. Das Neutron ist zusammen mit dem Proton Baustein aller zusammengesetzten ↑ Kerne. Dabei sind bei den stabilen Kernen in der Regel mehr Neutronen als Protonen vorhanden (Neutronenüberschuß). Neutronen, die nicht Bestandteil eines Atomkerns sind, werden als *freie Neutronen* bezeichnet. Freie Neutronen entstehen durch ↑ Kernreaktionen, es gibt aber auch einige wenige ↑ Neutronenstrahler. Das freie Neutron ist ein instabiles, wenn auch relativ langlebiges Elementarteilchen, das mit einer Halbwertszeit von etwa 16,8 min in einem ↑ Betazerfall in ein Proton, ein Elektron und ein Antineutrino zerfällt:

$n \rightarrow p + e^- + \bar{\nu}$

In der Regel wird ein freies Neutron jedoch lange vor seinem Zerfall von einem Atomkern eingefangen (*Neutroneneinfang*), so daß praktisch in der Natur keine freien Neutronen vorkommen.

Für ein in einem Atomkern eingebautes Neutron gilt die Instabilität des freien Neutrons nicht. Ein stabiler Kern ist aber nach einem Neutroneneinfang meist radioaktiv und wandelt sich durch Kernbetazerfall weiter um. Da die Neutronen nach außen hin neutral sind (in Wirklichkeit besitzen auch Neutronen eine bestimmte innere elektrische Struktur), erleiden sie keinen Energieverlust durch ↑ Ionisation und können deshalb dicke Materieschichten durchdringen. Ihre Abbremsung erfolgt durch elastische und unelastische Stöße mit Atomkernen.

Die größte technische Bedeutung haben die Neutronen im Kernreaktor, in dem sie Kettenreaktionen einleiten und aufrechterhalten. Die bei einer Kernspaltung entstehenden Neutronen werden als *Spaltneutronen* bezeichnet. Nach ihrer *kinetischen Energie* unterscheidet man allgemein zunächst grob zwischen *langsamen* und *schnellen Neutronen*, wobei die Grenze etwa bei 10 keV liegt. Bei feinerer Unterscheidung spricht man von *thermischen Neutronen, kalten Neutronen* und *epithermischen Neutronen.*

Thermische Neutronen sind solche, deren Energie mit der Energie der Gasatome (infolge deren thermischer Bewegung) bei Zimmertemperatur vergleichbar ist. Die Energie thermischer Neutronen liegt zwischen 0,01 eV und 0,1 eV, ihre Geschwindigkeit ist kleiner als $4,4 \cdot 10^3$ m/s.

Kalte Neutronen besitzen geringere Energien als thermische Neutronen, *epithermische Neutronen* höhere (bis etwa 100 eV).

Neutronen mit einer Energie zwischen 100 eV und 100 keV bezeichnet man als *mittelschnelle* oder *mittlere Neutronen*, während *schnelle* oder *hochenergetische Neutronen* eine Energie oberhalb 0,1 MeV besitzen.

In der Reaktorphysik sind schnelle Neutronen solche mit einer Energie oberhalb der sog. *Schwellenenergie* von 1,2 MeV für die Spaltung von ^{238}U.

Nachweis von Neutronen.

Der direkte Nachweis von Neutronen durch ↑ Zählrohre, ↑ Nebel-, ↑ Blasenkammer und ähnliche Teilchendetek-

toren ist nicht möglich, weil Neutronen beim Durchgang durch Materie wegen ihrer elektrischen Neutralität nach außen keine ionisierende Wirkung aufweisen. Jedoch gelingt der indirekte Nachweis von Neutronen, indem man die von ihnen erzeugten ionisierenden Teilchen durch Zählrohre etc. nachweist. Das meistbenutzte Neutronenzählrohr ist das *Bortrifluoridzählrohr*, in dem langsame Neutronen durch die Reaktion $^{10}_{5}B(n,\alpha)^{7}_{3}Li$ schnelle Alphateilchen erzeugen, die leicht nachgewiesen werden können.

Neutroneneinfang, eine ↑ Kernreaktion, bei der das auf einen Atomkern auftreffende ↑ Neutron von diesem absorbiert und anschließend ein Teilchen oder ein Gammaquant ausgesandt wird, oder eine Kernspaltung erfolgt. Im engeren Sinne wird als *Neutroneneinfang* die Neutron-Gamma-Reaktion (n, γ) bezeichnet, bei der die überschüssige Reaktionsenergie nur als ↑ Gammastrahlung emittiert wird. Wegen des Fehlens der elektrischen Abstoßungskräfte auf das Neutron setzt der Neutroneneinfang bereits bei sehr geringen (z.B. thermischen) Neutronenenergien mit großem Wirkungsquerschnitt ein.

Neutronenexzeß, *(Neutronenüberschuß)*, Differenz zwischen der Neutronenzahl N und der Protonenzahl P eines Kerns. Ein ↑ Kern bestehe aus Z Protonen und N Neutronen, für seine Massenzahl A gilt dann

$$A = Z + N .$$

Die Differenz $N - Z$ oder (gleichbedeutend) $A - 2Z$ bezeichnet man als *Neutronenexzeß* oder auch *Neutronenüberschuß*. Der Neutronenexzeß ist mit wenigen Ausnahmen bei ganz leichten Kernen stets größer als Null und steigt mit wachsender Massenzahl auf Werte bis 60 an. Der Neutronenexzeß bewirkt in gewissem Maße die Stabilität eines Kerns und trägt wesentlich zur ↑ Kernbindungsenergie bei.

Neutronenquelle, eine Vorrichtung zur Erzeugung freier ↑ Neutronen. Die wichtigsten Verfahren sind dabei
1. Der Beschuß geeigneter Kerne mit Alphateilchen (α-Teilchen). Beschießt man z.B. Beryllium (Be) mit α-Teilchen, so entsteht bei der ablaufenden ↑ Kernreaktion Kohlenstoff (C), wobei ein Neutron (n) frei wird. Die Kurzschreibweise dieser Kernreaktion lautet: $^{9}_{4}Be(\alpha,n)^{12}_{6}C$. Die zum Beschuß benötigten α-Teilchen können z.B. von zerfallendem Radium stammen, das als pulverisiertes Radiumsalz mit Berylliumsalz gemischt ist. Diese Neutronenquelle heißt *Beryllium-Radiumquelle.*
2. Der Beschuß geeigneter Kerne mit ↑ Deuteronen d. Energiereiche Deuteronen d (identisch mit den Kernen von schwerem Wasserstoff $^{2}_{1}H$) treffen z.B. auf Deuterium- oder Lithiumkerne. Dabei laufen folgende Kernreaktionen ab

$$^{2}_{1}H(d,n)^{3}_{2}He$$

bzw.

$$^{7}_{3}Li(d,n)2 \cdot ^{4}_{2}He.$$

3. Einwirkung energiereicher ↑ Gammastrahlung auf geeignete Kerne. Derartige Neutronenquellen bezeichnet man als *Photoneutronenquellen,* die entstehenden freien Neutronen als *Photoneutronen.* Photoneutronenquellen mit praktisch monoenergetischen Neutronen erhält man durch Kombination eines hochenergetische Gammaquanten emittierenden Gammastrahlers (z.B. ^{24}Na, ^{72}Ba, ^{124}Sb) mit Deuterium- oder Berylliumverbindungen. Beispielsweise läuft bei Bestrahlung von Beryllium (Be) mit energiereichen Gammaquanten (γ) folgende Kernreaktionen ab:

$$^{9}_{4}Be(\gamma,n)2 \cdot ^{4}_{2}He.$$

4. Gewinnung freier Neutronen durch die in Kernreaktoren ablaufenden Kernspaltungen.

Neutronenstrahler, Bezeichnung für die Nuklide, deren Kerne beim radioaktiven Zerfall ↑ Neutronen emittieren. Die wenigen bekannten Neutronenstrahler besitzen kurze Halbwertszeiten und entstehen beim Zerfall anderer Kerne oder durch Kernreaktionen, wenn der Endkern mit einer ↑ Anregungsenergie von mehr als 6 MeV bis 8 MeV (Neutronenbindungsenergie) zurückbleibt. Der hochangeregte Kern kann dann mit einer geringen Wahrscheinlichkeit neben dem vorherrschenden Betazerfall durch Neutronenemission zerfallen.

Neutronenzahl, die Anzahl der ↑ Neutronen in einem Atomkern (↑ Kern). Die Summe von *Neutronenzahl N* und ↑ *Protonenzahl Z* ergibt die ↑ *Massenzahl A*

$$A = N + Z.$$

Die Kerne der ↑ Isotope eines Elements unterscheiden sich untereinander nur durch verschiedene Neutronenzahlen. Atomkerne mit gleicher Neutronenzahl werden als ↑ Isotone bezeichnet.

Neutronenzählrohr, gasgefülltes Zählrohr zum Nachweis und zur Energiemessung von Neutronen. Neutronen sind direkt nicht nachweisbar, da sie elektrisch neutral sind. Der Nachweis geschieht indirekt über ↑ Kernreaktionen, die von Neutronen ausgelöst werden und bei denen ionisierende Teilchen entstehen, die leichter nachzuweisen sind. Zum Nachweis langsamer Neutronen verwendet man z.B. als Füllgas Bortrifluorid BF_3. Gelangt ein Neutron in das Zählrohr, so läuft die Kernreaktion $^{10}B(n,\alpha)$ ^{7}Li ab.
Die freiwerdenden schnellen Alphateilchen (α) und die energiereichen Lithiumkerne wirken ionisierend (↑ Zählrohr).

Newton (N), SI-Einheit der ↑ Kraft.
Festlegung: 1 Newton (N) ist gleich der Kraft, die einem Körper der Masse 1 Kilogramm (kg) die Beschleunigung

$1 \, \text{m/s}^2$ erteilt:

$$1 \, \text{N} = 1 \, \frac{\text{kg} \cdot \text{m}}{\text{s}^2}$$

Newtonsche Axiome, die von *Sir Isaac Newton* (1643–1727) formulierten Grundgesetze der klassischen Mechanik. Es sind dies:
1. Das *Trägheitsgesetz*: Jeder Körper verharrt im Zustand der Ruhe oder der gleichförmigen geradlinigen Bewegung, sofern er nicht durch einwirkende Kräfte gezwungen wird, seinen Zustand zu ändern:

$$\frac{d\vec{v}}{dt} = 0$$

ohne äußere Kräfte.
2. Das *dynamische Grundgesetz*: Die Beschleunigung ist der einwirkenden Kraft proportional und erfolgt in Richtung der Kraft:

$$\vec{F} = m \cdot \vec{a}$$

(Kraft = Masse mal Beschleunigung).
Ist die Masse m nicht konstant, dann gilt die sogenannte *Impulsform:*

$$\vec{F} = \frac{d(m\vec{v})}{dt}$$

(Kraft ist gleich der Änderung der Bewegungsgröße).
3. Das *Reaktionsprinzip (Wechselwirkungsgesetz):* Übt ein Körper A auf einen Körper B die Kraft $\vec{F}_1$ aus, so übt stets auch der Körper B auf den Körper A eine Kraft $\vec{F}_2$ aus, deren Betrag gleich dem von $\vec{F}_1$ und deren Richtung entgegengesetzt zu der von $\vec{F}_1$ ist:

$$\vec{F}_1 = -\vec{F}_2$$

$\vec{F}_2$ bezeichnet man als Gegenkraft von $\vec{F}_1$. Kräfte treten also stets paarweise

auf. Zu jeder „actio" gehört eine „reactio".

Newtonscher Farbkreisel, drehbare Kreisscheibe mit verschiedenfarbigen Sektoren zur Demonstration der additiven Farbenmischung. Von einer bestimmten Drehgeschwindigkeit ab vermag das menschliche Auge die einzelnen Farben nicht mehr getrennt wahrzunehmen. Es ergibt sich dann ein einheitlicher neuer Farbeindruck, der der sogenannten *Mischfarbe.*

Newtonsche Ringe, Interferenzerscheinung in Form von aufeinanderfolgenden hellen und dunklen konzentrischen Kreisen (bei *monochromatischem* Licht) bzw. verschiedenfarbigen Kreisen (bei *weißem* Licht). Drückt man eine schwach gewölbte konvexe Linse auf eine ebene Glasplatte, so befindet sich zwischen ihnen eine plankonkave Luftschicht. Senkrecht auftreffendes Licht wird dann aber zum Teil an der vorderen zum Teil an der hinteren Grenzfläche der Luftschicht reflektiert. Die reflektierten Strahlen überlagern sich, wobei es an bestimmten Stellen zu einer gegenseitigen Auslöschung (Wellenberg trifft auf Wellental) und an bestimmten anderen Stellen zu einer gegenseitigen Verstärkung (Wellenberg trifft auf Wellenberg) kommt. Die so entstandenen *Interferenzminima* bzw. *Interferenzmaxima* liegen auf konzentrischen Kreisen, deren gemeinsamer Mittelpunkt der Berührungspunkt zwischen Linse und Glasplatte ist. Störend wirkende Newtonsche Ringe treten gelegentlich bei Diapositiven auf und zwar immer dann, wenn zwischen Deckplatte und Film ein Luftraum unterschiedlicher Dicke freigeblieben ist (↑ Interferenz).

nichtbenetzende Flüssigkeit, Bezeichnung für eine Flüssigkeit, die am Rande eines Gefäßes niedriger steht als in der Mitte. In einem senkrecht in eine nichtbenetzende Flüssigkeit getauchten engen Rohr (*Kapillarrohr*) liegt die Flüssigkeitsoberfläche tiefer als in der Umgebung (*Kapillardepression*). Bringt man einen Tropfen einer nichtbenetzenden Flüssigkeit auf eine waagrechte Fläche, dann breitet er sich nicht aus, sondern bleibt als näherungsweise kugelförmiger Tropfen bestehen. Bei nichtbenetzenden Flüssigkeiten sind die ↑ Kohäsionskräfte sehr viel größer als die ↑ Adhäsionskräfte. Beispiel für eine nichtbenetzende Flüssigkeit ist das Quecksilber (↑ Oberflächenspannung).

Nicolsches Prisma, prismenförmige Vorrichtung zur Erzeugung (*Polarisator*) und zum Nachweis (*Analysator*) linear polarisierten Lichtes, deren Wirkungsweise auf der ↑ Doppelbrechung des Lichtes durch einen *Kalkspatkristall* beruht. Ein Kalkspatrhomboeder (Abb.287) mit dem Hauptschnitt *ABCD*, dessen natürlicher Winkel von 72° bei *B* und *D* durch Abschleifen auf 68° verkleinert wurde, wird längs der durch *AC* gehenden Diagonalebene auseinandergeschnitten

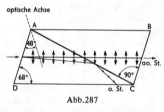

Abb.287

und anschließend in der ursprünglichen Lage durch *Kanadabalsam* wieder aneinander gekittet. Die Brechungszahl (↑ Brechung) des Kanadabalsams ($n = 1,55$) liegt zwischen der Brechungszahl des Kristalls für den *ordentlichen Strahl* ($n_o = 1,66$) und der für den *außerordentlichen Strahl* ($n_{ao} = 1,49$; die Brechzahlangaben beziehen sich auf die gelbe Natriumlinie). Ein gemäß Abb.287 in das Prisma eintretender Lichtstrahl wird in einem dem Brechungsgesetz gehorchenden

ordentlichen Strahl (o.St.) und einen ohne Richtungsänderung eintretenden außerordentlichen Strahl zerlegt. Für den ordentlichen Strahl stellt der Kanadabalsam ein optisch dünneres Medium dar, an dem er total reflektiert wird (↑ Totalreflexion). Der außerordentliche Strahl verläßt dagegen das Prisma fast ohne Ablenkung. Er ist linear polarisiert, der Lichtvektor schwingt in der Hauptschnittebene. Vollständige ↑ Polarisation erhält man nur, wenn das einfallende konvergente Licht einen Öffnungswinkel kleiner als 29° hat.

Nonius, Vorrichtung zum Ablesen von Zwischenwerten auf einer Skala, z.B. auf der Längenskala einer ↑ Schublehre. Zusätzlich zum *Hauptmaßstab* auf dem festen Teil der Schublehre ist dabei auf dem beweglichen Teil ein

Abb.288

Hilfsmaßstab, der eigentliche Nonius angebracht. Beim üblicherweise verwendeten *Zehntelnonius* ist dieser Hilfsmaßstab so beschaffen, daß bei ihm eine Strecke von 9 Teilen des Hauptmaßstabes in 10 gleiche Teile unterteilt wird. Ein solcher Nonius ermöglicht bei einer Unterteilung des Hauptmaßstabes in Millimeter eine Ablesung von Zentelmillimetern (Abb.288).

Normalbedingungen, diejenigen physikalischen Bedingungen (z.B. Druck und Temperatur), die einen ↑ Normzustand kennzeichnen. Die Normalbedingungen für den *physikalischen Normzustand* sind eine Temperatur von 0°C (*Normtemperatur*) und ein Druck von 101 325 Pa (*Normdruck*).

Normalbeschleunigung, diejenige ↑ Beschleunigung, die ein sich bewegender Körper in Richtung der Bahnnormalen, also senkrecht zu seiner Bahnkurve erfährt.

Normalkraft, eine ↑ Kraft, die senkrecht zu einer Fläche oder senkrecht zur Bahnkurve eines bewegten Körpers (Massenpunktes) wirkt.

Normalelement, ein ↑ galvanisches Element, das eine sehr konstante Leerlaufspannung liefert, die nur geringfügig von der Temperatur abhängt. In der Meßtechnik wird es häufig für Vergleichsmessungen (z.B. Eichen von Meßgeräten) verwendet. Das bedeutendste Normalelement ist das ↑ Weston-Element.

Normzustand, der Zustand eines festen, flüssigen oder gasförmigen Körpers bei bestimmten, allgemein festgelegten physikalischen Bedingungen. In der Regel wird der Normzustand durch eine bestimmte Temperatur (*Normtemperatur*) und einen bestimmten Druck (*Normdruck*) gekennzeichnet. Als *physikalischen Normzustand* bezeichnet man den Zustand eines festen, flüssigen oder gasförmigen Körpers bei einer Temperatur von $0°C$ und einem Druck von $101\,325$ Pa. Das Volumen eines Körpers, insbesondere eines Gases im physikalischen Normzustand wird als *Normvolumen* bezeichnet.

Nukleonen, Sammelbezeichnung für Protonen und Neutronen, die Bestandteile des Atomkerns (↑ Kern) sind.

Nukleonenzahl, *Massenzahl,* Formelzeichen A, die Anzahl der ↑ Nukleonen eines ↑ Kerns: sie ist gleich der Summe der Protonenzahl Z und der Neutronenzahl N:

$$A = Z + N.$$

Die Nukleonenzahl wird zur Kennzeichnung des Kerns als linker oberer Index an das entsprechende Elementsymbol gesetzt, z.B. ^{4}He, ^{16}O, ^{235}U. Durch die Nukleonenzahl unterscheiden sich die verschiedenen ↑ Nuklide eines Elements.

Nuklide, Gesamtheit aller bekannten Atomarten (↑ Isotope, ↑ Isobare, ↑ Isomere, ↑ Isotone).
Ein Nuklid ist hinreichend definiert durch das chemische Elementsymbol und die ↑ Massenzahl. In der üblichen Schreibweise wird die Massenzahl links oben neben das Elemtsymbol gesetzt, z.B. ^{12}C oder ^{81}Br. Eine andere Schreibweise ist C 12 oder Br 81. Die erste Schreibweise muß angewendet werden, wenn neben der Massenzahl noch die ↑ Ordnungszahl, die Anzahl der Atome bzw. die Zahl der elektrischen Elementarladungen am Elementsymbol vermerkt werden soll. Die einzelnen Indizes erhalten die folgenden Plätze in bezug auf das Elementsymbol:
Index links oben: Massenzahl
Index links unten: Ordnungszahl;
Index rechts unten: Anzahl der Atome;
Index rechts oben: Ionenladung.
Die Schreibweise $^{32}_{16}S_2^{2+}$ (zweiwertiges Schwefelion) bedeutet, daß hier ein doppelt positiv geladenes Molekül aus zwei Schwefelatomen vorliegt, von denen jedes die Ordnungszahl 16 und die Massenzahl 32 hat.
Ein künstlich oder natürlich radioaktives Nuklid, dessen Atomkerne nicht nur gleiche Kernladungs- und Massenzahl haben, sondern sich auch im gleichen Energiezustand befinden (im Gegensatz zu ↑ Isomeren) bezeichnet man als *Radionuklid.* Radionuklide zerfallen stets in der gleichen Weise. Die chemischen Elemente bis zur Ordnungszahl $Z = 81$ weisen in ihren *natürlichen* Vorkommen, von wenigen Ausnahmen abgesehen, nur *stabile* Nuklide auf. Die Elemente mit $Z = 81$ bis 92 haben natürliche radioaktive Nuklide, die sich durch radioaktiven Zerfall ineinander umwandeln (↑ Zerfallsreihen). Die Transurane ($Z > 92$) bestehen nur aus künstlichen Radionukliden.
Von allen Elementen können aber durch Bestrahlung mit energiereichen

geladenen Teilchen *künstliche* Radionuklide hergestellt werden.

Nulleffekt, Bezeichnung für die ↑ Zählrate eines Zählrohrs, in dessen Nähe keine Strahlungsquelle vorhanden ist. Diese Zählrate hat ihre Ursache im Vorhandensein radioaktiver Substanzen im Boden und in der ↑ Höhenstrahlung.

Nullmethode, Meßmethode, die bei der Bestimmung eines unbekannten ↑ Ohmschen Widerstandes in der ↑ Wheatstone-Brücke oder einer unbekannten Spannung in der Poggendorff-schen Kompensationsschaltung angewendet wird. Dies geschieht dadurch, daß ein regelbarer Schiebewiderstand oder ein homogenes Leiterstück mit konstantem Querschnitt in ein Stromkreissystem eingebaut ist und durch einen Schleifkontakt so eingestellt werden kann, daß durch ein im Stromkreis befindliches sog. *Nullinstrument* (z.B. Galvanometer) kein Strom fließt. Messungen mit der Nullmethode sind sehr genau, weil im Prinzip beliebig empfindliche Meßinstrumente eingesetzt werden können.

Oberflächenspannung, an Grenzflächen, insbesondere an der Oberfläche von Flüssigkeiten (Grenzfläche Flüssigkeit–Luft) auftretende physikalische Erscheinung, die auf Grund der Molekularkräfte bewirkt, daß die betreffende Grenzfläche möglichst klein ist. Die Grenzfläche verhält sich dabei wie eine gespannte, dünne, elastische Haut. So gelingt es beispielsweise, eine Nähnadel oder eine Rasierklinge auf einer Wasseroberfläche „schwimmend" zu halten, trotz ihrer gegenüber dem Wasser größeren Dichte. Ursache der Oberflächenspannung sind die zwischen den Molekülen der Flüssigkeit wirkenden (anziehenden) Kohäsionskräfte. Da diese nach allen Richtungen hin gleich stark sind, heben sie sich zwar innerhalb der Flüssigkeit gegenseitig auf, nicht aber an der Flüssigkeitsoberfläche. Hier wirken sie nur in Richtung des Flüssigkeitsinneren. Das hat zur Folge, daß auf jedes an der Oberfläche befindliche Molekül eine ins Innere der Flüssigkeit gerichtete Kraft wirkt, so daß die Flüssigkeit bestrebt ist, eine möglichst kleine Oberfläche zu bilden. Aus diesem Grunde nimmt beispielsweise eine Seifenblase bzw. ein schwebender Wassertropfen Kugelgestalt an. Als physikalische Größe ist die Oberflächenspannung (auch *Koeffizient der Oberflächenspannung* oder *Kapillarkonstante* genannt), Formelzeichen σ, definiert als der Quotient aus der Arbeit W, die bei konstantem Druck und konstanter Temperatur zur Vergrößerung der Flüssigkeitsoberfläche um den Betrag A erforderlich ist und der Fläche A selbst:

$$\sigma = \frac{W}{A}$$

Dimension:

$$\dim \sigma = \frac{\dim W}{\dim A} = \mathsf{M} \cdot \mathsf{Z}^{-2}$$

SI-Einheit ist 1 Joule durch Quadratmeter ($1\ \mathrm{J/m}^2$).

Festlegung: $1\ \mathrm{J/m}^2$ ist gleich der Oberflächenspannung, bei der zur Vergrößerung der Grenzfläche um $1\ \mathrm{m}^2$ die Arbeit (Energie) 1 J erforderlich ist.

Die Oberflächenspannung ist eine Materialkonstante, die mit zunehmender Temperatur abnimmt. Ihre Größe kann durch Verunreinigungen und Zugabe von sogenannten *Netzmitteln* beeinflußt werden. Bei Zimmertemperatur hat sie für Wasser den Wert $0{,}07\ \mathrm{J/m}^2$, für Quecksilber $0{,}468\ \mathrm{J/m}^2$ und für Äthylalkohol $0{,}022\ \mathrm{J/m}^2$.

Oberflächenwellen, Wellen, die sich bei einer Störung des Gleichgewichtszustandes an der Grenzfläche zweier Medien mit unterschiedlichen Dichten (im engeren Sinne an der Oberfläche von Flüssigkeiten) unter dem Einfluß der Schwerkraft und der ↑ Oberflächenspannung herausbilden, und die sich in Form von Transversalwellen entlang der Grenz- bzw. Oberfläche ausbreiten.

Oberschwingungen, die bei einer zusammengesetzten ↑ Schwingung neben der ↑ Grundschwingung, also neben der Schwingung mit der niedrigsten Frequenz (*Grundfrequenz*) auftretenden harmonischen *Teilschwingungen.* Ihre Frequenzen sind ganzzahlige Vielfache der Grundfrequenz.

Obertöne, die zugleich mit dem *Grundton*, d.h. mit dem tiefsten Ton eines Tongemischs (z.B. eines ↑ Klanges) auftretenden Töne höherer Frequenz. Sind die Frequenzen der Obertöne ganzzahlige vielfache der Frequenz des Grundtones, dann spricht man von *harmonischen Obertönen*, anderenfalls von *unharmonischen Obertönen*. Physikalische Ursache der Obertöne sind *Oberschwingungen* der Schallquelle.

Objektiv, bei einem optischen Gerät die dem betrachteten bzw. abzubildenden Gegenstand (Objekt) zugewandte ↑ Linse oder Linsengruppe. Das Objektiv erzeugt vom Gegenstand ein reelles Bild (*Zwischenbild*).

Öffnungsverhältnis, bei einer ↑ Linse oder einem ↑ Linsensystem der Quotient aus dem Durchmesser der Eintrittsöffnung (Blendenöffnung) und der (bildseitigen) Brennweite. Zur Charakterisierung photographischer Objektive wird in der Regel der als *Blendenzahl* bezeichnete Kehrwert des Öffnungsverhältnisses angegeben.

Ohm (Ω), SI-Einheit für den elektrischen ↑ Widerstand R.

Festlegung: 1 Ohm (Ω) ist gleich dem elektrischen Widerstand zwischen zwei Punkten eines fadenförmigen, homogenen und gleichmäßig temperierten metallischen Leiters, durch den bei der elektrischen Spannung 1 Volt (V) zwischen den beiden Punkten ein zeitlich unveränderlicher Strom der Stärke 1 Ampere (A) fließt.

Weitere Einheiten können durch Versetzen der üblichen Vorsätze für dezimale Vielfache und dezimale Teile von Einheiten gebildet werden, z.B.

1 Kiloohm (kΩ) = 1000 Ω

1 Megaohm (MΩ) = 1 000 000 Ω

Ohmmeter, in Ohm geeichtes Drehspulmeßgerät, das zur Messung von elektrischen Widerständen dient. Die Drehspule ist dabei mit dem zu messenden Widerstand R_x und einer Trockenbatterie mit der Spannung U in Reihe geschaltet. Für diesen Stromkreis gilt:

$$I = \frac{U}{R_x + R_i} \quad \text{bzw.} \quad R_x = \frac{U}{I} - R_i$$

mit (R_i Innenwiderstand der Spule, I Stromstärke des im Kreis fließenden Stroms).

Anstelle der Stromstärkewerte werden auf der Skala des Meßgeräts die Ohmwerte angegeben.

Ohmscher Widerstand, der von der Frequenz der Wechselspannung unabhängige Anteil des Wechselstromwiderstandes (↑ Widerstand).

Ohmsches Gesetz, Gesetz, das den Zusammenhang zwischen Spannung und Stromstärke in einem Leiterkreis beschreibt. Im allgemeinen ist der elektrische ↑ Widerstand eines Leiters von der zwischen den Leiterenden herrschenden Spannung U abhängig. Für homogene metallische Leiter gilt jedoch bei *konstanter Temperatur* das Ohmsche Gesetz: Die Stromstärke I ist proportional zur anliegenden Spannung U: $I \sim U$ und damit ist nach der Definition des Widerstandes

$$R = \frac{U}{I} = \text{konstant} \quad .$$

Das heißt, bei konstanter Temperatur ist der Widerstand R von der Spannung U unabhängig.

Es gilt dann folgendes Strom-Spannungsdiagramm:

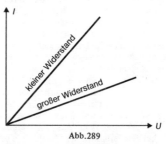

Abb.289

Ohr, das der Schallaufnahme dienende Sinnesorgan von Menschen und Tieren. Am menschlichen Ohr (Abb.290) lassen sich drei Anschnitte unterscheiden:

1. Das *äußere Ohr* mit *Ohrmuschel* und *Gehörgang,*

2. Das *Mittelohr* mit *Trommelfell, Paukenhöhle, Gehörknöchelkette* und *Ohrtrompete (Eustachische Röhre),*

3. Das *Innenohr (Labyrinth)* mit *Vorhof, Bogengängen* und *Schnecke (Cochlea).*

Schädelknochen Hammer Amboß Bogengänge
Steigbügel
Gehörnerv
Schnecke
ankommende Schallwelle
Gehörgang
Ohrmuschel
Paukenhöhle
Eustachi-Röhre
Trommelfell

Abb.290

Der leicht geknickte *Gehörgang* ist etwa 2,5 cm lang und hat einen Durchmesser von 6—8 mm. Er hat die Aufgabe, die auf den Kopf treffenden Schallwellen zum Mittelohr zu transportieren.

Der Gehörgang wird durch das *Trommelfell* abgeschlossen, ein leicht gespanntes, trichterförmiges Häutchen, dessen wirksame Fläche etwa 55 mm^2 und dessen Dicke etwa 0,08—0,1 mm beträgt. An seiner Rückseite ist die *Gehörknöchelkette* befestigt. Sie besteht aus *Hammer, Amboß* und *Steigbügel* und stellt ein Hebelsystem dar. Die *Steigbügelfußplatte,* deren Fläche etwa 3,2 mm^2 beträgt, grenzt an das mit Lymphflüssigkeit gefüllte *Innenohr (Labyrinth).* Der Raum zwischen Trommelfell und Innenohr heißt *Paukenhöhle.* Trommelfell und Gehörknöchelkette stellen auf Grund ihrer Elastizität ein schwingungsfähiges Gebilde dar, das durch die auftreffenden Schallwellen zu erzwungenen Schwingungen erregt wird. Schon nach einer Einschwingzeit von nur 0,25 Millisekunden stimmt der Verlauf der erzwungenen Schwingung mit dem der erregenden Schallschwingung überein. Bedingt durch die Hebelwirkung der Gehörknöchelkette einerseits und durch die verschieden großen Flächen von Trommelfell und Steigbügelfußplatte andererseits ist der von den Schallschwingungen hervorgerufene Wechseldruck an der Steigbügelfußplatte etwa 22 mal so groß wie am Trommelfell.

Die ordnungsgemäße Funktion von Trommelfell und Gehörknöchelkette

ist abhängig von einer guten Belüftung der Paukenhöhle. Der notwendige Druckausgleich erfolgt über die *Ohrtrompete (Eustachische Röhre),* eine etwa 3,5 cm lange Verbindung zwischen Paukenhöhle und Nasen-Rachen-Raum.

Das mit Lymphflüssigkeit gefüllte *Innenohr* besteht aus *Vorhof, Bogengängen* und *Schnecke.* Die halbkreisförmigen Bogengänge sind am Hörvorgang nicht beteiligt, sie dienen lediglich der Gleichgewichtsempfindung. Die *Schnecke (Cochlea)* ist ein in etwa 2 1/2 Windungen spiralig-schraubenförmig aufgewickelter, schlauchförmiger Hohlraum. Auf der Basilarmembran, einer häutigen Scheidewand in der Schnecke, sitzt das *Cortische Organ,* das eigentliche Hörorgan. Es trägt eine große Anzahl von Sinneszellen, die durch den *Hörnerv* mit dem Gehirn verbunden sind (Abb.291). Der obere der beiden Schneckenkanäle, *Vorhoftreppe* oder *Scala vestibuli* genannt, wird zur Paukenhöhle hin durch ein ovales Fenster, der untere, *Paukentreppe* oder *Scala tympani* genannt, durch ein rundes Fenster begrenzt. Beide Fenster sind von dünnen Membranen bedeckt. Im ovalen Fenster sitzt die Fußplatte des Steigbügels.

Reissner-Membran
Vorhoftreppe (Scala vestibuli)
Deckmembran
Corti-Organ
Hörnerv
Schnecken-gang
Basilarmembran
Paukentreppe (Scala tympani)
Knochenleiste

Abb.291

Die vom Gehörgang aufgenommenen und von Trommelfell und Gehörknöchelkette weitergeleiteten Schallschwingungen gelangen über die Steigbügelfußplatte und die Membran des ovalen Fensters in die Lymphflüssigkeit des oberen Schneckenkanals und bewirken in ihr Druckschwankungen. Diese können über die elastische Basilarmembran auf den unteren Schneckenkanal übertragen werden. Dort erfolgt, da die Flüssigkeit praktisch inkompressibel ist, ein Druckausgleich zur Paukenhöhle. Infolge der Druckschwankungen bildet sich in der Schnecke eine sogenannte *Wanderwelle* heraus, die sich längs der Basilarmembran bewegt. Ihre Amplitude nimmt zunächst mit der Entfernung vom ovalen Fenster zu, erreicht einen Höchstwert und sinkt dann sehr rasch auf Null ab. Die Lage des Höchstwertes der Amplitude dieser Wanderwelle hängt von der Frequenz der auftreffenden Schallwelle ab (Abb.292). Je höher diese Frequenz ist, um so

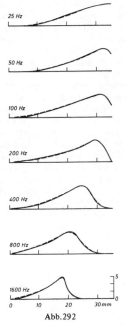

Abb.292

näher am ovalen Fenster liegt der Höchstwert. Druckschwankungen mit niedrigen Frequenzen werden über das Helicotrema an der Schneckenspitze ausgeglichen.

In den Sinneszellen des Cortischen Organs werden die durch die Wanderwelle hervorgerufenen Schwingungen der Basilarmembran in Nervenimpulse umgewandelt, die dem Gehirn zugeleitet werden.

Okular, bei einem optischen Gerät die dem Auge (lat.: oculus) zugewandte ↑ Linse. Durch das Okular wird das vom ↑ Objektiv erzeugte reelle *Zwischenbild* wie durch eine ↑ Lupe betrachtet.

Optik, Lehre vom Licht, d.h. von denjenigen elektromagnetischen Wellen, die mit dem menschlichen Auge wahrgenommen werden können, deren Wellenlänge also zwischen 350 Nanometer ($= 3,5 \cdot 10^{-7}$ m) und 750 Nanometer ($= 7,5 \cdot 10^{-7}$ m) liegt. Das an diesen Wellenlängenbereich angrenzende unsichtbare *Infrarot* und *Ultraviolett* wird ebenfalls zur Optik gerechnet.

Die Gesamtheit aller sich bei der Entstehung und Ausbreitung des Lichtes abspielenden physikalischen Vorgänge ist Untersuchungsgegenstand der *physikalischen Optik.*

Die *physiologische Optik* dagegen untersucht die subjektiven Vorgänge beim Sehen, also die Gesamtheit aller Vorgänge, die zur Wahrnehmung von Licht- und Farbeindrücken führen.

Die physikalische Optik ihrerseits wird unterteilt in die *Strahlenoptik (geometrische Optik)*, die *Wellenoptik* und die *Quantenoptik.*

Die *Strahlenoptik* geht davon aus, daß sich das Licht *geradlinig* ausbreitet, daß also die Lichtstrahlen durch geometrische Strahlen dargestellt werden können und daß ihr Verlauf nach geometrischen Grundgesetzen erfolgt. Mit Hilfe der Methoden der Strahlenoptik kann man die *Reflexions-* und *Bre-*

chungserscheinungen bei der Lichtausbreitung untersuchen und deuten. Auf der Grundlage der Strahlenoptik beschäftigt sich die *angewandte Optik* mit der Untersuchung der Strahlengänge durch Linsensystem und Prismen in Verbindung mit der Reflexion an spiegelnden Flächen in Fernrohren, Mikroskopen, Photoobjektiven und anderen optischen Geräten.

Die *Wellenoptik* ermöglicht mit der Vorstellung vom Licht als einer Wellenerscheinung die Erklärung der ↑ *Beugung*, der ↑ *Interferenz* und der ↑ *Polarisation* des Lichtes. Die Wellenvorstellung des Lichtes (*Undulationstheorie*) wurde von *Huygens* entwickelt, durch *Fresnel* und *Young* vervollkommnet und durch *Faraday* und *Maxwell* in den größeren Zusammenhang der elektromagnetischen Wellen gestellt, die durch die *Maxwellschen Gleichungen* beschrieben werden. Damit ist die Optik zu einem Teilgebiet der Elektrodynamik geworden.

Die *Quantenoptik* schließlich deutet das Licht als einen Strom von kleinen Teilchen (Korpuskeln), den sogenannten *Photonen* oder *Lichtquanten*. Ihre Energie ist ein Produkt der jeweiligen Frequenz mit einer Naturkonstanten, dem sogenannten *Planckschen Wirkungsquantum*. Damit ist aber eine Verbindung des Teilchencharakters des Lichtes mit dem Wellencharakter hergestellt. Mit Hilfe der Quantenoptik lassen sich die Wechselwirkungen zwischen Licht und Materie deuten.

Die moderne Physik behandelt die optischen Probleme mit den mathematischen Hilfsmitteln der *Quantentheorie der Wellenfelder* und beschreibt die unterschiedlichen Vorstellungen von der Natur des Lichtes als einen *Dualismus* von Teilchen und Welle. Wellen- und Quantenoptik bestehen also vollgültig nebeneinander. Bei der Behandlung der einzelnen Probleme ist dabei einmal der einen und einmal der anderen Vorstellung der Vorrang zu geben. Umgekehrt kann man nun auch einer Strahlung von schnellbewegten Masseteilchen einen Wellencharakter zuschreiben und sie nach wellenoptischen Gesetzmäßigkeiten behandeln. Dies geschieht in der sogenannten *Elektronenoptik*, die zahlreiche Analogien zur Lichtoptik aufweist.

optisch aktiv heißt ein Stoff, der die Polarisationsebene eines durch ihn hindurchgehenden linear polarisierten Lichtstrahl dreht (↑ Polarisation).

optische Abbildung, die Erzeugung eines Bildes von einem Gegenstand mit Hilfe der von ihm ausgehenden oder an ihm reflektierten Lichtstrahlen unter Ausnutzung von Brechungs- bzw. Reflexionserscheinungen. Das von einem Punkt des Gegenstandes (Dingpunkt) ausgehende Strahlenbündel wird dabei nach der Brechung beim Durchgang durch eine Linse oder ein Linsensystem bzw. nach der Reflexion an einem Spiegel (↑ Hohlspiegel, ↑ Wölbspiegel) im Idealfall wieder in einem Punkte vereinigt, dem sogenannten Bildpunkt. Die Bildpunkte in ihrer Gesamtheit ergeben das Bild des Gegenstandes.

Je nach *Art des Bildes* unterscheidet man zwischen *reellen* (wirklichen, auf einem Bildschirm auffangbaren) Bildern und *virtuellen* (scheinbaren, nicht auf einem Bildschirm auffangbaren) Bildern. Bei reellen Bildern schneiden sich die gebrochenen bzw. reflektierten Strahlen im jeweiligen Bildpunkt, bei virtuellen Bildern dagegen schneiden sich nicht die Strahlen selbst, sondern lediglich ihre (gedachten) rückwärtigen Verlängerungen.

Je nach *Lage des Bildes* unterscheidet man *aufrechtstehende, umgekehrte* und *seitenvertauschte* Bilder.

Die Lehre von den optischen Abbildungen durch brechende Systeme mit Hilfe der nahe der optischen Achse verlaufenden (*paraxialen*) Strahlen, die den sogenannten *fadenförmigen Raum* bilden, bezeichnet man als *Gaußsche*

Dioptrik. In diesem Bereich gelten die folgenden Abbildungsgleichungen (Abb.293).

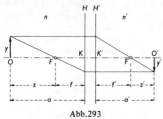

Abb.293

1. *Newtonsche Abbildungsgleichung:*

$$z \cdot z' = f \cdot f'$$

2. *Allgemeine Abbildungsgleichung:*

$$\frac{f}{a} + \frac{f'}{a'} = 1$$

3. *Abbildungsmaßstab:*

$$\frac{y'}{y} = \frac{na'}{n'a} = \frac{f}{z} = \frac{z'}{f} = \beta$$

4. *Gleichheit von ding- und bildseitiger Brechkraft:*

$$\frac{n}{f} = \frac{n'}{f'}$$

[*a* Abstand eines (Achsen)-Dingpunktes von der Hauptebene *H* (*Gegenstandsweite, Dingweite*), *a'* Abstand des zugehörigen (Achsen-)Bildpunktes von der ↑ Hauptebene *H'*(*Bildweite*; bei virtuellen Bildern negativ zu rechnen), *f* Abstand des dingseitigen Brennpunktes von der Hauptebene *H* (*dingseitige Brennweite*), *f'* Abstand des bildseitigen Brennpunktes von der Hauptebene *H'* (*bildseitige Brennweite*), *n* Brechzahl des Dingraumes, *n'* Brechzahl des Bildraumes, *y* Größe des Gegenstandes (*Gegenstandsgröße*), *y'* Größe des Bildes (*Bildgröße*), *z* Abstand des (Achsen-)Dingpunktes vom dingseitigen Brennpunkt (*dingseitige Brennpunktsweite*), *z'* Abstand des zugehörigen (Achsen-)Bildpunktes vom bildseitigen

Brennpunkt (*bildseitige Brennpunktsweite*), β *Abbildungsmaßstab*].

Aus den Abbildungsgleichungen folgt, daß Gegenstand und Bild bezüglich des Strahlenganges vertauschbar sind (*Reziprozität optischer Bilder*).

Die Abbildungsgleichungen gelten auch bei der Abbildung durch eine einzelne brechende Kugelfläche, wenn man die von den Hauptebenen gerechneten Abstände (*f, f', a, a'*) durch entsprechende, vom Scheitel *S* der Kugelfläche aus gemessene Abstände ersetzt (Abb.294).

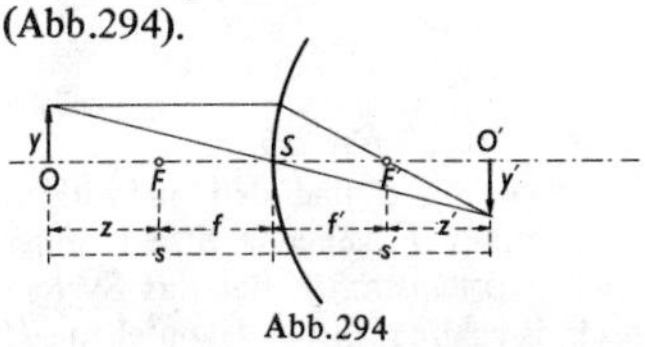

Abb.294

Bei der Abbildung durch Reflexion an einer Kugelfläche gelten die Abbildungsgleichungen ebenfalls, wenn man $n'=n$ und $f'=f$ setzt. Während die Bildweite bei der Brechung positiv gezählt wird, wenn Bild und Gegenstand auf verschiedenen Seiten des optischen Systems liegen, wird sie hierbei positiv gerechnet, wenn das Bild auf derselben Seite liegt wie der Gegenstand.

Bildkonstruktion

Kennt man von einem optischen System die Lage der Hauptebenen und die Brennweiten, so wird bei der zeichnerischen Konstruktion des Bildes eines gegebenen Gegenstandes (von auftretenden Bildfehlern abgesehen) die Tatsache ausgenutzt, daß sich alle von einem Dingpunkt ausgehenden Strahlen im entsprechenden Bildpunkt wieder schneiden, daß also zur Konstruktion des Bildpunktes die Kenntnis des Verlaufs von nur zwei Strahlen genügt. Man wählt dabei zwei der folgenden, durch den Dingpunkt *P* gehenden Strahlen, deren Verlauf durch die Eigenschaft des optischen Systems leicht zu bestimmen ist (Abb.295):

1. Der von P aus parallel zur optischen Achse einfallende Strahl (*Parallelstrahl*), der nach der Brechung an der Hauptebene H' als *bildseitiger Brennstrahl* durch den bildseitigen Brennpunkt F' geht;

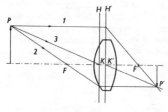

Abb.295

2. Der durch P und den bildseitigen Brennpunkt F gehende Strahl (*dingseitiger Brennstrahl*), der das System nach Brechung an der Hauptebene H als Parallelstrahl verläßt;

3. Der von P zum Hauptpunkt K laufende Strahl (*Hauptstrahl*), der vom Hauptpunkt K' unter dem gleichen Winkel zur optischen Achse weiter verläuft. Er wird bei dünnen Linsen, bei denen H und H' zusammenfallen, auch als *Mittelpunktstrahl* bezeichnet.

Zwischen den Hauptebenen H und H' sind alle Strahlen parallel zur optischen Achse zu zeichnen. Bei der Konstruktion virtueller Bilder sind die aus dem optischen System austretenden Strahlen rückwärts zu verlängern (Abb.296).

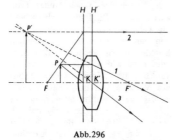

Abb.296

Die bei einer derartigen Bildkonstruktion gezeichneten Strahlen sind ideali-sierte Strahlen, die in den tatsächlich abbildenden Strahlenbündeln (die zur Erzielung einer fehlerfreien Abbildung außerdem paraxiale Strahlen sein müssen) oft gar nicht enthalten sind. Man verwendet bei der Bildkonstruktion gelegentlich sogar Strahlen, die durch das optische System selbst nicht hindurchgehen.

optische Achse, bei einer (sphärischen) ↑ *Linse* die Gerade durch die beiden ↑ Krümmungsmittelpunkte. Bei einem (sphärischen) ↑ *Hohl-* oder ↑ *Wölbspiegel* die durch den Krümmungsmittelpunkt und den Scheitelpunkt verlaufende Gerade. Bei einem *zentrierten optischen System* die durch die Krümmungsmittelpunkte aller Bestandteile des Systems hindurchgehende Gerade. Ein entlang der optischen Achse einfallender Strahl geht ungebrochen durch eine Linse oder ein Linsensystem hindurch. Bei Kugelspiegeln werden entlang der optischen Achse einfallende Strahlen in sich selbst reflektiert.

optischer Mittelpunkt, bei einem gekrümmten Spiegel der Schnittpunkt der optischen Achse mit der Spiegelfläche (↑ Hohlspiegel, ↑ Wölbspiegel). Bei einer dünnen, symmetrischen Linse der Mittelpunkt des innerhalb der Linse verlaufenden Abschnittes der optischen Achse.

ordentlicher Strahl, bei einer ↑ Doppelbrechung derjenige Lichtstrahl, der beim Eintritt in den doppelbrechenden Kristall dem Brechungsgesetz gehorcht und dessen Ausbreitungsgeschwindigkeit unabhängig von der Ausbreitungsrichtung im Kristall ist.

Ordnungszahl, Formelzeichen Z, (auch *Atomnummer*), diejenige Zahl, die ein chemisches Element im ↑ Periodensystem der Elemente bei der Durchnumerierung von leichten zu schweren ↑ Atomen (bei Wasserstoff mit 1 beginnend) — genauer, bei der Einordnung nach steigender Frequenz einer bestimmten charakteristischen Rönt-

genlinie (↑ Röntgenstrahlung) – erhält. Die Ordnungszahl ist identisch mit der *Kernladungszahl*, der Zahl der ↑ Elementarladungen in den Atomkernen des betreffenden Elements, und damit gleich der ↑ *Protonenzahl* und bei neutralen Atomen auch gleich der *Elektronenzahl* der Hülle.
Bis $Z = 83$ ist jede Ordnungszahl mit mindestens einem stabilen natürlich vorkommenden ↑ Isotop besetzt, mit Ausnahme der Ordnungszahlen $Z = 43$ (Technetium) und $Z = 61$ (Promethium). Die höchste in der Natur vorkommende Ordnungszahl ist $Z = 92$ (Uran). Künstlich wurden bis heute Elemente bis zur Ordnungszahl $Z = 105$ hergestellt.

Osmose, einseitig verlaufender Diffusionsvorgang (↑ Diffusion), der auftritt, wenn zwei gleichartige Lösungen unterschiedlicher Konzentration durch eine ↑ semipermeable Membran getrennt sind und durch diese nur Moleküle des *Lösungsmittels* von einer Lösung in die andere hindurchdiffundieren können (der *gelöste* Stoff, dessen Moleküle eine zu große Ausdehnung besitzen, wird so zurückgehalten). Durch das Bestreben, eine statist. Gleichverteilung (Konzentrationsausgleich) der gelösten Teile in beiden Lösungen zu erreichen, erfolgt ein stärkeres Diffundieren der Lösungsmittelmoleküle in den Bereich höherer Konzentration als umgekehrt; die höher konzentrierte Lösung wird so lange verdünnt, bis gleich viele Lösungsmoleküle in beide Richtungen diffundieren. Der dann auf der Seite der schwächer konzentrierten Lösung herrschende Überdruck wird als *osmotischer Druck* bezeichnet. Er ist um so höher, je größer die Konzentrationsunterschiede sind.
Der osmotische Druck kann andererseits auch als derjenige Druck gedeutet werden, den die in der Lösung befindlichen Moleküle des gelösten Stoffes auf die für sie undurchlässige Membran ausüben (ähnlich den Gasmolekülen, die auf eine feste Wand treffen). Ist diese elastisch, so bläht sie sich im Lösungsmittel unter dem Einfluß dieses Druckes wie ein mit Gas gefüllter Gummiballon auf. Für den osmotischen Druck p_{osm} einer sehr verdünnten („idealen") Lösung gilt die ↑ Zustandsgleichung idealer Gase, d.h. er ist gleich dem Gasdruck, der sich einstellen würde, wenn der gelöste Stoff als Gas bei gleicher absoluter Temperatur T das Volumen V der Lösung ausfüllen würde: $p_{osm} = n RT/V$ (mit n/V als Konzentration in Mol/Liter, R Gaskonstante). Dieses sog. *Van't-Hoffsche Gesetz* ist unabhängig von der Art des Lösungsmittels und des gelösten Stoffes.

Oszillator *(Schwinger)*, ein physikalisches System (z.B. ein Massenpunkt, ein Pendelkörper oder eine punktförmige elektrische Ladung), das ↑ Schwingungen ausführt. Wird der Schwingungszustand durch die Angabe des zeitlichen Verlaufes nur einer einzigen physikalischen Größe beschrieben (z.B. bei einem mathematischen ↑ Pendel durch die Entfernung des Pendelkörpers von seiner Ruhelage), so liegt ein *linearer Oszillator* vor. Führt der Oszillator harmonische Schwingungen aus, dann bezeichnet man ihn als *harmonischen Oszillator*, anderenfalls spricht man von einem *anharmonischen Oszillator*.

Ottomotor, eine zur Gruppe der ↑ Verbrennungskraftmaschinen gehörende Vorrichtung zur Umwandlung von Wärmeenergie in mechanische Energie. Dem flüssigen Betriebsstoff (in der Regel Benzin) wird dabei zunächst in einem *Vergaser* Luft beigemischt, so daß ein explosionsfähiges Brennstoff-Luft-Gemisch entsteht. Dieses wird in einen Zylinder geleitet, in dem sich ein beweglicher Kolben befindet. Durch einen mit Hilfe einer Zündkerze erzeugten elektrischen Funken wird das Gemisch zur Explosion gebracht. Die

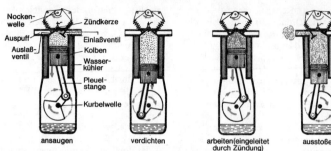

Nocken-welle
Zündkerze
Auspuff
Einlaßventil
Auslaß-ventil
Kolben
Wasser-kühler
Pleuel-stange
Kurbelwelle

ansaugen   verdichten   arbeiten(eingeleitet   ausstoßen
                                        durch Zündung)

Abb.297

dabei entstehenden Verbrennungsgase versetzen den Kolben in Bewegung. Die geradlinige Bewegung des Kolbens wird über eine Pleuelstange in die Drehbewegung einer Welle, der sogenannten Kurbelwelle umgewandelt, wobei ein Schwungrad einerseits für die Rückbewegung des Kolbens in seine urpsrüngliche Lage, andererseits für einen gleichmäßigen Drehverlauf sorgt.

Ottomotoren werden als *Viertakt-motoren* und als *Zweitaktmotoren* gebaut. Beim *Viertaktmotor* ist ein Arbeitsgang, bestehend aus *Ansaugen, Verdichten, Verbrennen* und *Aus-stoßen* der Verbrennungsgase des Kraftstoff-Luft-Gemischs auf *zwei* Hin- und Her-Gänge (ist gleich *vier* Hübe) des Kolbens bzw. auf zwei volle Umdrehungen der Kurbelwelle verteilt. Die einzelnen Takte verlaufen dabei wie folgt (Abb.297):

1. Takt: Ansaugen: Bei geöffnetem Einlaßventil saugt der Kolben beim Abwärtsgang frisches Kraftstoff-Luft-Gemisch in den Zylinder.

2. Takt: Verdichten: Bei geschlossenen Ventilen verdichtet der aufwärts-gehende Kolben das Kraftstoff-Luft-Gemisch auf einen Druck von etwa 7−10 Atmosphären; dann Zündung durch die Zündkerze.

3. Takt: Arbeiten: Bei geschlossenen Ventilen wird der Kolben durch den Druck der Verbrennungsgase nach un-ten bewegt.

4. Takt: Ausschieben: Bei geöffnetem Auslaßventil schiebt der aufwärts-gehende Kolben die weitgehend ent-spannten Verbrennungsgase aus.

Im Gegensatz zum Viertaktmotor benötigt der *Zweitaktmotor* keine Ventile. Bei ihm gibt vielmehr der Kol-ben bei seinem Hin- und Hergang Öffnungen in der Zylinderwandung, die sogenannten Schlitze frei. Ein aus *Ansaugen, Verdichten, Verbrennen* und *Ausstoßen* der Verbrennungsgase bestehender Arbeitsgang verteilt sich beim Zweitaktmotor auf *einen* Hin- und Her-Gang des Kolbens (ist gleich *zwei* Kolbenhübe) bzw. auf eine volle Umdrehung der Kurbelwelle.

Zur Verdeutlichung der beiden Takte nehme man an, daß bei dem gebläse-gespülten Zweitaktmotor der Abb.298 bei Beginn des *ersten Taktes* der Kolben in der höchsten Stellung steht und das über ihm befindliche Kraft-stoff-Luft-Gemisch gezündet ist. Der Kolben geht dadurch abwärts und gibt zunächst mit seiner Oberkante den Auslaßschlitz frei. Dadurch können sich die im Zylinder befindlichen immer noch unter verhältnismäßig hohem Druck stehenden Verbren-nungsgase nach außen entspannen. Wird beim weiteren Abwärtsgang des Kolbens der Einlaßschlitz freigegeben, so drückt das Gebläse frisches Kraft-stoff-Luft-Gemisch in den Zylinder, wodurch die restlichen dort noch vor-handenen Verbrennungsgase ausgespült

298

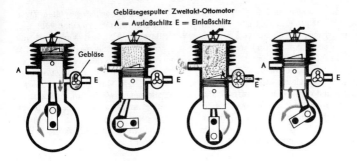

Gebläsegespulter Zweitakt-Ottomotor

A = Auslaßschlitz E = Einlaßschlitz

Gebläse

A

E

A

E

E

E

Nach Zündung Arbeits-
leistung bei Abwärtsgang
des Kolbens

Bei Freigabe des
Auslaßschlitzes A
Auspuffen der ver-
brannten Gase

Bei Freigabe des Einlaß-
schlitzes E drückt Gebläse
frisches Kraftstoff-Luft-
Gemisch in den Zylinder

Bei Aufwärtsgang des
Kolbens nach Verschluß
von A und E Verdichtung

Abb. 298

werden. Bei Aufwärtsgang des Kolbens
(2. Takt) wird nach Abschluß aller
Schlitze das Kraftstoff-Luft-Gemisch
verdichtet, so daß ein neuer Arbeitsgang beginnen kann.

Beim sogenannten *kurbelkastengespül-
ten* Zweitaktmotor (Abb. 299) wird das
Gebläse dadurch eingespart, daß man

das Kurbelgehäuse, den Raum unterhalb des Kolbens also, luftdicht ab-
schließt. Es kann dann mit dem Kolben zusammen als Pumpe arbeiten.
Beim Aufwärtsgang des Kolbens entsteht im Kurbelgehäuse Unterdruck,
bis die Unterkante des Kolbens den
Einlaßschlitz und damit den Weg für

Kurbelkastengespulter Zweitakt-Ottomotor

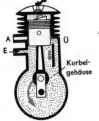

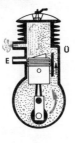

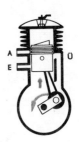

A

E

Kurbel-
gehäuse

E

E

A

Ü

Ü

Ü

Oberhalb des Kolbens:

Nach Zündung Arbeits-
leistung bei Abwärts-
gang des Kolbens

Bei Freigabe des Auslaß-
schlitzes A Auspuffen der
verbrannten Gase

Bei Freigabe des
Überströmschlitzes
Ü strömt Kraftstoff-
Luft-Gemisch aus
Kurbelgehäuse, da
es dort unter Druck
steht, in den Zylinder

Bei Aufwärtsgang des Kolbens
nach Verschluß von A und Ü
Verdichtung

Unterhalb des Kolbens:

Bei Freigabe von Einlaß-
schlitz E strömt frisches
Kraftstoff-Luft-Gemisch
ins Kurbelgehäuse

Bei geschlossenem E und Ü
wird Kraftstoff-Luft-Gemisch
im Kurbelgehäuse zusammengedrückt

Nach Verschluß von E und Ü
entsteht bei Aufwärtsgang des
Kolbens Unterdruck im
Kurbelgehäuse

Abb. 299

das frische Kraftstoff-Luft-Gemisch in das Kurbelgehäuse freigibt. Beim Abwärtsgang des Kolbens wird nun das im Kurbelgehäuse befindliche Kraftstoff-Luft-Gemisch unter Druck gesetzt, so daß es, sobald die Oberkante des Kolbens den Überströmschlitz und damit den Überströmkanal (Verbindung von Kurbelgehäuse und Zylinder) freigibt, in den Zylinder gelangen kann. Gleichzeitig spielt sich oberhalb des Kolbens derselbe Vorgang wie beim gebläsegespülten Zweitaktmotor ab. Der *Wirkungsgrad* eines Ottomotors, d.h. das Verhältnis von abgegebener mechanischer Energie zu der durch den Kraftstoff zugeführten Wärmeenergie beträgt im günstigsten Fall um 30 %. Das heißt, nur 30 % der Wärmeenergie werden in mechanische Energie umgewandelt, die restlichen 70 % gehen ungenutzt in die umgebende Atmosphäre (↑ Wärmeenergiemaschinen).

P

Paarbildung *(Paarerzeugung)*, mikrophysikalischer Elementarprozeß, bei dem die Energie eines ↑ Gammaquants in die Massen eines Teilchen-Antiteilchen-Paares umgewandelt wird. Dabei müssen die Erhaltungssätze bezüglich der Energie, des Impulses, der Ladung sowie andere Charakteristika der Elementarteilchen erfüllt sein. Nach dem Energiesatz muß die Energie des Gammaquants mindestens gleich dem Energieäquivalent der Massensumme des Teilchen-Antiteilchen-Paares sein. Wegen der Impulserhaltung kann diese *Materialisation* von Energie nur in Gegenwart eines weiteren (geladenen) Teilchens erfolgen, das infolge Wechselwirkung mit dem gebildeten Paar einen Teil des Gammaquantenimpulses aufnimmt. Die häufigste und bekannteste Paarbildung (erstmalig 1933 entdeckt) ist die Erzeugung eines Elektron-Positron-Paares (auch *Elektronenzwilling* oder *Elektronenpaar* genannt) im elektrischen Feld eines Atomkernes mit Gammaquanten einer Energie W oberhalb des Energieäquivalents $2m_e c^2 = 1,022$ MeV der doppelten Elektronenmasse m_e. Die Elektronenpaarbildung liefert den größten Beitrag zur Schwächung der Gammastrahlung beim Durchgang durch Materie. Bei entsprechend hoher Energie tritt auch die Paarbildung von schweren Teilchen-Antiteilchen-Paaren (wie z.B. Proton-Antiproton-Paar) ein. Der zur Paarbildung inverse (umgekehrte) Prozeß ist die ↑ Paarvernichtung. Beide Prozesse beweisen quantitativ nachprüfbar die Einsteinsche Masse-Energie-Äquivalenz (↑ Äquivalenzprinzip).

Paarvernichtung *(Paarzerstrahlung, Annihilation)*, der zur ↑ Paarbildung inverse Prozeß, bei dem ein Teilchen-Antiteilchen-Paar in Gegenwart eines impulsaufnehmenden dritten Teilchens zerstrahlt, d.h. unter Emission von ↑ Photonen (↑ Gammaquanten) oder ↑ Mesonen verschwindet. Bei dieser *Entmaterialisation* müssen die Erhaltungssätze bezüglich der Energie, des Impulses, der Ladungszahl sowie anderer Charakteristika für Elementarteilchen erfüllt sein. Das bekannteste Beispiel einer Paarvernichtung ist die im Jahre 1934 entdeckte Zerstrahlung eines Elektron-Positron-Paares. Die dabei freiwerdende Energie entspricht der doppelten Ruhenergie bzw. Ruhmasse eines Elektrons, also $2m_e c^2 = 1,022$ MeV. Paarvernichtung und Paarbildung beweisen die Äquivalenz (Gleichwertigkeit) von Masse und Energie.

Papierkondensator, technische Ausführung eines ↑ Plattenkondensators. Zwei Metallfolien werden zusammen mit zwei dazwischenliegenden Papierstreifen, die als ↑ Dielektrikum dienen, aufgerollt. Heute benützt man dazu häufig Kunststoffolien mit aufgedampftem Metallbelag. Papierkondensatoren werden für Spannungen bis zu mehreren tausend Volt hergestellt.

Papinscher Topf, starkwandiges Gefäß mit dicht schließendem Deckel und Sicherheitsventil zur experimentellen Bestimmung des Zusammenhangs zwischen Druck und Siedetemperatur einer Flüssigkeit. Erhitzt man beispielsweise Wasser in einem Papinschen Topf, so kann sich der entstehende Wasserdampf nicht ausdehnen. Der Druck im Raum über der Wasseroberfläche wächst an. Mit steigendem Druck steigt aber auch die Siedetemperatur. In einem Papinschen Topf kann man deshalb Wasser bis weit über 100°C erhitzen, ohne daß es in den gasförmigen ↑ Aggregatzustand übergeht. Die erwünschte Höchsttemperatur des Wassers läßt sich mit Hilfe des Sicherheitsventils einstellen.

In Form des sogenannten *Dampfkochtopfes* werden Papinsche Töpfe auch im Haushalt verwendet. Mit ihnen lassen sich beim Kochen kürzere Garzeiten und damit ein geringerer Brennstoffverbrauch erreichen.

Parabolspiegel, ↑ Hohlspiegel in Form eines Paraboloids. Im Gegensatz zum sphärischen Hohlspiegel verlaufen beim Parabolspiegel auch achsenferne parallel zur optischen Achse einfallende Strahlen nach der Reflexion durch den Brennpunkt. Brennpunktstrahlen dagegen verlassen den Spiegel parallel zur optischen Achse (Abb. 300). Parabolspiegel werden vorwiegend in Scheinwerfern verwendet.

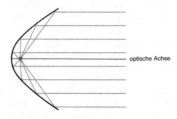

optische Achse

Abb.300

Parallaxe, derjenige Winkel, unter dem sich die von zwei verschiedenen Beobachtungsorten zu demselben beobachteten Gegenstand gezogenen Sehstrahlen schneiden.

Parallelschaltung *(Nebeneinanderschaltung)*, elektrische Schaltungsart, bei der sowohl die Eingangs- als auch die Ausgangsklemmen aller Schaltelemente (Stromquellen, Widerstände, Kondensatoren u.a.) untereinander verbunden sind, so daß mehrere Stromzweige entstehen (im Gegensatz zur Serienschaltung). An den einzelnen Schaltelementen herrscht bei dieser Schaltungsart die gleiche Spannung und die sich daraus ergebenden Teilstromstärken ergeben zusammen die gesamte Stromstärke.

Für eine Parallelschaltung aus n Widerständen gilt (Abb. 301)

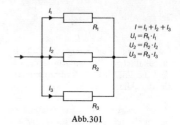

$$I = I_1 + I_2 + I_3$$
$$U_1 = R_1 \cdot I_1$$
$$U_2 = R_2 \cdot I_2$$
$$U_3 = R_3 \cdot I_3$$

Abb.301

$$U = U_1 = U_2 = U_3 \ldots = U_n$$
$$I = I_1 + I_2 + I_3 + \ldots + I_n$$
$$U = R_1 I_1 = R_2 I_2 = \ldots = R_n I_n$$
$$U = RI,$$

woraus man insgesamt

$$\boxed{\frac{1}{R} = \frac{1}{R_1} + \frac{1}{R_2} + \frac{1}{R_3} + \ldots + \frac{1}{R_n}}$$

erhält. Die Summe der ↑ Leitwerte der einzelnen Widerstände ergibt den Gesamtleitwert.

Bei der Parallelschaltung mehrerer *Induktivitäten* (↑ Spulen) L_1, L_2, L_3, ..., L_n gilt analog für die Gesamtinduktivität L:

$$\boxed{\frac{1}{L} = \frac{1}{L_1} + \frac{1}{L_2} + \frac{1}{L_3} + \ldots + \frac{1}{L_n}}$$

Bei der Parallelschaltung von n *Kapazitäten* (↑ Kondensatoren) C_1, C_2, C_3, ..., C_n ergibt sich die Gesamtkapazität C als Summe der Einzelkapazitäten:

$$\boxed{C = C_1 + C_2 + C_3 + \ldots + C_n}$$

Parallelstrahl, ein parallel zur ↑ optischen Achse einer Linse, eines Linsensystems oder eines gekrümmten Spiegels verlaufender Strahl. (↑ Linse, ↑ Hohlspiegel, ↑ Wölbspiegel).

Paramagnetismus, magnetische Erscheinung, die bei Einbringen bestimmter Stoffe in ein magnetisches Feld auftritt. Die Atome bzw. Moleküle vieler Substanzen besitzen ein permanentes ↑ magnetisches Moment.

Diese Momente nehmen keinerlei Vorzugsrichtung ein, d.h. die von ihnen herrührenden magnetischen Felder gleichen sich im Mittel aus. Bringt man eine solche Substanz in ein Magnetfeld, so werden die magnetischen Momente der Atome bzw. Moleküle in Feldrichtung gedreht, und die mit ihnen gekoppelten magnetischen Felder verstärken das angelegte äußere Feld. Diese physikalische Erscheinung wird durch die folgende Gleichung erfaßt:

$$B = \mu B_0$$

(μ relative ↑ Permeabilität, B magnetische Induktion im Raum nach dem Einbringen der Substanz, B_0 magnetische Induktion im Vakuum).

Für die relative Permeabilität gilt im paramagnetischen Fall:

$$\mu > 1$$

Der Verstärkung des angelegten Magnetfelds wirken diamagnetische Effekte (↑ Diamagnetismus) und die Wärmebewegung entgegen. Während erstere gegenüber der paramagnetischen Verstärkung kaum ins Gewicht fällt, versucht letztere die Ausrichtung der magnetischen Momente rückgängig zu machen. Je höher die Temperatur T der Substanz, desto stärker wird diese Beeinflussung. μ und damit auch die ↑ magnetische Suszeptibilität χ sind deshalb temperaturabhängig. Es ergibt sich folgender Zusammenhang:

$$\chi = \frac{C}{T}$$

Dieses Gesetz wird als *Curiegesetz* bezeichnet, die Konstante C als Curie-Konstante.

Beispiele für paramagnetische Substanzen sind Chrom, Platin, flüssiger Sauerstoff, Aluminium, Natrium, Kupferchlorid.

Partialdruck *(Teildruck)*, in einem Gemisch von Gasen oder Dämpfen der von *einem* der Bestandteile des Gemischs ausgeübte Druck. Bei idealen Gasen ist der Partialdruck eines jeden Teilgases so, als wäre es allein vorhanden und könnte den Gesamtraum einnehmen. Der Gesamtdruck des Gasgemischs ist dann gleich der Summe der Partialdrücke aller Teile des Gemischs (↑ Daltonsches Gesetz).

Pascal (Pa), SI-Einheit des ↑ Druckes. *Festlegung:* 1 Pascal (Pa) ist gleich dem auf eine Fläche gleichmäßig wirkenden Druck, bei dem senkrecht auf die Fläche 1 m² die Kraft 1 ↑ Newton (N) ausgeübt wird:

$$1\,\text{Pa} = 1\,\frac{\text{N}}{\text{m}^2}$$

Pascalsche Waage, Gerät in Form einer Balkenwaage, mit dessen Hilfe gezeigt werden kann, daß der *Bodendruck* in einem mit einer Flüssigkeit gefüllten Gefäß nur von der Höhe der Flüssigkeitsoberfläche über dem Gefäßboden und von der ↑ Wichte der Flüssigkeit, nicht aber von der Form des Gefäßes bzw. der Gewichtskraft der darin befindlichen Flüssigkeit abhängt.

Die Kraft, mit der die Platte P gegen die jeweils flächengleichen Bodenöffnungen der einzelnen in Abb. 302 gezeigten mit der gleichen Flüssigkeit gefüllten Gefäße gedrückt werden muß, damit keine Flüssigkeit ausläuft, hat für jedes der Gefäße den gleichen Betrag (↑ hydrostatisches Paradoxon).

Paschenserie, die von *F. Paschen* 1908 entdeckte dritte Spektralserie des Wasserstoffatoms, die bei Übergängen von höheren Zuständen zum Niveau mit der Hauptquantenzahl $n = 3$ ausgesandt wird. Für die Wellenzahlen $\tilde{\nu} = 1/\lambda$ (λ Wellenlänge) der Linien der Paschenserie gilt

$$\tilde{\nu} = R_H \left(\frac{1}{3^2} - \frac{1}{m^2} \right)$$

($m = 4, 5, 6, ...$),

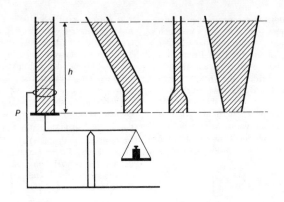

Abb.302

wobei R_H die *Rydbergkonstante* des Wasserstoffs ist. Die Wellenlängen der Paschenserie liegen im Infrarotbereich (↑ Balmerserie).

Pauliprinzip *(Pauliverbot, Ausschließungsprinzip)*, grundlegendes nach dem deutschen Physiker *W. Pauli* benanntes Prinzip der Mikrophysik. Es gilt für alle Teilchen mit ↑ Spin 1/2, also für ↑ Protonen, ↑ Neutronen und ↑ Elektronen, und besagt, daß zwei Elektronen in der Atomhülle oder zwei Protonen oder zwei Neutronen im Kern nie in allen ↑ Quantenzahlen übereinstimmen können. Anders formuliert lautet dieses Prinzip: Jeder Quantenzustand kann nur *einfach* besetzt sein. Das Pauliprinzip ist unentbehrlich für das Verständnis des Aufbaus der Atomhülle und damit des Periodensystems der chemischen Elemente.

Peltier-Effekt, thermoelektrische Erscheinung, die an der Grenzfläche zweier Leiter bei Stromdurchgang auftritt.

An der Grenzfläche zweier Leiter A und B, durch die ein elektrischer Strom I fließt, wird in der Zeit t zusätzlich zur Joulschen Wärme eine Wärmemenge

$$Q = P_{AB} I \cdot t \quad ,$$

die sog. Peltierwärme entwickelt oder absorbiert. Darin ist $I \cdot t$ die durch die Grenzschicht tretende Ladung und P_{AB} ($= -P_{BA}$) der sog. Peltierkoeffizient, der vom Material der beiden Leiter und von der Temperatur, aber nicht von der Gestalt der Leiter und von der Art des Leiterkontakts abhängt. Der Peltiereffekt macht sich in der einen Stromrichtung als Temperaturerhöhung, in der anderen als Temperaturerniedrigung bemerkbar. In einem Leiterkreis aus zwei verschiedenen Leitermaterialien erzeugt ein elek-

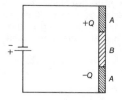

Abb.303

trischer Strom eine Temperaturdifferenz an den Kontaktstellen und damit ein Temperaturgefälle im ganzen Leiterkreis (Abb. 303). Es wird elektrische Energie in Wärmeenergie verwandelt. Der Peltiereffekt hängt eng mit dem ↑ Seebeckeffekt zusammen. Zwischen der beim Seebeckeffekt auftretenden Thermokraft α_{AB} und dem

Peltierkoeffizienten besteht folgende Beziehung:

$$P_{AB} = \alpha_{AB}\, T$$

(*T* absolute Temperatur).
Die hohen Peltierkoeffizienten von bestimmten Halbleitern erlauben die technische Verwendung des Peltiereffekts zur Kühlung und Erwärmung (*Peltierkühlung, Peltierheizung*).

Pendel, im weitesten Sinne jeder nur der Schwerkraft unterliegende starre Körper, der um eine nicht durch seinen Schwerpunkt verlaufende Achse oder um einen nicht mit seinem Schwerpunkt zusammenfallenden Punkt drehbar ist. Bringt man einen solchen Körper aus seiner *Ruhelage*, das heißt aus der Stellung, in der sein Schwerpunkt die tiefstmögliche Lage hat, und überläßt ihn dann sich selbst, so führt er eine Schwingungsbewegung aus.
Eine wichtige Rolle in der Physik spielt wegen seiner übersichtlichen Verhältnisse und seiner einfachen mathematischen Behandlung eine in der Wirklichkeit nicht vorkommende idealisierte Pendelform, das sogenannte *ebene mathematische Pendel*. Man versteht darunter einen Massenpunkt *m*, der durch eine masselos gedachte starre Stange der Länge *l* mit einem festen Aufhängepunkt *P* verbunden ist und der nur in einer durch diesen Aufhängepunkt verlaufenden senkrechten Ebene schwingen kann. Der Massenpunkt kann sich dabei nur auf einem Kreis um den Aufhängepunkt *P* bewegen, dessen Radius *r* gleich der Länge *l* der Pendelstange ist (Abb. 304). Im

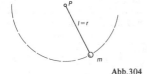

Abb. 304

Ruhezustand befindet sich der Massenpunkt genau senkrecht unter dem Aufhängepunkt nimmt also seine tiefstmögliche Lage ein. In dieser sogenannten *Ruhelage* wirkt die Gewichtskraft $\vec{G}$ des Massenpunktes in Richtung der Pendelstange bzw. senkrecht zur Bahnrichtung (Abb. 305).

Abb. 305

Anders liegen die Verhältnisse, wenn man den Massenpunkt etwa um den Winkel φ aus seiner Ruhelage heraus bringt, wobei er die Strecke *x* auf seiner Kreisbahn zurücklegen muß (Abb. 306). Die auf ihn wirkende Ge-

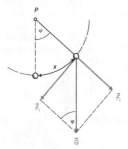

Abb. 306

wichtskraft $\vec{G}$ läßt sich dann in eine Komponente in Bahnrichtung (*tangentiale Komponente* $\vec{F}_t$) und eine Komponente senkrecht zur Bahnrichtung, d.h. also in Richtung der Pendelstange (*radiale Komponente* $\vec{F}_r$) zerlegen. Dabei ist allein die tangentiale Komponente für die weitere Bewegung des Massenpunktes maßgebend. Die radiale

305

Komponente belastet lediglich die Pendelstange und hat keinerlei Einfluß auf die Bewegung des Massenpunktes.

Die tangentiale Komponente von $\vec{G}$ wirkt stets in Richtung der Ruhelage. Ihre Richtung ist also dem Ausschlag x entgegengesetzt. Sie stellt somit eine sogenannte *rücktreibende Kraft* dar.

Für den Betrag der tangentialen Komponente von $\vec{G}$ gilt gemäß Abb. 3:

$$F_t = G \cdot \sin \varphi$$

Für hinreichend kleine Winkel φ gilt aber:

$$\sin \varphi \approx \varphi$$

In diesem Falle ist:

$$F_t \approx G \cdot \varphi$$

Setzt man nun $\varphi = x/l$ und $G = mg$, so ergibt sich:

$$F_t \approx mg \frac{x}{l} = \frac{mg}{l} x$$

Bei nicht zu großen Ausschlägen (etwa $\varphi < 5°$) ist also der Betrag der rücktreibenden Kraft F_t proportional der Auslenkung x des Körpers aus der Ruhelage.

Es gilt somit für die rücktreibende Kraft ein *lineares Kraftgesetz* mit der ↑ Richtgröße

$$D = \frac{mg}{l}$$

Nun vollführt aber ein Körper, auf den eine einem linearen Kraftgesetz folgende Kraft wirkt, eine harmonische ↑ Schwingung mit der Schwingungsdauer

$$T = 2\pi \sqrt{\frac{m}{D}}$$

Beim ebenen mathematischen Pendel vollführt folglich der Massenpunkt m bei hinreichend kleinen Ausschlägen eine harmonische Schwingung um seine Ruhelage.

Die *Schwingungsdauer* T, also die Zeit für einen vollen Hin- und Hergang des schwingenden Massenpunktes erhält man, wenn man in die angegebene Beziehung $D = mg/l$ setzt. Es ergibt sich dann:

$$T = 2\pi \sqrt{\frac{l}{g}}$$

Daraus ist ersichtlich, daß die Schwingungsdauer des ebenen mathematischen Pendels lediglich von der Pendellänge l und der Erdbeschleunigung g, nicht aber von der Masse m abhängig ist. Die weitgehende Realisierung eines mathematischen Pendels stellt das *Fadenpendel* dar, bei dem ein möglichst kleiner Körper mit möglichst großer Masse an einem nicht dehnbaren, sehr dünnen und leichten Faden aufgehängt ist.

Ein Pendel, dessen Schwingungsdauer zwei Sekunden beträgt, das also für eine halbe Schwingung, d.h. für den Weg zwischen den beiden Punkten, an denen sich die Bewegungsrichtung umkehrt, gerade eine Sekunde benötigt, wird als *Sekundenpendel* bezeichnet. Seine Länge erhält man, wenn man in die beim ebenen mathematischen Pendel abgeleitete Formel für die Schwingungsdauer $T = 2$ s und $g = 9{,}81$ m/s^2 setzt. Es ergibt sich dann:

$$l = \frac{9{,}81}{\pi^2} \, \text{m} \approx 0{,}994 \, \text{m}$$

Da die Erdbeschleunigung g ortsabhängig ist, ist auch die Länge des Sekundenpendels nicht an allen Orten der Erde gleich (↑ ballistisches Pendel, ↑ gekoppelte Pendel).

Periode, bei einer Schwingung gleichbedeutend mit der ↑ *Schwingungsdauer* (Formelzeichen T), mit der Zeit also, die für eine volle Schwingung erforderlich ist. Zwischen der Periode T und der Frequenz f einer Schwingung besteht der Zusammenhang:

$$T = \frac{1}{f} \quad \text{bzw.} \quad f = \frac{1}{T}$$

Periodensystem der chemischen Elemente, Abk. *PSE*, systematische Anordnung sämtlicher bekannten chemischen Elemente in einer Tafel, die die Gesetzmäßigkeiten des atomaren Aufbaus der chemischen Elemente und ihrer physikalischen und chemischen Eigenschaften widerspiegelt. Nach vielen Versuchen, die chemischen Elemente gesetzmäßig zu ordnen, gelang es im Jahre 1869 *L. Meyer* und *D. I. Mendelejew* unabhängig voneinander, ein System zu entwickeln, das bis heute (nach Vervollständigung) seine Gültigkeit behalten hat und dessen Richtigkeit durch die heutigen Kenntnisse über die Struktur des Atoms überzeugend bewiesen wurde. Die Schöpfer des *PSE* ordneten die damals bekannten chemischen Elemente nach steigenden ↑ Atommassen an und unterteilten diese Reihen nach den Kriterien ähnlicher chemischer und physikalischer Eigenschaften in sogenannte *Perioden*. Diese Methode war schon vorher versucht worden, ohne daß sie ein befriedigendes Ergebnis geliefert hätte. Das Neuartige an diesem *PSE* war jedoch, daß Meyer und Mendelejew den Mut hatten, Lücken zu lassen, wo es die strenge Berücksichtigung der physikalischen und chemischen Gesetzmäßigkeiten erforderlich machte. Dementsprechend fand dieses *PSE* erst dann Anerkennung, als man in der Natur bis dahin unbekannte Elemente entdeckte, deren Eigenschaften aufgrund der Periodizität des Systems schon vorhergesagt waren und die sich reibungslos in die Lücken des *PSE* einordnen ließen.

Das heute bekannte *PSE* umfaßt 105 Elemente, von denen nur 81 Elemente stabile ↑ Isotope besitzen und als solche in der Natur vorkommen. Die übrigen Elemente sind entweder als langlebige radioaktive Elemente in der Natur vorhanden und entstehen als radioaktive Folgeprodukte immer wieder neu, oder sie sind nur aus kernphysikalischen Reaktionen bekannt und durch solche herstellbar.

Das *PSE* gliedert sich in *Perioden (Reihen)* und *Gruppen (Spalten)*. In den Gruppen sind Elemente gleicher chemischer Eigenschaft zusammengefaßt, wobei die Atommasse in jeder Gruppe von oben nach unten zunimmt. Die *erste Hauptgruppe* bilden die Alkalimetalle (Li, Na, K, Rb, Cs, Fr), die *zweite* die Erdalkalimetalle (Be, Mg, Ca, Sr, Ba, Ra), die *dritte* die Elemente der *Borgruppe*, die *vierte* die Elemente der *Kohlenstoffgruppe*, die *fünfte* die Elemente der *Stickstoffgruppe*, die *sechste* die Elemente der *Sauerstoffgruppe*, die *siebte* die Elemente der *Halogengruppe* und die *achte* die Elemente der *Edelgasgruppe*. Da es sich zeigte, daß nicht alle Elemente in die Form des Systems mit acht Hauptgruppen paßten, wurde es erweitert und insbesondere die Metalle in acht sog. *Nebengruppen erster Art* eingebaut. Darüber hinaus gibt es noch weitere Elemente, die ihrer chemischen Eigenschaft nach alle einen einzigen Platz im System einnehmen müßten. Sie bilden eine *Nebengruppe zweiter Art*. Die erste Gruppe solcher Elemente sind die „Metalle der seltenen Erden". Sie wurden in das *PSE* nach dem Lanthan ($Z = 57$) eingebaut und heißen daher *Lanthaniden*. Auch die erst in jüngster Zeit vollständig entdeckten *Actiniden* (hauptsächlich ↑ Transurane) bilden eine Nebengruppe zweiter Art. Die Nebengruppenelemente sind auch allgemein unter der Bezeichnung *Übergangselemente* oder *Übergangsmetalle* bekannt.

Die Erklärung der Systematik des *PSE* einschließlich der chemischen Eigenschaften der Elemente liefert die ↑ Quantentheorie, insbesondere durch das ↑ Pauli-Prinzip (↑ Atommodelle). Da nur die aus den Elektronenschalen bestehende Atomhülle die chemischen Eigenschaften der Atome bestimmt, ist das *PSE* eine Systematik des Aufbaus der Atomhülle, sagt also nichts über den Aufbau des Atomkerns aus. Das leichteste Element, der Wasserstoff, hat die ↑ Ordnungszahl 1, seine Atome besitzen in ihrer Atomhülle *ein* Elektron, dessen ↑ Hauptquantenzahl $n = 1$ beträgt. Es befindet sich dabei im Zustand größter potentieller Energie bzw. Bindungsenergie. Infolge der Auswahlregel $l \leqslant (n-1)$ für die Drehimpulsquantenzahl (↑ Quantenzahl) kann sich dieses Elektron nur in Zuständen mit dem Bahndrehimpuls $l = 0$ befinden. Man nennt ein Elektron in einem dieser sog. *s-Zustände* ein *s-Elektron*. Nach dem Pauli-Prinzip können in die Energiezustände mit den Quantenzahlen $n = 1$, $l = 0$ zwei Teilchen aufgenommen werden, die sich nur bezüglich ihrer Spin-Quantenzahlen s unterscheiden. Die Atome, bei denen im neutralen Zustand nur diese beiden Elektronen vorhanden sind, sind die des Edelgases *Helium*. Bei diesem Element ist die erste Elektronenschale, die sog. *K-Schale* vollständig besetzt. Gleichzeitig ist damit die erste Periode des Systems, die nur aus den zwei Elementen Wasserstoff und Helium besteht, abgeschlossen. Ebenso wie am Ende der ersten Periode das Edelgas Helium steht, findet man auch am Ende der folgenden Perioden, die 8, 8, 18, 18 bzw. 32 Elemente besitzen, wiederum Edelgase (Ne, Ar, Kr, Xe, Rn). Diese Atome haben vollständig besetzte äußere Achterschalen. Man nennt daher vollständig besetzte äußere Schalen auch *Edelgasschalen* oder, wenn man die *Elektronenkonfigurationen* betrachtet, auch *Edelgaskonfigurationen*. Diese Konfigurationen erweisen sich als besonders stabil, was sich z.B. in der hohen ↑ Ionisierungsnergie der Edelgase ausdrückt.

Das dem Helium folgende Element mit der Ordnungszahl $Z = 3$ ist das *Lithium*. Bei ihm beginnt die Besetzung der von Zuständen mit der Hauptquantenzahl $n = 2$ gebildeten sog. *L-Schale*. Entsprechend der Drehimpulsauswahlregel können jetzt außer den Zuständen mit $l = 0$ auch solche mit $l = 1$ auftreten, die man *p-Zustände* nennt. Demzufolge finden in der L-Schale bei Berücksichtigung der magnetischen Unterzustände (zu $l = 1$ sind das die Zustände mit der magnetischen Quantenzahl $m_l = +1, 0, -1$ und dazu jeweils zwei Spineinstellungen) insgesamt 8 Elektronen Platz, von denen zwei in s-Zuständen ($l = 0$) und sechs in p-Zuständen untergebracht werden. Bei der Besetzung aller dieser Zustände ist die zweite Periode aufgefüllt. Sie enthält die folgenden acht Elemente: Li, Be, B, C, N, O, F, Ne. Den Abschluß bildet das Edelgas Neon. Das gleiche Aufbauschema wiederholt sich in jeder Periode, wobei zu jeder Periode stets ein anderer Wert der Hauptquantenzahl n gehört. Die mit zunehmender Ordnungszahl mit Elektronen aufgefüllten Schalen werden der Reihenfolge nach als *K-*, *L-*, *M-*, *N-*, *O-*, *P-*Schale usw. bezeichnet, entsprechend den Werten $n = 1, 2, 3, 4, 5, 6, \dots$ der Hauptquantenzahl.
In der M-Schale ($n = 3$) werden zuerst die s- und p-Zustände ($l = 0,1$) aufgefüllt. Darauf beginnt der Aufbau der *N*-Schale ($n = 4$). Die d-Zustände ($l = 2$) der 3-ten Schale (3d-Zustände) bleiben zunächst noch unbesetzt. Nach dem Element *Calcium* wird der weitere Aufbau der *N*-Schale abgebrochen, und die noch unbesetzten 3d-Zustände werden aufgefüllt. Das beruht darauf, daß die noch freien 3d-Zustände ener-

* 4f	58 Ce	59 Pr	60 Nd	61 Pm	62 Sm	63 Eu	64 Gd	65 Tb	66 Dy	67 Ho	68 Er	69 Tm	70 Yb	71 Lu
** 5f	90 Th	91 Pa	92 U	93 Np	94 Pu	95 Am	96 Cm	97 Bk	98 Cf	99 Es	100 Fm	101 Md	102 No	103 Lw

Periodensystem der Elemente in der Langform

(Aus drucktechnischen Gründen sind die 4f- und 5f-Elemente (58–71 und 90–103) herausgezogen und extra angeschrieben, weil das System sonst zu „lang" würde. Sie gehören im System an die mit * bzw. ** bezeichneten Stellen in die 6. bzw. 7. Periode, jeweils in der IIIa-Gruppe)

Gruppen-nummer	Ia	IIa		IIIa	IVa	Va	VIa	VIIa	VIII			Ib	IIb		IIIb	IVb	Vb	VIb	VIIb	0
1 s	1 H																			2 He
2 s	3 Li	4 Be												2p	5 B	6 C	7 N	8 O	9 F	10 Ne
3 s	11 Na	12 Mg												3p	13 Al	14 Si	15 P	16 S	17 Cl	18 Ar
4 s	19 K	20 Ca	3d	21 Sc	22 Ti	23 V	24 Cr	25 Mn	26 Fe	27 Co	28 Ni	29 Cu	30 Zn	4p	31 Ga	32 Ge	32 As	34 Se	35 Br	36 Kr
5 s	37 Rb	38 Sr	4d	39 Y	40 Zr	41 Nb	42 Mo	43 Tc	44 Ru	45 Rh	46 Pd	47 Ag	48 Cd	5p	49 In	50 Sn	51 Sb	52 Te	53 J	54 Xe
6 s	55 Cs	56 Ba	5d	57 * La	72 Hf	73 Ta	74 W	75 Re	76 Os	77 Ir	78 Pt	79 Au	80 Hg	6p	81 Tl	82 Pb	83 Bi	84 Po	85 At	86 Rn
7 s	87 Fr	88 Ra	6d	89 ** Ac	104 Ku	105 Ha								7p						

getisch günstiger sind als die freien 4p-Zustände. Sind alle freien 3d-Zustände besetzt, wird die *N*-Schale weiter aufgefüllt. Ähnliches wiederholt sich nach den Elementen *Strontium*, *Lanthan* (die nachfolgenden Elemente der ersten Nebengruppe zweiter Art bauen die 4f-Schale auf) und *Actinium* (die nachfolgenden Elemente der zweiten Nebengruppe zweiter Art bauen die 5f-Schale auf).

Durch die sich ständig wiederholende Art des Aufbaus der einzelnen Elektronenschalen ist auch das gleiche chemische und physikalische Verhalten der Elemente einer Gruppe bedingt, das ausschließlich durch die Gleichartigkeit der *äußeren* Elektronenkonfiguration in den Atomen der Elemente dieser Gruppe bestimmt wird. So besitzen z.B. alle Alkalimetalle sehr geringe Bindungsenergien des äußersten Elektrons, da dieses weit vom Atomkern entfernt ist. Die äußeren Elektronen bestimmen auch die ↑ Wertigkeit der Elemente.

periodische Bewegung, eine Bewegung, bei der ein Körper (*Massenpunkt*) nach Ablauf untereinander gleichlanger Zeitabschnitte jeweils wieder in seine ursprüngliche Lage zurückkehrt, wobei innerhalb eines jeden dieser Zeitabschnitte stets der gleiche Bewegungsablauf erfolgt. Beispiele für periodische Bewegungen sind die *gleichförmige Kreisbewegung* eines Massenpunktes und die *Schwingungsbewegung* eines Pendels.

Permeabilität, 1. *relative Permeabilität*, Formelzeichen μ, Quotient aus der magnetischen Induktion B in Materie und der magnetischen Induktion B_0 im Vakuum. Es gilt:

$$\mu = \frac{B}{B_0}$$

μ hat die *Dimension* einer Zahl.
Relative Permeabilität einiger Stoffe:

Wasserstoff	$0,008 \cdot 10^{-6}$
Kupfer	$-6,4 \cdot 10^{-6}$
Wasser	$-8,0 \cdot 10^{-6}$
Aluminium	$22,2 \cdot 10^{-6}$
Platin	$265 \cdot 10^{-6}$

2. *absolute Permeabilität (des Vakuums)*, Formelzeichen μ_0, ↑ *magnetische Feldkonstante.*

perpetuum mobile, eine „*ewig laufende*" Maschine, die ohne Energiezufuhr Arbeit verrichtet und damit Energie „aus nichts" erzeugt. Eine solche Maschine wird als *perpetuum mobile erster Art* bezeichnet. Es kann nicht realisiert werden, da es gegen den Satz von der *Erhaltung der Energie* bzw. gegen den ersten Hauptsatz der Wärmelehre verstößt, nach dem Energie weder erzeugt noch vernichtet werden kann.

Als *perpetuum mobile zweiter Art* bezeichnet man eine periodisch arbeitende Maschine, die ihrer Umgebung Wärme entzieht und diese vollständig in andere Energieformen umwandelt, ohne daß dabei in den beteiligten Körpern außer dem Wärmetransport und der damit verbundenen Temperaturänderung noch andere, bleibende Veränderungen vor sich gehen. Eine solche Maschine könnte z.B. in Übereinstimmung mit dem Satz von der Erhaltung der Energie den Weltmeeren einen Teil der Wärme entziehen, die der Erde von der Sonne zugestrahlt wird, und diese Wärme(energie) zur Arbeitsverrichtung verwenden. Ein perpetuum mobile zweiter Art verstößt jedoch gegen das im *zweiten Hauptsatz der Wärmelehre* formulierte Naturgesetz, nach dem Wärme niemals ohne Zufuhr von Arbeit von einem kälteren auf einen wärmeren Körper übergeht.

Pfeife, ↑ Schallgeber, bei dem eine in einem zumeist rohrförmigen Gehäuse (*Pfeifenrohr*) eingeschlossene Luftsäule zu longitudinalen Eigenschwingungen erregt wird. Je nach Art der Schwingungserregung unterscheidet man zwischen *Zungenpfeifen* und *Lippenpfeifen*.

Bei der *Lippenpfeife* (*Labialpfeife*, Abb. 307) wird ein Luftstrom auf eine scharfkantige Schneide (Lippe) geblasen. Die dabei entstehenden Wirbel erregen die Luftsäule im Pfeifenrohr zum Schwingen in ihrer Eigenfrequenz. Durch Rückkopplungsvorgänge zwischen dem erregenden Luftstrom und der schwingenden Luftsäule wird die Wirbelbildung an der Schneide und damit die Energiezufuhr so gesteuert, daß eine ungedämpfte Schwingung entsteht (Beispiel: *Flöte*).

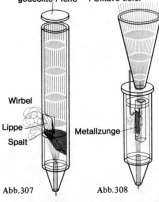

gedeckte Pfeife   1 Oktave tiefer

Wirbel

Lippe

Spalt

Metallzunge

Abb. 307   Abb. 308

Bei der *Zungenpfeife* (Abb. 308) wird durch einen Luftstrom ein elastisches Plättchen (Zunge) in Schwingung versetzt. Diese elastischen Zungenschwingungen erregen dann ihrerseits die Luftsäule im Pfeifenrohr zum Schwingen und erhalten durch dauernde Energiezufuhr diese Schwingung ungedämpft aufrecht. Voraussetzung ist dabei, daß die Frequenz der Zungenschwingung mit der ↑ Eigenfrequenz der Luftsäule übereinstimmt (Beispiel: *Fagott*).

Während dasjenige Pfeifenende, durch das der erregende Luftstrom eintritt (*Pfeifenmund*) naturgemäß stets offen ist, kann das andere Pfeifenende entweder offen (*offene Pfeife*) oder geschlossen (*gedackte Pfeife*) sein.

Die offene Pfeife
Bei der beiderseits offenen Pfeife treten an beiden Enden ↑ Bewegungsbäuche bzw. ↑ Druckknoten auf, da die Luftteilchen dort mit maximaler Amplitude schwingen. Zu einer *stehenden Welle* kommt es in diesem Fall aber nur, wenn der Abstand l zwischen den beiden offenen Enden gleich der halben Wellenlänge ($\lambda/2$) dieser stehenden Welle oder ein ganzzahliges Vielfaches von $\lambda/2$ ist, wenn also gilt:

$$l = n \cdot \frac{\lambda}{2} \quad \text{mit } n = 1, 2, 3, \ldots$$

Zwischen Wellenlänge λ, Frequenz f und Ausbreitungsgeschwindigkeit c einer Welle besteht die Beziehung:

$$f \cdot \lambda = c.$$

Somit ergibt sich für die Frequenz f der betrachteten Eigenschwingung:

$$f = \frac{n\,c}{2 \cdot l} \quad \text{mit } n = 1, 2, 3, \ldots$$

Für $n = 1$ erhält man die sogenannte *Grundfrequenz*, die Frequenz des *Grundtones* der Pfeife. Für sie gilt:

$$f_0 = \frac{c}{2 \cdot l}.$$

Die Grundfrequenz ist also der Pfeifenlänge umgekehrt proportional, d.h. je länger die Pfeife, um so kleiner die Grundfrequenz bzw. um so tiefer der Grundton. Für $n = 2, 3, 4, \ldots$ erhält man die Frequenzen $f_1, f_2, f_3, \ldots$ der *Obertöne*. Diese sind ganzzahlige Vielfache der Grundfrequenz. Es treten also nur harmonische ↑ Obertöne auf.

Die gedackte Pfeife
Die gedackte oder gedeckte Pfeife ist eine einseitig geschlossene Pfeife. An ihrem dem Pfeifenmund zugewandten offenen Ende entsteht ein Schwingungsbauch bzw. Druckknoten, am geschlossenen Ende dagegen ein Schwingungsknoten bzw. Druckbauch,

da dort die Luftteilchen ja nicht schwingen können. Zur Ausbildung einer stehenden Welle zwischen einem offenen und einem geschlossenen Ende kommt es aber nur, wenn gilt:

$$l = (2n+1) \cdot \frac{\lambda}{4} \quad \text{mit } n = 0,1,2,3, \dots \ ,$$

worin l die Länge der schwingenden Luftsäule und λ die Wellenlänge der entstehenden stehenden Welle ist. Wegen $f \cdot \lambda = c$ ergibt sich für die Frequenz f der Eigenschwingungen der eingeschlossenen Luftsäule:

$$f = (2n+1) \cdot \frac{c}{4 \cdot l}$$

mit $n = 0, 1, 2, 3, \dots$
Für $n = 0$ erhält man die Grundfrequenz zu

$$f_0 = \frac{c}{4 \cdot l} \ .$$

Die gedackte Pfeife hat bei gleicher Pfeifenlänge l einen um eine Oktave tieferen Grundton als die offene Pfeife. Für $n = 1, 2, 3 \dots$ ergeben sich die Frequenzen f_1, f_2, $f_3 \dots$ der Obertöne der gedackten Pfeife. Es ergibt sich: $f_1 = 3f_0$, $f_2 = 5f_0$, $f_3 = 7f_0$ usw. Die Frequenzen der Teiltöne verhalten sich also wie $1 : 3 : 5 : 7 : \dots$ Daraus ist ersichtlich, daß im Gegensatz zur offenen Pfeife bei der gedackten Pfeife jeder zweite Teilton fehlt, eine gedackte Pfeife klingt deshalb dumpfer als eine offene.
Pfeifen, die nach allen drei Dimensionen ziemlich gleichmäßig ausgedehnt sind, heißen *kubische Pfeifen*. Das in ihnen eingeschlossene Luftvolumen schwingt praktisch obertonfrei. Eine spezielle kubische Pfeife stellt der sogenannte *Helmholtz-Resonator* dar. Er besteht aus einem kugelförmigen Hohlraum mit einer kleinen kreisförmigen Öffnung. Für seine Eigenfrequenz f gilt die Beziehung

$$f = \frac{c}{2\pi} \sqrt{\frac{2R}{V}}$$

(c Schallgeschwindigkeit, R Radius der kreisförmigen Öffnung, V Volumen der eingeschlossenen Luft).

Pferdestärke (PS), für eine Übergangsfrist bis 31. 12. 1977 noch zugelassene Einheit der ↑ Leistung.
Festlegung: 1 Pferdestärke (PS) ist gleich der Leistung, bei der während der Zeit 1 Sekunde (s) die Energie 75 ↑ Kilopondmeter (kp · m) umgesetzt wird:

$$1 \, \text{PS} = 75 \, \frac{\text{kp} \cdot \text{m}}{\text{s}}$$

Mit dem ↑ Watt (W), der *SI-Einheit* der Leistung hängt die Pferdestärke wie folgt zusammen:

$$1 \, \text{PS} = 736 \, \text{W}$$

bzw.

$$1 \, \text{W} = 0,00136 \, \text{PS} \ .$$

Pfundserie, die von *A. H. Pfund* 1924 entdeckte fünfte Spektralserie im Atomspektrum des Wasserstoffs, die bei Übergängen der Wasserstoffatome von höheren Zuständen zum Energieniveau mit der Hauptquantenzahl $n = 5$ emittiert wird. Für die Wellenzahlen $\tilde{\nu} = 1/\lambda$ (λ Wellenlänge) der Linien der Pfundserie gilt

$$\tilde{\nu} = R_H \left(\frac{1}{5^2} - \frac{1}{m^2} \right)$$

($m = 6, 7, 8, \dots$),
wobei R_H die *Rydbergkonstante* des Wasserstoffs ist. Die Wellenlängen der Pfundserie liegen im fernen Infrarotbereich (↑ Balmerserie).

Phase, in der Schwingungs- und Wellenlehre ganz allgemein die Bezeichnung für eine Größe, durch die der Schwingungszustand einer ↑ Schwingung zu jedem Zeitpunkt bzw. der Schwingungszustand einer ↑ Welle zu jedem Zeitpunkt *und* an jedem Ort bestimmt ist. Bei einer harmonischen Schwingung

$$y = A \sin \omega t$$

(y Elongation, A Amplitude, ω Kreisfrequenz, t Zeit) bezeichnet man als *Phase* oder *Phasenwinkel* das Argument des Sinus, also die Größe ωt. Ist die Elongation einer harmonischen Schwingung zum Zeitpunkt $t = 0$ von Null verschieden, dann lautet die entsprechende Gleichung:

$$y = A \sin(\omega t + \varphi_0).$$

Die darin auftretende Größe φ_0 stellt die Phase der Schwingung zum Zeitpunkt $t = 0$ dar. Sie wird als *Phasenkonstante* oder *Nullphasenwinkel* bezeichnet. Der Unterschied zwischen den Phasen zweier verschiedener Punkte einer Welle oder zwischen den gleichzeitigen Schwingungszuständen zweier verschiedener Schwingungen gleicher Frequenz heißt *Phasendifferenz* oder *Phasenverschiebung*.

Phasensprung, plötzliche Änderung der ↑ Phase einer ↑ Schwingung oder ↑ Welle. Bei einer erzwungenen Schwingung tritt ein Phasensprung der Größe π auf, wenn die Frequenz der Erregerschwingung die Eigenfrequenz des zu Schwingen erregten Systems überschreitet. Ebenfalls ein Phasensprung der Größe π tritt bei der Reflexion einer Welle an einem dichteren Medium (*festes Ende*) auf.

Phasenverschiebung, (Phasendifferenz), Formelzeichen $\Delta\varphi$, in der Elektrizitätslehre die zeitliche Verschiebung des ↑ Wechselstromes gegenüber der ↑ Wechselspannung der gleichen ↑ Frequenz (↑ Zeigerdiagramm). *Wichtigste Fälle:* 1. Am rein *ohmschen* ↑ Widerstand gilt $\Delta\varphi = 0$, das heißt, Strom und Spannung sind *in Phase*. 2. Am *kapazitiven* Widerstand eines ↑ Kondensators gilt $\Delta\varphi = \pi/2$, das

heißt, der Strom eilt der Spannung zeitlich um $\tau/4$ (τ Periodendauer), in der Phase um $\pi/2$ voraus.
3. Am *induktiven* Widerstand einer ↑ Spule gilt $\Delta\varphi = -\pi/2$, das heißt, der Strom hinkt zeitlich um $\tau/4$, in der Phase um $\pi/2$ hinter der Spannung her. Letzteres gilt nur näherungsweise, da es eine Spule ohne ohmschen Widerstand nicht gibt. Ist der ohmsche Widerstand einer Spule gegenüber deren induktivem Widerstand nicht mehr vernachlässigbar klein, so hinkt der Strom um weniger als $\pi/2$ hinter der Spannung her.

Photoeffekt *(lichtelektrischer Effekt, photoelektrischer Effekt)*, das Herauslösen von ↑ Elektronen aus gebundenen Zuständen in Festkörpern durch elektromagnetische Strahlung (Licht-, Röntgen- oder Gammastrahlen) genügend hoher Frequenz. Die dazu benötigte Energie wird den Elektronen dabei durch ↑ Absorption von Energiequanten (Lichtquanten) zugeführt. Die freiwerdenden Elektronen heißen *Photoelektronen*.
Treten die Elektronen aus dem Innern eines Festkörpers durch seine Oberfläche hindurch in die Umgebung aus, so spricht man vom *äußeren Photoeffekt*. Werden im Innern von Halbleitern Elektronen aus dem Valenzband in das Leitungsband gehoben (↑ Elektrizitätsleitung in Halbleitern), wobei sie also im Innern des Festkörpers verbleiben, dann spricht man vom *inneren Photoeffekt*. Beim *atomaren Photoeffekt* werden Elektronen aus freien Atomen herausgelöst.
1) *Äußerer Photoeffekt.*
Bestrahlt man eine isoliert befestigte Metallplatte mit Licht genügend hoher Frequenz (zum Beispiel UV-Licht), so treten Elektronen aus der Metallplatte aus. Diese Photoelektronen können durch ein elektrisches ↑ Feld abgesaugt werden, es fließt dann ein *Photostrom* (↑ Photozelle).
Die Anzahl der Photoelektronen beziehungsweise die Stromstärke des von

313

ihnen gebildeten Photostroms ist bei monochromatischem Licht (Licht fester Frequenz f) der Lichtintensität direkt proportional (*photoelektrisches Proportionalitätsgesetz*). Darauf beruht die Eignung einer Photozelle als *Photometer*. Der Photostrom folgt fast trägheitslos den Änderungen der Intensität der einfallenden Strahlung. Wenn die Energie $h \cdot f$ der auf die Metallplatte auftreffenden Photonen (Lichtquanten) des verwendeten Lichtes allerdings nicht so groß wie die ↑ Austrittarbeit W_A des betreffenden Metalls ist, können keine Photoelektronen durch Absorption der Photonen ausgelöst werden. Ist die Energie der Photonen größer als die Austrittsarbeit W_A, so wird der Rest auf die Photoelektronen in Form kinetischer Energie W_{kin} übertragen.

Es gilt dabei die *photoelektrische Gleichung*, auch *Lenard-Einstein-Gleichung* genannt:

oder

$$W_{kin} = h \cdot f - W_A$$

$$\frac{m_e}{2}v^2 = h \cdot f - W_A$$

(W_{kin} kinetische Energie der Photoelektronen, h Plancksches Wirkungsquantum, m_e Elektronenmasse, v Geschwindigkeit der Photoelektronen). Die Energie der Photoelektronen ist dabei *nicht von der Lichtintensität abhängig*.

Ist die Energie $h \cdot f$ eines Photons gerade so groß wie die Austrittsarbeit W_A, dann kann zwar ein Photoelektron ausgelöst werden, dieses besitzt jedoch keine kinetische Energie. Die betreffende Frequenz heißt *Grenzfrequenz*, Formelzeichen f_{grenz}, da bei kleinerer Frequenz keine photoelektrische Elektronenemission möglich ist. Es gilt

$$h \cdot f_{grenz} = W_A$$

$$f_{grenz} = \frac{W_A}{h}$$

Die zugehörige Wellenlänge heißt *Grenzwellenlänge* und ergibt sich aus

$$\lambda_{grenz} \cdot f_{grenz} = c \text{ zu}$$

$$\lambda_{grenz} = \frac{c}{f_{grenz}} .$$

Oberhalb dieser Grenzwellenlänge λ_{grenz} können keine Photoelektronen ausgelöst werden. Die Grenzwellenlänge liegt bei Alkalimetallen im sichtbaren, bei den meisten anderen Metallen im ultravioletten Spektralbereich. Die Abhängigkeit der kinetischen Energie der Photoelektronen von der Frequenz f des Lichts zeigt Abb. 309.

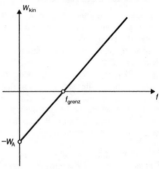

Abb. 309

2) *Innerer Photoeffekt (Halbleiterphotoeffekt)*.
Beim inneren lichtelektrischen Effekt findet ebenfalls eine Loslösung gebundener Elektronen durch Absorption von Lichtquanten statt. Die Elektronen verbleiben aber im Kristall und bewirken als frei bewegliche ↑ Ladungsträger eine Änderung der elektrischen ↑ Leitfähigkeit des Kristalls. Der innere lichtelektrische Effekt ist grundsätzlich bei *allen* Isolator- und Halbleiterkristallen zu beobachten, jedoch ist er nur bei den ↑ Halbleitern gut ausgeprägt und technisch auswertbar.

Die Frequenz der photoelektrisch wirksamen Strahlung hängt vom energetischen Abstand der obersten mit

Elektronen besetzten Zustände (des *Valenzbandes*) vom *Leitungsband* ab. Sie liegt meist (bei reinen Kristallen) im UV-Bereich. Durch natürliche Gitterfehlstellen und Kristallverunreinigungen oder durch den Einbau von Donatoren (↑ Halbleiter) wird das Minimum der spektralen Empfindlichkeit zu kleineren Frequenzen hin verschoben. Von einem Photostrom spricht man allerdings erst dann, wenn sich unter dem Einfluß eines elektrischen Feldes die freigewordenen Elektronen in einer Vorzugsrichtung bewegen.

Die Stärke I des zwischen zwei einen Kristall einschließenden Elektroden fließenden Photostromes ergibt sich aus folgender Gleichung:

$$I = \frac{N \cdot e \cdot s}{d}$$

(N Zahl der pro Zeiteinheit erzeugten Elektronen, d Elektrodenabstand, s Weg des Elektrons in Feldrichtung).

Durch das Abwandern der Elektronen zur Anode hin entsteht eine positive Raumladung der zurückbleibenden Defektelektronen innerhalb des Kristalls. Diese würde einen weiteren Stromfluß unterbinden, wenn man sie nicht durch andere Ladungsträger kompensierte. Das von den Defektelektronen hervorgerufene elektrische Feld zieht zusätzlich Elektronen aus der Kathode, die dann ebenfalls zur Anode gelangen. Dieser *sekundäre Photostrom* führt zu einer Verstärkung des primären Photostroms bis zum 10^4-fachen.

Technisch wird der innere lichtelektrische Effekt bei den *Halbleiter-* oder *Sperrschichtphotoelementen* ausgenutzt. Durch unterschiedliche Elektronenkonzentrationen an einer Grenzschicht im Innern eines Halbleiters kann sich eine Spannung (*photoelektrische Diffusionsspannung*) ausbilden. Die erreichbaren Spannungen sind in Photoelementen aus Ge oder Si etwa 0,6 Volt, bei GaAs 0,9 Volt. Durch teilweise Belichtung eines durchsichtigen Halbleiterkristalls kann eine örtlich verschiedene Elektronenkonzentration entstehen, die ebenfalls zu einer Diffusionsspannung führt (*Kristallphotoeffekt, Dember-Effekt*). Durch Messen der ↑ Leitfähigkeit eines Halbleiters in Abhängigkeit von der Photonenenergie kann die Lage der Energiebänder ermittelt werden.

Die wichtigsten Substanzen, die einen lichtelektrischen Effekt zeigen, sind Se, S, Fe, J, P, Si, Ge sowie die Oxide, Sulfide und Telluride der meisten Metalle.

3. *Atomarer Photoeffekt (Photoionisation)*.

Der atomare Photoeffekt tritt konkurrierend zur Elektronenstoßionisation bei der Ladungsträgererzeugung in Gasentladungsröhren und in ↑ Zählrohren auf. Dazu muß die Photonenenergie größer als die Ablösearbeit (Ionisierungsenergie) des Elektrons aus der betreffenden Atomschale sein. Der ↑ Wirkungsquerschnitt des atomaren Photoeffekts pro Atom ist etwa proportional zu

$$\frac{Z^4}{(h \cdot f)^3}$$

(Z Ordnungszahl des betreffenden Elements).

Photoelektronen, die bei Lichteinwirkung aus einem Festkörper austreten oder im Innern eines ↑ Halbleiters frei beweglich werdenden Elektronen (↑ Photoeffekt).

Photoelektronenvervielfacher, ein ↑ Sekundärelektronenvervielfacher, bei dem die Primärelektronen durch elektromagnetische Strahlung aus einer ↑ Photokathode herausgelöst werden.

Photoionisation, ↑ Ionisation eines freien oder gebundenen Atoms bzw. Moleküls, die durch ein ↑ Photon (Licht-, Röntgen- oder Gammaquant) ausgelöst wird. Die Photoionisation freier Atome in Gasen spielt bei ↑ Gasentladungen eine wichtige Rolle.

Photokathode, ↑ Kathode, aus der bei Bestrahlung mit ↑ Photonen infolge des äußeren ↑ Photoeffekts Elektronen (sog. *Photoelektronen*) ausgelöst werden. Sie hat meist die Form einer sehr dünnen Metallschicht auf der Glaswand im Innern von ↑ Photozellen, ↑ Photoelektronenvervielfachern und Bildwandlern. Die Photokathode ist ein Grundelement der Fernsehaufnahmeröhren, da es mit ihrer Hilfe gelingt, Licht(schwankungen) in elektr. Strom-(schwankungen) umzuwandeln.

Photon *(Lichtquant, Strahlungsquant)*, das ↑ Quant (Teilchen, Korpuskel) der elektromagnetischen Strahlung, in welchem sich die korpuskulare Natur einer elektromagnetischen Welle (↑ Dualismus von Welle und Korpuskel) äußert. Die Photonen in einer monochromatischen elektromagnetischen Welle der Frequenz f haben die Energie $W = h \cdot f$ (h Plancksches Wirkungsquantum) und den Impuls $p = h \cdot f/c$ (c Lichtgeschwindigkeit). Ihre Energie beträgt für rotes Licht 1,65 eV, für UV-Licht 12,4 eV, für Röntgenstrahlen zwischen 10^4 eV und 10^5 eV, für Gammastrahlen einige MeV und für Strahlen aus ↑ Teilchenbeschleunigern bis zu 20 GeV. Die Photonen bewegen sich im Vakuum stets mit Lichtgeschwindigkeit und haben wegen der Äquivalenz von Masse und Energie nach der ↑ Einsteinschen Gleichung die Masse $m_{Photon} = h \cdot f/c^2$, ihre ↑ *Ruhmasse* ist jedoch Null. Ebenso besitzen sie keine elektrische Ladung und kein magnetisches Moment, d.h. sie sind in elektrischen und magnetischen Feldern nicht ablenkbar. Jegliche Wechselwirkung zwischen elektromagnetischer Strahlung und Materie erfolgt in Form von ↑ Emission oder ↑ Absorption von Photonen, wobei ein Photon immer als Ganzes entsteht oder verschwindet und seine Energie von einem mikrophysikalischen System aufgebracht oder einem solchen zugeführt wird. Auch die Lichtstreuung kann als Absorption eines Photons mit unmittelbar nachfolgender Wiederemission angesehen werden, wobei im Falle des ↑ Comptoneffektes das wiederemittierte Photon geringere Energie (d.h. geringere Frequenz im Wellenbild) besitzt. Wegen dieser mit der Emission und Absorption von Photonen verbundenen Wechselwirkungsprozesse bleibt die Teilchenzahl in einem „Photonenstrahl" nicht erhalten.

Je nach ihrer Energie haben Photonen verschiedene Durchdringungsfähigkeit in Materie. Die Intensität I der Photonen nimmt dabei exponentiell mit der Eindringtiefe x nach dem Absorptionsgesetz $I = I_0 \cdot e^{-\mu x}$ ab, wobei I_0 die Anfangsintensität und μ der energie- und materieabhängige Absorptionskoeffizient ist. Im Gegensatz zu geladenen Teilchen haben Photonen somit keine definierte Reichweite. Die Schwächung von energiereichen Photonen erfolgt besonders durch ↑ Paarbildung (bei Energien von einigen MeV), ↑ Comptoneffekt (für Energien um 0,5 MeV), ↑ Photoeffekt (für Energien im keV-Bereich), Atom- und Molekülanregung (für Energien im eV-Bereich). Zum Nachweis von Photonen werden vor allem die durch sie ausgelösten Anregungen und ↑ Ionisationen in atomaren Systemen ausgenutzt.

Die Photonen repräsentieren den korpuskularen Charakter der elektromagnetischen Strahlung, der insbesondere im wellenoptisch nicht deutbaren Photoeffekt und Comptoneffekt hervortritt. Diese anschaulich im Gegensatz zur Wellentheorie der Strahlung stehende Eigenschaft tritt in der Quantentheorie als komplementäre Eigenschaft neben die Wellennatur.

Der Begriff des Energiequants der elektromagnetischen Strahlung wurde von *M. Planck* 1900 eingeführt, als er zur Erklärung des ↑ Strahlungsgesetzes schwarzer Körper die revolutionäre Annahme machte, daß die Emission von Strahlung nicht kontinuierlich in vollkommen beliebigen Energiewerten, sondern nur in ganz bestimmten Portionen, den sog. *Quanten* der Größe $h \cdot f$ erfolge. *Einstein* hat 1905 bei seiner Deutung des Photoeffektes diese Vorstellung auf die Absorption von elektromagnetischer Strahlung angewendet und gefolgert, daß diese Lichtquanten auch in der Zeit zwischen ihrer Emission (Entstehung) und Absorption (Vernichtung) als Korpuskeln definierter Energie und definierten Impulses bestehen (Einsteinsche Lichtquantenhypothese). Später wurde vielfach nachgewiesen, daß alle Wechselwirkungen zwischen Materie und Strahlung durch Absorption und Emission von Photonen, d.h. quantenhaft erfolgen.

Photoneutronen, die beim ↑ Kernphotoeffekt (z.B. bei den (γ, n)-, (γ, pn)-, $(\gamma, 2n)$-Reaktionen, ↑ Kernreaktionen) aus einem Atomkern emittierten ↑ Neutronen. Zur Freisetzung von Photoneutronen muß die Energie des auslösenden Gammaquantes mindestens gleich der ↑ Bindungsenergie des Neutrons sein. Diese beträgt bei den meisten Kernen etwa 6 bis 8 MeV. Sehr niedrige (γ, n)-Schwellen besitzt das Deuteron (2,21 MeV) sowie das Beryllium (1,6 MeV). Die Photoneutronen besitzen für den beschossenen Kern charakteristische Energiespektren. Meist benutzt man zur Auslösung von Photoneutronen die in Teilchenbeschleunigern auftretende Bremsstrahlung.

Photoprotonen, die analog zu den ↑ Photoneutronen bei einem ↑ Kernphotoeffekt aus einem Atomkern emittierten ↑ Protonen. Es entstehen in der Regel (besonders bei schweren Kernen) wegen der positiven elektrischen Ladung der Protonen viel weniger Photoprotonen als Photoneutronen. Die Analyse der charakteristischen Energiespektren der Photoprotonen bei leichten Kernen ergibt Aufschlüsse über die Struktur der Atomkerne.

Photozelle *(lichtelektrische Zelle),* Vorrichtung zur Umwandlung von Licht in elektrischen Strom durch Ausnutzung des äußeren ↑ Photoeffekts.

In einem (evakuierten) Glaskolben (Abb. 310) sind eine ↑ Photokathode und ihr gegenüber eine Anode (Drahtschleife oder -netz) untergebracht und an eine Gleichspannungsquelle angeschlossen. Fällt Licht auf die Photokathode, so werden aus ihr Photoelektronen ausgelöst und von der an einer positiven Spannung (20 bis 200 V) liegenden Anode „abgesaugt". Dadurch entsteht ein der Lichtintensität proportionaler Strom im Außenkreis, den man *Photostrom* nennt. Die Photozelle arbeitet praktisch trägheitslos. Die sog. Photoempfindlichkeit beträgt i.a. 50 μA/lm (↑ Lumen), bei neueren Photozellen sogar bis 1 mA/lm. Um die Empfindlichkeit der Photozellen zu erhöhen, füllt man sie häufig mit einem Edelgas (Druck einige 10^{-2} Torr). Die Photoelektronen erzeugen dann durch ↑ Stoßionisation im Gasraum weitere Elektronen.

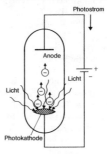

Abb.310

Piezoelektrizität, Auftreten elektrischer ↑ Ladungen an den Oberflächen von Kristallen infolge einer Deformation. Eine Druckeinwirkung z.B. auf

Quarz, Turmalin, Seignettsalze, Zinkblende führt zu einem Auftreten von Ladungen an der Oberfläche, wobei die Größe der Ladungen von der Stärke der einwirkenden Kraft abhängt. Diese Tatsache ermöglicht die Ausnutzung der Piezoelektrizität zur Druckmessung. In der Technik wird vor allem die Umkehrung der oben angeführten Erscheinung, die Änderung der äußeren Abmessungen eines Körpers (Verlängerung bzw. Verkürzung) beim Anlegen eines elektrischen Felds, ausgenutzt. Bei einem Quarzkristall läßt sich z.B. durch Anlegen einer hochfrequenten Wechselspannung bestimmter Frequenz erreichen, daß dieser Eigenschwingungen mit relativ großer Amplitude ausführt. Die hohe Frequenzkonstanz dieser Eigenschwingungen kann zur Steuerung von Hochfrequenzsendern und Quarzuhren verwendet werden. Auch bei der Erzeugung von ↑ Ultraschall findet die Umkehrung der piezoelektrischen Erscheinung Anwendung.

Pincheffekt, Kontraktion eines stromführenden ↑ Plasmas (z.B. des hochionisierten Entladungskanals einer ↑ Gasentladung hoher Stromdichte) zu einem sehr dünnen, sehr heißen und stark komprimierten zylindrischen Plasmaschlauch. Das Eigenmagnetfeld des Stroms übt auf die Ladungsträger eine Kraft aus (↑ magnetische Kräfte, ↑ Lorentzkraft), die diese zur Zylinderachse hin treibt.

Pion (π-Meson, auch Yukawa-Teilchen), physikalisches Symbol π, instabiles, entweder elektrisch positiv (π^+) oder negativ (π^-) geladenes oder neutrales (π^0) ↑ Elementarteilchen aus der Gruppe der ↑ Mesonen. Die elektrisch geladenen Pionen (1947 erstmals in der ↑ Höhenstrahlung entdeckt) sind Träger einer positiven bzw. negativen Elementarladung. Sie besitzen eine Ruhenergie von 139,58 MeV, die neutralen Pionen 134,96 MeV, das

entspricht einer Ruhmasse, die etwa das 273-fache bzw. das 264-fache der Elektronenmasse beträgt. Die geladenen Pionen zerfallen nach einer Lebensdauer von $2,6 \cdot 10^{-8}$ s fast ausschließlich in ein ↑ Myon und ein ↑ Neutrino, während das π^0 mit der sehr viel kürzeren Lebensdauer von $0,89 \cdot 10^{-16}$ s zu 99 % in zwei Gammaquanten und zu etwa 1 % in ein Gammaquant und ein Elektron-Positron-Paar zerfällt. Der Zerfall der geladenen Pionen der Höhenstrahlung erzeugt die durchdringende Komponente aus Myonen, während die Photonen aus dem π^0-Zerfall einen Teil der weichen Komponente bilden. Die Pionen sind die von H. Yukawa 1935 zur Deutung der kurzen Reichweite der ↑ Kernkräfte postulierten Quanten des Kernfeldes (ähnlich den Photonen als Quanten der elektromagnetischen Strahlung).
Pionen entstehen vor allem durch Stöße energiereicher Photonen mit Protonen gemäß

$$\gamma + p \rightarrow p + \pi^0$$

als sog. *Photomesonen* oder durch Stöße hochenergetischer Nukleonen (Mindestenergie etwa 300 MeV) z.B. gemäß

$$p + n \rightarrow p + p + \pi^0 + \pi^-$$

Plancksches Wirkungsquantum, *(Elementarquantum, Plancksche Konstante)*, Formelzeichen h, die von M. Planck im Jahre 1900 bei der Aufstellung des nach ihm benannten Strahlungsgesetzes eingeführte Konstante

$$h = 6,625 \cdot 10^{-34} \text{ J} \cdot \text{s},$$

die die Dimension einer ↑ Wirkung hat. Sie ist gleichzeitig der Proportionalitätsfaktor in der Beziehung $W = h \cdot f$ zwischen der Frequenz f einer elektromagnetischen Welle und der Energie W

der in ihr enthaltenen Energiequanten (↑ Photonen).

Für die häufig auftretende Größe $h/2\pi$ verwendet man das Zeichen $\hbar$, es gilt

$$\hbar = \frac{h}{2\pi} = 1,054 \cdot 10^{-34} J \cdot s.$$

Das Plancksche Wirkungsquantum ist eine für die gesamte Mikrophysik bedeutungsvolle universelle Naturkonstante. Ihr sehr kleiner, aber endlicher Wert hat für die Quantentheorie eine ähnliche Bedeutung wie die endliche Lichtgeschwindigkeit für die Relativitätstheorie. Die Gesetze der klassischen Physik gelten immer dann, wenn der Grenzübergang $h \to 0$ vorgenommen werden kann.

Zur experimentellen Bestimmung des Planckschen Wirkungsquantums:
Für die kinetische Energie der beim ↑ Photoeffekt ausgelösten sog. Photoelektronen gilt

$$W_{kin} = h \cdot f - W_A ,$$

wobei f die Frequenz des die Photoelektronen auslösenden Lichtes und W_A die Austrittsarbeit der verwendeten Photokathode bedeutet. Die kinetische Energie kann entweder mit Hilfe der ↑ Gegenfeldmethode bestimmt werden oder dadurch, daß durch das Anlegen einer Gegenspannung der Austritt der Photoelektronen verhindert wird. Führt man den Versuch für zwei verschiedene Frequenzen f_1 und f_2 durch und sind U_1 und U_2 die zugehörigen Gegenspannungen, so gilt

$$e \cdot U_1 = h \cdot f_1 - W_A$$

und

$$e \cdot U_2 = h \cdot f_2 - W_A ,$$

woraus man

$$h = \frac{e \cdot (U_1 - U_2)}{f_1 - f_2}$$

erhält. Man muß nur noch f_1 und f_2 kennen und die Gegenspannungen U_1 und U_2 ermitteln und kann ohne Kenntnis der Austrittsarbeit das Plancksche Wirkungsquantum errechnen.

Planet, nicht selbst leuchtender Himmelskörper, der sich in ellipsenförmiger Bahn um die Sonne bewegt und durch das von ihm reflektierte Sonnenlicht sichtbar wird. Im Sonnensystem sind neun große Planeten bekannt, und zwar (von innen nach außen): Merkur, Venus, Erde, Mars, Jupiter, Saturn, Uranus, Neptun, Pluto. Die letzten drei Planeten sind mit bloßem Auge nicht sichtbar und sind erst nach Entdeckung des Fernrohrs, z.T. aufgrund vorangegangener theoretischer Berechnungen entdeckt worden. Zwischen den Bahnen von Mars und Jupiter befindet sich eine große Zahl von Kleinplaneten (*Planetoiden, Asteroiden*). Die Bewegungen der Planeten auf ihren Bahnen um die Sonne werden durch die ↑ Keplerschen Gesetze beschrieben.
Um die meisten Planeten laufen wiederum auf ellipsenförmigen Bahnen deren *Monde*, insbesondere also auch der (Erd-)Mond um die Erde.
Wegen ihrer geringen Helligkeit sind noch keine Planeten anderer Sterne entdeckt worden; es gilt jedoch als sicher, daß ein großer Teil der Sterne ein *Planetensystem* ähnlich dem der Sonne besitzt.

planparallele Platte, von zwei parallelen Ebenen begrenzter durchsichtiger Körper (zumeist aus Glas). Ein senkrecht einfallender Lichtstrahl geht ungebrochen durch die planparallele Platte hindurch. Ein schräg auftreffender Lichtstrahl dagegen wird beim Durchgang zweimal gebrochen, einmal beim Eintritt und einmal beim Austritt aus der planparallelen Platte (Abb. 311). Die dabei auftretenden Richtungsänderungen sind entgegengesetzt gleich, sie heben sich gegenseitig auf. Daraus folgt: Ein Lichtstrahl erfährt beim Durchgang durch eine planparallele Platte keine Richtungsänderung, sondern lediglich eine *Parallelverschiebung*. Diese ist um so größer, je dicker die Platte und je größer der ↑ Einfallswinkel ist (↑ Brechung).

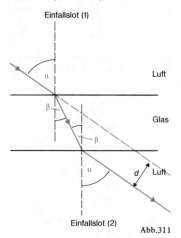

Einfallslot (1)

Luft

Glas

d Luft

Einfallslot (2)

Abb.311

Plasma, elektrisch leitendes, im allgemeinen sehr heißes Gemisch aus frei beweglichen positiven und negativen ↑ Ladungsträgern, sowie elektrisch neutralen Atomen und Molekülen, die sich, ähnlich wie die Atome und Moleküle eines Gases, in ständiger ungeordneter Wärmebewegung befinden. Sind keine oder nur vernachlässigbar wenige Neutralteilchen im Plasma enthalten, so wird es als *vollionisiertes (ideales) Plasma* bezeichnet. Außerdem enthält ein Plasma in jedem Augenblick sehr viele ↑ Photonen. Zwischen all diesen Plasmateilchen erfolgen fortwährend mikrophysikalische Prozesse (z.B. Anregung, Ionisation, Strahlungsemission bei energetischen Übergängen, Dissoziation, Rekombination). Das Plasma erscheint nach außen als elektrisch neutral, sofern gleich viele positive und negative Ladungsträger vorhanden sind. Man bezeichnet es in diesem Fall als *quasineutrales Plasma.*

Wegen der freien Beweglichkeit seiner Ladungsträger besitzt ein Plasma eine

im allgemeinen relativ große elektrische Leitfähigkeit, die mit zunehmender Temperatur infolge der Zunahme der Zahl der Ladungsträger und ihrer Beweglichkeit rasch anwächst. In einem Plasma sind daher die Eigenschaften eines Gases mit denen elektrisch leitfähiger Materie kombiniert. Bei hohen Temperaturen kommen nur Elektronen als negative Ladungsträger eines Plasmas in Betracht, während die positiven Ladungsträger ein- oder mehrfach positiv geladene ↑ Ionen oder nackte Atomkerne sind. Die in der ungeordneten Bewegung einer Teilchenart enthaltene kinetische Energie ist ein Maß für die Temperatur dieser Teilchen. Sind die Temperaturen der verschiedenen Teilchen gleich (dies ist der Fall, wenn keine äußeren Kräfte auf die Teilchen wirken und das Plasma sich im thermischen Gleichgewicht befindet), so spricht man von einem *isothermen Plasma,* andernfalls liegt ein *nichtisothermes Plasma* vor (z.B. in ↑ Gasentladungen). Die den Temperaturen der verschiedenen Teilchenarten zugeordneten Energien sind unter Umständen groß, verglichen mit der Energie, die erforderlich ist, um einen festen oder flüssigen Körper in seine atomaren Bestandteile aufzulösen (↑ Schmelzen, ↑ Verdampfen), und im Vergleich zu der Arbeit, die man zur Ablösung eines Elektrons aus der Atomhülle (↑ Ionisierungsenergie) benötigt. Durch Zufuhr hinreichend vieler Energie kann man jede Materie in ihre atomaren Bestandteile überführen. Man bezeichnet daher den Plasmazustand als sog. *vierten Aggregatzustand* der Materie. Materie im Plasmazustand sind z.B. ionisierte Flammengase, das Gas in mehr oder weniger großen Gebieten des Entladungsraumes einer ↑ Gasentladung (etwa die positive Säule bei ↑ Glimm- und ↑ Bogenentladungen), die bei Kernfusionsexperimenten erzeugten Plasmen, die Erdatmosphäre in größeren Höhen sowie Sternatmosphären. Das Teilgebiet der Physik, in welchem das Verhalten und die Eigenschaften der Materie im Plasmazustand untersucht wird, heißt *Plasmaphysik*.

plastisch heißt die Verformung eines Körpers durch äußere Kräfte, wenn er dadurch eine *dauernde* Änderung seiner Form erfährt. Bei der plastischen Verformung nimmt also der Körper nicht wieder seine ursprüngliche Form an, wenn die verformenden äußeren Kräfte zu wirken aufhören (↑ elastisch).

Plattenkondensator, ein ↑ Kondensator, der durch isoliertes Gegenüberstellen zweier Metallplatten entsteht.

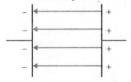

Abb.312

Beim Aufladen ergibt sich in seinem Innern ein annähernd ↑ homogenes elektrisches Feld. Abb. 312 zeigt den Feldlinienverlauf im Innern des Kondensators. Der Betrag der Feldstärke E steht mit der am Kondensator anliegenden Spannung U und dem Plattenabstand d in folgendem Zusammenhang:

$$E = U/d$$

Die ↑ Kapazität C_0 des leeren Kondensators ist

$$C_0 = \frac{Q}{U}$$

(Q Ladung der positiven Platte, U Spannung zwischen den beiden Platten).
Weiter gilt:

$$\frac{C_0}{A} d = \text{konst.} = \epsilon_0 .$$

bzw. $\quad C_0 = \epsilon_0 \cdot \dfrac{A}{d}$

(A Fläche, d Abstand der Platten, ϵ_0 *Influenzkonstante, elektrische Feldkonstante, absolute Dielektrizitätskonstante*). Die Einheit von ϵ_0 beträgt 1 Farad/Meter = 1 F/m. Als exakter Wert für ϵ_0 ergibt sich:

$$\epsilon_0 = 8{,}854 \cdot 10^{-12}\ \frac{\text{F}}{\text{m}} .$$

Es gilt also:

$$Q = \epsilon_0 \cdot \frac{A}{d} \cdot U$$

Füllt man den Raum zwischen den Platten mit einem Dielektrikum mit der ↑ Dielektrizitätskonstante ϵ, so ändert sich die Kapazität des Plattenkondensators folgendermaßen:

$$C_{\text{diel.}} = \epsilon C_0$$

($C_{\text{diel.}}$ Kapazität des mit Dielektrikum gefüllten Plattenkondensators, C_0 Kapazität des leeren Plattenkondensators).
Es wird also

$$C_{\text{diel.}} = \epsilon \epsilon_0\ \frac{A}{d}$$

bzw.

$$Q = \epsilon \epsilon_0 \cdot \frac{A}{d} \cdot U$$

Vorgänge beim Einbringen eines Dielektrikums in einen Plattenkondensator:
Bringt man ein Dielektrikum zwischen die geladenen Kondensatorplatten, so

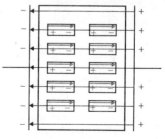

Abb.313

321

treten Polarisationserscheinungen auf (↑ Polarisation). Die Moleküle des Isolators bilden ↑ Dipole, die sich längs der elektrischen Feldlinien einstellen. Innerhalb der Dipole entstehen elektrische Felder, die dem Feld des Plattenkondensators entgegenwirken und es ausgleichen (Abb. 313). Die elektrischen Feldlinien werden verkürzt. Dies ist gleichzusetzen mit einer Verkleinerung von d. Die Folge davon ist eine Vergrößerung der Kapazität.

Poissonsches Gesetz, ein Gesetz, durch das der Zusammenhang zwischen Druck p und Volumen V bei der adiabatischen Zustandsänderung eines ↑ idealen Gases beschrieben wird, bei einer Zustandsänderung also, die ohne Wärmeaustausch mit der Umgebung vor sich geht. Es lautet:

$$p \cdot V^{\kappa} = \text{const.}$$

Dabei ist κ der Quotient aus der spezifischen Wärme des betrachteten Gases bei konstantem Druck (c_p) und konstantem Volumen (c_v):

$$\kappa = \frac{c_p}{c_v} \,.$$

Betrachtet man einen durch den Druck p_1 und das Volumen V_1 charakterisierten Zustand 1 und einen durch den Druck p_2 und das Volumen V_2 charakterisierten Zustand 2 eines idealen Gases, dann ergibt sich aus dem Poissonschen Gesetz die Beziehung:

$$p_1 \cdot V_1^{\kappa} = p_2 \cdot V_2^{\kappa} \,.$$

Trägt man die zusammengehörigen Werte von p und V in ein rechtwinkliges Koordinatensystem ein, so erhält man hyperbelförmige Kurven, die als *Adiabaten* bezeichnet werden.

Polarisation, Vorgänge im Innern eines in ein elektrisches Feld gebrachten Isolators. Man unterscheidet die folgenden Arten von Polarisation:

1) *Verschiebungspolarisation*, Ladungsverschiebung in einem ↑ Molekül eines Isolators aufgrund von elektrischen Kräften. Beim Einbringen des Isolators in ein elektrisches Feld wirken nach dem ↑ Coloumbschen Gesetz Kräfte auf Ladungen im Innern der Moleküle, wodurch es im Innern dieser Teilchen zu Ladungsverschiebungen kommt: Die Moleküle werden zu elektrischen Dipolen, deren Feld sich entgegen der Richtung des äußeren elektrischen Feldes einstellt (Abb. 314).

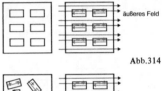

äußeres Feld

Abb. 314

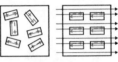

Abb. 315

2) *Orientierungspolarisation*, Ausrichten von vorhandenen elektrischen Dipolen in einem äußeren elektrischen Feld. Die Moleküle mancher Isolatoren bilden bereits ohne äußeres elektrisches Feld Dipole, die allerdings keine Vorzugsrichtung haben. Die elektrischen Felder, die von den einzelnen Dipolen herrühren, gleichen sich im Mittel aus, so daß der Isolator nach außen hin elektrisch neutral ist. Nach dem Anlegen eines äußeren elektrischen Feldes klappen die Dipole in Richtung dieses Feldes. Dieser Vorgang wird durch die Wärmebewegung der Dipole gestört. Die Orientierungspolarisation ist daher temperaturabhängig (Abb. 315).

Quantitative Beschreibung: Durch die Polarisationsvorgänge entsteht im Innern des Isolators ein ausgerichtetes Dipolfeld. Jedem elektrischen Dipol kann ein bestimmtes Dipolmoment zugeordnet werden. Addiert man vektoriell die Momente aller Dipole, die sich im Volumen ΔV befinden, so bekommt man für ΔV ein bestimmtes Dipolmoment $\Delta \vec{P}$. Als *Polarisation* $\vec{P}$ bezeichnet man den Vektor, den man durch den Grenzübergang

$$\vec{P} = \lim_{\Delta V \to 0} \frac{\Delta \vec{P}}{\Delta V} \qquad \text{erhält.}$$

$\vec{P}$ hat die SI-Einheit 1 Coulomb durch Meter (C/m). Die Polarisation $\vec{P}$ hängt von der ↑ Feldstärke $\vec{E}$ des äußeren elektrischen Feldes ab:

$$\vec{P} = (\epsilon - 1)\,\epsilon_0 \vec{E}$$

(ϵ Dielektrizitätskonstante, ϵ_0 Influenzkonstante).
Die Größe $(\epsilon - 1)\epsilon_0$ bezeichnet man auch als *dielektrische Suszeptibilität* χ. Ihre SI-Einheit beträgt 1 Farad durch Meter (F/m). Für die ↑ Verschiebungsdichte $\vec{D}$ und die Feldstärke $\vec{E}$ gilt:

$$\vec{D} = \epsilon\,\epsilon_0 \vec{E} \ ,$$

so daß

$$\vec{P} = \vec{D} - \epsilon_0 \vec{E}$$

bzw.

$$\boxed{\vec{D} = \vec{P} + \epsilon_0 \vec{E}.}$$

Polarisationsspannung, Spannung, die beim Einbringen zweier gleicher Elektroden in einen Elektrolyten entsteht. Leitet man durch einen Elektrolyten mit zwei gleichen Elektroden Gleichstrom, so findet ↑ Elektrolyse statt. Dadurch werden die Elektroden ungleich (*polarisiert*): Es entsteht eine sog. Polarisationsspannung zwischen beiden, die der von außen angelegten Gleichspannung entgegenwirkt. Dadurch sinkt der Strom von seinem Anfangswert auf einen kleineren Wert, der proportional der Differenz zwischen der äußeren Spannung und der Polarisationsspannung ist. Schaltet man den äußeren Strom ab und verbindet die Elektroden mit einem Meßgerät, so fließt durch den Elektrolyten ein Strom, der die Polarisation der Elektroden wieder aufhebt. Die Polari-

sationsspannung verschwindet deshalb nach kurzer Zeit wieder.
Eine Polarisationsspannung tritt immer auf, wenn Gleichströme durch Elektrolyte fließen. Sie verursacht somit auch die Spannungsänderung galvanischer Elemente, wenn diese durch Stromentnahme belastet werden.

polarisiertes Licht, durch eine bevorzugte Richtung des Lichtvektors ausgezeichnetes Licht. (Als Lichtvektor bezeichnet man dabei den elektrischen Feldvektor der sichtbaren elektromagnetischen Wellen.) Schwingt der Lichtvektor ständig in einer Ebene, dann spricht man von *linear polarisiertem* Licht. Die Ebene, in der der Lichtvektor schwingt, wird als *Schwingungsebene*, die dazu senkrechte Ebene als *Polarisationsebene* bezeichnet. Beschreibt die Spitze des Lichtvektors auf einer zur Ausbreitungsrichtung senkrechten Ebene einen Kreis, dann spricht man von *zirkular polarisiertem Licht*, beschreibt sie darauf eine Ellipse, dann spricht man von *elliptisch polarisiertem* Licht.
Geräte zur Herstellung polarisierten Lichtes werden als *Polarisatoren*, Geräte zum Nachweis polarisierten Lichtes werden als *Analysatoren* bezeichnet. Als Polarisator wie auch als Analysator bei linear polarisiertem Licht läßt sich das ↑ Nicolsche Prisma verwenden, dessen Wirkungsweise auf der ↑ Doppelbrechung beruht. Die Polarisationsebene wird beim Durchgang des Lichts durch ↑ optisch aktive Substanzen und beim ↑ Faraday-Effekt gedreht (↑ polarisierte Welle).

polarisierte Welle, eine ↑ Welle, bei der die Schwingungsrichtung (d.h. die Richtung des Schwingungsvektors) bestimmte Gesetzmäßigkeiten befolgt. Als *linear polarisiert* bezeichnet man eine Welle, bei der die Schwingungsrichtung stets gleich bleibt. Bei linear polarisierten ↑ *Transversalwellen* erfolgt die Schwingung stets in derselben Ebene.

Bei einer *zirkular polarisierten* Welle ändert sich die Schwingungsrichtung in der Art, daß der Schwingungsvektor ständig senkrecht zur Ausbreitungsrichtung mit gleichförmiger Geschwindigkeit rotiert, wobei seine Spitze auf einer zur Ausbreitungsrichtung senkrechten, feststehenden Ebene einen Kreis beschreibt. Ändert sich während jedes Umlaufs der Betrag des Schwingungsvektors in der Art, daß seine Spitze eine Ellipse durchläuft, so bezeichnet man eine solche Welle als *elliptisch polarisiert.*

Pond (p), für eine Übergangsfrist bei 31. 12. 1977 noch zugelassene Einheit der ↑ Kraft.

Festlegung: 1 Pond (p) ist gleich der Kraft, die einer Masse von 1 Gramm (g) die Beschleunigung 9,80665 m/s^2 erteilt:

$$1 \, p = 9{,}80665 \, \frac{g \cdot m}{s^2} \cdot$$

Mit dem ↑ Newton (N), der *SI-Einheit* der Kraft hängt das Pond (p) wie folgt zusammen:

$$1 \, p = 0{,}00980665 \, N$$

bzw.

$$1 \, N = 101{,}972 \, p$$

Positron *(positives Elektron),* Symbol e^+, β^+ oder $\oplus$, ein leichtes, positiv geladenes ↑ Elementarteilchen aus der Gruppe der Leptonen. Das Positron ist das ↑ Antiteilchen des ↑ Elektrons, es hat also die gleiche ↑ Ruhmasse ($m = 0{,}910904 \cdot 10^{-27}$ kg) und den gleichen ↑ Spin (1/2 $\hbar$) wie das Elektron, ist aber Träger einer positiven Elementarladung. Es wurde 1932 von *C. D. Anderson* auf Nebelkammeraufnahmen der ↑ Höhenstrahlung entdeckt. Positronen entstehen bei der ↑ Paarbildung, bei der von einem Gammaquant (z.B. aus der Höhenstrahlung) mit einer Energie oberhalb $2mc^2 = 1{,}02$ MeV im Feld eines Atomkerns ein Elektron-Positron-Paar erzeugt wird, und beim ↑ Positronenzerfall radioaktiver Kerne (*Positronenstrah-*

ler). In Gegenwart von Materie ist ein Positron nur sehr kurze Zeit existenzfähig, da es bei Wechselwirkung mit einem Elektron, seinem Antiteilchen, unter Bildung von meist zwei Photonen zerstrahlt (↑ Paarvernichtung). Deswegen treten in der Natur normalerweise keine Positronen auf. Kurz vor der Zerstrahlung kann ein kurzlebiges *Positronium* (das ist der gebundene Zustand eines Positrons und eines Elektrons) gebildet werden.

Positronenzerfall, Bezeichnung für den positiven ↑ Betazerfall radioaktiver Atomkerne, bei dem sich ein Proton des Ausgangskerns in ein Neutron verwandelt und ein Positron sowie Neutrino emittiert werden. Der Endkern hat daher die gleiche ↑ Massenzahl aber eine um eine Einheit niedrigere ↑ Ordnungszahl als der Ausgangskern. Der Positronenzerfall wird nur bei künstlichen Radionukliden beobachtet (*Positronenstrahler*), nicht aber bei natürlich radioaktiven Stoffen. Er tritt auf, wenn das Reaktionsprodukt eines Kernprozesses oder einer Kernspaltung gegenüber dem stabilen ↑ Isobar zu viele Protonen enthält. Die emittierten Positronen besitzen ein kontinuierliches Betaspektrum mit einer Endenergie in der Größenordnung von 1 MeV.

potentielle Energie, Formelzeichen W_{pot}, mechanische Energie, die ein Körper aufgrund seiner Lage oder aufgrund seiner elastischen Verformung besitzt (↑ Energie).

Potentiometer *(Spannungsteiler),* Anordnung mit Ohmschem Widerstand, durch den man einer Gleichspannungsquelle der Spannung U jede kleinere Spannung entnehmen kann. Am geeignetsten ist dazu ein Schiebewiderstand, den man an die Spannungsquelle anschließt. Durch Verschieben des Schleifkontakts kann zwischen diesem und einem Ende des Widerstands jede Spannung zwischen 0 und U abgegriffen werden (Abb. 316).

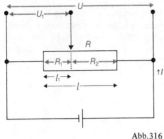

Abb. 316

Nach dem 2. Kirchhoffschen Gesetz gilt:

$$U = IR = I(R_1 + R_2).$$

An R_1 fällt dann die Spannung $U_1 = U \cdot (R_1/R)$ ab. Verwendet man statt des Schiebewiderstands einen homogenen Draht (ρ = const.) mit konstantem Querschnitt (q = const.), so gilt nach dem Widerstandsgesetz $R_1/R = l_1/l$ und damit

$$U_1 = U \cdot \frac{l_1}{l}$$

(l Länge des Drahtes, l_1 Länge des abgegriffenen Drahtes mit dem Widerstand R_1).

Primärionisation, die Gesamtheit der von einem Teilchen beim Durchgang durch Materie unmittelbar erzeugten ↑ Ladungsträger. Im Gegensatz dazu spricht man von ↑ *Sekundärionisation*, wenn die bei der Primärionisation entstandenen Ladungsträger ihrerseits neue Ladungsträgerpaare erzeugen. Die Primärionisation ist von der spezifischen Ladung und der Geschwindigkeit des betrachteten Teilchens sowie vom Absorber abhängig, dagegen nicht (im Gegensatz zur Sekundärionisation) von etwa vorhandenen elektrischen und magnetischen ↑ Feldern. Die Primärionisation wird zum Nachweis atomarer Teilchen in ↑ Zählrohren und ↑ Ionisationskammern ausgenutzt.

Prisma, ein durchsichtiger Körper, der mindestens von zwei nicht parallelen ebenen Flächen, den sogenannten *brechenden Flächen* begrenzt wird. Den Winkel bzw. die Kante, die die brechenden Flächen miteinander bilden, bezeichnet man als *brechenden Winkel* bzw. *brechende Kante.* Ein Schnitt senkrecht zur brechenden Kante des Prismas heißt *Hauptschnitt.* Die einfachste Form eines Prismas ist das dreiseitige Prisma (Abb. 317). Sein Hauptschnitt ist ein Dreieck. Beim Durchgang durch ein solches ↑ Prisma wird ein Lichtstrahl zweimal von der brechenden Kante weggebrochen. Der Winkel δ, den die Verlängerungen von eintretendem und austretendem Strahl miteinander bilden, heißt *Ablenkungswinkel.* Er hat seinen kleinsten Wert, wenn der Lichtstrahl symmetrisch durch das Prisma hindurchgeht, wenn also $\alpha_1 = \alpha_2$. Der Ablenkungswinkel δ ist u.a. abhängig von der Wellenlänge des durch das Prisma hindurchgehenden Lichtes (↑ Dispersion). Er ist i.a. für langwelliges (rotes) Licht kleiner als für kurzwelliges (violettes) Licht. Weißes Licht wird deshalb beim Durchgang durch ein Prisma in seine farbigen Bestandteile zerlegt. Es ergibt sich ein ↑ Spektrum. Besondere Anwendung finden Prismen als ↑ Umkehrprisma, ↑ Umlenkprisma, ↑ Reversionsprisma.

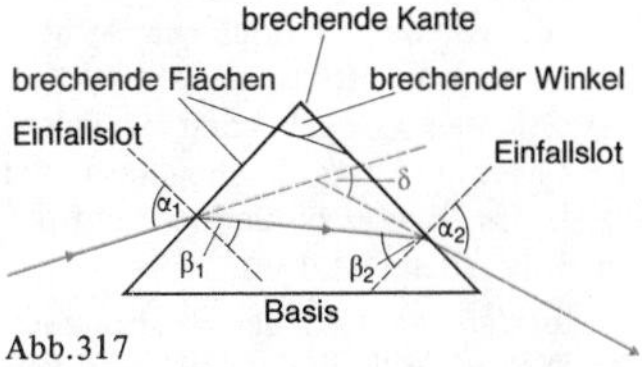

brechende Kante

brechende Flächen   brechender Winkel

Einfallslot   Einfallslot

α_1 δ α_2

β_1 β_2

Basis

Abb. 317

Prismenspektrum, das durch ein Prisma entworfene ↑ Spektrum als Gegensatz zu dem von einem optischen Gitter entworfenen ↑ *Gitterspektrum.*

Projektionsapparat *(Projektor, Bildwerfer),* optisches Gerät, mit dessen Hilfe von einem ebenen Gegenstand, der sogenannten Bildvorlage, ein vergrößertes, reelles Bild erzeugt wird, das auf einem Bildschirm (*Projektions-*

wand) aufgefangen werden kann. Projektoren für durchsichtige Bildvorlagen (Diapositive etc.) heißen *Diaprojektoren (Diaskope)*, Projektoren für undurchsichtige Vorlagen heißen *Episkope.*

Der *Diaprojektor* (Abb. 318) besteht im wesentlichen aus dem ↑ *Hohlspiegel*, der *Lichtquelle*, dem *Kondensor*, der *Bildbühne* mit dem Diapositiv und dem *Objektiv.* Der *Hohlspiegel* hat die Aufgabe, die von der Lichtquelle nach hinten ausgesandten Strahlen so zu reflektieren, daß auch sie zur Beleuchtung des Diapositivs herangezogen werden können. Zweckmäßigerweise stellt man dabei die Lichtquelle in den Krümmungsmittelpunkt des Hohlspiegels, weil dann die auftreffenden Strahlen in sich selbst reflektiert werden.

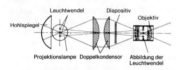

Abb. 318

Zwischen Lichtquelle und Bildbühne befindet sich eine Sammellinse, der sogenannte *Kondensor*, mit dessen Hilfe die von der Lichtquelle ausgehenden bzw. vom Hohlspiegel reflektierten Strahlen so gebündelt (kondensiert) werden, daß sie möglichst alle durch das Diapositiv hindurch auf das Objektiv fallen (↑ Linse).

Die *Bildbühne*, und damit also auch das Diapositiv, befindet sich zwischen der einfachen und doppelten Brennweite des *Objektivs.* Dieses erzeugt somit ein reelles, umgekehrtes, seitenvertauschtes, vergrößertes Bild außerhalb der doppelten Brennweite. Damit das erzeugte Bild für den Betrachter aufrechtstehend und seitenrichtig erscheint, muß das Diapositiv in umgekehrter und seitenvertauschter Lage auf die Bildbühne gebracht werden.

Das Objektiv läßt sich zum Zwecke der *Scharfeinstellung* längs seiner ↑ optischen Achse verschieben, wodurch sowohl Bildweite als auch Gegenstandsweite verändert werden.

Beim *Episkop* (Abb. 319) wird die undurchsichtige Bildvorlage in einer mit

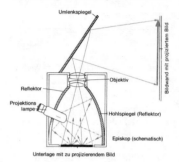

Abb. 319

hohlspiegelartigen Wänden versehenen Kammer von einer lichtstarken Lampe beleuchtet. Die Bildvorlage befindet sich dabei zwischen der einfachen und doppelten Brennweite des darüberstehenden *Objektivs*, so daß von ihr ein reelles, vergrößertes, umgekehrtes seitenvertauschtes Bild außerhalb der doppelten Brennweite entsteht. Mit einem Winkelspiegel werden die nach oben austretenden Strahlen zur Projektionswand umgelenkt. Zur *Scharfeinstellung* kann das Objektiv längs seiner optischen Achse verschoben werden. Die Lichtausbeute ist beim Episkop wegen der zahlreichen unkontrollierbaren Reflexionen wesentlich geringer als beim Diaprojektor.

Das *Epidiaskop* ist eine Kombination eines Diaprojektors mit einem Episkop. Sein Bau und seine Wirkungsweise ergeben sich aus Abb. 320.

In kleinen Räumen, in denen man schon in geringer Entfernung vom Projektor ein hinreichend großes Bild erhalten will, verwendet man Projektionsobjektive mit kurzer Brennweite. Ist die Entfernung zwischen Projektor und Bildwand dagegen sehr groß, so muß man ein Projektionsobjektiv mit langer Brennweite benutzen, weil man anderenfalls ein zu großes und damit auch zu lichtschwaches Bild erhalten würde.

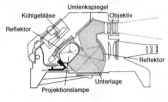

Abb.320

Proportionalbereich eines ↑ *Zählrohres*, geringer Spannungsbereich nach der Einsatzspannung, innerhalb dessen die Zählrate (Anzahl der Ausgangsimpulse innerhalb einer bestimmten Zeit) proportional zur Zählrohrspannung ist. In diesem Bereich können Energiespektren gemessen und verschiedenartige Teilchen (z.B. Alphateilchen und Elektronen) voneinander getrennt werden.

Proportionalitätsgrenze, diejenige Grenze, bis zu der ein Proportionalitätsgesetz gilt. Insbesondere bei der Dehnung eines Körpers (z.B. einer Schraubenfeder) die Grenze, bis zu der das ↑ Hookesche Gesetz gilt, bis zu der also die dehnende Kraft (bzw. die betragsgleiche rücktreibende Kraft) der Verlängerung des Körpers proportional ist.

Proton, physikalisches Zeichen p oder $^1_1$H, schweres, elektrisch positiv geladenes stabiles ↑ Elementarteilchen, das mit dem Kern des leichten Wasserstoffatoms identisch ist. Das Proton ist zusammen mit dem ↑ Neutron Baustein aller zusammengesetzten Atomkerne (↑ Kern). Die ↑ *Ruhmasse* des Protons beträgt m_p = 1,007277 u = 1,6724 · 10^{-24}g, was einer ↑ *Ruhenergie* von 938,256 MeV entspricht. Die Ruhenergie des Protons ist somit um 1,293 MeV kleiner als die des

↑ Neutrons. Verglichen mit der Ruhmasse des ↑ Elektrons ist die des Protons fast 2000mal größer.

Das Proton trägt die *Ladung*

$$e = 1,60210 · 10^{-19} \text{ Coulomb},$$

seine *spezifische Ladung* ist daher

$$e/m_p = 95\,794,5 \text{ C/g}.$$

Seine ↑ *Comptonwellenlänge* beträgt

$$\lambda_p = h/(m_p c) = 1,32139 · 10^{-13} \text{ cm}$$

und sein ↑ Spin hat den Betrag

$$\frac{1}{2}\,\hbar = \frac{1}{2} · \frac{h}{2\pi}$$

Im Gegensatz zu freien Neutronen sind freie Protonen leicht durch ↑ Ionisierung von Wasserstoffatomen zu erhalten. Die dazu benötigte Ionisierungsenergie beträgt 13,53 eV. Freie Protonen entstehen ferner bei einer Reihe von Kernprozessen, z.B. bei der (γ, p)- und (d, p)-*Reaktion*, bei Kernspaltungen und Kernzertrümmerungen sowie beim freien ↑ Betazerfall des Neutrons. Aus Protonen besteht auch der größte Teil der aus dem Kosmos einfallenden Primärkomponente der ↑ *Höhenstrahlung.*

Als schweres und (weil geladen) leicht in ↑ Teilchenbeschleunigern zu beschleunigendes Elementarteilchen wird das Proton häufig als hochenergetisches Geschoßteilchen in der Kern- und Hochenergiephysik verwendet.

Protonenstrahlen, aus Protonen bestehende Korpuskularstrahlen. Sie werden meist durch Ionisation von Wasserstoffatomen gewonnen, z.B. als ↑ Kanalstrahlen bei einer Gasentladung in reinem Wasserstoff. Die Beschleunigung in einem Teilchenbeschleuniger liefert Protonen sehr hoher Energie, die zur Untersuchung von Kernstrukturen und Kernprozessen verwendet werden (↑ Kern).

Die Abbremsung der Protonen in Materie erfolgt hauptsächlich durch Ionisation. Wie alle Strahlen aus geladenen Teilchen besitzen Protonen in

Materie eine definierte, energieabhängige Reichweite. Diese beträgt in Luft unter Normalbedingungen für Protonen bei 0,1 MeV etwa 0,15 cm, bei 10 MeV rund 115 cm. Die *relative biologische Wirksamkeit (RBW)* der Protonen ist wegen der großen spezifischen Ionisation gleich 10. Zur Abschirmung von Protonen werden Stoffe hoher Ordnungszahl oder großer Dichte, wie Blei oder Eisen, verwendet. Zum Nachweis dienen ↑ Zählrohre, ↑ Blasen-, ↑ Nebel-, ↑ Funkenkammern und ↑ Kernspurplatten; zur genauen Energiemessung werden Szintillationsspektrometer und Halbleiterdetektoren verwendet.

Protonenzahl, die Anzahl der ↑ Protonen, die ein Atomkern enthält. Da im Kern außer den Protonen nur noch elektrisch neutrale Elementarteilchen (↑ Neutronen) enthalten sind, ist die Protonenzahl gleich der ↑ *Kernladungszahl Z* und damit auch identisch mit der ↑ *Ordnungszahl* des betreffenden Elements. Bei neutralen Atomen wird die Kernladung durch die ↑ Elektronen der Atomhülle kompensiert. Daher gibt bei neutralen Atomen die Protonenzahl auch gleichzeitig die Anzahl der Elektronen der Atomhülle an.

Pumpe, Gerät zur Förderung von Flüssigkeiten. Im wesentlichen unterscheidet man dabei zwischen *Kolbenpumpen* und *Kreiselpumpen*.

Kolbenpumpen sind Pumpen, bei denen die Flüssigkeit durch den Hin- und Hergang eines Kolbens gefördert wird. Die Flüssigkeitsförderung erfolgt dabei stoßweise, es ergibt sich kein kontinuierlicher Flüssigkeitsstrom. Bei der *Saugpumpe* (Abb. 321) entsteht durch die Aufwärtsbewegung des Kolbens in dem sich erweiternden Hohlraum ein Unterdruck. Der äußere Luftdruck preßt das Wasser nach oben in diesen Hohlraum hinein, wobei sich das Saugventil öffnet. Bewegt man nun den Kolben abwärts, dann schließt sich das Saugventil, während sich das auf dem Kolben befindliche Druckventil öffnet. Die geförderte Flüssigkeit kann durch die Austrittsöffnung ausfließen. Da der äußere Luftdruck nur einer Wassersäule von etwa 10 m das Gleichgewicht halten kann, ist die Förderhöhe theoretisch auf einen Maximalwert von 10 m beschränkt. Die in der Praxis erreichten Höchstwerte liegen allerdings nur bei etwa 8 m, bedingt durch die stets auftretenden Undichtigkeiten der Pumpe.

Eine praktisch unbeschränkte Förderhöhe läßt sich mit der *Druckpumpe* (Abb. 322) erreichen. Auch hier wird zunächst, wie bei der Saugpumpe, beim Aufwärtsgang des Kolbens die zu fördernde Flüssigkeit angesaugt bzw. vom äußeren Luftdruck in den Hohlraum gepreßt. Bei der Abwärtsbewegung des Kolbens schließt sich das Saugventil, während sich das in der

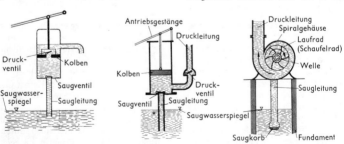

Abb. 321　　　　　　　　Abb. 322　　　　　　　　Abb. 323

aufsteigenden Rohrleitung befindliche Druckventil öffnet. Durch den Druck des Kolbens wird das Wasser in das Steigrohr gepreßt. Die Förderhöhe ist dabei nur vom Kolbendruck abhängig.

Kreiselpumpen ermöglichen eine kontinuierliche Förderung von Flüssigkeiten (Abb. 323). Sie stellt die Umkehrung einer Wasserturbine dar. Durch die rasche Umdrehung eines Schaufelrades wird die im Pumpengehäuse befindliche Flüssigkeit tangential in ein aufsteigendes Rohr geschleudert. Im Gehäuse der Pumpe entsteht ein Unterdruck, wodurch weitere Flüssigkeit angesaugt bzw. vom äußeren Luftdruck in die Pumpe gepreßt wird. Kreiselpumpen müssen bei Inbetriebnahme mit Flüssigkeit gefüllt sein, da sie nicht in der Lage sind, im ungefüllten Zustand einen hinreichenden Unterdruck zu erzeugen (↑ Luftpumpe).

Pyknometer, kleine Glasflasche mit sehr genau bestimmtem Rauminhalt, die zur Messung der ↑ Dichte von Flüssigkeiten oder feinkörnigen, nichtlöslichen festen Körpern verwendet wird.

Quant, allgemein Bezeichnung für den kleinsten Wert einer physikalischen Größe, wenn diese Größe nur als ganz- oder halbzahliges Vielfaches dieser kleinsten Einheit auftreten kann. So beträgt z.B. in einer elektromagnetischen Welle der Frequenz f die kleinste Energiemenge $W = h \cdot f$ (h Plancksches Wirkungsquantum). Die gesamte Energie einer solchen Welle kann nur ein ganzzahliges Vielfaches dieses sogenannten *Energiequants* $h \cdot f$ sein und sich bei Emission oder Absorption auch nur um ganzzahlige Vielfache dieses Energiequants ändern. Durch den Begriff des Quants wird vor allem der Teilchencharakter einer elektromagnetischen Welle (↑ Dualismus von Welle und Korpuskel) zum Ausdruck gebracht und in diesem Sinn auch oft synonym mit dem Begriff Teilchen benutzt.

Neben den Energiequanten sind vor allem die *Drehimpulsquanten* bedeutungsvoll, da im mikrophysikalischen Bereich die Drehimpulskomponenten nur halb- oder ganzzahlige Vielfache von $\hbar = h/2\pi$ sein können.

Quantelung (*Quantisierung*), Bezeichnung für die Tatsache, daß (vor allem im atomaren Bereich) eine physikalische Größe (wie Energie, Ladung, Spin, Impuls, Richtung der Elektronenbahnen in der Atomhülle) nicht kontinuierlich vollkommen beliebige Werte annehmen kann, sondern jeweils nur bestimmte diskrete Vielfache eines ganz bestimmten Wertes (eines elementaren Quantums). So erfolgt z.B. die Energieabgabe bzw. -aufnahme bei der Emission bzw. Absorption einer elektromagnetischen Welle der Frequenz f nur in ganz bestimmten diskreten Portionen (*Quanten*), die jeweils ein ganzzahliges Vielfaches des Energiequantums $h \cdot f$ (h Plancksches Wirkungsquantum) sind.

Quantenbedingungen, ursprünglich die im Bohr-Sommerfeldschen ↑ Atommodell zur Aussonderung der Quantenbahnen der Elektronen eines Atoms aus der Vielzahl der möglichen klassischen Bahnen eingeführten Zusatzbedingungen. In der modernen ↑ Quantentheorie versteht man unter Quantenbedingungen auch die Forderungen, denen bestimmte mathematische Operatoren (die man zur Beschreibung eines mikrophysikalischen Systems verwendet) genügen müssen.

Quantenmechanik, Bezeichnung für die Beschreibung des Verhaltens und der beobachtbaren Eigenschaften mikrophysikalischer Teilchensysteme mit konstanter Teilchenzahl. Die Quantenmechanik erfaßt sowohl die Teilchen- als auch die Welleneigenschaften mikrophysikalischer Teilchen und ist ein erster Schritt zur widerspruchsfreien Vereinigung von Wellen- und Teilchenbild (↑ Dualismus von Welle und Korpuskel, ↑ Materiewelle). Die Quantenmechanik stellt die Weiterentwicklung der älteren ↑ Quantentheorie dar.

Quantensprung, der Übergang eines mikrophysikalischen Systems (z.B. Atomhülle, ↑ Kern) aus einem stationären Zustand in einen anderen. Bei einem Quantensprung wird Energie unstetig, d.h. portionsweise (quantenhaft) emittiert bzw. absorbiert. Die Energie kann entweder als kinetische Energie (↑ Franck-Hertz-Versuch), als Photon (↑ Photoeffekt) oder durch Absorption bzw. Emission anderer Teilchen (↑ Kernreaktionen) aufgenommen bzw. abgegeben werden. Der Quantensprung kann spontan, d.h. ohne äußere Einflüsse erfolgen, wenn das System z.B. aus einem angeregten (höheren) Energieniveau in ein tieferes übergeht, er kann aber auch durch äußere Einwirkungen erzwungen werden.

Quantentheorie, die Theorie der mikrophysikalischen Erscheinungen. Die Quantentheorie berücksichtigt und erklärt im Unterschied zur klassischen Physik die ↑ Quantelung physikalischer Größen, hauptsächlich der Energie und des Drehimpulses. Sie beruht vor allem auf der Doppelnatur einer elektromagnetischen Welle (↑ Dualismus von Welle und Korpuskel) und bedient sich zur Beschreibung physikalischer Größen besonderer mathematischer Hilfsmittel, die als *Operatoren* bezeichnet werden. Den Anstoß zur Entwicklung der Quantentheorie gab im Jahre 1900 *M.Planck* durch seine Annahme, daß ein schwarzer Strahler, der eine elektromagnetische Welle der Frequenz *f* emittiert, nicht beliebige, sondern nur ganz bestimmte diskrete Energiewerte abgeben kann, die ganzzahlige Vielfache der Einheit $h \cdot f$ (*h* Plancksches Wirkungsquantum) sind. Diese Vorstellung wurde zur Deutung des ↑ Photoeffekts später von *A. Einstein* auch auf die *Absorption* übertragen. Auch die Bohrschen Postulate, die *N. Bohr* in seinem ↑ Atommodell für die erlaubten Elektronenbahnen aufstellte, waren für die Entwicklung der Quantentheorie sehr bedeutsam. *W. Heisenberg* lieferte in seiner *Matrizenmechanik* 1925 die erste einheitliche mathematische Formulierung der Quantentheorie. *E. Schrödinger* entwickelte 1926 eine der Heisenbergschen Matrizenrechnung vollkommen gleichwertige Quantentheorie, die sogenannte *Wellenmechanik*, die vor allem auf *de Broglies* ↑ Materiewellen beruht.

Quantenzahlen, im allgemeinen ganze Zahlen, die, multipliziert mit konstanten Größen, zur Beschreibung der diskreten Energiezustände eines mikrophysikalischen Systems (z.B. eines Elektrons in der Atomhülle) dienen. Die wichtigste Quantenzahl ist die *Hauptquantenzahl n*. Sie gibt im Schalenmodell die Nummer der Schale an (vom Kern aus gezählt), in der sich das Elektron befindet. Man hat folgende Bezeichnung vereinbart: die Schale mit der Hauptquantenzahl $n = 1$ heißt *K-Schale*, die mit $n = 2$ *L-Schale* usw. Die *Nebenquantenzahl l* hängt zusammen mit dem Bahndrehimpuls der in der *n*-ten Schale umlaufenden Elektronen. Die Nebenquantenzahl kann insgesamt *n* verschiedene Werte annehmen: $l = 0,1,2,3, \ldots, (n-1)$. Man hat folgende Bezeichnungen eingeführt: ein Elektron bzw. eine Elektronenbahn heißt s-,p-,d-,f-Elektron bzw. -*Zustand*, wenn $l = 0,1,2,3$ ist. Diese Buchstaben sind die Anfangsbuchstaben der englischen Wörter sharp (scharf), principal (hauptsächlich), diffuse (zerstreut) und fundamental (grundsätzlich), womit Spektralserien beschrieben werden. (Die höheren Nebenquantenzahlen werden dann nach dem Alphabet bezeichnet, für $l = 4$, 5 usw. also g, h usw.). In einer Schale mit der Hauptquantenzahl $n = 3$ ist also Platz für Elektronen mit Bahndrehimpulsquantenzahl $l = 0,1,2$. Diese Elektronen heißen 3s-, 3p-, 3d-Elektronen.

Die vorgestellte Zahl gibt die Hauptquantenzahl an, der nachfolgende Buchstabe bezeichnet die Bahndrehimpulsquantenzahl.

Die *magnetische Quantenzahl m* hängt mit dem magnetischen Moment des umlaufenden Elektrons zusammen. Sie kann insgesamt $2l + 1$ verschiedene Werte annehmen:

$$m = -l, -(l-1), \ldots, -1, 0,$$
$$+1, \ldots + (l-1), + l$$

Die *Spinquantenzahl s* hängt mit dem Eigendrehimpuls der Elektronen zusammen. Für diese kann sie nur die Werte $s = + 1/2$ oder $s = -1/2$ annehmen.

Quark, von *M. Gell-Mann* und *G. Zweig* 1964 eingeführtes hypothetisches Elementarteilchen mit dem Spin $\hbar/2$ ($\hbar = h/2\pi$; *h* Plancksches Wirkungsquantum) und einer elektrischen Ladung, die (im Unterschied zu allen sonst bekannten Elementarteilchen) Vielfache eines *Drittels* der Elementarladung ist. Mit Hilfe der Quarks gelingt eine besonders einfache Beschreibung der bei den ↑ Elementarteilchen beobachteten Gesetzmäßigkeiten. Die Theorie fordert eine Quarkmasse, die in der Größenordnung der Nukleonenmasse (entsprechend einer ↑ Ruhenergie von fast 1 000 MeV) liegt. Wegen dieser großen Masse ist es heute noch nicht gelungen, Quarks durch Materialisation hochenergetischer Gammastrahlung (↑ Paarbildung) zu erzeugen.

Quecksilberdampflampe, Lichtquelle zur Erzeugung ultravioletten Lichts, die auf einer *Bogenentladung* beruht. Abb.324 zeigt den Aufbau einer solchen Lichtquelle. Beim Anlegen einer elektrischen Spannung wird in der Edelgasatmosphäre eine ↑ Glimmentladung eingeleitet. Diese Glimmentladung erhitzt die beiden Quecksilberelektroden, was

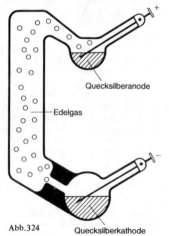

Abb.324
Quecksilberanode
Edelgas
Quecksilberkathode

zum Verdampfen von Quecksilber führt. Dadurch wird der Dampfdruck in der Röhre sehr hoch. Damit sind alle Voraussetzungen für eine ↑ Bogenentladung geschaffen. Es bildet sich ein Lichtbogen von der ↑ Anode zur ↑ Kathode,

der einen besonders hohen Anteil an Ultraviolettstrahlen hat.

Quinckesches Interferenzrohr, Gerät zum Nachweis von Interferenzerscheinungen und zur Messung der Wellenlänge von *Schallwellen.* Es besteht aus

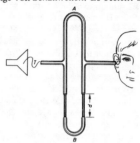

zwei u-förmig gebogenen Röhren, die, wie bei einer Posaune, ineinander verschiebbar sind. Sie bilden eine geschlossene Rohrleitung. An zwei gegenüberliegenden Stellen sind Ansatzrohre angebracht. Über das eine Ansatzrohr wird der Prüfton in die Rohrleitung gebracht, am anderen wird der eintreffende Ton mit dem Ohr oder einem Mikrophon registriert. Die Schallwellen gelangen von der Eintrittsöffnung über die beiden Rohrschenkel A und B zur Austrittsöffnung. Dort vereinigen sie sich wieder. Sind die Wege der beiden Teilwellenzüge über die beiden Rohrschenkel gleich oder unterscheiden sie sich um eine Wellenlänge oder ein ganzzahliges Vielfaches einer Wellenlänge des Prüftones, dann treffen an der Austrittsöffnung Wellenberg auf Wellenberg. Es ist ein starker Schall wahrnehmbar. Verschiebt man dagegen den Schenkel B so, daß der Wegunterschied der beiden Teilwellenzüge gleich der halben Wellenlänge oder gleich einem ungeradzahligen Vielfachen der halben Wellenlänge des Prüftones ist, dann treffen an der Austrittsöffnung Wellenberg auf Wellental. Die beiden Teilwellenzüge löschen sich dort gegenseitig aus, es ist kein Schall wahrnehmbar.

Radiant (rad), *SI-Einheit* für den ebenen Winkel. *Festlegung*: 1 Radiant (rad) ist gleich dem ebenen Winkel, der als Zentriwinkel eines Kreises vom Halbmesser 1m aus dem Kreis einen Bogen der Länge 1m ausschneidet:

$$1 \text{ rad} = \frac{1 \text{m (Bogen)}}{1 \text{m (Radius)}} = 1 \frac{\text{m}}{\text{m}}.$$

radioaktive Altersbestimmung, Datierung von geologischen Ereignissen und vorgeschichtlichen Funden, beruhend auf dem Zerfall der in dem zu datierenden Material enthaltenen radioaktiven Isotope (↑ Radioaktivität). Seit Entstehung der Elemente vor etwa 6 Milliarden Jahren nimmt der Gehalt an radioaktiven Mutterisotopen unter Bildung stabiler Tochterisotope ständig ab. Nach dem ↑ radioaktiven Zerfallsgesetz klingt die Konzentration der Muttersubstanz exponentiell mit der Zeit ab:

$$N(t) = N(0) \cdot e^{-\lambda \cdot t}$$

($N(0)$ Anzahl der Atome zur Zeit $t = 0$, $N(t)$ Anzahl zur Zeit $t > 0$, λ Zerfallskonstante). Gleichzeitig wächst aber die Konzentration $N'(t)$ des stabilen Tochterisotops an:

$$N'(t) = N(0) - N(t)$$
$$N'(t) = N(t) \cdot (e^{\lambda t} - 1).$$

Daraus ergibt sich für die gesuchte Zeit t:

$$t = \frac{1}{\lambda} \ln \frac{N'(t) + N(t)}{N(t)}$$

Die momentane Konzentration $N(t)$ des Mutterisotops in der Probe erhält man durch Massenspektrumsanalyse (↑ Massenspektrograph), während sich die Anfangskonzentration $N(0)$ als die Summe der gegenwärtigen Konzentrationen von Tochter- und Muttersubstanz ergibt.

Beispiel:
Mit der sogenannten *C-14-Methode* gelingen Altersbestimmungen *organischer Proben* zwischen 1000 und 50 000 Jahren. Die C-14-Methode beruht darauf, daß unter dem Einfluß der kosmischen Strahlung aus dem Stickstoff der Luft radioaktiver Kohlenstoff C 14 gebildet wird:

$$^{14}_{7}\text{N(n,p)}^{14}_{6}\text{C}$$

(↑ Kernreaktion).
Man nimmt an, daß die Intensität der kosmischen Strahlung konstant gewesen ist, so daß sich ein Gleichgewichtszustand zwischen Neubildung und Zerfall von Radiokohlenstoff C 14 eingestellt hat. Dieser Radiokohlenstoff steht dann mit dem übrigen Kohlenstoff C 12 in einem konstanten Mengenverhältnis. Die spezifische Aktivität, d.h. die Anzahl der Zerfälle pro Minute und Gramm beträgt für diese Mischung 13,5. Der Radiokohlenstoff gelangt durch Assimilation in Pflanzen und damit auch in tierische Organismen. Stirbt ein Organismus ab, so zerfällt das inkorporierte C 14 mit der Halbwertszeit von 5 730 Jahren, während kein neues C 14 mehr aufgenommen werden kann. Somit klingt auch die spezifische Aktivität ab. Die Zeit seit dem Absterben des zu untersuchenden Organismus ergibt sich dann aus Messungen der spezifischen ↑ Aktivität einer entsprechenden Probe.
Zur Altersbestimmung von Gesteinsproben eignet sich die sogenannte *Kalium-Argon-Methode*. Sie beruht auf dem radioaktiven Zerfall des Kalium-

isotops ^{40}K (Halbwertszeit 1,3 Milliarden Jahre). ^{40}K zerfällt entweder über einen ↑ Betazerfall in Kalzium ^{40}Ca oder durch ↑ Elektroneneinfang in Argon ^{40}Ar (*radiogenes Argon*). Argon wird bei der Mineralbildung nur sehr wenig eingelagert, so daß die Fehler bei der Bestimmung des Gehalts an durch radioaktiven Zerfall entstandenem Argon relativ klein sind. Durch Schmelzen der Gesteinsprobe, chemisches Abbinden unedler Gase und anschließender Druckmessung des restlichen Gases gelingt es, den Argongehalt zu ermitteln. Da der Isotopengehalt an ^{40}K von Gesteinen und Mineralien innerhalb enger Grenzen (kleiner ± 0,5%) konstant ist, kann die ^{40}K-Konzentration der Probe aus deren Kaliumgehalt ermittelt werden. Für die gesuchte Zeit t gilt dann

$$t = \frac{1}{\lambda} \ln \frac{N'(t) + N(t)}{N(t)}$$

(λ Zerfallskonstante von ^{40}K, N Zahl der ^{40}K-Atome, N' Zahl der ^{40}Ar-Atome).

radioaktives Zerfallsgesetz, das den radioaktiven Zerfall quantitativ beschreibende Gesetz. Der radioaktive Zerfall erfolgt unabhängig von äußeren Einflüssen, räumlich und zeitlich ungeordnet. Es sind daher nur *statistische* Aussagen möglich. Bezeichnet N die Anzahl der vorhandenen Atome einer radioaktiven Substanz, so gilt für die Anzahl dN der in der Zeit dt zerfallenden Atome

$$\mathrm{d}N = -\lambda \cdot N \cdot \mathrm{d}t.$$

Integration liefert das *Zerfallsgesetz*:

$$\boxed{N = N_0 \cdot e^{-\lambda \cdot t}}$$

(N_0 Anzahl der Atome zur Zeit $t = 0$, N Anzahl der noch vorhandenen Atome zur Zeit t, λ Zerfallskonstante).
Die Zeit, in der die Zahl der ursprünglich vorhandenen unzerfallenen Atome auf die Hälfte abgesunken ist, heißt *Halbwertszeit* $t_{1/2}$. Durch Logarithmieren erhält man aus dem Zerfallsgesetz für $N = 1/2\, N_0$

$$\lambda \cdot t_{1/2} = \ln 2$$

und damit

$$\boxed{t_{1/2} = \frac{\ln 2}{\lambda} \approx \frac{0{,}69}{\lambda}} \,.$$

Radioaktivität, der spontane, d.h. unabhängig von äußeren Einflüssen wie z.B. Temperatur oder Druck stattfindende Zerfall von Atomkernen (↑ Kern) gewisser ↑ Isotope unter Änderung der Masse, Kernladung und Energie. Je nachdem, ob das zerfallende ↑ Nuklid natürlich vorkommt oder künstlich erzeugt wurde, spricht man von *natürlicher* oder *künstlicher Radioaktivität*.
Die *natürliche Radioaktivität* tritt auf bei allen Elementen mit ↑ Ordnungszahl $Z > 80$. Sie hat ihre Ursache in einem Protonen- bzw. Neutronenüberschuß, der die Kerne instabil macht. Bei natürlichen *Radionukliden* (radioaktives Nuklid) beobachtet man ↑ Alpha- bzw. ↑ Betastrahlung (insbesondere Elektronenstrahlung), beide meist in Verbindung mit ↑ Gammastrahlung. Die durch ↑ Alpha- bzw. ↑ Betazerfall entstehenden sogenannten *Folgekerne* stehen im Periodensystem der Elemente an anderer Stelle als das Ausgangsnuklid, das sogenannte *Mutterisotop* (↑ Soddy-Fajanssche Verschiebungssätze).
Künstliche Radionuklide sind meist Betastrahler. Eine α-Emission wurde bisher an künstlich radioaktiven Nukliden mit $Z < 81$ nicht beobachtet.
Alle Methoden zum *Nachweis radioaktiver Strahlung* beruhen auf der Wechselwirkung *elektrisch geladener* Teilchen oder elektromagnetischer Strahlung mit Materie. *Ungeladene* Teilchen lassen sich nur indirekt nachweisen. Die ungeladenen Neutronen werden durch Rückstoßprotonen oder durch geladene Teilchen identifiziert, die bei neutroneninduzierten ↑ Kern-

reaktionen entstehen. Der Nachweis des ↑ Neutrinos ist äußerst schwierig, da die Neutrinos nur eine sehr geringe Wechselwirkung mit Materie haben.

Je nach Wirkungsweise und Beobachtungszweck unterscheidet man im wesentlichen folgende Meß- bzw. Nachweisgeräte:

1) *Ionisationsdetektoren* nutzen die ionisierende Wirkung radioaktiver Strahlen aus. Ihre Wirkung beruht darauf, daß geladene Teilchen (α-, β-Teilchen) und elektromagnetische Strahlung (γ-Quanten) hinreichend hoher Energie beim Durchgang durch Materie diese ionisieren, d.h. die neutrale Atome in Ionen-Elektronenpaare zerlegen. Zu den Ionisationsdetektoren zählen: ↑ *Gasentladungsdetektoren* (↑ *Ionisationskammer* und ↑ *Zählrohr*), ↑ *Kristallzähler* und ↑ *Halbleiterdetektoren*.

2) *Szintillationszähler* und *Cerenkovzähler* nutzen die optische Wirkung radioaktiver Strahlungen aus. Ihre Wirkung beruht darauf, daß Teilchen ausreichend hoher Energie beim Auftreffen auf gewisse Substanzen Leuchterscheinungen (*Szintillationen*) hervorrufen. Die Beobachtung der Lichtblitze ist u.U. sogar mit dem bloßen Auge möglich.

3) *Detektoren für Bahnspuren* sind Nachweisgeräte für den Verlauf der Bahnen ionisierender Teilchen. Je nach Ausführung und Wirkungsweise unterscheidet man: ↑ *photographische Platte* (↑ *Kernspurplatte*), ↑ *Blasen-*, ↑ *Funken-*, ↑ *Nebelkammer*.

Radioisotop, radioaktives ↑ Isotop eines chemischen Elements, das außerdem stabile Isotope besitzt (z.B. Radiokohlenstoff C 14, stabiles Isotop C 12).

Rakete, ein Flugkörper mit einem von der Atmosphäre unabhängigen Antriebssystem, der alle zu seinem Betrieb erforderlichen Stoffe mit sich führt. Die Wirkungsweise der Rakete beruht auf dem Satz von der Erhaltung des ↑ Impulses. Der Gesamtimpuls einer zunächst ruhenden Rakete ist gleich Null. Werden nun vom Raketentriebwerk Verbrennungsgase ausgestoßen, dann setzt sich der Raketenkörper in entgegengesetzter Richtung in Bewegung und zwar in der Art, daß der Gesamtimpuls von Raketenkörper und ausgestoßenen Verbrennungsgasen stets gleich Null ist. Der Betrag der Kraft *F*, mit der die Rakete dabei angetrieben wird, die sogenannte *Schubkraft*, ergibt sich unter der Voraussetzung, daß der Gasausstoß gleichmäßig erfolgt, aus der Beziehung:

$$F = \frac{m}{t} \cdot c$$

(*m* Masse des ausgestoßenen Gases, *c* Geschwindigkeit des ausgestoßenen Gases (Ausströmgeschwindigkeit), *t* Zeit, während der die Gasmassen ausgestoßen werden).

Für die Endgeschwindigkeit v_B, die eine zunächst ruhende Rakete nach Brennschluß des Triebwerkes erreicht (*Brennschlußgeschwindigkeit*), gilt im schwerefreien Raum:

$$v_B = c \cdot \ln\left(\frac{m_0}{m_e}\right)$$

und im Schwerefeld der Erde (in Erdnähe und *ohne* Berücksichtigung des Luftwiderstandes):

$$v_B = c \ln\left(\frac{m_0}{m_e} - gt\right)$$

(ptr m_0 Masse der Rakete beim Start, m_e Masse der Rakete bei Brennschluß, *t* Brenndauer, *g* Erdbeschleunigung). Da die Brennschlußgeschwindigkeit v_B von der Endmasse m_e der Rakete abhängt, versucht man diese möglichst klein zu halten. Das erreicht man durch Verwendung sogenannter *Mehrstufenraketen*. Hat dabei die erste Raketenstufe ihren Brennschluß erreicht, dann wird der leere Behälter abgestoßen, bevor die zweite Raketenstufe zündet. Diese hat dann nur noch eine wesentlich kleinere Masse zu beschleunigen,

335

wodurch eine höhere Endgeschwindigkeit bei ihrem Brennschluß erreicht wird. Nach der für den schwerefreien Raum gültigen Raketengrundgleichung

$$v_B = c \cdot \ln \frac{m_0}{m_e}$$

ergibt sich für eine zweistufige Rakete unter Annahme konstanter Ausströmgeschwindigkeit als Brennschlußgeschwindigkeit der ersten Stufe:

$$v_{B1} = c \cdot \ln \frac{m_{T1} + m_{R1} + m_{T2} + m_{R2}}{m_{R1} + m_{T2} + m_{R2}}$$

(v_{B1} Brennschlußgeschwindigkeit der ersten Stufe, m_{T1}, m_{T2} Treibstoffmasse der ersten bzw. zweiten Stufe, m_{R1}, m_{R2} Raketenmasse (ohne Treibstoff) der ersten bzw. zweiten Stufe).

Der Geschwindigkeitszuwachs Δv bis zum Brennschluß der zweiten Raketenstufe ergibt sich zu:

$$\Delta v = c \cdot \ln \frac{m_{T2} + m_{R2}}{m_{R2}}.$$

Da nun die zweite Stufe bei ihrer Zündung bereits die (Anfangs-)Geschwindigkeit v_{B1} besaß, ist ihre Brennschlußgeschwindigkeit

$$v_{B2} = v_{B1} + \Delta v.$$

Daraus folgt:

$$v_{B2} = c \cdot \left[\ln \left(\frac{m_{T2} + m_{R2}}{m_{R2}} \right) + \right.$$

$$\left. + \ln \left(\frac{m_{T1} + m_{R1} + m_{T2} + m_{R2}}{m_{R1} + m_{T2} + m_{R2}} \right) \right]$$

Abb. 325 zeigt den schematischen Aufbau einer 3stufigen Saturn-Rakete.

Randstrahlen, diejenigen Lichtstrahlen, die ziemlich weit entfernt von der optischen Achse auf eine ↑ Linse, ein Linsensystem oder einen gekrümmten Spiegel fallen. Da die Gesetzmäßigkeiten des Strahlenverlaufes bei Linsen und gekrümmten Spiegeln im allgemeinen nur dann streng gelten, wenn die einfallenden Strahlen nahe der optischen Achse verlaufen, sind die unter Verwendung der Randstrahlen erzeugten Bilder oft unscharf und verzerrt. Man verhindert deshalb immer dann den Einfall von Randstrahlen (z.B. durch

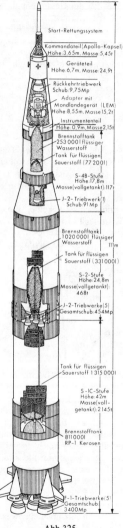

Start-Rettungssystem

Kommandoteil (Apollo-Kapsel)
Höhe: 3,65 m, Masse: 5,45 t

Geräteteil
Höhe: 6,7 m, Masse: 24,9 t

Rückkehrtriebwerk
Schub: 9,75 t

Adapter mit
Mondlandegerät (LEM)
Höhe: 8,55 m, Masse: 15,2 t

Instrumententeil
Höhe: 0,9 m, Masse: 2,15 t

Brennstofftank
253 000 l flüssiger
Wasserstoff

Tank für flüssigen
Sauerstoff (77 200 l)

S-4B-Stufe
Höhe: 17,8 m
Masse (vollgetankt): 117 t

J-2-Triebwerk (1)
Schub: 91 Mp

Brennstofftank
1 020 000 l flüssiger
Wasserstoff

Tank für flüssigen
Sauerstoff (331 000 l)

S-2-Stufe
Höhe: 24,8 m
Masse (vollgetankt): 468 t

J-2-Triebwerke (5)
Gesamtschub: 454 Mp

Tank für flüssigen
Sauerstoff 1 315 000 l

S-IC-Stufe
Höhe: 42 m
Masse (voll-getankt): 2 145 t

Brennstofftank
811 000 l
RP-1 Kerosen

F-1-Triebwerke (5)
Gesamtschub
3 400 Mp

Abb. 325

Verwendung von Lochblenden), wenn man sie nicht unbedingt wegen der durch sie bewirkten größeren Bildhelligkeit benötigt.

Rankine-Skala, eine in den USA und Großbritannien benutzte Temperaturskala. Die Rankine-Skala stellt eine ↑Fahrenheit-Skala dar, deren Nullpunkt mit dem ↑ absoluten Nullpunkt übereinstimmt. Einheit der Rankine-Skala ist das Grad Rankine (Einheitenzeichen °Rank bzw. °R). 1°R ist dabei gleich dem 180.Teil des mit einem Quecksilberthermometer gemessenen Abstandes zwischen dem zu 32°F (Grad Fahrenheit) festgelegten Eispunkt und dem zu 212°F festgelegten Dampfpunkt des Wassers bei einem Druck von 1 atm = 101 325 Pa. Da aber der Nullpunkt der Rankine-Skala der absolute Nullpunkt ist (0°R) und da gemäß der Definition zwischen einem Grad Rankine und einem Kelvin (Einheitenzeichen K) das Verhältnis von 5:9 besteht (1°R = $^5/_9$ K) liegt der *Tripelpunkt* des Wassers bei 491,682°R und der *Dampfdruck* des Wassers bei 671,67°R. Die Rankine-Skala steht zur Fahrenheit-Skala im selben Verhältnis, wie die Kelvin-Skala zur ↑ Celsius-Skala.

Raumausdehnungskoeffizient (*kubischer Ausdehnungskoeffizient, Volumenausdehnungskoeffizient*), Formelzeichen γ, die auf das Volumen bei 0°C bezogene relative Volumenänderung, die ein Körper erfährt, wenn seine Temperatur um 1K (= 1°C) verändert wird. Der Raumausdehnungskoeffizient gibt also an, um welchen Bruchteil seines Volumens bei 0°C sich das Volumen eines Körpers vergrößert, wenn die Temperatur um 1K (= 1°C) erhöht wird. Der Raumausdehnungskoeffizient ist eine materialabhängige Größe. Er ist etwa 3mal so groß wie der *lineare* Ausdehnungskoeffizient des gleichen Materials.

Raumladungsdichte, Formelzeichen ρ, Quotient aus der ↑ Ladung Q eines Körpers und seinem Volumen V:

$$\rho = \frac{Q}{V} .$$

reales Gas, ein Gas, bei dem im Gegensatz zum ↑ idealen Gas weder das Eigenvolumen der Gasmoleküle noch die zwischen den Gasmolekülen wirkenden Kräfte vernachlässigt werden dürfen. Das Verhalten realer Gase wird in guter Näherung durch die ↑ *van der Waalssche Zustandsgleichung* beschrieben. Die Eigenschaften eines realen Gases nähern sich denen des idealen Gases umso mehr, je geringer der Druck und je höher die Temperatur ist, je weiter also das reale Gas von seinem ↑ Kondensationspunkt entfernt ist. In hinreichend großer Entfernung vom Kondensationspunkt können reale Gase in guter Annäherung als ideale Gase aufgefaßt werden. Ihr Verhalten wird dann durch die allgemeine ↑ Zustandsgleichung der Gase bzw. durch das ↑ Amontonssche, das ↑ Boyle-Mariottesche und das ↑ Gay-Lussacsche Gesetz beschrieben.

Reaumur-Skala, Temperaturskala, deren Bezugspunkte (↑ Fixpunkte) der Schmelzpunkt des Wassers (*Eispunkt*) und der Siedepunkt des Wassers (Dampfpunkt) bei einem Druck von 1 atm = = 101 325 Pa sind. Der mit einem Thermometer, dessen Füllung aus einem Alkohol-Wasser-Gemisch besteht, gemessenen Abstand zwischen diesen beiden Punkten wird in 80 gleiche Abschnitte unterteilt, die als *Reaumur-Grade* bezeichnet werden. Ein *Grad Reaumur* (Einheitenzeichen °R) ist somit definiert als der 80.Teil des mit einem Alkohol-Wasser-Thermometer gemessenen Abstandes zwischen den zu 0°R festgelegten Eispunkt und dem zu 80°R festgelegten Dampfpunkt des Wassers bei einem Druck von 1 atm = = 101 325 Pa (↑ Celsius-Skala).

Rechte-Hand-Regeln, Regeln zur Feststellung der Richtung der magnetischen

Feldlinien eines stromdurchflossenen Leiters und zur Feststellung der zu erwartenden Wirkungsrichtung bei der Wechselwirkung eines bewegten elektrischen Leiters bzw. eines elektrischen Stromes mit einem Magnetfeld.

1) *Stromdurchflossener geradliniger Leiter*: Legt man den Daumen der rechten Hand in Richtung des (technischen) Stromes, so zeigen die gekrümmten Finger der rechten Hand in Richtung der Feldlinien des den stromdurchflossenen Leiter umgebenden magnetischen Feldes. Die gekrümmten Finger der rechten Hand zeigen an, in welcher Weise sich der Nordpol einer in die Nähe des Leiters gebrachten Magnetnadel ausrichten würde.

2) *Stromdurchflossene Spule*: Umfaßt man mit der rechten Hand eine stromdurchflossene Spule in der Weise, daß die gekrümmten Finger in Stromrichtung liegen, so zeigt der Daumen zum Nordpol (von außen gesehen) der stromdurchflossenen Spule.

3) *Stromdurchflossener Leiter bzw. in einem Magnetfeld bewegte positive Ladung*: Bilden der Daumen, Zeige- u. Mittelfinger der rechten Hand zueinander rechte Winkel und zeigt der Daumen in Richtung des (technischen) Stromes, der Zeigefinger in Richtung der magnetischen Feldlinien, so zeigt der Mittelfinger die Richtung der auf den stromdurchflossenen Leiter wirkenden Kraft. Allgemein gilt diese Regel für eine in einem Magnetfeld bewegte positive elektrische Ladung.

4) *Richtung des Induktionsstromes in einem (in einem Magnetfeld) bewegten Leiter*: Bilden wieder Daumen, Zeige- und Mittelfinger der rechten Hand zueinander rechte Winkel und zeigt jetzt der Daumen in Bewegungsrichtung, der Zeigefinger in Richtung der magnetischen Feldlinien, so gibt der Mittelfinger die Richtung des induzierten Stromes an.

Die Fälle 3 und 4 lassen sich zusammenfassen zur sog. *U-V-W-Regel* (Ursache-Vermittlung-Wirkung), wobei der Daumen der rechten Hand immer in Richtung der Ursache (Stromfluß bzw. Bewegung), der Zeigefinger in Richtung der Vermittlung (Feldlinienrichtung des magnetischen Feldes) zeigen und der Mittelfinger dann immer die Richtung der Wirkung (Kraft bzw. Strom) angibt.

Reflexion, Bezeichnung für die Erscheinung, daß eine Welle (z.B. eine Licht- oder Schallwelle) nicht durch die Trennfläche zwischen zwei verschiedenen Ausbreitungsmedien hindurchtritt, sondern in das ursprüngliche Medium zurückläuft (zurückgeworfen wird). Besonders deutlich läßt sich die Reflexion bei Lichtstrahlen zeigen. Trifft ein Lichtstrahl auf einen ebenen Spiegel, so wird er zurückgeworfen (reflektiert). Die Senkrechte auf der Spiegelebene im Einfallspunkt des Lichtstrahls wird als *Einfallslot*, der Winkel zwischen einfallenden Strahl und Einfallslot als *Einfallswinkel* u. der Winkel zwischen Einfallslot und reflektiertem Strahl als *Reflexionswinkel* bezeichnet (Abb.326).

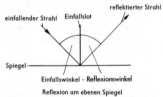

Abb.326

Es gilt das folgende *Reflexionsgesetz*: *Der Einfallswinkel ist gleich dem Reflexionswinkel. Einfallender Strahl, Einfallslot und reflektierter Strahl liegen in einer Ebene.*

Daraus folgt, daß ein senkrecht auf einen Spiegel einfallender Strahl (Einfallswinkel = $0°$) in sich selbst reflektiert wird (Reflexionswinkel = $0°$).

Das Reflexionsgesetz gilt auch bei der Reflexion an gekrümmten Flächen (↑Hohlspiegel, ↑Parabolspiegel, ↑Wölbspiegel). Das Einfallslot steht dabei senkrecht auf der Tangentialebene des Spiegels im Einfallspunkt des betrachteten Lichtstrahls (Abb.327).

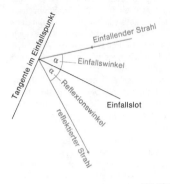

Abb.327

Von *diffuser Reflexion* spricht man, wenn die Oberfläche der reflektierenden Fläche uneben ist, die Einfallslote an den einzelnen Punkten also nicht mehr parallel zueinander verlaufen. Ein paralleles Strahlenbündel, das auf eine solche Fläche einfällt, wird nach allen Seiten reflektiert, wobei wiederum jeder einzelne Strahl dem Reflexionsgesetz gehorcht (Abb.328).

Reflexionserscheinungen treten nicht nur bei Lichtwellen, sondern auch bei allen anderen Wellenarten auf, z.B. bei anderen elektromagnetischen Wellen und bei Schallwellen.

Trifft eine Welle, gleich welcher Art, auf die Trennfläche zwischen zwei Medien, in denen sie unterschiedliche Ausbreitungsgeschwindigkeiten hat, so gelangt stets nur ein Teil der Welle durch diese Trennfläche hindurch, der andere Teil wird reflektiert.

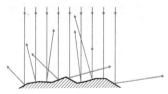

Abb.328

Die Vorgänge bei der Reflexion lassen sich mit Hilfe des ↑ Huygensschen

Prinzips erklären. Gemäß Abb.329 trifft eine geradlinige Wellenfront schräg auf die Trennfläche H. Zum Zeitpunkt 1 hat noch kein Punkt der Wellenfront die Trennfläche erreicht. Zum Zeitpunkt 2 trifft der Punkt A auf die Trennfläche. Es breitet sich nun von diesem Punkt ausgehend eine kreisförmige ↑ Elementarwelle aus. Zum Zeitpunkt 3 ist auch der Punkt B der Wellenfront auf die Trennfläche gestoßen, und es breitet sich ebenfalls eine Elementarwelle aus. Das gleiche geschieht zum Zeitpunkt 4 mit Punkt C und zum Zeitpunkt 5 mit dem Punkt D. In der Zwischenzeit haben sich die kreisförmigen Elementarwellen verschieden weit ausgebreitet. Die Wellen-

Abb.329

front der reflektierten Welle ergibt sich als Hüllkurve dieser Elementarwellen. Um über die Richtung der reflektierten Welle eine Aussage zu erhalten, benutzen wir die vereinfachte Abb.330.

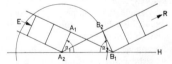

Abb.330

Die Wellenfront A_1A_2 bewegt sich auf die Trennfläche H zu. Während A_2 auf H stößt, hat der Punkt A_1 der Wellenfront bis zum Auftreffen auf die Trennfläche noch die Strecke A_1B_1 zurückzulegen. In der Zwischenzeit hat sich aber um A_2 eine Elementarwelle herausgebildet, deren Radius gleich dieser Strecke A_1B_1 ist. Die Wellenfront der reflektierten Welle erhält man, indem man von B_1 die Tangente an den Kreis um A_1 zieht. Den Berührungspunkt der Tangente bezeichnen wir mit B_2.

Die beiden Dreiecke $A_2A_1B_1$ und $B_1B_2A_2$ sind deckungsgleich, also ist Winkel α_1 gleich Winkel α_2. Die Fortpflanzungsrichtung der Welle wird durch die *Wellennormale*, das ist die Senkrechte auf der Wellenfront, angegeben. Diese stimmt aber mit der Richtung des Strahles in Abb.326 überein. Folglich sind der Winkel α_1 identisch mit dem Einfallswinkel und der Winkel α_2 identisch mit dem Reflexionswinkel der Abb.326. Die eben abgeleitete Aussage stellt also nichts anderes als das Reflexionsgesetz dar: *Einfallswinkel = Reflexionswinkel*. Entsprechend läßt sich auch, wie Abb.331 zeigt, die Reflexion von Kreis- und Kugelwellen aus dem Huygensschen Prinzip ableiten (↑ Totalreflexion).

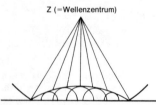

Z (=Wellenzentrum)

Abb.331

Reflexionswinkel, in der Optik der Winkel, den ein an einer spiegelnden Fläche (z.B. an einem ↑ Hohlspiegel) reflektierter Lichtstrahl mit dem ↑ Einfallslot bildet (↑ Reflexion).

Regenbogen, bei Vorhandensein von schwebenden Wassertröpfchen (Regenwolken, Regenstreifen) in der Atmosphäre auftretende Lichterscheinung in Form eines in den Farben des ↑ Spektrums leuchtenden Kreisbogens. Der Regenbogen erscheint für den Betrachter stets auf der der Sonne abgewandten Seite des Himmelsgewölbes. Um ihn zu beobachten, muß man sich also mit dem Rücken zur Sonne stellen. Der Mittelpunkt des Kreises, von dem der Regenbogen ein Teil ist, liegt auf der durch die Sonne und das Auge des Beobachters bestimmten Geraden. Er ist der sogenannte *Gegenpunkt der Sonne*

bezüglich dem Beobachterauge. Aus diesem Grunde sieht jeder Beobachter den Regenbogen an einer anderen Stelle des Firmaments. Aus demselben Grunde ist der Regenbogen aber auch bei hochstehender Sonne nur flach gewölbt, bei tiefstehender Sonne dagegen hoch gewölbt. Seine höchste Wölbung erreicht er genau bei Sonnenuntergang, wenn also die Sonne am Horizont steht. Er hat dann die Form eines Halbkreises.

Regenbogen entstehen durch die Brechung des Sonnenlichts an der Grenzfläche zwischen Luft und den in der Luft schwebenden Wassertröpfchen, Reflexion an der Innenfläche der Tropfen und Interferenz der gebrochenen und der reflektierten Lichtstrahlen.

Neben dem sogenannten *Hauptregenbogen*, dessen Radius einem Sehwinkel von $42,5°$ entspricht, zeigt sich gelegentlich noch ein *Nebenregenbogen*, dessen Radius einem Sehwinkel von $51°$ entspricht. Während die Farbenfolge des Hauptregenbogens von Rot (außen) über Orange, Gelb, Grün und Blau nach Violett (innen) verläuft, besitzt der Nebenregenbogen eine genau entgegengesetzte Farbenanordnung. Er beginnt außen mit Violett und endet innen mit Rot. Gelegentlich fehlt jedoch die eine oder andere Spektralfarbe im Regenbogen, zumeist das Blau.

Während das Gebiet zwischen Haupt- und Nebenregenbogen frei von weiteren Farberscheinungen ist, schließen sich oft an den Hauptregenbogen nach innen und an den Nebenregenbogen nach außen sogenannte *sekundäre Regenbogen* an, deren Farbenfolge der des Bogens, auf den sie folgen, entspricht. Bei sehr tiefstehender (roter) Sonne fehlen zuweilen die blauen bis gelben Farbanteile. Man spricht dann von einem *roten Regenbogen* oder *Dämmerungsregenbogen*.

Regenbogen können außer bei Regen auch unter ähnlichen Bedingungen anderenorts beobachtet werden, so z.B.

im Sprühwasser von Springbrunnen oder Wasserfällen oder im Spritzwasser eines Schiffsbugs auf See. Selten treten auch nachts Regenbogen auf, die durch das Licht des Mondes verursacht werden (*Mondregenbogen*).

Reibung, 1) *Reibung fester Körper* (*äußere Reibung*), Bezeichnung für den auf einen festen Körper wirkenden Widerstand (*Reibungswiderstand, Reibungskraft*), der bestrebt ist, die Bewegung des Körpers zu verhindern. Jeder auf einer Unterlage gleitende oder rollende Körper erfährt einen Widerstand, dessen Richtung der Bewegungsrichtung entgegengesetzt ist, der also die Bewegung zu hemmen sucht. Dieser Widerstand heißt *Reibung* (*Reibungskraft, Reibungswiderstand*) und hat die Dimension einer ↑ Kraft. Die Reibung wird verursacht durch die stets vorhandenen Unebenheiten der Berührungsflächen (Abb.332). Um einen Körper entgegen der Reibungskraft auf einer waagerechten Unterlage in einem gleichförmigen Bewegungszustand zu halten, ist es erforderlich, eine ↑ Arbeit zu verrichten, die sogenannte *Reibungsarbeit.* Sie wird voll und ganz in Wärmeenergie umgewandelt. Dieser Vorgang stellt also energetisch betrachtet nichts anderes als eine Umwandlung von mechanischer Energie in Wärmeenergie dar. Die bei der Reibung freiwerdende Wärme wird als *Reibungswärme* bezeichnet. Ihr Auftreten ist eine der Ursachen dafür, daß die von einer Maschine abgegebene mechanische Energie stets kleiner ist als die ihr zugeführte Energie (↑ Wirkungsgrad).

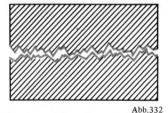

Abb.332

Aber nicht nur ein sich auf einer Unterlage bewegender Körper erfährt eine Reibungskraft, sondern auch ein auf ihr ruhender. Er haftet auf der Unterlage. Um ihn in Bewegung zu versetzen, muß man außer dem Trägheitswiderstand (↑ Trägheit) noch einen weiteren Widerstand überwinden, die sogenannte Haftreibung(*Reibung der Ruhe*). Man hat demnach drei verschiedene Reibungsarten bei festen Körpern zu unterscheiden und spricht je nachdem, ob der Körper auf seiner Unterlage haftet, gleitet oder rollt, von *Haftreibung, Gleitreibung* oder *Rollreibung.*

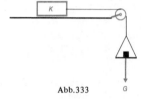

Abb.333

a) Haftreibung:
Der Betrag der *Haftreibung* kann mit Hilfe eines *Tribometers* (Abb.333) bestimmt werden. Man legt auf die Waagschale *W* ein Wägestück mit der Gewichtskraft $\vec{G}$, so daß der Körper *K* gerade noch nicht in Bewegung versetzt wird. Der Betrag der Haftreibung ist dann gleich dem Betrag dieser Gewichtskraft. Aus Messungen ergibt sich, daß der Betrag der Haftreibung direkt proportional der senkrecht auf die Berührungsfläche wirkenden (Anpreß-) Kraft, der sogenannten *Normalkraft* ist. Er ist dagegen unabhängig von der Größe der Berührungsfläche. Dieses Ergebnis wird durch das *Coulombsche Reibungsgesetz* beschrieben. Es lautet:

$$R_h = f_h \cdot N$$

(R_h Betrag der Haftreibung, N Betrag der Normalkraft, f_h Haftreibungskoeffizient, Haftreibungszahl).
Die Größe des Haftreibungskoeffizienten ist vom Material und der Oberflä-

chenbeschaffenheit der Berührungsflächen abhängig.

Der Haftreibungskoeffizient läßt sich mit einer ↑ schiefen Ebene bestimmen, deren Neigungswinkel α so eingestellt wird, daß der darauf befindliche Körper K gerade noch nicht in Bewegung gerät (Abb.334). Dann ist aber der Betrag P der parallel zur schiefen Ebene

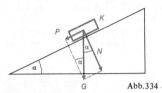

G   Abb.334

schräg nach unten gerichteten Kraft gerade gleich dem Betrag R_h der Haftreibung. Ist G der Betrag der Gewichtskraft des Körpers K, dann gilt für den Betrag der senkrecht zur schiefen Ebene gerichteten Normalkraft N:

$$N = G \cdot \cos \alpha$$

und für den Betrag der Kraft P, der gleich dem Betrag R_h der Haftreibung ist:

$$P = R_h = G \cdot \sin \alpha.$$

Für den Haftreibungskoeffizienten f_h ergibt sich somit:

$$f_h = \frac{R_h}{N} = \frac{G \cdot \sin \alpha}{G \cdot \cos \alpha} = \frac{\sin \alpha}{\cos \alpha} = \tan \alpha .$$

Den Winkel α bezeichnet man dabei als *Reibungswinkel*.

b) Gleitreibung:

Auch der Betrag R_g der Gleitreibung ist, wie der Betrag der Haftreibung, unabhängig von der Größe der Berührungsfläche und direkt proportional der Normalkraft N. Bei der Gleitreibung gilt also ebenfalls das *Coulombsche Reibungsgesetz* in der Form:

$$R_g = f_g \cdot N$$

Der Proportionalitätsfaktor f_g wird hierbei als *Gleitreibungskoeffizient* bzw. als *Gleitreibungszahl* bezeichnet. Seine Größe ist vom Material und der Oberflächenbeschaffenheit der Berührungsflächen abhängig. Bei sonst gleichen Verhältnissen ist der Gleitreibungskoeffizient stets kleiner als der Haftreibungskoeffizient. Beide haben die Dimension einer Zahl. Messen kann man den Betrag der Gleitreibung genau so wie den der Haftreibung mit dem Tribometer oder der schiefen Ebene, nur muß man dabei die Waagschale des Tribometers so belasten bzw. den Neigungswinkel der schiefen Ebene so einstellen, daß der Versuchskörper eine *gleichförmige*, also *unbeschleunigte Bewegung* (↑ Kinematik) ausführt.

c) Rollreibung:

Auch tritt nun beispielsweise ein zylindrischer(walzenförmiger) Körper auf einer Unterlage abrollt, tritt eine die Bewegung hindernde Reibung, die *Rollreibung* auf. Sie ist bei sonst gleichen Verhältnissen sehr viel kleiner als die Haft- oder Gleitreibung. Man kann sie messen

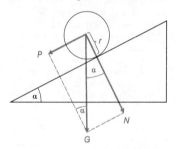

Abb.335

mit einer schiefen Ebene, deren Neigungswinkel α so eingestellt wird, daß der Körper mit konstanter Geschwindigkeit abrollt (Abb.335). Ist G der Betrag der Gewichtskraft des Körpers, dann gilt für den Betrag N der Normalkraft: $N = G \cdot \cos \alpha$ und für den Betrag P der längs der schiefen Ebene nach unten gerichteten Kraft $P = G \cdot \sin \alpha$. Das ↑ Drehmoment, das auf den Körper infolge der Erdanziehungskraft ausgeübt wird, ist aber:

$$M = P \cdot r = G \cdot r \cdot \sin \alpha$$

und das ist betragsgleich dem die rollende Bewegung hindernden reibungsbedingten Moment. Entsprechend dem Coulombschen Gesetz bei der Haft- und Gleitreibung gilt dann für den Betrag M_r des *Momentes* der Rollreibung:

$$M_r = f_r N \,.$$

Der darin auftauchende Proportionalitätsfaktor f_r wird als Rollreibungskoeffizient bezeichnet. Für f_r gilt die Beziehung:

$$f_r = \frac{M_r}{N} = \frac{G \cdot r \cdot \sin \alpha}{G \cdot \cos \alpha} = r \cdot \tan \alpha \,.$$

Im Gegensatz zum Haftreibungskoeffizienten und zum Gleitreibungskoeffizienten, die beide die Dimension einer Zahl haben, hat der Rollreibungskoeffizient die Dimension einer Länge:

$$\dim f_r = \mathrm{L} \,.$$

Für den Betrag R_r der Rollreibung selbst gilt die Beziehung:

$$R_r = \frac{M}{r} = f_r \cdot \frac{N}{r}$$

worin r der Radius des rollenden Zylinders ist. Bei sonst gleichen Verhältnissen ist der Betrag der Rollreibung somit dem Radius des abrollenden Zylinders umgekehrt proportional. Je größer der Radius, umso kleiner der Betrag der Rollreibung. Aus diesem Grund ist man bestrebt, die Räder von Fahrzeugen möglichst groß zu machen.
Da die Rollreibung bei sonst gleichen Verhältnissen, also bei gleichen Materialien und gleicher Oberflächenbeschaffenheit stets kleiner ist als die Gleitreibung, versucht man in der Technik nach Möglichkeit alle Gleitreibungsvorgänge in Rollreibungsvorgänge umzuwandeln. Das geschieht durch Verwendung von Kugel- bzw. Wälzlagern. Läßt sich die Gleitreibung jedoch nicht vermeiden, wie zum Beispiel in Zylindern von Motoren oder Dampfmaschinen, wo der Kolben an der Zylinderwand gleitet, so bringt man Schmiermittel (Öle, Schmierfette) auf die Gleitflächen, so daß die Gleitreibung zwischen Kolben und Zylinderwand durch die weitaus geringere *innere Reibung* des Schmiermittels ersetzt wird. In der folgenden Tabelle sind Haft- und Gleitreibungskoeffizienten für einige Stoffkombinationen angegeben:

Stoffpaar	Gleitreibungskoeffizient	
	trocken	geschmiert
Stahl – Stahl	0,12	0,08
Stahl – Eis	0,014	––
Stahl – Holz	0,5	0,08
Holz – Holz	0,2–0,4	0,15–0,2

	Haftreibungskoeffizient	
	trocken	geschmiert
Stahl – Stahl	0,15	0,12
Stahl – Eis	0,027	––
Stahl – Holz	0,56	0,11
Holz – Holz	0,4–0,6	0,2–0,4

2) *Innere Reibung*, der Widerstand, den die einzelnen Teilchen eines festen, flüssigen oder gasförmigen Körpers ihrer relativen Bewegung untereinander entgegensetzen. Seine Wirkung zeigt sich bei festen Körpern z.B. darin, daß ein elastisch schwingender Körper allmählich zur Ruhe kommt, also eine gedämpfte Schwingung ausführt, weil seine mechanische Schwingungsenergie durch die innere Reibung nach und nach in Wärmeenergie umgewandelt wird. Bei durch Rohrleitungen strömenden Gasen oder Flüssigkeiten bewirkt die innere Reibung eine Geschwindigkeitsverringerung in der Nähe der Rohrwandung, da direkt an der Rohrwand in der Regel eine ruhende Gas- oder Flüssigkeits-

schicht haftet, an der sich die benachbarten, strömenden Schichten reiben.

Reibungsarbeit, die ↑ Arbeit, die zur Überwindung der ↑ Reibung(skraft) erforderlich ist, die man also beispielsweise verrichten muß, wenn man einen auf einer ebenen Unterlage rollenden oder gleitenden Körper entgegen der die Bewegung hemmenden Reibungskraft in einem gleichförmigen Bewegungszustand halten will. Die Reibungsarbeit wird voll und ganz in Wärmeenergie umgewandelt.

Reibungselektrizität, Bezeichnung für die beim gegenseitigen Reiben auftretende entgegengesetzte Aufladung zweier verschiedener Isolatoren. Dabei dient die Reibung nur dazu, einen möglichst großen Teil der Körperoberflächen in enge Berührung miteinander zu bringen und so einen großen Ladungsaustausch zu erzielen (↑ Berührungselektrizität). Der Isolator mit der größeren ↑ Dielektrizitätskonstante gibt solange Elektronen an den anderen ab, bis sich die Berührungsspannung an den Berührungsstellen beider Körper ausgebildet hat.

Reichweite, die gemittelte Strecke, die eine Strahlung beim Durchgang durch Materie zurücklegt, bis ihre Energie infolge Wechselwirkung (elastische und inelastische Stöße) mit der Materie aufgebraucht ist.
Bei ↑ *Alphastrahlen* ist die Reichweite bei gleichem Absorbermaterial, gleichen äußeren Bedingungen sowie gleicher Energie der Alphateilchen gleich groß.
Für ↑ *Betastrahlen,* deren Teilchen keine einheitliche Energie besitzen, ist eine Reichweitendefinition im obigen Sinn nicht möglich. Anstelle der Reichweite führt man den Begriff der *Grenzschichtdicke* ein. Darunter versteht man diejenige Dicke einer Absorberschicht, die mindestens 99% der einfallenden Strahlung absorbiert, d.h. weniger als 1% der einfallenden Strahlung durchläßt.
Die Intensität von *Neutronen-, Gamma-* und *Röntgenstrahlen* nimmt beim Durchgang durch Materie exponentiell ab. Für Gamma- und Röntgenstrahlen gilt das ↑ Absorptionsgesetz

$$I(x) = I_0 \cdot e^{-\mu x}$$

(I_0 Anfangsintensität, μ materialabhängige Absorptionskonstante, x die von der Strahlung im Absorber zurückgelegte Strecke, $I(x)$ Intensität in der Tiefe x).
Man definiert hier als *mittlere Reichweite s* diejenige Strecke, die die Strahlung in der Materie zurücklegen muß, bis ihre Intensität auf den e-ten Teil ihrer Anfangsintensität I_0 abgesunken ist, d.h. wenn $x = s = 1/\mu$.

Rekombination (*Wiedervereinigung*), die Vereinigung von zuvor durch Energiezufuhr (z.B. durch Stoßionisation neutraler Atome) gebildeten elektrisch entgegengesetzt geladenen Teilchen zu einem elektrisch neutralen Gebilde, dessen Gesamtenergie geringer ist als die Energie der Einzelbestandteile vor der Wiedervereinigung. Die bei der Rekombination freiwerdende Energie wird entweder als kinetische Energie auf das sich bildende neutrale Teilchen übertragen oder dient als ↑ Anregungsenergie für das neugebildete Teilchen. In Form von elektromagnetischer Strahlung gibt es diese Energie wieder ab. Den sichtbaren Teil dieser Strahlung bezeichnet man als *Rekombinationsleuchten.*

Relativitätstheorie, von *Albert Einstein* begründete physikalische Theorie der Struktur von Raum und Zeit, die zu einer grundlegenden Veränderung der Anschauungen von Raum und Zeit führte und neben der ↑ Quantentheorie die bedeutendste seit Anfang des 20. Jahrhunderts entwickelte physikalische Theorie ist. Man unterscheidet die *spezielle Relativitätstheorie* (1905) und die *allgemeine Relativitätstheorie.*
Die spezielle Relativitätstheorie:
Physikalische Ereignisse werden in einem Bezugssystem beobachtet, d.h. bezüglich einer materiellen Basis, die

mit realistischen Uhren und Maßstäben ausgerüstet ist. Die mathematische Beschreibung aller Vorgänge erfolgt durch Angabe von Ortskoordinaten x_1, x_2, x_3 (bzw. x, y, z) und der Zeit(koordinate) t. Bewegt sich in einem solchen Bezugssystem ein kräftefreier Körper geradlinig und gleichförmig, d.h. mit konstanter Geschwindigkeit, so bezeichnet man ein solches System als *Inertialsystem*. Es gibt für jeden kräftefreien Körper ein Inertialsystem, in dem er als ruhend erscheint, man bezeichnet es als *Ruhsystem*. Stellt man sich nun unendlich viele Beobachter in verschiedenen Inertialsystemen vor, so ergibt sich das Problem, eine mathematische Beschreibung eines physikalischen Ereignisses zu finden, die für alle Beobachter Gültigkeit besitzt.

A. Einstein brach mit den herkömmlichen Vorstellungen, indem er forderte:
1. Es gibt kein ausgezeichnetes Inertialsystem. Alle Inertialsysteme sind gleichwertig.
2. In allen Inertialsystemen breitet sich das Licht geradlinig aus, die Lichtgeschwindigkeit im Vakuum hat in allen Systemen denselben Wert.

Als wichtigste Folgerungen der speziellen Relativitätstheorie ergaben sich:
1. Zwei in einem Inertialsystem gleichzeitige Ereignisse sind in einem anderen Inertialsystem nicht mehr gleichzeitig.
2. Kausal verbundene Ereignisse, die sich in den Zeitpunkten t_1 und t_2 an den durch die Ortsvektoren $\vec{r_1}$ und $\vec{r_2}$ im Raum festgelegten Punkte abspielen, können nur innerhalb des „*Lichtkegels*" liegen, in dem Raum- und Zeitkoordinate die Bedingung

$$c^2(t_2 - t_1)^2 - (\vec{r_2} - \vec{r_1})^2 \geqslant 0$$

erfüllen. Ein Signal kann sich demnach höchstens mit Lichtgeschwindigkeit ausbreiten.
3. Ist die Periode einer Uhr im Ruhsystem τ, dann beobachtet ein mit der Geschwindigkeit v bewegter inertialer Beobachter die Periode dieser Uhr zu

$$\tau' = \frac{\tau}{\sqrt{1 - \dfrac{v^2}{c^2}}}$$

Diese Zeitdehnung (Zeitverlangsamung) bezeichnet man als *Zeitdilatation*.
4. Werden Abstände in einem bewegten System von einem Ruhsystem gleichzeitig gemessen, so verkürzt sich die Länge l im bewegten System auf

$$l' = l \cdot \sqrt{1 - \frac{v^2}{c^2}}.$$

Dem ruhenden Beobachter erscheint eine bestimmte Entfernung im bewegten System kürzer. Diese Längenverkürzung wird als *Längenkontraktion* bezeichnet.
5. Für die Masse eines mit der Geschwindigkeit v bewegten Teilchens gilt

$$m = \frac{m_0}{\sqrt{1 - \dfrac{v^2}{c^2}}},$$

wobei m_0 die ↑ Ruhmasse des Teilchens ist.
6. Jeder Energie W entspricht eine Masse m. Energie W und Masse m sind durch die Gleichung

$$W = m \cdot c^2$$

miteinander verbunden.

Die *allgemeine Relativitätstheorie*: Grundlegend für die spezielle Relativitätstheorie ist der Begriff des „kräftefreien" Körpers und der geradlinigen Ausbreitung eines Lichtstrahls. Berücksichtigt man nun aber die immer vorhandene Gravitationswirkung, so wird der Begriff des kräftefreien Körpers fragwürdig. Auch hat man experimentell festgestellt, daß Lichtstrahlen z.B. am Sonnenrand eine Ablenkung erfahren, Licht also von einem Gravitationsfeld beeinflußt wird. Anstelle der Inertialsysteme müssen nun also beschleunigte Bezugssysteme treten. Die Theorie beschleunigter Bezugssysteme zeigt, daß die Kraft, die infolge von Gravitation auf einen Körper einwirkt, als Trägheitskraft in einem beschleunigten Bezugssystem angesehen werden kann. Durch Übergang zu anderen Koordinaten kann deshalb erreicht werden, daß sich der Körper in einem neuen System geradlinig und gleichförmig bewegt. A. Einstein stellte daher neben dem Prinzip von der Gleichheit von schwerer und träger Masse das sogenannte *lokale Äquivalenzprinzip* auf: In jedem genügend kleinen Raum-Zeit-Gebiet kann durch Einführung neuer Koordinaten ein Bezugssystem angegeben werden, in dem sich ein nur der Gravitation unterworfener Massenpunkt gleichförmig und geradlinig bewegt. Man nennt dieses Bezugssystem dann auch ein *lokal inertiales Bezugssystem*.

Demnach sind Trägheitskräfte nicht von Gravitationskräften zu unterscheiden. Die allgemeine Relativitätstheorie ist vor allem für die Vorstellung vom Aufbau des Universums von Bedeutung.

REM, Maßeinheit zur Angabe der ↑ Dosis von Neutronenstrahlen oder Strahlengemischen. 1 rem hat die gleiche *biologische* Wirkung wie 1 ↑ Röntgen (r) Gammastrahlung. REM ist als Kunstwort aus *R*öntgen *e*quivalent *m*an entstanden.

Resonanz, die ↑ erzwungene Schwingung (meist sehr großer Amplitude), die zustande kommt, wenn auf ein schwingungsfähiges physikalisches System (z.B. ein Federpendel oder einen elektromagnetischen Schwingkreis) eine periodisch sich ändernde äußere Kraft oder ein periodisch sich änderndes äußeres Feld einwirkt, deren Frequenzen gleich oder nahezu gleich einer der Eigenfrequenzen des schwingungsfähigen Systems sind. Die Amplitude einer erzwungenen Schwingung hängt außer von der Dämpfung des schwingenden

Systems in sehr starkem Maße von der Frequenz der erregenden äußeren Kraft ab. Sie erreicht ein (bei fehlender Dämpfung unendlich großes) Maximum, wenn die Frequenz f_a der äußeren Kraft mit einer Eigenfrequenz f_e des Systems übereinstimmt, wenn also gilt:

$$f_a = f_e.$$

Für $f_a < f_e$ und $f_a > f_e$ sinkt die Amplitude der erzwungenen Schwingung sehr rasch ab.

Die graphische Darstellung dieser Abhängigkeit der Amplitude der erzwungenen Schwingung von der Frequenz der erregenden äußeren Kraft wird als *Resonanzkurve* bezeichnet. In Abb. 336 ist die Resonanzkurve eines ungedämpften Systems mit nur einer Eigenfrequenz dargestellt.

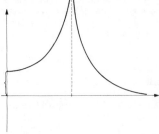

Abb. 336

Mit zunehmender Dämpfung des schwingungsfähigen Systems nimmt das Resonanzmaximum ab. Abb. 337 zeigt die Resonanzkurven ein und desselben Systems für verschieden starke Dämpfungen. Das Resonanzmaximum nimmt, wie man aus der Abbildung erkennen kann, jedoch mit zunehmender Dämpfung nicht nur ab, sondern verschiebt sich darüber hinaus auch noch nach

Abb. 337

tieferen Frequenzen hin, weil die Eigenfrequenz eines schwingungsfähigen Systems mit wachsender Dämpfung kleiner wird.

Sind f_1 und f_2 diejenigen Frequenzen der erregenden Kraft, bei denen die Amplitude der erzwungenen Schwingung nur noch die $\sqrt{2}$ten Teil ihres Maximalwertes besitzt, dann bezeichnet man ihre Differenz

$$\Delta f = |f_2 - f_1|$$

als *Resonanzbreite* des schwingungsfähigen Systems. Mit wachsender Dämpfung wird die Resonanzbreite größer (Abb.338).

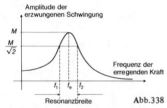

Abb.338

Resonanzerscheinungen können in ungünstigen Fällen zu mechanischen Zerstörungen führen. Man spricht dann von einer *Resonanzkatastrophe*. Zur Verhinderung von solchen Resonanzkatastrophen müssen beispielsweise die Eigenfrequenzen von Bauwerken sehr viel größer sein als die Frequenzen aller darin durch Schritte oder Maschinen erzeugten Schwingungen.

Resonanzfluoreszenz, Bezeichnung für die bei Gasen oder Dämpfen auftretende ↑ Fluoreszenz, bei der aus dem einfallenden Spektrum gerade jene Frequenzen absorbiert werden, die anschließend als Fluoreszenzlicht wieder emittiert werden. Das der Resonanzfluoreszenz von Atomen entsprechende Verhalten der Atomkerne (↑ Kern) gegenüber der ↑ Gammastrahlung, die von gleichartigen Kernen ausgestrahlt wird, bezeichnet man als Kernresonanzfluoreszenz: Die Absorberkerne absorbieren unter bestimmten Bedingungen die Gammaquanten dieser Strahlung, werden dadurch angeregt und geben wenig später die Anregungsenergie in Form eines Gammaquants gleicher Energie wieder ab. Der mit der Absorption und Emission eines Gammaquants verbundene Rückstoß (und damit verbundene Energieverlust) würde jegliche Kernresonanzfluoreszenz verhindern, wenn man die Energieverluste nicht durch geeignete Maßnahmen ausgleicht bzw. verhindert (↑ Mößbauereffekt).

Resonator, ein physikalisches System (z.B. ein ↑ Pendel oder ein elektromagnetischer ↑ Schwingkreis), das von außen mit einer seiner ↑ Eigenfrequenzen zu erzwungenen ↑ Schwingungen erregt wird.

reversibel, umkehrbar. Ein Vorgang heißt reversibel, wenn er vollständig rückgängig gemacht werden kann, ohne daß eine bleibende Veränderung der Natur zurückbleibt. Solche Vorgänge gibt es in der Natur praktisch nicht. Sie dienen als Modellvorstellung, bei der man von bestimmten Begleiterscheinungen absieht. So sind beispielsweise alle mechanischen Vorgänge reversibel, wenn man von der dabei stets auftretenden Reibung absieht. Daraus ist ersichtlich, daß ein reversibler Vorgang in desto besserer Näherung realisierbar ist, je kleiner die Begleiterscheinungen (z.B. Reibung) sind. Man spricht dann davon, daß die Reibung *vernachlässigbar* ist.

Reversionsprisma, ↑ Prisma mit rechtwinklig-gleichschenkligem Grundriß. Die parallel zur Hypotenusenfläche auf die eine der beiden Kathetenflächen treffenden Lichtstrahlen werden beim Übergang ins Innere des Prismas zur Hypotenusenfläche hin gebrochen. Dort

Abb.339

347

erfahren sie eine ↑ Totalreflexion. Sie treffen anschließend auf die zweite Kathetenfläche, werden dort beim Austritt aus dem Prisma erneut gebrochen und verlaufen daraufhin in der ursprünglichen Richtung weiter. Dabei wird die Reihenfolge von Strahlen in zur Hypotenusenfläche senkrechten Ebenen umgekehrt (Abb.339).

Rezipient, glockenförmiges Glasgefäß, in dem mit Hilfe einer ↑ Vakuumpumpe ein weitgehend luftleerer Raum hergestellt werden kann. Der Rezipient steht dabei mit seinem meist geschliffenem Rande auf einer flachen Scheibe (Luftpumpenteller), die eine Verbindung zur Vakuumpumpe besitzt.

Rheostat, Bezeichnung für elektrisches Widerstandsgerät, das hauptsächlich aus Konstantan, Manganin oder Nickelin hergestellt ist und dessen Widerstand nicht wesentlich von der Temperatur und von der Belastung abhängt.

Richardson-Gleichung, eine von *O.W. Richardson* theoretisch hergeleitete Formel, die die Abhängigkeit der Sättigungsstromstärke j_s des beim ↑ glühelektrischen Effekt aus einer Metalloberfläche emittierten Elektronenstroms von der absoluten Temperatur T an der Oberfläche und ihrer ↑ Austrittsarbeit W angibt. Es gilt

$$j_s = ne\sqrt{\frac{kT}{2\pi m}}\,e^{-\frac{W}{kT}}$$

(n Elektronendichte im emittierenden Metall, m Elektronenmasse, e Elementarladung, k Boltzmann-Konstante).

Richtgröße (*Direktionskraft, Richtvermögen, Federkonstante*), der im linearen Kraftgesetz

$$\vec{F} = -D\,\vec{x}$$

auftauchende Proportionalitätsfaktor D. Er stellt das konstante Verhältnis zwischen rücktreibender Kraft $\vec{F}$ (*Richt-*

kraft) und Auslenkung aus der Ruhelage $\vec{x}$ dar.
Dimension: dim D = dim F/dim x = = M · Z⁻². Maßeinheit: 1 Newton/Meter (N/m). Das dem Gesetz $\vec{F} = -D\vec{x}$ entsprechende lineare Kraftgesetz bei Drehbewegungen lautet:

$$\vec{M} = -D^{*}\vec{\varphi}\,.$$

Der dabei auftretende Proportionalitätsfaktor D^* stellt das konstante Verhältnis zwischen rücktreibendem Drehmoment $\vec{M}$ und Auslenkungswinkel $\vec{\varphi}$ dar. Er wird als *Winkelrichtgröße, Drehstarre, Rückstellmoment, Richtmoment* oder *Direktionsmoment* bezeichnet. Für die Dimension von D^* gilt:

$$\dim D^* = \dim M = M \cdot L^2 \cdot Z^{-2}$$

Maßeinheit: 1 Newtonmeter (Nm).

Rolle, eine der ↑ einfachen Maschinen. Man unterscheidet zwischen *fester Rolle* und *loser Rolle*.
Die *feste Rolle* dient in Kombination mit einem Seil nur zur Änderung der Kraftrichtung, nicht aber des Betrags der Kraft (Abb.340). An ihr herrscht Gleichgewicht, wenn die Beträge der auf beiden Seiten angreifenden Kräfte K u. L gleich sind. Die feste Rolle läßt sich auf einen gleicharmigen ↑ Hebel zurückführen (Kraftarm = Lastarm = Radius der Rolle).
Die *lose Rolle* hängt in der Schlaufe eines mit einem Ende an einem festen Punkt befestigten Seiles (Abb.341). In ihrer Schere hängt die Last L, die mithin von zwei Seilabschnitten getragen wird. Auf jeden Seilabschnitt wirkt nur die Hälfte der Last. An der losen Rolle herrscht also Gleichgewicht, wenn für den Betrag der Kraft K gilt:

$$K = \frac{L}{2}\,.$$

Mit der losen Rolle wird die Größe einer Kraft, nicht aber ihre Richtung verändert.

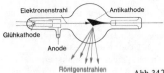

Elektronenstrahl   Antikathode
Glühkathode
Anode
Röntgenstrahlen   Abb.342

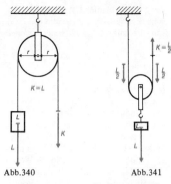

$K = \frac{L}{2}$

$K = L$

Abb.340   Abb.341

Zum Heben der Last L um den Weg h ist ein Kraftweg der Größe $s = 2 \cdot h$ erforderlich. Für die dabei aufzuwendende Arbeit W gilt:

$$W = K \cdot s = K \cdot 2 \cdot h = \frac{L}{2} \cdot 2 \cdot h = L \cdot h$$

Das ist aber gerade die Arbeit, die auch erforderlich gewesen wäre, wenn man die Last L ohne Verwendung einer losen Rolle, direkt um den Weg h gehoben hätte (Erhaltung der Energie).

römische Schnellwaage, eine ↑ Balkenwaage mit verschieden langen Armen. Die zu wiegende Last wird an den kürzeren Arm gehängt. Durch Verschieben eines *Laufgewichtes* längs des längeren Armes wird die Waage ins Gleichgewicht gebracht. Die Gewichtskraft der Last kann dabei unmittelbar auf einer am langen Arm angebrachten Skala abgelesen werden.

Röntgen, Kurzzeichen R oder r, Einheit zur Angabe der ↑ Dosis der Röntgen- und Gammastrahlung. Die Dosis einer Strahlung beträgt 1 r, wenn sie in 1,293 mg Luft Ionen (eines Vorzeichens) der Ladung $3,3356 \cdot 10^{-10}$ Coulomb erzeugt: $1\ r = 2,580 \cdot 10^{-4}$ C/kg Luft.

Röntgenröhre, nach *W.C. Röntgen* benannte Vorrichtung zur Erzeugung von ↑ Röntgenstrahlen. Röntgenröhren sind Hochvakuumröhren mit Wolframglühkathoden.

Die zwischen Glühkathode und Anode herrschende große Spannung liefert ein sogenannter *Röntgengenerator*, der die Netzspannung auf die notwendige Spannung (für medizinische Zwecke 40 kV bis 150 kV) hinauftransformiert. Die in der Hochspannung U beschleunigten Elektronen läßt man auf eine schräggestellte sogenannte *Antikathode* prallen.

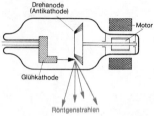

Drehanode
(Antikathode)
Motor
Glühkathode
Röntgenstrahlen   Abb.343

Beim Eindringen in das Antikathodenmaterial verlieren zwar die meisten Elektronen ihre Energie in einer Vielzahl ionisierender Stöße, die letztlich zu einer Erwärmung der Antikathode führen, einige Elektronen erfahren jedoch beim Durchgang durch ein Atom eine Abbremsung in Coulombfeld des Kerns, wobei der Energieverlust des Elektrons in Form eines Röntgenquants emittiert wird. Wegen der auftretenden Wärmeentwicklung wird die Antikathode gekühlt oder als Drehanode ausgebildet, so daß der Elektronenstrahl nicht immer die gleiche Stelle trifft (Abb. 343).

Röntgenstrahlen (*X-Strahlen, X-rays*), extrem kurzwellige energiereiche ↑ elektromagnetische Strahlen. Ihre Wellenlänge liegt etwa zwischen 10^{-8} m und 10^{-12} m, das entspricht einem Frequenzbereich von $3 \cdot 10^{16}$ Hz bis $3 \cdot 10^{20}$ Hz. Das Röntgenspektrum reicht daher vom kürzesten Ultraviolett bis in den Bereich der ↑ Gammastrahlen. Die Energie der Röntgenstrahlen liegt zwischen 10^2 eV und 10^6 eV.

Je nach Art der Entstehung unterscheidet man (Röntgen-)*Bremsstrahlen* und *charakteristische Röntgenstrahlen* (auch *Eigenstrahlung* oder *Röntgenlinienstrahlung*).

1) *Röntgenbremsstrahlung* (Abb.344) entsteht bei der Abbremsung eines schnellen geladenen Teilchens (z.B. eines Elektrons), wenn dieses im ↑ Coulombfeld eines anderen geladenen Teilchens (z.B. Atomkern) abgelenkt wird.

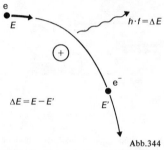

Abb.344

Bei dieser Abbremsung wird ein ↑ Photon ausgesandt, dessen Energie $h \cdot f$ (h Plancksches Wirkungsquantum, f Frequenz der Röntgenstrahlung) gerade so groß ist wie der Energieverlust ΔW des abgebremsten Teilchens. Da hierbei alle Energieverluste möglich sind, erhält man ein kontinuierliches ↑ Spektrum, das *Bremsspektrum* genannt wird. Das schnelle geladene Teilchen kann maximal seine gesamte kinetische Energie verlieren, weshalb die Photonenenergie und daher die Frequenz der Bremsstrahlung eine obere und die Wellenlänge eine untere kurzwellige Grenze besitzt.

Für die *Grenzfrequenz* f_{max} gilt

$$f_{max} = \frac{W_{kin}}{h} = \frac{q \cdot U}{h}.$$

Darin ist q die Ladung des abgebremsten Teilchens, das die Beschleunigungsspan-

nung U durchlaufen hat, um die kinetische Energie W_{kin} zu erreichen.

Für die zugehörige *Grenzwellenlänge* gilt

$$\lambda_{min} = \frac{c}{f_{max}} = \frac{c \cdot h}{q \cdot U}$$

(c Lichtgeschwindigkeit).

Die *Intensität* der Bremsstrahlung ist dem Produkt der Quadrate der Ladungen von einfallendem und ablenkendem Teilchen direkt und dem Quadrat der Masse des einfallenden Teilchens indirekt (umgekehrt) proportional. Wegen dieser starken Massenabhängigkeit ist praktisch nur die *Elektronen-Bremsstrahlung* von Bedeutung, die bei der Abbremsung schneller Elektronen im Coulombfeld des Atomkerns entsteht (1895 von *W.C. Röntgen* in Würzburg entdeckt).

In einer ↑ Röntgenröhre werden aus einer Glühkathode (Abb.345) austretende Elektronen in einem zwischen ihr und einer Anode herrschenden starken elektrischen Feld beschleunigt. Die beim Aufprallen der schnellen Elektronen auf die Anode entstehende Röntgenbremsstrahlung hat maximal die Frequenz

$$f_{max} = \frac{e \cdot U}{h}$$

(e Elektronenladung, U Spannung zwischen Glühkathode und Anode).

2) *Charakteristische Röntgenstrahlung (Eigenstrahlung, Röntgenlinienstrahlung)* entsteht bei Übergängen zwischen den *kernnächsten* Quantenzuständen der Atome. Schlägt ein schnelles Elektron zum Beispiel ein Hüllenelektron aus der innersten Schale (*K*-Schale; ↑ Atommodelle) heraus, so fällt ein Elektron aus einer äußeren Schale in die freigewordene Lücke. Dabei wird ein Photon emittiert, dessen Energie der Energiedifferenz zwischen den beiden Schalen entspricht. Bei diesen Übergängen sind nicht beliebige, sondern nur ganz bestimmte (*diskrete*) Energiedifferenzen möglich. Die Frequenz der

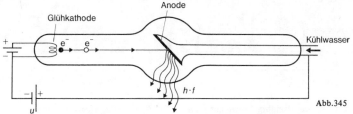

Abb.345

charakteristischen Röntgenstrahlung kann nur ganz bestimmte Werte annehmen, man erhält im Gegensatz zur Bremsstrahlung kein zusammenhängendes (kontinuierliches) sondern ein *getrenntes* (*diskretes*) *Spektrum*, das *Röntgenlinienspektrum* genannt wird. Die Lage der scharf getrennten Spektrallinien ist charakteristisch für das sie aussendende Atom und damit für das Material, auf das man schnelle Elektronen aufprallen läßt. Je nach Lage des Endzustandes des aus einer äußeren Schale in eine innere Schale fallenden Elektrons unterscheidet man zwischen *K-Serie, L-Serie, M-Serie* usw. Eine Serie besteht aus mehreren *Spektrallinien*, die mit den Indizes α, β, γ und δ bezeichnet werden. Als K_α-Linie (K_β-Linie) bezeichnet man die Spektrallinie, die entsteht, wenn ein Elektron aus der L-Schale (M-Schale) in die K-Schale fällt (Abb.346).

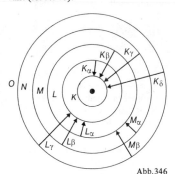

Abb.346

Ist Z die Kernladungszahl (↑ Kern) des die charakteristische Röntgenstrahlung emittierenden Atoms, so gilt für die Frequenzen der K-Linien das *Moseleysche Gesetz*

$$\sqrt{f} = A(Z - s) \ ,$$

wobei A und s material- und linienabhängige Konstanten sind.
Die einzelnen Linien besitzen zudem noch meist komplizierte *Feinstrukturen*.

Rotationsenergie, die ↑ kinetische Energie eines sich drehenden (rotierenden) Körpers, also diejenige ↑ Energie, die ein rotierender Körper aufgrund seiner Drehbewegung besitzt. Für die Rotationsenergie W_{rot} gilt die Beziehung:

$$W_{\mathrm{rot}} = \frac{1}{2} J \omega^2$$

(J ↑ Trägheitsmoment des rotierenden Körpers bezüglich seiner Drehachse, ω ↑ Winkelgeschwindigkeit des rotierenden Körpers).

Rubenssches Flammenrohr, Vorrichtung zur Sichtbarmachung stehender Schallwellen. Ein waagrecht liegendes dünnes Metallrohr (Abb.347) ist an seiner Oberseite längs der Achsenrichtung mit kleinen Löchern von untereinander gleichem Durchmesser versehen. Das eine Rohrende ist mit einer dünnen Membran M, das andere mit einem verschiebbaren Kolben K verschlossen. Ein durch eine Einlaßöffnung E in das Rohrinnere geleitetes brennbares Gas strömt durch die Löcher auf der Oberseite aus und kann dort entzündet werden. Es zeigt sich eine Reihe gleichgroßer Flammen. Bringt man in der Nähe

351

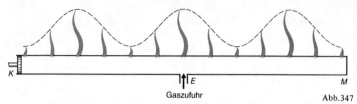

Gaszufuhr

Abb.347

des mit der Membran verschlossenen Rohrendes eine Schallquelle zum Ertönen, so kann man es durch geeignetes Verschieben des Kolbens erreichen, daß sich im Rohrinneren eine ↑ stehende Welle herausbildet. Ihre Form, insbesondere der Abstand ihrer ↑ Druckbäuche, ist aus der Höhe der einzelnen Gasflämmchen erkennbar. An den Druckmaxima brennen die Flammen besonders hoch, während an den Druckminima nur kleine Flämmchen zu beobachten sind. Eine andere Vorrichtung zur Sichtbarmachung stehender Wellen ist die ↑ Kundtsche Röhre.

Rückstellkraft (*Richtkraft, Direktionskraft*), diejenige ↑ Kraft, die ein physikalisches System (z.B. ein Massenpunkt im Schwerefeld oder eine elektrische Ladung im elektrischen Feld) erfährt, wenn es aus einer stabilen Gleichgewichtslage (*Ruhelage*) herausgebracht wird. Die Rückstellkraft ist bestrebt, das System wieder in diese stabile Gleichgewichtslage zurückzubringen. Eine durch die Schwerkraft bewirkte Rückstellkraft erfährt beispielsweise ein aus seiner Ruhelage herausgebrachtes ↑ Pendel. Häufig ist der Betrag $F_{rück}$ der Rückstellkraft direkt proportional der Auslenkung x des betrachteten Körpers oder Systems aus der stabilen Gleichgewichtslage. In einem solchen Falle spricht man von einem *linearen Kraftgesetz*. Es gilt dann:

$$F_{rück} = D \cdot x \ .$$

Der in dieser Beziehung auftretende Proportionalitätsfaktor D wird als

↑ *Richtgröße, Richtvermögen* oder *Direktionsvermögen* (bei Federn auch als ↑ *Federkonstante*) bezeichnet.

Wirkt auf einen Körper eine Rückstellkraft, die einem derartigen linearen Kraftgesetz gehorcht, so vollführt er, wenn man ihn aus seiner Ruhelage herausbringt und dann sich selbst überläßt, eine harmonische ↑ Schwingung.

Rückstoß, die Kraft, die gemäß dem Satz von der Erhaltung des Impulses (↑ Impulssatz) auf einen Körper ausgeübt wird, von dem aus eine Masse mit einer bestimmten Geschwindigkeit ab- oder ausgestoßen wird. Ein Rückstoß wird beispielsweise auf eine Rakete ausgeübt, wenn die Brenngase ausgestoßen werden, oder auf ein Wassergefäß, wenn aus ihm Wasser herausströmt.

Ruhenergie, die Energie W_0, die der ↑ Ruhmasse m_0 nach der Einsteinschen Äquivalenz von Masse und Energie entspricht. Es gilt

$$W_0 = m_0 \cdot c^2$$

(c Vakuumlichtgeschwindigkeit).

Ruhmasse (*Ruhemasse*), die Masse, die ein Körper in einem Bezugssystem besitzt, bezüglich dessen er ruht (↑ Massenveränderlichkeit).

Rydberg-Konstante, Formelzeichen R, grundlegende, in den Serienformeln für Spektrallinien auftretende atomphysikalische Konstante, für die gilt

$$R = \frac{m \cdot e^4}{8\epsilon_0^2 h^3 \cdot c} = 1{,}0973731 \cdot 10^7 \text{m}^{-1}$$

(e Elementarladung, m Elektronenmasse, h Plancksches Wirkungsquantum, c Lichtgeschwindigkeit, ϵ_0 Dielektrizitätskonstante des Vakuums).

Dieser auch mit R_∞ bezeichnete Wert gilt streng genommen nur für unendlich schwere Atomkerne. Bei einem Kern der Masse M ist die Elektronenmasse m durch den Wert

$$\frac{mM}{m + M}$$

zu ersetzen. So ergibt sich beispielsweise für Wasserstoffatome der Wert $R_H = 1{,}0967758 \cdot 10^7 \, \text{m}^{-1}$ († Balmerserie).

Saite, linearer (eindimensionaler) Schallgeber in Form eines Fadens aus Metall, zusammengedrehten Därmen, Seide oder dgl., dessen Längenausdehnung groß ist gegenüber der Querausdehnung (Durchmesser). Um die zum Schwingen erforderliche Elastizität zu erhalten, muß die Saite zunächst durch eine Kraft vorgespannt und dann unter dieser Vorspannung an beiden Enden fest eingespannt werden. Eine so eingespannte Saite vermag Schwingungen sowohl in Richtung ihrer Längsausdehnung (*Longitudinalschwingungen*) als auch senkrecht dazu (*Transversalschwingungen*) auszuführen. Von Bedeutung für die Schallerzeugung sind lediglich die Transversalschwingungen. Erregt man eine Saite durch Zupfen, Streichen, Anschlagen, Anblasen oder dgl. zum Schwingen, so bilden sich auf ihr stehende Wellen heraus. An den beiden eingespannten Enden treten dabei naturgemäß Bewegungsknoten auf, weil die Saite dort nicht schwingen kann. Es handelt sich also um sogenannte feste Enden. Zur Ausbildung von stehenden Wellen zwischen zwei festen Enden kommt es aber nur, wenn der Abstand der beiden Enden, die Saitenlänge l also, gleich der halben Wellenlänge ($\lambda/2$) oder einem ganzzahligen Vielfachen von $\lambda/2$ ist (↑ stehende Welle), wenn also gilt:

$$l = n \cdot \frac{\lambda}{2} \quad \text{mit } n = 1,2,3,\ldots$$

(Abb. 348). Daraus ergibt sich für die Wellenlängen der stehenden Wellen:

$$\boxed{\lambda = \frac{2\,l}{n}} \quad \text{mit } n = 1,2,3,\ldots$$

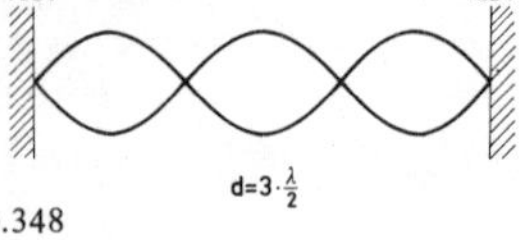

$d = 3 \cdot \frac{\lambda}{2}$

Abb. 348

Aufgrund der zwischen Wellenlänge λ, Frequenz f und Ausbreitungsgeschwindigkeit c einer Welle bestehenden Beziehung $f \cdot \lambda = c$ ergibt sich für die Frequenzen der stehenden Wellen und damit der Eigenschwingungen der Saite:

$$\boxed{f = \frac{n\,c}{2\,l}} \quad \text{mit } n = 1,2,3,\ldots$$

Für die Ausbreitungsgeschwindigkeit c einer Transversalwelle längs einer Saite gilt:

$$\boxed{c = \sqrt{\frac{F}{A \cdot \rho}}}$$

(F spannende Kraft, A Querschnittsfläche der Saite, ρ Dichte des Saitenmaterials).

Daraus ergibt sich für die Frequenzen der Eigenschwingungen einer Saite die Beziehung:

$$f = \frac{n}{2\,l} \sqrt{\frac{F}{A \cdot \rho}} \quad \text{mit } n = 1,2,3,\ldots$$

Für $n = 1$ erhält man die sogenannte *Grundfrequenz*, die Frequenz des *Grundtones* der Saite. Für sie gilt:

$$\boxed{f_0 = \frac{1}{2\,l} \sqrt{\frac{F}{A \cdot \rho}}} \cdot$$

Diese Grundfrequenz ist also umso höher, je kürzer die Saite ist oder je größer die spannende Kraft ist. Für $n = 2,3,4,\ldots$ erhält man die Frequenzen der den Grundton einer Saite stets begleitenden ganzzahligen Vielfachen der Grundfrequenz (*Obertöne*). Reibt man eine Saite in Längsrichtung, so führt sie Longitudinalschwingungen aus. Für die Frequenz f_0 der dabei auftretenden Grundschwingung gilt die Beziehung:

$$\boxed{f_0 = \frac{1}{2 \cdot l} \sqrt{\frac{E}{\rho}}}$$

(*l* Länge der Saite, *ρ* Dichte des Saitenmaterials, *E* Elastizitätsmodul des Saitenmaterials).
Auch hierbei treten außer der Grundschwingung noch harmonische Oberschwingungen auf.

Sammellinse, ↑ Linse, durch die parallel zur optischen Achse einfallenden Strahlen so gebrochen werden, daß sie sich nach Durchgang durch die Linse in einem Punkt der optischen Achse, dem sogenannten ↑ Brennpunkt schneiden.

Sättigungsdampfdruck, der Druck eines Dampfes der sich mit seiner Flüssigkeit im *thermodynamischen Gleichgewicht* befindet. Er ist außer vom betreffenden Stoff im starken Maße von der Temperatur abhängig. Er steigt mit wachsender Temperatur. Eine Flüssigkeit siedet, wenn der Dampfdruck gleich dem über ihrer Oberfläche herrschenden (Luft-) Druck ist. Je geringer dieser Druck, umso niedriger ist die Siedetemperatur, je größer dieser Druck, umso höher ist die Siedetemperatur.

Schalenkreuzanemometer, Gerät zur Messung der Windgeschwindigkeit. Ein um eine senkrechte Achse drehbares Kreuz aus drei oder vier halbkugelförmigen Schalen wird durch den Wind in Drehung versetzt. Die dabei erreichte Drehgeschwindigkeit ist proportional der Windgeschwindigkeit. Diese kann unmittelbar auf einer geeichten Skala abgelesen werden.

Schall, mechanische Schwingungen mit Frequenzen zwischen 16 Hz und 20000 Hz (*Hörbereich*), die sich in einem elastischen Medium vorwiegend in Form von ↑ Longitudinalwellen fortpflanzen und im menschlichen Gehör einen Sinneseindruck hervorrufen können. Mechanische Schwingungen und Wellen mit Frequenzen unterhalb von 16 Hz werden als ↑ *Infraschall*, oberhalb von 20 000 Hz als ↑ *Ultraschall* bezeichnet. Die vielgestaltigen Formen eines Schalls lassen sich in vier Gruppen einteilen: *Ton, Klang, Geräusch, Knall.*

Der *Ton* ist das einfachste Schallereignis. Er wird durch eine Sinusschwingung (harmonische Schwingung) verursacht. Die *Tonhöhe* hängt von der *Frequenz,* die *Tonstärke* von der *Amplitude* dieser harmonischen Schwingung ab. Je höher die Frequenz, desto höher der Ton, je größer die Amplitude, desto stärker der Ton.
Der *Klang* stellt ein Gemisch von Tönen dar, deren Frequenzen ganzzahlige Vielfache der Frequenz des tiefsten im Tongemisch vorhandenen Tones, des sogenannten *Grundtones* sind. Die Frequenz dieses Grundtones bestimmt dabei die empfindungsmäßige Klanghöhe.
Als *Geräusch* bezeichnet man ein Gemisch zahlreicher Töne rasch wechselnder Frequenz und rasch wechselnder Stärke.
Der *Knall* wird hervorgerufen durch eine schlagartig einsetzende, sehr kurz andauernde mechanische Schwingung großer Amplitude.
Beim Schall treten wie bei allen Wellen ↑ Beugung, ↑ Brechung, ↑ Absorption, ↑ Interferenz, ↑ Reflexion auf, man spricht dabei von *Schallbeugung, Schallbrechung* usw. Die physikalischen Eigenschaften des Schalls werden durch die ↑ *Schallfeldgrößen* charakterisiert, *Schallquellen* werden auch als ↑ *Schallgeber* bezeichnet.

Schallanalyse (*Schallspektroskopie*), die Zerlegung eines Schalls in seine sinusförmigen Bestandteile, d.h. in seine *Teiltöne*. Es handelt sich dabei um die *harmonische Analyse* einer Zusammengesetzten Schwingung, d.h. um die Zerlegung der Schallschwingung in ihre harmonischen (sinusförmigen) Teilschwingungen, aus denen sie sich zusammensetzt. Ziel der Schallanalyse ist die Registrierung der einzelnen Teiltöne (Teilschwingungen) nach *Tonhöhe (Frequenz)* und *Tonstärke (Amplitude).* Das Ergebnis der Schallanalyse wird in der Regel in Form eines *Frequenz-Schalldruck-Diagramms* aufgezeichnet (↑ Schallspektrum).

Schallaufzeichnung, Speicherung von Schallvorgängen für eine spätere Wiedergabe. Man unterscheidet dabei *mechanische, elektromechanische, magnetische* und *photographische* Verfahren. Bei der *mechanischen Schallaufzeichnung* versetzt der Schall eine dünne Platte in erzwungene, der Schallschwingung entsprechende Schwingungen. Mit der Platte fest verbunden ist ein spitzer Stift, der im Rhythmus der Plattenschwingungen schwingt, dabei gräbt er eine der Schwingung entsprechende Furche in eine sich unter ihm drehende Wachswalze oder Wachsplatte.

Das Aufnahmegerät kann gleichzeitig auch als Wiedergabegerät verwendet werden, wobei der eben beschriebene Vorgang in umgekehrter Reihenfolge abläuft.

Bei diesem heute veralteten Verfahren läßt sich nur eine sehr geringe Klangtreue erreichen (Abb. 349).

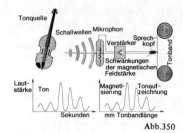

Abb.350

Bei der Wiedergabe läuft dasselbe Band an einem *Hörkopf* vorbei, in dem durch die verschieden starke Magnetisierung eine elektrische Wechselspannung induziert wird, die wiederum verstärkt wird und von einem Lautsprecher als Schall wieder abgestrahlt wird.

Bei der *photographischen Schallaufzeichnung* nach dem *Intensitätsverfahren* werden die Schallschwingungen mit Hilfe eines Mikrophons in elektrische Schwingungen umgewandelt. Diese gelangen über einen Verstärker zu einer ↑Kerrzelle, worin sie unter Ausnutzung des Kerr-Effektes in Helligkeitsschwankungen eines Lichtstrahls umgewandelt werden. Der Lichtstrahl fällt auf einen vorbeilaufenden Filmstreifen und schwärzt ihn je nach Helligkeit verschieden stark (Abb. 351). Bei der Wiederga-

Abb.349

Die *elektromechanische Schallaufzeichnung* ähnelt im Prinzip dem mechanischen Verfahren. Der Stift, der die Schallspur in die Wachsplatte gräbt, wird hierbei allerdings nicht vom Schall direkt gesteuert, sondern auf dem Umweg über elektrische Schwingungen.

Auch bei der *magnetischen Schallaufzeichnung* werden die Schallschwingungen zunächst mit Hilfe eines ↑ Mikrophons in elektrische Schwingungen umgewandelt. Diese werden verstärkt und erzeugen in einem *Aufnahmekopf* ein im Rhythmus der Schallschwingungen wechselndes Magnetfeld. Dadurch wird ein am Aufnahmekopf vorbeilaufendes, mit einer dünnen Schicht eines magnetisierbaren Materials bedecktes Kunststoffband (*Magnetophonband, Tonband*) verschieden stark magnetisiert (Abb. 350).

Abb.351

be wird der Film zwischen einer Photozelle und eine auf sie gerichteten Lichtquelle vorbeibewegt. Die verschieden starken Schwärzungen des Filmes verursachen verschieden starke Intensitäten des auf die Photozelle fallenden Lichtstrahls. Diese Helligkeitsschwankungen werden in elektrische Schwingungen umgewandelt, die über einem Verstärker zu einem Lautsprecher gelangen (Abb. 352).

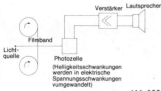

Verstärker Lautsprecher

Filmband

Licht-
quelle

Photozelle

(Helligkeitsschwankungen
werden in elektrische
Spannungsschwankungen
vumgewandelt)

Abb.352

Bei der *photographischen Schallaufzeichnung* nach dem *Amplitudenver-
fahren* werden die Schallschwingungen
zunächst ebenfalls in elektrische Schwingungen umgewandelt. Diese steuern
durch die von ihnen erzeugten elektromagnetischen Kräfte einen auf einer
dünnen Drahtschleife (*Oszillographen-
schleife*) angebrachten Spiegel. Über
diesen im Rhythmus des aufzuzeich-
nenden Schalls schwingenden Spiegel
wird ein Lichtband auf einen vorbeilaufenden Filmstreifen reflektiert. Je
nach der jeweiligen Stellung des Spiegels wird dabei ein schmäleres oder
breiteres Stück des Filmbandes belich-
tet (Abb. 353).

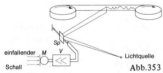

Sp

einfallender M V

Schall   Lichtquelle

Abb.353

Schallausschlag, Formelzeichen y, der
zeitlich und örtlich veränderliche Abstand der schwingenden Teilchen des
Ausbreitungsmediums von ihrer Ruhelage.
Dimension: dim y = L (↑ Schallfeldgrößen).

Schalldichte, Formelzeichen w, die mittt-
lere räumliche Energiedichte in einer
Schallwelle, d.h. der Quotient aus dem
zeitlichen Mittel der Schallenergie in
einem bestimmten Raumgebiet und
dem Volumen dieses Raumgebiets.
Dimension: dim Schalldichte

$$= \frac{\text{dim Energie}}{\text{dim Volumen}} = M\,L^{-1}\,Z$$

(↑ Schallfeldgrößen).

Schalldruck (*Schallwechseldruck*), Formelzeichen p, der bei einer Schallwelle
durch die schwingenden Teilchen im
Ausbreitungsmedium verursachte Wechseldruck. In der Regel verwendet man
die Bezeichnung Schalldruck für die
Schalldruckamplitude.
Dimension: dim p = M · L^{-1} · Z^{-2}.
Gemessen wird der Schalldruck in Mi-
krobar (μbar), wobei gilt: 1 μbar =
= 1 dyn/cm^2 = 0,1 Pa (↑ Druck). Im
menschlichen Ohr vermag bereits ein
Schalldruck von 0,0002 μbar =
= 0,000 02 Pa eine Gehörempfindung
hervorzurufen. Ein Schalldruck von
100 μbar = 10 Pa verursacht dagegen
schon   eine   Schmerzempfindung
(↑ Schallfeldgrößen).

Schalleistung, Quotient aus der gesamten von einer Schallquelle ausgestrahlten ↑ Energie und der Zeit, während
der die Ausstrahlung erfolgt:

$$\text{Schalleistung} = \frac{\text{Schallenergie}}{\text{Zeit}}$$

Eine Schallquelle hat die Schalleistung
1 Watt, wenn von ihr in 1 Sekunde eine
Energie von 1 Joule abgestrahlt wird.
In der folgenden Tabelle sind die Leistungen einiger Schallquellen in Watt
angegeben:

Unterhaltungssprache	0,000 007
Spitzenleistung der menschlichen Stimme	0,002
Geige (fortissimo)	0,001
Flügel (fortissimo)	0,2
Trompete (fortissimo)	0,3
Orgel (Volles Werk)	1 - 10
Pauke (fortissimo)	10
Großlautsprecher	100

Schallempfänger, Geräte, mit denen
Schallschwingungen aufgenommen und
in Schwingungen anderer Energieformen umgewandelt werden können. Von
praktischer Bedeutung sind dabei diejenigen Schallempfänger, die die Schallschwingungen in elektrische Schwingungen umwandeln. Sie heißen ↑ Mikro-
phone und spielen insbesondere bei der

Schallmessung, der ↑ Schallaufzeichnung, der Schallübertragung und der ↑ Schallanalyse eine bedeutende Rolle.

Schallfeld, von Schallwellen erfülltes Raumgebiet. In hinreichend großer Entfernung von einer Schallquelle können die Schallwellen als ebene Wellen betrachtet werden, als Wellen also, bei denen die in gleicher Phase schwingenden Teilchen des Ausbreitungsmediums auf zueinander parallelen Ebenen liegen. In einem solchen Fall spricht man von einem *ebenen Schallfeld*. Physikalisch beschrieben wird ein Schallfeld durch die sogenannten ↑ Schallfeldgrößen.

Schallfeldgrößen, die ein Schallfeld charakterisierenden physikalischen Größen ↑ Schallausschlag y, ↑ Schallschnelle v, ↑ Schallstärke I, ↑ Schalldruck p und ↑ Schalldichte w. Bei ebenen Schallfeldern, d.h. in hinreichender Entfernung von der Schallquelle, genügt die Angabe einer einzigen dieser Schallfeldgrößen, da sich die anderen dann rechnerisch ermitteln lassen. Sei etwa der *Schallausschlag y* gegeben. Bei einer harmonischen Schwingung (bei einem *Ton*) gilt z.B.:

$$y = A \cdot \sin\left[2\pi f\left(t - \frac{x}{c}\right)\right]$$

(*A* Maximum des Schallausschlags, (Bewegungsamplitude), *f* Frequenz, *c* Schallgeschwindigkeit, *x* Entfernung von der Schallquelle, *t* Zeit).
Die *Schallschnelle v* ergibt sich durch Differentiation des Schallausschlags *y* nach der Zeit:

$$v = \frac{dy}{dt}.$$

Bei einem Ton gilt dann:

$$v = 2\pi f A \cos\left[2\pi f\left(t - \frac{x}{c}\right)\right]$$

Der *Schalldruck p* ist das Produkt aus Schallschnelle *v* und dem *Schallwellenwiderstand* (Schallkennimpedanz) $W_0 = \rho c$:

$$p = \rho c v$$

bei einem Ton also:

$$p = \rho c \cdot 2\pi f A \cos\left[2\pi f\left(t - \frac{x}{c}\right)\right]$$

wobei die Amplitude des Schalldrucks $p_0 = 2\pi \rho c f A$.
Die *Schallstärke* (Schallintensität) I ergibt sich schließlich als

$$I = \frac{1}{2} \cdot \frac{p_0^2}{\rho c} = \frac{1}{2}\rho c (2\pi f)^2 A^2$$

ist also nicht, wie die anderen Schallfeldgrößen, orts- und zeitabhängig. Das Produkt aus der durch eine Fläche (Flächeninhalt *A*) hindurchtretenden Schallstärke mit der Fläche selbst ist die Schalleistung.
Die *Schalldichte w*, also die Energiedichte des Schallfelds, ergibt sich zu

$$w = \frac{1}{2}\rho \, \overline{v^2}$$

also bei einem Ton:

$$w = \frac{1}{4}\rho v_0^2 = \rho \, (\pi f)^2 \cdot A^2.$$

Schallgeber (*Schallquellen*), alle Körper mit der Fähigkeit zu mechanischen Schwingungen im Frequenzbereich zwischen 16 Hz und 20 000 Hz (↑ Hörbereich), die im menschlichen Gehör eine Schallempfindung hervorrufen können. Es kann sich dabei um *feste, flüssige* oder *gasförmige* Körper handeln. Von praktischer Bedeutung sind jedoch nur feste Schallquellen (wie z.B. schwingende Stäbe, ↑ Saiten oder Platten) und gasförmige Schallquellen (wie z.B. schwingende Luftsäulen in ↑ Pfeifen). Außer den auf mechanische Wege erregten Schallquellen (dazu gehören die meisten Musikinstrumente) gibt es auch elektrisch erregte Schallquellen. Bei ihnen wird ein schwingungsfähiger Körper (z.B. eine Lautsprechermembran oder ein Schwingquarz) durch einen schallfrequenten Wechselstrom zu erzwungenen Schwingungen erregt. Die Frequenz des schwingenden Körpers stimmt dabei nach kurzer Einschwingzeit mit der Frequenz des erregenden Wechselstromes überein. Bei einem magnetostriktiven Schallgeber wird die Erscheinung ausgenutzt, daß ein ferromagnetischer Stab beim Magnetisieren eine Längenänderung erfährt, die von Stärke und Richtung des ihn magnetisierenden Magnetfeldes abhängt. Bringt man einen solchen Stab in das Innere einer von einem elektrischen Wechselstrom durchflossenen Spule, so beginnt er wegen der ständigen Ummagnetisierung mit der Frequenz des Wechselstromes zu schwingen und strahlt dabei von seinen Stirnflächen Schall ab. Bei einem *piezoelektrischen* Schallgeber wird die Erscheinung ausgenutzt, daß ein Quarzkristall in einem elektrischen Feld eine Längenänderung erfährt, die von Stärke und Richtung des Feldes abhängt (↑ *piezoelektrischer Effekt*). Bringt man einen solchen Quarzkristall zwischen die Platten eines ↑ Kondensators, an dem eine elektrische Wechselspannung liegt, so beginnt er mit der Frequenz dieser Wechselspannung zu schwingen und strahlt dabei Schall ab.

Schallgeschwindigkeit, diejenige Geschwindigkeit, mit der sich Schallwellen in festen, flüssigen oder gasförmigen Ausbreitungsmedien fortpflanzen. Im allgemeinen ist sie in Gasen kleiner als in Flüssigkeiten und in Flüssigkeit kleiner als in festen Körpern. Außer vom Material des Ausbreitungsmediums ist die Schallgeschwindigkeit insbesondere bei flüssigen und gasförmigen Körpern auch von Temperatur und Druck abhängig. Dagegen besteht im allgemeinen keine Frequenzabhängigkeit, das heißt, bei der Schallausbreitung tritt keine ↑ Dispersion auf.

Schallgeschwindigkeit in festen Körpern
Für die Ausbreitung longitudinaler Schallwellen in stabförmigen festen Körpern gilt die Beziehung:

$$c = \sqrt{\frac{E}{\rho}}$$

(c Schallgeschwindigkeit, E Elastizitätsmodul, ρ Dichte des Stabmaterials).

In der folgenden Tabelle sind die Schallgeschwindigkeiten longitudinaler Wellen für einige stabförmige Körper angegeben:

Stoff	Schallgeschwindigkeit in $\frac{m}{s}$
Aluminium	5 240
Blei	1 250
Eisen	5 170
Elfenbein	3 000
Glas	5 000
Messing	3 420
Tannenholz	5 260

Schallgeschwindigkeit in flüssigen Körpern
Die Schallgeschwindigkeit von longitudinalen Schallwellen in Flüssigkeiten ergibt sich aus der Beziehung:

$$c = \sqrt{\frac{1}{\rho \cdot \alpha}}$$

(α adiabatische Kompressibilität, ρ Dichte des Materials).
(Die angeführte Formel gilt streng nur dann, wenn die Schallausbreitung ↑ adiabatisch erfolgt.)
In der folgenden Tabelle sind die Schallgeschwindigkeiten in einigen Flüssigkeiten angegeben:

Stoff	Schallgeschwindigkeit in m/s bei 15°C
Alkohol	1 170
Ammoniak	1 663
Kochsalzlösung (20%)	1 600
Petroleum	1 326
Quecksilber	1 430
Wasser	1 464

Schallgeschwindigkeit in Gasen
Für die Schallgeschwindigkeit longitu-

dinaler Schallwellen in Gasen gilt unter Annahme einer adiabatischen Ausbreitung:

$$c = \sqrt{\frac{c_p}{c_v} \cdot \frac{p}{\rho}} = \sqrt{\frac{c_p}{c_v} \cdot \frac{R\,T}{M}}$$

(p Druck des Gases, c_p, c_v spezifische Wärmekapazität des Gases bei konstantem Druck bzw. Volumen, ρ Dichte des Gases, R universelle ↑ Gaskonstante, T Temperatur des Gases in Kelvin, M Molmasse des Gases).
In der folgenden Tabelle sind die Schallgeschwindigkeiten in einigen Gasen bei einer Temperatur von 0°C und einem Druck von 760 Torr = 101 325 Pa angegeben:

Stoff	Schallgeschwindigkeit
Helium	965
Luft	331
Sauerstoff	316
Stickstoff	334
Wasserstoff	1284

Zur *Messung der Schallgeschwindigkeit* verwendet man häufig die Beziehung:

$$c = f \cdot \lambda$$

(f Frequenz, λ Wellenlänge).

Schallkennimpedanz (*Schallwellenwiderstand*), Formelzeichen W_0, Quotient aus ↑ Schalldruck p und ↑ Schallschnelle v in einem ebenen Schallfeld.
Dimension: dim W_0 = dim p/dim v = = $M \cdot L^{-2} \cdot Z^{-1}$.
Tritt im betrachteten Ausbreitungsmedium keine ↑ Absorption von Schallenergie auf, so gilt:

$$W_0 = \frac{p}{v} = \rho \cdot c$$

(ρ Dichte des Ausbreitungsmediums, c Schallgeschwindigkeit im Ausbreitungsmedium).
Diese Beziehung wird wegen ihrer äußeren Ähnlichkeit mit dem ↑ Ohmschen

Gesetz der Elektrizitätslehre als *Ohmsches Gesetz für die Schallschnelle* bezeichnet. *Einheit* der Schallkennimpedanz ist

$$1 \frac{g}{cm^2\,s} = 1 \frac{\mu bar}{cm \cdot s}.$$

In der folgenden Tabelle sind die Schallkennimpedanzen einiger Stoffe bei 20°C angegeben:

Stoff	Schallkennimpedanz in $g/cm^2\,s$
Wasserstoff	11,0
Luft	41,5
Wasser	$1,48 \cdot 10^5$
Quecksilber	$1,97 \cdot 10^6$
Stahl	$3,94 \cdot 10^6$

Trifft eine Schallwelle auf die Trennfläche zweier Ausbreitungsmedien, also beispielsweise auf die Trennfläche zwischen Luft und Wasser, so ist der an dieser Grenzfläche reflektierte Teil der Welle umso größer, je größer der Unterschied der Schallkennimpedanzen der beiden Medien ist. Nur wenn beide Medien die gleiche Schallkennimpedanz besitzen, geht die Schallwelle reflexionsfrei durch die Trennfläche hindurch.

Schallschnelle, Formelzeichen v, die zeitlich und örtlich veränderliche Geschwindigkeit, mit der die Teilchen des Ausbreitungsmediums um ihre Ruhelage schwingen. Sie ist streng zu unterscheiden von der ↑ Schallgeschwindigkeit, mit der sie nichts zu tun hat.
Dimension: dim $v = L \cdot Z^{-1}$.

Schallspektrum, graphische Darstellung des Ergebnisses einer ↑ Schallanalyse in einem Koordinatensystem, auf dessen waagrechter Achse die Frequenz (meist im logarithmischen Maßstab) und auf dessen senkrechter Achse die Stärke der im analysierten Schall enthaltenen *Teiltöne* aufgetragen ist. Bei *Klängen* und *Tongemischen* besteht das Schallspektrum aus einer Anzahl paral-

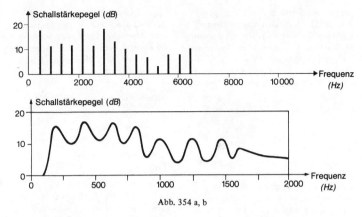

Abb. 354 a, b

leler senkrechter Linien (Abb. 354a). Man spricht dann von einem *Linienspektrum* oder einem *diskontinuierlichen Spektrum.* Bei Geräuschen dagegen liegen die Frequenzen der Teiltöne im allgemeinen so dicht beieinander, daß die einzelnen Linien nicht mehr getrennt werden können. Man erhält dann als Schallspektrum eine Kurve (Abb. 354b) und spricht von einem *kontinuierlichen Spektrum.*

Schallstärke (*Schallintensität*), Formelzeichen I, Quotient aus der auf eine senkrecht zur Schallausbreitungsrichtung stehenden Fläche treffenden ↑ Schalleistung und der Größe dieser Fläche:

$$\text{Schallstärke} = \frac{\text{Schalleistung}}{\text{Fläche}}$$

Die Schallstärke ist somit zahlenmäßig gleich der pro Zeiteinheit (z.B. pro Sekunde) durch die senkrecht zur Schallausbreitungsrichtung stehende Flächeneinheit (z.B. 1 cm²) hindurch gehenden Schallenergie. Eine Schallstärke von 1 Watt/cm² liegt vor, wenn pro Sekunde durch eine senkrecht zur Schallausbreitungsrichtung stehende Fläche von 1 cm² die Schallenergie von 1 ↑ Joule hindurchgeht.

Dimension:

$$\text{dim Schallstärke} = \frac{\text{dim Schalleistung}}{\text{dim Fläche}} =$$
$$= M \cdot Z^{-3}.$$

Schärfentiefe (*Tiefenschärfe*), derjenige Entfernungsbereich auf der Gegenstandsseite (Dingseite) eines optischen Systems, der mit hinreichender Schärfe noch auf ein und derselben Bildebene abgebildet wird. Die Schärfentiefe spielt insbesondere beim Photographieren eine wichtige Rolle. Sie ist dabei umso größer, je schmaler das durch das Objektiv gelangende Lichtbündel ist, je kleiner also die Linsenöffnung ist. Das heißt aber: Je weiter man bei einem Photoapparat abblendet (große Blendenzahl) umso größer ist der Bereich, der auf dem Film noch scharf abgebildet wird.

Schatten, dasjenige Raumgebiet hinter einem lichtundurchlässigen Körper, in das die von einer Lichtquelle ausgehenden Lichtstrahlen nicht hineingelangen können. Das Schattengebiet ist abhängig von der Form des lichtundurchlässigen Körpers und von der Art der Lichtquelle.
1) *Schatten bei einer punktförmigen Lichtquelle*
Den Schatten, den eine punktförmige Lichtquelle L von einem lichtundurch-

lässigen Hindernis *H* entwirft, zeigt die Abb. 355). Die beiden eingezeichneten Lichtstrahlen s_1 und s_2 sind diejenigen Strahlen, die gerade noch am Hindernis vorbeigelangen können. Von dem schraffierten Raum hinter dem Hindernis *H* ist die Lichtquelle *L* nicht zu sehen.

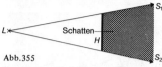

Abb.355

2) *Schatten bei zwei punktförmigen Lichtquellen*

Den Schatten, den zwei im Abstand *d* voneinander befindliche Lichtquellen L_1 und L_2 von einem lichtundurchlässigen Hindernis *H* entwerfen, zeigt die Abb. 356. Diejenigen Strahlen der Lichtquelle L_1, die gerade noch am Hindernis *H* vorbeigehen, sind mit s_1 und $\overline{s}_1$, diejenigen der Lichtquelle L_2 mit s_2 und $\overline{s}_2$ bezeichnet. In den mit *KS* bezeichneten Raum hinter dem Hindernis *H* gelangen weder Lichtstrahlen

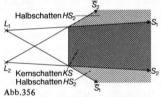

Abb.356

von L_1 noch von L_2. Dieser Raum ist absolut dunkel. Er wird als *Kernschatten* bezeichnet. Ein im Kernschattengebiet befindlicher Beobachter kann weder die Lichtquelle L_1 noch die Lichtquelle L_2 sehen. In die mit HS_1 und HS_2 bezeichneten Raumgebiete gelangt jeweils nur das Licht einer der beiden Lichtquellen, und zwar in HS_1 das von der Lichtquelle L_2 und in HS_2 das von der Lichtquelle L_1 ausgehende. Diese Raumgebiete werden als *Halbschatten* bezeichnet. Ein Beobachter in HS_1 sieht nur die Lichtquelle L_2, ein Beobachter in HS_2 sieht nur die Lichtquelle L_1. Ist der Abstand *d* der beiden punktför-

migen Lichtquellen L_1 und L_2 im Vergleich zu den Abmessungen des Hindernisses hinreichend groß, dann schrumpft das Kernschattengebiet mit wachsender Entfernung vom Hindernis *H* immer mehr zusammen und geht schließlich

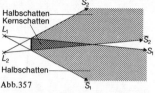

Abb.357

in einen schattenlosen Raum über (Abb. 357). Ein Beobachter in diesem Gebiet sieht trotz des dazwischenliegenden Hindernisses beide Lichtquellen.

3) *Schatten bei einer ausgedehnten Lichtquelle*

Den Schatten, den eine ausgedehnte Lichtquelle *L* von einem Hindernis *H* entwirft, zeigt die Abb. 358. Die ausgedehnte Lichtquelle kann man sich dabei aus punktförmigen Lichtquellen zusammengesetzt denken. Zur Ermittlung des Schattengebietes betrachtet man nur diejenigen vom *Rande* der Lichtquelle ausgehenden Strahlen, die gerade noch am Hindernis vorbeigehen. Die Halbschattengebiete HS_1 und HS_2 gehen in diesem Falle allmählich, d.h. ohne scharfe Grenze in das Kernschattengebiet *KS* über. Während man vom Kernschattengebiet aus die Lichtquelle *L* nicht beobachten kann, sieht ein im

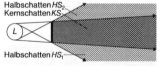

Abb.358

Halbschattengebiet HS_1 oder HS_2 befindlicher Betrachter Teile der Lichtquelle, und zwar umso größere, je weiter er vom Kernschattengebiet entfernt ist. Ist die Lichtquelle *L* hinreichend groß gegenüber den Abmessungen des Hindernisses *H*, so wird das Kernschattengebiet *KS* mit zunehmender Entfernung vom Hindernis kleiner und geht schließlich in ein weiteres Halbschattengebiet *HS₃* über. Von *HS₃* aus kann man ebenfalls einen Teil der Lichtquelle *L* sehen (Abb. 359). (↑ Sonnenfinsternis, ↑ Mondfinsternis).

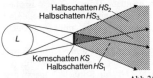

Abb.359

Scheinleistung, Formelzeichen S oder P_{schein}, das Produkt aus den Effektivwerten von Spannung (U_{eff}) und Stromstärke (I_{eff}) eines Wechselstroms. Die Scheinleistung stellt den maximal möglichen Wert der elektrischen ↑ Leistung $P_{el} = U_{eff} I_{eff} \cos \varphi$ dar. Er wird dann erreicht, wenn die ↑ Phasenverschiebung φ zwischen Spannung und Stromstärke den Wert Null besitzt, wenn also keine derartige Phasenverschiebung besteht. Bei einer Phasenverschiebung $\varphi \neq 0$ setzt sich die Scheinleistung aus ↑ Blindleistung und ↑ Wirkleistung zusammen.

Scheinleitwert, der Betrag der ↑ Admittanz (komplexer Leitwert des komplexen Wechselstromwiderstandes). Manchmal bezeichnet man auch den Scheinleitwert selbst als Admittanz.

Scheinwiderstand (*Impedanz*), der (absolute) Betrag des komplexen ↑ Wechselstromwiderstandes.

Scheitelwert (*Amplitude, Höchstwert*), der größte Betrag einer elektrischen Wechselgröße während einer Periodendauer (↑ Wechselspannung, ↑ Wechselstrom).

Schiebewiderstand, regelbarer elektrischer Widerstand in Form eines auf einen Isolierkörper aufgewickelten langen Drahtes, dessen Windungen gegeneinander durch eine Oxidschicht isoliert sind (Abb. 360). Mittels eines metallischen Schiebers kann jeder beliebige Teil des Gesamtwiderstandes abgegriffen werden.

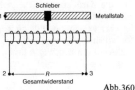

Abb.360

Schiebewiderstände werden häufig in Spannungsteilerschaltungen verwendet.

Schaltsymbol:

schiefe Ebene, eine der ↑ einfachen Maschinen. Die schiefe Ebene ist eine um den Winkel α (*Neigungswinkel*) gegen die Waagrechte geneigte Ebene (Abb. 361).

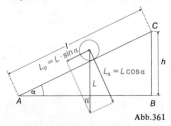

Abb.361

Die Strecke *AC* stellt die Länge *l*, die Strecke *BC* die Höhe *h* der schiefen Ebene dar. Der Quotient $h/l = \sin \alpha$ heißt *Steigungsverhältnis*. Zur Berechnung der Kraft *K*, die erforderlich ist, um die Last *L* das Gleichgewicht zu halten, zerlegt man *L* in zwei senkrecht aufeinander stehende Komponenten L_p und L_s, wobei L_p parallel zur schiefen Ebene und L_s senkrecht zu ihr verläuft. Aus Abb. 361 ergibt sich:

$$L_s = L \cdot \cos \alpha \text{ und } L_p = L \cdot \sin \alpha = L \cdot \frac{h}{l}$$

Im Gleichgewichtsfall muß gelten:

$$K = L_p = L \cdot \sin \alpha = L \cdot \frac{h}{l}.$$

Bewegt man die Last *L* längs der schiefen Ebene der Abb. 361 bis zur Höhe *h*, so hat man den Weg *l* zurückzulegen.

Für die dazu erforderliche Arbeit W gilt: $W = L_p \cdot l = L \cdot h/l \cdot l = L \cdot h$. Das ist aber gerade die Hubarbeit, die erforderlich wäre, wenn man die Last L senkrecht um den Weg h heben würde (Erhaltung der Energie).

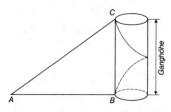

Abb.362

Wickelt man eine schiefe Ebene so um einen Zylinder, daß die Kathete AB gleich dem Zylinderumfang U ist, dann beschreibt die Hypotenuse eine *Schraubenlinie*. Die Kathete BC wird dabei als *Ganghöhe h* der Schraubenlinie bezeichnet (Abb. 362). Durch Verlängerung

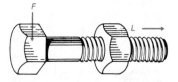

Abb.363

des Zylinders erhält man eine *Schraubenspindel*, über der sich eine *Schraubenmutter* bewegen kann (Abb. 363). Hält man sie fest und dreht die Spindel mit der tangential wirkenden Kraft F, so übt die Mutter in Richtung der Drehachse eine Kraft der Größe L aus, für die gilt:

$$L = \frac{U}{h} \cdot F$$

(U Umfang der Spindel, h Ganghöhe).

Schmelzen, Übergang eines Körpers vom festen in den flüssigen ↑ Aggregatzustand. Die meisten Körper dehnen sich beim Schmelzen aus (Ausnahme: z.B. Wasser). Die Temperatur, bei der sich dieser Übergang vollzieht, heißt *Schmelztemperatur (Schmelzpunkt).* Die Schmelztemperatur ist von Stoff zu Stoff verschieden. Sie hängt vom Druck ab, im allgemeinen steigt sie mit wachsendem Druck. Eine Ausnahme bildet auch hierbei das Wasser, dessen Schmelztemperatur mit wachsendem Druck sinkt.

Führt man einem festen Körper Wärme zu, so steigt seine Temperatur zunächst bis zur Schmelztemperatur an und bleibt dann trotz weiterer Wärmezufuhr solange konstant, bis der Körper vollkommen geschmolzen ist. Die während des Schmelzens zugeführte Wärmemenge dient also nicht der Temperaturerhöhung, sondern wird ausschließlich zur Überführung des Körpers vom festen in den flüssigen Aggregatzustand verwendet. Sie heißt *Schmelzwärme.* Der Quotient aus der Schmelzwärme Q_s und der Masse m eines Körpers heißt spezifische *Schmelzwärme* σ_s

$$\sigma_s = \frac{Q_s}{m}$$

SI-Einheit der spezifischen Wärme ist 1 Joule durch Kilogramm (1 J/kg). Die spezifische Schmelzwärme eines Stoffes ist also zahlenmäßig gleich derjenigen Wärmemenge, die erforderlich ist, um 1 kg dieses Stoffes ohne Temperaturerhöhung vom festen in den flüssigen Aggregatzustand überzuführen. Sie ist eine Materialkonstante und beträgt beispielsweise für Wasser 335 kJ/kg (= 80 kcal/kg).

Den Übergang vom flüssigen in den festen Aggregatzustand bezeichnet man als *Erstarren.* Die Temperatur, bei der er erfolgt, heißt *Erstarrungstemperatur (Erstarrungspunkt).* Erstarrungstemperatur und Schmelztemperatur ein und desselben Körpers stimmen im allgemeinen überein. Beim Erstarren wird die beim Schmelzen zugeführte

Wärme wieder frei (*Erstarrungs-wärme*). Die Erstarrungswärme eines Körpers ist also gleich seiner Schmelzwärme.

Tabelle 1. Schmelz- bzw. Erstarrungstemperatur verschiedener Stoffe bei einem Druck von 760 Torr in °C:

Stoff	Schmelz- bzw. Erstarrungstemperatur in °C
Sauerstoff	–218,8
Stickstoff	–210,01
Chloroform	– 63,6
Quecksilber	– 38,87
Eis	0
Zinn	231,9
Zink	419,5
Silber	960,8
Gold	1063
Nickel	1453
Platin	1555
Wolfram	3380

Tabelle 2: Spezifische Schmelzwärme einiger Stoffe:

Stoff	Spezifische Schmelzwärme $\frac{kJ}{kg}$	$\frac{kcal}{kg}$
Aluminium	403,6	96,4
Beryllium	1067,6	255
Blei	24,7	5,9
Eis	333,7	79,7
Eisen	270,0	64,5
Gold	64,5	15,4
Kupfer	204,7	48,9
Silber	104,8	25,0

Schmelzwärme, diejenige Wärmemenge, die erforderlich ist, um einen Körper *ohne Temperaturerhöhung* vom festen in den flüssigen ↑ Aggregatzustand überzuführen. Als *spezifische Schmelzwärme* bezeichnet man den Quotienten aus der Schmelzwärme und der Masse des betrachteten Körpers (↑ Schmelzen).

Schraube, eine der ↑ einfachen Maschinen. Die Schraube stellt im Prinzip eine auf einem Zylindermantel aufge-

wickelte ↑ schiefe Ebene dar. Der Abstand zweier senkrecht übereinanderliegender Punkte auf der Schraubenlinie wird als *Ganghöhe* bezeichnet. Dreht man die Schraube einmal um ihre Achse, also um den Winkel 2π, so rückt sie um die Ganghöhe vor. Entsprechend der schiefen Ebene herrscht an der Schraube Gleichgewicht, wenn gilt:

$$F : L = d : 2\pi r$$

(*F* Betrag der an einem Punkt des Zylindermantels angreifenden tangential wirkenden Kraft, *L* Betrag der Kraft, mit der die Schraube vorrückt, *d* Ganghöhe der Schraube, *r* Radius der Schraube).

Schrödinger-Gleichung, die von *E. Schrödinger* 1926 aufgestellte grundlegende Differentialgleichung der nichtrelativistischen Wellenmechanik. Sie ist die quantenmechanische Bewegungsgleichung, die eine den Zustand eines mikrophysikalischen Systems beschreibende Wellenfunktion (Wahrscheinlichkeitsamplitude) $\psi = \psi(r,t)$ erfüllen muß. Für die nichtrelativistische Quantenmechanik hat die Schrödinger-Gleichung die gleiche zentrale Bedeutung wie die Newtonsche Bewegungsgleichung für die klassische Mechanik. Die eindimensionale zeitunabhängige Schrödingerfunktion für ein Teilchen lautet

$$\frac{\partial^2 \psi}{\partial x^2} + \frac{2m}{\hbar^2}(W - W_{pot})\psi = 0$$

(*W* Gesamtenergie, W_{pot} potentielle Energie, *m* Masse des Teilchens, $\hbar = \frac{h}{2\pi}$ mit *h* Plancksches Wirkungsquantum).

Schublehre *(Schieblehre),* Gerät zur Längenmessung. Der zu messende Gegenstand wird zwischen zwei parallele Schneiden gebracht (Abb. 364), von denen die eine feststeht, die andere verschiebbar ist. Auf einer Skala kann der Abstand der beiden Meßschneiden und damit die Länge (bzw. Dicke) des dazwischen befindlichen Gegenstandes abgelesen werden. Die rückwärtige Verlängerung der Meßschneiden ist in der Regel so ausgebildet, daß mit ihnen der Innendurchmesser von Röhren gemessen werden kann. Häufig besitzt die Schublehre auch eine Vorrichtung zur *Tiefenmessung.* Zur genauen Ablesung ist die Schublehre gewöhnlich mit einem ↑ Nonius versehen.

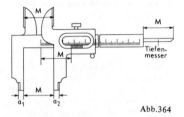

Abb.364

Schwarzer Strahler *(Schwarzer Körper, Planckscher Strahler),* ein idealer, im thermischen Gleichgewicht befindlicher Temperaturstrahler, der auftreffende elektromagnetische Strahlung aller Wellenlängen vollständig absorbiert und selbst Strahlung entsprechend seiner Temperatur T gemäß der ↑ Strahlungsgesetze abstrahlt. Diese sog. *schwarze Strahlung* ist nur von der Temperatur des schwarzen Körpers, nicht aber von seiner materiellen Beschaffenheit abhängig. Ein schwarzer Körper kann experimentell durch einen mit einer relativ kleinen Öffnung versehenen, innen geschwärzten *Hohlraum* realisiert werden.

Schweben, kräftefreie Lage eines Körpers im Innern einer Flüssigkeit oder in einem Gas. Ein Körper schwebt in einer Flüssigkeit bzw. in einem Gas, wenn seine (mittlere) Wichte gleich der Wichte der betreffenden Flüssigkeit bzw. des betreffenden Gases ist. Seine Gewichtskraft ist dann gleich der Gewichtskraft der von ihm verdräng-

ten Flüssigkeits- bzw. Gasmenge (↑ Archimedisches Gesetz).

Schwebung, Bezeichnung für die Erscheinung der periodischen Amplitudenschwankung bei einer Schwingung, die durch Überlagerung zweier gleichgerichteter Schwingungen mit nur geringem Frequenzunterschied entsteht. Überlagern sich zwei gleichgerichtete Schwingungen mit gleicher Amplitude, deren Frequenzen f_1 und f_2 sich nur geringfügig unterscheiden, so ergibt sich als Resultierende eine Schwingung der Frequenz

$$f = \frac{f_1 + f_2}{2},$$

deren Amplitude zwischen Null und einem Maximalwert periodisch schwankt (Abb. 365). Sind die Amplituden der sich überlagernden Schwingungen nicht genau gleich, dann ist der Minimalwert der Amplitudenschwankung von Null verschieden (Abb. 366).

Abb.365

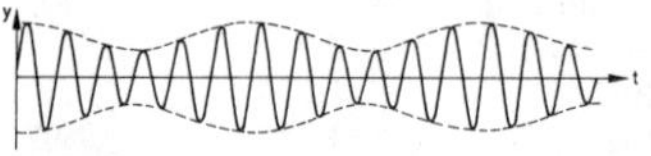

Abb.366

Die Frequenz, mit der die Amplitudenschwankung erfolgt, wird als *Schwebungsfrequenz (f_s)* bezeichnet. Sie ist gleich der Differenz der Frequenzen der beiden sich überlagernden Schwingungen:

$$f_s = |f_1 - f_2|$$

Die *Schwebungsdauer (T_s)* ist gleich dem Kehrwert der Schwebungsfrequenz:

$$T_s = \frac{1}{f_s}$$

In der Akustik treten Schwebungserscheinungen beim Zusammenklingen zweier annähernd gleichhoher Töne auf, zweier Töne also, deren Frequenzen f_1 und f_2 sich nur um einen geringen Betrag unterscheiden. Das menschliche Gehör nimmt dabei nur einen einzigen Ton der Frequenz $(f_1+f_2)/2$ wahr, dessen Stärke mit der Schwebungsfrequenz $f_s = |f_1 - f_2|$ periodisch schwankt. Ist die Schwebungsfrequenz f_s größer als 16 Hz (*untere Hörgrenze*; ↑ Hörbereich), nimmt man nicht mehr die Lautstärkeschwankungen wahr, sondern hört die Schwebungserscheinungen als selbständigen Ton.

Mathematisch besonders einfach läßt sich die Schwebung bei der Überlagerung zweier gleichgerichteter harmonischer Schwingungen mit gleicher Amplitude darstellen. Die Gleichungen der beiden Teilschwingungen seien

$$y_1 = A \sin 2\pi f_1 t \text{ und } y_2 = A \sin 2\pi f_2 t$$

(y_1, y_2 Schwingungsausschläge (Elongationen), A Amplitude, f_1, f_2 Frequenzen, t Zeit).

Für die resultierende Schwingung ergibt sich die Beziehung:

$$y_r = y_1 + y_2 = A \sin 2\pi f_1 t + A \sin 2\pi f_2 t =$$
$$= A(\sin 2\pi f_1 t + \sin 2\pi f_2 t)$$

Unter Verwendung der Formel:

$$\sin \alpha + \sin \beta = 2 \cos \frac{\alpha-\beta}{2} \sin \frac{\alpha+\beta}{2}$$

ergibt sich daraus:

$$y_r = 2A \cos \frac{2\pi f_1 - 2\pi f_2}{2} t \cdot \sin \frac{2\pi f_1 + 2\pi f_2}{2} t$$

bzw.

$$\boxed{y_r = 2A \cos 2\pi \left(\frac{f_1-f_2}{2}\right) t \cdot \sin 2\pi \left(\frac{f_1+f_2}{2}\right) t}$$

Die resultierende Schwingung ist also eine harmonische Schwingung, denn sie ist dem Sinus der Zeit proportional. Ihre Frequenz ist $(f_1+f_2)/2$. Für ihre Amplitude A_r gilt, da natürlich nur positive Werte angenommen werden können:

$$\boxed{A_r = |\, 2A \cos 2\pi \left(\frac{f_1-f_2}{2}\right) t\,|}$$

A_r ist also dem Kosinus der Zeit proportional und schwankt in Form einer harmonischen Schwingung mit der Frequenz $|f_1 - f_2|$ zwischen Null und $2A$.

Schwerewellen, Wellen an der Oberfläche von Flüssigkeiten, die unter dem Einfluß der Schwerkraft zustande kommen. Im Gegensatz zu den ↑ Kapillarwellen besitzen Schwerewellen eine relativ große Wellenlänge.

Schwerkraft, die auf einen auf der Erde befindlichen Körper wirkende und von seiner Masse abhängige Kraft. Sie setzt sich zusammen aus der durch die ↑ Gravitation bewirkten *Anziehungskraft* der Erde und der durch die Erdrotation bewirkten ↑ *Zentrifugalkraft.*

Schwerpunkt *(Massenmittelpunkt),* derjenige Punkt eines ↑ starren Körpers, den man sich als Angriffspunkt der Schwerkraft denken kann. Unterstützt man einen Körper in seinem Schwerpunkt, so bleibt er für den Fall, daß nur die Schwerkraft auf ihn wirkt, in jeder Lage im Gleichgewicht. Man kann sich also im Schwerpunkt die gesamte Masse eines Körpers vereinigt denken.

Der Schwerpunkt braucht nicht notwendigerweise im Inneren des Körpers zu liegen. Bei einem Kreisring fällt er beispielsweise mit dem außerhalb des Ringes liegenden Mittelpunkt der den Ring begrenzenden konzentrischen Kreise zusammen. Jede durch den Schwerpunkt eines Körpers verlaufende Gerade heißt *Schwerelinie.*

Der Schwerpunkt eines freibeweglichen, drehbar gelagerten Körpers liegt, wenn nur die Schwerkraft auf ihn wirkt, entweder genau *über, in* oder *unter* der Drehachse.

Bei einem an einem Faden hängenden freibeweglichen Körper liegt der Schwerpunkt, wenn nur die Schwerkraft auf ihn wirkt, senkrecht unter dem Aufhängepunkt. Aus dieser Erscheinung ergibt sich ein einfacher Weg zur experimentellen Bestimmung des Schwerpunktes. Man hängt den Körper, dessen Schwerpunkt gesucht wird, nacheinander an mindestens zwei verschiedenen Punkten (*A*, *B*) mit Hilfe eines Fadens auf (Abb. 367). Durch den Aufhängefaden wird dabei jeweils eine *Schwerelinie* bestimmt, da ja der Schwerpunkt genau senkrecht unter dem Aufhängepunkt liegt. Der Schnittpunkt *S* zweier auf diesem Wege gefundener Schwerelinien ist der Schwerpunkt.

Rechnerische Bestimmung des Schwerpunktes:

Der *Lagevektor* $\vec{r}_s$ des Schwerpunktes eines Systems von *n* Massenpunkten mit den Lagevektoren $\vec{r}_i$ und den Massen m_i ergibt sich aus der Beziehung:

$$\vec{r}_s = \frac{\sum\limits_{i=1}^{n} m_i \vec{r}_i}{\sum\limits_{i=1}^{n} m_i}$$

Die *Lagekoordinaten* des Schwerpunktes sind also:

$$x_s = \frac{\sum\limits_{i=1}^{n} m_i x_i}{\sum\limits_{i=1}^{n} m_i} \; ; \quad y_s = \frac{\sum\limits_{i=1}^{n} m_i y_i}{\sum\limits_{i=1}^{n} m_i} \; ;$$

$$z_s = \frac{\sum\limits_{i=1}^{n} m_i z_i}{\sum\limits_{i=1}^{n} m_i} \; .$$

Betrachtet man einen kontinuierlich zusammenhängenden starren Körper, dann treten an die Stelle der Summen Integrale und es ergibt sich:

$$x_s = \frac{\int x \, dm}{\int dm} \; ; y_s = \frac{\int y \, dm}{\int dm} \; ; z_s = \frac{\int z \, dm}{\int dm}$$

bzw.

$$x_s = \frac{1}{m} \int x \, dm \; ; y_s = \frac{1}{m} \int y \, dm \; ; z_s = \frac{1}{m} \int z \, dm \, .$$

Mit Hilfe dieser Formeln läßt sich allerdings nur der Schwerpunkt geometrisch einfacher Körper mit überall gleicher Dichte berechnen. In allen anderen Fällen ist es einfacher, den Schwerpunkt experimentell zu bestimmen, z.B. nach der oben angeführten Methode.

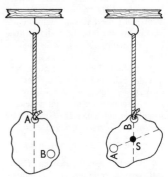

Abb.367

Schwimmen, kräftefreie Lage eines Körpers in einer Flüssigkeit, wobei er teilweise aus ihr herausragt. Ein Körper schwimmt, wenn seine (mittlere) ↑ Wichte kleiner ist als die der betreffenden Flüssigkeit. Er taucht beim Schwimmen gerade so tief in die Flüssigkeit ein, daß die Gewichtskraft der von ihm verdrängten Flüssigkeitsmenge gleich seiner eigenen Gewichtskraft ist. Durch geeignete Formgebung (Hohlformen bei Metallschiffen) kann auch ein solcher Körper schwimmen, dessen Material eine größere Wichte hat als die Flüssigkeit (↑ Archimedisches Gesetz).

schwingende Luftsäulen, ↑ Schallgeber in Form eines in einem Behälter eingeschlossenen Luft- oder Gasvolumens, das bei geeigneter Anregung Schwingungen (↑ Eigenschwingungen) ausführen kann (↑ Pfeife).

schwingender Stab, linearer (eindimensionaler) ↑ Schallgeber. Seine Fähigkeit, nach einem einmaligen Anstoß Schwingungen (↑ Eigenschwingungen) ausführen zu können, beruht auf seiner Biegesteifigkeit bzw. Eigenelastizität. Ein Stab kann folgende Schwingungsarten ausführen:

1. *Biegeschwingungen (Transversalschwingungen, Querschwingungen),* die durch die seitliche Auslenkung eines eingespannten oder an zwei Stellen frei aufliegenden Stabes erregt werden können.

2. *Dehnungsschwingungen (Longitudinalschwingungen, Längsschwingungen),* die durch einen Schlag auf die Stirnfläche des Stabes oder durch Reiben in Längsrichtung erregt werden können.

3. *Torsionsschwingungen (Drehschwingungen),* die durch eine Verdrillung des Stabes erregt werden können.

Für die Frequenzen f_k der *Biegeschwingungen* eines Stabes mit kreisförmigem Querschnitt gilt die Beziehung:

$$f_k = \frac{s_k^2 \cdot r}{4\pi \cdot l^2} \cdot \sqrt{\frac{E}{\rho}}$$

(r Radius des Stabquerschnitts, l Länge des Stabes, E Elastizitätsmodul des Stabes, ρ Dichte des Stabmaterials, s_k Beiwerte, deren Größe von der Einspannungsart abhängt).

Für die Frequenzen f_k der *Dehnungsschwingungen* eines Stabes gilt die Beziehung:

$$f_k = \frac{k}{2 \cdot l} \sqrt{\frac{E}{\rho}} \qquad k = 1,2,3,\ldots$$

Für die Frequenzen f_k der *Torsionsschwingungen* eines Stabes gilt die Beziehung:

$$f_k = \frac{k}{2 \cdot l} \sqrt{\frac{\Phi}{\rho}} \qquad k = 1,2,3,\ldots$$

(Φ Torsionsmodul des Stabes).

Die *Stimmgabel* ist als gebogener schwingender Stab anzusehen, dessen Oberschwingungen durch die besondere Form schnell abklingen, so daß kurze Zeit nach dem Anschlagen nur noch der Grundton zu hören ist.

Das zweidimensionale Analogon des schwingenden Stabes ist die schwingende *Platte*, deren zweidimensionale Schwingungen nicht nur von Dichte, Dicke und Elastizitätsmodul abhängen, sondern auch von der Form der Platte. Es bilden sich auf ihr stehende Wellen aus, deren ↑ Knotenlinien durch die ↑ Chladnischen Klangfiguren sichtbar werden.

Bei verschwindender Biegesteifigkeit geht der Stab in eine ↑ *Saite* über; diese kann nur schwingen, wenn eine vorspannende Kraft auf sie wirkt. Im zweidimensionalen Fall spricht man von einer *Membran*, die im Gegensatz zur Platte am Rand fest eingespannt werden muß, um schwingen zu können. Auch auf ihr können die Knotenlinien durch ↑ Chladnische Klangfiguren sichtbar gemacht werden.

Schwingkreis, elektrischer Stromkreis, der im einfachsten Fall eine Kapazität C (↑ Kondensator), eine Induktivität L (↑ Spule), sowie einen Ohmschen Widerstand R enthält, wobei C, L, R so aufeinander abgestimmt sind, daß elektromagnetische Schwingungen möglich sind (Abb. 368). Entlädt man einen geladenen Kondensator über eine

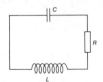

Abb. 368

Spule, so fließt ein Entladungsstrom $I(t)$, das elektrische Feld des Kondensators wird abgebaut, dafür entsteht ein magnetisches Feld in der Spule. Damit wird elektrische Feldenergie des Kondensators in magnetische Feldenergie der Spule umgewandelt. Ist der Kondensator entladen, so bricht das Magnetfeld der Spule wieder zusammen, wodurch aufgrund elektromagnetischer Induktionsvorgänge der ursprüngliche Stromfluß noch eine Zeitlang aufrechterhalten wird. Der Kondensator wird durch diesen Strom umgekehrt zur Anfangssituation aufgeladen. Nach dem völligen Zusammenbruch des Magnetfeldes entlädt sich der Kondensator wieder über die Spule, wobei der Strom jetzt in umgekehrter Richtung fließt. Der geschilderte Vorgang wiederholt sich, bis der Kondensator wieder seinen ursprüng-

lichen Ladungszustand erreicht hat und alles von neuem beginnt. Dieses periodische Umwandeln von elektrischer Energie in magnetische Energie und umgekehrt bezeichnet man als *elektromagnetische Schwingung.*

Abb. 369 zeigt die Analogie zu einer mechanischen ↑ Schwingung. Als Schwingungsdauer T bezeichnet man die Zeit, die vergeht, bis der Kondensator wieder seinen ursprünglichen Ladungszustand erreicht hat. Während des ganzen Schwingungsvorgangs kommt es aufgrund der Joulschen Wärme $W = I^2 R$, die wegen des vorhandenen Widerstands R in den Leitern entsteht, zu einer Verminderung der Schwingungsenergie und damit zu einer Dämpfung der Schwingung. Die elektromagnetische Schwingung kommt deshalb nach einer gewissen Zeit zum Stillstand. Betrachtet man den Schwingkreis in Abb. 370 mit sehr geringem Ohmschen Widerstand, so kann

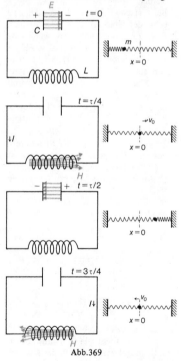

Abb. 369

Abb. 370

der Energieverlust durch Joulsche Wärme vernachlässigt werden. Damit ergibt sich für die Gesamtenergie im Schwingkreis:

$$W = W_{\text{el.}} + W_{\text{magn.}} = \text{const.}$$

Für die elektrische Energie und die magnetische Energie gelten folgende Beziehungen:

$$W_{\text{el.}} = \frac{1}{2} \cdot \frac{Q^2}{C}$$

(Q positive Ladung, C Kapazität des Kondensators) und

$$W_{\text{magn.}} = \frac{1}{2} L I^2$$

(L Selbstinduktivität, I Stromstärke

des im Schwingkreis fließenden Stroms).
Einsetzen liefert:

$$\frac{1}{2} \frac{Q^2}{C} + \frac{1}{2} L I^2 = \text{const.}$$

Differentiation nach der Zeit t ergibt unter Berücksichtigung der Tatsache, daß die Stromstärke I gleich der zeitlichen Ableitung der Ladung Q ist

$$\frac{dQ}{dt} = I :$$

$$\frac{Q}{C} + L \cdot \frac{dI}{dt} = 0$$

Nochmaliges Differenzieren nach t und Einsetzen ergibt:

$$\frac{1}{C} \cdot I + L \cdot \frac{d^2 I}{dt^2} = 0$$

bzw.

$$\frac{d^2 I}{dt^2} = -\frac{1}{LC} \cdot I$$

Die Lösung dieser Differentialgleichung lautet:

$$I = I_0 \cdot \sin \sqrt{\frac{1}{LC}} \cdot t$$

I_0 wird als *Amplitude* der Schwingung bezeichnet. Für die Kreisfrequenz der elektromagnetischen Schwingung erhält man dann analog wie bei den mechanischen harmonischen Schwingungen:

$$\omega = \frac{1}{LC}$$

Für die Schwingungsdauer T und die Frequenz f gelten somit folgende Gleichungen:

$$T = \frac{2\pi}{\omega} = 2\pi \sqrt{LC}$$

$$f = \frac{\omega}{2\pi} = \frac{1}{2\pi} \cdot \sqrt{\frac{1}{LC}}$$

Diese Frequenz bezeichnet man als *Eigenfrequenz des Schwingkreises*. Bei den ungedämpften Schwingungen sind die zeitabhängigen Größen $I(t)$ und $U(t)$ um $\alpha = \pi/2$ gegeneinander phasenverschoben.

Bei der Erzeugung ungedämpfter elektromagnetischer Schwingungen muß man die Energie, die während einer Periode durch Joulsche Wärme verloren geht, wieder zuführen. Dies kann man mit Hilfe der ↑ Meißnerschen Rückkopplungsschaltung erreichen. Berücksichtigt man in der vorangegangenen Rechnung auch die Joulsche Wärme und löst die durch zweimaliges Differenzieren nach der Zeit t gewonnene Differentialgleichung, so erhält man:

$$I = I_0 \cdot e^{-\frac{R}{2L} \cdot t} \cdot \sin \sqrt{\frac{1}{LC} - \frac{R^2}{4L^2}} \cdot t$$

(R Ohmscher Widerstand des Schwingkreises).

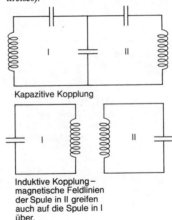

Kapazitive Kopplung

Induktive Kopplung –
magnetische Feldlinien der Spule in II greifen auch auf die Spule in I über.

Abb. 371

Für die Kreisfrequenz ω ergibt sich dann:

$$\omega = \sqrt{\frac{1}{LC} - \frac{R^2}{4L^2}}$$

Daraus ist zu ersehen, daß für den Fall

$$\frac{R^2}{4L^2} > \frac{1}{LC}$$

keine elektromagnetischen Schwingungen mehr stattfinden (Radikand negativ). Eine elektromagnetische Schwingung in einem Schwingkreis muß nicht notwendigerweise von einer Ladung des Kondensators herrühren, sondern kann durch einen zweiten Schwing-

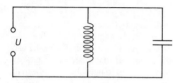

Im Resonanzfall spricht
man von Stromresonanz

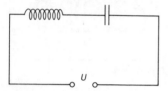

Den Resonanzfall bezeichnet man als Spannungsresonanz

Abb.372

kreis (Abb. 371), durch eine Wechselspannung U (Abb. 372) oder durch eine elektromagnetische Welle von außen erzwungen werden (↑ erzwungene Schwingung).

Schwingung, eine zeitlich periodische Änderung einer oder mehrerer Zustandsgrößen in einem physikalischen System, die auftritt, wenn bei Störung eines Gleichgewichtszustandes Rückstellkräfte wirksam werden, die den Gleichgewichtszustand wieder herzustellen suchen. Die sich ändernde Größe kann dabei beispielsweise der Abstand eines Körpers von seiner Ruhelage, die Temperatur eines Körpers, die Intensität einer Lichtquelle oder die Stärke eines elektrischen oder magnetischen Feldes sein. Die Bestimmungsstücke einer Schwingung lassen sich sehr deutlich am Beispiel des Federpendels (Abb. 373) veranschaulichen:

1) *Elongation* y: Jeweiliger Abstand des schwingenden Körpers von der Ruhelage. Die Elongation ist eine zeitabhängige Größe.

2) *Amplitude* oder *Schwingungsweite* A: Größtmögliche Elongation. Sie wird an den Umkehrpunkten der Schwingung erreicht. Im Gegensatz zur Elongation ist die Amplitude *nicht* zeitabhängig.

3) *Schwingungsdauer* oder *Periode* T: Die Zeit, die für eine volle Schwingung erforderlich ist.

4) *Frequenz* oder *Schwingungszahl* f: Anzahl der Schwingungen pro Se-

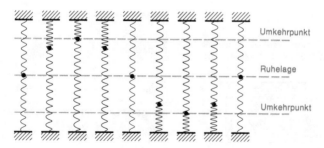

Abb.373

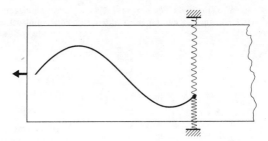

Abb.374

kunde. Sie wird gemessen in *Hertz* (Hz). Dabei gilt:

$$1\ Hz = 1\ \frac{Schwingung}{Sekunde}$$

Zwischen Schwingungsdauer T und Frequenz f besteht die Beziehung:

$$T = \frac{1}{f} \quad \text{bzw.} \quad f = \frac{1}{T}\ .$$

Versieht man das Federpendel der Abb. 373 mit einer Schreibspitze, so zeichnet es beim Schwingen auf einem senkrecht zur Schwingungsrichtung gleichförmig bewegten Papierstreifen das folgende Bild auf (Abb. 374). Unterlegt man dieser Abbildung ein Koordinatenkreuz (senkrechte Achse: Elongation, waagrechte Achse: Zeit), so ergibt sich die graphische Darstellung der Schwingung, aus der sich die Bestimmungsstücke ablesen lassen (Abb. 375).

Eine zentrale Bedeutung in der Schwingungslehre kommt der *harmonischen Schwingung (Sinusschwingung)* zu, aus der sich alle anderen Schwingungsformen durch Überlagerung darstellen lassen (↑ harmonische Analyse). Die harmonische Schwingung läßt sich darstellen als Projektion einer gleichförmigen Kreisbewegung auf eine parallel zur Rotationsachse liegende Ebene (Abb. 376). Ihre graphische Darstellung ergibt sich aus Abb. 377. Zur mathematischen Ableitung der harmonischen Schwingung geht man ebenfalls von der gleichförmigen Kreisbewegung aus (Abb. 378). Für den auf dem Kreis mit dem Radius r umlaufenden Punkt P gilt an jedem Ort: $\sin \varphi = y/r$ bzw. $y = r \sin \varphi$. Der Bahnradius r ist aber gleich der größtmöglichen Elongation, also der Amplitude A der harmonischen Schwingung. Es gilt folglich:

$$y = A \sin \varphi\ .$$

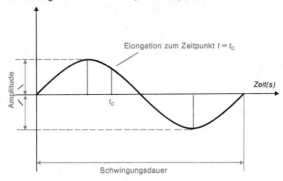

Elongation zum Zeitpunkt $t = t_0$

Amplitude

Zeit(s)

t_0

Abb.375

Schwingungsdauer

Der Winkel φ heißt *Phasenwinkel*. Er ist zeitabhängig. Wenn für einen vollen

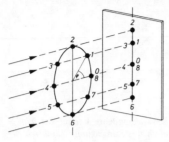

Abb. 376

Bahnumlauf, entsprechend einem Winkel von $2\pi \triangleq 360°$, T Sekunden benötigt werden, dann wird in einer Sekunde der Winkel $2\pi/T$, in t Sekunden also der Winkel $\varphi = (2\pi/T) \cdot t$ durchlaufen. Dazu muß nun noch der zum Zeitpunkt $t = 0$ eventuell schon vorhandene Phasenwinkel φ_0 *(Nullphasenwinkel, Phasenkonstante)* addiert werden, so daß sich für φ ergibt:

$$\varphi = \frac{2\pi}{T} \cdot t + \varphi_0$$

Die Umlaufzeit T ist natürlich gleichbedeutend mit der Schwingungsdauer T der harmonischen Schwingung.

Die Größe $2\pi/T$ ist ein Maß für die Geschwindigkeit, mit der der Massenpunkt umläuft, sie wird als Winkelgeschwindigkeit ω bezeichnet:

$$\omega = \frac{2\pi}{T}$$

Da aber $1/T = f$, kann auch geschrieben werden:

$$\omega = 2\pi f$$

Wegen dieses Zusammenhanges zwischen Frequenz f und Winkelgeschwindigkeit ω wird letztere auch als *Kreisfrequenz* bezeichnet. Die Schwingungsgleichung der harmonischen Schwingung ergibt sich damit zu:

$$y = A \sin(\omega t + \varphi_0)$$

Die Elongation ist also dem Sinus der Zeit proportional, weswegen die harmonische Schwingung oft auch als *Sinusschwingung* bezeichnet wird.

Für die Geschwindigkeit des harmonisch schwingenden Körpers ergibt sich:

$$v = \frac{dy}{dt} = \omega A \cos(\omega t + \varphi_0)$$

Der Betrag der Geschwindigkeit schwankt also zwischen den Werten 0 und ωA. Es gilt dabei:

$v = 0$, wenn $y = \pm A$:

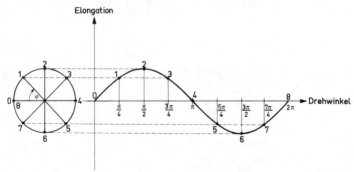

Abb. 377

(Die Geschwindigkeit erreicht ihren geringsten Betrag ($v = 0$) an den beiden Umkehrpunkten.)

$v = \omega A$, wenn $y = 0$:

(Die Geschwindigkeit erreicht ihren größten Betrag ($v_{max} = \omega A$) beim Durchgang durch die Ruhelage.)

Für die kinetische *Energie* eines Körpers der Masse m gilt:

$$W_{kin} = \frac{1}{2} m v^2 \quad (v \text{ Geschwindigkeit})$$

Führt der Körper eine harmonische Schwingung aus, dann gilt also:

$$W_{kin} = \frac{1}{2} m \omega^2 A^2 \cos^2(\omega t + \varphi_0)$$

Ihren größten Wert, $W_{kin, max} = \frac{1}{2} m \omega^2 A^2$, erreicht die kinetische Energie beim Durchgang durch die Ruhelage, weil dann $|\cos(\omega t + \varphi_0)| = 1$. Die potentielle Energie beim Durchgang durch die Ruhelage ist aber gleich Null. Folglich ist die kinetische Energie an dieser Stelle gleich der Gesamtenergie W des schwingenden Systems. Es gilt:

$$W = \frac{1}{2} m \omega^2 A^2$$

Die *Schwingungsenergie* ist also dem Quadrat der Amplitude proportional. Für die auf den harmonisch schwingenden Körper wirkende Beschleunigung gilt:

$$a = \frac{d^2 y}{dt^2} = \frac{dv}{dt} = -\omega^2 A \sin(\omega t + \varphi_0) = \omega^2 y$$

Die Beschleunigung ist also der Elongation y proportional. Ihr Betrag ist an den Umkehrpunkten am größten ($a_{max} = \omega^2 A$) und hat beim Durchgang durch die Ruhelage den Wert Null. Sie ist stets zur Ruhelage hin gerichtet. Für den Betrag der Kraft F, die auf einen Körper der Masse m wirken muß, damit er eine harmonische Schwingung ausführt, gilt demnach

$$F = ma = -m\omega^2 y$$

Diese Kraft ist stets zur Ruhelage gerichtet und heißt deshalb *rücktreibende Kraft* oder *Rückstellkraft*. Sie ist der Elongation y direkt proportional. Ein Kraftgesetz dieser Form bezeichnet man als *lineares Kraftgesetz*. *Eine harmonische Schwingung ergibt sich immer dann, wenn die rücktreibende Kraft einem linearen Kraftgesetz gehorcht.*

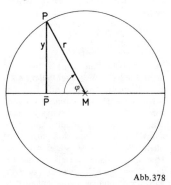

Abb. 378

Gemäß dem ↑ Hookschen Gesetz gilt für die rücktreibende Kraft des Federpendels ein solches lineares Kraftgesetz, nämlich

$$F = -Dy,$$

worin D die sogenannte *Federkonstante* oder *Richtgröße* der Feder ist. Das Federpendel vollführt also eine harmonische Schwingung. Vergleicht man die oben abgeleitete Beziehung für das Kraftgesetz der harmonischen Schwingung

$$F = -m\omega^2 y$$

mit dem beim Federpendel geltenden Kraftgesetz

$$F = -Dy,$$

so ergibt sich:

$$D = m\omega^2.$$

375

Daraus folgt für die Kreisfrequenz der Schwingung des Federpendels:

$$\omega = \sqrt{\frac{D}{m}}$$

Da $\omega = 2\pi f$, ergibt sich für die Frequenz f:

$$f = \frac{1}{2\pi} \sqrt{\frac{D}{m}}$$

Und da schließlich $T = 1/f$, erhält man die Schwingungsdauer T des Federpendels zu:

$$T = 2\pi \sqrt{\frac{m}{D}}$$

Im Idealfall käme eine Schwingung nicht zur Ruhe. Weil aber in der Praxis im allgemeinen stets ein Teil der Schwingungsenergie in andere Energieformen (meist Wärmeenergie) umgewandelt wird, nimmt die Amplitude allmählich nach Null hin ab, sofern nicht ständig Energie zugeführt wird. Man spricht dann von einer *gedämpften Schwingung*. (Beispiel: Schwingung eines einmal angestoßenen Pendels). Die graphische Darstellung einer gedämpften Schwingung zeigt die Abb. 379. Die Amplitudenabnahme erfolgt in den meisten Fällen so, daß das Verhältnis zweier aufeinanderfolgender Amplituden gleich ist:

$$\frac{A_1}{A_2} = \frac{A_2}{A_3} = \frac{A_3}{A_4} = \ldots = \frac{A_n}{A_{n+1}} = k$$

Die konstante Zahl k ist ein Maß für die Stärke der Dämpfung und heißt *Dämpfungsverhältnis*. Es ist stets größer als 1. Je größer k ist, desto stärker ist die Dämpfung und desto rascher klingt die Schwingung ab. An Stelle des Dämpfungsverhältnisses selbst wird häufig sein natürlicher Logarithmus benutzt. Er erhält das Symbol Λ und den Namen *logarithmisches Dekrement*:

$$\Lambda = \ln k$$

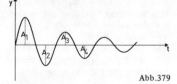

Abb. 379

Die Schwingungsdauer T' einer gedämpften Schwingung ist etwas größer als die Schwingungsdauer T der entsprechenden ungedämpften Schwingung. Zwischen T' und T gilt die Beziehung:

$$T' = T \sqrt{1 + \frac{\Lambda^2}{4\pi^2}}$$

Je größer die Dämpfung, desto länger die Schwingungsdauer.
Bei sehr großer Dämpfung kann der Fall eintreten, daß eine Schwingung über die Ruhelage hinaus nicht mehr zustande kommt (Abb. 380). Man spricht dann von einer aperiodischen Bewegung: Das System kehrt allmählich in seine Ruhelage zurück und schwingt

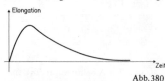

Abb. 380

nicht über sie hinaus. Die Grenze zwischen Schwingungen und aperiodischer Bewegung (aperiodischer Grenzfall) wird mit $\Lambda = 2\pi$ erreicht.

Schwingungsbäuche, diejenigen Orte in einer ↑ stehenden Welle, an denen die sich zeitlich periodisch ändernde physikalische Größe ständig mit gleichbleibender maximaler Amplitude schwingt. Bei stehenden (Schall-) Wellen in Gasen fallen die Schwingungsbäuche mit den Orten minimalen Drucks, den sogenannten *Druckknoten* zusammen.

Schwingungsdauer, Formelzeichen T, die Zeit, die zu einer vollen ↑ Schwingung benötigt wird, bei einem schwingenden ↑ Pendel also beispielsweise für einen vollen Hin- und Hergang. Mit der ↑ Frequenz f hängt die Schwingungsdauer T wie folgt zusammen:

$$T = \frac{1}{f} \quad \text{bzw.} \quad f = \frac{1}{T}$$

Schwingungsknoten, diejenigen Orte in einer ↑ stehenden Welle, an denen die sich zeitlich periodisch ändernde Schwingungsgröße ständig gleich Null ist. Bei mechanischen Wellen (z.B. Seilwellen) findet an den Schwingungsknoten keine Bewegung statt. Bei stehenden (Schall-)Wellen in Gasen fallen die Schwingungsknoten mit den Orten maximalen Druckes, den sogenannten *Druckbäuchen* zusammen. Bei flächenhaften schwingenden Gebilden (Platte, Membran) kommt es zu ↑ Knotenlinien, die mit ↑ Chladnischen Klangfiguren nachgewiesen werden können.

Seebeckeffekt, thermoelektrische Erscheinung, die an der Grenzfläche zweier Leiter bei Erwärmung auftritt. Wird die Kontaktstelle zweier verschiedener metallischer Leiter oder auch ↑ Halbleiter eines Stromkreises erwärmt, so entsteht je nach Materialzusammensetzung und Kombination der Leiter eine temperaturabhängige *Thermospannung*, bei geschlossenem Stromkreis ein *Thermostrom*. Das Entstehen dieser Spannung kann mit Hilfe der bei der Berührungselektrizität auftretenden Erscheinungen erklärt werden. Lötet man zwei Drähte aus verschiedenen Metallen zusammen, so entsteht ein *Thermoelement*. Befinden sich die beiden Lötstellen auf verschiedenen Temperaturen T und T_0 (Abb. 381), so folgt für die Thermospannung U:

$$U = a(T-T_0) + b(T-T_0)^2$$

(a, b Konstanten).
Die Änderung der Thermospannung

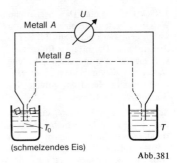

(schmelzendes Eis)

Abb.381

mit der Temperatur wird als *Thermokraft* α bezeichnet. Für sie ergibt sich durch Ableitung nach der Temperatur T:

$$\frac{dU}{dt} = \alpha = a + 2b(T-T_0)$$

Ordnet man die Metalle nach der Größe ihrer Thermokräfte, so erhält man die *thermoelektrische Spannungsreihe*.
Thermoelemente werden zur Temperaturmessung verwendet. Man hält die eine Lötstelle auf konstanter Temperatur und bringt die andere an den Meßort. Der Vorzug eines solchen Thermometers besteht in der sehr großen Empfindlichkeit.
Im Thermoelement wird auch elektrische Energie aus Wärmeenergie erzeugt. Dies kann man in einem sog. *Thermogenerator* ausnützen. Der Nutzeffekt dieser Generatoren ist zwar sehr gering, sie finden jedoch Anwendung z.B. in Satelliten.

Segnersches Wasserrad, ein vorwiegend als Rasensprenger verwendetes Gerät, dessen Wirkungsweise auf dem

Abb.382

377

↑ Rückstoß beruht. Das Segnersche Wasserrad besteht aus einem Rohr, das sich um eine Senkrechte zur Rohrachse drehen kann. Die offenen Rohrenden sind rechtwinklig umgebogen. Strömt Wasser aus diesen beiden Öffnungen, dann beginnt das Rohr infolge des Rückstoßes zu rotieren.

Sehwinkel, derjenige Winkel, unter dem die von einem betrachteten Gegenstand ausgehenden Strahlen in das ↑ Auge eintreten (Abb. 383). Von der Größe des Sehwinkels hängt die Größe des Bildes auf der Netzhaut des Auges ab. Dieses ist proportional dem Tangens des Sehwinkels. Ein Gegenstand

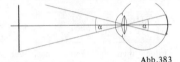

Abb. 383

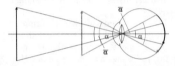

Abb. 384

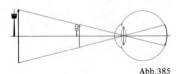

Abb. 385

erscheint um so größer, je größer sein Netzhautbild ist, je größer also der Sehwinkel ist (Abb. 384). Zwei Gegenstände, die unter dem gleichen Sehwinkel erscheinen, erzeugen gleichgroße Netzhautbilder (Abb. 385), erscheinen dem Betrachter also als gleich groß, sofern er nicht irgendwelche Informationen über einen verschieden großen Abstand dieser beiden Gegenstände vom Auge erhält.

Seitendruck, der auf die Seitenwände eines mit Flüssigkeit gefüllten Gefäßes bzw. auf die Seiten eines in einer Flüssigkeit befindlichen Körpers wirkende Druck. Seine Größe p ist nur von der Wichte γ der Flüssigkeit und von der Höhe h der Flüssigkeitsoberfläche über der betrachteten Stelle abhängig:

$$p = \gamma \cdot h$$

(↑ Archimedisches Gesetz, ↑ hydrostatischer Druck).

Sekundärelektronenvervielfacher *(Elektronenvervielfacher, Multiplier)*, ein elektronisches Gerät, in dem ein schwacher Elektronenstrom mit Hilfe der *Sekundärelektronenemission* verstärkt wird. Dem Bauprinzip nach handelt es sich um eine ↑ Elektronenröhre, die eine Anzahl zusätzlicher *Dynoden* (Prallelektroden) enthält (Abb. 386); mit Hilfe elektrischer Beschleunigungsfelder und magnetischer Führungsfelder werden alle von einer

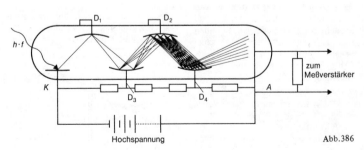

Abb. 386

Kathode ausgehenden (z.B. durch ↑ Photoeffekt beim sog. *Photomultiplier*) Elektronen auf die erste Dynode beschleunigt und schlagen dort Sekundärelektronen heraus, die ihrerseits – dem Feldlinienverlauf folgend – an der nächsten Dynode Sekundärelektronen auslösen usw. An der letzten Dynode oder an der Anode kann ein verstärkter Elektronenstrom (Spannungsstoß) abgenommen werden. Die Beschleunigungsspannung wird mit Hilfe eines ↑ Spannungsteilers unterteilt an die verschiedenen (10 bis 14) Dynoden angelegt; als Dynodenmaterial werden solche Stoffe gewählt, die eine große Sekundärelektronenausbeute ergeben (z.B. Cu-Be- oder Ag-Mg-Legierungen). Bei geeigneter Dynodenoberfläche ist bei genügend hoher Spannungsdifferenz zwischen den einzelnen Dynoden je Primärelektron eine Ausbeute von maximal 20 Sekundärelektronen möglich.

Sekundärionisation, die Erzeugung von Ladungsträgerpaaren (Ionen und Elektronen), durch die bei einer vorangegangenen Ionisation (↑ *Primärionisation*) entstandenen Teilchen.

Sekunde (s), SI-Einheit der Zeit, eine der sieben Basiseinheiten des Internationalen Einheitensystems *(Système International d'Unités).*
Festlegung: 1 Sekunde (s) ist das 9 192 631 770 fache der Periodendauer der dem Übergang zwischen den beiden Hyperfeinstrukturniveaus des Grundzustandes von Atomen des Nuklids ^{133}Cs entsprechenden Strahlung. Weitere Einheiten können mit den üblichen Vorsätzen für dezimal Vielfache und dezimale Teile von Einheiten gebildet werden, z.B. 1 Millisekunde (ms) = 1/1000 s.
Nichtdezimale Einheiten sind:

1 Minute (min)	= 60 s
1 Stunde (h)	= 60 min = 3600 s
1 Tag (d)	= 24 h = 86 400 s

Die Zeiteinheiten Minute, Stunde und Tag dürfen *nicht* mit den Vorsätzen für dezimale Vielfache und dezimale Teile von Einheiten versehen werden (also keine Kilominute usw.!)
Ein *tropisches Jahr* (scheinbarer Umlauf der Sonne) hat
365 d 5 h 48 min 46 s ≈ 3 · 10^7 s.

Sekundenpendel, ein ↑ Pendel, dessen *halbe* ↑ Schwingungsdauer 1 Sekunde, dessen Schwingungsdauer T also 2 Sekunden beträgt. Bei einer mittleren Erdbeschleunigung g = 9,81 m/s^2 beträgt die Länge eines Fadenpendels mit einer solchen Schwingungsdauer etwa 0,994 m.

Selbstinduktion, Rückwirkung eines sich ändernden elektrischen Stroms auf den eigenen Leiterkreis. Ein Stromkreis beliebiger Gestalt besitzt aufgrund seines ihn umgebenden Magnetfelds einen magnetischen Fluß ϕ. Dieser Kraftfluß ist der Stromstärke I im Leiterkreis proportional:

$$\phi = L \cdot I \quad .$$

Die Proportionalitätskonstante L nennt man *Selbstinduktionskoeffizient* oder *Induktivität.* Sie ist eine für den Stromkreis charakteristische Größe.
SI-Einheit: 1 Henry (H).
Festlegung: 1 Henry ist gleich der Induktivität einer geschlossenen Windung, die, von einem Strom der Stärke 1 A durchflossen, im Vakuum den magnetischen Fluß 1 Weber (Wb) umschlingt.
Ändert man nun die Stromstärke I im Stromkreis, so ist davon auch der Kraftfluß betroffen, was zu einem elektromagnetischen Induktionsvorgang führt. Im Stromkreis wird eine Spannung induziert, deren Richtung aufgrund der ↑ Lenzschen Regel festgelegt ist. Für die induzierte Spannung U_{ind} gilt:

$$U_{ind} = \frac{-d\phi}{dt}$$

bzw. mit $\phi = L \cdot I$:

$$U_{\text{ind}} = -L \frac{dI}{dt}$$

Die Erscheinung der Selbstinduktion spielt daher bei Ein- und Ausschaltvorgängen eine wesentliche Rolle.

Beispiel: Ein- und Ausschalten von Gleichströmen in einem Stromkreis mit der Induktivität L und dem ↑ Widerstand R.

Zur Berechnung des Stromverlaufs beim *Einschaltvorgang* geht man vom ↑ Ohmschen Gesetz aus. Für den Strom I im Kreis gilt:

$$I = \frac{\text{Summe d.i.Kreis vorhand. Spannungen}}{\text{Ohmscher Widerstand}}$$

Die Summe der Spannungen setzt sich zusammen aus der angelegten Spannung U_0 und der induzierten Spannung U_{ind}. Damit bekommt man:

$$I = \frac{U_0 + U_{\text{ind}}}{R}$$

d. h.

$$I = \frac{U_0 - L \frac{dI}{dt}}{R}$$

bzw. nach Umformen:

$$L \frac{dI}{dt} + R I = U_0$$

Die Lösung dieser Differentialgleichung ergibt folgenden Verlauf der Stromstärke I:

$$I(t) = \frac{U_0}{R} \left(1 - e^{-\frac{R}{L} \cdot t} \right)$$

Die Stromstärke erreicht also nicht sofort den Endwert $U_0/R = I_0$. Bei ↑ Elektromagneten kann der Stromanstieg bis zum Erreichen von I_0 mehrere Minuten dauern.

Entsprechend erreicht beim *Abschalten* des Stromkreises der Strom nicht sofort den Wert Null. Nach dem Trennen von der Gleichspannungsquelle erzeugt die durch die Stromabnahme induzierte Spannung noch einen Strom, welcher der folgenden Gleichung genügt:

$$I = I_0 \cdot e^{-\frac{R}{L} \cdot t}$$

Die Herleitung dieser Gleichung erfolgt analog der Herleitung beim Einschaltvorgang.

semipermeable Membran *(halbdurchlässige Membran)*, eine Trennwand, die für die Teilchen (Moleküle) bestimmter Stoffe durchlässig, für die anderer Stoffe dagegen undurchlässig ist. In der Biologie spielen insbesondere solche semipermeable Membranen eine wichtige Rolle, die bei einer Lösung, z.B. einer Kochsalzlösung für das Lösungsmittel, also das Wasser zwar durchlässig sind, für den gelösten Stoff, also das Kochsalz jedoch ein undurchdringliches Hindernis darstellen (↑ Osmose).

Serienschaltung *(Reihenschaltung, Hintereinanderschaltung)*, Schaltung elektrischer Schaltelemente (Stromquellen, Widerstände, Kondensatoren, Spulen u.ä.) in der Art, daß die Ausgangsklemme des vorhergehenden Schaltelements mit der Eingangsklemme des folgenden verbunden ist (Gegensatz: ↑ Parallelschaltung).

Das Schaltbild für eine aus drei Widerständen bestehende Serienschaltung zeigt Abb. 387.

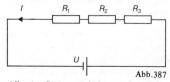

Abb.387

Alle in Serie geschalteten Schaltelemente werden von einem Strom der gleichen Stärke durchflossen. Im skizzierten Fall gilt daher für die Spannungsabfälle an den einzelnen Widerständen $U_1 = I \cdot R_1$, $U_2 = I \cdot R_2$ und $U_3 = I \cdot R_3$. Die gesamte an der Serienschaltung anliegende Spannung ergibt sich zu $U = U_1 + U_2 + U_3$, woraus man mit Hilfe von $U = I \cdot R$ für den Gesamt- bzw. Ersatzwiderstand R der drei in Serie geschalteten Einzelwiderstände die Beziehung $R = R_1 + R_2 + R_3$ erhält.

Allgemein gilt für den Gesamtwiderstand R von n in Serie geschalteten Widerständen $R_1, R_2, \ldots, R_n$

$$R = R_1 + R_2 + \ldots + R_n$$

Entsprechendes gilt für die Gesamtinduktivität L von n in Serie geschalteten Induktivitäten $L_1, L_2, \ldots, L_n$,

$$L = L_1 + L_2 + \ldots + L_n \quad .$$

Bei der Serienschaltung von n Kapazitäten $C_1, C_2, \ldots, C_n$ gilt jedoch für die Gesamtkapazität C

$$\frac{1}{C} = \frac{1}{C_1} + \frac{1}{C_2} + \ldots + \frac{1}{C_n} \quad .$$

Sieden, Übergang eines Körpers vom flüssigen in den gasförmigen ↑ Aggregatzustand nach Erreichen seiner (druckabhängigen) Siedetemperatur. Im Gegensatz dazu erfolgt das *Verdunsten* bei Temperaturen *unterhalb* der Siedetemperatur (↑ Verdampfen).

Siedetemperatur, diejenige Temperatur, bei der ein flüssiger Körper bei Zufuhr von (Wärme-)Energie ohne Temperaturerhöhung in den gasförmigen Aggregatzustand übergeht. Die Siedetemperatur ist außer vom Material im starken Maße vom Druck abhängig (↑ Verdampfen).

Siedeverzug, Bezeichnung für die Erscheinung, daß eine Flüssigkeit unter günstigen Voraussetzungen (extremer Reinheitsgrad von Flüssigkeit und Gefäß) oft weit über ihre Siedetemperatur erhitzt (*überhitzt*) werden kann, ohne daß der Siedevorgang einsetzt. Bei chemisch reinem Wasser können

dabei Temperaturen von nahezu $300°C$ erreicht werden.

Eine analoge Erscheinung ist die *Unterkühlung*, bei der eine Flüssigkeit unter den gleichen Voraussetzungen (Reinheitsgrad!) auf Temperaturen unterhalb des Gefrierpunkts gebracht werden kann, ohne zu erstarren. Bei Störung einer überhitzten bzw. unterkühlten Flüssigkeit (Erschütterung, Einbringen von Fremdkörpern) setzt der Siede- bzw. Erstarrungsvorgang schlagartig ein.

SI-Einheiten, die durch das Gesetz über Einheiten im Meßwesen vom 2. Juli 1969 verbindlich vorgeschriebenen ↑ Einheiten des Internationalen Einheitensystems (Systeme Internationale d'Unités).

Siemens (S), SI-Einheit des elektrischen ↑ Leitwerts.

Festlegung: 1 Siemens (S) ist der elektrische Leitwert eines Leiters mit dem elektrischen Widerstand 1 Ohm (Ω):

$$1\,S = \frac{1}{\Omega} \quad .$$

Sinusschwingung *(harmonische Schwingung),* eine ↑ Schwingung, bei der die ↑ Elongation y dem Sinus (bzw. Cosinus) der Zeit t proportional ist. Die Schwingungsgleichung einer Sinusschwingung lautet:

$$y = A \sin(\omega t + \varphi_0)$$

(A Amplitude, ω Kreisfrequenz, φ_0 Nullphasenwinkel).

Sirene, ein Schallgeber, bei dem der Schall durch die periodische Unterbrechung eines Luft- oder Gasstromes und die dadurch bewirkten Druckschwankungen hervorgerufen wird. Bei der *Lochsirene* geschieht dies z.B. durch eine im Luftstrom befindliche rotierende Lochscheibe.

Skalar, eine (physikalische) Größe, die allein durch Angabe einer Maßzahl und einer Maßeinheit bestimmt ist (z.B. Masse, Dichte, Wichte, Temperatur, Energie) (↑ Vektor).

Skineffekt, eine vor allem bei hochfrequenten ↑ Wechselströmen auftretende physikalische Erscheinung, bei der infolge der ↑ Selbstinduktion der Strom im wesentlichen in einer dünnen Schicht entlang der Oberfläche des Leiters fließt. Die elektrische Feldstärke und die Stromdichte nehmen zur Achse des Leiters hin exponentiell ab, da im Innern des Leiters die durch elektromagnetische ↑ Induktion entstehende Spannung der angelegten Wechselspannung entgegenwirkt und zwar um so stärker, je näher man sich der Leiterachse nähert.

Infolge des Skineffekts ist bei hochfrequenten Wechselströmen der ↑ Ohmsche Widerstand des Leiters nicht mehr dem *Querschnitt,* sondern der *Oberfläche* umgekehrt proportional. Aus diesem Grund werden für hochfrequente Vorgänge als Leiter dünne Rohre oder Litzen verwendet.

Soddy-Fajanssche Verschiebungssätze, für den ↑ Alphazerfall und den ↑ Betazerfall gültige Gesetzmäßigkeiten:
1. Zerfällt ein radioaktiver Kern unter Emission eines ↑ Alphateilchens, so ist die Massenzahl des Folgekerns um vier Einheiten und die Kernladungszahl um zwei Einheiten geringer als die der Muttersubstanz. Das entstandene Nuklid steht also im Periodensystem zwei Stellen links von der Muttersubstanz.
2. Zerfällt ein radioaktiver Kern unter Emission eines Elektrons (negativer

Betazerfall, β^--Zerfall), so hat der Folgekern die gleiche Massenzahl wie die Muttersubstanz, die Kernladungszahl ist jedoch um eine Einheit größer als die der Muttersubstanz. Das entstandene Nuklid steht also im Periodensystem eine Stelle rechts von der Muttersubstanz.

Die zweite Gesetzmäßigkeit läßt sich für den positiven Betazerfall entsprechend formulieren.

Solarkonstante, diejenige Energie, die bei mittlerer Entfernung Sonne–Erde von der Sonne an der äußeren Grenze der Erdatmosphäre in einer senkrecht zur Richtung der Sonnenstrahlen verlaufenden Ebene von 1 cm² Flächeninhalt in 1 Minute eingestrahlt wird. Der Wert der Solarkonstanten beträgt rund

$$8 \frac{J}{cm^2 \cdot min}$$

Die Solarkonstante unterliegt geringfügigen Schwankungen, die durch das Auftreten von Sonnenflecken bedingt sind. Auf der Erdoberfläche wird wegen der Absorption von Strahlungsenergie in der Erdatmosphäre ein wesentlich geringerer Wert gemessen.

Sonnenfinsternis, eine Verfinsterung der Sonne, die immer dann zustande kommt, wenn der Mond so zwischen Sonne und Erde steht, daß sein Schatten auf die Erdoberfläche fällt (Abb. 388). Eine Sonnenfinsternis kann deshalb nur bei Neumond entstehen. Sie tritt jedoch nicht, wie vielleicht zu vermuten, bei jedem Neumond, also alle vier Wochen ein, weil die Mondbahnebene gegen die Ebene der Bahn

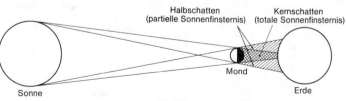

Halbschatten
(partielle Sonnenfinsternis)

Kernschatten
(totale Sonnenfinsternis)

Mond

Sonne

Erde

Abb.388

der Erde um die Sonne unter einem Winkel von rund 5° geneigt ist.

Von einer *totalen Sonnenfinsternis* spricht man immer dann, wenn die Sonne völlig hinter dem Mond verschwindet. Bei einer *partiellen Sonnenfinsternis* wird dagegen nur ein Teil der Sonne vom Mond bedeckt. Im Gegensatz zur ↑ Mondfinsternis ist eine Sonnenfinsternis nicht von allen Orten der dem Mond zugewandten Erdhalbkugel aus zu beobachten. Der Mondschatten wandert vielmehr in Form eines schmalen Streifens über die Erdoberfläche. Nur in diesem Streifen selbst tritt eine totale Sonnenfinsternis ein. An seinen Rändern beobachtet man eine partielle Sonnenfinsternis. An allen anderen Orten der Erde ist keine Sonnenfinsternis zu bemerken.

Sonnentag, die Zeit zwischen zwei aufeinanderfolgenden Durchgängen der Sonne durch denselben Erdmeridian (Längenkreis). Der *wahre Sonnentag* ist um etwa 4 Minuten länger als der *Sterntag*, weil sich die Erde während einer Umdrehung um ihre eigene Achse gleichzeitig auch noch auf ihrer Bahn um die Sonne weiterbewegt

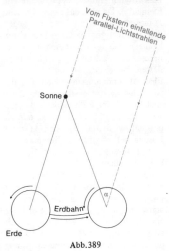

Abb. 389

(Abb. 389). Während ein Fixstern, weil er praktisch als unendlich weit von der Erde entfernt angenommen werden kann, nach einer Umdrehung der Erde von genau 360° wieder durch den Meridian geht, muß sich die Erde dann erst noch um den Winkel α weiterdrehen, ehe auch die Sonne wieder im Meridian erscheint. Die *wahren* Sonnentage eines Jahres sind untereinander nicht gleich lang. Man hat deshalb einen sogenannten *mittleren* Sonnentag eingeführt und versteht darunter das *zeitliche Mittel* aller wahren Sonnentage eines Jahres. Dieser mittlere Sonnentag diente früher als Grundlage der Zeitmessung, von ihm wurde die Zeiteinheit *Sekunde* abgeleitet. Im heute gebräuchlichen Internationalen Einheitensystem *(Système International d'Unités)* ist die Zeiteinheit 1 Sekunde festgelegt als das 9 192 631 770-fache der Periodendauer der dem Übergang zwischen den beiden Hyperfeinstrukturniveaus des Grundzustandes von Atomen des Nuklids ^{133}Cs entsprechenden Strahlung.

Spaltprodukte, die bei einer ↑ Kernspaltung als Bruchstücke des Ausgangskerns auftretenden (radioaktiven) Atomkerne und ihre Folgekerne.

Spannarbeit, die zur elastischen Verformung eines Körpers, also beispielsweise zum Spannen einer Feder erforderliche ↑ Arbeit. Gehorcht eine Schraubenfeder dem ↑ Hookeschen Gesetz, dann gilt für die Spannarbeit, die erforderlich ist, um die Feder um den Betrag x auszudehnen

$$W_{\text{sp}} = \frac{1}{2} D x^2$$

(D Federkonstante). Die aufgewendete Spannarbeit ist im elastisch verformten Körper als potentielle ↑ Energie *(Spannenergie)* gespeichert; sie wird beim Entspannen der Feder wieder freigesetzt.

Spannung *(elektrische Potentialdifferenz)*, Formelzeichen U, die Differenz der elektrischen ↑ Potentiale φ_1 und φ_2 zweier verschiedener Raumpunkte P_1 und P_2 :

$$U = \varphi_2 - \varphi_1$$

Sprechweise: zwischen P_1 und P_2 besteht (herrscht) die elektrische Spannung U. Um eine Ladung Q von P_1 nach P_2 zu bringen, muß eine bestimmte Arbeit W aufgebracht werden bzw. wird (in der umgekehrten Richtung) eine bestimmte Arbeit (Energie) frei. Zwischen der Spannung U, der Probeladung Q und der Arbeit W gilt die Beziehung:

$$U = \frac{W}{Q}$$

Der Wert der Spannung U zwischen zwei verschiedenen Punkten ist von der Probeladung und vom Weg unabhängig (Folgerung aus dem ↑ Energiesatz, da sonst ein ↑ perpetuum mobile möglich wäre).
Die *SI-Einheit* der elektrischen Spannung ist 1 Volt (V). 1 Volt ist gleich der elektrischen Spannung zwischen zwei Punkten eines fadenförmigen, homogenen und gleichmäßig temperierten metallischen Leiters, in dem bei einem zeitlich unveränderlichen Strom der Stärke 1 A zwischen den beiden Punkten die ↑ Leistung 1 Watt (W) umgesetzt wird. Damit gleichbedeutend ist: An einem elektrischen Widerstand von 1 Ω liegt die Spannung 1 Volt genau dann an, wenn die dadurch bewirkte Stromstärke genau 1 Ampere beträgt.
Daher gelten folgende Umrechnungen:

$$1\,\text{V} = 1\,\frac{\text{W}}{\text{A}} = 1\,\frac{\text{J}}{\text{As}} = 1\,\frac{\text{J}}{\text{C}} =$$
$$= 1\,\frac{\text{Nm}}{\text{As}} = 1\,\frac{\text{Nm}}{\text{C}}$$

Weitere gebräuchliche Einheiten für die Spannung U:

1 Millivolt = 1 mV = 10^{-3} V

1 Kilovolt = 1 kV = 10^3 V

1 Megavolt = 1 MV = 10^6 V

Spannungsquelle, Anordnung, die durch eine elektromotorische Kraft Ladungen trennt. Man unterscheidet je nach dem Prinzip, das die Ladungstrennung bewirkt, *chemische* Spannungsquellen (↑ galvanische Elemente, ↑ Akkumulatoren, ↑ Batterien), *mechanische* Spannungsquellen (↑ Generatoren) und *thermische* Spannungsquellen (↑ Thermoelement).

Schaltzeichen: ——| |——
                    + −

Spannungsreihe, Einordnung der chemischen Elemente, insbesondere der Metalle, nach bestimmten elektrischen Eigenschaften.

a) Bei der *elektrochemischen Spannungsreihe* geschieht die Einordnung nach der Größe der Potentialdifferenz, die sich zwischen den einzuordnenden Elementen ergibt, wenn sie in einen Elektrolyten eintauchen (↑ galvanische Elemente). Da man das elektrolytische Potential eines dieser Elemente gegen den Elektrolyten nicht messen kann, kennzeichnet man sie durch die Spannung eines galvanischen Elementes, dessen einer Pol das einzuordnende Element, und dessen anderen Pol die Normalwasserstoffelektrode ist. Diese besteht aus einem Platinblech, das von Wasserstoff unter Atmosphärendruck umspült wird und das sich in einer Lösung befindet, die 1 Grammäquivalent H^+-Ionen pro Liter enthält. Das Potential dieser Elektrode gegen die Lösung wird *willkürlich* gleich Null gesetzt. Das zu untersuchende Metall taucht in eine Lösung, die 1 Grammäquivalent Ionen des Metalls pro Liter enthält. Beide Lösungen stehen durch eine poröse Scheidewand in Verbindung. Die nun auftretende Spannung

	Li/Li$^+$	Ca/Ca^{++}	Zn/Zn^{++}	Fe/Fe^{++}	H$_2$/2H$^+$	Cu/Cu^{++}	Ag/Ag^{++}	Au/Au$^+$
φ_N(V)	-3,00	-2,84	-0,76	-0,44	0	+0,34	+ 0,8	+1,5

zwischen den beiden Elektroden nennt man Normalpotential φ_N des Metalls. Ordnet man die Metalle nach wachsendem Normalpotential an, so ergibt sich die obenstehende elektrochemische Spannungsreihe.

Die Spannung von galvanischen Elementen ergibt sich als Differenz der Normalpotentiale der beteiligten Metalle, wenn sich diese in einem Elektrolyten befinden.

b) Bei der *elektrischen Spannungsreihe* werden die Metalle nach der Größe ihrer Kontaktpotentiale relativ zu einem Bezugsmetall eingeordnet, wobei Metalle mit positiver Kontaktspannung vor denen mit negativer stehen. Es ergibt sich die folgende Reihe:
+ Rb, K, Na, Al, Zn, Pb, Sn, Sb, Bi, Fe, Cu, Ag, Au, Pt − (↑ Berührungsspannung).

c) Unter der *reibungselektrischen Spannungsreihe* versteht man die Reihe der Stoffe Pelz, Glas, Wolle, Seide, Metalle, Bernstein, Hartgummi, Schwefel, Amalgame, Kollodium. Reibt man zwei dieser Stoffe aneinander, so wird der Stoff, der in der Reihe vorangeht, elektrisch positiv aufgeladen.

d) Die *thermoelektrische Spannungsreihe* erhält man durch Einordnung der Metalle und anderer Thermoelektrika nach der Größe ihrer relativen differentiellen Thermokraft $\alpha = \Delta U / \Delta T$ (ΔT Temperaturdifferenz der Kontaktstellen, ΔU auftretende Spannungsdifferenz) gegen ein Bezugsmetall (i.a. Kupfer), wobei die Temperatur der einen Lötstelle konstant auf 273 K gehalten wird. In der Spannungsreihe geben die in Klammern gesetzten Zahlen die Thermospannung in μV an, wenn die Lötstelle eine um 1 K höhere Temperatur besitzt.
Sb (32), Fe (13,4), Sn (0,3), Au (0,1), Cu (0), Ag (-0,2), Pb (-2,8), Al (-3,2), Pr (-5,9), Hg (-6,0), Ni (-20,4), Bi (-72,8).

Bildet man aus zwei Metallen dieser Spannungsreihe ein ↑ Thermoelement, so erhält bei Erwärmung das in der Spannungsreihe vorangehende Metall eine positive, das nachfolgende eine negative Spannung.

Spannungsstoß, bei einer (kurzzeitig wirkenden) elektrischen Spannung das Produkt aus der Größe U der Spannung und der Dauer Δt ihres Wirkens. Ist U während der Zeit Δt konstant, dann gilt:

$$\text{Spannungsstoß} = U \cdot \Delta t$$

Ändert sich die Spannung U während der Zeit Δt, so gilt:

$$\text{Spannungsstoß} = \int_{t_1}^{t_2} U \cdot dt$$

Spektralserie, Zusammenfassung derjenigen ↑ Spektrallinien, die durch Elektronenübergänge strahlender Atome in denselben *Endzustand* entstanden sind. Die Frequenzen der Linien einer Spektralserie genügen einer sog. *Serienformel.* So gilt zum Beispiel für die Frequenzen f der verschiedenen Spektralserien des Wasserstoffatoms

$$f = c \cdot R_H \left(\frac{1}{n^2} - \frac{1}{m^2} \right)$$

$n = 1,2,3,\ldots$
$m = 1,2,3,\ldots \quad m > n$

(c Lichtgeschwindigkeit, R_H Rydbergkonstante). Dabei erhält man jeweils eine Serie, wenn man n fest wählt und m (die sog. *Laufzahl*) alle ganzen Zahlen, die größer sind als n, durchlaufen läßt. Für $n = 1$ erhält man die ↑ Lymanserie, für $n = 2$ die ↑ Balmerserie, für $n = 3$ die ↑ Paschenserie, für $n = 4$ die ↑ Brackettserie und für $n = 5$ die ↑ Pfundserie. Läßt man in der Serienformel die Laufzahl gegen Unendlich gehen, so häufen sich die zugehörigen Frequenzen bzw. Wellenlängen. Man nennt diesen Häufungspunkt dann *Seriengrenze*. Auch bei den ↑ Röntgenstrahlen treten Spektralserien auf.

Spektrum, Bezeichnung für das farbige Lichtband, daß beim Durchgang weißen Lichtes durch ein Prisma (*Prismenspektrum*) oder ein optisches ↑ Gitter (*Gitterspektrum*) entsteht.
Läßt man weißes Licht gemäß Abbildung 390 durch ein Prisma hindurchgehen, so zeigt sich ein leuchtendes Farbband, bei dem die Farben *Rot, Orange, Gelb, Grün, Blau* und *Violett* kontinuierlich ineinander übergehen. Dabei wird Rot am wenigsten, Violett am stärksten abgelenkt (*1. Newtonscher Versuch*). Das so entstandene Farbband wird als *kontinuierliches Spektrum* bezeichnet.

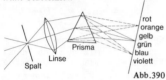

Abb.390

Blendet man aus diesem Spektrum gemäß Abb. 391 eine Farbe aus und läßt den so erhaltenen farbigen Lichtstrahl durch ein zweites Prisma hindurchgehen, so wird er zwar abgelenkt, behält aber seine ursprüngliche Farbe bei (*2. Newtonscher Versuch*).

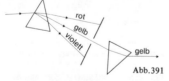

Abb.391

Vereinigt man gemäß Abb. 392 das Spektrum durch eine Sammellinse, so entsteht wieder weißes Licht (*3. Newtonscher Versuch*).
Aus diesen drei Versuchen folgt, daß das weiße Licht ein Gemisch von verschiedenfarbigem Licht ist. Die verschiedenen Farben entsprechen verschiedenen Wellenlängen. Das rote

Licht hat die größte Wellenlänge (etwa 780 nm), das violette die kleinste (etwa 380 nm). Die Aufspaltung des weißen Lichtes beim Durchgang durch ein Prisma beruht auf der Erscheinung der ↑ Dispersion. Langwelliges (rotes) Licht wird weniger stark abgelenkt als kurzwelliges (violettes) Licht, weil die Brechzahl des Prismenmediums mit zunehmender Wellenlänge abnimmt. Ein durch ein Prisma erzeugtes Spektrum wird deshalb auch oft als *Dispersionsspektrum* bezeichnet.

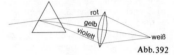

Abb.392

Auf der Erscheinung der ↑ Beugung beruht die Erzeugung eines Spektrums durch ein optisches Gitter. Man bezeichnet es deshalb auch als *Beugungsspektrum*. Im Vergleich zum Dispersionsspektrum hat das Beugungsspektrum eine umgekehrte Farbenfolge, weil das rote Licht beim Durchgang durch ein optisches Gitter am stärksten, das violette Licht am schwächsten abgelenkt wird.
Während beim Dispersionsspektrum die Auffächerung des weißen Lichtes ungleichmäßig erfolgt (der rote Bereich wird weniger stark auseinandergezogen als der violette), liefert das Beugungsspektrum eine gleichmäßige Auffächerung, so daß man bei ihm aus dem Ort einer Farbe im Spektrum unmittelbar ihre Wellenlänge bestimmen kann.
Ein *kontinuierliches* Spektrum erhält man nur, wenn man das Licht eines glühenden festen oder flüssigen Körpers durch ein Prisma oder ein optisches Gitter schickt. Das Licht leuchtender Gase dagegen liefert ein aus einzelnen farbigen Linien bestehendes Spektrum, ein sogenanntes *Linienspektrum*. Gase senden also nur Licht ganz bestimmter Wellenlängen aus. Die von *Molekülen* ausgesandten Linien liegen

dabei eng beieinander und bilden ein ↑ *Bandenspektrum*, während von *Atomen* ausgesandte Linien sich im allgemeinen außer an *Seriengrenzen* (↑ Spektralserien) nicht überschneiden. Die Anzahl und die Lage der Linien im Spektrum ist charakteristisch für das betreffende leuchtende Gas und kann zu seinem Nachweis verwendet werden (*Spektralanalyse*). Aus den Linienspektren unbekannter Gase läßt sich ihre chemische Zusammensetzung ermitteln.

Ein Spektrum, daß durch das von einem glühenden Körper ausgesandte (emittierte) Licht erzeugt wird, heißt *Emissionsspektrum*. Läßt man dagegen das Licht eines glühenden festen oder flüssigen Körpers zunächst durch ein relativ kühles, nicht selbst leuchtendes Gas hindurchtreten, ehe man es durch ein Prisma oder ein optisches Gitter schickt, so zeigen sich im Spektrum schwarze Linien. Man spricht dabei von einem *Absorptionsspektrum*. Da ein Gas Strahlung derselben Wellenlänge absorbiert, wie es aussendet (emittiert), stimmt die Lage der dunklen Linien im Absorptionsspektrum mit der Lage der farbigen Linien im Emissionsspektrum desselben Gases überein.

Die sich im Spektrum des Sonnenlichts zeigenden schwarzen Linien (*Fraunhofersche Linien*) stellen das Absorptionsspektrum der Gase der Sonnenatmosphäre dar.

sphärische Aberration *(sphärische Abweichung, Öffnungsfehler)*, ein bei der optischen Abbildung durch Linsen auftretender Fehler, der dadurch entsteht, daß die durch den Rand der Linse gehenden Strahlen stärker gebrochen werden als die nahe der optischen Achse verlaufenden. Infolge der sphärischen Aberration erhält man als Bild einer punktförmigen Lichtquelle nicht wie angestrebt einen Licht*punkt*, sondern einen Licht*fleck*. Der durch die sphärische Aberration bewirkte

Abbildungsfehler ist um so störender, je stärker die Linse gekrümmt ist.

Spiegel, 1) *Planspiegel*, Spiegel, bei dem die Einfallslote in allen Punkten der Oberfläche parallel zueinander verlaufen. Gemäß dem ↑ Reflexionsgesetz ergibt sich für den Strahlengang beim ebenen Spiegel (Abb. 393): Alle von einem Punkt *P* vor dem Spiegel *Sp* ausgehenden Strahlen verlaufen nach der Reflexion so, als kämen sie von einem Punkt *P'* hinter der Spiegelfläche, wobei *P* und *P'* symmetrisch zueinander bezüglich der Spiegelfläche liegen.

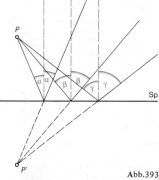

Abb.393

Ganz allgemein gilt also: Beim ebenen Spiegel sind Gegenstand und Bild achsensymmetrisch im Bezug auf die Spiegelfläche. Daraus folgt: Der ebene Spiegel liefert von einem Gegenstand ein virtuelles (scheinbares) Bild. Dieses

Abb.394

liegt scheinbar ebenso weit hinter dem Spiegel, wie der Gegenstand sich davor befindet, dabei sind Gegenstand und Bild gleich groß. Beim Spiegelbild sind vorn und hinten vertauscht, nicht aber rechts und links bzw. oben und unten (Abb. 394).

2) ↑ Hohlspiegel, ↑ Wölbspiegel, ↑ Parabolspiegel.

Spiegelfernrohr, ein ↑ Fernrohr, dessen ↑ Objektiv ein Hohlspiegel ist. Das von diesem Hohlspiegel erzeugte reelle, umgekehrte und verkleinerte Bild des betrachteten Gegenstands wird durch eine Sammellinse, das sogenannte ↑ Okular, wie durch eine ↑ Lupe betrachtet. Da im Gegensatz zur ↑ Brechung die Reflektion des Lichtes unabhängig von der Wellenlänge ist, hat die Verwendung eines Hohlspiegels als Fernrohrobjektiv gegenüber einer Linse den Vorteil, daß dabei keine chromatischen, also durch die verschiedenfarbigen Bestandteile des Lichtes bedingten Abbildungsfehler auftreten (↑ chromatische Aberration).

Spin, allgemein Bezeichnung für den infolge einer Drehung eines Körpers um eine körpereigene Achse auftretenden ↑ Drehimpuls (sog. *Eigendrehimpuls*). Im engeren Sinne eine an Elementarteilchen und Atomkernen meßbare, als deren Eigendrehimpuls *interpretierbare*, unveränderliche vektorielle physikalische Größe $\vec{S}$. Der Spin eines atomaren Teilchens kann nicht beliebige Werte annehmen, sondern ist gequantelt und immer entweder ein ganz- oder halbzahliges Vielfaches von der atomaren Drehimpulseinheit $\hbar$. Der Spin wird charakterisiert durch die sogenannte *Spinquantenzahl s*, die Null oder ein ganzzahliges Vielfaches von $1/2$ ist, sie wird oft als *Wert des Spins* oder auch selbst als Spin bezeichnet. So spricht man etwa davon, ein Elektron habe den Spin $1/2$.

Teilchen mit dem Spin s können in $2s + 1$ verschiedenen Zuständen auftreten. Bei Mehrteilchensystemen kann ein Gesamtspin definiert werden, der sich aus den Spins der einzelnen Teilchen zusammensetzt. Bei zwei Teilchen mit Spin $1/2$ können die Spins entweder parallel oder antiparallel gerichtet sein, so daß sich ein Gesamtspin von 0 oder 1 ergeben kann.

Spitzenentladung, eine elektrische Entladung an den Spitzen von elektrischen ↑ Leitern, d.h. an Stellen mit kleinem Krümmungsradius, wo die elektrische Feldstärke bereits bei relativ kleinen Spannungen groß genug ist, um eine ↑ Gasentladung in der umgebenden Luft hervorzurufen. Ist die Spitze positiv gepolt, so zeigen sich schwach leuchtende Büschel (z.B. das sog. *Elmsfeuer*), die erst bei höherer Zündspannung (1 500 V bis 2 500 V) in Erscheinung treten als der leuchtende Punkt bei negativer Polung (1 000 V bis 2 000 V je nach Krümmung). Gleichzeitig mit der Spitzenentladung entsteht ein aus ionisierten Teilchen bestehender sog. *elektrischer Wind*, der von der Spitze fortgerichtet ist.

Spitzenzähler, von *H. Geiger* entwickeltes Gerät zur Zählung und Registrierung energiereicher geladener Elementarteilchen (Abb. 395). In einem meist als Kathode dienenden Metallgehäuse befindet sich isoliert eingeführt als Anode ein Draht mit einer feinen Spitze oder einem Kügelchen

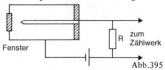

Abb. 395

von etwa 0,1 mm Durchmesser als Abschluß. Durch ein dünnes Eintrittsfenster (z.B. aus Glimmer) im Gehäuse kann die zu untersuchende Strahlung eintreten. Als Füllgas verwendet man Luft unter Atmosphärendruck. Die zwischen Draht und Metallgehäuse angelegte Spannung ist gerade so gewählt, daß keine selbständige Entladung eintritt. Tritt durch das Fenster ein ionisierendes Teilchen ein, so entwickelt sich im Bereich der Spitze wegen der dort herrschenden hohen Feldstärke bereits bei mäßigen Spannungen (~ 1000 V) infolge ↑ Stoßionisation eine Ladungsträgerlawine. Es kommt zu einer Entladung.

Der Entladungsstrom erzeugt an einem Arbeitswiderstand R einen Spannungsabfall, was ein Erlöschen der Entladung zur Folge hat.

Der Spitzenzähler dient als Proportionalzähler (↑ Zählrohr) zur Energiebestimmung und zur Unterscheidung verschiedener Teilchenarten bzw. bei höheren Spannungen als Auslösezähler. Er ist heute in der Anwendung von dem ähnlich wirkenden Geiger-Müller-Zählrohr und der Ionisationskammer fast völlig verdrängt.

Spule, wichtiges elektrisches Schaltelement, das man durch Wicklung eines isolierten dünnen Leiters großer Länge auf einen meist zylindrischen Körper erhält. Eine stromdurchflossene Spule besitzt ein magnetisches Feld. Im Innern einer stromdurchflossenen Spule ist das Magnetfeld homogen, wenn die Spulenlänge l groß gegenüber dem inneren Spulenradius r_i ist. Für die magnetische Feldstärke H einer einlagig gewickelten Spule mit n dicht nebeneinander angeordneten Windungen (sog. *Zylinderspule*) gilt:

$$H = \frac{n \cdot I}{l}$$

(I Stromstärke) und für ihre Selbstinduktion L

$$L = \frac{\mu \pi r_i^2 \, n^2}{l}$$

(μ magnetische ↑ Permeabilität des Spuleninnern).

In der Elektrotechnik werden Spulen zur Erzeugung magnetischer Felder (*Elektromagnet*) und als Teil von ↑ Schwingkreisen verwendet. Jede Spule besitzt neben dem ohmschen Widerstand R (der zur Unterscheidung auch Wirk- oder Verlustwiderstand

genannt wird) des Leiters noch einen Blindwiderstand Y, der von der Kreisfrequenz $\omega = 2\pi \cdot f$ des die Spule durchfließenden Wechselstroms abhängig ist und in einen induktiven Anteil ωL sowie einen kapazitiven Anteil $1/(\omega C)$ aufgespalten werden kann (C ist die ↑ Kapazität der Spule):

$$Y = \omega L - \frac{1}{\omega C}$$

Der komplexe Wechselstromwiderstand $Z = R + iY$ der Spule läßt sich im ↑ Zeigerdiagramm darstellen. Die im Magnetfeld einer stromdurchflossenen langen Zylinderspule gespeicherte *Energie* kann hergeleitet werden aus den Vorgängen beim Abschalten des Stroms. Das Abschalten der Gleichspannungsquelle in einem Stromkreis mit einer Spule, der ein Widerstand R parallel geschaltet ist (Abb. 396), führt

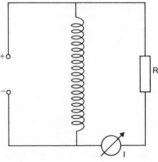

Abb. 396

nämlich nicht sofort zur Unterbrechung des Stroms. Nach dem Entfernen der Stromquelle fließt noch ein Strom I, der wie folgt von der Zeit t abhängt:

$$I = I_0 \, e^{-\frac{R}{L} t}$$

(I_0 Stromstärke zur Zeit $t = 0$, L Selbstinduktionskoeffizient der Spule). Die Energie dieses Stroms kann nur aus dem Magnetfeld der Spule stammen. Analog der Bestimmung des

Energieinhalts eines geladenen ↑ Kondensators kann nun der Energieinhalt W der Spule und damit auch der des Spulenmagnetfelds bestimmt werden. Es ergibt sich:

$$W = \int_0^\infty I^2 R\,dt$$

Einsetzen von I und Berechnen des Integrals ergibt:

$$W = \frac{1}{2} L I^2$$

Standfestigkeit, Sicherheit eines Körpers gegen Umkippen. Ein mit einer bestimmten Fläche (Standfläche) auf einer Unterlage stehender Körper kippt nur dann nicht um, wenn der Fußpunkt S' des von seinem Schwerpunkt S ausgehenden Lotes innerhalb der Standfläche (*stabile* Gleichgewichtslage) oder genau auf einer Begrenzungslinie der Standfläche (*labile* Gleichgewichtslage) liegt (Abb. 397). Als Maß für die Standfestigkeit eines

Abb. 397

Körpers benutzt man den Betrag derjenigen Kraft F, die waagrecht an seinem Schwerpunkt S angreifen muß, um ihn zum Umkippen zu bringen. Gemäß Abb. 398 ergibt sich, wenn man die Kippkante k als Drehachse eines

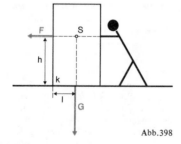

Abb. 398

↑ Hebels betrachtet, ein linksdrehendes ↑ Drehmoment $D_l = F \cdot h$ und ein rechtsdrehendes Drehmoment $D_r = G \cdot l$. Ist $F \cdot h > G \cdot l$, dann kippt der Körper um. Im Grenzfall gilt:

$$F \cdot h = G \cdot l$$

bzw.

$$F = \frac{G \cdot l}{h}$$

Da der Betrag dieser Kraft F vereinbarungsgemäß ein Maß für die Standfestigkeit ist, hängt diese also von der Gewichtskraft G des Körpers und der Lage seines Schwerpunktes S ab. Sie ist um so größer, je schwerer der Körper ist, je tiefer sein Schwerpunkt liegt und je weiter die Umkippkante vom Schwerpunktlot entfernt ist.

starrer Körper, idealisierter Körper, der aus ↑ *Massenpunkten* besteht, deren Abstände untereinander stets gleichbleiben.

Der starre Körper wird immer dann in der theoretischen Physik als Modell für einen realen Körper verwendet, wenn man von der deformierenden Wirkung irgendwelcher Kräfte auf diesen Körper absehen kann, denn gemäß Definition verändert ein starrer Körper seine Form unter dem Einfluß angreifender Kräfte nicht. Man kann daher bei ihm den *Angriffspunkt* einer auf ihn wirkenden Kraft entlang ihrer *Wirkungslinie* verschieben, ohne daß sich dabei die Wirkung dieser Kraft auf den Körper selbst ändert. Im Gegensatz zum Massenpunkt kann ein starrer Körper außer einer fortschreitenden Bewegung (*Translationsbewegung*) auch Drehbewegungen (*Rotationsbewegung*) ausführen. Er hat somit *sechs* Freiheitsgrade.

stehende Welle, eine Welle, bei der die Schwingungen an den einzelnen Orten des Ausbreitungsmediums mit unterschiedlichen ↑ Amplituden erfolgen. Bewegen sich zwei in Wellenlänge, Amplitude und Schwingungsebene übereinstimmende ebene Wellen mit gleichem Geschwindigkeitsbetrag aufeinander zu, so kommt es bei der Überlagerung (↑ Interferenz) zu dem in Abb. 399 in 19 verschiedenen Momentaufnahmen mit untereinander gleichen zeitlichen Abständen gezeigten Vorgang. Die vom Wellenzentrum E_1 ausgehende und nach rechts sich ausbreitende Welle ist schwach gestrichelt, die vom Wellenzentrum E_2 ausgehende und nach links sich ausbreitende Welle ist stark gestrichelt und die resultierende Welle ist stark ausgezogen dargestellt. Daraus ist ersichtlich, daß es bei

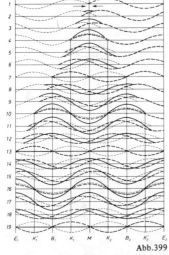

Abb. 399

der resultierenden Welle Punkte gibt, die während des gesamten Vorganges in Ruhe bleiben (K_1, K_1', K_2' und K_2 in Abb. 399). Diese Punkte heißen *Schwingungsknoten* oder *Bewegungsknoten*. Alle Punkte zwischen je zwei Schwingungsknoten schwingen mit gleicher Phase, jedoch verschieden großen Amplituden. Sie erreichen also alle zu gleicher Zeit ihre größte Schwingungsweite und gehen alle zur gleichen Zeit durch die Ruhelage. Die Punkte ganau in der Mitte zwischen zwei Knoten schwingen mit der

größten Amplitude (B_1, M und B_2 in Abb. 399). Sie heißen *Schwingungsbäuche* oder *Bewegungsbäuche*. Knoten und Bäuche breiten sich nicht aus, sondern bleiben während des gesamten Vorganges stets an derselben Stelle

Abb. 400

(Abb. 400). Die resultierende Welle wird deshalb als *stehende Welle* bezeichnet. Im Gegensatz zur fortschreitenden Welle gehen bei der stehenden Welle zu bestimmten Zeitpunkten alle schwingenden Punkte gleichzeitig durch ihre Ruhelage (Zeitpunkte 13 und 19 in Abb. 399) bzw. erreichen zu bestimmten Zeitpunkten alle schwingenden Punkte gleichzeitig ihre (voneinander verschiedenen) größten Auslenkungen (Zeitpunkt 16 in Abb. 399. Im ersteren Falle besitzt die stehende Welle, falls es sich um eine mechanische Welle handelt, nur *kinetische Energie*, im zweiten Falle nur *potentielle Energie*. Während bei der fortschreitenden Welle Energie vom Erregerzentrum in Ausbreitungsrichtung transportiert wird, erfolgt bei der stehenden Welle *kein Energietransport*.

Häufig bilden sich stehende Wellen heraus, wenn eine ebene Welle an einem Hindernis ohne merklichen Energieverlust in sich selbst reflektiert wird. Auf dieser Erscheinung beruht die Entstehung von ↑ Eigenschwingungen. Spannt man beispielsweise, wie in Abb. 401a gezeigt, einen Gummischlauch fest zwischen zwei Punkte (*feste Enden*) und erregt ihn durch eine periodisch wirkende äußere Kraft zum Schwingen, so breiten sich von der Erregungsstelle ausgehend nach beiden Schlauchenden zu Wellenzüge aus. Sie werden an den festen Enden, an denen selbst keine Schwingungsbewegung stattfinden kann, reflektiert und überlagern sich immer dann zu einer stehenden Welle, wenn der Abstand l zwischen den beiden Schlauchenden gleich der halben Wellenlänge ($\lambda/2$) der erregten Welle oder einem ganzzahligen Vielfachen von $\lambda/2$ ist, wenn also die sogenannte *Abstimmungsbedingung* der Form:

$$l = n \cdot \frac{\lambda}{2} \qquad \text{mit } n = 1,2,3,\ldots$$

erfüllt ist. Daraus ergibt sich für die Wellenlänge:

$$\lambda = \frac{2 \cdot l}{n} \qquad \text{mit } n = 1,2,3,\ldots$$

Zwischen Wellenlänge λ, Frequenz f und Ausbreitungsgeschwindigkeit c der Welle längs des Gummischlauchs besteht die Beziehung:

$$\lambda \cdot f = c$$

Für die Frequenzen f der Eigenschwingungen des Gummiseiles, die sogenannten Eigenfrequenzen erhält man dann:

$$f = \frac{n \cdot c}{2 \cdot l} \qquad \text{mit } n = 1,2,3,\ldots$$

Die für $n = 1$ sich ergebende Schwingung heißt *Grundschwingung*, ihre Frequenz *Grundfrequenz*. Die für $n = 2, 3, 4,\ldots$ sich ergebenden Schwingungen heißen *Oberschwingungen*, ihre Frequenzen *Oberfrequenzen*.
Können beide Schlauchenden wie in Abb. 401b gezeigt Schwingungen ausführen (*freie Enden*), dann lautet die *Abstimmungsbedingung* ebenfalls

$$l = n \cdot \frac{\lambda}{2} \qquad \text{mit } n = 1,2,3,\ldots$$

und die Eigenfrequenzen ergeben sich wie im Falle zweier fester Enden zu

$$f = \frac{n \cdot c}{2 \cdot l} \qquad \text{mit } n = 1,2,3,\ldots$$

Ist dagegen ein Schlauchende fest, das andere aber frei beweglich (Abb. 401c),

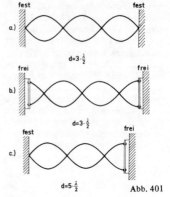

Abb. 401

dann lautet die *Abstimmungsbedingung*:

$$l = (2n+1) \cdot \frac{\lambda}{4} \qquad \text{mit } n = 0,1,2,\ldots$$

Für die Eigenfrequenzen ergibt sich dann die Beziehung

$$f = (2n+1)\frac{c}{4 \cdot l} \qquad \text{mit } n = 0,1,2,\ldots$$

Mathematische Darstellung der stehenden Welle
Die Bewegungsgleichungen der beiden gegenläufigen Wellen gleicher Amplitude und gleicher Wellenlänge lauten:

$$y_1 = A \sin 2\pi \left(\frac{t}{T} + \frac{x}{\lambda} \right)$$

und

$$y_2 = A \sin 2\pi \left(\frac{t}{T} - \frac{x}{\lambda} \right)$$

(y jeweiliger Schwingungsausschlag, A Amplitude, T Schwingungsdauer, λ Wellenlänge, t Zeit, x Abstand vom Wellenzentrum).
Die durch Überlagerung entstehende resultierende Welle ergibt sich durch Addition der jeweiligen Schwingungsausschläge zu:

$$y = y_1 + y_2 =$$

$$= A\sin 2\pi \left(\frac{t}{T} + \frac{x}{\lambda} \right) + A\sin 2\pi \left(\frac{t}{T} - \frac{x}{\lambda} \right)$$

oder umgeformt:

$$y = A\left[\sin 2\pi\left(\frac{t}{T}+\frac{x}{\lambda}\right)+\sin 2\pi\left(\frac{t}{T}-\frac{x}{\lambda}\right)\right]$$

Unter Verwendung der Beziehung:

$$\sin\alpha+\sin\beta = 2\cos\frac{\alpha-\beta}{2}\cdot\sin\frac{\alpha+\beta}{2}$$

ergibt sich für die resultierende Welle die folgende Bewegungsgleichung

$$y = 2A\cos\frac{2\pi x}{\lambda}\cdot\sin\frac{2\pi x}{T}$$

Für die Amplitude A_r der resultierenden Welle gilt also:

$$A_r = 2A\cos\frac{2\pi x}{\lambda}$$

Sie ist demnach nur vom Ort x, nicht aber von der Zeit t abhängig. An einem bestimmten festen Ort x behält sie also zu allen Zeiten denselben Wert. Sie ist gleich Null, wenn für das Argument des Kosinus gilt:

$$\frac{2\pi x}{\lambda} = (2n+1)\cdot\frac{\pi}{2} \qquad \text{mit } n=0,1,2,3,\ldots$$

Das ist der Fall für:

$$x = \frac{2n+1}{4}\cdot\lambda \qquad \text{mit } n=0,1,2,3,\ldots$$

(Punkte K_1', K_1, K_2 u. K_2' in Abb.1).
Die Amplitude erreicht ihr Maximum $2A$, wenn für das Argument des Kosinus gilt:

$$\frac{2\pi x}{\lambda} = n\pi \qquad \text{mit } n=0,1,2,3,\ldots$$

Das ist der Fall für:

$$x = \frac{n}{2}\cdot\lambda \qquad \text{mit } n=0,1,2,3,\ldots$$

(Punkte E_1, B_1, M, B_2, E_2 in Abb.1).
Aus der mathematischen Ableitung der stehenden Welle folgt somit:

1. Der Abstand zweier benachbarter Schwingungsbäuche bzw. Schwingungsknoten ist gleich der halben Wellenlänge der beiden gegenläufigen Wellen;
2. Die Schwingungsweite (Amplitude) des Schwingungsbauches der stehenden Welle ist doppelt so groß wie die Schwingungsweite der beiden gegenläufigen Wellen.

Steighöhe, bei einem ↑ Wurf die größte Höhe über der Wurfstelle, die der geworfene Körper erreicht.

Steigungsverhältnis, der Quotient aus dem mit Hilfe einer ↑ schiefen Ebene überbrückten Höhenunterschiedes h und der Länge l der schiefen Ebene. Das Steigungsverhältnis ist also gleich dem Sinus des Winkels, unter dem die schiefe Ebene gegen die Horizontale geneigt ist.

Steigzeit, bei einem ↑ Wurf die Zeit, während der sich der geworfene Körper senkrecht nach oben bzw. auf dem ansteigenden Ast einer Wurfparabel oder einer ↑ ballistischen Kurve bewegt.

Steilheit, Formelzeichen S, Maß für die Steigung der Anodenstrom-Gitterspannungs-Kennlinie (I_a-U_g-Kennlinie) einer ↑ Elektronenröhre. Für den geradlinigen Teil der I_a-U_g-Kennlinie (*Arbeitsbereich*) gilt bei gleichbleibender Anodenspannung U_a:

$$S = \frac{\Delta I_a}{\Delta U_g}$$

SI-Einheit der Steilheit ist 1 mA/V. Eine Elektronenröhre hat die Steilheit 1 mA/V, wenn bei einer Steigerung der Anodenspannung um 1 V der Anodenstrom um 1 mA anwächst. Die allgemeingültige Definition der Steilheit lautet:

$$S = \frac{\partial I_a}{\partial U_g} \qquad \text{mit } U_a = \text{const.}$$

Die üblichen Röhrensteilheiten liegen im Bereich $S = 1-20$ mA/V.

Steradiant (sr), SI-Einheit für den räumlichen Winkel.

Festlegung: 1 Steradiant (sr) ist gleich dem räumlichen Winkel, der als gerader Kreiskegel mit der Spitze im Mittelpunkt einer Kugel vom Halbmesser 1 m aus der Kugeloberfläche eine Kalotte der Fläche 1 m^2 ausschneidet:

$$1\,\text{sr} = \frac{1\text{m}^2 \quad (\text{Kugeloberfläche})}{1\text{m}^2 \;(\text{Quadrat d.Kugelradius})} = 1\frac{\text{m}^2}{\text{m}^2}.$$

Stern, allgemein Bezeichnung für jedes leuchtende Objekt am Nachthimmel (mit Ausnahme des Mondes). Dabei unterscheidet man zwischen nicht selbst leuchtenden *Wandelsternen* (↑ Planet) und *Fixsternen*, den Sternen im engeren Sinne.

Es handelt sich dabei um Gaskugeln hoher Temperatur, die durch die eigene ↑ Gravitation zusammengehalten werden. Die für ihre Strahlung notwendige ↑ Energie beziehen die Sterne aus ↑ Kernfusionen im Sterninneren. In diesem Sinne ist auch die Sonne ein Stern.

Der der Sonne am *nächsten* stehende Stern (Proxima Centauri) ist etwa 4,3 Lichtjahre von uns entfernt, die Mehrzahl der sichtbaren Sterne hat noch erheblich größere Entfernungen.

Stern-Gerlach-Versuch, ein erstmals 1921 von *O. Stern* und *W. Gerlach* mit einem fein gebündelten Strahl aus Silberatomen durchgeführter Versuch mit dem folgenden Ergebnis: In einem starken inhomogenen Magnetfeld erfolgt eine Ablenkung und Aufspaltung eines Atomstrahls (bzw. Molekularstrahls), wenn dessen Atome (bzw. Moleküle) ein magnetisches Moment besitzen. Die Tatsache der Aufspaltung bezeichnet man als *Stern-Gerlach-Effekt.* Der Stern-Gerlach-Versuch ist ein Beweis für die von der ↑ Quantentheorie geforderten Richtungsquantelung des Gesamtdrehimpulses eines Atoms (bzw. Moleküls) in einem Magnetfeld: Der Strahl spaltet sich in so viele einzelne Teilstrahlen auf, wie das magnetische Moment der betreffenden Atome Einstellungsmöglichkeiten zum Magnetfeld besitzt. Das sind genau $2J + 1$ Stück, wenn J die Gesamtdrehimpulsquantenzahl eines jeden Atoms ist. Der Stern-Gerlach-Effekt bietet eine Möglichkeit der experimentellen Bestimmung atomarer magnetischer Momente.

Sterntag, die Zeit zwischen zwei aufeinanderfolgenden Durchgängen eines Fixsternes durch den gleichen Erdmeridian (Längenkreis). Von *Sternzeit* spricht man, wenn man einer Zeitangabe als Einheit den Sterntag zugrunde legt. Der Sterntag wird unterteilt in *Sternzeitminuten* und *Sternzeitsekunden,* wobei gilt:

1 Sterntag = 1440 Sternzeitminuten =
= 86 400 Sternzeitsekunden

Der Sterntag ist um 3 min 56,6 s kürzer als ein mittlerer ↑ Sonnentag.

Stoß, das im allgemeinen kurzzeitige Zusammenprallen zweier sich relativ zueinander bewegender Körper. Je nach Stoßrichtung unterscheidet man folgende Arten des Stoßes:

1) *Zentraler Stoß:* Die Senkrechte auf der Berührungsebene der beiden sich stoßenden Körper (*Stoßnormale*) verläuft durch die Schwerpunkte beider Körper. Im Sinne dieser Definition ist der Stoß zweier homogener Kugeln stets ein zentraler Stoß.

2) *Exzentrischer Stoß:* Die Stoßnormale geht nicht durch die Schwerpunkte *beider* Körper.

3) *Gerader Stoß:* Die sich stoßenden Körper bewegen sich vor dem Stoß in Richtung der Stoßnormalen.

4) *Schiefer Stoß:* Die Stoßrichtung bildet mit der Stoßnormalen einen Winkel ungleich 0° bzw. 180°.

Darüber hinaus unterscheidet man je nach Art der beim Stoß auftretenden Verformungen zwischen elastischen und unelastischen Stößen. Beim *elastischen Stoß* ergeben sich keine bleibenden Verformungen. Die beim Stoß auftretenden Verformungen werden wieder in kinetische Energie der beiden sich stoßenden Körper umgewandelt, d.h. aber, es tritt kein Verlust an kinetischer Energie ein. Beim *unelastischen Stoß* dagegen wird ein Teil der kinetischen Energie zur dauernden (plastischen) Verformung der stoßenden Körper verwendet, d.h. in Wärmeenergie umgewandelt.

Eine wichtige Rolle in der Physik spielen der elastische und der unelastische *gerade zentrale* Stoß.

A. *Der elastische gerade zentrale Stoß*
Es seien m_1, m_2 die Massen der Körper 1 und 2, v_1, v_2 die Geschwindigkeitsbeträge der Körper vor dem Stoß, u_1, u_2 die Geschwindigkeitsbeträge der Körper nach dem Stoß. Wegen der *Erhaltung der kinetischen Energie* gilt dann:

$$\frac{1}{2}m_1 v_1^2 + \frac{1}{2}m_2 v_2^2 = \frac{1}{2}m_1 u_1^2 + \frac{1}{2}m_2 u_2^2$$

Aufgrund der *Erhaltung des Impulses* gilt:

$$m_1 v_1 + m_2 v_2 = m_1 u_1 + m_2 u_2$$

Daraus ergibt sich für die Geschwindigkeiten nach dem Stoß:

$$u_1 = \frac{2m_2 v_2 + v_1(m_1 - m_2)}{m_1 + m_2}$$

und

$$u_2 = \frac{2m_1 v_1 + v_2(m_2 - m_1)}{m_1 + m_2}$$

Haben die beiden sich stoßenden Körper die gleiche Masse ($m_1 = m_2 = m$), dann ergibt sich für die Geschwindigkeiten nach dem Stoß:

$$u_1 = v_2 \quad \text{und} \quad u_2 = v_1$$

Das heißt, die beiden Körper tauschen ihre Geschwindigkeiten beim Stoß untereinander aus.

Beim elastischen geraden zentralen Stoß eines Körpers der Masse m_1 und der Geschwindigkeit v_1 gegen eine feste Wand ($m_2 \gg m_1$ und $v_2 = 0$) ergibt sich:

$$u_1 = -v_1$$

Das heißt, der Körper bewegt sich mit dem gleichen Geschwindigkeitsbetrag von der Wand weg, mit der er sich vor dem Stoß auf sie zubewegt hat.
B. *Der unelastische gerade zentrale Stoß*
Da ein Teil der kinetischen Energie beim Stoß in Wärmeenergie umgewandelt wird, gilt in diesem Fall nur der Satz von der *Erhaltung des Impulses:*

$$m_1 v_1 + m_2 v_2 = m_1 u_1 + m_2 u_2$$

Bei einem vollkommen unelastischen Stoß bewegen sich aber beide Körper nach dem Stoß mit gleicher Geschwindigkeit ($u_1 = u_2 = u$). Es ergibt sich dann

$$m_1 v_1 + m_2 v_2 = m_1 u + m_2 u$$

bzw.

$$u = \frac{m_1 v_1 + m_2 v_2}{m_1 + m_2}$$

Haben die beiden sich stoßenden Körper die gleiche Masse ($m_1 = m_2 = m$), dann erhält man:

$$u = \frac{v_1 + v_2}{2}$$

Stoßionisation, die ↑ Ionisation von Atomen oder Molekülen eines Gases durch Stöße mit Elektronen oder Ionen, wobei die Ionisierungsenergie durch die kinetische Energie der stoßenden Teilchen aufgebracht wird.

Strahlenoptik, *geometrische Optik,* dasjenige Teilgebiet der ↑ Optik, das sich mit solchen Vorgängen befaßt, die sich durch die Annahme der geradlinigen Ausbreitung der Lichtstrahlen und unter Zuhilfenahme geometrischer Gesetze beschreiben lassen (↑ *Reflexion,* ↑ *Brechung*). Im Gegensatz dazu behandelt die *Wellenoptik* solche Erscheinungen, die sich nur aus der Wellennatur des Lichtes erklären lassen (↑ *Beugung,* ↑ *Interferenz,* ↑ *Polarisation*).

Strahlung, die mit einem gerichteten Transport von Energie oder Materie (bzw. von beiden) verbundene räumliche Ausbreitung eines physikalischen Vorgangs. Man unterscheidet zwischen *Wellenstrahlung* und *Korpuskularstrahlung (Teilchenstrahlung).* Bei einer Wellenstrahlung erfolgt die Ausbreitung sehr oft in Form von elektromagnetischen Wellen. Eine Korpuskularstrahlung besteht aus meist schnell bewegten Teilchen.

Strahlungsgesetze, physikalische Gesetze, die einen Zusammenhang zwischen der Temperatur eines im thermischen Gleichgewicht befindlichen strahlenden Körpers (Temperaturstrahler) und der Energie bzw. der Frequenz oder Wellenlänge der ausgesandten elektromagnetischen Strahlung beschreiben. Diese Gesetze für die Emission und Absorption elektromagnetischer Strahlung sind 1. das *Kirchhoffsche Gesetz,* 2. das *Stefan-Boltzmannsche Strahlungsgesetz,* 3. das *Plancksche Strahlungsgesetz,* 4. das *Rayleigh-Jeanssche Strahlungsgesetz,* 5. die *Wiensche Strahlungsformel* und 6. das *Wiensche Verschiebungsgesetz.*

1. Das *Kirchhoffsche Gesetz* (1859 von *G. R. Kirchhoff* aufgestellt), lautet: Der Quotient aus Emissionsvermögen E und Absorptionsvermögen A eines Strahlers ist konstant. Es hängt nur ab von der Wellenlänge λ und der absoluten Temperatur T des Strahlers.

$$\boxed{\frac{E(\lambda, T)}{A(\lambda, T)} = f(\lambda, T)}$$

Für den ↑ *schwarzen Körper* ist $A = 1$. Es gilt daher $f(\lambda, T) = E_s(\lambda, T)$, wobei E_s das Emissionsvermögen des schwarzen Körpers (bei gleichem λ und T) bedeutet. Damit ergibt sich:

$$\boxed{\frac{E(\lambda, T)}{A(\lambda, T)} = E_s(\lambda, T)}$$

Der Quotient aus dem Emissionsvermögen und dem Absorptionsvermögen eines beliebigen Körpers ist konstant und gleich dem Emissionsvermögen eines schwarzen Körpers.

2. Das *Stefan-Boltzmannsche Strahlungsgesetz* (1879 von *J. Stefan* aufgefunden und von *L. Boltzmann* begründet) lautet:
Die Energiedichte u der Temperaturstrahlung eines schwarzen Strahlers ist der vierten Potenz der absoluten Temperatur proportional.

$$\boxed{u = \sigma \cdot T^4}$$

σ ist die *Stefan-Boltzmannsche Konstante;* sie hat den Wert $5{,}6697 \cdot 10^{-8}$ $\text{Wm}^{-2}\text{K}^{-4}$.

3. Das *Plancksche Strahlungsgesetz* (nach *M. Planck,* 1900) lautet: Für die spektrale Energiedichte $u_f = u_f(T)$ eines schwarzen Strahlers gilt:

$$\boxed{u_f = \frac{8\pi f^2}{c^3} \frac{hf}{e^{\frac{hf}{kT}} - 1}}$$

(f Frequenz der Strahlung, h Plancksches Wirkungsquantum, c Lichtgeschwindigkeit, k Boltzmann-Konstante). Das Plancksche Strahlungsgesetz läßt sich nicht aus der klassischen Physik herleiten, sondern erfordert die Annahme quantenhafter Emission und Absorption elektromagnetischer Strahlungsenergie in Portionen der Größe hf durch den schwarzen Strahler. Die Annahme der ↑ Quantelung der Strahlungsenergie gab den Anstoß zur Entwicklung der ↑ Quantentheorie.

4. Das *Rayleigh-Jeanssche Strahlungsgesetz* ist die Näherung des Planck-

schen Strahlungsgesetzes für hohe Temperaturen bzw. niedrige Frequenzen. Es wurde von J. W. St. Rayleigh und J. H. Jeans auf der Grundlage der klassischen Physik aufgestellt und lautet mit den beim Planckschen Strahlungsgesetz angegebenen Bezeichnungen:

$$u_f = \frac{8\pi f^2 k T}{c^3}$$

5. Die *Wiensche Strahlungsformel* (von *W. Wien* 1896 aufgestellt) ist die entsprechende Näherung für niedrige Temperaturen bzw. hohe Frequenzen. Formuliert für das spektrale Emissionsvermögen e_λ eines schwarzen Strahlers in Abhängigkeit von der Wellenlänge lautet es:

$$e_\lambda = \frac{2c_1}{\lambda^5} e^{-\frac{c_2}{\lambda T}}$$

wobei $c_1 = 2\pi hc^2, c_2 = hc/k$.

6. Das *Wiensche Verschiebungsgesetz* (von *W. Wien* 1893 aufgestellt) gilt für schwarze Strahler. Es besagt: Das bei einer Wellenlänge λ_{max} gelegene Energiemaximum einer schwarzen Strahlung verschiebt sich mit wachsender Temperatur T nach kürzeren Wellenlängen

$$\lambda_{max} = a \cdot T^{-1}$$

($a = 0,288$ cm $\cdot$ K). Abb. 402 veranschaulicht die Energieverteilung im Spektrum eines schwarzen Strahlers für verschiedene Werte von T. Der Verlauf der einzelnen Kurven ergibt sich nach dem Planckschen Strahlungsgesetz.

Strahlungsgleichgewicht, Bezeichnung für den Zustand eines aus zwei oder mehr strahlenden Körpern konstanter, gleicher Temperatur bestehenden abgeschlossenen Systems, bei dem jeder Körper genausoviel Strahlung aussendet (*emittiert*), wie er gleichzeitig aufnimmt (*absorbiert*).

Strahlungsionisation, durch elektromagnetische Strahlung hervorgerufene ↑ Ionisation. Das Photon wird dabei absorbiert, seine über die Ionisierungsenergie hinausgehende Energie erhält das abgespaltene Elektron in Form von kinetischer Energie.

Streuung, Ablenkung eines Teils einer (gebündelten) Teilchen- oder Wellenstrahlung aus seiner ursprünglichen Richtung durch kleine, i.a. atomare Teilchen, die sog. *Streuzentren*. Die diffus in die verschiedenen Richtungen *gestreute* Strahlung (*Streustrahlung* bzw. *Streuwellen*) geht der primären Strahlung verloren, wodurch diese in ihrer Intensität geschwächt wird. Die Wechselwirkung eines Teilchens oder Quants der Strahlung mit einem einzelnen Streuzentrum wird als *Streuprozeß* oder *Einzelstreuung* bezeichnet. Erfährt es in einer dickeren Materieschicht nacheinander an verschiedenen Streuzentren mehrere Einzelstreuungen, so liegt eine *Mehrfachstreuung* vor. Bei einer *elastischen Streuung* ist die Summe der kinetischen Energien vom gestreuten und streuenden Teilchen vor und nach dem Stoß gleich.

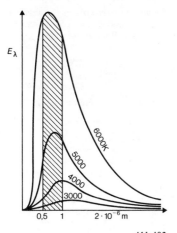

E_λ

6000K

5000

4000

3000

0,5   1 $2 \cdot 10^{-6}$ m

Abb.402

Bei einer *inelastischen* Streuung wird von der Strahlung Energie zur Anregung, Ionisation usw. an das Streuzentrum abgegeben. Der ↑ Wirkungsquerschnitt eines Streuprozesses wird *Streuquerschnitt* genannt.

Stroboskop, Vorrichtung zur Bestimmung der Frequenz einer periodischen Bewegung bzw. zur genauen Beobachtung der einzelnen Phasen einer periodischen Bewegung. Beim zumeist verwendeten *Lichtblitzstroboskop* sendet eine Lichtquelle kurzzeitige Lichtblitze aus, deren Frequenz auf einen festen Wert eingestellt werden kann. Beleuchtet man beispielsweise einen mit einer Frequenz von 100 Hz schwingenden Körper mit 100 kurzzeitigen Lichtblitzen pro Sekunde, so scheint er still zu stehen, da ihn der Lichtblitz stets in der gleichen Stellung antrifft. Ebenfalls still zu stehen scheint der schwingende Körper, wenn die Frequenz der Lichtblitze ein ganzzahliges Vielfaches von 100 Hz beträgt. Beleuchtet man den mit 100 Hz schwingenden Körper mit Lichtblitzen, deren Frequenz nur wenig *unter* 100 Hz liegt, so scheint der Schwingungsvorgang für den Beobachter verlangsamt abzulaufen, wodurch die Beobachtung von Einzelheiten des Schwingungsverlaufes ermöglicht wird. Beleuchtet man dagegen den mit 100 Hz schwingenden Körper mit Lichtblitzen, deren Frequenz etwas *über* 100 Hz liegt, so scheint der Schwingungsvorgang rückwärts abzulaufen. Dieser Effekt liegt beispielsweise dem scheinbaren Rückwärtsdrehen von Fahrzeugrädern im Film zu Grunde.

Strom *(elektrischer)*, Transport elektrischer ↑ Ladung in einer Vorzugsrichtung. Fließen die Ladungen durch einen ruhenden ↑ Leiter, so spricht man von einem *Leitungsstrom*, werden sie mit den Ladungsträgern (z.B. Staubkörnchen) bewegt, von einem *Konvektionsstrom.*
Die *Richtung des Stromes* wurde in der Technik willkürlich festgelegt und verläuft (im äußeren Kreis) vom Pluspol zum Minuspol der ↑ Stromquelle *(konventionelle, technische Stromrichtung).* Die *physikalische (wirkliche) Stromrichtung* ist der technischen entgegengesetzt, da sie die tatsächliche Bewegungsrichtung der Ladungsträger, also der negativ geladenen Elektronen berücksichtigt. Die Stromrichtung kann mit Hilfe eines Voltameters oder Drehspulinstrumentes festgestellt werden (↑ Amperemeter).
Mit dem elektrischen Strom ist immer ein magnetisches ↑ Feld und meistens auch ↑ Joulsche Wärme verbunden. Der elektrische Strom verursacht chemische Prozesse (↑ Elektrolyse) bzw. Anregungs-, Ionisierungs- und Dissoziationsvorgänge (↑ Gasentladung) im Leiter.
Man unterscheidet ↑ *Gleich-* und ↑ *Wechselstrom.* Meist ist eine elektrische ↑ Spannung die Ursache eines elektrischen Stromes. Werden zwei verschiedene Punkte, zwischen denen eine elektrische Spannung herrscht, durch einen Leiter miteinander verbunden, so fließt ein elektrischer Strom (↑ Stromstärke, ↑ Stromdichte).

Stromdichte *(elektrische),* Formelzeichen *j,* Quotient aus ↑ Stromstärke *I* und dem Leiterquerschnitt *q* senkrecht zur Stromrichtung:

$$j = \frac{I}{q}$$

SI-Einheit: 1 Ampere/m^2=1 A·m^{-2}. Es gilt

$$j = \sigma \cdot E \qquad ,$$

wobei σ die spezifische ↑ Leitfähigkeit und *E* die ↑ elektrische Feldstärke ist.

Stromkreis, aus elektrischen Leitern (einschließlich beliebiger Schaltungselemente, Strom- und Spannungsquellen) bestehender geschlossener Kreis, in welchem ein durch eine elektromotorische Kraft verursachter elektrischer Strom fließt.

Stromrichtung *(elektrische)*, Richtung des elektrischen Stromes in einem Leiterkreis. Man unterscheidet die *technische (konventionelle)* und die *physikalische (wirkliche)* Stromrichtung. Die *technische Stromrichtung* ist definiert als die Richtung, in der sich die *positiven* Ladungsträger bewegen. Da jedoch in metallischen Leitern die sich bewegenden Ladungsträger *negative* Ladung tragen, stimmt in diesem Fall die Richtung des wirklichen Stromes nicht mit der technischen Stromrichtung überein. Man bezeichnet bei einer sog. *Elektronenleitung* die tatsächliche Stromrichtung als *physikalische* oder *wirkliche Stromrichtung.*

Im äußeren Teil eines geschlossenen Leiterkreises verläuft die *technische* Stromrichtung immer vom Plus- zum Minuspol der Stromquelle. Die Stromrichtung kann nur bei einem ↑ Gleichstrom definiert werden, da sich bei einem ↑ Wechselstrom die Bewegungsrichtung der Ladungsträger periodisch ändert.

Strom-Spannungs-Diagramm, graphische Darstellung des Zusammenhanges zwischen der Stromstärke I in einem Leiter und der am Leiter anliegenden Spannung U. Wenn das ↑ Ohmsche Gesetz gilt, ergibt das Strom-Spannungs-Diagramm eine Gerade.

Stromstärke *(elektrische)*, Formelzeichen I, Basisgröße mit der SI-Basiseinheit Ampere (A). *Festlegung:* 1 Ampere ist die Stärke eines zeitlich unveränderlichen elektrischen Stromes, der, durch zwei im Vakuum parallel im Abstand 1 Meter voneinander angeordnete, geradlinige, unendlich lange Leiter von vernachlässigbar kleinem, kreisförmigem Querschnitt fließend, zwischen diesen Leitern je Meter Leiterlänge elektrodynamisch die Kraft 1/5 000 000 Kilogramm-

meter durch Sekundequadrat hervorrufen würde.

Zusammenhang der Stromstärke I mit der elektrischen ↑ Ladung Q:
Wenn in einem Zeitintervall Δt durch einen Leiterquerschnitt die elektrische Ladung ΔQ hindurchtritt, so beträgt die elektrische Stromstärke I:

$$I = \frac{\Delta Q}{\Delta t}$$

Für die Einheiten von Strom und Ladung gilt entsprechend:

$$1 \text{ Ampere} = \frac{1 \text{ Coulomb}}{1 \text{ Sekunde}}$$

Stromstoß, bei einem (kurzzeitigen) Stromfluß das Produkt aus der Stromstärke I und der Dauer Δt des Stromflusses. Ist I während der Zeit Δt konstant, dann gilt:

$$\text{Stromstoß} = I \cdot \Delta t = Q \, ,$$

wobei Q die während des Stromstoßes transportierte Ladung ist. Ändert sich die Stromstärke während der Zeit Δt, so gilt:

$$\text{Stromstoß} = \int_{t_1}^{t_2} I \cdot \mathrm{d}t = Q$$

Sublimieren *(Sublimation)*, direkter Übergang eines Stoffes vom festen in den gasförmigen ↑ Aggregatzustand, ohne daß der normalerweise dazwischenliegende flüssige Aggregatzustand angenommen wird. Die Sublimation erfolgt bei Temperaturen unterhalb des Schmelzpunktes des betreffenden Stoffes. Die für diesen Vorgang erforderliche *Sublimationswärme* ist gleich der Summe aus Schmelzwärme und Verdampfungswärme (↑ Schmelzen, ↑ Verdampfen).

Superposition *(Überlagerung)*, im weitesten Sinne das gleichzeitige Zusammenwirken mehrerer, von verschiedenen Ursachen und Quellen hervorgerufener physikalischer Größen gleicher Art (z.B. Kräfte oder Felder), speziell die Überlagerung zweier oder mehrerer Schwingungen oder Wellen.

1) *Superposition zweier harmonischer Schwingungen*

Gegeben seien zwei harmonische Schwingungen mit den Gleichungen

$$y_1 = A_1 \sin(\omega_1 t + \varphi_{01}) \quad \text{und}$$

$$y_2 = A_2 \sin(\omega_2 t + \varphi_{02})$$

(mit y Elongation, A Amplitude, ω Kreisfrequenz, t Zeit, φ_0 Nullphasenwinkel). Die Elongation y_r der durch Superposition (Überlagerung) dieser beiden harmonischen Schwingungen entstehenden resultierenden Schwingung ist zu jedem Zeitpunkt gleich der (vektoriellen) Summe der Elongationen y_1 und y_2. Es gilt also:

$$y_r = y_1 + y_2 =$$
$$= A_1 \sin(\omega_1 t + \varphi_{01}) + A_2 \sin(\omega_2 t + \varphi_{02})$$

Wenn die Amplituden und die Kreisfrequenzen der beiden sich überlagernden Schwingungen gleich sind, wenn also $A_1 = A_2 = A$ und $\omega_1 = \omega_2 = \omega$, ergibt sich:

$$y_0 = A[\sin(\omega t + \varphi_{01}) + \sin(\omega t + \varphi_{02})]$$

Unter Verwendung der Beziehung:

$$\sin\alpha + \sin\beta = 2 \cdot \sin\frac{\alpha+\beta}{2} \cdot \cos\frac{a-\beta}{2}$$

erhält man:

$$\boxed{y_0 = 2A\cos\frac{\varphi_{01}-\varphi_{02}}{2}\sin\left(\omega t + \frac{\varphi_{01}+\varphi_{02}}{2}\right)}$$

Die Differenz der beiden Nullphasenwinkel heißt *Phasendifferenz* der beiden Schwingungen und erhält das Symbol $\Delta\varphi$:

$$\Delta\varphi = \varphi_{01} - \varphi_{02}$$

Die Schwingungsgleichung der resultierenden Schwingung ist damit:

$$\boxed{y_r = 2A\cos\frac{\Delta\varphi}{2}\sin\left(\omega t + \frac{\varphi_{01}+\varphi_{02}}{2}\right)}$$

Die resultierende Schwingung ist also eine harmonische Schwingung. Ihre Frequenz stimmt mit der der beiden sich überlagernden Schwingungen überein. Ihr Nullphasenwinkel ist gleich dem arithmetischen Mittel der Nullphasenwinkel der beiden sich überlagernden Schwingungen. Für die Amplitude A_r der resultierenden Schwingung gilt:

$$\boxed{A_r = 2A\cos\frac{\Delta\varphi}{2}}$$

Sie ist also zeitlich konstant. Ihr Wert hängt von der Phasendifferenz $\Delta\varphi$ ab. Für $\Delta\varphi = 0, 2\pi, 4\pi, \ldots$ wird $\cos\Delta\varphi/2 = \pm 1$. In diesen Fällen hat also die resultierende Schwingung die größtmögliche Amplitude (Abb. 403). Sie ist dann

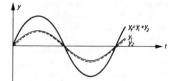

Abb.403

gleich der Summe der Amplituden der beiden sich überlagernden Schwingungen:

$$\boxed{A_r = 2A}$$

Für $\Delta\varphi = \pi, 3\pi, 5\pi\ldots$ wird $\cos\Delta\varphi/2 = 0$. Die Amplitude der resultierenden Schwingung ist dann gleich Null. Das heißt aber, daß gar keine Schwingung zustande kommt. Die beiden sich überlagernden Schwingungen löschen sich gegenseitig aus (Abb. 404).

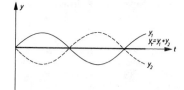

Abb.404

2) *Superposition zweier Wellen*

Bei der Überlagerung zweier Wellen spielt insbesondere der Fall eine wichtige Rolle, bei dem die Wellen gleiche Schwingungsrichtung und gleiche Frequenz (bzw. gleiche Schwingungsdauer) besitzen. Dieser Fall wird als *Interferenz* bezeichnet. Besonders einfach zu behandeln ist die Interferenz zweier eindimensionaler Wellen. Gegeben seien zwei eindimensionale Wellen, deren Wellenzentren Z_1 und Z_2 sind (Abb. 405). Die Gleichungen der beiden Wellen lauten:

$$y_1 = A \sin 2\pi \left(\frac{t}{T} - \frac{x}{\lambda} \right) \quad \text{und}$$

$$y_2 = A \sin 2\pi \left(\frac{t}{T} - \frac{x + \Delta x}{\lambda} \right)$$

(y Elongation, A Amplitude, t Zeit, x Abstand vom Wellenzentrum, T Schwingungsdauer, λ Wellenlänge, Δx Abstand zwischen Z_1 und Z_2, *Gangunterschied*).

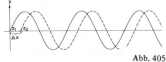

Abb. 405

T, A und λ sind gemäß Voraussetzung für beide sich überlagernde Wellen gleich. Die Elongation y der resultierenden Welle ergibt sich unter Verwendung der Beziehung:

$$\sin\alpha + \sin\beta = 2 \cdot \cos\frac{\alpha-\beta}{2} \cdot \sin\frac{\alpha+\beta}{2} \quad \text{zu:}$$

$$y = 2A\cos\left(\pi \cdot \frac{\Delta x}{\lambda} \right) \cdot \sin\left[2\pi\left(\frac{t}{T} - \frac{x}{\lambda} \right) - \pi \cdot \frac{\Delta x}{\lambda} \right]$$

bzw.

$$y = 2A\cos\left(\pi \cdot \frac{\Delta x}{\lambda} \right) \cdot \sin\left[2\pi\left(\frac{t}{T} - \frac{x + \frac{\Delta x}{2}}{\lambda} \right) \right]$$

Die resultierende Welle ist also, ebenso wie die beiden sich überlagernden Wellen, eine Sinuswelle. Für ihre Amplitude A_r gilt:

$$A_r = 2A \cos\left(\pi \cdot \frac{\Delta x}{\lambda} \right)$$

Die Amplitude ist also vom *Gangunterschied* Δx abhängig. Für $\Delta x = n \cdot \lambda$ mit $n = 0,1,2,3\ldots$ ist $\cos\pi \cdot (\Delta x/\lambda) = \cos n\pi = \pm 1$, d.h. in diesen Fällen ist die Amplitude der resultierenden Welle gleich der Summe der Amplituden der interferierenden Wellen (Abb. 406). Für

$$\Delta x = \frac{2n+1}{2} \cdot \lambda \text{ mit } n = 0,1,2,3\ldots \text{ ist}$$

$$\cos\pi \cdot (\Delta x/\lambda) = \cos(2n+1) \cdot \frac{\pi}{2} = 0.$$

In diesen Fällen sind die beiden sich überlagernden Wellen *gegenphasig*, sie heben sich gegenseitig auf.

Diese Erkenntnisse lassen sich auch auf zweidimensionale Wellen (*Kreiswellen*)

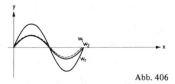

Abb. 406

ausdehnen. Gegeben seien zwei Kreiswellen mit gleicher Schwingungsrichtung, gleicher Frequenz und gleicher Amplitude. Die beiden gleichphasig, also im gleichen Rhythmus schwingenden Wellenzentren Z_1 und Z_2 mögen den Abstand d haben. Kreisförmig um diese beiden Wellenzentren breiten sich Wellen aus, die miteinander interferieren. Wir wählen uns irgendeinen Punkt P und untersuchen seine Schwingung unter dem Einfluß der

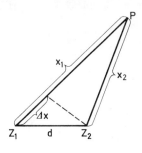

Abb. 407

401

beiden Kreiswellen. Der Abstand von Z_1 zu P sei x_1, der Abstand von Z_2 zu P sei x_2. Gemäß Abb. 407 ergibt sich für den Gangunterschied Δx zwischen den beiden sich überlagernden Wellen im Punkte P.

$$|\Delta x| = |x_1 - x_2|$$

Die Amplituden beider Wellen addieren sich im Punkte P, wenn gilt:

$$|\Delta x| = |x_1 - x_2| = 0, \lambda, 2\lambda, 3\lambda, \ldots$$

Man spricht dann von einem *Interferenzmaximum*. Die beiden sich überlagernden Wellen löschen sich im Punkte P aus, wenn gilt:

$$|\Delta x| = |x_1 - x_2| = \frac{\lambda}{2}, 3 \cdot \frac{\lambda}{2}, 5 \cdot \frac{\lambda}{2} \ldots$$

Man spricht dann von einem *Interferenzminimum*. Allgemein lassen sich die Interferenzbedingungen so ausdrücken:

Interferenzmaximum: $|\Delta x| = n \cdot \lambda$

Interferenzminimum: $|\Delta x| = \dfrac{2n \cdot 1}{2} \cdot \lambda$

für $n = 0,1,2,3,\ldots$
Alle Punkte, für die die Differenz ihrer Entfernungen von zwei festen Punkten konstant ist, liegen auf einer *Hyperbel*. Die Interferenzminima und -maxima sind solche Punkte. Sie liegen also auf Hyperbeln, deren Brennpunkte die beiden Wellenzentren sind.
Die Abb. 408 zeigt die Lage der Interferenzmaxima (dicke Kurve) und der

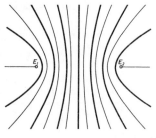

Abb.408

Interferenzminima (dünne Kurve) bei zwei gleichphasig schwingenden Erregerzentren E_1 und E_2. Entsprechend verteilte Interferenzerscheinungen treten auch bei dreidimensionalen Wellen (Kugelwellen) auf.

Supraleitung, Bezeichnung für die Erscheinung, daß der elektrische ↑ Widerstand vieler Metalle (z.B. Quecksilber, Blei, Aluminium) und Metallegierungen bei Abkühlung auf Temperaturen unterhalb einer für das jeweilige Material charakteristischen, nahe dem ↑ absoluten Nullpunkt liegenden Temperatur, der sog. Sprungtemperatur T_S vollkommen verschwindet. Zeigt ein Stoff dieses Verhalten, so befindet er sich im *supraleitenden Zustand*.

Suszeptanz *(Blindleitwert)*, der Imaginärteil der ↑ Admittanz.

Suszeptibilität *(dielektrische)*, Formelzeichen χ, physikalische Größe, die den Zusammenhang zwischen der ↑ Polarisation $\vec{P}$ und der elektrischen Feldstärke $\vec{E}$ vermittelt:

$$\vec{P} = \chi \vec{E}$$

Szintillationszähler, Gerät zur Zählung und Energiemessung energiereicher Teilchen und ↑ Gammaquanten. Das Gerät besteht im wesentlichen aus (Abb. 409):
1. einem *Szintillator* (z.B. NaJ, Anthrazen, Toluol oder Xylol),
2. einer ↑ *Photokathode*,
3. einem ↑ *Sekundärelektronenvervielfacher*.
Trifft ein Teilchen ausreichender Energie auf den *Szintillator*, so verliert es darin fast seine gesamte kinetische ↑ Energie, wodurch der Szintillator lokal zur Lichtemission (Szintillation, Lichtblitze) angeregt wird. Die Registrierung der Lichtblitze wäre zwar mit dem Mikroskop möglich, jedoch unzureichend; man mißt vielmehr deren Intensität mit Hilfe eines Sekundärelektronenvervielfachers. Ein im Szintillator ausgelöster Lichtblitz löst aus

Lichtblitz · Sekundärelektronen-vervielfacher

Szintillator · Photokathode

Abb.409

der Photokathode Elektronen heraus (↑ Photoeffekt). Diese Elektronen werden anschließend im Sekundärelektronenvervielfacher entsprechend vervielfacht, so daß man einen leicht meßbaren Strom erhält, der ein Maß für die Energie der einfallenden Teilchen ist. Im allgemeinen ist nämlich die Intensität der Szintillationen der Energie der einfallenden Strahlen proportional.

Der Szintillationszähler ist sehr empfindlich und zur Registrierung selbst einzelner Elektronen geeignet; er besitzt ferner ein sehr hohes zeitliches *Auslösungsvermögen*, das heißt eine sehr kleine *Totzeit*. Sie liegt je nach Bauweise zwischen 3 ns und 0,5 μs.

Target *(Auffänger)*, in der ↑ Kernphysik Bezeichnung für ein Materiestück (Folie, Flüssigkeits- oder Gasvolumen), das der hochenergetischen Teilchen- bzw. Quantenstrahlung eines ↑ Teilchenbeschleunigers oder einer anderen radioaktiven Quelle ausgesetzt ist. Ein Target wird als *Innentarget* in der Beschleunigungsröhre oder als *Außentarget* im nach außen abgelenkten Strahl eines Teilchenbeschleunigers angebracht und dient zur Erzeugung neuer Strahlen (z.B. Bremsstrahlung), mit denen dann weiter experimentiert wird.

Taupunkt, diejenige Temperatur, bei der ein aus irgendeinem Gas und Wasserdampf bestehendes Gemisch (z.B. ein Luft-Wasserdampfgemisch) gerade mit Wasserdampf gesättigt ist, also keinen weiteren Wasserdampf mehr aufnehmen kann. Das Gemisch hat am Taupunkt demnach seine (temperaturabhängige) maximale ↑ Feuchtigkeit erreicht, d.h. seine *relative Feuchte* beträgt 100 %. Beim Abkühlen unter den Taupunkt kondensiert jeweils soviel Wasserdampf in Form kleiner Wassertröpfchen (Nebel, Wolken, Tau), daß die relative Feuchte stets ihren Wert von 100 % beibehält.

Tausendstelmasseneinheit (TME), der 1 000. Teil der *kernphysikalischen Masseneinheit* (ME).
Die kernphysikalische Masseneinheit war nach ihrer ursprünglichen Definition gleich dem 16. Teil der Masse eines Atoms des Sauerstoffisotops ^{16}O. Damit galt: 1 ME = $1,6597 \cdot 10^{-27}$ kg. Gesetzlich zulässig ist heute jedoch nur die *SI-Einheit* für die Angabe von Massen im atomaren Bereich, die *atomare Masseneinheit*, Kurzzeichen u.
Festlegung: 1 atomare Masseneinheit ist der 12. Teil der Masse eines Atoms des Nuklids ^{12}C.

Zwischen der atomaren Masseneinheit und der veralteten kernphysikalischen Masseneinheit besteht folgender Zusammenhang:

$$1\ u = 1,0003179\ ME\ .$$

Häufig wird die TME auch als Energiemaß verwendet; nach der Masse-Energie-Äquivalenz gilt:

$$1\ TME = 0,93114 \cdot 10^6\ eV.$$

Teilchendetektor, Gerät zum Nachweis und zur Zählung atomarer Teilchen bzw. Elementarteilchen. Elektronen, Ionen und andere geladene Teilchen werden durch ihre ionisierende Wirkung (↑ Stoßionisation) beim Durchgang durch Materie registriert. Die zur Ionisation notwendige Energie wird gegebenenfalls durch Beschleunigung in einem elektrischen Feld erhalten. Bei ungeladenen und daher nicht (z.B. ↑ Neutronen) oder ungenügend (↑ Photonen) ionisierenden Teilchen werden erst durch *Sekundärprozesse* ionisierende Teilchen ausgelöst und diese dann gezählt. Als Teilchendetektor dienen vor allem ↑ Szintillationszähler, ↑ Ionisationskammer, ↑ Zählrohr, ↑ Funkenkammer, ↑ Nebelkammer, ↑ Blasenkammer oder ↑ Kernspurplatten.

Teilchenbeschleuniger, Sammelbezeichnung für verschiedenartige Vorrichtungen zur Beschleunigung elektrisch geladener Teilchen (Elektronen, Protonen, Ionen) auf Energien über 500 keV, mit denen dann z.B. Kern- oder Elementarteilchenreaktionen ausgelöst werden können. Grundlegend für alle Teilchenbeschleuniger ist die in einem elektrischen Feld der Feldstärke $\vec{E}$ auf eine elektrische ↑ Ladung Q wirksame Kraft $\vec{F} = Q \cdot \vec{E}$. Für den Betrag der Beschleunigung a des die Ladung Q

tragenden Teilchens der Masse m gilt damit $a = (Q \cdot E)/m$. Ist in einem elektrischen Feld aufgrund der beschleunigenden Kraft F das die Ladung Q tragende Teilchen von einem Punkt P_1 zu einem Punkt P_2 gelangt, so hat es seine Energie um den Betrag $\Delta W = Q \cdot U$ erhöht (U ist dabei die zwischen P_1 und P_2 herrschende Spannung bzw. Potentialdifferenz).

Will man nun Teilchen mit sehr hoher Energie haben, so ergeben sich zwei Möglichkeiten: Entweder man läßt die Teilchen insgesamt eine sehr hohe Spannung durchlaufen oder man richtet es so ein, daß die Teilchen eine oder mehrere relativ kleine Spannungen sehr oft in derselben Richtung durchlaufen und dabei ihre Energie immer um einen Betrag $Q \cdot U$ erhöhen.

Aus dieser Überlegung ergeben sich zwei verschiedene Bauarten von Teilchenbeschleunigern, die *Linearbeschleuniger* und die *Kreis-* bzw. *Zirkularbeschleuniger*.

Bei den *Linearbeschleunigern* erfolgt die Beschleunigung auf geradlinigen Bahnen, die je nach Endenergie eine Länge zwischen 12 m und etwa 3 km besitzen. Als *klassische* oder *statische Linearbeschleuniger* werden solche mit statischem Beschleunigungsfeld bezeichnet. Zu ihnen gehört der ↑ Bandgenerator. Ihre Maximalenergie ist allerdings auf wenige MeV beschränkt. Heute bezeichnet man im engeren Sinn nur die sog. *Hochfrequenz-Linearbeschleuniger* als Linearbeschleuniger. Bei diesen werden verschiedene technische Prinzipien angewendet. Ein von *R. Widerøe* (1928) vorgeschlagenes Prinzip bewirkt eine stufenweise Beschleunigung dadurch, daß die Teilchen eine Reihe zylindrischer Röhren (sog. *Driftröhren*) durchlaufen, die abwechselnd an die beiden Pole eines Hochfrequenzgenerators gelegt sind, so daß zwischen diesen Driftröhren ein elektrisches Hochfrequenzfeld konstanter Frequenz und Scheitelspannung herrscht (Abb. 410).

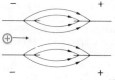

Abb.410

Damit optimale Beschleunigung erfolgt, muß dafür gesorgt werden, daß die Teilchen sich während der Fehlphase des Hochfrequenzfeldes im feldfreien Innern der Driftröhren befinden, dagegen während der Wirkphase im Feldraum zwischen zwei Röhren. Innerhalb einer halben Schwingungsdauer müssen die Teilchen also eine Driftröhre durchlaufen haben. Da die Generatorfrequenz konstant bleibt, müssen bei höherer Teilchengeschwindigkeit die Driftröhren länger gemacht werden. Man erreicht auf diese Weise eine Beschleunigung von Elektronen auf bis zu 20 GeV.

Bei den *Kreisbeschleunigern* werden die beschleunigten Teilchen durch ein magnetisches Führungsfeld auf kreisförmigen Bahnen geführt und können auf diese Weise ein oder mehrere elektrische Felder fast beliebig oft durchlaufen. Die wichtigsten Kreisbeschleuniger sind das *Zyklotron*, das *Synchrozyklotron*, das *Betatron* und das *Synchrotron*.

1. Das *Zyklotron* (von *E. O. Lawrence* 1932 entwickelt) besteht aus zwei flachen, metallischen, durch einen Schlitz getrennten D-förmigen Halbkreisdosen (*Duanten*), die im Hochvakuum zwischen den Polen eines starken

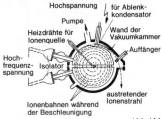

Abb.411

405

Magneten angeordnet sind (Abb. 411).
Die aus einer Ionenquelle im Zentrum
der Anordnung ausgehenden Teilchen
laufen im homogenen Magnetfeld in
den Duanten auf Spiralbahnen von
innen nach außen. Jeweils beim Übergang von einem Duanten in den anderen erfahren die Teilchen durch ein
geeignetes elektrisches Feld eine Beschleunigung. Die Frequenz der das
elektrische Feld bewirkenden Spannung ist so einzurichten, daß die
Teilchen pro Umlauf zweimal eine
Beschleunigung erfahren. Nach Erreichen einer bestimmten Energie, die für
jede Teilchenart durch die Magnetfeldstärke und den Duantendurchmesser
gegeben ist, werden die beschleunigten
Teilchen durch eine sog. *Ablenkelek-
trode* tangential aus dem Zyklotron
herausgeführt. Die Duanten haben
Durchmesser bis zu einigen Metern.
Durch Gleichsetzen der ↑ Lorentzkraft
und der ↑ Zentrifugalkraft erhält man
für die *vom Bahnradius unabhängige*
Umlaufsfrequenz *f*

$$f = \frac{Q \cdot B}{2\pi m}$$

(*Q* Ladung des Teilchens der Masse *m*,
B Kraftflußdichte des Magnetfeldes).
Das Zyklotron arbeitet nur dann optimal, wenn diese Frequenz konstant
bleibt. Nun ist jedoch diese Umlaufsfrequenz von der Masse abhängig.
Infolge der relativistischen Massen-
zunahme bei hohen Geschwindigkeiten
würden die Teilchen deshalb bei konstanter Frequenz der Spannung außer
Tritt geraten. Um dies zu verhindern,
muß man entweder diese Frequenz
oder aber die Kraftflußdichte *B* oder
auch beide Größen geeignet ändern.
Diese Synchronisation erfolgt beim
sog. *Synchrozyklotron*. Mit einem
Synchrozyklotron erreicht man Energien von etwa 1 GeV. Die Hochspan-
nungen zwischen zwei Duanten können
kleiner sein als beim Zyklotron, weil
mehr Teilchenumläufe stattfinden (et-

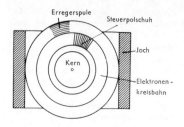

Abb.412

wa 50 000 Teilchenumläufe, Spannungen zwischen 5 kV und 20 kV).
2. Das *Betatron (Elektronenschleuder)*
arbeitet nach dem Prinzip des ↑ Transformators. Ein zylindrischer Eisenkern
trägt eine sog. *Erregerwicklung* (entsprechend der Primärwicklung des
Transformators), die von einem Wechselstrom durchflossen wird (Abb. 412).
An die Stelle der Transformatorsekun-
därwicklung tritt eine evakuierte Ringröhre, in die Elektronen eingeschossen
werden. Durch elektromagnetische
↑ Induktion entsteht in der Ringröhre
ein ringförmiges elektrisches Wechsel-
feld in einer zum Magnetfeld senkrechten Richtung, das die Elektronen
beschleunigen, aber auch verzögern
kann. Da man aber nur an einer
Beschleunigung interessiert ist, kann
das Betatron nicht kontinuierlich
betrieben werden. Es liefert Elektro-
nenstromstöße. Man muß die Elektronen also genau zu Beginn der Beschleunigungsperiode in die Ringröhre
einschießen und dafür sorgen, daß sie
nach Ablauf der Beschleunigungsperiode wieder aus der Bahn genommen werden. Den Elektronen bleibt
nur eine Viertelperiode der Wechselspannung als Beschleunigungsdauer, in
dieser Zeit legen sie aber mindestens
10^6 Umläufe zurück, wobei sie jedesmal eine kleine Spannung von 10 V bis
50 V durchlaufen und ihre Energie
jedesmal um 10 eV bis 50 eV erhöhen.
Sie kommen so auf eine Endenergie
von etwa 10 MeV bis 100 MeV. Wegen

ihrer geringen Ruhmasse erreichen die Elektronen sehr schnell hohe Geschwindigkeiten und bewegen sich nach etwa 50 000 Umläufen schon fast mit Lichtgeschwindigkeit. Die Energiezunahme wirkt sich daher hauptsächlich in einer starken Zunahme der Elektronenmasse aus. Beim Betatron müssen die Elektronen auf einem sog. *Sollkreis* gehalten werden, was durch ein magnetisches Steuerfeld erreicht wird. Mit dem Betatron können nur Elektronen beschleunigt werden, da für schwerere geladene Teilchen Magnetfelder nötig wären, deren Feldstärke technisch nicht realisierbar ist. 3. Das *Synchrotron* ist ein Teilchenbeschleuniger zur Erreichung höchster Energien (über 100 MeV), bei dem die atomaren geladenen Teilchen während ihrer Beschleunigung in einer evakuierten Ringröhre (ähnlich dem Betatron) durch ein magnetisches Führungsfeld auf einer Kreisbahn mit konstantem Radius gehalten und an mehreren Stellen der Umlaufbahn durch geradlinige elektrische Hochfrequenzstrecken (ähnlich dem Zyklotron) beschleunigt werden. Dabei steigen sowohl die Stärke des magnetischen Führungsfeldes wie die Frequenz des elektrischen Beschleunigungsfeldes während einer Beschleunigungsperiode synchron mit der wachsenden Energie der umlaufenden Teilchen an. Auch das Synchrotron arbeitet wie das Betatron im Impulsbetrieb, d.h. nach einer bestimmten Beschleunigungsperiode verläßt ein kurzzeitiger Strahlimpuls hochenergetischer Teilchen das Beschleunigungsgefäß, oder es wird an einem Innentarget ein kurzzeitiger Impuls von Quanten- oder Teilchenstrahlung erzeugt.

Teilchenstrahlen *(Korpuskularstrahlen)*, aus bewegten Teilchen bestehende ↑ Strahlung, wie Elektronen-, Ionen-, Neutronen-, Mesonen-, Alpha-, Betastrahlen u.a. Nach dem ↑ Dualismus von Welle und Korpuskel kommt auch den Teilchenstrahlen ein Wellencharakter zu. Sie können z. B. zur ↑ Interferenz gebracht werden (↑ Materiewellen). Ebenso besitzt jede Wellenstrahlung Teilchencharakter, wird aber i.a. nicht zu den Teilchenstrahlen gerechnet. Als Teilchenstrahlen bezeichnet man in der Regel nur solche Strahlen, deren Teilchen sich mit geringerer Geschwindigkeit als Lichtgeschwindigkeit bewegen und eine nicht verschwindende ↑ Ruhmasse besitzen. Teilchenstrahlen aus geladenen Teilchen haben eine definierte ↑ Reichweite und sind in elektrischen und magnetischen Feldern ablenkbar.

Temperatur, Maß für den Wärmezustand eines Körpers und damit eine der Größen, durch die der physikalische Zustand eines Körpers oder eines physikalischen Systems (z.B. eines Gases) beschrieben wird (↑ *Zustandsgrößen*). Viele physikalische Eigenschaften eines Körpers oder eines physikalischen Systems, wie z.B. Druck, Volumen oder elektrischer Widerstand sind eindeutig von der Temperatur abhängig und können infolgedessen zur Temperaturmessung verwendet werden (↑ Thermometer). Nach der kinetischen bzw. statistischen Theorie der Wärme ist die Temperatur eines Körpers bzw. eines physikalischen Systems ein Maß für die mittlere kinetische Energie je Freiheitsgrad der sich in ungeordneter Wärmebewegung befindlichen kleinsten Bestandteile (Moleküle). Die tiefstmögliche Temperatur eines Körpers ist damit aber diejenige, bei der die kinetische Energie seiner Moleküle gleich Null ist. Diese Temperatur wird als *absoluter Nullpunkt* bezeichnet.

Will man die Temperatur eines Körpers erhöhen, so muß man ihm Energie zuführen, etwa in Form von Wärme oder in Form von mechanischer Energie (z.B. Erwärmen eines Körpers durch Reiben, Erwärmen eines Gases durch Zusammendrücken). Nicht jede Energiezufuhr ist jedoch mit einer Temperaturerhöhung verbunden. So wird beispielsweise die siedendem Wasser zugeführte Energie nicht zur Temperaturerhöhung verwendet, sondern zunächst nur zur Überführung vom flüssigen in den gasförmigen ↑ Aggregatzustand und zwar solange, bis alles Wasser in Dampf verwandelt ist.

Umgekehrt erniedrigt sich die Temperatur eines Körpers, wenn man ihm Energie entzieht. Auch dabei ist jedoch zu berücksichtigen, daß ein Entzug von Energie nicht in jedem Fall mit einer Temperaturerniedrigung verbunden ist, sondern nur dann, wenn während des Energieentzuges keine Änderung des Aggregatzustandes erfolgt.

SI-Einheit der Temperatur ist das ↑ Kelvin: 1 Kelvin (K) ist der 273,16te Teil der thermodynamischen Temperatur des ↑ Tripelpunktes des Wassers.

Weiterhin wird als Temperatureinheit das Grad Celsius (°C) verwendet. Da einerseits die Temperaturintervalle 1 Kelvin und 1°C identisch sind, andererseits die Kelvinskala (↑ thermodynamische Temperaturskala) beim absoluten Nullpunkt (=−273,15°C), die Celsius-Skala jedoch beim Eispunkt des Wassers (= 273,15 K) beginnt, besteht zwischen dem Zahlenwert T der in Kelvin gemessenen thermodynamischen Temperatur und dem Zahlenwert t der Celsius-Temperatur eines Körpers die Beziehung

$$T = t + 273,15$$

bzw.

$$t = T - 273,15$$

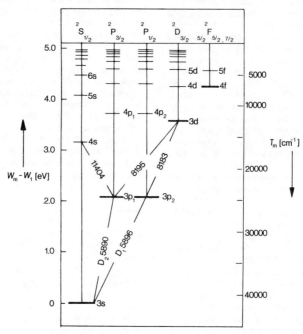

Abb.413

Temperaturstrahlung, diejenige elektromagnetische Strahlung, die ein Körper aufgrund seiner (hohen) Temperatur ausstrahlt. Die Energieverteilung der Temperaturstrahlung hängt ab von der absoluten Temperatur T des strahlenden Körpers und von dessen spektralem Emissionsvermögen. Darunter versteht man denjenigen Energiebetrag, der in einem Frequenzbereich zwischen f und $f + df$ von einer Flächeneinheit der Körperoberfläche in einer Sekunde abgestrahlt wird. Dieser Zusammenhang wird durch die ↑ Strahlungsgesetze beschrieben. Ein idealer Temperaturstrahler ist der ↑ schwarze Strahler.

Term, Bezeichnung für die einzelnen Energiezustände von Atomen und Molekülen, insbesondere im Hinblick auf ihre Anordnung in einem *Termschema (Grotrian-Diagramm)*, der graphischen Darstellung aller Terme in einem Diagramm. In Abb. 413 ist als Beispiel das Termschema des Kaliumatoms dargestellt. Die einzelnen Terme werden dabei durch waagrechte Striche dargestellt, deren Abstand vom Nullniveau maßstäblich den Energiedifferenzen zum Grundzustand entsprechen. Seitlich an jedem Term werden die zugehörigen Quantenzahlen notiert, die möglichen Übergänge zwischen den einzelnen Termen werden durch Pfeile veranschaulicht. Gibt man an der Ordinate nicht die Energie

W selbst, sondern $W/(hc)$ (h Plancksches Wirkungsquantum, c Lichtgeschwindigkeit) an, so lassen sich die Wellenzahlen $\bar{\nu} = 1/\lambda$ (λ Wellenlänge) der zugehörigen Spektrallinien als Abstände zwischen dem jeweils (oberen) *Ausgangsterm* und dem (unteren) *Endterm* ablesen.

Terme, die sich in der Hauptquantenzahl und Drehimpulsquantenzahl nicht unterscheiden, jedoch durch verschiedenen ↑ Spin der Elektronen unterschiedliche Energiewerte haben, faßt man zu *Multipletts* zusammen. Ihre Energiedifferenzen sind i.a. gering, so daß den zugehörigen Übergängen sehr eng beieinanderliegende Spektrallinien entsprechen.

Tesla (T), SI-Einheit der magnetischen ↑ Flußdichte.
Festlegung: 1 Tesla ist gleich der Flächendichte des homogenen magnetischen Flusses 1 Wb, der die Fläche 1 m² senkrecht durchsetzt:

$$1 \text{ T} = 1 \frac{\text{Wb}}{\text{m}^2}$$

Tesla-Transformator, spezieller ↑ Transformator zur Erzeugung hochfrequenter Wechselströme von sehr hoher Spannung (Abb. 414). Durch einen Schwingkreis, bestehend aus einer Funkenstrecke, einem Kondensator und einer Spule mit wenig Windungen (*Primärspule*) werden gedämpfte hochfrequente elektrische Schwingungen

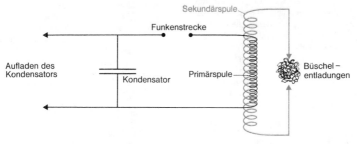

Abb. 414

erzeugt. Bringt man in die Primärspule eine Spule mit vielen Windungen (*Sekundärspule*), so wird in dieser aufgrund der hohen Schwingungsfrequenz und der dadurch bedingten schnellen Änderung des Induktionsflusses eine sehr hohe Spannung induziert. Befinden sich Primär- und Sekundärkreis in Resonanz, dann lassen sich zwischen den Enden der Sekundärspule Spannungen bis zu mehreren Millionen Volt erzeugen, die meterlange Büschelentladungen verursachen können.

thermische Zustandsgrößen, die drei Größen *Druck (p), Temperatur (T)* und *Volumen (V)*, durch die der Zustand eines thermodynamischen Systems, z.B. eines idealen oder realen Gases oder Gasgemischs charakterisiert ist. Außer diesen drei *einfachen thermischen Zustandsgrößen* gibt es noch die sogenannten *abgeleiteten Zustandsgrößen (kalorische Zustandsgrößen, Zustandsfunktionen).* Zu ihnen gehören die (innere) *Energie,* die *Enthalpie* und die ↑ *Entropie.* Der Zusammenhang zwischen den thermischen Zustandsgrößen wird durch die ↑ *Zustandsgleichungen* beschrieben.

thermodynamische Temperatur *(Kelvin-Temperatur, absolute Temperatur),* Formelzeichen *T,* eine der sieben ↑ Basisgrößen des internationalen Einheitensystems *(Système International d'Unités; SI)* und zwar die auf den ↑ absoluten Nullpunkt (–273,15°C) bezogene ↑ Temperatur. Einheit der thermodynamischen Temperatur ist das ↑ Kelvin (Einheitenzeichen K). Da die Temperaturintervalle 1 Kelvin bei der thermodynamischen Temperaturskala und 1°Celsius bei der Celsius-Skala identisch sind, besteht zwischen den Zahlenwerten der thermodynamischen Temperatur (*T*) und der Celsius-Temperatur (t) die Beziehung:

$$T = t + 273,15$$

bzw.

$$t = T - 273,15$$

Temperatur*differenzen* stimmen bei Verwendung der thermodynamischen Temperaturskala und der Celsius-Skala überein.

Thermometer, Gerät zur Messung der Temperatur eines Körpers. Die Messung kann erfolgen, indem man das Thermometer oder Teile davon in unmittelbaren Kontakt mit dem Meßkörper bringt (*Berührungsthermometer*) oder indem man die vom Meßkörper ausgesandte Strahlung mißt (*Strahlungsthermometer; Pyrometer, Bolometer*). Die gebräuchlichsten Berührungsthermometer sind:
1. *Das Flüssigkeitsthermometer*
Das Flüssigkeitsthermometer besteht aus einem mit einer Flüssigkeit (*Thermometerflüssigkeit*) gefüllten kugel- oder zylinderförmigen Gefäß, an das sich eine oben geschlossene enge Röhre anschließt (Abb. 415). Nimmt die

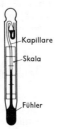

— Kapillare

— Skala

— Fühler

Abb.415

Temperatur zu, so dehnt sich die Thermometerflüssigkeit aus und steigt in der Röhre hoch. Mit Hilfe einer geeichten Skala kann aus der Höhe der Flüssigkeitssäule die Temperatur bestimmt werden. Als Thermometerflüssigkeit wählt man je nach dem gewünschten Meßbereich z.B. Quecksilber (verwendbar von etwa –35°C bis etwa 600°C) oder gefärbten Alkohol (verwendbar von etwa ÷100°C bis etwa 70°C). Mit Pentan als Thermometerfüllung können Temperaturen bis etwa –200°C gemessen werden.
Spezielle Arten von Flüssigkeitsthermometern stellen die *Maximum-Mini-*

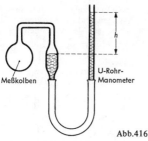

Abb.416

mumthermometer dar, mit deren Hilfe die höchste und die tiefste Temperatur, die zwischen zwei Ablesungen geherrscht hat, bestimmt werden kann.

2. Das Gasthermometer

Beim Gasthermometer (Abb. 416) wird der Zusammenhang zwischen dem Druck p und der Temperatur t eines (nahezu) idealen Gases bei gleichbleibendem Volumen V zur Temperaturmessung verwendet. Gemäß dem ↑ Amontonsschen Gesetz gilt für ein ideales Gas bei gleichbleibendem Volumen:

$$p_t = p_0 \left(1 + \frac{1}{273,15°C}\ t\right)$$

(p_t Druck des Gases bei $t°$C, p_0 Druck des Gases bei $0°$C, t Temperatur des Gases in $°$C).

Das Gasthermometer stellt im Prinzip ein Druckmeßgerät dar, mit dem die Drucke p_0 und p_t gemessen werden. Die Temperatur t läßt sich dann aus dem Amontonsschen Gesetz berechnen. Gasthermometer liefern zwar sehr genaue Meßwerte, sind aber unhandlich im Gebrauch. Sie werden deshalb nur für Präzisionsmessungen und zur Eichung von Thermometern verwendet.

3. Das Bimetallthermometer

Ein besonders handliches und leicht ablesbares Thermometer stellt das

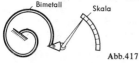

Abb.417

Bimetallthermometer dar (Abb. 417). Sein Hauptbestandteil ist ein Bimetallstreifen, dessen durch die Temperatur bewirkte Verkrümmung über ein Hebel- und/oder Zahnradsystem auf einen Zeiger übertragen wird. Auf einer geeichten Skala kann dann die Temperatur abgelesen werden. Bimetallthermometer werden oft auch als *Thermographen* verwendet. Der Zeiger trägt dann eine Schreibspitze, durch die auf einem bewegten Registrierstreifen kontinuierlich der Temperaturverlauf aufgezeichnet wird.

Thermostat, eine Vorrichtung, mit deren Hilfe die Temperatur in einem Raum oder in einer Flüssigkeit konstant gehalten werden kann. Der Thermostat besteht aus einem *Temperaturfühler* (in der Regel ein Bimetallthermometer) und einem *Heiz-* bzw. *Kühlgerät.* Der Temperaturfühler kann auf einen bestimmten Sollwert eingestellt werden. Wird dieser Sollwert der Temperatur unterschritten, so wird das Heizgerät eingeschaltet bzw. das Kühlgerät ausgeschaltet. Wird dagegen der Sollwert überschritten, dann wird das Heizgerät ausgeschaltet bzw. das Kühlgerät eingeschaltet. Thermostaten werden u.a. in Bügeleisen, Kühlschränken und bei der Raumheizung verwendet.

Ton, *reiner Ton, Sinuston,* einfachste Gehörempfindung, deren physikalische Ursache eine harmonische ↑ Schwingung (Sinusschwingung) ist. Empfindungsmäßig charakterisiert ist ein Ton durch die *Tonhöhe* und die *Tonstärke.* Die *Tonhöhe* wird durch die *Frequenz,* die *Tonstärke* durch die *Amplitude* der zugrunde liegenden harmonischen Schwingung bestimmt. Ein Ton wird als um so höher empfunden, je größer die Frequenz ist, er wird als um so stärker empfunden, je größer die Schwingungsamplitude ist.

Tonfrequenzen, Frequenzen im Bereich des menschlichen Hörens, also etwa zwischen 16 Hz und 20 000 Hz

411

(↑ Hörbereich). In der Elektrotechnik gilt häufig eine Frequenz von 100 Hz als untere Grenze der Tonfrequenzen.

Tonleiter, Folge von Tönen, die bei einem beliebigen Ton (*Grundton*) beginnt und bei seiner mit ihm im Frequenzverhältnis von 2 : 1 stehenden *Oktave* endet. Bei der *diatonischen Tonleiter* werden zwischen Grundton und Oktave 6 Töne, bei der *chromatischen Tonleiter* dagegen 11 Töne zwischengeschaltet.

Die in der Musik genutzten Töne werden mit Buchstaben bezeichnet. Bei der sogenannten *physikalischen Stimmung* erhält ein Ton von 16 Hz (das ist der tiefste vom menschlichen Gehör wahrnehmbare Ton überhaupt) die Bezeichnung *Subkontra C* und das Symbol c^{-3}. Die Oktave dazu, also der Ton von 32 Hz, heißt *Kontra C* (Symbol c^{-2}). Über die Bezeichnungen der weiteren Oktaven gibt die folgende Tabelle Auskunft:

Bezeichnung	Symbol	Frequenz (physikalische Stimmung)
Subkontra C	c^{-3}	16 Hz
Kontra C	c^{-2}	32 Hz
Großes C	c^{-1}	64 Hz
Kleines C	c^0	128 Hz
Eingestrichenes C	c^1	256 Hz
Zweigestrichenes C	c^2	512 Hz
Dreigestrichenes C	c^3	1024 Hz
Viergestrichenes C	c^4	2048 Hz
Fünfgestrichenes C	c^5	4096 Hz

Die von irgendeinem c aus aufgebaute *diatonische Dur-Tonleiter* wird als *C-Dur-Tonleiter* bezeichnet. Ihre Töne heißen je nach Oktavlage

$$c^0, d^0, e^0, f^0, g^0, a^0, h^0, c^1$$
$$c^2, d^2, e^2, f^2, g^2, a^2, h^2, c^3 \quad \text{usw.}$$

Die weiteren dabei auftretenden Bezeichnungen und die Frequenzverhältnisse sind aus der folgenden Tabelle ersichtlich:

Musik.Bez.	Intervallbezeichnung	Frequenzverhältnis bezogen auf den Grundton	Frequenzverhältnis bezogen auf den jeweils vorhergehenden Ton
c	Prime (Grundton)	1 : 1	
d	Sekunde	9 : 8	9 : 8
e	Große Terz	5 : 4	10 : 9
f	Quarte	4 : 3	16 : 15
g	Quinte	3 : 2	9 : 8
a	Große Sexte	5 : 3	10 : 9
h	Große Septime	15 : 8	9 : 8
c	Oktave	2 : 1	16 : 15

Die Reihe kleinster ganzer Zahlen, mit denen sich das Frequenzverhältnis zwischen den Tönen der C-Dur-Tonleiter darstellen läßt, lautet demnach:

$$c : d : e : f : g : a : h : c = 24 : 27 : 30 : 32 : 36 : 40 : 45 : 48$$

Führt man die C-Dur-Tonleiter über den Bereich einer weiteren Oktave fort, so kann man von jedem ihrer Töne aus eine aus 8 Tönen bestehende und bei der Oktave des jeweiligen Grundtones endende Tonleiter aufbauen, z.B.

d, e, f, g, a, h, c, d

oder   e, f, g, a, h, c, d, e   usw.

Unter den 6 Tonleitern, die neben der C-Dur-Tonleiter auf diese Weise aufgebaut werden können, spielt die von a ausgehende in der abendländischen Musik eine bedeutende Rolle. Sie wird als *A-Moll-Tonleiter* bezeichnet. Über Bezeichnungen und Frequenzverhältnisse bei der A-Moll-Tonleiter gibt die folgende Tabelle Auskunft:

Musik. Bez.	Intervallbezeichnung	Frequenzverhältnis bezogen auf den Grundton	Frequenzverhältnis bezogen auf den jeweils vorhergehenden Ton
a	Prime (Grundton)	1 : 1	
h	Sekunde	9 : 8	9 : 8
c	Kleine Terz	6 : 5	16 : 15
d	Quarte	4 : 3	10 : 9
e	Quinte	3 : 2	9 : 8
f	Kleine Sexte	8 : 5	16 : 15
g	Kleine Septime	9 : 5	9 : 8
a	Oktave	2 : 1	10 : 9

Die Reihe kleinster ganzer Zahlen, mit denen sich das Frequenzverhältnis zwischen den Tönen der A-Moll-Tonleiter darstellen läßt, lautet demnach:

$$a : h : c : d : e : f : g : a =$$
$$= 120 : 135 : 144 : 160 : 180 : 192 : 216 : 240$$

Zwischen zwei benachbarten Tönen der diatonischen Dur- und Moll-Tonleiter treten nur die folgenden Frequenzverhältnisse auf:

9:8 *Großer Ganzton*

10:9 *Kleiner Ganzton*

16:15 *Großer Halbton*

(Als *kleinen Halbton* bezeichnet man das in den diatonischen Tonleitern nicht auftauchende Intervall mit einem Frequenzverhältnis von 25:24). Das Frequenzverhältnis zwischen einem großen und einem kleinen Ganzton beträgt:

$$\frac{9}{8} : \frac{10}{9} = \frac{9 \cdot 9}{8 \cdot 10} = \frac{81}{80}$$

Es wird als *syntonisches Komma* bezeichnet.
In der Musik ist es erwünscht, daß man von jedem Ton der C-Dur-Tonleiter aus eine weitere diatonische Tonleiter aufbauen kann. Das ist aber wegen der vorgegebenen Frequenzverhältnisse nur (annähernd!) möglich, wenn man zwischen die fünf Ganztöne der C-Dur-Tonleiter jeweils einen Zwischenton einschaltet. Wählt man diese Zwischentöne so, daß sie zum jeweils vorhergehenden, also tieferen Ton im Frequenzverhältnis von 25:24 (*kleiner Halbton*) stehen, so bezeichnet man sie der Reihe nach als

cis, dis, fis, gis, ais

und erhält damit die aus 13 Tönen bestehende sogenannte *chromatische Tonleiter*. Ihre Bezeichnungen und Frequenzverhältnisse zeigt die folgende Tabelle:

Musik. Bez.	Frequenzverhältnis bezogen auf den Grundton	Frequenzverhältnis bezogen auf den jeweils vorhergehenden Ton
c	1 : 1	
cis	25 : 24	25 : 24
d	9 : 8	27 : 25
dis	75 : 64	25 : 24
e	5 : 4	16 : 15
f	4 : 3	16 : 15
fis	25 : 18	25 : 24
g	3 : 2	27 : 25
gis	25 : 16	25 : 24
a	5 : 3	16 : 15
ais	125 : 72	25 : 24
h	15 : 8	27 : 25
c	2 : 1	16 : 15

Die Zwischentöne kann man aber auch so wählen, daß sie zum jeweils folgenden, also höheren Ton im Verhältnis von 24:25 stehen. Die so erhaltenen Zwischentöne werden der Reihe nach als *des, es, ges, as, b* bezeichnet.
Mit ihnen erhält man eine zweite mögliche chromatische Tonleiter, deren Bezeichnungen und Frequenzverhältnisse aus der folgenden Tabelle ersichtlich sind:

Musik. Bez.	Frequenzverhält- nis bezogen auf den Grundton	Frequenzverhältnis bezogen auf den jeweils vorhergehenden Ton
c	1 : 1	
des	27 : 25	27 : 25
d	9 : 8	25 : 24
es	6 : 5	16 : 15
e	5 : 4	25 : 24
f	4 : 3	16 : 15
ges	36 : 25	27 : 25
g	3 : 2	25 : 24
as	8 : 5	16 : 15
a	5 : 3	25 : 24
b	9 : 5	27 : 25
c	2 : 1	25 : 24

Diese beiden möglichen chromatischen Tonleitern werden bei der sogenannten *gleichschwebend temperierten Stimmung* durch eine einzige ersetzt, in der zum einen die sich nur geringfügig voneinander unterscheidenden Töne cis und des, dis und es, fis und ges, gis und as, ais und b durch einen einzigen dazwischen liegenden Ton ersetzt und zum anderen die Ganz- und Halbtonschritte untereinander angeglichen werden. Die Oktave wird dabei durch 11 Zwischentöne so unterteilt, daß zwischen 2 benachbarten Tönen jeweils ein Frequenzverhältnis von

$$\sqrt[12]{2} : 1$$

besteht. Die so erhaltene chromatische Tonleiter besteht also aus 12 untereinander gleichgroßen Intervallen. Jedes dieser Intervalle stellt einen Halbtonschritt dar. Zwei Halbtonschritte ergeben einen Ganztonschritt.
Auf die Unterscheidung zwischen großem und kleinem Ganzton bzw. zwischen großem und kleinem Halbton wird also bei der gleichschwebend temperierten Stimmung verzichtet. Wenn man die so erhaltene chromati-

sche Tonleiter über mindestens zwei Oktaven aufstellt, ist es deshalb möglich, von jedem ihrer Töne aus eine Dur- oder Moll-Tonleiter aufzubauen. Diese stimmen zwar nicht exakt mit den anfangs dargestellten diatonischen Dur- und Molltonleitern überein, die Unterschiede sind jedoch vernachlässigbar klein und nur dem geübten Ohr erkennbar.

Mit Hilfe der gleichschwebend temperierten Stimmung ist es überhaupt erst möglich, auch auf festgestimmten Musikinstrumenten wie z.B. Klavier, Orgel, Cembalo oder Harfe von jedem Ton aus Tonleitern zu spielen.

In der folgenden Tabelle sind die Frequenzverhältnisse zwischen den Tönen einer C-Dur-Tonleiter und ihrem Grundton bei reiner Stimmung und bei gleichschwebend temperierter Stimmung angegeben:

Musik. Bez.	Frequenzverhältnis bezogen auf den Grundton	
	reine Stimmung	gleichschwebend temperierte Stimmung
c	1,00000	1,00000
d	1,12500	1,12246
e	1,25000	1,25992
f	1,33333	1,33484
g	1,50000	1,49831
a	1,66667	1,68179
h	1,87500	1,88775
c	2,00000	2,00000

Während in der Physik der Stimmung als Bezugston ein Ton von 16 Hz (Subkontra C) zugrunde gelegt wird (*Physikalische Stimmung*) wird in der Musik die sogenannte *internationale Stimmung* verwendet. Ihr Bezugston ist der *Kammerton a[1]*, dessen Frequenz mit 440 Hz festgelegt ist.

Die Frequenzen der einzelnen Töne der chromatischen Tonleiter bei gleichschwebend temperierter Stimmung und bezogen auf den Kammerton a[1] =

440 Hz sind in der folgenden Tabelle angegeben:

Musikal. Bezeichn.	Intervall bezeichnung	Frequenz
C	Prime	261.62
Cis = Des	Kleine Sekunde	277.18
D	Große Sekunde	293.66
Dis = Es	Kleine Terz	311.13
E	Große Terz	329.63
F	Quarte	349.23
Fis = Ges	Tritonus	370.00
G	Quinte	392.00
Gis = As	Kleine Sexte	415.30
A	Große Sexte	440.00
Ais = B	Kleine Septime	466.16
H	Große Septime	493.88
C	Oktave	523.25

Torr, für eine Übergangsfrist bis 31. 12. 1977 noch zugelassene Einheit des ↑ Druckes.

Festlegung: 1 Torr ist der Druck, den eine 1 mm hohe Quecksilbersäule am ↑ Normort erzeugt.

$$1 \text{ Torr} = 1 \text{ mm Hg}$$

Mit dem ↑ Pascal (Pa), der *SI-Einheit* des Druckes hängt das Torr wie folgt zusammen:

$$1 \text{ Torr} = 133{,}322 \text{ Pa}$$

bzw.

$$1 \text{ Pa} = 0{,}0075\,006 \text{ Torr}$$

Torricelli-Versuch, der von dem italienischen Naturforscher *Evangelista Torricelli* (1608–1647) im Jahre 1643 erstmalig durchgeführte Versuch zum Nachweis und zur Messung des atmosphärischen ↑ Luftdrucks. Füllt man eine einseitig geschlossene Glasröhre mit Quecksilber und stellt sie senkrecht, das offene Ende nach unten gerichtet, in eine flache, ebenfalls mit Quecksilber gefüllte Schale, so läuft nur ein Teil des Quecksilbers aus der Glasröhre heraus. Zurück bleibt eine Quecksilbersäule von etwa 76 cm

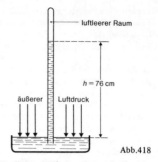

Abb. 418

Höhe (Abb. 418). Der Raum darüber ist luftleer. Neigt man die Glasröhre, so stellt sich die Quecksilbersäule so ein, daß die senkrechte Entfernung ihrer Spitze von der Oberfläche des in der Schale befindlichen Quecksilbers stets gleich bleibt (Abb. 419).

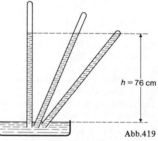

Abb. 419

Der atmosphärische Luftdruck, der auf die freie Quecksilberoberfläche wirkt, hält der Quecksilbersäule das Gleichgewicht. Mithin ist die Größe des Luftdrucks gleich der Größe des von einer 76 cm hohen Quecksilbersäule ausgeübten Drucks. Der Luftdruck ist zeitlichen Schwankungen unterworfen, folglich schwankt auch die Quecksilbersäule, der er das Gleichgewicht hält. Als Normalluftdruck setzt man den Druck, der einer 76 cm hohen Quecksilbersäule die Waage hält. Den Druck einer 1 mm hohen Quecksilbersäule bezeichnet man als 1 ↑ Torr. Somit beträgt der Normalluftdruck 760 Torr. Man bezeichnet ihn auch als *physikalische ↑ Atmosphäre* (atm).

415

Torsion *(Verdrehung, Verdrillung, Verwindung)*, die insbesondere bei langgestreckten dünnen Körpern eine wichtige Rolle spielende schraubenförmige Verformung. Sie wird dadurch bewirkt, daß man das eine Ende des Körpers (Stab, Draht oder dergleichen) gegenüber dem anderen Ende um die Längsachse verdreht. Infolge seiner Elastizität ist der so verformte Körper bestrebt, seine ursprüngliche Form wieder anzunehmen. Es tritt ein rücktreibendes ↑ Drehmoment auf. Handelt es sich um einen Stab mit kreisförmigem Durchmesser, so läßt sich der Betrag des rücktreibenden Drehmoments berechnen aus der Beziehung:

$$M_r = \frac{\pi \cdot r^4}{2 \cdot l} \cdot G \cdot \varphi$$

(M_r Betrag des rücktreibenden Drehmoments, r Radius des stabförmigen Körpers, l Länge des Körpers, φ Torsionswinkel, d.h. der Winkel, um den das eine Ende des Körpers gegenüber dem anderen Ende verdreht wurde).
Der auftretende Faktor G ist eine materialabhängige Größe, die als *Torsionsmodul* bezeichnet wird.

Torsionsschwingung, Schwingung, die durch das bei der ↑ Torsion eines Körpers auftretende rücktreibende ↑ Drehmoment bewirkt wird. Dreht man beispielsweise einen an einem dünnen Draht mit kreisförmigem Durchmesser hängenden Körper um die Drahtachse und läßt ihn dann los, so stellt die sich dabei herausbildende Torsionsschwingung bei hinreichend kleinen Ausschlägen eine harmonische ↑ Schwingung dar. Für ihre Schwingungsdauer gilt:

$$T = 2\pi \sqrt{\frac{J}{D^*}}$$

($D^* = \dfrac{\pi G r^4}{2\, l}$, T Schwingungsdauer,

J Trägheitsmoment des an dem Draht hängenden Körpers bezüglich der Drahtachse, l Länge des Drahtes, r Radius des Drahtes, G Torsionsmodul des Drahtes).

Totalreflexion, ↑ Reflexion eines Lichtstrahles an der Trennfläche zu einem optisch dünneren Medium. Beim Übergang von einem optisch dichteren in ein optisch dünneres Medium wird ein Lichtstrahl vom Einfallslot weggebrochen (↑ Brechung) (Abb. 420). Bei

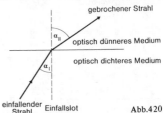

Abb. 420

einem ganz bestimmten, von der Natur der beiden Medien abhängigen Einfallswinkel (Winkel zwischen einfallendem Strahl und Einfallslot) verläuft der gebrochene Strahl genau an der Trennfläche beider Medien; der Brechungswinkel (Winkel zwischen gebrochenem Strahl und Einfallslot) beträgt dann also 90°. Vergrößert man den Einfallswinkel über diesen Winkel hinaus, so tritt der Lichtstrahl nicht mehr ins optisch dünnere Medium über, er wird vielmehr an der Trennfläche beider Medien gemäß dem Reflexionsgesetz (Einfallswinkel = Reflexionswinkel) reflektiert (Abb. 422). Dieser Vorgang wird als *Totalreflexion* bezeichnet. Der Winkel, bei dem der gebrochene Strahl gerade entlang der Trennfläche verläuft, heißt *Grenzwinkel der Total-*

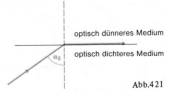

Abb. 421

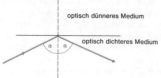

optisch dünneres Medium

optisch dichteres Medium

Abb.422

reflexion. Er kann mit Hilfe des Brechungsgesetzes berechnet werden. Dieses lautet:

$$\frac{\sin \alpha_I}{\sin \alpha_{II}} = \frac{n_{II}}{n_I}.$$

(n absolute Brechzahl). Im vorliegenden Fall ist $n_I > n_{II}$, weil der Lichtstrahl vom optisch dichteren ins optisch dünnere Medium übergeht. Ist α_I gleich dem Grenzwinkel der Totalreflexion α_g, dann muß $\alpha_{II} = 90°$ sein. Somit gilt:

$$\frac{\sin \alpha_g}{\sin 90°} = \frac{n_{II}}{n_I}$$

bzw. da $\sin 90° = 1$:

$$\sin \alpha_g = \frac{n_{II}}{n_I}$$

In der folgenden Tabelle sind die Grenzwinkel der Totalreflexion für einige Stoffe angegeben.

Grenzfläche	Grenzwinkel
Wasser—Luft	48,5°
Alkohol—Luft	47,5°
Benzol—Luft	42,0°
Kronglas—Luft	41,5°
Flintglas—Luft	38,4°
Diamant—Luft	24,4°
Kronglas—Wasser	62,0°
Flintglas—Wasser	55,9°
Diamant—Wasser	33,5°

Totzeit, bei einem ↑ Teilchendetektor die Zeitdauer nach der Registrierung eines Teilchens, während der er für den Nachweis eines weiteren Teilchens unempfindlich ist. Die Totzeit liegt zwischen 75 μs und 300 μs.

Trägheit *(Beharrungsvermögen),* Bezeichnung für das Bestreben eines jeden Körpers, seinen augenblicklichen Bewegungszustand beizubehalten, also im Zustand der Ruhe oder der gleichförmig-geradlinigen Bewegung zu verharren, solange keine Kraft ihn zwingt, diesen Zustand zu ändern. Maß für die Trägheit eines Körpers ist seine ↑ Masse bzw. bei Drehbewegungen sein ↑ Trägheitsmoment.

Trägheitsgesetz, Bezeichnung für das 1. ↑ Newtonsche Axiom: *Jeder Körper verharrt in seinem Zustand der Ruhe oder der gleichförmigen geradlinigen Bewegung, wenn er nicht durch einwirkende Kräfte gezwungen wird, seinen Bewegungszustand zu ändern.* *Newton* formulierte das Trägheitsgesetz mit Hilfe der ↑ Bewegungsgröße, also dem Produkt aus der Masse m und der Geschwindigkeit $\vec{v}$ eines Körpers wie folgt:

$$\frac{d(m\vec{v})}{dt} = 0 \quad \text{bzw.} \quad m\vec{v} = \text{const.}$$

bei Abwesenheit von Kräften. (m Masse, $\vec{v}$ Geschwindigkeit, t Zeit). In dieser Form wird das Trägheitsgesetz auch als Satz von der Erhaltung der Bewegungsgröße (↑ Impulssatz) bezeichnet. Bei konstanter Masse m kann man das Trägheitsgesetz auch in der folgenden Form schreiben:

$$m\frac{d\vec{v}}{dt} = m\vec{a} = 0$$

($\vec{a}$ Beschleunigung). Ein Koordinatensystem, in dem das Trägheitsgesetz gilt, wird als *Inertialsystem* bezeichnet.

Trägheitsmoment *(Drehmasse),* Maß für den Widerstand, den ein Körper der Änderungen seiner ↑ Winkelgeschwindigkeit entgegensetzt. Die kinetische ↑ Energie W_{kin} eines auf einer Kreisbahn mit der Bahngeschwindigkeit v

417

umlaufenden Massenpunktes der Masse m errechnet sich aus:

$$W_{kin} = \frac{1}{2} m v^2 .$$

Führt man an Stelle der Bahngeschwindigkeit v die Winkelgeschwindigkeit ω ein, die mit ihr durch die Beziehung $\omega = v/r$ verknüpft ist (↑ Kinematik), so erhält man:

$$W_{kin} = \frac{1}{2} m r^2 \omega^2$$

Beim Übergang zu einem System von Massenpunkten mit den Massen m_i und den jeweiligen Abständen r_i von der Drehachse ergibt sich:

$$W_{kin} = \frac{1}{2} \omega^2 \sum_i m_i r_i^2$$

Die Größe $\sum_i m_i r_i^2$ wird als *Trägheitsmoment* des Systems im Bezug auf die gewählte Drehachse bezeichnet und erhält das Symbol J:

$$J = \sum_i m_i r_i^2$$

Beim Übergang zu einem Körper mit kontinuierlicher Massenverteilung geht die Summe in das Integral über:

$$J = \int r^2 \, dm = \int r^2 \, \rho(r) dV$$

(ρ Dichte, V Volumen). Unter Verwendung dieser Beziehung ergibt sich für die kinetische Energie eines rotierenden Körpers:

$$W_{kin} = \frac{1}{2} J \omega^2$$

Der Masse bei der fortschreitenden Bewegung entspricht also bei der Drehbewegung das Trägheitsmoment. Man bezeichnet es deshalb auch als *Drehmasse.* Die *Dimension* des Trägheitsmomentes ergibt sich zu:

$$\dim J = \dim r^2 \cdot \dim m = \mathsf{L}^2 \mathsf{M}$$

SI-Einheit ist 1 Kilogramm mal Quadratmeter (kg · m²).

Die Angabe des Trägheitsmomentes muß stets auch die Angabe der Drehachse, auf die es sich bezieht, enthalten. Im allgemeinen ändert sich das Trägheitsmoment ein und desselben Körpers bei Rotation um verschiedene Achsen. (Die zusammenfassende Beschreibung der Trägheitsmomente eines Körpers um verschiedene, nicht zueinander parallele Achsen ist mit elementaren mathematischen Hilfsmitteln nicht mehr möglich; dazu muß ein sog. *Tensor*, eine durch 9 Zahlen charakterisierte Größe, eingeführt werden.) Ist das Trägheitsmoment in bezug auf eine durch den Schwerpunkt des Körpers gehende Achse (*Schwerpunktachse*) bekannt, so läßt sich daraus das Trägheitsmoment desselben Körpers in bezug auf eine zu dieser Schwerpunkt-

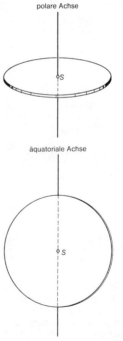

polare Achse

äquatoriale Achse

Abb. 423

418

achse *parallel* verlaufenden Achse mit Hilfe des *Steinerschen Satzes* ermitteln. Es gilt:

$$J_A = J_S + M a^2$$

(J_s Trägheitsmoment um eine Schwerpunktachse, J_A Trägheitsmoment um eine dazu parallele Achse, M Gesamtmasse des Körpers, a Abstand der beiden Achsen).

Bei flächenhaften Körpern (Platten, Kreisscheiben usw.) bezeichnet man als *polares Trägheitsmoment* das Trägheitsmoment in bezug auf die senkrecht auf der Körperebene stehende Schwerpunktachse (Abb. 423a) und als *äquatoriales Trägheitsmoment* das Trägheitsmoment in bezug auf eine in der Körperebene verlaufende Schwerpunktachse (Abb. 423b). Das polare Trägheitsmoment ist dabei gleich der Summe zweier äquatorialer Trägheitsmomente, deren Bezugsachsen senkrecht aufeinander stehen.

Nur von geometrisch einfachen Körpern, wie Kugel, Kegel, Zylinder, Kreisscheibe u.ä. läßt sich das Trägheitsmoment aus der Beziehung $J = \int r^2 dm$ errechnen. In allen anderen Fällen geht man experimentell vor und bestimmt das Trägheitsmoment aus der Schwingungsdauer von Drehschwingungen, die der betreffende Körper ausführt (Abb. 424).

Ein Körper mit bekanntem Trägheitsmoment J_0 veranlasse das System, mit der Periode T_0 zu schwingen; der Körper, dessen Trägheitsmoment zu bestimmen ist, veranlasse das System, mit der Periode T zu schwingen, dann ist sein Trägheitsmoment

$$J = J_0 \frac{T^2}{T_0^2},$$

denn es gilt:

$$T = 2\pi \sqrt{\frac{J}{D}} \quad (\uparrow \text{Torsionsschwingung}).$$

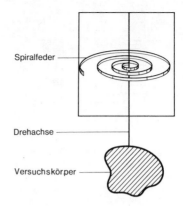

Abb. 424

In der folgenden Tabelle sind die Trägheitsmomente einiger einfacher homogener Körper angegeben:

Körper	Drehachse	Trägheitsmoment
Kugel (Radius r)	durch Mittelpunkt	$\frac{2}{5} m r^2$
Kreisscheibe (Radius r)	Schwerpunktachse senkrecht z. Scheibenebene	$\frac{1}{2} m r^2$
Kreisscheibe (Radius r)	Durchmesser	$\frac{1}{4} m r^2$
Vollzylinder (Radius r)	Längsachse durch den Schwerpunkt	$\frac{1}{2} m r^2$
Würfel (Kantenlänge s)	parallel zur Kante durch Schwerpunkt	$\frac{1}{6} m s^2$
Quader (Kanten a,b,c)	parallel zu a durch Schwerpunkt	$\frac{1}{12} m (b^2 + c^2)$
dünner Stab (Länge l)	senkrecht zum Stab durch Schwerpunkt	$\frac{1}{12} m l^2$
dünner Stab (Länge l)	senkrecht zum Stab durch Stabende	$\frac{1}{3} m l^2$

Transformator (Kurzbezeichnung Trafo), auf der Erscheinung der elektro-

419

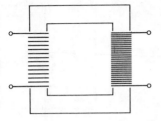

Abb.425

magnetischen ↑ Induktion beruhendes Gerät zur Erhöhung bzw. Herabsetzung elektrischer Wechselspannungen und Gleichspannungen. Der Transformator besteht aus zwei Spulen, einer *Primärspule* (Windungszahl N_1) und einer *Sekundärspule* (Windungszahl N_2), die entweder auf den Schenkeln eines einfach geschlossenen Eisenkerns (*Kerntrafo* Abb. 425) oder auf dem mittleren Schenkel eines zweifach geschlossenen Eisenkerns (*Manteltrafo* Abb. 426)

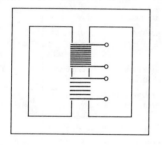

Abb.426

sitzen. Legt man an die Primärspule eine Wechselspannung U_1 mit der Frequenz f, so erzeugt der im Stromkreis A (Abb. 427) fließende Wechselstrom I ein Magnetfeld, das sich mit derselben Frequenz f in Größe und Richtung ändert. Dadurch wird in der Sekundärspule eine Wechselspannung U_2 induziert, deren Frequenz mit der von U_1 übereinstimmt. Messungen von U_1 und U_2 bei verschiedenen Windungszahlen N_1, N_2 der Spulen ergeben bei *unbe-*

lasteter Sekundärspule (Abb. 427) annähernd die Beziehung:

$$\frac{U_1}{U_2} = \frac{N_1}{N_2}$$

bei *belasteter Sekundärspule* (Abb. 428):

$$\frac{I_1}{I_2} = \frac{N_2}{N_1}$$

Um diese Beziehungen rechnerisch herleiten zu können, betrachtet man einen idealen Transformator, d.h. man nimmt an:

a) der ohmsche Widerstand im Primär- und Sekundärkreis ist vernachlässigbar klein und somit auch der Joulsche Wärmeverlust;

b) der gesamte Induktionsfluß der Primärspule durchsetzt auch die Sekundärspule;

c) im Eisen treten keine Energieverluste durch Wirbelströme und Hysterese auf.

Bei unbelastetem Sekundärkreis B (Abb. 427) erzeugt die an die Primärspule angelegte Spannung U_1 einen Strom I. Dieser ist um $\pi/2$ gegen U_1 phasenverschoben (rein induktiver Wechselstromkreis) und entnimmt somit der Stromquelle keine Wirkleistung. I bewirkt aber einen magnetischen Induktionsfluß ϕ, dessen zeitliche Änderung in der Primärspule zu

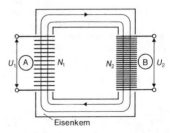

Eisenkern

Abb.427

einer Selbstinduktionsspannung führt (↑ Selbstinduktion)

$$U_{1\,ind} = -N_1 \cdot \frac{d\phi}{dt}$$

und in der Sekundärspule zu einer induzierten Spannung

$$U_2 = -N_2 \cdot \frac{d\phi}{dt}$$

Da in einem rein induktiven Wechselstromkreis gilt: $U_1 = -U_{1\,ind}$, folgt:

$$U_1 = N_1 \cdot \frac{d\phi}{dt}$$

Durch Elimination von $d\phi/dt$ ergibt sich das sog. Üersetzungsverhältnis:

$$\boxed{\frac{U_1}{U_2} = \frac{N_1}{-N_2}}$$

Das Minuszeichen besagt, daß U_1 und U_2 um π phasenverschoben sind.
Belastet man den Sekundärkreis B (Abb. 428) mit einem so großen Ohm-

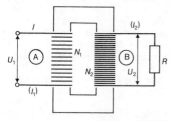

Abb.428

schen Widerstand R, daß der induktive Widerstand der Sekundärspule dagegen klein ist, dann stellt der Sekundärkreis einen rein Ohmschen Wechselstromkreis dar. In ihm fließt dann ein Strom I_2, der mit U_2 in Phase ist. I_2 erzeugt im Eisenkern einen magnetischen Induktionsfluß ϕ_2, der den magnetischen Fluß ϕ verändern würde. Da ϕ aber bereits durch die angelegte Wechselspannung U_1 festgelegt ist, muß jetzt im Primärkreis ein zusätzlicher Belastungsstrom I_1 fließen. Dieser

muß so groß sein, daß der von ihm erzeugte magnetische Induktionsfluß ϕ_1 den magnetischen Fluß ϕ_2 wieder aufhebt. Es ist also: $\phi_1 + \phi_2 = 0$.
Da für den magnetischen Fluß gilt:

$$\phi = \mu_r \cdot \mu_0 \cdot I \cdot N \frac{A}{l}$$

(μ_r relative Permeabilität, μ_0 Induktionskonstante, A Querschnitt der Spule = Querschnitt des Eisenkerns, l Länge des Eisenkerns),
folgt: $I_1 N_1 + I_2 N_2 = 0$ bzw.

$$\boxed{\frac{I_1}{I_2} = \frac{-N_2}{N_1}}$$

Das Minuszeichen besagt, daß I_1 und I_2 um π phasenverschoben sind. Damit sind U_1 und I_1 in Phase und für die der Wechselstromquelle entnommene Wirkleistung P_1 gilt:

$$P_1 = I_{1\,eff}\, U_{1\,eff}\ .$$

Wegen des Energieerhaltungssatzes ergibt sich im Sekundärkreis eine Wirkleistung $P_2 = I_{2\,eff}\, U_{2\,eff}$, für die gilt $P_2 = P_1$, d. h.

$$I_{1\,eff} \cdot U_{1\,eff} = I_{2\,eff}\, U_{2\,eff}$$

Beim realen Transformator tritt Flußstreuung und außerdem Energieverlust durch Wirbelströme, Joulsche Wärme und Hysterese auf, so daß die angegebenen Beziehungen nur noch näherungsweise gelten.
Ein spezieller Transformator ist der *Induktor*, der eine niedrige, pulsierende Gleichspannung in eine hohe

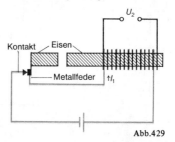

Abb.429

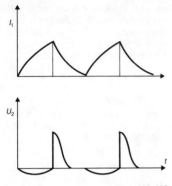

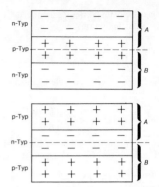

Abb.430

Abb.431a,b

Wechselspannung umwandelt (Abb. 429). Die Primärspule hat dabei nur wenige Windungen, die Sekundärspule sehr viele. Die an die Primärspule angelegte Gleichspannung wird durch einen selbsttätigen Unterbrecher (↑ Wagnerscher Hammer) periodisch unterbrochen, wodurch der mangnetische Induktionsfluß im Eisenkern jeweils in einer kurzen Zeit zusammenbricht, um dann wieder anzusteigen. Dadurch wird im Sekundärkreis eine Wechselspannung U_2 induziert. Beim Einschalten des Gleichstroms wächst der Strom I_1 in der Primärspule wegen der gleichzeitigen Selbstinduktion nur langsam an, so daß die in der Sekundärspule

induzierte Spannung verhältnismäßig niedrig ist. Beim Ausschalten sinkt die Stromstärke I_1 schnell ab, U_2 wird dann sehr groß (Abb.430). Ist der Sekundärkreis offen, so führen die hohen Spannungen zu Funkenüberschlägen zwischen den Polen. Man nennt den Induktor dann *Funkeninduktor.*

Transistor, elektrisches Schaltelement, das vor allem zur Steuerung und zur Verstärkung von elektrischen Vorgängen dient. Stellt man zwei ↑ Kristalldioden A und B nach dem in Abb.431 gezeigten Schema zusammen, so nennt man diese Kombination einen *Transistor.* Die Kombination a) in Abb.431

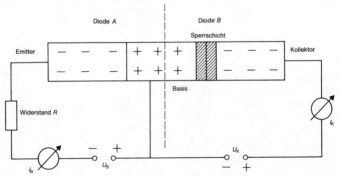

Abb.432

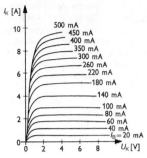

Ausgangskennlinien: $I_K = f(U_K)$; I_B = Parameter;

Abb.433

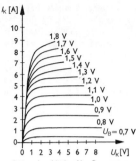

Ausgangskennlinien: $I_K = f(U_K)$; U_B = Parameter;

Abb.435

heißt *n-p-n-Transistor*, die Kombination b) in Abb.431 heißt *p-n-p-Transistor*. Die Funktionsweise eines Transistors soll nur anhand eines n-p-n-Transistors behandelt werden. Die Vorgänge im p-n-p-Transistor verlaufen analog.

Abb.432 zeigt die prinzipielle Schaltung eines Transistors. Die Diode *A* ist dabei in Durchlaßrichtung gepolt. Es fließt somit ein *Basisstrom* I_B. Die Diode *B* ist in Sperrrichtung geschaltet. Die p-Schicht in der Mitte des Transistors ist so schmal (etwa 0,02 mm), daß die Vorgänge in *A* auch auf *B* übergreifen. Auf ihrem Weg vom *Emitter* zur Basis wandern Ladungsträger in die *Sperrschicht* und schwächen sie. Eine *Vergrößerung* der *Basisspannung*

U_B bewirkt somit eine *Verkleinerung* bzw. Aufhebung der Grenzschicht 1 und damit eine Verstärkung des *Kollektorstroms* I_K. Ein *Verkleinern* der Basisspannung U_B hat eine *Vergrößerung* der Sperrschicht und damit eine Schwächung von I_K zur Folge. Der Transistor kann deshalb zur Steuerung und Verstärkung des Kollektorstroms I_K verwendet werden.

In Abb.433, 434 und 435 sind die Kennlinien eines modernen Transistors dargestellt. Für Transistoren werden folgende Schaltsymbole verwendet:

1. ⟍ für einen n-p-n-Transistor

2. ⟍ für einen p-n-p-Transistor

Gegenüber der ↑ Elektronenröhre, welche die gleichen Aufgaben wie ein Transistor erfüllt, hat dieser folgende Vorteile: Wegfall des Heizkreises für die ↑ Kathode, kleinerer Leistungsverbrauch, unbegrenzte Lebensdauer, geringerer Raumbedarf. Lediglich in der Leistungsabgabe sind die heutigen Transistoren den Röhren noch unterlegen (↑ Kristalldiode, ↑ Elektrizitätsleitung in Halbleitern).

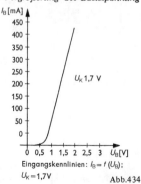

Eingangskennlinien: $I_B = f(U_B)$;
$U_K = 1,7\,V$
Abb.434

Translationsbewegung *(Translation, fortschreitende Bewegung)*, die Bewe-

423

gung eines Körpers, bei der alle seine Punkte mit gleicher Geschwindigkeit zueinander parallele Bahnen in gleicher Richtung durchlaufen (↑ Kinematik).

Transurane, Bezeichnung für Elemente mit ↑ Ordnungszahlen $Z > 92$. Sie folgen im ↑ *Periodensystem der Elemente* dem Uran ($Z = 92$). Transurane sind *künstlich erzeugte* Elemente, man erzeugt sie durch Beschießen schwerer Atomkerne (z.B. Uran oder Thorium) mit energiereichen Neutronen oder Ionen aus Teilchenbeschleunigern. Alle Transurane sind radioaktiv und zerfallen mit ↑ Halbwertszeiten von Bruchteilen von Sekunden bis zu Monaten.

Transversalschwingungen *(Querschwingungen)*, Schwingungen von Stäben oder Saiten, bei denen die Schwingungsrichtung senkrecht auf der Richtung der Längsausdehnung steht *(Biegeschwingungen)*.

Transversalwellen *(Querwellen)*, ↑ Wellen, bei denen die Schwingungsrichtung der schwingenden Teilchen des Ausbreitungsmediums (bzw. die Richtung des Schwingungsvektors) und die Ausbreitungsrichtung senkrecht aufeinander stehen (z.B. Seilwellen, Wasserwellen, elektromagnetische Wellen). Im Gegensatz zu ↑ Longitudinalwellen lassen sich Transversalwellen polarisieren (↑ Polarisation).

Trennrohr *(Clusius-Dickelsches Trennrohr)*, von *K. Clusius* und *G. Dickel* 1939 entwickeltes Gerät zur Trennung von Gasgemischen mit verschieden schweren Molekülen, das insbesondere zur ↑ Isotopentrennung verwendet wird. Von zwei langen, senkrecht ineinander angeordneten koaxialen Röhren, in deren engem Zwischenraum (wenige cm) sich das Gasgemisch befindet, wird die innere geheizt, die äußere gekühlt. Die durch Thermodiffusion sich an der warmen Innenwand anreichernden leichten Moleküle werden durch die gleichzeitig vorhandene Konvektionsströmung nach oben befördert, so daß die leichten Moleküle sich oben, die schweren sich unten ansammeln. Durch oft wiederholte Trennung lassen sich (bis auf wenige Promille) reine ↑ Isotope herstellen. So wird die Anreicherung von Uran U 235 (in Form von Uranfluorid − UF_6-Gas) in solchen Trennrohren durchgeführt. Dabei treten Rohrlängen bis zu 100 m auf. Die innere Röhre kann durch einen elektrisch erhitzten dünnen Draht ersetzt werden. Dieses Trennrohr läßt sich auch zur Trennung von Flüssigkeitsgemischen anwenden.

Triode, ↑ Elektronenröhre mit drei Elektroden. Von der ↑ Diode unterscheidet sich die Triode dadurch, daß zwischen Kathode und Anode eine netzförmige dritte Elektrode eingeschaltet ist, das sogenannte Gitter (Abb.436). Das Gitter wird mit der

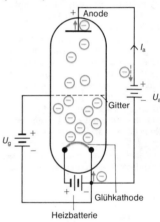

Abb.436

Kathode an eine Gleichspannungsquelle angeschlossen, so daß die der Kathodenspannung vorgeschaltete *Gitterspannung* den Anodenstrom steuern kann. Dabei unterscheidet man 3 Fälle:

1. Das Gitter ist sehr viel stärker negativ geladen als die Kathode. Es fließt kein Anodenstrom, da alle Elektronen durch das Gitter abgebremst werden

und deshalb nicht zur Anode gelangen können.

2. Bei schwacher negativer Ladung des Gitters gegen die Kathode fließt ein schwacher Anodenstrom, da Elektronen mit geringer ↑ kinetischer Energie durch das Gitter vor Erreichen der Anode abgebremst werden, solche mit großer kinetischer Energie aber zur Anode gelangen.

3. Bei positiver Ladung des Gitters fließt ein sehr starker Anodenstrom. Die von der Glühkathode emittierten Elektronen werden alle im elektrischen Feld zwischen Kathode und Gitter beschleunigt, und gelangen mit Ausnahme eines geringen Teils, der vom Gitter aufgenommen wird, zur Anode. Ab einer bestimmten positiven Ladung des Gitters ist keine Verstärkung des Anodenstroms mehr möglich (*Sättigung*).

Zeichnet man in einem Diagramm den Anodenstrom I_a in Abhängigkeit von der Gitterspannung U_g bei konstanter Anoden- und Heizspannung auf, so erhält man die sogenannte I_a-U_g-Kennlinie der Triode (Abb.437). Für verschiedene konstante Anodenspannungen U_a ergibt sich das I_a-U_g-Kennlinienfeld. Abb.437 zeigt, daß sich die Kennlinien bei steigender Anodenspannung U_a nach links verschieben. Diese Tatsache rührt daher, daß bei höherer Anodenspannung U_a die Elektronen im so entstandenen elektrischen Feld mehr kinetische Energie erhalten und dadurch eine immer niedrigere Gittervorspannung überwinden können. Man bezeichnet diese Erscheinung als *Durchgriff D*. Seine Größe erhält man, indem man — parallel zur U_g-Achse von einer Kennlinie zur anderen — die dabei auftretende Änderung der Gitterspannung U_g durch die gleichzeitige Änderung der Anodenspannung U_a dividiert. Somit gilt:

$$D = \left(\frac{\Delta U_g}{\Delta U_a} \right)$$

mit I_A = const.

An Stellen mit starker Kennlinienkrümmung geht der Differenzenquotient zum Differentialquotient über. Für D gilt dann allgemein:

$$D = \left(\frac{\partial U_g}{\partial U_a} \right)$$

mit I_a = const.

Betrachtet man die Steigung im geradlinigen Teil einer Kennlinie, so gilt dort:

$$S = \left(\frac{\Delta I_a}{\Delta U_g} \right)$$

mit U_a const.

S wird als *Steilheit* der Triode bezeichnet.

In einem *beliebigen* Punkt einer Kennlinie gilt für die Steilheit:

$$S = \left(\frac{\partial I_a}{\partial U_g} \right)$$

mit U_a = const.

Trägt man für jeweils eine konstante Gitterspannung den Anodenstrom in Abhängigkeit von der Anodenspannung auf, so gilt im geradlinigen Teil der I_a-U_a-Kennlinie für die Steigung:

$$\frac{1}{R_i} = \left(\frac{\Delta I_a}{\Delta U_a} \right)$$

mit U_g = const.

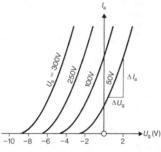

Abb.437

425

R_i nennt man den *inneren Widerstand* der Triode. An jeder Stelle der Kennlinie gilt allgemein:

$$R_i = \left(\frac{\partial U_a}{\partial I_a} \right)$$

mit U_g = const.
Die üblichen Werte für R_i liegen im Bereich R_i = 1 kΩ bis 5 kΩ.
Die größte praktische Bedeutung der Triode liegt in der Verstärkung von Spannungen und Strömen mittels des Gitters. Sie findet daher Anwendung in empfindlichen elektrischen Meßanordnungen, u.a. in der Radio- und Fernsehtechnik. Als Beispiel werde die Spannungsverstärkung betrachtet. Man wählt in diesem Fall die Anodenspannung U_a und die Gitterspannung U_g so, daß U_g einem Punkt (*Arbeitspunkt*) etwa in der Mitte des geradlinig ansteigenden Teils der I_a-U_g-Kennlinie entspricht und diese im negativen Gitterspannungsbereich liegt. Legt man nun zusätzlich zur festen Gittervorspannung eine schwache ↑ Wechselspannung an, so erhöht bzw. erniedrigt diese laufend die Spannung des Gitters. Diese Spannungsschwankungen übertragen sich auf den Anodenstrom (Abb.438). An einem im Anodenkreis

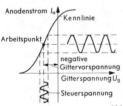

Abb.438

liegenden Widerstand tritt eine verstärkte Wechselspannung des gleichen Verlaufs auf.

Tripelpunkt *(Dreiphasenpunkt)*, der durch eine bestimmte Temperatur (*T*) und einen bestimmten Druck (*p*) eindeutig festgelegte physikalische Zustand, in dem fester, flüssiger und gasförmiger Aggregatzustand eines chemisch einheitlichen Stoffes (z.B.

Wasser) gleichzeitig nebeneinander bestehen können, wobei alle drei Phasen im stabilen thermodynamischen Gleichgewicht sind. Der Tripelpunkt ist im *p-T*-Zustandsdiagramm der gemeinsame Schnittpunkt der jeweils zwei Phasen (Aggregatzustände) trennenden *Dampfdruck-*, *Schmelz-* und *Sublimationskurve*. Der Tripelpunkt des Wassers liegt bei einer Temperatur von 0,0100°C und einem Druck von 4,58 Torr. Er wird als ↑ Fixpunkt für die Temperaturmessung verwendet.

Tritium, Zeichen ^{3}H oder T, überschwerer Wasserstoff, Isotop des Wasserstoffs mit der Massenzahl 3. Der Kern des Tritiums (↑ Triton) besteht aus einem Proton und zwei Neutronen. Das Tritium ist *radioaktiv* und zerfällt mit einer Halbwertszeit von 12,3 Jahren unter Aussendung sehr weicher Betastrahlung (Elektronen mit einer Energie von 19 keV) in das Heliumisotop ^{3}He. Das Tritium wird in der Natur vor allem durch den Prozeß ^{14}N(n,T)^{12}C (↑ Kernreaktionen) ständig nachgebildet und kommt mit der Häufigkeit von etwa einem Tritiumatom auf 10^{17} gewöhnliche Wasserstoffatome vor. Mehr als die Hälfte des Tritiums wird durch die primäre Komponente der ↑ Höhenstrahlung gebildet. Für die künstliche Erzeugung sind die Reaktionen ^{2}H(d,p)T und ^{6}Li(n,α)T wichtig.

Triton, der aus einem Proton und zwei Neutronen bestehende Kern des überschweren Wasserstoffs (↑ Tritium). Für das Triton sind folgende Symbole gebräuchlich:

$$t = {}^3_1 t = T = {}^3_1 T = {}^3_1 H.$$

Die *Ruhmasse* des Tritons beträgt m_t = 3,01550 u (↑ atomare Masseneinheit) = $5,005 \cdot 10^{-27}$ kg, sein ↑ Spin ist $\hbar/2 = (h/2\pi)/2$ (*h* Plancksches Wirkungsquantum).

Turbine, auf dem Prinzip des Wasserrades beruhende Vorrichtung zur

Nutzbarmachung der ↑ kinetischen Energie von strömenden Gasen oder strömenden Flüssigkeiten. Hauptteil der Turbine ist ein mit gekrümmten Schaufeln versehenes Rad. Das Gas bzw. die Flüssigkeit strömt gegen diese Schaufeln und gibt dabei seine kinetische Energie an das Rad ab. Dieses beginnt zu rotieren. Turbinen werden insbesondere als ↑ Wärmeenergiemaschinen und als ↑ Wasserkraftmaschinen verwendet (↑ Dampfturbine).

Überlagerungsprinzip *(Unabhängigkeitsprinzip, Superpositionsprinzip)*, von *Isaac Newton* erkannte und formulierte physikalische Erfahrungstatsache, nach der die Wirkungen mehrerer an einem Körper angreifender Kräfte sich ungestört, d.h. ohne gegenseitige Störungen überlagern. Jede Kraft wirkt so, als wären die anderen nicht vorhanden. Die Gesamtwirkung aller Kräfte ist demnach gleich der (vektoriellen) Summe der Wirkungen, die die einzelnen Kräfte jede für sich hervorgebracht hätten.

Überlaufgefäß, ein Gefäß mit einer seitlichen Ausflußröhre, mit dessen Hilfe das Volumen fester Körper bestimmt werden kann. Der Körper, dessen Volumen gemessen werden soll, wird in das bis zur Höhe der seitlichen Ausflußöffnung mit Wasser gefüllte Überlaufgefäß gebracht. Das von ihm verdrängte Wasser fließt durch das Abflußrohr und wird mit einem Meßzylinder aufgefangen. Das Volumen des Körpers ist gleich dem Volumen der von ihm verdrängten, also im Meßzylinder aufgefangenen Wassermenge.

Ultraschall, für das menschliche Gehör nicht wahrnehmbarer Schall mit Frequenzen oberhalb von 20 000 Hz (↑ Hörbereich). Ultraschall kann mit der *Galton-Pfeife (Ultraschallpfeife)* oder einer *Ultraschallsirene* erzeugt werden. Von besonderer praktischer Bedeutung ist jedoch die Erzeugung von Ultraschall mit *magnetostriktiven* und *piezoelektrischen* Ultraschallgebern (↑ Schallgeber). Ultraschall wird u.a. verwendet zur zerstörungsfreien Prüfung von Werkstücken auf schädliche Hohlräume, zur Entgasung von Metall- und Glasschmelzen, zur Tötung von Bakterien (*Sterilisierung*) und in der Medizin zur Zerstörung kranker Zellen an schwer zugänglichen Stellen des menschlichen Körpers.

Ultraviolett, Abk.: UV, unsichtbare elektromagnetische Wellen, die sich an das violette Ende des sichtbaren ↑ Spektrums anschließen. Ihre ↑ Wellenlängen liegen etwa zwischen 400 nm $(= 4 \cdot 10^{-7} \text{m})$ und 3 nm $(= 3 \cdot 10^{-9} \text{m})$. Nach kürzeren Wellenlängen schließen sich an das Ultraviolett die ↑ *Röntgenstrahlen* an.

Ultraviolette Strahlen lassen sich photographisch und durch ↑ Fluoreszenz nachweisen. Sie röten bzw. bräunen die menschliche Haut. Von Glas und Luft werden sie im starken Maße absorbiert (verschluckt), das ultraviolette Licht der Sonne gelangt deshalb nur sehr geschwächt bis zur Erdoberfläche.

Umkehrlinse, eine ↑ Sammellinse, die in optischen Geräten wie z.B. im ↑ Fernrohr oder ↑ Mikroskop die Aufgabe hat, das vom ↑ Objektiv erzeugte reelle umgekehrte Zwischenbild wieder aufzurichten. Das von der Umkehrlinse gelieferte zweite Zwischenbild stimmt dann in seiner Lage mit dem betrachteten Gegenstand überein und kann durch das ↑ Okular wie durch eine Lupe betrachtet werden.

In der Regel ist die Umkehrlinse so angebracht, daß sich das vom Objektiv erzeugte reelle Bild genau in ihrer doppelten Brennweite befindet. Das gleichgroße, aber nun wieder aufrechtstehende zweite reelle Zwischenbild befindet sich dann auf der anderen Seite der Umkehrlinse ebenfalls genau in der doppelten Brennweite. Eine Umkehrlinse verlängert also ein Fernrohr oder ein Mikroskop erheblich, nämlich gerade um das vierfache ihrer Brennweite. Diese oft nicht erwünschte Verlängerung kann vermieden werden, wenn man, wie im *Prismenfernrohr* an Stelle der Umkehrlinse zwei im rechten Winkel zueinander stehende ↑ Umkehrprismen zum Aufrichten des Zwischenbildes verwendet.

Umkehrprisma, ↑ Prisma mit rechtwinklig-gleichschenkligem Grundriß, durch das die Reihenfolge von senkrecht auf die Hypothenusenfläche auftreffenden Lichtstrahlen umgekehrt und gleichzeitig eine Richtungsänderung von 180° bewirkt wird. Die Lichtstrahlen treten senkrecht durch die Hypotenusenfläche ohne Richtungsänderung ins Innere des Prismas und werden dort an der einen der beiden Kathetenflächen total reflektiert (↑ Totalreflexion). Dabei gilt: Einfallswinkel = Reflexionswinkel = 45°. Die Lichtstrahlen erfahren also eine Richtungsänderung von 2 · 45° = 90°. Der gleiche Vorgang erfolgt nun noch einmal an der zweiten Kathetenfläche, worauf die Lichtstrahlen das Prisma ohne weitere Richtungsänderung durch die Hypotenusenfläche verlassen (Abb.439). Das Umkehrprisma funktio-

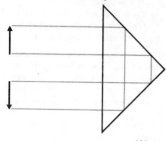

Abb.439

niert in der angegebenen Weise nur, wenn der ↑ *Grenzwinkel der Totalreflexion* für das Prismenmaterial gegen die Umgebung kleiner als 45° ist. Für Glas-Luft ist das der Fall (↑ Brechung).

Umkehrpunkte, im engeren Sinne diejenigen Punkte bei einer mechanischen ↑ Schwingung, in denen sich die Bewegungsrichtung des schwingenden

Körpers umkehrt. Die Entfernung der Umkehrpunkte von der Gleichgewichtslage ist gleich der ↑ Amplitude der Schwingung. An den Umkehrpunkten einer harmonischen mechanischen Schwingung ist die Geschwindigkeit des schwingenden Körpers gleich Null. Die Beschleunigung dagegen erreicht an den Umkehrpunkten ihren größten Betrag. Im übertragenen Sinne bezeichnet man auch bei nichtmechanischen Schwingungen diejenigen räumlichen oder zeitlichen Punkte als Umkehrpunkte, an denen die sich periodisch ändernde Schwingungsgröße ihren größten bzw. kleinsten Wert erreicht.

Umlaufzeit, die Zeit, die ein sich auf einer geschlossenen Bahn wie z.B. auf einem Kreis oder einer Ellipse bewegender Körper für einen vollständigen Bahnumlauf benötigt.

Umlenkprisma, ↑ Prisma mit rechtwinklig-gleichschenkligem Grundriß, durch das senkrecht zu einer Kathetenfläche einfallende Lichtstrahlen eine Richtungsänderung von 90° erfahren. Ein senkrecht auf die eine der beiden Kathetenflächen auftreffender Lichtstrahl verläuft zunächst ohne Richtungsänderung ins Innere des Prismas. An der Hypotenusenfläche erfolgt eine ↑ Totalreflexion. Dabei gilt: Einfallswinkel = Reflexionswinkel = 45°. Somit erfährt der Lichtstrahl an dieser Stelle eine Richtungsänderung von 2 · 45° = 90°. Er trifft senkrecht auf

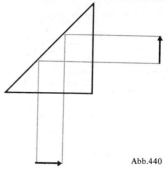

Abb.440

die zweite Kathetenfläche und verläßt das Prisma ohne weitere Richtungsänderung (Abb.440). Das Umlenkprisma funktioniert in der angegebenen Weise nur, wenn der ↑ *Grenzwinkel der Totalreflexion* für das Prismenmaterial gegen die Umgebung kleiner als 45° ist. Für Glas-Luft ist das der Fall (↑ Brechung).

unelastischer Stoß, ein ↑ Stoß, bei dem die während des Stoßvorganges erfolgte Verformung der sich stoßenden Körper nach dem Stoß nicht wieder vollständig rückgängig gemacht wird. Während beim unelastischen Stoß die Summe der ↑ Bewegungsgrößen aller am Stoß beteiligten Körper konstant bleibt, wird die Summe ihrer mechanischen Energie um den Betrag der zur plastischen (dauernden) Verformung erforderlichen (und in Wärme umgewandelten) Arbeit kleiner (↑ elastischer Stoß).

Unschärferelation *(Heisenbergsche Unbestimmtheitsrelation)* in der ↑ Quantentheorie eine Beziehung, die unter anderem besagt, daß, falls der Impuls eines Teilchens exakt festgelegt werden kann, keinerlei Aussagen mehr möglich sind über den Ort dieses Teilchens. Bezeichnet man mit Δp die Unschärfe (Ungenauigkeit) des Impulses und mit Δs die Unschärfe des Ortes eines Teilchens, dann genügen diese beiden Größen der Beziehung

$$\Delta p \cdot \Delta s \geq \hbar = \frac{h}{2\pi}$$

(h Plancksches Wirkungsquantum). Impuls p und Ort s eines Teilchens lassen sich demnach nicht gleichzeitig beliebig genau bestimmen. Je genauer man die eine Größe bestimmt, um so ungenauer ist die andere bestimmbar. Derselben Beziehung gehorchen die Unschärfe ΔW der Energie und Δt des Zeitpunktes eines Ereignisses:

$$\Delta W \cdot \Delta t \geq \hbar = \frac{h}{2\pi}$$

Um also die Energie eines mikrophysikalischen Systems mit der Genauigkeit ΔW zu messen, braucht man mindestens die Zeit

$$\Delta t = \frac{\hbar}{\Delta W}$$

Die Unschärferelation ist nicht etwa auf die Eigenschaften der benutzten Meßinstrumente zurückzuführen, sondern ist ein die gesamte Mikrophysik beherrschendes Naturgesetz. In der klassischen Physik gilt die Unschärferelation im Prinzip auch, kann jedoch wegen der Kleinheit von $\hbar$ völlig vernachlässigt werden.

Uran, chemisches Symbol U, radioaktives metallisches Element mit der ↑ Ordnungszahl 92 und der mittleren ↑ Atommasse 238,03. An ↑ Isotopen sind ^{227}U bis ^{240}U bekannt, von denen ^{234}U, ^{235}U und ^{238}U das *natürliche* Isotopengemisch bilden. Das Isotop ^{238}U ist das Anfangsglied der *Uran-Radium-*↑ *Zerfallsreihe*, ^{235}U das der *Uran-Actinium-Zerfallsreihe.* In der festen Erdkruste sind pro Tonne etwa 3 g Uran enthalten.

Als Brennstoff in Reaktoren ist nur ^{235}U geeignet, deshalb ist eine vorherige ↑ Isotopentrennung notwendig.

Urkilogramm, der beim *Bureau International des Poids et Mesures* im Pavillon de Breteuil in Sevres bei Paris aufbewahrte internatinale Kilogrammprototyp. Es handelt sich dabei um einen Zylinder aus einer Platin-Iridium-Legierung, dessen Durchmesser und Höhe je etwa 39 mm betragen. Das Urkilogramm wurde (mit der zur Zeit seiner Einführung im Jahre 1799 erreichten Genauigkeit) der Masse von 1 Liter reinem Wasser bei 4°C nachgebildet. Es stellt die Masseneinheit 1 ↑ Kilogramm im Internationalen Einheitensystem (SI) dar.

Urmeter, der beim *Bureau Internatinal des Poids et Mesures* im Pavillon de Breteuil in Sevres bei Paris aufbewahrte internationale Meterprototyp. Seine

Länge ist (im Rahmen der zur Zeit seiner Einführung im Jahre 1799 erreichten Meßgenauigkeit) gleich der Länge des 40 millionsten Teiles des durch Paris gehenden Längenkreises (Meridians). Das Urmeter stellte bis 1960 die Längeneinheit 1 Meter dar. Heute ist das Meter wie folgt definiert: 1 Meter ist das 1 650 763,73 fache der Wellenlänge der von Atomen des Nuklids ^{86}Kr beim Übergang vom Zustand $5d_5$ zum Zustand $2p_{10}$ ausgesandten, sich im Vakuum ausbreitenden Strahlung.

U-Rohr-Manometer, einfaches Gerät zur Messung des ↑ Druckes, bestehend aus einem u-förmig gebogenem Glasrohr, das mit einer Flüssigkeit, der sogenannten *Sperrflüssigkeit* oder *Manometerflüssigkeit* (zumeist Quecksilber oder Wasser) gefüllt ist. Sind beide Schenkel des U-Rohres oben offen, so spricht man von einem *offenen U-Rohr-Manometer*, ist einer der beiden Schenkel geschlossen, dann handelt es sich um ein *geschlossenes U-Rohr-Manometer*.
Beim *offenen U-Rohr-Manometer* (Abb.441) befinden sich die Flüssig-

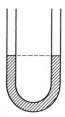

Abb.441

keitsoberflächen in den beiden Schenkeln zunächst in gleicher Höhe. Verbindet man jedoch einen der beiden Schenkel mit einem Gefäß, in dem ein vom äußeren Luftdruck verschiedener Druck herrscht, dann stellt sich zwischen den beiden Flüssigkeitsoberflächen eine Höhendifferenz ein, die um so größer ist, je größer die Druck-

differenz zwischen Außenraum und Meßraum ist. Dabei liegt die Flüssig-

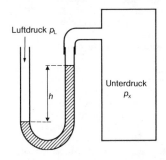

Abb.442

keitsoberfläche im offenen Schenkel niedriger als in dem mit dem Meßraum verbundenen Schenkel, wenn der zu messende Druck kleiner als der äußere Luftdruck ist, wenn es sich also um die Messung eines *Unterdruckes* handelt (Abb.442). Ist dagegen der zu messende Druck größer als der äußere Luftdruck, handelt es sich also um die Mes-

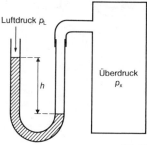

Abb.443

sung eines *Überdrucks*, dann steigt die Flüssigkeit im offenen Schenkel an (Abb.443). Mit dem offenen U-Rohr-Manometer wird also die Druck-*differenz* zwischen dem zu messenden Druck und dem äußeren Luftdruck bestimmt. Dabei ist der Höhenunterschied h zwischen den beiden Flüssigkeitsoberflächen ein Maß für die

431

Druckdifferenz zwischen dem zu messenden Druck p_x und dem äußeren Luftdruck p_l. Es gilt dabei:

$$| p_x - p_1 | = h \gamma \quad ,$$

worin γ die Wichte der Sperrflüssigkeit ist.

Beim *geschlossenen U-Rohr-Manometer* (Abb.444) ist der nicht mit dem Meßraum verbundene Schenkel geschlossen. Befindet sich über der Flüssigkeitsoberfläche im geschlossenen Schenkel ein luftleerer Raum (↑ Vakuum), dann können mit einem solchen Manometer Absolutmessungen des Druckes durchgeführt werden. Ist

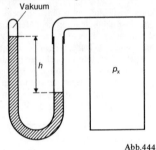

Abb.444

γ die Wichte der Manometerflüssigkeit und h die Höhendifferenz zwischen den beiden Flüssigkeitsoberflächen, dann gilt für den im Meßraum herrschenden Druck p_x:

$$p_x = h \gamma$$

In dieser Form wird das geschlossene U-Rohr-Manometer zur Messung kleiner Drucke, also als Vakuummeßgerät verwendet. Seine Genauigkeit ist allerdings dadurch eingeschränkt, daß über der Flüssigkeitsoberfläche im geschlossenen Schenkel kein absolutes Vakuum herrscht, da in diesen Raum hinein ein Teil der Manometerflüssigkeit verdampft. Der dort herrschende Druck ist also von Null verschieden, er ist gleich dem *Dampfdruck* der Manometerflüssigkeit.

Zur Messung hoher Drucke kann das geschlossene U-Rohr-Manometer verwendet werden, wenn durch die Sperrflüssigkeit im geschlossenen Schenkel eine bestimmte Luft- oder Gasmenge eingeschlossen wird. Dabei wird das Volumen der eingeschlossenen Gasmenge als Maß für den Druck verwendet.

432

Vakuum, im strengen Sinne die Bezeichnung für einen absolut leeren Raum. In der Physik bezeichnet man als Vakuum ein abgeschlossenes Raumgebiet, in dem ein Druck herrscht, der wesentlich geringer ist als der normale ↑ Luftdruck. Oft bezeichnet man auch den *Zustand* dieses Raumgebietes als Vakuum. Maß für die Qualität eines Vakuums ist der noch in ihm vorhandene Druck. Das Vakuum ist um so besser, je geringer dieser *Restdruck* ist. Man trifft dabei im allgemeinen die folgende ungefähre Einteilung:

Bezeichnung	Druck in Pascal
Grobvakuum	$10^5 - 10^4$
Zwischenvakuum	$10^4 - 100$
Feinvakuum	$100 - 0.1$
Hochvakuum	$0.1 - 10^{-4}$
Ultravakuum (Höchstvakuum)	unter 10^{-4}

Zur Erzeugung von Vakua werden ↑ Luftpumpen (*Vakuumpumpen*) verwendet.

van der Waalssche Zustandsgleichung, eine Gleichung, durch die der Zusammenhang zwischen den drei Zustandsgrößen Druck (p), Volumen (V) und absoluter Temperatur (T) eines ↑ realen Gases mit guter Genauigkeit beschrieben wird. Sie lautet, bezogen auf eine Gasmenge von 1 mol (↑ Mol):

$$\left(p + \frac{a}{V_m^2}\right)(V_m - b) = R_0 T$$

(p Druck des betrachteten Gases, V_m Volumen von 1 mol (*Molvolumen*) des betrachteten Gases, T absolute Temperatur des betrachteten Gases, R_0 universelle ↑ Gaskonstante, a, b von der Art des Gases abhängige *van der Waalssche Konstanten).*

Betrachtet man nicht 1 mol, sondern n mol eines Gases, dann geht die van der Waalssche Zustandsgleichung über in die Form:

$$\left(p + \frac{an^2}{V^2}\right)(V - nb) = nR_0 T$$

(↑ Zustandsgleichung der Gase).

Vektor, eine (physikalische) Größe, zu deren vollständiger Bestimmung außer der Angabe von Maßzahl und Maßeinheit auch noch die Angabe der *Richtung* erforderlich ist (z.B. Kraft, Geschwindigkeit, Beschleunigung). Vektorielle Größen werden durch Buchstaben mit einem darübergesetzten Pfeil gekennzeichnet (z.B. $\vec{F}, \vec{v}, \vec{a}$). Bei manchen physikalischen Zusammenhängen genügt es, von einer vektoriellen Größe lediglich die Maßzahl und die Maßeinheit zu betrachten. Man spricht dann vom *Betrag des Vektors.* Für *Betrag des Vektors* $\vec{F}$ schreibt man dabei $|\vec{F}|$ oder kurz F (↑ Skalar).

Verbrennungskraftmaschine, Vorrichtung zur Umwandlung von Wärmeenergie in mechanische Energie, bei der (im Gegensatz etwa zur ↑ Dampfmaschine) die Verbrennung des Betriebsstoffes (z.B. Benzin, Öl oder Gas) unmittelbar in der Maschine selbst erfolgt.
Bei *Kolbenmaschinen* (↑ Ottomotor, ↑ Dieselmotor) wird der Betriebsstoff in einem Zylinder gezündet, wobei die entstehenden Verbrennungsgase einen Kolben in eine geradlinige Hin- und Her-Bewegung versetzen.

Bei *Turbinen* dagegen erfolgt die Verbrennung in einer Brennkammer, aus der heraus dann die Verbrennungsgase mit hoher Geschwindigkeit auf die Schaufeln eines Turbinenrades strömen und dieses in Bewegung versetzen.

Bei *Strahltriebwerken* werden die bei der Verbrennung des Treibstoffes in einer Brennkammer entstehenden Verbrennungsgase durch Düsen nach außen gestoßen, wobei sich infolge des *Rückstoßes* die ganze Maschine in geradlinige Bewegung versetzt (↑ Wärmeenergiemaschinen).

Verbrennungswärme, die bei der vollständigen Verbrennung eines Stoffes freiwerdende Wärmeenergie. Den Quotienten aus der Verbrennungswärme Q und der Masse m eines Stoffes bezeichnet man als *spezifische Verbrennungswärme H:*

$$H = \frac{Q}{m}$$

Sie wird gemessen in Kilojoule (kJ) durch Kilogramm (kJ/kg). Ein Stoff hat die spezifische Verbrennungswärme 1 kJ/kg, wenn bei der vollständigen Verbrennung von 1 kg dieses Stoffes eine Wärmemenge von 1 kJ frei wird. Die spezifische Verbrennungswärme ist also *zahlenmäßig* gleich der bei der vollständigen Verbrennung von 1 kg des betreffenden Stoffes freiwerdenden Wärmemenge. In der Technik wird die spezifische Verbrennungswärme oft auch als (oberer) *Heizwert* bezeichnet.

Die spezifischen Verbrennungswärmen einiger Stoffe sind in der folgenden Tabelle angegeben.

Brennstoff	spezifische Verbrennungswärme in kJ/kg
Holz, lufttrocken	20 080
Torf, lufttrocken	24 490
Braunkohle	ca. 25 000
Steinkohle	ca. 35 000
Benzin	46 500
Heizöl	ca. 44 000
Erdgas	ca. 46 000
Methan	55 560
Propan	50 370
Stadtgas	30 230
Wasserstoff	141 890

Verdampfen, Übergang eines *siedenden* flüssigen Körpers in den gasförmigen ↑ Aggregatzustand. Dieser Übergang ist mit einer erheblichen Volumenvergrößerung verbunden. Diejenige Temperatur, bei der er sich vollzieht, heißt *Siedetemperatur (Siedepunkt).* Sie ist von Stoff zu Stoff verschieden und hängt in starkem Maße vom Druck ab, der an der Flüssigkeitsoberfläche herrscht. Mit zunehmendem Druck steigt sie, mit abnehmendem Druck fällt sie. Die folgende Tabelle zeigt die Druckabhängigkeit der Siedetemperatur des Wassers:

Druck in mbar	Siedetemperatur in °C
1080	102
1066	101,5
1053	101
1013	100
880	96
560	84
400	76
200	60

Die Angabe der Siedetemperatur eines Stoffes hat also nur dann Sinn, wenn man gleichzeitig auch den zugehörigen Druck angibt! In der folgenden Tabelle sind die Siedetemperaturen einiger Stoffe bei einem Druck von 1013 mbar aufgeführt:

Stoff	Siedetemperatur bei 1013 mbar in °C
Helium	−269
Stickstoff	−196
Sauerstoff	−183
Äther	35
Alkohol	78
Benzol	80
Wasser	100
Quecksilber	357
Schwefel	444
Zink	910
Eisen	2 880

Führt man einem flüssigen Körper Wärme zu, so steigt seine Temperatur zunächst bis zur Siedetemperatur an und bleibt dann trotz weiterer Wärmezufuhr solange konstant, bis der Körper vollständig verdampft ist. Die während des Siedevorganges zugeführte Wärme dient also nicht der Temperaturerhöhung, sondern wird lediglich zur Überführung des Körpers vom flüssigen in den gasförmigen Aggregatzustand verwendet. Sie heißt *Verdampfungswärme*. Der Quotient aus der Verdampfungswärme Q_v und der Masse m eines Körpers wird als *spezifische Verdampfungswärme* σ_v bezeichnet:

$$\sigma_v = \frac{Q_v}{m}$$

SI-Einheit der spezifischen Verdampfungswärme ist 1 Joule durch Kilogramm (1 J/kg). Die spezifische Verdampfungswärme eines Stoffes ist also zahlenmäßig gleich derjenigen Wärmemenge, die erforderlich ist, um 1 kg dieses Stoffes ohne Temperaturerhöhung vom flüssigen in den gasförmigen Aggregatzustand überzuführen. Sie ist eine Materialkonstante und beträgt beispielsweise für Wasser 2256,7 kJ/kg (= 539 kcal/kg). Den Übergang vom gasförmigen in den flüssigen Aggregatzustand bezeichnet man als *Kondensieren*. Die Temperatur, bei der er sich vollzieht, heißt *Kondensationstemperatur (Kondensationspunkt)*. Bei konstantem Druck stimmen Siedetemperatur und Kondensationstemperatur ein und desselben Stoffes überein. Beim Kondensieren wird die beim Verdampfen zugeführte Wärme wieder frei *(Kondensationswärme)*. Die Kondensationswärme eines Körpers ist also gleich seiner Verdampfungswärme. Die obenstehende Tabelle gibt die spezifischen Verdampfungswärmen einiger Stoffe an.

Unter bestimmten Bedingungen ist es möglich, eine Flüssigkeit über ihre Siedetemperatur hinaus zu erhitzen, ohne daß der Siedevorgang beginnt (↑ *Siedeverzug*). Der Übergang vom flüssigen in den gasförmigen Aggregat-

Stoff	Spezif. Verdampfungswärme (bei 1013 mbar)	
	kJ/kg	kcal/kg
Äther	355,9	85
Alkohol	854,1	204
Benzol	393,6	94
Chloroform	241,0	59
Quecksilber	284,7	68
Wasser	2256,7	539

zustand vollzieht sich nicht nur beim Sieden selbst, sondern auch schon bei Temperaturen unterhalb der Siedetemperatur. Man bezeichnet diese Art von Übergang als *Verdunstung*. Im Gegensatz zum Verdampfen, das unter Gasbildung im Inneren der Flüssigkeit vor sich geht, erfolgt die Verdunstung lediglich an der Oberfläche der Flüssigkeit. Eine Flüssigkeit verdunstet um so rascher, je größer ihre Oberfläche ist und je näher ihre Temperatur an der Siedetemperatur liegt. Auch beim Verdunsten wird, wie beim Verdampfen, Wärme benötigt. Sie wird der Flüssigkeit selbst und ihrer Umgebung entzogen und im allgemeinen Sprachgebrauch fälschlicherweise als „Verdunstungskälte" bezeichnet. Der Verdunstungsvorgang dauert so lange an, bis der ↑ Partialdruck des Dampfes über der Flüssigkeitsoberfläche gleich dem ↑ Dampfdruck der Flüssigkeit ist. In der Praxis wird das jedoch selten erreicht, weil der Dampf durch die Atmosphäre weggeführt wird und somit keinen hinreichend hohen Partialdruck aufbauen kann.

Verdunsten, Übergang eines Körpers vom flüssigen in den gasförmigen ↑ Aggregatzustand bei Temperaturen unterhalb der Siedetemperatur (↑ Verdampfen).

Verdunstungskälte *(besser: Verdunstungskühlung)*, die beim ↑ Verdunsten einer Flüssigkeit auftretende Abkühlung der Flüssigkeit selbst und ihrer Umgebung. Diese Abkühlung wird dadurch verursacht, daß der Flüssigkeit und ihrer Umgebung die zum Verdunsten erforderliche Verdunstungswärme (Verdampfungswärme) entzogen wird. Auf dieser Erscheinung beruht beispielsweise die Abkühlung, die der menschliche Körper beim Schwitzen erfährt. Die zum Verdunsten des Schweißes erforderliche Wärme wird dabei dem Körper entzogen. Ist jedoch die umgebende Luft mit Wasserdampf gesättigt, beträgt also die relative Luftfeuchtigkeit 100 %, wie das bei schwül-heißen Wetterlagen oft der Fall ist, dann kann der Schweiß nicht mehr verdunsten, so daß trotz oft starken Schwitzens keine Kühlung eintritt. Der Verdunstungsvorgang und damit die Verdunstungskühlung wird verstärkt, wenn der entstehende Dampf durch einen Luftzug möglichst rasch abgeführt wird, so daß ständig wieder ungesättigte Luft an die Stelle gelangt, wo die Verdunstung vor sich geht (↑ Verdampfen).

Verfestigen, direkter Übergang eines Stoffes vom gasförmigen in den festen ↑ Aggregatzustand, ohne daß der normalerweise dazwischenliegende flüssige Zustand angenommen wird. Die beim Verfestigen freigesetzte Wärme ist gleich der Summe aus Verdampfungswärme und Schmelzwärme. Die Verfestigung stellt die Umkehrung der Sublimation dar (↑ Sublimieren, ↑ Verdampfen, ↑ Schmelzen).

Vergrößerung, Kenngröße optischer Instrumente.

1) *subjektive Vergrößerung (Vergrößerungszahl).*

Betrachtet man einen Gegenstand durch ein optisches Gerät, wie z.B. durch ein Fernrohr oder ein Mikroskop, so erscheint er dabei im allgemeinen unter einem größeren ↑ Sehwinkel als ohne Gerät. Ist α_0 der Sehwinkel, unter dem man den betrachteten Gegenstand *ohne* und α_M der Sehwinkel, unter dem man denselben Gegenstand *mit* optischem Gerät sieht,

so gilt für dessen subjektive Vergrößerung V_s:

$$V_s = \frac{\tan \alpha_M}{\tan \alpha_0}$$

Da zur Bildkonstruktion nur nahe der optischen Achse verlaufende (achsennahe) Strahlen verwendet werden, weil nur diese scharfe Bilder liefern, sind die Winkel α_0 und α_M sehr klein. Für kleine Winkel aber stimmt der Tangens mit dem im Bogenmaß gemessenen Winkel nahezu überein. Man kann also $\tan\alpha \approx \alpha$ setzen. Die subjektive Vergrößerung ergibt sich dann zu:

$$V_s = \frac{\alpha_M}{\alpha_0}$$

2) *Lateralvergrößerung*
Als Lateralvergrößerung V_1 bezeichnet man bei einer optischen Abbildung das Verhältnis von linearer Bildgröße zu linearer Gegenstandsgröße:

$$V_1 = \frac{B}{G}$$

Befinden sich, was in der Regel der Fall ist, im Dingraum und im Bildraum dieselben Medien bzw. Medien mit gleicher ↑ Brechzahl, dann ist der Quotient aus Bildgröße B und Gegenstandsgröße G gleich dem Quotienten aus Bildweite b und Gegenstandsweite g. Es gilt dann also:

$$V_1 = \frac{B}{G} = \frac{b}{g}$$

V_1 ist *positiv*, wenn ein *aufrechtes* und *negativ*, wenn ein *umgekehrtes* Bild erzeugt wird. Für $|V_1| > 1$ ist das Bild *größer* als der Gegenstand, für $|V_1| < 1$ ist das Bild *kleiner* als der Gegenstand.

Verlustfaktor *(Verlustzahl),* in einem Wechselstromkreis die Größe $\tan \delta$, wobei der sog. *Verlustwinkel* δ durch

$\delta = 90° - \varphi$ festgelegt ist. (φ bedeutet den die ↑ Phasenverschiebung zwischen Spannung und Stromstärke beschreibenden Winkel). Für sehr kleine Winkel kann die Näherung $\tan\delta \approx \delta$ durchgeführt werden. Man bezeichnet dann oft auch den Verlustwinkel als Verlustfaktor. Der Verlustfaktor stimmt überein mit dem Verhältnis aus ↑ Wirkleistung und ↑ Blindleistung.

Verschiebungsdichte *(dielektrische Verschiebung)*, physikalische Größe, die neben der ↑ elektrischen Feldstärke $\vec{E}$ zur Beschreibung des elektrischen Feldes dient. Die Verschiebungsdichte $\vec{D}$ wird mit Hilfe der elektrischen Feldstärke wie folgt definiert:

$$\vec{D} = \epsilon\, \epsilon_0\, \vec{E}$$

(ϵ_0 Influenzkonstante, ϵ Dielektrizitätskonstante). D ist eine *vektorielle* Größe. Durch Angabe von $\vec{D}$ in jedem Punkt des Raums entsteht ein Vektorfeld. Die *SI-Einheit* von $\vec{D}$ ist $1(\text{As/m}^2)$. Die Verschiebungsdichte D im Innern eines ↑ *Plattenkondensators* läßt sich aus dem Zusammenhang der Ladung Q einer Kondensatorplatte mit der Plattenfläche A und der elektrischen Feldstärke E berechnen ($Q = \epsilon\, \epsilon_0 A E$). Es ergibt sich:

$$D = \frac{Q}{A}$$

In jedem Punkt des Plattenkondensators stimmt demnach der Betrag der Verschiebungsdichte mit der ↑ Flächenladungsdichte der Kondensatorplatten überein.
Im Innern eines ↑ *Kugelkondensators* gilt für die Feldstärke E:

$$E = \frac{1}{4\pi\epsilon_0\epsilon}\, \frac{Q}{r^2}$$

(Q Ladung der positiv geladenen Kugel, r Abstand zwischen dem Mittelpunkt des Systems und dem Punkt, in dem die Feldstärke gemessen werden soll). Daraus erhält man:

$$D = \frac{Q}{4\pi r^2}$$

Speziell an der Oberfläche der inneren bzw. äußeren Kugel mit den Radien R_i bzw. R_a gilt demnach:

$$D = \frac{Q}{4\pi R_i^2}$$

bzw.

$$D = \frac{Q}{4\pi R_a^2}$$

$4\pi R^2$ ist jedoch gleich der *Oberfläche* der jeweiligen Kugel, daher stimmt der Betrag der Verschiebungsdichte D an der Oberfläche der Kondensatorkugeln mit der dortigen Flächenladungsdichte überein. Diese Folgerung gilt nicht nur für den Fall des Kugelkondensators, sondern ganz allgemein für jeden geladenen Körper.

Verschiebungsstrom, physikalische Größe, die zur Beschreibung der elektromagnetischen Wellen dient. Die zeitliche Änderung eines elektrischen Feldes kann mit Hilfe der Ableitung der dielektrischen Verschiebung nach der Zeit erfaßt werden. Die physikalische Größe $j = dD/dt$ bezeichnet man als Dichte des Verschiebungsstromes. Sie hat die *SI-Einheit* $1\ A/m^2$.

Ist die Stromdichte für eine beliebige Fläche A konstant, so bezeichnet man die Größe $J = j \cdot A = (dD/dt) \cdot A$ als *Verschiebungsstrom* durch die Fläche A. Die *SI-Einheit* von J ist 1 Ampere (A). Der Verschiebungsstrom J ist an keinen Leiter gebunden, er ist auch im felderfüllten Vakuum definiert. Analog dem herkömmlichen Strom erzeugt ein Verschiebungsstrom ein magnetisches Feld.

Verstärker, Geräte zur Verstärkung von Spannungen, Strömen und Leistungen. Wichtige Bauteile des Verstärkers sind ↑ Elektronenröhren (↑ Triode) und ↑ Transistoren.

Verzögerung, eine negative ↑ Beschleunigung. Bei einer verzögerten Bewegung nimmt der Betrag der Geschwindigkeit ab (↑ Kinematik).

Vidie-Dose, eine in Aneroidbarometern (↑ Barometer) zur Messung des Luftdrucks verwendete flache weitgehend luftleere Dose. Die meist gewellten Ober- und Unterseiten der Vidie-Dose, die sogenannten *Membranen*, bestehen aus einem dünnen, elastischen Material. Durch eine Feder wird die Vidie-Dose davor geschützt, vom äußeren Luftdruck zusammengepreßt zu werden. Die durch Luftdruckschwankungen hervorgerufenen kleinen Bewegungen der Membranen bzw. der Federn werden über ein Hebel- bzw. Zahnradsystem vergrößert und über einen Zeiger sichtbar gemacht.

Viertaktmotor, eine ↑ Verbrennungskraftmaschine, bei der sich ein Arbeitsgang, bestehend aus *Ansaugen, Verdichten, Verbrennen* und *Ausstoßen* der Verbrennungsgase des Kraftstoff-Luft-Gemischs über zwei Hin- und Her-Gänge des Kolbens (*vier* Kolbenhübe) bzw. über zwei volle Umdrehungen der Kurbelwelle hinzieht (↑ Ottomotor).

Volt (V), SI-Einheit der elektrischen ↑ Spannung.
Festlegung: 1 Volt (V) ist gleich der elektrischen Spannung oder elektrischen Potentialdifferenz zwischen zwei Punkten eines fadenförmigen, homogenen und gleichmäßig temperierten Leiters, in dem bei einem zeitlich unveränderlichen elektrischen Strom der Stärke 1 Ampere (A) zwischen den beiden Punkten die Leistung 1 Watt (W) umgesetzt wird.

Voltmeter, Gerät zur Messung von elektrischen Spannungen. Es wird zwischen die Punkte eines Stromkreises geschaltet, zwischen denen die zu messende Spannung besteht. Eine direkte und leistungslose Messung erlauben nur *elektrostatische Spannungsmesser* (↑ Elektrometer). Die dynamischen Spannungsmesser sind im Prinzip Strommesser mit hohem Innenwiderstand (Drehspulinstrumente, Weicheiseninstrumente, Hitzdrahtinstrumente). Sie werden immer parallel zu der zu messenden Spannung geschaltet und messen den der Spannung proportionalen Strom. Ihre Skala ist jedoch in Volt geeicht. Bei ihnen erfolgt die Messung nicht leistungslos.

Volumen *(Rauminhalt),* Formelzeichen *V,* der von der Oberfläche eines Körpers umschlossene Teil des Raumes.
Dimension des Volumens: dim $V = L^3$.
SI-Einheit des Volumens ist der Kubikmeter (m^3). 1 m^3 ist das Volumen eines würfelförmigen Körpers mit 1 m Kantenlänge.
Bei Flüssigkeiten werden anstelle von dm^3, cm^3 und mm^3 oft die Bezeichnungen *Liter* (l), *Zentiliter* (cl) und *Milliliter* (ml) verwendet. Es gelten die folgenden Umrechnungsbeziehungen:

$$1 \ m^3 = 1000 \ dm^3 = 1\,000\,000 \ cm^3$$
$$= 1\,000\,000\,000 \ mm^3$$

Das Volumen geometrisch einfacher Körper wie z.B. Würfel und Quader ist aus Länge, Breite und Höhe berechenbar.
Die Berechnung des Volumens von Körpern, deren Oberfläche durch algebraische Gleichungen für die Raumkoordinaten in einem (rechtwinkligen) Koordinatensystem festgelegt sind, erfolgt mit Hilfe der Integralrechnung. Das Volumen eines unregelmäßig geformten festen Körpers kann man beispielsweise ermitteln, indem man ihn in einen mit Flüssigkeit gefüllten Meßzylinder bringt. Aus dem Anstieg der Flüssigkeitsoberfläche läßt sich das

Volumen der verdrängten Flüssigkeit und damit auch das Volumen des eintauchenden Körpers bestimmen (↑ Überlaufgefäß).

Vorwiderstand, Bezeichnung für einen in Serie zu einem elektrischen Gerät geschalteten Widerstand (↑ Serienschaltung). Einen Vorwiderstand verwendet man hauptsächlich zur Meßbereichserweiterung eines Voltmeters.

Voltmeter und Vorwiderstand R_V werden dabei vom selben Strom der Stärke I durchflossen. Bezeichnet U_{max} diejenige Spannung, die einen Vollausschlag des Voltmeters bewirkt und möchte man den Meßbereich auf das n-fache dieses Wertes erweitern, soll also der Vollausschlag erst bei der Spannung $n \cdot U_{max}$ eintreten, so erhält man wegen

$$I = \frac{U_{max}}{R_i} = \frac{U_{vor}}{R_V} = \frac{U}{R_V + R_i} \; ,$$

(wobei $U = U_{vor} + U_{max}$ die gesamte anliegende Spannung und R_i den sog. Innenwiderstand des Voltmeters bedeuten).

$$\frac{U_{max}}{R_i} = \frac{n \cdot U_{max}}{R_V + R_i}$$

Daraus ergibt sich:

$$R_V = (n-1) \, R_i$$

Um den Meßbereich eines Voltmeters auf das n-fache zu erweitern, muß man also einen Widerstand R_V vor das Voltmeter schalten, dessen Größe das $(n-1)$-fache des Innenwiderstandes des Voltmeters beträgt.

Waage, Meßgerät zur Bestimmung bzw. zum Vergleich von Massen oder Gewichtskräften.

Bei der *Federwaage (Dynamometer, Kraftmesser)* (Abb.445) hält die bei der Dehnung einer Feder auftretende, gemäß dem ↑ Hookeschen Gesetz der Längenänderung direkt proportionale rücktreibende Kraft der zu messenden Gewichtskraft das Gleichgewicht. Mit einer geeichten Federwaage ist somit eine Absolutmessung der Gewichtskraft eines Körpers möglich. Beispielsweise kann damit die Abhängigkeit der Gewichtskraft einer bestimmten Masse vom Ort festgestellt werden. Ein und dieselbe Masse dehnt die Federwaage am Äquator nicht so weit wie an den Polen, da ihre Gewichtskraft am Äquator kleiner ist als an den Polen. Die Federwaage ermöglicht aber auch die Bestimmung von Massen durch Vergleichsmessungen. Man vergleicht dabei die Gewichtskraft der zu messenden Masse mit der Gewichtskraft eines oder mehrerer Massenstücke eines geeichten Wägesatzes. Sind die Gewichtskräfte gleich, dann sind es auch die Massen.

Mit der *Hebelwaage,* deren Wirkungsweise auf dem Hebelgesetz beruht (↑ Hebel), werden ↑ *Drehmomente* und damit also bei bekannter Länge der Hebelarme Kräfte (in der Regel

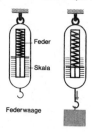

Federwaage

Abb.445

Gewichtskräfte) verglichen. Da aber Körper, die am gleichen Ort gleiche Gewichtskräfte besitzen, auch massengleich sind, kann man mit der Hebelwaage auch Massen bestimmen.

Die häufigste Form der Hebelwaage ist die gleicharmige Balkenwaage (Abb.446). Ein gleicharmiger Hebel (*Waagbalken*), an dessen Enden die

Abb.446

beiden Waagschalen hängen, ruht mit seiner Drehachse auf einer scharfen Schneide. Der Schwerpunkt des Waagebalkens muß dabei aus Stabilitätsgründen unterhalb der Drehachse liegen. Nur dann liegt ein stabiles Gleichgewicht vor, d.h. nur dann geht der Waagbalken nach einer Auslenkung aus seiner Gleichgewichtslage von selbst in diese zurück.

Als *Empfindlichkeit* der Waage bezeichnet man den Winkel, um den sich der Waagbalken bei Überbelastung einer der beiden Waagschalen mit einer Masse von 1 Milligramm dreht. Je größer dieser Winkel, um so empfindlicher ist die Waage. Die Empfindlichkeit einer Balkenwaage hängt unter anderem von der Lage des Schwerpunktes des Waagbalkens ab. Je näher der Schwerpunkt an der Drehachse liegt, um so empfindlicher ist bei sonst gleichen Verhältnissen die Waage. Mit wachsender Belastung der Waage nimmt die Empfindlichkeit der Waage ab, da dann der Schwerpunkt nach unten, d.h. von der Drehachse wegwandert.

Um die beim Wiegen auftretenden Schwingungen des Waagbalkens möglichst rasch zum Abklingen zu bringen, werden an manchen Waagen Dämpfungsvorrichtungen angebracht. Man spricht dann von einer *Dämpfungswaage.*

Zur Schonung der Schneide, auf der der Waagbalken ruht, sind die meisten Waagen mit einer *Arretierung* versehen, durch die der Waagbalken aus der Schneide gehoben wird, wenn die Waage nicht in Benutzung ist.

Zu Beginn des Wägungsvorganges muß die Waage *tariert*, d.h. im unbelasteten Zustand ins Gleichgewicht gebracht werden. Man benutzt dazu kleine Schrotkörner, den sogenannten *Tarierschrot.*

Um ungenaue Wägungen infolge ungleich langer Waagbalken zu vermeiden, wiegt man den Versuchskörper sowohl auf der rechten als auch auf der linken Waagschale. Man erhält dann zwei im allgemeinen verschiedene Werte G_l und G_r. Ihr geometrisches Mittel ist dann die tatsächliche Gewichtskraft des Versuchskörpers. Es gilt also:

$$G = \sqrt{G_l \cdot G_r}$$

Bei sehr genauen Wägungen muß darüber hinaus auch der verschieden große *Auftrieb* berücksichtigt werden, den die Wägestücke und der zu wiegende Körper in Luft erfahren.

Da die gleicharmige Balkenwaage nur einen *Vergleich* von Massen bzw. Gewichtskräften zuläßt, benötigt man einen geeichten *Wägesatz.*

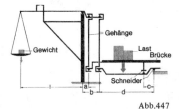

Abb.447

Bei der *ungleicharmigen Balkenwaage* (z.B. bei der *Dezimalwaage,* Abb.447) ist die Messung großer Massen bzw. großer Gewichtskräfte mit kleinen Eichmassen möglich. Bringt man beispielsweise die Wägestücke am langen Hebelarm und den zu wiegenden Körper am kürzeren Hebelarm der

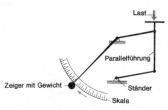

Abb.448

ungleicharmigen Balkenwaage an, so genügen zur Wägung Massenstücke, deren Masse zu der des zu wiegenden Körpers im umgekehrten Verhältnis wie die entsprechenden Hebelarme stehen. Bei der Dezimalwaage muß z.B. die Masse der Wägestücke nur den 10. Teil der Masse des zu wiegenden Körpers betragen, um die Waage ins Gleichgewicht zu bringen.

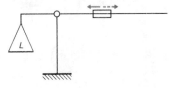

Abb.449

Ohne jeden Wägesatz kommen die *Neigungswaagen* und die *Laufgewichtswaagen* aus. Bei den *Neigungswaagen* (Abb.448) wird beim Auflegen des zu wiegenden Körpers eine Masse M schräg nach oben gehoben. Dadurch verlängert sich deren Hebelarm. Es stellt sich dann von selbst ein Gleichgewichtszustand ein, wenn die Drehmomente auf beiden Seiten der Drehachse betragsgleich sind. Laufgewichtswaagen (Abb.449) werden durch Verschieben einer Eichmasse auf einem mit einer Skala versehenen Hebelarm, wodurch sich das Drehmoment ändert, ins Gleichgewicht gebracht.

Wagnerscher Hammer, einfacher elektrischer Unterbrecher (Abb.450). In der gezeichneten Stellung des Kontakts *K*

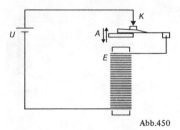

Abb.450

fließt durch den ↑ Elektromagneten *E* ein Strom, der im Eisenkern ein Magnetfeld erzeugt. Dadurch wird der an einer Blattfeder befindliche Anker *A* vom Elektromagneten angezogen.

Der Stromkreis ist damit unterbrochen und der Elektromagnet ausgeschaltet, so daß der Anker wieder in die Ausgangslage zurückschwingt. Erneut schließt er den Kontakt, der Vorgang wiederholt sich (↑ elektrische Klingel).

Wankelmotor *(Kreiskolbenmotor),* eine zur Gruppe der ↑ Verbrennungskraftmaschinen gehörende Vorrichtung zur Umwandlung von Wärmeenergie in mechanische Energie, die im wesentlichen auf dem Viertaktverfahren des ↑ Ottomotors beruht. Während jedoch beim Ottomotor zunächst die Hin- und Herbewegung eines Kolbens erzeugt wird, die dann erst mit einer Pleuelstange in eine Drehbewegung umgewandelt werden muß, entsteht beim Kreiskolbenmotor die Drehbewegung unmittelbar durch einen rotierenden Kolben. Dieser dreieckige Kolben mit nach außen gekrümmten (konvexen) Seitenflächen läuft in einem Gehäuse um, dessen Innenraum eine

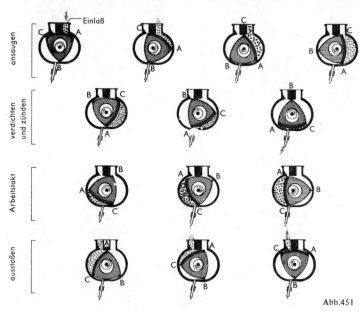

Abb.451

442

ovale, in der Mitte leicht eingeschnürte Kurve (*Epitrochoide*) als Grundriß hat. Die an den Ecken des Kolbens befindlichen Dichtkanten berühren bei der Drehung ständig die Gehäusewand, so daß sich zwischen Kolben und Gehäuse drei abgeschlossene Räume bilden, die sich im Laufe einer Kolbenumdrehung nacheinander vergrößern und verkleinern. Die Vergrößerung und Verkleinerung dieser Räume wird zum *Ansaugen* des Kraftstoff-Luft-Gemischs, zu seiner *Verdichtung* und zum *Ausstoßen* der Verbrennungsgase ausgenutzt. Gemäß Abb.451 ergeben sich für die Kammer zwischen den Ecken *A* und *C* folgende vier Takte:

1. Takt: Der Kreiskolben gibt den Einlaßkanal frei, das Kraftstoff-Luft-Gemisch strömt in die sich vergrößernde Kammer.

2. Takt: Das Volumen der Kammer verkleinert sich, das angesaugte Kraftstoff-Luft-Gemisch wird verdichtet.

3. Takt (Arbeitstakt): Das verdichtete Kraftstoff-Luft-Gemisch wird durch den elektrischen Funken einer Zündkerze gezündet; die sich ausdehnenden Verbrennungsgase treiben den Kolben an.

4. Takt: Die Verbrennungsgase werden durch den Auslaßkanal ausgeschoben. In den beiden anderen Kammern zwischen Kreiskolben und Gehäusewand spielen sich die gleichen Vorgänge mit einer Versetzung um jeweils 120° ab. Bei einer Kolbenumdrehung ergeben sich also drei Zündungen, das heißt drei Arbeitstakte.

Der Vorteil des Wankelmotors gegenüber dem Ottomotor liegt zum einen darin, daß er nur zwei bewegte Teile besitzt und zum anderen darin, daß keine hin- und hergehenden Massen ständig beschleunigt und wieder abgebremst werden müssen.

Wärme, Energieform, die eine ganz bestimmte physiologische Empfindung im menschlichen Organismus hervor-

ruft. Gemäß der kinetischen Gastheorie kann man die Wärmeenergie als kinetische Energie der Moleküle bzw. Atome eines Stoffes auffassen. Wärme(menge), Energie und Arbeit sind physikalische Größen gleicher Art, haben also sowohl die gleiche *Dimension* als auch die gleiche *SI-Einheit* Joule (J). Umrechnungen zwischen den einzelnen Energieformen, wie sie früher beispielsweise durch das mechanische Wärmeäquivalent oder das elektrische Wärmeäquivalent vorgeschrieben wurden, sind aus diesem Grunde nicht mehr erforderlich.

Wärmeäquivalent, 1) *elektrisches Wärmeäquivalent*, das Verhältnis der in Wattsekunden (Ws) bzw. ↑ Joule (J) oder in ↑ Kilowattstunden (kWh) gemessenen elektrischen Energie zu der ihr gleichwertigen in ↑ Kalorien (cal) oder Kilokalorien (kcal) gemessenen Wärmeenergie. Es gelten dabei die folgenden Umrechnungsbeziehungen:

$$1 \text{ Ws} = 1 \text{ J} = 2,39 \cdot 10^{-4} \text{ kcal}$$
$$1 \text{ kcal} = 4186,8 \text{ Ws} = 4186,8 \text{ J}$$
$$1 \text{ kWh} = 860 \text{ kcal}$$
$$1 \text{ kcal} = 1,16 \cdot 10^{-3} \text{ kWh}$$

2) *mechanisches Wärmeäquivalent*, das Verhältnis der in ↑ Kilopondmeter (kpm) oder in ↑ Joule (J) gemessenen mechanischen Energie (bzw. mechanischen Arbeit) zu der ihr gleichwertigen in ↑ Kalorien (cal) oder Kilokalorien (kcal) gemessenen Wärmeenergie. Es gelten dabei die folgenden Umrechnungsbeziehungen:

$$1 \text{ kpm} = 2,34 \cdot 10^{-3} \text{ kcal}$$
$$1 \text{ kcal} = 427 \text{ kpm}$$
$$1 \text{ J} = 2,39 \cdot 10^{-4} \text{ kcal}$$
$$1 \text{ kcal} = 4186,8 \text{ J}$$

Da man heute im Internationalen Einheitensystem *(Système International d'Unités)* sowohl die mechanische Energie (bzw. mechanische Arbeit) und die elektrische Energie als auch die Wärme(energie) in *Joule* mißt, erübrigt sich die durch das mechanische Wärmeäquivalent angegebene Umrechnungsbeziehung zwischen mechanischen und thermischen Größen.

Wärmeausdehnung, die durch Temperaturerhöhung bewirkte Volumenvergrößerung eines Körpers. Die meisten Körper dehnen sich beim Erwärmen mit großer Kraft aus und ziehen sich beim Abkühlen im gleichen Maße zusammen.

1) *Wärmeausdehnung fester Körper*
Bei *stabförmigen* festen Körpern (Drähte, Rohre, Schienen) ist in erster Linie die *Längenausdehnung* von Interesse, weniger die Volumenvergrößerung. Ist l_0 die Länge eines stabförmigen Körpers bei $0°C$, dann gilt für die Längenänderung Δl, die er beim Erwärmen auf die Temperatur ϑ erfährt:

$$\Delta l = \alpha l_0 \vartheta$$

Die Größe α heißt *linearer Ausdehnungskoeffizient (Längenausdehnungszahl)*. Der lineare Ausdehnungskoeffizient hat die Einheit $1/K$ und gibt an, um welchen Bruchteil seiner Länge bei $0°C$ sich ein stabförmiger Körper bei einer Temperaturerhöhung von $1\ K = 1°C$ verlängert. Er ist eine Materialkonstante, hängt jedoch (zumindest im Prinzip) von Temperatur und Druck ab. Über seine Größe bei einigen wichtigen Stoffen gibt die folgende Tabelle Auskunft:

Stoff	linearer Ausdehnungskoeffizient in $1/K$
Aluminium	0,000024
Blei	0,000028
Glas	0,000009
Invar	0,000002
Kupfer	0,000017
Platin	0,000009
Porzellan	0,000003
Quecksilber	0,000061
Zink	0,000027

Für die Länge l_ϑ, die der stabförmige Körper bei der Temperatur ϑ besitzt, gilt:

$$l_\vartheta = l_0 + \Delta l = l_0 + \alpha l_0 \vartheta = l_0 (1 + \alpha \vartheta)$$

Entsprechend gilt für das Volumen V_ϑ eines Körpers bei der Temperatur ϑ:

$$V_\vartheta = V_0 (1 + \gamma \vartheta)$$

Hierin ist V_0 das Volumen des Körpers bei $0°C$, ϑ seine Temperatur und γ der *kubische Ausdehnungskoeffizient (Raumausdehnungszahl)*. Der kubische Ausdehnungskoeffizient wird gemessen in $1/K$ und gibt an, um welchen Bruchteil seines Volumens bei $0°C$ sich das Volumen eines Körpers vergrößert, wenn die Temperatur um $1\ K\ (= 1°C)$ erhöht wird. Der kubische Ausdehnungskoeffizient eines Stoffes ist nahezu gleich dem dreifachen seines linearen Ausdehnungskoeffizienten. Es gilt also:

$$\gamma \approx 3\alpha$$

2) *Wärmeausdehnung flüssiger Körper*
Bei flüssigen Körpern ist naturgemäß nur die räumliche Wärmeausdehnung von Interesse. Es gilt dabei die gleiche Beziehung wie bei festen Körpern:

$$V_\vartheta = V_0 (1 + \gamma \vartheta)$$

Der kubische Ausdehnungskoeffizient γ ist bei flüssigen Körpern im allgemeinen sehr viel größer als bei festen, wie aus der folgenden Tabelle hervorgeht:

Stoff	kubischer Ausdehnungskoeffizient in $1/K$
Alkohol	0,00110
Äther	0,00162
Benzin	0,00100
Glyzerin	0,00050
Maschinenöl	0,00076
Petroleum	0,00092
Quecksilber	0,00018
Wasser (bei $18°C$)	0,00018

3) *Wärmeausdehnung gasförmiger Stoffe*

Bei gleichbleibendem Druck dehnen sich alle Gase beim Erwärmen um 1 K (= 1°C) um den 273. Teil ihres Volumens bei 0°C aus. Für das Volumen V_ϑ eines Gases bei der Temperatur ϑ gilt somit, vorausgesetzt, daß der Druck beim Erwärmen konstant bleibt:

$$V_\vartheta = V_0 \left(1 + \frac{1}{273}\vartheta \right)$$

(↑ Gay-Lussacsches Gesetz).

Wärmeenergiemaschinen, Vorrichtungen zur Umwandlung von Wärmeenergie in mechanische Energie. Als *Wirkungsgrad* η einer Wärmeenergiemaschine bezeichnet man dabei den Quotienten aus der von der Maschine abgegebenen mechanischen Energie (W_{ab}) und der ihr zugeführten Wärmeenergie (W_{zu}):

$$\eta = \frac{W_{ab}}{W_{zu}}$$

Dieser Quotient ist stets kleiner als 1. Oft wird der Wirkungsgrad auch in Prozent angegeben. Es ist dann:

$$\eta = \frac{W_{ab}}{W_{zu}} \cdot 100\,\%$$

Je nach Art der Energiezufuhr unterteilt man die Wärmeenergiemaschinen in zwei Gruppen, die *Dampfmaschinen* und die *Verbrennungskraftmaschinen.* Bei den *Dampfmaschinen* wird der Brennstoff, d.h. der Energieträger (z.B. Kohle, Öl oder Gas) außerhalb der eigentlichen Maschine in einer Kesselanlage verbrannt. Mit der dabei freiwerdenden Wärmeenergie wird heißer Wasserdampf hohen Druckes erzeugt, den man über Rohrleitungen der Dampfmaschine zuführt. Dort wird dann ein Teil der im Wasserdampf enthaltenen Wärmeenergie in mechanische Energie umgewandelt, indem man den hochgespannten Dampf entweder in einen Zylinder leitet, wo er einen Kolben hin und her bewegt (↑ Kolbendampfmaschine) oder indem man ihn aus einer engen Düse mit großer Geschwindigkeit auf ein Schaufelrad strömen läßt, wobei dieses in Bewegung gerät (↑ Dampfturbine).

Bei den *Verbrennungskraftmaschinen* erfolgt die Verbrennung des Betriebsstoffes (z.B. Benzin, Öl oder Gas) und damit die Freisetzung der Wärmeenergie unmittelbar in der Maschine selbst, d.h. entweder im *Zylinder* eines *Kolbenmotors* (↑ Ottomotor, ↑ Dieselmotor), in der *Brennkammer* einer *Turbine* (↑ Gasturbine) oder in der *Brennkammer* eines *Strahltriebwerkes.*

Je nach Art der primär erzeugten Bewegungsart unterscheidet man bei Wärmeenergiemaschinen zwischen *Kolbenmaschinen, Turbinen* und *Strahltriebwerken.*

Bei den *Kolbenmaschinen* ergibt sich zunächst eine Hin- und Herbewegung eines Kolbens in einem Zylinder, die über eine Pleuelstange und ein Schwungrad in eine Drehbewegung umgewandelt werden kann.

Bei den *Turbinen* wird ohne Umweg unmittelbar eine Drehbewegung erzeugt.

Bei den *Strahltriebwerken* wird durch den Rückstoß der mit hoher Geschwindigkeit austretenden Verbrennungsgase die gesamte Maschine in eine geradlinige Bewegung versetzt.

Der *Wirkungsgrad* der einzelnen Wärmeenergiemaschinen ist sehr unterschiedlich. Er reicht von etwa 15 % bei Kolbendampfmaschinen bis zu etwa 40 % bei Dieselmotoren. Der Wirkungsgrad ist prinzipiell begrenzt, sein theoretisch größtmöglicher Wert hängt von den beim Prozeß auftretenden Temperaturen ab (Temperatur des Dampfes bzw. des verbrannten Gases T_1 und Temperatur der Umgebung T_0):

$$\eta_{max} = \frac{T_1 - T_0}{T_1}\ .$$

Wärmekapazität, Formelzeichen C, Quotient aus der einem Körper zugeführten Wärmemenge ΔQ und der dadurch hervorgerufenen Temperaturerhöhung $\Delta\vartheta$:

$$C = \frac{\Delta Q}{\Delta\vartheta}$$

SI-Einheit der Wärmekapazität ist 1 Joule durch Kelvin (1 J/K).

Festlegung: 1 J/K ist gleich der Wärmekapazität eines Körpers, bei dem eine Wärmeenergiezufuhr von 1 J eine Temperaturerhöhung von 1 K (= 1°C) bewirkt (↑ Artwärme).

Wärmeleitung, diejenige Art der Wärmeübertragung, bei der die Wärmeenergie nur zwischen unmittelbar benachbarten Teilchen (Molekülen) in festen oder unbewegten flüssigen und gasförmigen Stoffen übergeht. Die Moleküle an den wärmeren Orten übertragen dabei ihre höhere Geschwindigkeit durch Stöße auf die sich langsamer bewegenden Nachbarmoleküle an den kälteren Stellen.
Wärmeleitung liegt beispielsweise vor, wenn man einen Metallstab mit einem Ende in die Flamme eines Bunsenbrenners hält. Nach kurzer Zeit wird auch das andere Ende so heiß, daß man es nicht mehr in der Hand halten kann. Macht man denselben Versuch mit einem Holzstab, so stellt man fest, daß dabei die Wärme nur sehr langsam vom heißen Ende auf das kalte übertragen wird. Man sagt: Holz ist ein schlechterer Wärmeleiter als Metall. *Gute Wärmeleiter* sind alle Metalle. *Schlechte Wärmeleiter* sind Holz, Glas, Porzellan, Steingut, Textilien, Schnee, Wasser und Luft.
Ein Maß für die Wärmeleitfähigkeit eines Stoffes ist die *Wärmeleitzahl (spezifisches Wärmeleitvermögen).* Diese Stoffkonstante wird gemessen in ↑ Watt durch Meter mal ↑ Kelvin (W/(m · K)). Ein Stoff hat die Wärmeleitzahl 1 W/(m · K), wenn von einer Seitenfläche eines aus diesem Stoffe

bestehenden Würfels von 1 m Kantenlänge zur gegenüberliegenden Seite bei einer zwischen ihnen bestehenden Temperaturdifferenz von 1 Kelvin in 1 Sekunde eine Wärmemenge von 1 ↑ Joule fließt.
In der folgenden Tabelle sind die Wärmeleitzahlen einiger Stoffe bei 0°C angegeben:

Stoff		Wärmeleitzahl in $\frac{W}{m \cdot K}$
Kohlendioxid		0,016
Luft		0,026
Glaswolle		0,035
Wasser		0,23
Hartgummi		0,15
Holz	um	0,1
Glas	um	1,0
Mauerwerk	um	1,0
Eis		2,2
Blei		35
Eisen		59
Messing		112
Aluminium		238
Gold		314
Kupfer		398
Silber		418

Wärmestrahlung, diejenige Art der Wärmeübertragung, bei der der Wärmetransport ohne Vermittlung irgendeines anderen Stoffes erfolgt. Die Wärmestrahlung stellt eine *elektromagnetische Strahlung* dar, deren Wellenlänge größer als die des sichtbaren Lichts ist. Da sie aber im ↑ Spektrum unmittelbar auf das noch sichtbare rote Licht folgt, bezeichnet man sie als *Infrarotstrahlung.* Die Wärmestrahlen gehorchen denselben Gesetzen wie die Lichtstrahlen und treten oft auch mit ihnen zusammen auf. Wie die Lichtstrahlen werden sie von spiegelnden oder hellen Körpern reflektiert, von schwarzen Körpern dagegen absorbiert. Aus diesem Grunde erwärmen sich schwarze Körper unter dem Einfluß von Wärmestrahlen rascher und stärker. Die Emission und Absorption von Wärmestrahlung werden durch die ↑ Strahlungsgesetze beschrieben.

Mit Hilfe von Hohlspiegeln können Wärmestrahlen gebündelt werden. Diese Erscheinung wird beispielsweise bei der Heizsonne ausgenutzt. Ein weiteres Beispiel für die Wärmestrahlung ist die durch den leeren Raum erfolgende Wärmeübertragung von der Sonne zur Erde.

Wärmeströmung *(Konvektion),* diejenige Art der Wärmeübertragung, bei der der Wärmetransport durch strömende Flüssigkeiten oder Gase erfolgt. Ein Beispiel für die Wärmeübertragung durch Wärmeströmung ist die Warmwasserheizung. Bei ihr wird die bei der Verbrennung von Kohle oder Öl gewonnene Wärmeenergie zunächst durch ↑ Wärmeleitung auf das im Kessel befindliche Wasser übertragen. Wegen seiner geringeren Dichte steigt das erwärmte Wasser nach oben und führt die aufgenommene Wärmeenergie mit sich bis zum Heizkörper, wobei oft auch eine Pumpe diese Wasserströmung unterstützt. Am Heizkörper erfolgt dann zunächst durch Wärmeleitung die Übertragung der Wärmeenergie vom Wasser auf die unmittelbar benachbarten Luftschichten. Der weitere Transport der Wärme an die übrigen Orte des Raumes geht wieder durch Wärmeströmung vor sich, da durch das Aufsteigen der warmen Luft über dem Heizkörper und das Nachströmen kalter Luft eine ständige Luftzirkulation in dem beheizten Raum zustandekommt. Auf der Konvektion beruht auch, daß eine offene Flamme ständig unverbrauchte (kühle) Luft von unten nachgeliefert bekommt, während die verbrannten (heißen) Gase nach oben entweichen.

Wärmeübertragung, Bezeichnung für alle Vorgänge, bei denen Wärmeenergie von einem Ort des Raumes zu einem anderen übergeht. Die Wärmeübertragung kann durch ↑ Wärmeleitung, ↑ Wärmeströmung, ↑ Wärmestrahlung oder eine Kombination dieser drei Wärmeübertragungsarten erfolgen.

Wasserkraftmaschine, Vorrichtung, mit deren Hilfe die ↑ kinetische Energie von fließendem Wasser bzw. die

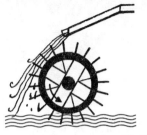

Abb.452

↑ potentielle Energie von aufgestautem Wasser zum Antrieb von Arbeitsmaschinen, elektrischen Generatoren und dergleichen ausgenutzt werden kann. Die einfachste Art der Wasserkraftmaschinen stellen die *Wasserräder* dar. Man unterscheidet dabei zwischen *oberschlächtigen Wasserrädern* und *unterschlächtigen Wasserrädern.*
Ein *oberschlächtiges Wasserrad* (Abb.452) wird stets dann verwendet, wenn ein Wassergefälle zur Verfügung steht. Es trägt auf seinem Radkranz zahlreiche Kammern, in die das Wasser von oben her einströmt. Durch die Gewichtskraft des Wassers wird das Rad dabei in Drehung versetzt. Das oberschlächtige Wasserrad nutzt also die *Lageenergie (potentielle Energie)* des angestauten Wassers aus.

Abb.453

Steht kein großes Gefälle, jedoch ein rasch strömender Wasserlauf zur Verfügung, dann verwendet man das *unterschlächtige Wasserrad* (Abb.453). Sein

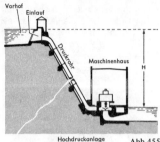

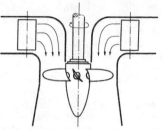

Hochdruckanlage Abb.455

Abb.456

Radkranz ist mit zahlreichen Schaufeln versehen, die von oben in den Wasserlauf eintauchen. Durch das strömende Wasser werden die eintauchenden Schaufeln in Stromrichtung weggedrückt, wodurch das Rad in Drehung versetzt wird. Unterschlächtige Wasserräder nutzen also die *Bewegungsenergie (kinetische Energie)* des fließenden Wassers aus.

Die technische Weiterentwicklung der Wasserräder stellen die *Wasserturbinen* dar. Zu den gebräuchlichsten Wasserturbinen gehören die *Peltonturbine (Freistrahlturbine)* und die *Kaplanturbine.*

Die Wirkungsweise der Peltonturbine ähnelt der des unterschlächtigen Wasserrades, nur tauchen bei ihr die

Schaufeln nicht ins Wasser ein, sondern werden von einem Wasserstrahl tangential angeströmt und dadurch in Bewegung versetzt (Abb.454). Pelton-

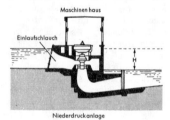

Niederdruckanlage

Abb.457

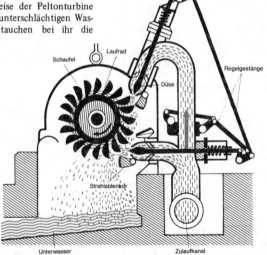

Abb. 454

448

turbinen werden in der Regel dort verwendet, wo ein großes Gefälle zur Verfügung steht (Abb.455).

Die *Kaplanturbine* (Abb.456) beruht auf der Wirkungsweise der Schiffsschraube. Während diese jedoch durch ihre Drehung einen Wasserstrom hervorruft und dadurch das Schiff vorwärtstreibt, bewirkt bei der Kaplanturbine umgekehrt ein Wasserstrom die Bewegung eines schiffsschraubenförmigen Flügelrades. Dieses ist um eine senkrechte Achse drehbar gelagert und befindet sich in einem Kanal mit kreisförmigem Querschnitt, der von oben nach unten vom Wasser durchflossen wird. Kaplanturbinen werden dort verwendet, wo zwar nur geringes Gefälle, jedoch eine große Wassermenge zur Verfügung steht (Abb. 457).

Wasserstoffspektrum, die Gesamtheit der Spektrallinien, die aus dem Linienspektrum des Wasserstoffatoms, den zugehörigen Seriengrenzkontinua und aus den Linien des Bandenspektrums der Wasserstoffmoleküle besteht. Das Linienspektrum des Wasserstoffatoms läßt sich mit Hilfe des Bohrschen Atommodells (↑ Atommodelle) deuten und berechnen. Das auf einer Kreisbahn den Kern umlaufende Elektron bewegt sich im Coulombfeld des Kerns. Die Zentrifugalkraft muß gleich der Coulombkraft sein:

$$m r \omega^2 = \frac{1}{4\pi\epsilon_0} \cdot \frac{e^2}{r^2}$$

(m Elektronenmasse, r Bahnradius, ω Winkelgeschwindigkeit, ϵ_0 Dielektrizitätskonstante, e die Elementarladung). Mit dem *1. Bohrschen Postulat* erhält man daraus (nach Elimination von ω) einen Rechenausdruck für den Radius der n-ten Bohrschen Bahn:

$$r_n = \frac{h^2 \cdot \epsilon_0}{\pi \cdot e^2 \cdot m} \cdot n^2$$

(h Plancksches Wirkungsquantum).
Für $n = 1$ ergibt sich der Radius der ersten Bohrschen Bahn zu $r =$

$0,529 \cdot 10^{-8}$ cm in guter Übereinstimmung mit anders ermittelten Werten. Die Radien der angeregten Bahnen verhalten sich wie die Quadrate der zugehörigen Quantenzahlen n:

$$r_1 : r_2 : r_3 : \ldots = 1^2 : 2^2 : 3^2 : \ldots$$

Für die kinetische bzw. potentielle Energie des in der n-ten Bahn umlaufenden Elektrons gilt:

$$W_{\mathrm{kin}_n} = \frac{1}{2} m \omega^2 r_n^2 = \frac{e^2}{8\pi \cdot \epsilon_0 \cdot r_n}$$

$$W_{\mathrm{pot}_n} = -\frac{e^2}{4\pi \cdot \epsilon_0 \cdot r_n}$$

Die Gesamtenergie W_n ist somit

$$W_n = -\frac{e^2}{8\pi \cdot \epsilon_0 \cdot r_n} = -\frac{1}{n^2} \cdot \frac{e^4 \cdot m}{8 \cdot \epsilon_0^2 \cdot h^2}$$

Setzt man der Reihe nach $n = 1, 2, 3, \ldots$, so erhält man die einzelnen Energiestufen. Nach dem *2. Bohrschen Postulat* hat die beim Übergang vom m-ten in den n-ten ($m > n$) Zustand ausgesandte Strahlung die Frequenz

$$f = \frac{W_m - W_n}{h} = \frac{e^4 \cdot m}{8\epsilon_0^2 \cdot h^3} \left(\frac{1}{n^2} - \frac{1}{m^2} \right)$$

In der Spektroskopie gibt man i.a. die Wellenzahl $\tilde{\nu} = 1/\lambda$ (λ Wellenlänge, $\lambda \cdot f = c$) an. Man erhält:

$$\tilde{\nu} = \frac{e^4 \cdot m}{8\epsilon_0^2 \cdot h^3 \cdot c} \cdot \left(\frac{1}{n^2} - \frac{1}{m^2} \right)$$

Der Ausdruck vor der Klammer ist die sog. Rydbergkonstante R_∞. Genauere Rechnungen ergeben, daß die (etwas kleinere) Rydbergkonstante des Wasserstoffs R_H einzusetzen ist; mit ihr ergibt sich:

$$\tilde{\nu} = R_H \cdot \left(\frac{1}{n^2} - \frac{1}{m^2} \right)$$

Diese Formel heißt *Serienformel*. Bei festem n und laufendem m ($m > n$)

liefert sie die einzelnen Serien des Wasserstoffspektrums. (↑ Spektralserien). Insbesondere erhält man für $m \to \infty$ die Wellenzahl der sog. *Seriengrenze:*

$$\bar{\nu} = R \cdot \frac{1}{n^2}$$

Balmer war bereits empirisch auf diese Formel gestoßen.
Die folgende Abb. 458 zeigt das Termschema (↑ Term) des Wasserstoffatoms. Die einzelnen Terme repräsen-

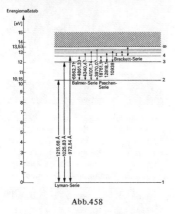

Abb.458

tieren die Energiezustände, die zu der danebengesetzten Quantenzahl n gehören. Die einzelnen Spektralserien sind veranschaulicht durch eine Folge von Pfeilen, die alle für eine Serie bei ein und demselben Term enden.

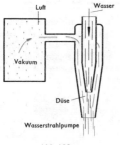

Abb.459

Wasserstrahlpumpe, einfache Vorrichtung zur Erzeugung eines luftverdünnten Raumes (↑ Vakuum). Bei der Wasserstrahlpumpe strömt ein Wasserstrahl mit großer Geschwindigkeit aus einer Düse in ein erweitertes Rohr, das mit einem Stutzen an das zu evakuierende Gefäß angeschlossen ist. Der Wasserstrahl reißt die in der Leitung befindliche Luft (bzw. das Gas) mit, so daß am Stutzen schließlich ein Enddruck (Vakuumdruck) von ca. 10 Torr herrscht (Abb.459).

Wasserwaage (Setzwaage), Gerät, mit dem überprüft werden kann, ob eine ebene Fläche waagrecht bzw. senkrecht verläuft. Dabei wird die Erscheinung ausgenutzt, daß eine in einer Flüssigkeit eingeschlossene Luftblase stets die höchstmögliche Lage einnimmt. Bei der Wasserwaage ist eine sogenannte *Libelle*, d. i. ein kleiner durchsichtiger Flüssigkeitsbehälter, in dem sich außer der Flüssigkeit eine kleine Luftblase befindet, in eine Metall- oder Holzschiene eingelassen. Befindet sich diese Schiene in waagrechter bzw. senkrechter Lage, dann steht die Luftblase genau in der Mitte des Röhrchens.

Watt (W), SI-Einheit der ↑ Leistung.
Festlegung: 1 Watt (W) ist gleich der Leistung, bei der während der Zeit 1 Sekunde (s) die Energie 1 ↑ Joule (J) umgesetzt wird:

$$1 \text{ W} = 1 \, \frac{\text{J}}{\text{s}} = 1 \, \frac{\text{N} \cdot \text{m}}{\text{s}}$$

Wattmeter, Gerät zur Messung von elektrischen Leistungen von Gleich- und Wechselströmen. Es besteht aus zwei stromdurchflossenen Spulen, der festen *Stromspule* und der beweglichen *Spannungsspule* (Abb. 460). Liegt die Stromspule in Reihe, die Spannungsspule parallel zum Verbraucher, dessen Leistung gemessen werden soll, so fließt durch die Spannungsspule ein Strom, der proportional zur angelegten Spannung U ist. Durch die Stromspule

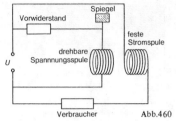

Abb.460

fließt ein Strom I, der gleich dem Verbraucherstrom ist. Auf die Spannungsspule wirkt ein Drehmoment, das dem Produkt aus U und I proportional ist. Der Ausschlag des Lichtzeigers an der Spannungsspule ist deshalb der elektrischen Leistung proportional. Da die Richtung des Ausschlags von der Stromrichtung unabhängig ist, ist das Gerät für Gleich- und Wechselstrom geeignet. Tritt zwischen Wechselstrom und Wechselspannung eine Phasenverschiebung φ auf, so zeigt das Gerät die ↑ Wirkleistung $P = U_{eff} \cdot I_{eff} \cdot \cos \varphi$ an.

Wechselspannung *(elektrische)*, elektrische ↑ Spannung, deren Betrag oder Vorzeichen sich zeitlich und periodisch ändert.
Meist gilt:

$$U(t) = U_0 \cdot \sin \omega t$$

mit konstanter ↑ Kreisfrequenz ω. $\omega \cdot t$ heißt ↑ *Phase(nwinkel)* und wird mit $\varphi = \omega \cdot t$ bezeichnet. Um sie von der ↑ Gleichspannung zu unterscheiden, verwendet man für die Wechselspannung das Symbol $U_{\sim}$.
Die graphische Darstellung der sinusförmigen (harmonischen) Wechselspannung $U = U_0 \sin \omega t$ zeigt Abb. 461. Zu jedem Zeitpunkt t hat die Wechselspannung einen bestimmten Wert, den *Momentanwert*. Innerhalb einer ↑ Periodendauer τ sind alle Momentanwerte voneinander verschieden. Der größte Momentanwert heißt *Scheitelwert* und wird mit U_0 bezeichnet.
Unter dem *Effektivwert einer Wechselspannung*, der *effektiven Spannung*

(Effektivspannung) U_{eff} versteht man diejenige Spannung, die eine ↑ Gleichspannung haben müßte, um im selben ↑ Widerstand die gleiche ↑ Leistung umzusetzen wie (gemittelt über ein gewisses Zeitintervall) die entsprechende Wechselspannung. Für eine sinusförmige Wechselspannung gilt:

$$U_{eff} = \frac{U_0}{\sqrt{2}} \approx 0{,}707 \cdot U_0$$

(↑ Zeigerdiagramm).

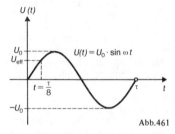

Abb.461

Wechselstrom *(elektrischer)*, elektrischer ↑ Strom, dessen Stärke oder Richtung sich zeitlich und periodisch ändert.
Meist ist

$$I(t) = I_0 \cdot \sin \omega t$$

mit konstanter ↑ Kreisfrequenz ω. ωt heißt *Phase(nwinkel)* und wird mit $\varphi = \omega t$ bezeichnet. Um ihn vom ↑ Gleichstrom zu unterscheiden, verwendet man für den Wechselstrom das Symbol $I_{\sim}$.
Die graphische Darstellung des sinusförmigen Wechselstromes ist analog der entsprechenden ↑ Wechselspannung. *Momentanwert, Scheitelwert* und *Effektivwert* entsprechen denen bei der ↑ Wechselspannung. Entsprechend gilt für den sinusförmigen Wechselstrom:

$$I_{eff} = \frac{I_0}{\sqrt{2}} \approx 0{,}707 \cdot I_0$$

(↑ Zeigerdiagramm).

Wechselstromwiderstand Formelzeichen $\mathfrak{Z}$, das komplexe Verhältnis aus komplexer ↑ Wechselspannung $\mathfrak{U}$ und komplexem ↑ Wechselstrom $\mathfrak{J}$

$$\mathfrak{Z} = \frac{\mathfrak{U}}{\mathfrak{J}}$$

Es gilt:

$$\mathfrak{Z} = R_\Omega + i\omega L - \frac{1}{i\omega C} = X + iY$$

(R_Ω ohmscher Widerstand, L Induktivität, C Kapazität, ω Kreisfrequenz). X heißt *reelle* und Y *imaginäre Komponente* von $\mathfrak{Z}$. Als ↑ *Zeigerdiagramm* bezeichnet man die Darstellung von $\mathfrak{Z}$ in der *Gaußschen Zahlenebene* (Abb. 462; manchmal auch Vektordarstellung genannt, komplexe Zahlen sind jedoch keine Vektoren im physikalischen Sinn):
Der Winkel φ gibt die ↑ Phasenverschiebung zwischen Wechselspannung und Wechselstrom wieder.

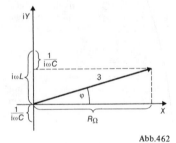

Abb. 462

Man bezeichnet als *Scheinwiderstand* oder *Impedanz* den absoluten Betrag $Z = |\mathfrak{Z}|$, als *Wirkwiderstand* oder *Resistanz* die reelle Komponente X von $\mathfrak{Z}$ und als *Blindwiderstand* oder *Reaktanz* die imaginäre Komponente Y von $\mathfrak{Z}$.
Es gelten folgende Beziehungen:

$$Z = |\mathfrak{Z}| = \sqrt{X^2 + Y^2}$$
$$X = |\mathfrak{Z}| \cdot \cos\varphi = R_\Omega$$

$$Y = |\mathfrak{Z}| \cdot \sin\varphi = \omega L - \frac{1}{\omega C}$$
$$\mathfrak{Z} = |\mathfrak{Z}| e^{i\varphi} = |\mathfrak{Z}| \cdot (\cos\varphi + i \cdot \sin\varphi)$$

Bei sinusförmiger Wechselspannung und ebensolchem Wechselstrom gilt:

$$|\mathfrak{Z}| = \frac{U_{eff}}{I_{eff}} = \frac{U_0}{I_0}$$

(U_{eff}, I_{eff} Effektivwerte der Wechselspannung bzw. des Wechselstoms, U_0, I_0 Scheitelwerte der Wechselspannung bzw. des Wechselstroms).

Wechselwirkung, allgemeine Bezeichnung für die gegenseitige Beeinflussung physikalischer Objekte (insbesondere ↑ Elementarteilchen). Der Begriff umfaßt die gegenseitige Beeinflussung elektrischer und magnetischer Felder, sowie die Beeinflussung geladener Teilchen in elektrischen oder magnetischen Feldern. Man beschreibt allgemein die Wechselwirkungen durch den *Austausch* bestimmter (virtueller) Elementarteilchen bzw. Quanten.

Weg-Zeit-Gesetz, Bezeichnung für den gesetzmäßigen Zusammenhang zwischen dem von einem Körper (Massenpunkt) zurückgelegten Weg s und der dazu erforderlichen Zeit t. Für den freien ↑ Fall gilt ein Weg-Zeit-Gesetz der folgenden Form:

$$s = \frac{g}{2} t^2$$

(g Fallbeschleunigung). Die graphische Darstellung eines Weg-Zeit-Gesetzes in einem Achsenkreuz wird als *Weg-Zeit-Diagramm* bezeichnet.

Weicheisenkern, Eisenstück mit geringer Koerzitivkraft (↑ Hysteresisschleife), das zur Verstärkung der magnetischen Induktion das Innere eines Elektromagneten ausfüllt.

Weitsichtigkeit *(Übersichtigkeit),* Fehlverhalten des menschlichen ↑ Auges. Normalerweise liegt der Brennpunkt des entspannten, also nicht akkommodierten Auges auf der Netzhaut; parallel zueinander einfallende Strahlen schneiden sich dann auf der Netzhaut. Beim weitsichtigen (übersichtigen) Auge dagegen liegt der Brennpunkt des nicht akkommodierten Auges *hinter* der Netzhaut. Die Brennweite ist also zu groß. Durch Vorsetzen einer Sammellinse kann die Brennweite verkleinert, die Weitsichtigkeit damit also behoben werden.

Welle, räumlich und zeitlich periodischer Vorgang, bei dem Energie transportiert wird, ohne daß gleichzeitig auch ein Massetransport stattfindet. Die transportierte Energie wechselt dabei periodisch ihre Form. Wellenvorgänge spielen in vielen Gebieten der Physik eine bedeutende Rolle (z.B. *Schallwellen, elektromagnetische Wellen, Erdbebenwellen* usw.). Die wichtigsten Definitionen und Gesetzmäßigkeiten bei Wellenvorgängen sollen im folgenden am anschaulichen Beispiel *mechanischer* Wellen klargemacht werden.

A. Entstehung von Wellen

Eine Anzahl gleichlanger nebeneinanderhängender Fadenpendel seien gemäß Abb. 463 durch Spiralfedern mit-

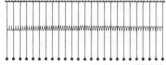

Abb.463

einander verbunden (gekoppelt). Versetzt man das 1. Pendel senkrecht zur Verbindungslinie der einzelnen Pendel in ↑ Schwingung, so ist zu beobachten, daß nacheinander alle Pendel zu schwingen beginnen. Die Schwingungen des ersten Pendels pflanzen sich mit endlicher Geschwindigkeit durch die Pendelreihe fort. Verschiedene Momentaufnahmen dieses Vorganges zeigt die Abb. 464 und zwar in Draufsicht auf die Pendelreihe.

Abb.464

Es ergibt sich eine räumliche Schwingungsbewegung, die zu jedem Zeitpunkt ein anderes Bild hat und als Ganzes starr nach rechts wandert. Jedes einzelne Pendel führt eine *zeitlich* periodische Bewegung durch. Betrachtet man dagegen zu einem *festen Zeitpunkt* die Gesamtheit aller Pendel, so ergibt sich eine *räumlich* periodische Verteilung der Schwingungszustände.

Betrachten wir nun alle Pendel zu allen Zeitpunkten, so stellen wir einen *zeitlich und räumlich* periodischen Vorgang fest, der als Welle bezeichnet wird. Jedes Pendel schwingt dabei um seine feststehende Ruhelage. Was sich fortpflanzt, ist allein der Schwingungszustand und damit die Energie, die im periodischen Wechsel als kinetische und potentielle Energie vorliegt. Zur Entstehung einer Welle ist also eine Anzahl schwingungsfähiger Gebilde erforderlich, die irgendwie miteinander gekoppelt sind. Ein solches System wird als *Ausbreitungsmedium* der Welle bezeichnet.

Verbindet man zu einem bestimmten Zeitpunkt alle Pendel durch einen Kurvenzug, so erhält man die Abb. 465. Sie wird als graphische Darstellung des Wellenvorganges verwendet. Auf der waagrechten Achse ist dabei die Entfernung von einem beliebigen Aufpunkt (im allgemeinen vom Wellenzentrum) aufgetragen, auf der senk-

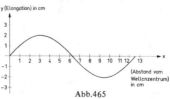

Abb.465

rechten Achse die ↑ *Elongation* der schwingenden Pendel. Die Abb. 465 zeigt also die Elongation in Abhängigkeit vom Ort zu einem ganz bestimmten, festen Zeitpunkt.

Die Orte einer Welle, an denen die Elongation positiv ist, heißen *Wellenberge*, diejenigen, an denen sie negativ ist, heißen *Wellentäler*. Den Ausgangspunkt einer Welle bezeichnet man als *Erregungszentrum oder Wellenzentrum*.

B. Grundlegende Begriffe

1. *Wellenlänge*, Formelzeichen λ: Abstand zweier aufeinanderfolgender Punkte einer Welle, die sich im gleichen Schwingungszustand befinden (Abb. 466).

2. *Wellenzahl*, Formelzeichen $\bar{v}$: reziproker Wert der Wellenlänge. Die Wellenzahl gibt an, wieviele ganze Wellen in der Längeneinheit enthalten sind.

3. *Frequenz*, Formelzeichen f: ↑ Frequenz der schwingenden Teilchen des Ausbreitungsmediums.

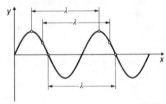

Abb.466

4. *Fortpflanzungsgeschwindigkeit*, Formelzeichen v: die Geschwindigkeit, mit der sich die vom Wellenzentrum ausgehende Erregung im Ausbreitungsmedium fortpflanzt. Sie ist gleichbedeutend mit der Geschwindigkeit, mit der sich eine bestimmte Schwingungsphase fortpflanzt. Man spricht deshalb auch von der *Phasengeschwindigkeit*. Die Fortpflanzungsgeschwindigkeit hängt im allgemeinen nur von der Beschaffenheit des Ausbreitungsmediums ab. In einigen Fällen ist sie allerdings auch von der Wellenlänge

abhängig. Man spricht dann von einer *Dispersion*.

Wenn das Teilchen im Wellenzentrum eine volle Schwingung ausgeführt hat, dann hat sich die Welle gerade um eine Wellenlänge, also um die Strecke λ ausgebreitet. Hat das Teilchen im Wellenzentrum n Schwingungen ausgeführt, dann ist die Welle um $n \cdot \lambda$ weitergewandert. Schwingt das Teilchen im Wellenzentrum mit der Frequenz f, werden also f Schwingungen pro Sekunde ausgeführt, so breitet sich die Welle in einer Sekunde um die Strecke $f \cdot \lambda$ aus. Diese Strecke ist aber zahlenmäßig gleich der Fortpflanzungsgeschwindigkeit v. Zwischen der Frequenz f, der Wellenlänge λ und der Ausbreitungsgeschwindigkeit v ergibt sich also die Beziehung:

$$v = f \cdot \lambda$$

oder unter Verwendung der Beziehung $f = 1/T$ (T Schwingungsdauer):

$$v = \frac{\lambda}{T}$$

5. *Amplitude*, Formelzeichen A: ↑ Amplitude der schwingenden Teilchen des Ausbreitungsmediums.

C. Wellenarten

Bei dem in Abschnitt *A* angeführten Versuch schwingen die einzelnen Teilchen (Pendel) *senkrecht* zur Fortpflanzungsrichtung. Eine solche Welle heißt *Transversalwelle* oder *Querwelle*. Verläuft dagegen die Schwingungs-

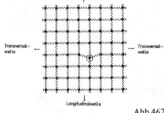

Abb.467

richtung parallel zur Ausbreitungsrichtung, dann liegt eine *Longitudinalwelle* oder *Längswelle* vor.

In Abb. 467 ist noch einmal die Entstehung von Transversal- und Longitudinalwellen an Hand eines Systems miteinander gekoppelter Federpendel gezeigt. Man erkennt deutlich, daß bei einer Transversalwelle Wellenberg und Wellental, bei einer Longitudinalwelle Verdichtung und Verdünnung der schwingenden Teilchen des Ausbreitungsmediums aufeinander folgen.

D. Mathematische Darstellung einer Sinuswelle

Zur Ableitung der mathematischen Darstellung einer Sinuswelle gehen wir

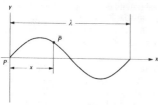

Abb.468

von Abb. 468 aus. Der Punkt P stelle das Wellenzentrum dar. Er vollführe eine *Sinusschwingung (harmonische Schwingung)*. Ohne Einschränkung der Allgemeingültigkeit kann die Nullphasenwinkel φ_0 dieser Schwingung gleich Null gesetzt werden. Der Punkt P schwingt dann gemäß der Gleichung:

$$y = A \sin \omega t$$

(y Elongation, ω Kreisfrequenz, t Zeit).

Der Punkt $\bar{P}$ schwingt mit gleicher Amplitude und gleicher Frequenz wie der Punkt P, sein jeweiliger Schwingungszustand (Phase) hinkt allerdings dem von Punkt P um einen bestimmten Betrag hinterher, der proportional dem Abstand zwischen P und $\bar{P}$ ist. Wäre dieser Abstand gerade gleich der Wellenlänge λ, dann betrüge die Pha-

sendifferenz genau 2π. Für den Fall, daß P und $\bar{P}$ den Abstand x haben, beträgt dann aber die Phasendifferenz gerade $(2\pi/\lambda) \cdot x$.

Die mathematische Darstellung der harmonischen Schwingung, die der Punkt $\bar{P}$ ausführt, lautet mithin:

$$y = A \cdot \sin\left(\omega t - \frac{2\pi}{\lambda} \cdot x\right)$$

Unter Verwendung der Beziehung: $\omega = 2\pi f = 2\pi/T$ ergibt sich:

$$y = A \cdot \sin\left(\frac{2\pi \cdot t}{T} - \frac{2\pi \cdot x}{\lambda}\right)$$

bzw.

$$y = A \cdot \sin 2\pi\left(\frac{t}{r} - \frac{x}{\lambda}\right)$$

(y Elongation, A Amplitude, T Schwingungsdauer, λ Wellenlänge, t Zeit, x Abstand vom Wellenzentrum).

Die Elongation y ist also sowohl vom Ort als auch von der Zeit abhängig. Im Gegensatz zur Sinus*schwingung*, die nur ein *zeitlich* periodischer Vorgang ist, stellt die Sinus*welle* einen *zeitlich und räumlich* periodischen Vorgang dar. Hält man x fest, betrachtet man also einen bestimmten festen Ort im Ausbreitungsmedium, dann ist die Größe x/λ eine Konstante (K). Für diesen Ort lautet die Gleichung:

$$y = A \sin 2\pi\left(\frac{t}{T} - K\right)$$

Das ist aber die Gleichung einer harmonischen Schwingung. An jedem Ort des Ausbreitungsmediums vollführen die dort befindlichen Teilchen also eine harmonische Schwingung.

Betrachtet man dagegen die gesamte Welle zu einem bestimmten festen Zeitpunkt, dann ist die Größe t/T eine Konstante ($\bar{K}$). Für diesen Zeitpunkt lautet dann aber die Gleichung:

$$y = A \sin 2\pi\left(K - \frac{x}{\lambda}\right)$$

Es ergibt sich also eine sinusförmige Verteilung der Schwingungsphasen.

E. Ausbreitung von Wellen

Im unter Abschnitt *A* angeführten Versuch breitete sich die entstehende Welle nur in einer Richtung aus. Man spricht in einem solchen Falle von einer *linearen Welle.* Für sie gilt die eben abgeleitete Gleichung der Form:

$$y = A \sin 2\pi \left(\frac{t}{T} \pm \frac{x}{\lambda} \right)$$

Das Pluszeichen gilt für die Ausbreitung der Welle in negativer x-Richtung, das Minuszeichen für die Ausbreitung in positiver x-Richtung.

Kann sich eine Welle in einer Ebene allseitig mit gleicher Fortpflanzungsgeschwindigkeit ausbreiten, dann liegt eine *Kreiswelle* vor. Die *Wellenflächen* einer solchen Kreiswelle, d.h. die geometrischen Örter aller Punkte der Welle, die sich zu einem bestimmten Zeitpunkt im gleichen Schwingungszustand befinden, sind konzentrische Kreise um das Wellenzentrum. Die *Wellennormalen*, d.h. die Senkrechten auf den Wellenflächen, sind Radien dieser Kreise. Für die Kreiswelle gilt unter der Voraussetzung, daß $x \gg \lambda$:

$$y = \frac{A}{\sqrt{x}} \sin 2\pi \left(\frac{t}{T} - \frac{x}{\lambda} \right)$$

Daraus ist ersichtlich, daß die Amplitude der Welle mit zunehmendem Abstand vom Wellenzentrum abnimmt. Sie ist umgekehrt proportional der Wurzel aus dem Abstand vom Wellenzentrum.

Kann sich eine Welle im Raum allseitig mit gleicher Fortpflanzungsgeschwindigkeit ausbreiten, dann stellen die Wellenflächen konzentrische Kugelschalen dar, deren gemeinsamer Mittelpunkt das Wellenzentrum ist. Man spricht von *Kugelwellen.* Für die Kugelwellen gilt unter der Voraussetzung, daß $x \gg \lambda$:

$$y = \frac{A}{x} \sin 2\pi \left(\frac{t}{T} - \frac{x}{\lambda} \right)$$

Auch hierbei nimmt natürlich die Amplitude mit zunehmender Entfernung vom Wellenzentrum ab. Sie ist dabei umgekehrt proportional dem Abstand vom Wellenzentrum.

Unter einer *ebenen Welle* versteht man eine Welle, deren Wellenflächen Ebenen sind. Die Wellennormalen einer ebenen Welle verlaufen parallel zueinander. Das Wellenzentrum ist eine unendlich ausgedehnte, parallel zu sich selbst schwingende Ebene. Praktisch realisieren lassen sich ebene Wellen durch Stücke von Kugelwellen in hinreichend großem Abstand vom Wellenzentrum.

Bei einer *Zylinderwelle* sind die Wellenflächen koaxiale Zylindermäntel. Ihr Wellenzentrum ist eine (unendlich ausgedehnte) Gerade, die parallel zu sich selbst schwingt.

In einem anisotropen Medium, in dem die Fortpflanzungsgeschwindigkeit richtungsabhängig ist, treten im allgemeinen keine geometrisch einfachen Wellenflächen auf.

Wellen unterliegen den physikalischen Erscheinungen ↑ Beugung, ↑ Brechung, ↑ Interferenz, ↑ Dispersion; Hilfsmittel zu ihrem Verständnis sind das ↑ Huygenssche Prinzip und die ↑ Superposition. Unter gewissen Bedingungen gibt es auch ↑ stehende Wellen. Das wichtigste Beispiel für nicht-mechanische Wellen sind ↑ elektromagnetische Wellen.

Wellenfläche *(Wellenfront),* jede Fläche in einer ↑ Welle, deren Punkte sich zum betrachteten Zeitpunkt im gleichen Schwingungszustand befinden. Die Wellenflächen *ebener Wellen* sind Ebenen, die Wellenflächen von *Kugelwellen* sind Kugelflächen.

Wellengleichung, allgemeine Bezeichnung für die partielle Differentialgleichung der Form:

$$\frac{\partial^2 u}{\partial x^2} + \frac{\partial^2 u}{\partial y^2} + \frac{\partial^2 u}{\partial t^2} = \frac{1}{c^2}\frac{\partial^2 u}{\partial t^2},$$

worin u eine Funktion des Ortes und der Zeit ist: $u(x,y,z,t)$.

Betrachtet man eine *eindimensionale* ↑ Welle, dann reduziert sich die Wellengleichung auf die Form:

$$\frac{\partial^2 u}{\partial x^2} = \frac{1}{c^2}\frac{\partial^2 u}{\partial t^2}$$

Die Lösung dieser Gleichung führt auf die Funktion:

$$u = u_0 \sin 2\pi\left(\frac{t}{T} - \frac{x}{\lambda}\right) = u_0 \sin\omega\left(t - \frac{x}{c}\right)$$

(u Elongation im Abstand x vom Erregerzentrum zur Zeit t, u_0 Amplitude der Welle, t Zeit seit Beginn der Wellenerregung im Erregerzentrum, x Abstand des betrachteten Punktes vom Erregerzentrum, λ Wellenlänge, T Schwingungsdauer, c Ausbreitungsgeschwindigkeit der Welle, ω Kreisfrequenz $= 2\pi/T$).

Es ist allerdings zu berücksichtigen, daß diese Gleichung nicht die einzige Lösung der Wellengleichung ist; im allgemeinen erfüllt jede Funktion

$$u = f\left(t - \frac{x}{c}\right)$$

die Wellengleichung.

Wellenlänge, Formelzeichen λ, bei einer Welle der Abstand zweier aufeinanderfolgender Orte mit gleicher Schwingungsphase auf derselben ↑ Wellennormalen. Zwischen *Ausbreitungsgeschwindigkeit c*, *Wellenlänge* λ und *Frequenz f* einer Welle besteht die Beziehung:

$$c = f \cdot \lambda$$

Wellennormalen, die Senkrechten auf einer ↑ Wellenfläche. Bei *ebenen Wellen* verlaufen die Wellennormalen parallel zueinander, bei *Kugelwellen* sind sie identisch mit den Kugelradien, bei *Kreiswellen* mit den Kreisradien.

Wellenoptik, Teilgebiet der ↑ Optik, das sich mit solchen Vorgängen befaßt, die nur durch die *Wellennatur des Lichtes* erklärt werden können (↑ Beugung, ↑ Interferenzen, ↑ Polarisation). Im Gegensatz dazu befaßt sich die *Strahlenoptik* mit solchen Vorgängen, die sich durch die geradlinige Ausbreitung der Lichtstrahlen beschreiben lassen (↑ Reflexion, ↑ Brechung).

Wellenzahl, Formelzeichen $\tilde{\nu}$, Kehrwert der Wellenlänge λ:

$$\tilde{\nu} = \frac{1}{\lambda}$$

Die Wellenzahl ist *zahlenmäßig* gleich der Anzahl der auf die Längeneinheit (meist 1 m) entfallenden ganzen Wellen.

Dimension der Wellenzahl:

$$\dim \tilde{\nu} = L^{-1}$$

Wertigkeit, chemische Eigenschaft eines ↑ Atoms oder ↑ Moleküls. Atomen wird, je nachdem wieviele Wasserstoffatome sie zu binden vermögen, eine Wertigkeit z zugeschrieben. So ist

Stoff	Wertigkeit
Silber Ag	1
Kupfer Cu	2
Aluminium Al	3
Platin Pt	4
Wasserstoff H	1
Sauerstoff O	2
Stickstoff N	3
Kohlenstoff C	4
Natrium Na	1
Kalium K	1
Chlor Cl	1
Sulfation SO_4^{--}	2
Hydroxidion OH^-	1

z.B. das Chloratom *ein*wertig; es vermag nur *ein* Wasserstoffatom zu binden (HCl). Das Stickstoffatom ist dreiwertig (NH$_3$), das Kohlenstoffatom vierwertig (CH$_4$).

Weston-Element, ↑ galvanisches Element, das eine sehr konstante Leerlaufspannung liefert. Seine Anode besteht aus Quecksilber, über dem sich eine Schicht Merkurosulfatpaste befindet. Die Kathode besteht aus Kadmiumamalgam, über der eine Schicht von Cadmiumsulfat (CdSO$_4$)-Kristallen liegt. Den Elektrolyten bildet eine konzentrierte Cadmiumsulfatlösung. Das Weston-Element hat bei einer Temperatur von 293 K eine Eigenspannung von 1,01865 V, die nur wenig temperaturabhängig ist.

Wheatstonebrücke, eine auf den ↑ Kirchhoffschen Regeln beruhende Schaltung zur Messung unbekannter ↑ Ohmscher Widerstände (Abb. 469).

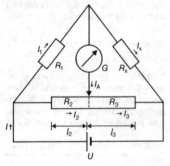

Abb. 469

Der gesuchte Widerstand R_x ist mit einem Festwiderstand R_1 parallel zu den Widerständen R_2 und R_3 geschaltet, deren Verhältnis R_3/R_2 verändert werden kann. Die sog. Brücke zwischen beiden Zweigen bildet das Galvanometer G. R_3/R_2 wird nun so verändert, daß durch das Galvanometer kein Strom fließt (*Abgleich der Brücke*), d.h. $I_A = 0$ ist. Dann gilt:
$$I_2 = I_3 = I' \quad \text{und} \quad I_1 = I_x.$$

Da am Galvanometer nun keine Spannung liegt, gilt nach dem 2. Kirchhoffschen Gesetz:

a) $\quad I_x R_x - I_3 R_3 = 0$

b) $\quad I_1 R_1 - I_2 R_2 = 0$

wegen $I_x = I_1$, $\quad I_2 = I_3$ ist dann $R_x/R_1 = R_3/R_2$, also

$$R_x = \frac{R_3}{R_2} R_1$$

Man muß also den Widerstand R_1 und das Verhältnis der Widerstände R_3/R_2 kennen, um den unbekannten Widerstand R_x berechnen zu können. Ist $R_2 + R_3 = R$ ein homogenes Leiterstück mit konstantem Querschnitt, l_2 die zum Leiterwiderstand R_2 gehörende Länge, l_3 die zum Leiterwiderstand R_3 gehörende Länge, so kann nach dem Widerstandsgesetz (↑ Widerstand) für $R_3/R_2 = l_3/l_2$ gesetzt werden.
Es ergibt sich dann:

$$R_x = \frac{l_3}{l_2} R_1$$

Wichte *(spezifisches Gewicht, Artgewicht)*, Formelzeichen γ, Quotient aus der Gewichtskraft (G) und dem Volumen (V) eines Körpers:

$$\gamma = \frac{G}{V}$$

Sie ist eine Materialkonstante. Da $G = m \cdot g$ und $m/v = \rho$ (Dichte), ist die Wichte auch darstellbar als Produkt aus ↑ Dichte und Schwerebeschleunigung $\gamma = g \cdot \rho$. Im Gegensatz zur Dichte ist die Wichte eines Körpers (ebenso wie seine ↑ Gewichtskraft) eine *ortsabhängige* Größe. Am Äquator ist sie für ein und denselben Körper beispielsweise kleiner als an den Polen.
Dimension: dim = M L^{-2} Z^{-2}
SI-Einheit der Wichte ist 1 Newton durch Kubikmeter (1 N/m^3).
Festlegung: 1 N/m^3 ist gleich der Wichte eines homogenen Körpers, der bei einer Gewichtskraft 1 N das Volumen 1 m^3 einnimmt.

Widerstand *(elektrischer)*, Formelzeichen R, Quotient aus der zwischen den Leiterenden herrschenden Spannung U und der daraus resultierenden Stromstärke I im Leiter.

$$R = \frac{U}{I}$$

In Gleichstromkreisen heißt der elektrische Widerstand auch ↑ *ohmscher Widerstand*. In Wechselstromkreisen versteht man unter dem ↑ Wechselstromwiderstand das *komplexe* Verhältnis $\mathfrak{Z} = \mathfrak{U}/\mathfrak{J}$. Man spricht dann von einem *komplexen Widerstand* und unterscheidet zwischen *ohmschem Widerstand* R_Ω, *induktivem Widerstand* R_L *und kapazitivem Widerstand* R_C eines Leiters.

Aus der Definitionsgleichung erhält man als *SI-Einheit* für R zunächst 1 Volt/Ampere = 1 V/A, wofür abkürzend 1 V/A = 1 Ohm = 1 Ω geschrieben wird. Ein Leiter hat dann den Widerstand $R = 1$ Ω, wenn bei der anliegenden Spannung $U = 1$ V die Stromstärke genau 1 A beträgt.

Der Widerstand R ist im allgemeinen von der Spannung U abhängig, Sonderfall: ↑ Ohmsches Gesetz. Der Widerstand R eines Leiters wird bestimmt von dessen Abmessungen, dem Material, aus dem er besteht und aus der Temperatur. Für einen homogenen Metalldraht der Länge l und der Querschnittsfläche q gilt:

$$R = \rho \, \frac{l}{q}$$

ρ ist dabei eine *temperaturabhängige Materialkonstante* und heißt *spezifischer Widerstand*. *SI-Einheit* des spezifischen Widerstandes ρ ist

$$1 \, \frac{\Omega \cdot m^2}{m} = 1 \, \Omega m.$$

Beispiel: Kupfer hat unter Normalbedingungen den spezifischen Widerstand $\rho_{Cu} = 1{,}55 \cdot 10^{-8}$ Ωm = $1{,}55 \cdot 10^{-6}$ Ωcm.

Ein 1 m langer Kupferdraht mit der Querschnittsfläche 1 mm^2 = 10^{-2} cm^2 hat demnach unter Normalbedingungen den Widerstand $1{,}55 \cdot 10^{-2}$ Ω.

Für Metalle ist der spezifische Widerstand um so kleiner, je reiner sie sind und je niedriger ihre Temperatur ist.

Die spezifischen Widerstände einiger Stoffe bei Zimmertemperatur in Ωm:

Silber	$1{,}47 \cdot 10^{-8}$
Kupfer	$1{,}72 \cdot 10^{-8}$
Aluminium	$2{,}63 \cdot 10^{-8}$
Konstantan	$4{,}9 \cdot 10^{-7}$
Germanium	$6 \cdot 10^{-1}$
Silizium	$2{,}3 \cdot 10^{3}$
Bernstein	$5 \cdot 10^{14}$
Glimmer	10^{11} bis 10^{15}
Quarz	$7{,}5 \cdot 10^{17}$

Widerstandsthermometer, Temperaturmeßgerät, bei dem die Temperaturabhängigkeit der elektrischen Widerstände von Metallen ausgenutzt wird. Ein Platinthermometer besteht z.B. aus einer Platindrahtwendel, die sich in einer Quarzröhre befindet. Ist der Temperaturkoeffizient sowie der Widerstand des Drahtes bei 273 K bekannt, so kann der Widerstand für die zu messende Temperatur in einer Brückenschaltung ermittelt werden und die Temperatur aus dem Temperaturabhängigkeitsgesetz von Widerständen bei nicht zu tiefen Temperaturen berechnet werden. Das Platinthermometer kann in einem Temperaturbereich von 233–773 K benutzt werden. Für tiefere Temperaturen verwendet man Bleithermometer.

Winkelbeschleunigung, Formelzeichen $\vec{\alpha}$, bei einer gleichmäßig beschleunigten Kreisbewegung der Quotient aus der Änderung $\Delta\omega$ der ↑ Winkelgeschwindigkeit und der dazu benötigten Zeit Δt:

$$\vec{\alpha} = \frac{\Delta\vec{\omega}}{\Delta t}$$

Bei ungleichförmig beschleunigten Kreisbewegungen ergibt sich die momentane Winkelbeschleunigung, wenn man zu differentiell kleinen Zeitabschnitten Δt übergeht. Man erhält dann:

$$\vec{\alpha} = \frac{d\vec{\omega}}{dt} = \frac{d^2\vec{\varphi}}{dt^2} = \ddot{\vec{\varphi}}$$

Das heißt: Die Winkelbeschleunigung ist gleich der 1. Ableitung der Winkelgeschwindigkeit nach der Zeit bzw. der 2. Ableitung des Drehwinkels nach der Zeit.
Die *Dimension* der Winkelbeschleunigung ergibt sich zu:

$$\dim \alpha = \frac{\dim \varphi}{\dim t^2} = Z^{-2}$$

Si-Einheit der Winkelbeschleunigung ist 1 Radiant durch Sekundenquadrat ($1 \text{ rad}/s^2$) (↑ Kinematik).

Winkelgeschwindigkeit, Formelzeichen $\vec{\omega}$, bei einer gleichförmigen Kreisbewegung der Quotient aus der Änderung $\Delta\vec{\varphi}$ des ↑ Drehwinkels und der dazu erforderlichen Zeit Δt:

$$\vec{\omega} = \frac{\Delta\vec{\varphi}}{\Delta t}$$

Bei einer ungleichförmigen Drehbewegung erhält man die momentane Winkelgeschwindigkeit, wenn man zu differentiell kleinen Zeitabschnitten Δt übergeht. Es ergibt sich dann:

$$\vec{\omega} = \frac{d\vec{\varphi}}{dt} = \dot{\vec{\varphi}}$$

Das heißt: Die Winkelgeschwindigkeit ist gleich der 1. Ableitung des Drehwinkels nach der Zeit t. Für die *Dimension* der Winkelgeschwindigkeit ergibt sich:

$$\dim \vec{\omega} = \frac{\dim\vec{\varphi}}{\dim t} = Z^{-1}$$

Zwischen der ↑ Bahngeschwindigkeit v eines auf einer Kreisbahn mit dem Radius r umlaufenden Massenpunktes

und dem Betrag seiner Winkelgeschwindigkeit ω besteht die Beziehung:

$$\omega = \frac{v}{r}$$

(↑ Kinematik).

Wirkleistung, Formelzeichen P_{wirk}, die in einem Wechselstromkreis maximal erzielbare Nutzleistung. Für eine sinusförmige ↑ Wechselspannung und einen ebensolchen ↑ Wechselstrom gilt:

$$P_{\text{wirk}} = U_{\text{eff}} I_{\text{eff}} \cos \varphi$$,

dabei bedeutet U_{eff} bzw. I_{eff} die Effektivspannung bzw. -stromstärke sowie φ den die Phasenverschiebung zwischen Spannung und Stromstärke beschreibenden Winkel. Bezeichnet man mit X den ↑ Wirkwiderstand eines elektrischen Verbrauchers, so gilt:

$$P_{\text{wirk}} = I_{\text{eff}}^2 \cdot X$$.

Wirkleitwert *(Konduktanz)*, die reelle Komponente der ↑ Admittanz (komplexer Leitwert des Wechselstromwiderstandes).

Wirkstrom, derjenige Wechselstrom(anteil), der (zusammen mit der zugehörigen Spannung) für die ↑ Wirkleistung verantwortlich ist. Es ist diejenige Komponente des Wechselstromes, die mit der Wechselspannung in Phase ist (↑ Zeigerdiagramm). Bezeichnet man mit I_0 den Betrag des (komplexen) Wechselstromes und ist φ der die ↑ Phasenverschiebung zwischen Spannung und Strom beschreibende Winkel, so gilt für den Wirkstrom $I_{\text{wirk}} = I_0 \cdot \cos \varphi$.

Wirkung, Formelzeichen H, Produkt aus der ↑ Energie W und der Zeit t bzw. aus dem ↑ Impuls p und dem Weg s:

$$H = W \cdot t = p \cdot s$$

Dimension der Wirkung:
dim H = dim $W \cdot$ dim t = M L^2 Z^{-1}.

SI-Einheit der Wirkung ist 1 Joulesekunde (Js) († Plancksches Wirkungsquantum).

Wirkungsgrad, Quotient aus der einer Maschine zugeführten Energie und der von ihr abgegebenen Energie bzw. der von ihr verrichteten Arbeit. Soll eine Maschine Arbeit verrichten, so muß ihr in irgendeiner Form Energie zugeführt werden. Dabei wird nicht die gesamte zugeführte Energie für die Arbeitsverrichtung ausgenutzt, ein Teil geht durch die unvermeidliche Reibung, durch Wärmeverluste usw. verloren. Ein Maß für die Wirtschaftlichkeit einer Maschine ist der Quotient aus der von ihr verrichteten Arbeit und der ihr zugeführten Energie. Er wird als *Wirkungsgrad* (Formelzeichen η) bezeichnet. Es gilt also:

$$\eta = \frac{\text{verrichtete Arbeit}}{\text{zugeführte Energie}}$$

Der Wirkungsgrad wird oft auch in Prozent angegeben. Er ist stets kleiner als 1 bzw. 100 %. Allgemeiner läßt sich der Wirkungsgrad definieren als Quotient aus der von einer Maschine in nutzbarer Form abgegebener Energie und der ihr zugeführten Energie:

$$\eta = \frac{\text{abgegebene Energie}}{\text{zugeführte Energie}}$$

Bei † Wärmeenergiemaschinen spielt außer dem angegebenen Wirkungsgrad auch noch der sogenannte *thermische Wirkungsgrad* (Formelzeichen η_{th}) eine Rolle. Darunter versteht man den Quotienten aus der mit Hilfe der Maschine gewonnenen mechanischen Arbeit W und der ihr zugeführten Wärmemenge Q:

$$\eta_{th} = \frac{W}{Q}$$

Beim *Carnotschen Kreisprozeß* ergibt sich für den thermischen Wirkungsgrad die Beziehung

$$\eta_{th} = \frac{T_1 - T_2}{T_1}$$

(T_1, T_2 obere und untere Temperatur, mit denen der Kreisprozeß abläuft).

Wirkungsquerschnitt, Maß für die Wahrscheinlichkeit des Eintretens eines bestimmten mikrophysikalischen Prozesses (z.B. Anregung von Atomen, Streuung von Teilchen und Einfangen von Teilchen). Wenn man n gleiche Teilchen in eine Schicht der Dicke Δx einschießt, die in der Volumeneinheit gleichmäßig verteilt N Kerne einer Atomsorte besitzt, so tritt der Bruchteil $\Delta n/n$ der eingeschossenen Teilchen in Wechselwirkung mit den Kernen. Dieser Bruchteil ist proportional Δx und N:

$$\frac{\Delta n}{n} \sim N \cdot \Delta x$$

Den Proportionalitätsfaktor bezeichnet man mit σ. Es ergibt sich:

$$\sigma = \frac{\Delta n}{n \cdot N \cdot \Delta x}$$

Als Einheit für σ erhält man eine Flächeneinheit (wegen N = Anzahl/Volumeneinheit). Man bezeichnet den Proportionalitätsfaktor daher als *Wirkungsquerschnitt.* Der Wirkungsquerschnitt wird in *barn* (b) angegeben:

$$1 \text{ b} = 10^{-28} \text{ m}^2.$$

Modellmäßig kann man den Wirkungsquerschnitt dadurch veranschaulichen, daß man sich die beschossenen Atomkerne als kreisförmige Scheibchen mit dem Flächeninhalt σ vorstellt, die senkrecht zur Strahlrichtung der eingeschossenen Teilchen stehen. Werden diese Scheibchen von den punktförmig zu denkenden Geschossen getroffen, so tritt die entsprechende Reaktion (der entsprechende Prozeß) ein. Die

Größe des Wirkungsquerschnitts ist – gleiche Atome und Geschosse vorausgesetzt – verschieden für die verschiedenen beobachtbaren Kernreaktionen. Für ein und dieselbe Kernreaktion ist er bei gleicher Atomart abhängig von der Energie der Geschosse (z.B. Einfangquerschnitt für schnelle Neutronen ungleich Einfangquerschnitt für langsame Neutronen).

Es ist zu beachten, daß der Wirkungsquerschnitt für eine bestimmte Kernreaktion i.a. nicht identisch ist mit dem geometrischen Kernquerschnitt der betreffenden Atome. Er kann größer als dieser sein. D.h., ein eingeschossenes Teilchen, welches den geometrischen Querschnitt eines Kerns nicht trifft, kann trotzdem eine Kernreaktion auslösen. Er kann aber auch kleiner als der geometrische Kernquerschnitt sein, d.h. ein eingeschossenes Teilchen, welches den geometrischen Querschnitt trifft, muß nicht unbedingt eine Kernreaktion auslösen.

Wirkwiderstand *(Resistanz), die* reelle Komponente des komplexen ↑ Wechselstromwiderstandes.

Wölbspiegel *(Konvexspiegel, erhabener Spiegel),* im weitesten Sinne alle gekrümmten, auf der *Außenseite* verspiegelten Flächen. Ist der Spiegel Teil einer Kugelfläche, dann spricht man von einem *spärischen Wölbspiegel.* Beim sphärischen Wölbspiegel werden folgende Bezeichnungen verwendet (Abb. 470):

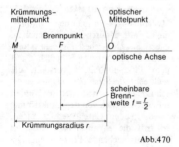

Abb.470

O optischer Mittelpunkt
M Krümmungsmittelpunkt
$OM = r$ Krümmungsradius
F *scheinbarer* Brennpunkt (Zerstreuungspunkt,)
$OF = FM = r/2$ *scheinbare* Brennweite.
Die Gerade durch M und O heißt *optische Achse.* Strahlen, die parallel zur optischen Achse verlaufen, heißen *Parallelstrahlen.* Strahlen, die auf den scheinbaren Brennpunkt hinzielen oder von ihm zu kommen scheinen, heißen *Brennpunktsstrahlen.* Strahlen, die auf den Krümmungsmittelpunkt hinzielen oder von ihm zu kommen scheinen, heißen *Mittelpunktsstrahlen (Hauptstrahlen).*
Unter Beschränkung auf nahe der optischen Achse verlaufende Strahlen *(achsennahe Strahlen)* gelten für den sphärischen Hohlspiegel folgende sich aus dem ↑ Reflexionsgesetz ergebende Sätze (Abb. 471):

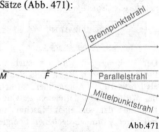

Abb.471

1. Brennpunktsstrahlen werden nach der Reflexion zu Parallelstrahlen.

2. Parallelstrahlen werden nach der Reflexion zu Brennpunktsstrahlen.

3. Mittelpunktsstrahlen werden in sich selbst reflektiert.

4. Strahlen, die von einem Punkt P vor dem Spiegel ausgehen, verlaufen nach der Reflexion so, als kämen sie von einem Punkt P' (virtueller Bildpunkt zu P) hinter dem Spiegel (Abb. 472).

Der sphärische Wölbspiegel liefert nur virtuelle (scheinbare) Bilder. Sie sind aufrecht, kleiner als der Gegenstand und liegen hinter dem Spiegel zwischen optischem Mittelpunkt und

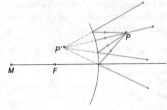

Abb.472

scheinbarem Brennpunkt. Zur Bildkonstruktion sind, wie beim ↑ Hohlspiegel, lediglich zwei Strahlen erforderlich (Abb. 473). Aufgrund des divergenten

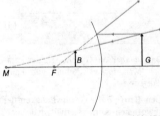

Abb.473

Strahlenverlaufes ist das Gesichtsfeld bei einem Wölbspiegel größer als beim ebenen Spiegel. Wölbspiegel werden deshalb vorwiegend als Rückspiegel von Kraftfahrzeugen und als Verkehrsspiegel an unübersichtlichen Straßeneinmündungen verwendet.

Die Hohlspiegelgleichung (Hohlspiegel):

$$\frac{1}{g} + \frac{1}{b} = \frac{1}{f}$$

(mit g Gegenstandsweite, b Bildweite und f Brennweite) gilt auch für den Wölbspiegel, wenn man die Brennweite f und die Bildweite b mit *negativen* Vorzeichen einsetzt.

Wurf *(Wurfbewegung)* diejenige Bewegung, die ein Körper in einem Schwerefeld (speziell im Schwerefeld der Erde) ausführt, wenn ihm eine Anfangsgeschwindigkeit $\vec{v}_0$ erteilt wird.

Sieht man vom Luftwiderstand ab, so überlagern sich dabei zwei Bewegungen:

1. die durch die Anfangsgeschwindigkeit $\vec{v}_0$ hervorgerufene *gleichförmige geradlinige* Bewegung,

2. die durch die Erdanziehung hervorgerufene Fallbewegung (↑ freier Fall). Man unterscheidet je nach Richtung der Anfangsgeschwindigkeit $\vec{v}_0$ folgende Wurfarten:

1. *Senkrechter Wurf*: Richtung der Anfangsgeschwindigkeit $\vec{v}_0$ und Richtung der Erdbeschleunigung $\vec{g}$ sind parallel (*senkrechter Wurf nach unten*) oder antiparallel (*senkrechter Wurf nach oben*) zueinander. Beim senkrechten Wurf nach oben gehorcht die durch die Anfangsgeschwindigkeit $\vec{v}_0$ hervorgerufene gleichförmige Aufwärtsbewegung dem Weg-Zeit-Gesetz $s_{auf} = v_0 t$. Die durch die Erdbeschleunigung g hervorgerufene gleichmäßig beschleunigte Abwärtsbewegung gehorcht dem Weg-Zeit-Gesetz $s_{ab} = g/2 \cdot t^2$.

Beide Bewegungen überlagern sich; für die Gesamtbewegung ergibt sich dann das folgende Weg-Zeit-Gesetz:

$$s = s_{auf} - s_{ab} = v_0 t - \frac{g}{2} t^2 \quad (1)$$

Entsprechende Überlegungen führen zum Geschwindigkeits-Zeit-Gesetz:

$$v = v_0 - gt$$

Solange gilt $v_0 > gt$, steigt der Körper. Die Zeit, die er bis zum Erreichen des höchsten Punktes seiner Bahn braucht, heißt *Steigzeit (t_s)*. Da die Geschwindigkeit des Körpers im höchsten Punkte seiner Bahn gleich 0 ist, ergibt sich die Steigzeit t_s mit $0 = v_0 - gt_s$ zu:

$$t_s = \frac{v_0}{g}$$

Die *Steighöhe* h des Körpers erhält man durch Einsetzen von t_s in Gleichung (1):

$$h = v_0 \frac{v_0}{g} - \frac{g}{2} \frac{v_0^2}{g^2} \;,$$

$$\boxed{h = \frac{1}{2} \frac{v_0^2}{g}}$$

Nach der Zeit t_s geht die Wurfbewegung dann in den freien Fall über.

Analog zum senkrechten Wurf nach oben gilt für den senkrechten Wurf nach unten das Weg-Zeit-Gesetz:

$$\boxed{s = v_0 \cdot t + \frac{g}{2} t^2}$$

und das Geschwindigkeits-Zeit-Gesetz:

$$\boxed{v = v_0 + gt}$$

2. *Schiefer Wurf*: Die Anfangsgeschwindigkeit $\vec{v_0}$ bildet beim schiefen Wurf mit der Horizontalen den Winkel $0 < \alpha < 90°$ (Abb. 474). Für den Betrag

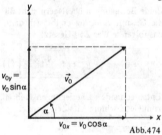

Abb. 474

der Komponente von v_0 in x-Richtung (horizontale Komponente v_{0x}) ergibt sich:

$$v_{0x} = v_0 \cos \alpha$$

und in y-Richtung (vertikale Komponente v_{0y}):

$$v_{0y} = v_0 \sin \alpha \;.$$

Nach der Zeit t hat der geworfene Körper in (horizontaler) x-Richtung den Weg

$$x = v_0 \cdot t \cos \alpha \qquad (2)$$

und in (senkrechter) y-Richtung wegen der Überlagerung mit einer Fallbewegung den Weg

$$y = v_0 \, t \sin \alpha - \frac{g}{2} t^2 \qquad (3)$$

zurückgelegt.

Da $v = \mathrm{d}s/\mathrm{d}t$ ergeben sich die Geschwindigkeits-Zeit-Beziehungen:

$$v_x = v_0 \cos \alpha \qquad \text{und}$$

$$v_y = v_0 \sin \alpha - gt$$

Durch Elimination der Zeit in den letzten beiden Gleichungen erhält man die *Bahnkurve* des geworfenen Körpers:

$$\boxed{y = x \cdot \tan \alpha - \frac{g}{2 v_0^2 \cos^2 \alpha} \cdot x^2} \quad (4)$$

Das ist aber die Gleichung einer Parabel. Man spricht deshalb von einer *Wurfparabel.*

Den Betrag v der Geschwindigkeit des geworfenen Körpers erhält man aus

$$v = \sqrt{v_x^2 + v_y^2} \qquad \text{zu:}$$

$$\boxed{v = \sqrt{v_0^2 \cos^2 \alpha + (v_0 \sin \alpha - gt)^2}}$$

Die *Steigzeit* t_s ergibt sich, wenn $v_y = 0$ gesetzt wird, da ja die senkrechte Komponente der Geschwindigkeit im höchsten Punkt der Bahn gleich 0 ist:

$$0 = v_0 \sin \alpha - g t_s \qquad \text{bzw.}$$

$$t_s = \frac{v_0}{g} \sin \alpha \;.$$

Zur Berechnung der *Wurfhöhe* h setzt man t_s in Gleichung (3) ein und erhält:

$$h = v_0 \cdot \frac{v_0}{g} \cdot \sin \alpha \cdot \sin \alpha - \frac{1}{2} g \cdot \frac{v_0^2}{g^2} \sin^2 \alpha$$

bzw.

$$h = \frac{v_0^2 \sin^2 \alpha}{2g} \;.$$

Die *Wurfzeit* t_w, die Zeit also zwischen dem Abwurf und dem Auftreffen auf den Erdboden, erhält man, wenn man in Gleichung (3) $y = 0$ setzt:

$$0 = v_0\, t_w \sin\alpha - \frac{g}{2}\, t_w^2$$

Von den beiden Lösungen kommt nur die in Betracht, die ungleich Null ist:

$$t_w = \frac{2\, v_0 \sin\alpha}{g} \quad (= 2\, t_s)$$

Die *Wurfweite* w ergibt sich durch Einsetzen von t_w in Gleichung (2):

$$w = \frac{2 v_0^2 \sin\alpha \cos\alpha}{g} = \frac{v_0^2 \sin 2\alpha}{g}$$

Bei gegebenem Betrag v_0 der Anfangsgeschwindigkeit erhält man demnach die größte Wurfweite, wenn $\alpha = 45°$. Da aber

$$\sin 2 \left(\frac{\pi}{4} - \gamma \right) = \sin 2 \left(\frac{\pi}{4} + \gamma \right)$$

erreicht man bei gegebenem v_0 eine bestimmte Wurfweite w unter zwei verschiedenen Wurfwinkeln (*Flachwurf* und *Steilwurf*). Beispielsweise führen Würfe mit gleicher v_0 bei den Wurfwinkeln $\alpha = 30°$ (Flachwurf) und $\alpha = 60°$ (Steilwurf) zur gleichen Wurfweite. Wenn der Luftwiderstand mit berücksichtigt wird, so ergibt sich, daß die Bahnkurve im abfallenden Teil steiler verläuft als im Fall ohne Luftwiderstand. Dementsprechend ist der Winkel maximaler Wurfweite größer als $45°$ (↑ Ballistik).

Einen schiefen Wurf mit einem Wurfwinkel von $0°$ bezeichnet man als *waagrechten Wurf*. Die Bahnkurve ergibt sich aus Gleichung (4), indem man $\alpha = 0°$ setzt:

$$y = -\frac{g}{2 v_0^2} \cdot x^2 .$$

Das ist aber ebenfalls eine Parabel, deren Scheitel im Abwurfpunkt liegt. Die anfangs abgeleiteten Gesetzmäßigkeiten des senkrechten Wurfes können natürlich auch aus den allgemeineren Beziehungen des schiefen Wurfes ermittelt werden, indem man $\alpha = 90°$ setzt.

Zählrate *(Impulsrate)*, bei einem Zählrohr der Quotient aus der Anzahl ΔN der registrierten Impulse und der Zeit Δt, während der die Registrierung erfolgte:

$$\text{Zählrate} = \frac{\Delta N}{\Delta t}.$$

Zählrohr, Gerät zum Nachweis ionisierender Strahlen. Jedes Zählrohr ist im wesentlichen eine empfindliche ↑ Ionisationskammer, bestehend aus einem abgeschlossenen, zylindrischen Metallrohr, entlang dessen Achse isoliert ein dünner Draht gespannt ist. Der Zylinder ist mit einem Gas niederen Drucks gefüllt. Zwischen Zylindermantel und Draht liegt eine Spannung von ca. 1 kV (Draht i.a. Anode, Mantel Kathode). Die Spannung ist gerade so bemessen, daß keine selbständige Entladung eintritt. Gelangt nun ein ionisierendes Teilchen oder Quant in das Zählrohr, so entstehen in der Gasfüllung positive Ionen und Elektronen. Im starken elektrischen Feld in Drahtnähe erzeugen die Elektronen durch ↑ Stoßionisation Sekundärelektronen (Multiplikationsfaktor bis zu 10^6). Die von einem ionisierenden Teilchen gezündete Entladung erlischt erst, wenn die entstehende Raumladungswolke der positiven Ionen das elektrische Feld in Drahtnähe unter die Zündspannung schwächt. Gelangen dann jedoch die Ionen zur Kathode und schlagen aus dieser Elektronen heraus, so setzt die

Entladung erneut ein. Bei einem guten Zählrohr soll die Entladung möglichst rasch erlöschen. Bei *nicht selbstlöschenden* Zählrohren erreicht man dies durch einen hochohmigen Widerstand (*Löschwiderstand*, $R \approx 10^8$ bis 10^9 Ohm), der mit dem Draht in Reihe geschaltet wird.

Durch den Spannungsabfall am Löschwiderstand verringert sich die Spannung am Zähldraht, die Ausbildung einer neuen Lawine ist unmöglich. Die Zeit, in der das Zählrohr für ein weiteres ionisierendes Teilchen unempfindlich ist (bestimmt durch die Dauer der Entladung und die Zeit, bis das Anodenpotential wieder volle Stärke erreicht hat), heißt *Totzeit*. Bei *selbstlöschenden Zählrohren* werden dem Zählrohrgas geringe Mengen organischen Dampfes (z.B. Alkohol) oder Halogene zugesetzt.

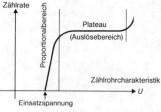

Abb. 476

Selbst wenn in der Nähe des Zählrohrs keine Strahlenquelle vorhanden ist, zeigt es Impulse an. (Ursache: radioaktive Substanzen im Boden, ↑ Höhenstrahlung.) Diese Erscheinung heißt *Nulleffekt*.

Man kann die Zählrohrspannung so wählen, daß die Zählrohrimpulse proportional zur Primärionisation sind: *Proportionalzählrohr*, oder unabhängig von der Primärionisation: Auslösezählrohr (nach seinen Erfindern *Geiger-Müller-Zählrohr* genannt). Um bei Aus-

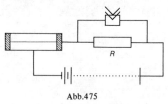

Abb. 475

466

lösezählrohren die Länge des Auslöse-
bereiches zu bestimmen, versieht man
das Zählrohr mit einer konstanten
Strahlungsquelle und mißt die
↑ Zählrate in Abhängigkeit von der
Zählrohrspannung (*Zählrohrcharakte-
ristik*). Die Spannung, bei der die
Zählanordnung einzelne Teilchen zu
registrieren beginnt, heißt ↑ *Einsatzspannung.* Im Proportionalbereich ist
die Zählrate proportional zur Spannung, während sie im Auslösebereich
davon unabhängig ist (*Zählrohrpla-
teau*) (↑ Auslösebereich).
Spezielle Ausführungen: α-Zählrohre
haben ein dünnwandiges Fenster aus
Glimmer, Aluminium oder metall-
bedampften Kunststoffolien; Elektro-
nenzählrohre müssen sehr dünnwandig
sein. Neutronenzählrohre sind mit
einer Bor- oder Lithiumschicht ausge-
kleidet. Der Nachweis erfolgt nach den
↑ Kernreaktionen

$^6\mathrm{Li}(n, \alpha)^3\mathrm{H}$ oder $^{10}\mathrm{B}(n, \alpha)^7\mathrm{Li}$.

Zeigerdiagramm, Darstellung der
↑ Wechselspannung, des ↑ Wechselstromes und des ↑ Wechselstromwider-

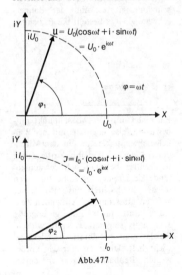

Abb.477

standes in der *Gaußschen Zahlenebene*
(manchmal auch Vektordarstellung
genannt, komplexe Zahlen sind jedoch
keine ↑ Vektoren im physikalischen
Sinn).
Bei *getrennten Zeigerdiagrammen*
(Abb. 477) werden Wechselspannung
und Wechselstrom in verschiedenen
Abbildungen dargestellt, beim *gemeinsamen Zeigerdiagramm* (Abb. 478) in
einer einzigen.

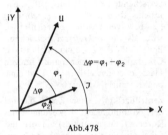

Abb.478

Bei dieser Darstellungsart spricht man
auch von *komplexer Wechselspannung*
und *komplexem Wechselstrom.* Die
Zeiger rotieren mit der ↑ Winkelgeschwindigkeit ω entgegen dem Uhrzeigersinn. Aus dem gemeinsamen
Zeigerdiagramm entnimmt man die
↑ Phasenverschiebung Δφ zwischen
Wechselspannung und Wechselstrom.
Im in Abb. 478 dargestellten Fall sagt
man: *Die Spannung eilt dem Strom
um Δφ voraus.*

Zentralbewegung, diejenige krummlinige Bewegung, die ein Körper (Massenpunkt) unter dem Einfluß einer
stets auf den gleichen Raumpunkt gerichteten Kraft ausführt. Die beschleu-
nigende Kraft heißt *Zentralkraft*, der
Raumpunkt, auf den sie gerichtet ist
heißt *Bewegungszentrum* oder *Beschleunigungszentrum.* Die Verbindungsstrecke zwischen Bewegungszentrum und dem sich bewegenden
Massenpunkt wird als *Fahrstrahl*
bezeichnet. Dieser Fahrstrahl überstreicht bei einer Zentralbewegung in
gleichen Zeiten gleiche Flächenstücke

(*Flächensatz*). Beispiele für Zentralbewegungen sind die gleichförmige Kreisbewegung und die Bewegung der Planeten um die Sonne (↑ Keplersche Gesetze, ↑ Kinematik).

Zentralkraft, eine stets auf den gleichen Raumpunkt gerichtete Kraft. Ein Körper (Massenpunkt), auf den eine Zentralkraft wirkt, führt eine ↑ Zentralbewegung aus. Ein Kraftfeld, bei dem in jedem Punkt des Raumes die herrschende Kraft stets auf einen festen Raumpunkt (*Kraftzentrum*) hin- bzw. von diesem weggerichtet ist, wird als *Zentralkraftfeld* bezeichnet. Beispiel für ein Zentralkraftfeld ist das Gravitationsfeld einer punktförmigen Masse oder das elektrische Feld einer punktförmigen Ladung.

Zentrifugalkraft, eine Kraft, die bei der krummlinigen Bewegung eines Körpers (Massenpunktes) auftritt und dabei nur für den mitbewegten Beobachter, also im mitbewegten Bezugssystem existiert. Ihr Betrag ist gleich dem der *Zentripetalkraft*, ihre Richtung ist der der Zentripetalkraft entgegengesetzt. Für den Betrag der Zentrifugalkraft bei einer gleichförmigen Kreisbewegung gilt die Beziehung:

$$F = m\omega^2 r = \frac{m v^2}{r}$$

(*F* Betrag der Zentrifugalkraft, *m* Masse des umlaufenden Massenpunktes, ω Winkelgeschwindigkeit des umlaufenden Massenpunktes, *r* Abstand des umlaufenden Massenpunktes vom Kreismittelpunkt, *v* Bahngeschwindigkeit des umlaufenden Massenpunktes).

Zentrifuge, eine die Wirkung der ↑ Zentrifugalkraft ausnutzende Vorrichtung zur Trennung von Stoffgemischen, deren Bestandteile unterschiedlich große ↑ Dichten besitzen. Das zu trennende Stoffgemisch wird in ein mit möglichst großer ↑ Winkelgeschwindigkeit rotierendes Gefäß ge-

bracht. Da die auf einen Körper wirkende Zentrifugalkraft um so größer ist, je größer seine Masse ist, sammeln sich dabei die Bestandteile des Gemisches mit der größten Dichte am äußersten Rande des rotierenden Gefäßes an. Zur Mitte, also zur Drehachse zu, schließen sich dann die übrigen Bestandteile des Gemischs in der Reihenfolge ihrer abnehmenden Dichte an.

Zentripetalkraft, diejenige Kraft bei einer gleichförmigen Kreisbewegung, mit der der umlaufende Körper (Massenpunkt) auf seiner Kreisbahn gehalten wird. Sie ist stets zum Mittelpunkt der Kreisbahn gerichtet. Für ihren Betrag gilt die Beziehung:

$$F = m \omega^2 r$$

(*F* Betrag der Zentripetalkraft, *m* Masse des umlaufenden Massenpunktes, ω Betrag der Winkelgeschwindigkeit des umlaufenden Massenpunktes, *r* Abstand des umlaufenden Massenpunktes vom Kreismittelpunkt).
Zwischen dem Betrag der Winkelgeschwindigkeit ω und der Bahngeschwindigkeit *v* besteht die Beziehung

$$\omega = \frac{v}{r} \quad ,$$

so daß auch gilt:

$$F = \frac{m v^2}{r}$$

Für einen mit dem Massenpunkt mitbewegten, also ebenfalls mit der Winkelgeschwindigkeit ω um den Mittelpunkt der Kreisbahn rotierenden Beobachter befindet sich der umlaufende Massenpunkt in Ruhe. Für einen solchen Beobachter muß also zu der auf den Massenpunkt wirkenden Zentripetalkraft noch eine gleichgroße aber entgegengesetzte Kraft wirken, die der Zentripetalkraft das Gleichgewicht hält. Diese nur für den mitbewegten Beobachter, also in einem

mitbewegten Bezugssystem existieren-
de Kraft wird als *Zentrifugalkraft*
bezeichnet.

Zentripetalkräfte und Zentrifugalkräfte treten nicht nur bei der gleichförmigen Kreisbewegung, sondern bei
jeder krummlinigen Bewegung eines
Massenpunktes auf.

Zerfallskonstante, eine die Geschwindigkeit des Kernzerfalls radioaktiver
↑ Isotope beschreibende Größe. Die
Anzahl dN der innerhalb einer Zeit-
(spanne) dt zerfallenden Atomkerne
ist proportional zur Anzahl N der
ursprünglich vorhandenen Kerne und
der Zeit(spanne) dt. Also gilt

$$dN \sim -N \cdot dt$$

oder

$$\frac{dN}{dt} \sim -N$$

(das Minuszeichen beschreibt die
Abnahme).

Den Proportionalitätsfaktor nennt
man *Zerfallskonstante* und bezeichnet
ihn mit λ. Somit gilt:

$$\frac{dN}{dt} = -\lambda \cdot N$$

Aus dieser Beziehung ergibt sich für
die Einheit von λ die reziproke Zeiteinheit. Die Zerfallskonstante ist für
verschiedene Isotope verschieden
(↑ radioaktives Zerfallsgesetz).

Zerfallsreihe, Reihe von Folgepro-
dukten, die beim radioaktiven Zerfall auftreten. Beim Zerfall radioaktiver
Stoffe sind die entstehenden Folgeprodukte meist wieder radioaktiv und
zerfallen weiter. Dieser Prozeß kommt

ZERFALLSREIHEN

Uran-Radium-Reihe	Actiniumreihe	Thoriumreihe	Neptuniumreihe
$^{238}_{92}$U (UI)	$^{235}_{92}$U (AcU)	$^{232}_{90}$Th (Th)	$^{237}_{93}$Np
↓ α	↓ α	↓ α	↓ α
$^{234}_{90}$Th (UX₁)	$^{231}_{90}$Th (UY)	$^{228}_{88}$Ra (MsTh₁)	$^{233}_{91}$Pa
β ↙ ↘ β	↓ β	↓ β	↓ β
$^{234}_{91}$Pa $^{234}_{91}$Pa	$^{231}_{91}$Pa (Pa)	$^{228}_{89}$Ac (MsTh₂)	$^{233}_{92}$U
(UX₂) (UZ)	↓ α	↓ β	↓ α
β ↘ ↙ β	$^{227}_{89}$Ac (Ac)	$^{228}_{90}$Th (RdTh)	$^{229}_{90}$Th
$^{234}_{92}$U (UII)	β ↙ ↘ α	↓ α	↓ α
↓ α	$^{227}_{90}$Th $^{223}_{87}$Fr	$^{224}_{88}$Ra (ThX)	$^{225}_{88}$Ra
$^{230}_{90}$Th (Io)	(RaAc) (AcK)	↓ α	↓ β
↓ α	α ↘ ↙ β	$^{220}_{86}$Rn (ThEm)	$^{225}_{89}$Ac
$^{226}_{88}$Ra (Ra)	$^{223}_{88}$Ra (AcX)	↓ α	↓ α
↓ α	↓ α	$^{216}_{84}$Po (ThA)	$^{221}_{87}$Fr
$^{222}_{86}$Rn (RaEm)	$^{219}_{86}$Rn (AcEm)	α ↙ ↘ β	↓ α
↓ α	↓ α	$^{212}_{82}$Pb $^{216}_{85}$At	$^{217}_{85}$At
$^{218}_{84}$Po (RaA)	$^{215}_{84}$Po (AcA)	(ThB)	↓ α
α ↘ ↙ β	α ↘ ↙ β	β ↘ ↙ α	$^{213}_{83}$Bi
$^{214}_{82}$Pb $^{218}_{85}$At	$^{211}_{82}$Pb $^{215}_{85}$At	$^{212}_{83}$Bi (ThC)	α ↙ ↘ β
(RaB)	(AcB)	β ↙ ↘ α	$^{209}_{81}$Tl $^{213}_{83}$Po
β ↘ ↙ α	β ↘ ↙ α	$^{212}_{84}$Po $^{208}_{81}$Tl	β ↘ ↙ α
$^{214}_{83}$Bi (RaC)	$^{211}_{83}$Bi (AcC)	(ThC') (ThC'')	$^{209}_{82}$Pb
β ↙ ↘ α	β ↙ ↘ α	α ↘ ↙ β	↓ β
$^{214}_{84}$Po $^{210}_{81}$Tl	$^{211}_{84}$Po $^{207}_{81}$Tl	$^{208}_{82}$Pb (ThD)	$^{209}_{83}$Bi
(RaC') (RaC'')	(AcC') (AcC'')	(stabil)	(stabil)
α ↘ ↙ β	α ↘ ↙ β		
$^{210}_{82}$Pb (RaD)	$^{207}_{82}$Pb (AcD)		
↓ β	(stabil)		
$^{210}_{83}$Bi (RaE)			
↓ β			
$^{210}_{84}$Po (RaF)			
↓ α			
$^{206}_{82}$Pb (RaG)			
(stabil)			

In Klammern die historischen Bezeichnungen der Zerfallsprodukte;
α und β die beim radioaktiven Zerfall emittierten Strahlen (Alpha-
bzw. Betastrahlen).

erst dann zum Stillstand, wenn nach wiederholtem Zerfall ein stabiler ↑ Kern entsteht. Dadurch erhält man eine *Zerfallsreihe*, deren erstes Glied als *Muttersubstanz* bezeichnet wird, während die Folgeprodukte *Tochterelemente* heißen. Innerhalb einer Zerfallsreihe können sowohl ↑ Alpha- als auch ↑ Betazerfälle auftreten. Außerdem sind sog. *Verzweigungen* möglich, d.h. ein Kern kann auf zwei verschiedene Arten in zwei verschiedene Tochterelemente zerfallen. In der Natur kommen drei verschiedene Zerfallsreihen vor, deren Muttersubstanzen wegen großer ↑ Halbwertszeiten noch vorhanden sind. Das Endglied dieser Reihen ist jeweils ein stabiles Bleiisotop (↑ Isotope).

1. *Uran-Radium-Reihe*

Anfangsglied $^{238}_{92}$U; $T_{1/2} = 4,5 \cdot 10^9$a

Endglied $^{206}_{82}$Pb

2. *Uran-Actinium-Reihe*

Anfangsglied $^{235}_{92}$U; $T_{1/2} = 8,5 \cdot 10^8$a

Endglied $^{207}_{82}$Pb

3. *Thorium-Reihe*

Anfangsglied $^{232}_{90}$Th; $T_{1/2} = 1,39 \cdot 10^{10}$a

Endglied $^{208}_{82}$Pb

Außer diesen, von einer in der Natur vorkommenden Muttersubstanz ausgehenden Zerfallsreihen gibt es noch eine weitere, vom künstlich erzeugten ↑ Transuran Neptunium $^{237}_{93}$Np ausgehende vierte Zerfallsreihe, die beim Wismut $^{209}_{83}$Bi endet.

Zerstrahlung *(Dematerialisation)*, die beim Zusammentreffen eines ↑ Elementarteilchens mit seinem Antiteilchen erfolgende vollständige Umsetzung ihrer Massen in elektromagnetische Strahlungsenergie (↑ Paarvernichtung).

Zerstreuungslinse, ↑ Linse, durch die parallel zur optischen Achse einfallende Strahlen so gebrochen werden, daß sie nach Durchgang durch die Linse so verlaufen, als kämen sie von einem Punkte der optischen Achse her, dem sog. *virtuellen* Brennpunkt. Beim Durchgang durch eine Zerstreuungslinse gilt:

1. divergente Strahlen werden stärker divergent;
2. parallel zueinander verlaufende Strahlen werden divergent;
3. konvergente Strahlen werden divergent oder weniger stark konvergent.

Zerstreuungspunkt, häufig verwendete Bezeichnung für den *scheinbaren (virtuellen)* ↑ Brennpunkt von Zerstreuungslinsen und ↑ Wölbspiegeln.

Zone des Schweigens, ringförmiges Gebiet in der Umgebung eines Explosionsortes, in dem der Explosionsschall nicht wahrgenommen wird. Bei einem starken Schall z.B. bei einer Explosion zeigt sich gelegentlich die folgende Erscheinung: In einem gewissen Umkreis des Explosionsortes ist der Explosionsschall (in Höhe der Erdoberfläche) zu hören. Dann folgt ein ringförmiges Gebiet, in dem nichts von der Explosion zu hören ist, noch weiter entfernt folgt schließlich ein Gebiet, in dem der Explosionsschall wieder wahrgenommen werden kann. Das Zwischengebiet, in dem nichts zu hören ist, wird als Zone des Schweigens bezeichnet.

Die Erscheinung beruht auf der Brechung des Schalls an verschieden warmen Luftschichten. Beim Übergang von einer kälteren Luftschicht in eine wärmere wird ein Schallstrahl vom Einfallslot weggebrochen. Gemäß Abb. 479 kann dabei in einer gewissen Höhe über der Erdoberfläche der *Grenzwinkel der Totalreflexion* erreicht werden. Der Schallstrahl läuft dann wieder zur Erdoberfläche zurück,

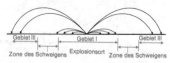

Gebiet III   Gebiet I   Gebiet III

Zone des Schweigens   Explosionsort   Zone des Schweigens

Abb.479

wo er wahrgenommen werden kann. In der unmittelbaren Umgebung des Explosionsortes hört man also den *direkten* Schall und außerhalb der Zone des Schweigens hört man den *total reflektierten* Schall. Die Zone des Schweigens selbst wird weder vom direkten noch vom reflektierten Schall getroffen.

Zugkraft, eine ↑ Kraft, die gleichmäßig verteilt an einer Fläche (beispielsweise der Querschnittsfläche eines Körpers) angreift und senkrecht von dieser Fläche weggerichtet ist.

Zugspannung, Quotient aus dem Betrag einer ↑ Zugkraft (F_z) und der Fläche (A), auf die diese Zugkraft wirkt:

$$Z = \frac{F_z}{A}$$

Die Zugspannung stellt einen negativen ↑ Druck dar.

Zungenfrequenzmesser, ein auf dem Prinzip der ↑ Resonanz beruhendes Gerät zur Messung der Frequenz von Wechselspannungen bis etwa 1500 Hertz. Es besteht aus einer Anzahl von Metallzungen mit unterschiedlichen ↑ Eigenfrequenzen, die durch die zu messende Wechselspannung in erzwungene ↑ Schwingungen versetzt werden. Jeweils diejenige Metallzunge schwingt dabei mit der größten Amplitude, deren Eigenfrequenz mit der Frequenz der zu messenden Wechselspannung übereinstimmt.

Zustand, die Gesamtheit aller physikalischen Größen, die das Verhalten und die Eigenschaften eines physikalischen Systems z.B. eines bestimmten Gasvolumens) zu jedem Zeitpunkt eindeutig beschreiben und die einander zugeordnete Werte besitzen.

Zustandsänderung eines Gases, die Änderung der drei ↑ Zustandsgrößen *Druck (p), Volumen (V)* und *absolute Temperatur (T)* eines Gases. Bei vielen physikalischen Vorgängen bleibt eine

dieser drei Zustandsgrößen konstant. Man spricht von einer *isothermen* Zustandsänderung, wenn die *Temperatur T*, von einer *isochoren* Zustandsänderung, wenn das *Volumen V* und von einer *isobaren* Zustandsänderung, wenn der *Druck p* unverändert bleiben.

Isotherme Zustandsänderungen idealer Gase werden durch das ↑ *Boyle-Mariottesche* Gesetz, isochore Zustandsänderungen durch das ↑ *Amontonssche* Gesetz, *isobare* Zustandsänderungen durch das ↑ *Gay-Lussacsche* Gesetz und *gleichzeitige* Änderungen aller *drei* Zustandsgrößen durch die *allgemeine* ↑ *Zustandsgleichung* der Gase beschrieben.

Eine ↑ *adiabatische Zustandsänderung* liegt vor, wenn während der Zustandsänderung Wärme(energie) weder von außen zugeführt noch nach außen abgegeben wird.

Zustandsgleichungen der Gase, diejenigen Gleichungen, die den funktionalen Zusammenhang zwischen den ↑ Zustandsgrößen eines Gases beschreiben. Der Zusammenhang zwischen den Zustandsgrößen Druck (p), Volumen (V) und absoluter Temperatur (T) eines *idealen* Gases wird durch die sogenannte *allgemeine Zustandsgleichung (allgemeine Gasgleichung)* beschrieben.

Bringt man ein ideales Gas aus einem durch den Druck p_1, das Volumen V_1 und die Temperatur T_1 charakterisierten Zustand 1 in einen durch den Druck p_2, das Volumen V_2 und die Temperatur T_2 charakterisierten Zustand 2, so gilt:

$$\frac{p_1 \cdot V_1}{T_1} = \frac{p_2 \cdot V_2}{T_2}$$

Dieser gesetzmäßige Zusammenhang läßt sich auch in der folgenden Form ausdrücken:

$$\frac{p \cdot V}{T} = \text{konstant}$$

Das heißt: Bei einer bestimmten Menge eines idealen Gases ist das Produkt aus Druck p und Volumen V dividiert durch die absolute Temperatur T konstant. Bei hinreichend hoher Temperatur und nicht zu hohen Drucken verhalten sich reale Gase annähernd wie ideale Gase. Die allgemeine Zustandsgleichung gilt dann näherungsweise auch für reale Gase.

Der Wert der in der allgemeinen Zustandsgleichung auftauchenden Konstanten hängt natürlich von der Masse des betrachteten Gases ab. Bezieht man die Gleichung auf 1 kg, dann muß man die Beziehung $(p \cdot V)/T$ noch durch die Masse m dividieren und erhält:

$$\frac{p\,V}{m\,T} = \text{konstant}\,.$$

Die Konstante in dieser Gleichung wird als *spezielle Gaskonstante* bezeichnet und erhält das Symbol R. Man schreibt diese Beziehung dann:

$$\frac{p\,V}{m\,T} = R$$

oder:

$$p\,V = m\,R\,T$$

Die *Dimension* der *speziellen* Gaskonstanten R ergibt sich zu:

$$\dim R = \frac{\dim p \cdot \dim V}{\dim m \cdot \dim T} = \mathsf{L}^2 \cdot \mathsf{Z}^{-2} \cdot \mathsf{T}^{-1}$$

Mißt man den Druck in ↑ Pascal (Pa), das Volumen in Kubikmeter (m^3), die Masse in Kilogramm (kg) und die Temperatur in Kelvin (K), dann ergibt sich als *Einheit* für die spezielle Gaskonstante R:

$$1\,\frac{\text{Newtonmeter}}{\text{kg} \cdot \text{K}} = 1\,\frac{\text{J}}{\text{kg} \cdot \text{K}}$$

Der Betrag der speziellen Gaskonstanten R ist von der jeweiligen betrachteten Gasart abhängig. In der folgenden Tabelle sind die speziellen Gaskonstanten für einige Gase angegeben:

Gas	R in $\dfrac{\text{J}}{\text{kg K}}$
Ammoniak	488,3
Argon	208,3
Helium	2078,7
Kohlendioxid	189,0
Kohlenmonoxid	297,0
Luft	287,1
Neon	412,1
Sauerstoff	259,9
Stickstoff	296,9
Wasserstoff	4126,1

Die Abhängigkeit der speziellen Gaskonstanten R von der Art des betrachteten Gases liegt darin begründet, daß verschiedene Gase bei untereinander gleicher Masse verschieden viele Moleküle enthalten. Nun enthält aber die Menge 1 ↑ Mol bei allen Gasen die gleiche Anzahl von Molekülen. Bezieht man folglich die allgemeine Gasgleichung auf die Menge von 1 Mol, dann erhält man eine von der Art des betrachteten Gases unabhängige Konstante. Sie wird als *universelle Gaskonstante* (allgemeine G., molare G.) bezeichnet und erhält das Symbol R_0. Ihr Wert beträgt:

$$R_0 = 8{,}3143\,\frac{\text{J}}{\text{mol} \cdot \text{K}}$$

Die allgemeine Zustandsgleichung kann dann in der folgenden Form geschrieben werden:

$$p \cdot V_m = R_0 \cdot T$$

(p Druck, V_m Volumen von 1 Mol des betrachteten Gases, T absolute Temperatur, R_0 universelle Gaskonstante). Für n Mole eines jeden Gases ergibt sich dann die Beziehung:

$$p \cdot V = n\,R_0\,T$$

Statt auf das *Mol* kann man die Zustandsgleichung auch auf das *Molekül* beziehen. Sei N die Zahl der Moleküle im betrachteten Volumen und N_A (Avogadro-Konstante) die Zahl der Moleküle pro Mol, dann gilt $n = N/N_A$ und es ergibt sich

$$p \cdot V = N \cdot \frac{R_0}{N_A} \cdot T.$$

Man bezeichnet R_0/N_A als *Boltzmann-Konstante (molekulare Gaskonstante)* k. Sie hat den Wert

$$k = 1,3804 \, \frac{\text{J}}{\text{K}},$$

mit ihr ergibt sich die Zustandsgleichung zu

$$\boxed{p \cdot V = N k T}\ .$$

Sonderfälle der allgemeinen Zustandsgleichung sind das ↑ Boyle-Mariottesche Gesetz, das ↑ Gay-Lussacsche Gesetz und das ↑ Amontonssche Gesetz.

Die allgemeine Zustandsgleichung der Gase gilt exakt nur für ein ideales Gas. Das Verhalten realer Gase wird durch sie nur näherungsweise beschrieben, und zwar um so genauer, je niedriger der Druck und je höher die Temperatur des betrachteten Gases, je weiter also das Gas von seinem Kondensationspunkt entfernt ist. In der Nähe des Kondensationspunktes dagegen weichen die Eigenschaften realer Gase erheblich von denen des idealen Gases ab. Die allgemeine Zustandsgleichung der Gase kann dann nicht mehr zur Beschreibung des Gaszustandes herangezogen werden. Insbesondere müssen in diesem Bereich die zwischen den Molekülen wirkenden Kräfte (durch die sich der Gasdruck erhöht) und das *Eigenvolumen* der Moleküle (um das sich der dem Gas zur Verfügung stehende Raum verkleinert) berücksichtigt werden.

Diese Berücksichtigung führt zur sogenannten *van der Waalsschen Zustandsgleichung*. Sie lautet, bezogen auf 1 mol eines Gases:

$$\boxed{\left(p + \frac{a}{V_m^2} \right) (V_m - b) = R_0\, T}$$

bzw. bezogen auf n mol eines Gases:

$$\boxed{\left(p + \frac{a n^2}{V^2} \right) (V - nb) = n R_0\, T}$$

(V_m Volumen von 1 mol des Gases, V Volumen des Gases, n Anzahl der Mole des Gases, a, b von der Art des Gases abhängige *van der Waalssche Konstanten*).

In der folgenden Tabelle sind die van der Waalsschen Konstanten für einige Gase angegeben:

Gas	a (Pa $\cdot$ m^6)	b (m^3)
Helium	$3,30 \cdot 10^{-5}$	$23,4 \cdot 10^{-6}$
Wasserstoff	$24,31 \cdot 10^{-5}$	$26,5 \cdot 10^{-6}$
Stickstoff	$138,78 \cdot 10^{-5}$	$39,6 \cdot 10^{-6}$
Sauerstoff	$139,79 \cdot 10^{-5}$	$31,9 \cdot 10^{-6}$
Kohlendioxid	$369,75 \cdot 10^{-5}$	$42,8 \cdot 10^{-6}$
Wasser(dampf)	$626,20 \cdot 10^{-5}$	$30,5 \cdot 10^{-6}$

Bei großem Molvolumen, also bei geringer Dichte des betrachteten Gases, geht die van der Waalssche Zustandsgleichung in die allgemeine Zustandsgleichung der Gase über.

Zweitaktmotor, eine ↑ Verbrennungskraftmaschine, bei der sich ein Arbeitsgang, bestehend aus *Ansaugen, Verdichten, Verbrennen* und *Ausstoßen* der Verbrennungsgase des Kraftstoff-Luft-Gemischs über *einen* Hin- und Her-Gang des Kolbens (ist gleich *zwei* Kolbenhübe) bzw. über *eine* volle Umdrehung der Kurbelwelle hinzieht (↑ Ottomotor, ↑ Wärmeenergiemaschinen).

Zwischenbild, bei einem ↑ Fernrohr oder ↑ Mikroskop das vom ↑ Objektiv in der sogenannten *Zwischenbildebene* erzeugte reelle ↑ Bild des betrachteten Gegenstandes, das dann durch das Okular wie durch eine ↑ Lupe betrachtet wird. Ganz allgemein versteht man unter einem Zwischenbild jedes von irgendeinem Teil eines optischen Gerätes erzeugte reelle Bild, welches durch andere Geräteteile noch weiter abgebildet wird.

Zylinderkondensator, ↑ Kondensator mit folgendem Aufbau: Ein Metallzylinder befindet sich isoliert im Innern eines metallischen Hohlzylinders. Beim Aufladen entsteht ein zylindersymmetrisches elektrisches Feld. Die ↑ elektrische Feldstärke E im Zylinderkondensator ergibt sich aus der Beziehung:

$$E = \frac{Q}{2\pi \, \epsilon_0 \, \epsilon \, l \, r}$$

(Q Ladung des positiven Teils des Kondensators, l Länge des Zylinderkondensators, r Abstand von der Achse des Systems zu dem Punkt, in dem die Feldstärke gemessen werden soll, ϵ_0 Influenzkonstante, ϵ Dielektrizitätskonstante.

Für die ↑ Kapazität C des Zylinderkondensators gilt:

$$C = \frac{2\pi \, \epsilon \, \epsilon_0 \, l}{\ln \dfrac{R_a}{R_i}}$$

(R_i, R_a Radien des inneren bzw. des äußeren Zylinders).

Zylinderlinse, ein von zwei Zylindermantelflächen mit parallelen Achsen bzw. einer Ebene und einer Zylindermantelfläche mit parallel zur Ebene verlaufender Achse begrenzter durchsichtiger Körper. Im Gegensatz zur sphärischen ↑ Linse besitzt die Zylinderlinse an Stelle eines Brennpunktes eine *Brennlinie.*

Zylinderspiegel, in Form eines Zylindermantels gekrümmter Spiegel. Im Gegensatz zum sphärischen Spiegel (Kugelspiegel) besitzt der Zylinderspiegel keinen Brennpunkt, sondern eine *Brennlinie.*

Abkürzungsverzeichnis

REGISTER

479

481

482

483

485

486

Schülerduden
Die Psychologie

Ein Sachlexikon für die Schule
Herausgegeben und bearbeitet von
der Redaktion Naturwissenschaft
und Medizin des Bibliographischen
Instituts unter Leitung von Karl-
Heinz Ahlheim.
**408 Seiten, über 3000 Stichwörter,
rund 200 meist zweifarbige Abbildungen im Text. Literaturverzeich-
nis. Register.**
Das erste deutschsprachige Fach-
wörterbuch der Psychologie, das
sich gezielt an Schüler speziell der
weiterführenden Schulen und der
Fachschulen für Sozialpädagogik
wendet. Es vermittelt auf rund
408 Seiten unter etwa 3000 alphabetisch angeordneten Stichwörtern
das Grundwissen der Psychologie,
wie es u. a. auch im Religions-,
Sozialkunde- und Biologieunter-
richt behandelt wird.

Schülerduden
Politik und
Gesellschaft

**Ein Lexikon zur politischen
Bildung**
Herausgegeben von den Fachredaktionen des Bibliographischen
Instituts. Bearbeitet von Prof. Dr.
Hede Prehl, Dr. Dieter C. Umbach
und Prof. Dr. Hans Boldt.
**463 Seiten, rund 2300 Stichwörter,
100 Abbildungen, Literaturver-
zeichnis, Register.**
Das moderne Nachschlagewerk, das
Schüler der Gymnasien und berufs-
bildenden Schulen für ihre politi-
sche Bildung brauchen. Sämtliche
Begriffe aus Politik, Gesellschaft,
Wirtschaft und Recht werden
umfassend, verständlich und über-
parteilich behandelt.

Schülerduden
Die Geschichte

Ein Sachlexikon für die Schule
Herausgegeben von den Fachredaktionen des Bibliographischen
Instituts. Bearbeitet von Dr. Wil-
fried Forstmann, Gabriele Gold-
mann und Gabriele Thiel.
**504 Seiten, rund 2400 Stichwörter,
150 Abbildungen im Text, Litera-
turverzeichnis, Personen- und
Sachregister.**
Die wichtigsten historischen Begriffe aus der gesamten Geschichte.
Von der Hügelgräberkultur bis zum
Hitlerputsch, von der Res publica
bis zur Reichsgründung, von der
Hanse bis zur dritten Welt. Der
neue Band hilft dem Schüler sein
im Unterricht erworbenes Wissen
zu ordnen, zu ergänzen und zu
vertiefen.

Schülerduden
Die Geographie

**Ein Lexikon der gesamten Schul-
Erdkunde**
Herausgegeben vom Geographisch-
Kartographischen Institut Meyer
unter Leitung von Dr. Adolf Hanle.
**420 Seiten mit rund 1800 Stich-
wörtern, über 200 Abbildungen
und Tabellen sowie einem Anhang
zur Forschungs- und Entdeckungs-
geschichte.**
Von der Geomorphologie zur
Sozialgeographie. Eine umfassende
Weltkunde unter Berücksichtigung
aller Teilgebiete der Geographie.
Mit Kartographie, Geologie,
Meteorologie, Ozeanographie,
Astronomie und Umweltschutz. Die
moderne Hilfe für den im Umbruch
befindlichen Geographieunterricht.

Bibliographisches Institut
Mannheim/Wien/Zürich

DUDEN-TASCHENBÜCHER

Herausgegeben vom Wissenschaftlichen Rat der
Dudenredaktion:
Professor Dr. Günther Drosdowski ·
Dr. Rudolf Köster · Dr. Wolfgang Müller ·
Dr. Werner Scholze-Stubenrecht

Band 1: Komma, Punkt und alle anderen Satzzeichen
Sie finden in diesem Taschenbuch Antwort auf
alle Fragen, die im Bereich der deutschen
Zeichensetzung auftreten können. 165 Seiten.

Band 2: Wie sagt man noch?
Hier ist der Ratgeber, wenn Ihnen gerade das
passende Wort nicht einfällt oder wenn Sie sich
im Ausdruck nicht wiederholen wollen.
219 Seiten.

Band 3: Die Regeln der deutschen Rechtschreibung
Dieses Buch stellt die Regeln zum richtigen
Schreiben der Wörter und Namen sowie die
Regeln zum richtigen Gebrauch der Satzzeichen
dar. 188 Seiten.

Band 4: Lexikon der Vornamen
Mehr als 3 000 weibliche und männliche Vorna-
men enthält dieses Taschenbuch. Sie erfahren,
aus welcher Sprache ein Name stammt, was er
bedeutet und welche Persönlichkeiten ihn getragen haben. 239 Seiten.

Band 5: Satz- und Korrekturanweisungen
Richtlinien für die Texterfassung.
Mit ausführlicher Beispielsammlung.
Dieses Taschenbuch enthält nicht nur die Vor-
schriften für den Schriftsatz und die üblichen
Korrekturvorschriften, sondern auch Regeln für
Spezialbereiche. 268 Seiten.

Band 6: Wann schreibt man groß, wann schreibt man klein?
In diesem Taschenbuch finden Sie in mehr als
7 500 Artikeln Antwort auf die Frage „groß oder
klein?". 252 Seiten.

Band 7: Wie schreibt man gutes Deutsch?
Eine Stilfibel. Der Band stellt die vielfältigen
sprachlichen Möglichkeiten dar und zeigt, wie
man seinen Stil verbessern kann. 163 Seiten.

Band 8: Wie sagt man in Österreich?
Das Buch bringt eine Fülle an Informationen
über alle sprachlichen Eigenheiten, durch die
sich die deutsche Sprache in Österreich von dem
in Deutschland üblichen Sprachgebrauch unterscheidet. 252 Seiten.

Band 9: Wie gebraucht man Fremdwörter richtig?
Mit 4 000 Stichwörtern und über 30 000 Anwen-
dungsbeispielen ist dieses Taschenbuch eine
praktische Stilfibel des Fremdwortes. 368 Seiten.

Band 10: Wie sagt der Arzt?
Dieses Buch unterrichtet Sie in knapper Form
darüber, was der Arzt mit diesem oder jenem
Ausdruck meint. 176 Seiten.

Band 11: Wörterbuch der Abkürzungen
Berücksichtigt werden 36 000 Abkürzungen,
Kurzformen und Zeichen aus allen Bereichen.
260 Seiten.

Band 13: mahlen oder malen?
Hier werden gleichklingende aber verschieden
geschriebene Wörter in Gruppen dargestellt und
erläutert. 191 Seiten.

Band 14: Fehlerfreies Deutsch
Viele Fragen zur Grammatik erübrigen sich,
wenn man dieses Duden-Taschenbuch besitzt. Es
macht grammatische Regeln verständlich und
führt zum richtigen Sprachgebrauch. 204 Seiten.

Band 15: Wie sagt man anderswo?
Dieses Buch will allen jenen helfen, die mit den
landschaftlichen Unterschieden in Wort- und
Sprachgebrauch konfrontiert werden. 190 Seiten.

Band 17: Leicht verwechselbare Wörter
Der Band enthält Gruppen von Wörtern, die auf
Grund ihrer lautlichen Ähnlichkeit leicht ver-
wechselt werden. 334 Seiten.

Band 18: Wie schreibt man im Büro?
Es werden nützliche Ratschläge und Tips zur
Erledigung der täglichen Büroarbeit gegeben.
176 Seiten.

Band 19: Wie diktiert man im Büro?
Alles Wesentliche über die Verfahren, Regeln
und Techniken des Diktierens. 225 Seiten.

Band 20: Wie formuliert man im Büro?
Dieses Taschenbuch bietet Regeln, Empfehlungen und Übungstexte aus der Praxis. 282 Seiten.

Band 21: Wie verfaßt man wissenschaftliche Arbeiten?
Dieses Buch behandelt ausführlich und mit vielen praktischen Beispielen die formalen und
organisatorischen Probleme des wissenschaftlichen Arbeitens. 208 Seiten.

DER KLEINE DUDEN

Deutsches Wörterbuch
Der Grundstock unseres Wortschatzes.
Über 30 000 Wörter mit mehr als 100 000 Angaben zu Rechtschreibung, Silbentrennung, Aussprache und Grammatik. 445 Seiten.

Fremdwörterbuch
Ein zuverlässiger Helfer über die wichtigsten
Fremdwörter des täglichen Gebrauchs. Rund
15 000 Fremdwörter mit mehr als 90 000 Angaben
zur Bedeutung, Aussprache und Grammatik.
448 Seiten.

Bibliographisches Institut
Mannheim/Wien/Zürich

LEXIKA

MEYERS ENZYKLOPÄDISCHES LEXIKON IN 25 BÄNDEN
mit Atlasband, 6 Ergänzungsbänden und 10 Jahrbüchern.
Das größte Lexikon des 20. Jahrhunderts in deutscher Sprache.
Rund 250 000 Stichwörter und 100 enzyklopädische Sonderbeiträge auf 22 000 Seiten. 26 000 Abbildungen, transparente Schautafeln und Karten im Text, davon 10 000 farbig. 340 farbige Kartenseiten, davon 80 Stadtpläne. Halbledereinband mit Goldschnitt.
Ergänzungsbände:
Band 26: Nachträge/Band 27: Weltatlas/ Band 28: Personenregister/Band 29: Bildwörterbuch Deutsch-Englisch-Französisch/ Band 30–32: Deutsches Wörterbuch in 3 Bänden.

MEYERS GROSSES UNIVERSAL-LEXIKON IN 15 BÄNDEN
mit Atlasband und 4 Ergänzungsbänden.
Das perfekte Informationszentrum für die tägliche Praxis in unserer Zeit. Mit dem einzigartigen Aktualisierungsdienst.
Rund 200 000 Stichwörter und 30 namentlich signierte Sonderbeiträge auf etwa 10 000 Seiten. Über 20 000 meist farbige Abbildungen, Zeichnungen, Graphiken sowie Karten, Tabellen und Übersichten im Text.
Das Werk ist in zwei Ausstattungen erhältlich: gebunden in echtem Buckramleinen und in dunkelblauem Halbleder mit Echtgoldschnitt und Echtgoldprägung.

MEYERS NEUES LEXIKON IN 8 BÄNDEN
mit einem Nachtragsband und Weltatlas.
Das praxisgerechte Lexikon in der idealen Mittelgröße.
Rund 150 000 Stichwörter und 16 namentlich signierte Sonderbeiträge auf etwa 5 600 Seiten. Über 12 000 meist farbige Abbildungen und Zeichnungen im Text. Mehr als 1 000 Tabellen, Spezialkarten und Bildtafeln. Fester, farbig bedruckter Einband, polyleinenkaschiert.

MEYERS GROSSES STANDARDLEXIKON IN 3 BÄNDEN
Das aktuelle Kompaktlexikon des fundamentalen Wissens.
Rund 100 000 Stichwörter auf etwa 2 200 Seiten. Über 5 000 meist farbige Abbildungen, Zeichnungen und Graphiken sowie Karten, Tabellen und Übersichten im Text. Gebunden in Balacron.

MEYERS GROSSES HANDLEXIKON A–Z
Das moderne Qualitätslexikon in einem Band.
1 152 Seiten mit rund 55 000 Stichwörtern. Über 2 200 meist farbige Abbildungen, Zeichnungen, Graphiken sowie Tabellen und Übersichten. 35 Kartenseiten.

MEYERS GROSSES TASCHENLEXIKON IN 24 BÄNDEN
Das ideale Nachschlagewerk für Beruf, Schule und Universität.
Rund 150 000 Stichwörter und mehr als 5 000 Literaturangaben auf 8 640 Seiten. Über 6 000 Abbildungen und Zeichnungen sowie Spezialkarten, Tabellen und Übersichten im Text. Durchgehend farbig. 24 Bände zusammengefaßt in einer Kassette.

Meyers Jahresreport
Das kleine Taschenlexikon mit den wichtigsten Ereignissen eines Jahres in Daten, Bildern und Fakten. Jede Ausgabe 156 Seiten.

GEOGRAPHIE/ATLANTEN

MEYERS ENZYKLOPÄDIE DER ERDE in 8 Bänden
Das lebendige Bild unserer Welt – von den Anfängen der Erdgeschichte bis zu den Staaten von heute und den aktuellen Weltproblemen.
3 200 Seiten mit rund 7 500 farbigen Bildern, Karten, Tabellen, Graphiken und Diagrammen.

DIE ERDE
Meyers Großkarten-Edition
Ein kostbarer Besitz für alle, die höchste Ansprüche stellen.
Inhalt: 87 großformatige Kartenblätter (Kartengröße von 38×51 cm bis zu 102×51 cm bzw. 66×83 cm), 32 Zwischenblätter mit Kartenweisern, geographisch-statistischen Angaben und Begleittexten zu den Karten. Register mit 200 000 geographischen Namen. Alle Blätter sind einzeln herausnehmbar.
Großformat 42×52 cm.

Meyers Großer Weltatlas
Ein Spitzenwerk der europäischen Kartographie. 610 Seiten mit 241 mehrfarbigen Kartenseiten und einem Register mit etwa 125 000 Namen.

Meyers Neuer Handatlas
Der moderne Atlas im großen Format für die tägliche Information. 354 Seiten mit 126 mehrfarbigen Kartenseiten. Register mit etwa 80 000 Namen.

Meyers Universalatlas
Der beliebte Hausatlas von Meyer mit dem umfassenden Länderlexikon. Groß im Format, klein im Preis. 240 Seiten, 66 mehrfarbige Kartenseiten, 33 Seiten thematische Darstellungen, Länderlexikon, Register mit 55 000 geographischen Namen.

Meyers Neuer Atlas der Welt
Der Qualitätsatlas für jeden zum besonders günstigen Preis. 148 Seiten mit 47 mehrfarbigen Kartenseiten. 23 Seiten mit thematischen und tabellarischen Übersichten sowie einem Register mit 48 000 geographischen Namen.

Bibliographisches Institut
Mannheim/Wien/Zürich